CALCUL

6. Puissances

■ a^n désigne le produit de n facteurs tous égaux à a :

- $a^n = \underbrace{a \times a \times \ldots \ldots \times a \times a}_{n \text{ facteurs}}$
- $a^{-n} = \dfrac{1}{a^n}$

■ Soit a et b deux nombres non nuls et m et p des entiers relatifs. On a :

- $a^m \times a^p = a^{m+p}$
- $\dfrac{a^m}{a^p} = a^{m-p}$
- $(a^m)^p = a^{m \times p}$
- $a^m \times b^m = (ab)^m$
- $\dfrac{a^m}{b^m} = \left(\dfrac{a}{b}\right)^m$

7. Expressions littérales

■ Une expression **littérale** est une expression contenant des **lettres** qui désignent des nombres.

■ La multiplication est **distributive** par rapport à l'addition et la soustraction.
Pour tous les nombres k, a, b, c et d, on a :

- $k \times (a+b) = k \times a + k \times b$ et
- $(a+b) \times (c+d) = a \times c + a \times d + b \times c + b \times d$

Identités remarquables

- $(a+b)^2 = a^2 + 2ab + b^2$
- $(a-b)^2 = a^2 - 2ab + b^2$
- $(a+b)(a-b) = a^2 - b^2$

8. Proportionnalité

■ Le tableau ci-contre est un tableau de proportionnalité

a	c
b	d

$\dfrac{a}{b} = \dfrac{c}{d}$, c'est-à-dire que $a \times d = b \times c$ (égalité des produits en croix).

■ On peut reconnaître deux grandeurs A et B proportionnelles sur un graphique si les points sont alignés sur une droite passant par l'origine du repère.

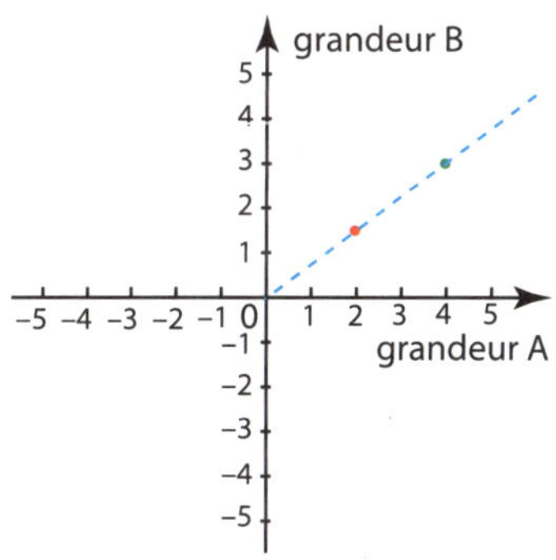

9. Statistiques

Lorsque l'on réalise une enquête, on étudie un **caractère** qui peut prendre plusieurs **valeurs**.
On peut calculer les **effectifs** (nombre de fois où une valeur apparaît) et les **fréquences** (quotient de l'effectif d'une valeur par l'effectif total) des caractères étudiés.

■ **Exemple**

Prix du ticket (en €)	2	3	5	10	TOTAL
Nombre de tickets (effectif)	21	59	90	40	210
Fréquence	$\frac{21}{210} = 0{,}10 = 10\,\%$	$\frac{59}{210} = 0{,}28 = 28\,\%$	$\frac{90}{210} \approx 0{,}43 = 43\,\%$	$\frac{40}{210} \approx 0{,}19 = 19\,\%$	100 %

Moyenne : $\dfrac{2 \times 21 + 3 \times 59 + 5 \times 90 + 10 \times 40}{210} \approx 5{,}09$.

Étendue de la série : $10 - 2 = 8$.

Médiane : La médiane est entre les 105ᵉ et 106ᵉ valeurs, c'est donc 5.

Quartile 1 : 25 % de 210 = 52,5, donc Q_1 est la 53ᵉ valeur, c'est donc 3.

Quartile 3 : 75 % de 210 = 157,5, donc Q_3 est la 158ᵉ valeur, c'est donc 5.

Collection **Myriade**

MATHÉMATIQUES

3e

Sous la direction de
Marc Boullis et **Didier Roy**

Ce livre a été écrit par une équipe de professeurs de collège
Marc Boullis
Collège Fontcarrade à Montpellier
Sophie Dutaut
Collège Léo-Larguier à La-Grand-Combe
Yvan Monka
Collège Albert-Camus à Soufflenheim
Stéphane Percot
Collège Haxo à La-Roche-sur-Yon
Didier Roy
Collèges Rambaud à La Brède et Lestonnac à Carignan

éco responsable
Bordas

Sommaire

ISBN 978-2-04-732905-4

Programme

B. O. spécial n° 6 du 28 août 2008

Les points du programme (connaissances, capacités [...]) qui ne sont pas exigibles pour le socle sont écrits en italique.

1. ORGANISATION ET GESTION DE DONNÉES, FONCTIONS

Connaissances	Capacités	Chapitre
1.1 Notion de fonction	*– Déterminer l'image d'un nombre par une fonction déterminée par une courbe, un tableau de données ou une formule.*	7
Image, antécédent, notations $f(x)$, $x \mapsto f(x)$.	*– Déterminer un antécédent par lecture directe dans un tableau ou sur une représentation graphique.*	7
[Thèmes de convergence]		
1.2. Fonction linéaire, fonction affine		8
Proportionnalité.		8
Fonction linéaire	*– Déterminer par le calcul l'image d'un nombre donné et l'antécédent d'un nombre donné.*	8
Coefficient directeur de la droite représentant une fonction linéaire.	*– Déterminer l'expression algébrique d'une fonction linéaire à partir de la donnée d'un nombre non nul et de son image.*	8
	– Représenter graphiquement une fonction linéaire.	8
	– Connaître et utiliser la relation $y = ax$ entre les coordonnées (x,y) d'un point M qui est caractéristique de son appartenance à la droite représentative de la fonction linéaire $x \mapsto ax$.	8
	– Lire et interpréter graphiquement le coefficient d'une fonction linéaire représentée par une droite.	8
Fonction affine.	*– Déterminer par le calcul l'image d'un nombre donné et l'antécédent d'un nombre donné.*	8
Coefficient directeur et ordonnée à l'origine d'une droite représentant une fonction affine.	*– Connaître et utiliser la relation $y = ax + b$ entre les coordonnées (x,y) d'un point M qui est caractéristique de son appartenance à la droite représentative de la fonction linéaire $x \mapsto ax + b$.*	8
	– Déterminer une fonction affine à partir de la donnée de deux nombres et de leurs images.	8
[Thèmes de convergence]	*– Représenter graphiquement une fonction affine.*	8
	– Lire et interpréter graphiquement les coefficients d'une fonction affine représentée par une droite.	8
	– Déterminer la fonction affine associée à une droite donnée dans un repère.	8
1.3 Statistique	– Une série statistique étant donnée (sous forme de liste ou de tableau ou par une représentation graphique) :	9
Caractéristiques de position.	• *déterminer une valeur médiane de cette série et en donner la signification ;*	9
Approches de caractéristiques de dispersion.	• *déterminer des valeurs pour les premiers et troisième quartiles et en donner la signification ;* • *déterminer son étendue.*	
[Thèmes de convergence]	– Exprimer et exploiter les résultats de mesures d'une grandeur.	9
1.4 Notion de probabilité	– Comprendre et utiliser des notions élémentaires de probabilité.	10
[Thèmes de convergence]	– Calculer des probabilités dans des contextes familiers.	10

2. NOMBRES ET CALCULS

Connaissances	Capacités	Chapitre
2.1 Nombres entiers et rationnels	*– Connaître et utiliser un algorithme donnant le PGCD de deux entiers (algorithme des soustractions, algorithme d'Euclide).*	2
Diviseurs communs à deux entiers, PGCD.	– Calculer le PGCD de deux entiers.	2
	– Déterminer si deux entiers donnés sont premiers entre eux.	2
Fractions irréductibles.	– Simplifier une fraction donnée pour la rendre irréductible.	2
Opérations sur les nombres relatifs en écriture fractionnaire.		1
[Reprise du programme du cycle central]		
2.2 Calculs élémentaires sur les radicaux	– Savoir que, si *a* désigne un nombre positif, $\sqrt{a}$ est le nombre positif dont le carré est *a*	3
Racine carrée d'un nombre positif.	et utiliser les égalités : $\left(\sqrt{a}\right)^2 = a$, $\sqrt{a^2} = a$.	
	– Déterminer, sur des exemples numériques, les nombres x tels que $x^2 = a$, où a est un nombre positif.	3
Produit et quotient de deux radicaux.	*– Sur des exemples numériques, où a et b sont deux nombres positifs, utiliser les égalités :* $\sqrt{ab} = \sqrt{a}.\sqrt{b}$, $\sqrt{\frac{a}{b}} = \frac{\sqrt{a}}{\sqrt{b}}$ *(b non nul).*	3

Connaissances	Capacités	Chapitre
2.3 Écritures littérales Puissances. [Thèmes de convergence]	– Utiliser sur des exemples les égalités : $a^m . a^n = a^{m+n}$; $a^m / a^n = a^{m+n}$ $(a^m)^n = a^{mn}$ $(ab)^n = a^n b^n$ $(a/b)^n = a^n/b^n$ où a et b sont des nombres non nuls et m et n des entiers relatifs.	**1**
Factorisation.	*– Factoriser des expressions algébriques dans lesquelles le facteur est apparent.*	**4**
Identités remarquables.	– Connaître les identités : $(a + b)(a - b) = a^2 - b^2$ $(a + b)^2 = a^2 + 2ab + b^2$ $(a - b)^2 = a^2 - 2ab + b^2$ *– Les utiliser dans les deux sens sur des exemples numériques ou littéraux simples.*	**4**
2.4 Équations et inéquations du premier degré	*– Mettre en équation un problème.*	**5**
Problèmes du premier degré : inéquation du premier degré à une inconnue, système de deux équations à deux inconnues.	*– Résoudre une inéquation du premier degré à une inconnue à coefficients numériques ; représenter ses solutions sur une droite graduée.*	**5**
	– Résoudre algébriquement un système de deux équations du premier degré à deux inconnues admettant une solution et une seule ; en donner une interprétation graphique.	**6**
Problèmes se ramenant au premier degré : équations produits.	*– Résoudre une équation mise sous la forme A(x).B(x) = 0, où A(x) et B(x) sont deux expressions du premier degré de la même variable x.*	**5**

3. GÉOMÉTRIE

Connaissances	Capacités	Chapitre
3.1 Figures planes Triangle rectangle, *relations trigonométriques.*	*– Connaître et utiliser les relations entre le cosinus, le sinus ou la tangente d'un angle aigu et les longueurs de deux des côtés d'un triangle rectangle.*	**12**
	– Déterminer, à l'aide de la calculatrice, des valeurs approchées : *• du sinus, du cosinus et de la tangente d'un angle aigu donné ;* *• de l'angle aigu dont on connaît le cosinus, le sinus ou la tangente.*	**12**
Configuration de Thalès	*– Connaître et utiliser la proportionnalité des longueurs pour les côtés des deux triangles déterminés par deux parallèles coupant deux droites sécantes.*	**11**
	– Connaître et utiliser un énoncé réciproque.	**11**
Agrandissement et réduction. [Reprise du programme de 4e]	– Agrandir ou réduire une figure en utilisant la conservation des angles et la proportionnalité entre les longueurs de la figure initiale et celles de la figure à obtenir.	**11 et 13**
Angle inscrit, angle au centre.	*– Connaître et utiliser la relation entre un angle inscrit et l'angle au centre qui intercepte le même arc.*	**12**
Polygones réguliers.	– Construire un triangle équilatéral, un carré, *un hexagone régulier, un octogone* connaissant son centre et un sommet.	**12**
3.2 Configurations dans l'espace Problème de sections planes de solides.	– Connaître et utiliser la nature des sections du cube, du parallélépipède rectangle par un plan parallèle à une face, à une arête.	**13**
	– Connaître et utiliser la nature des sections du cylindre de révolution et d'une pyramide par un plan parallèle ou perpendiculaire à son axe.	**13**
	– Connaître et utiliser la nature des sections d'un cône de révolution et d'une pyramide par un plan parallèle à la base.	**13**
Sphère, centre, rayon.		
Sections planes d'une sphère.	– Connaître la nature de la section d'une sphère par un plan.	**13**
	– Calculer le rayon du cercle intersection connaissant le rayon de la sphère et la distance du plan au centre de la sphère.	**13**
[Thèmes de convergence]	– Représenter la sphère et certains de ses grands cercles.	**13**

4. GRANDEURS ET MESURES

Connaissances	Capacités	Chapitre
4.1 Aires et volumes Calculs d'aires et volumes.	*– Calculer l'aire d'une sphère de rayon donné.*	**13**
	– Calculer le volume d'une boule de rayon donné.	**13**
Effet d'une réduction ou d'un agrandissement.	– Connaître et utiliser le fait que, dans un agrandissement ou une réduction de rapport k, • l'aire d'une surface est multipliée par k^2, • le volume d'un solide est multiplié par k^3.	**13**
4.2 Grandeurs composées, changement d'unités Vitesse moyenne. [Thèmes de convergence]	– Effectuer des changements d'unités sur des grandeurs produits ou des grandeurs quotients.	**8**

Avec un ordinateur

Pour faire des mathématiques avec un ordinateur*, on utilise principalement des logiciels de géométrie dynamique et des tableurs.*

Ce manuel contient ***plus de 60 activités à faire avec un ordinateur, prêtes à l'emploi****, réparties dans chacun des chapitres.*

Cette année, tu vas sans doute aller en salle informatique.
Les logiciels utilisés te permettront de faire des mathématiques autrement et d'étudier des problèmes qui seraient très difficiles à résoudre sans un ordinateur.

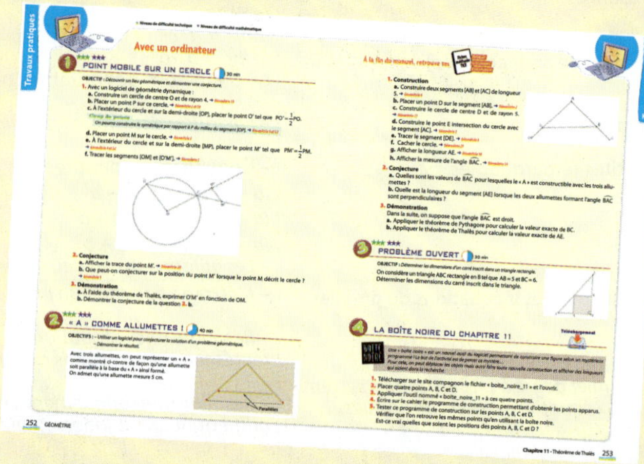

Pour apprendre à manipuler ta calculatrice et des logiciels de calcul et de géométrie (Openoffice et Géogebra), tu trouveras, à la fin du manuel, des Fiches méthode TICE.

Voici un **exemple d'utilisation** de ces fiches :

1 Une question est posée.

1. a) Tracer un polygone ayant 5 côtés. → *Géométrie 7*

Voir les « Fiches méthode TICE », en fin de manuel.

2 Je consulte le sommaire des Fiches méthode TICE.

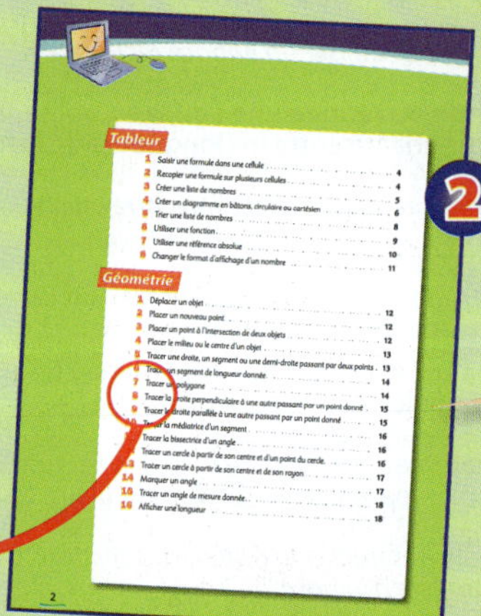

À l'aide du sommaire, tu repères le numéro de la page où se trouve la Fiche « Géométrie 7 ».

3 Je lis la fiche « Géométrie 7 ».

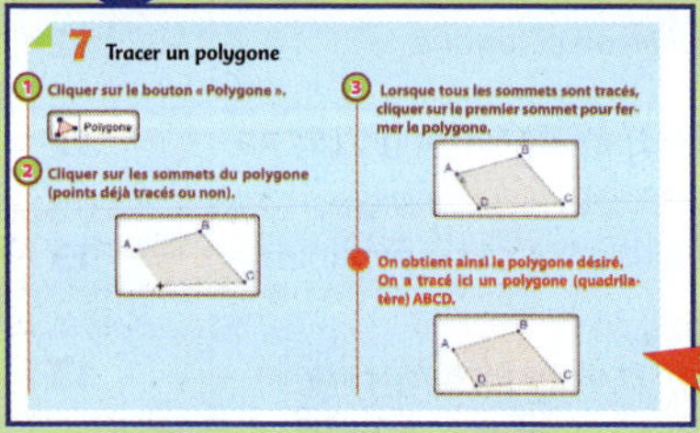

Tu peux maintenant tracer un polygone à 5 côtés avec le logiciel GéoGebra, grâce à la Fiche « Géométrie 7 » : Tracer un polygone.

Tu peux aussi aller sur le site compagnon pour voir, avec l'autorisation de ton professeur, la vidéo de la fiche « *Géométrie 7* ».

Tu deviendras de plus en plus autonome sur ces activités et tu pourras même en faire seul, au CDI ou chez toi, car les logiciels utilisés sont libres et gratuits.

- Pour travailler plus spécialement avec un **tableur-grapheur**, tu trouveras en page 307 du manuel un **livret contenant 19 travaux pratiques** qui te permettront de progresser rapidement dans l'utilisation de ce logiciel.
- En page 312 du manuel, tu trouveras un livret **contenant 5 travaux pratiques** à faire avec un **logiciel de géométrie dynamique**.

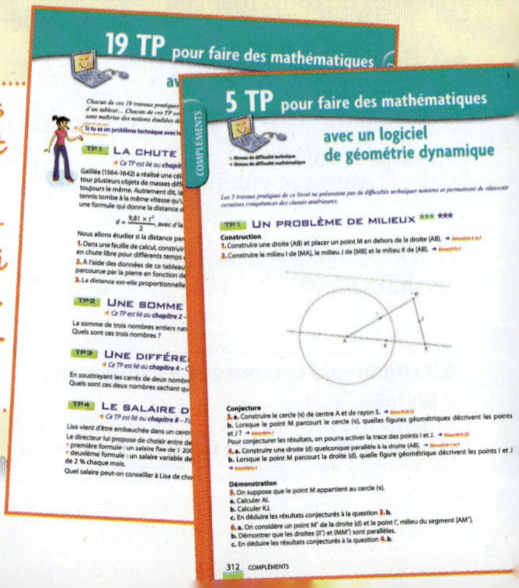

Avec un ordinateur

Une **boîte noire** est un programme mystère dont il faut percer le secret. Dans un logiciel de géométrie dynamique, une boîte noire peut être un programme de construction et dans un tableur, un programme de calcul.

Dans chaque chapitre, il est proposé de travailler sur une boîte noire.

Télécharge sur le site compagnon le fichier correspondant à la boîte noire du chapitre.

BOÎTES NOIRES NUMÉRIQUES

(TABLEUR-GRAPHEUR)

- Dans un tableur, on a généralement cette présentation :

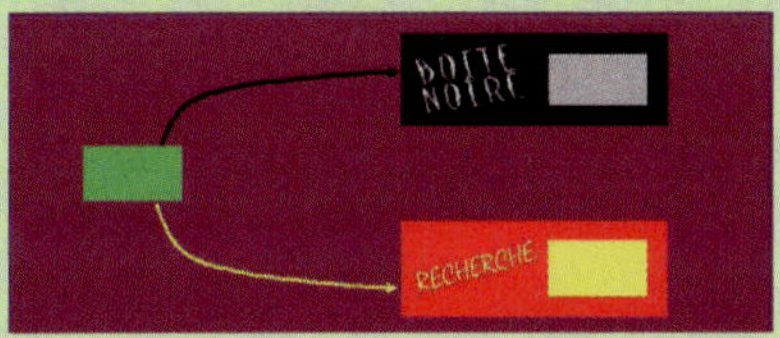

- Lorsque tu saisis un nombre dans la cellule verte, le résultat du programme de calcul contenu dans la boîte noire s'affiche dans la cellule grise. Tu dois trouver quel est ce programme mystérieux.

- Pour cela, tu peux commencer par effectuer plusieurs essais afin d'avoir quelques idées.
- Lorsque tu penses avoir trouvé le bon programme de calcul, teste-le en saisissant la formule correspondante dans la cellule jaune et vérifie que le résultat obtenu est toujours le même que celui de la boîte noire.

BOÎTES NOIRES GÉOMÉTRIQUES

(GÉOMÉTRIE DYNAMIQUE)

- Lorsque tu auras le fichier téléchargé, il y a une commande supplémentaire dans la barre d'outils.

C'est la boîte noire !

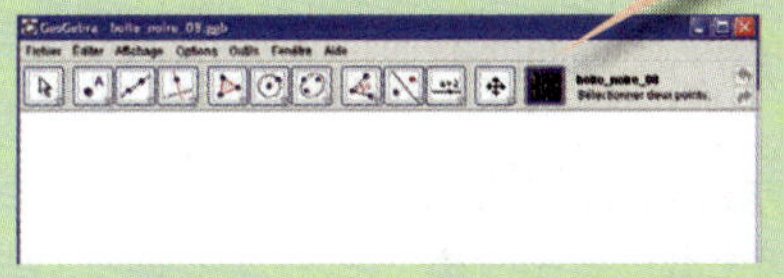

- Tu dois alors utiliser cet outil et essayer de comprendre la construction qu'il permet de réaliser.

- Pour cela, n'hésite pas à effectuer des tracés supplémentaires, à mesurer des longueurs, des angles et à déplacer des objets pour faire bouger la figure.
- Lorsque tu penses avoir trouvé le bon programme de construction, teste-le en faisant cette construction par-dessus celle réalisée par la boîte noire et vérifie que les objets obtenus sont toujours confondus.

Pour finir, écris dans ton cahier le programme trouvé ; il sera ensuite validé par ton professeur.

Les animations disponibles sur le manuel numérique et le site compagnon

1 Calcul numérique - Puissances

Savoir faire
- Calculer avec des nombres relatifs, des écritures fractionnaires et des puissances
- Calculer avec des puissances

2 Arithmétique

Savoir faire
- Déterminer le PGCD de deux nombres
- Rendre une fraction irréductible

3 Racines carrées

Savoir faire
- Calculer avec des racinées carrées
- Résoudre une équation de la forme $x^2 = a$

4 Calcul littéral

Savoir faire
- Développer une expression littérale
- Factoriser une expression littérale

5 Équations et inéquations

Savoir faire
- Résoudre une équation-produit
- Résoudre une inéquation

6 Systèmes d'équations

Savoir faire
- Résoudre un système par substitution
- Résoudre un système par addition ou soustraction
- Résoudre un système graphiquement

7 Notion de fonction

Savoir faire
- Déterminer l'image d'un nombre par une fonction
- Déterminer un antécédent d'un nombre par une fonction

8 Fonctions linéaires - Fonctions affines

Savoir faire
- Représenter graphiquement une fonction affine
- Déterminer une fonction affine
- Augmenter ou diminuer un nombre d'un pourcentage donné

9 Statistiques

Savoir faire
- Etudier une série statistique donnée par une liste
- Etudier une série statistique donnée par un tableau ou un graphique

10 Probabilités

Savoir faire
- Calculer une probabilité dans une situation d'équiprobabilité
- Utiliser un arbre pour modéliser une expérience aléatoire

11 Théorème de Thalès

Savoir faire
- Calculer une longueur avec le théorème de Thalès
- Démontrer que deux droites sont parallèles avec la réciproque du théorème de Thalès

12 Trigonométrie - Angles - Polygones

Savoir faire
- Calculer la longueur d'un côté d'un triangle rectangle
- Déterminer la mesure d'un angle d'un triangle rectangle

13 Géométrie dans l'espace

Savoir faire
- Calculer une longueur dans un solide
- Représenter en vraie grandeur une section de solide

Pour découvrir le manuel

Des savoir-faire
ciblés sur les compétences du programme

Des **animations à télécharger** (site compagnon et manuel numérique enrichi).

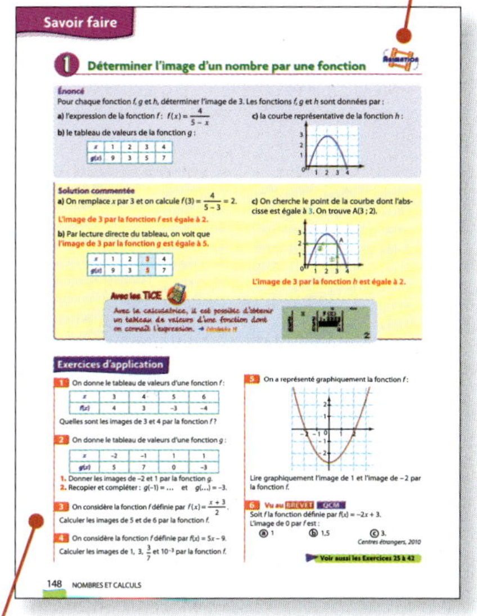

Sur la même page, des **exercices d'application immédiate** et des renvois vers d'autres exercices utilisant ce savoir-faire.

Les exercices

Des exercices « **Pour chercher** » qui satisferont les élèves les plus curieux.

Des exercices pour aller « **Vers la Seconde** » en réinvestissant des notions acquises au Collège.

De nombreux exercices gradués et regroupés par objectifs.

Des **exercices simples** pour commencer.

Une rubrique « **À l'oral** » pour habituer les élèves à mener des raisonnements non écrits et à les restituer oralement.

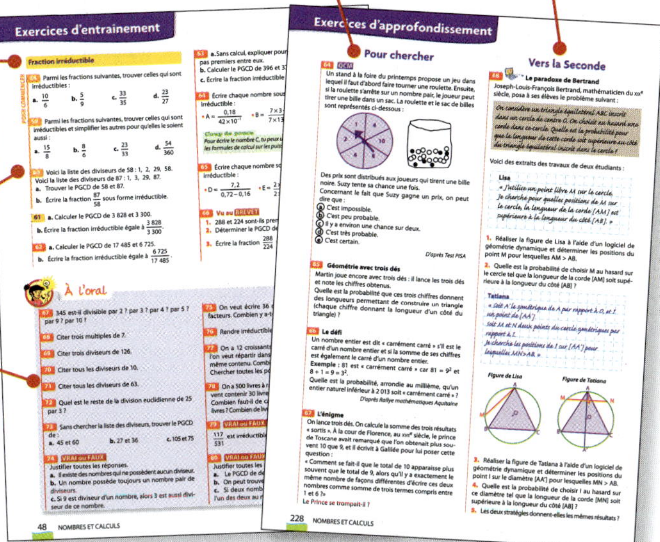

Parcours autonome

Un **parcours autonome** avec un **QCM** pour s'évaluer sur les notions du chapitre et des **exercices regroupés par compétences** pour bien faire le point sur ses connaissances.

Un **QCM interactif** sur le site compagnon.

Un **parcours de remédiation** à la fin de chaque compétence pour réviser.

Vu au brevet

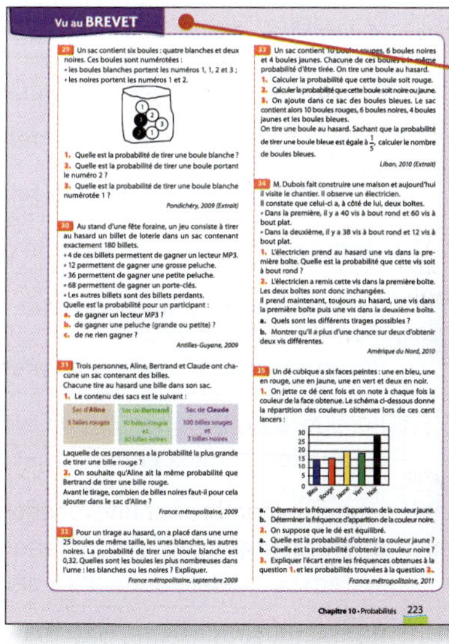

Des exercices extraits de **sujets de BREVET** pour s'entraîner.

En plus

- **« Évaluer le SOCLE COMMUN »**, p. 12
- **« En route vers le BREVET »**, p. 298
- **Des COMPLÉMENTS**
  - 19 TP avec un tableur, p. 307
  - 5 TP avec un logiciel de géométrie, p. 312
- **Des FICHES MÉTHODE TICE**, en fin de manuel
- **MÉMENTO Calcul** et **Géométrie**, en début et fin de manuel

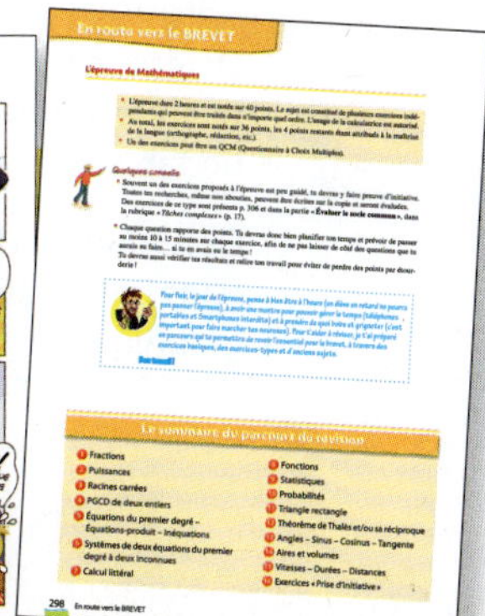

Grille des compétences au programme

Année scolaire : ....

Nom : ....

Prénom : ....

Classe : ....

DOCUMENT À PHOTOCOPIER ou à télécharger sur le site compagnon

Chapitres	Compétences	Non acquis	À renforcer	En cours d'acquisition	Acquis
1	Effectuer des calculs utilisant des nombres relatifs et des écritures fractionnaires SOCLE 3e				
	Effectuer des calculs utilisant des puissances SOCLE 3e				
2	Trouver les diviseurs communs à deux nombres entiers				
	Déterminer le PGCD de deux nombres entiers				
	Rendre irréductible une fraction SOCLE 3e				
3	Connaître et utiliser la racine carrée d'un nombre SOCLE 3e				
	Utiliser les règles de calcul des racines carrées				
	Déterminer des nombres dont on connaît le carré				
4	Connaître les identités remarquables SOCLE 3e				
	Développer une expression littérale				
	Factoriser une expression littérale				
5	Mettre en équation et résoudre un problème				
	Résoudre une équation-produit				
	Résoudre une inéquation du premier degré				
6	Résoudre algébriquement un système d'équations à deux équations et à deux inconnues				
	Interpréter graphiquement la solution d'un système de deux équations à deux inconnues				
7	Connaître et utiliser les notations $f(x)$ et $x \mapsto f(x)$				
	Déterminer l'image d'un nombre par une fonction définie par une courbe, un tableau de données ou une formule				
	Déterminer un antécédent par lecture directe dans un tableau ou sur une représentation graphique				

Chapitres	Compétences	Non acquis	À renforcer	En cours d'acquisition	Acquis
8	Utiliser l'expression algébrique et la représentation graphique d'une fonction linéaire				
	Utiliser l'expression algébrique et la représentation graphique d'une fonction affine				
	Utiliser les fonctions linéaires pour résoudre des problèmes de proportionnalité SOCLE 3^e				
9	Déterminer les caractéristiques de position d'une série de données (moyenne et médiane) SOCLE 3^e				
	Déterminer les caractéristiques de dispersion d'une série de données (étendue et quartiles)				
10	Comprendre une expérience aléatoire SOCLE 3^e				
	Calculer une probabilité				
11	Connaître et utiliser la proportionnalité des longueurs pour les côtés des deux triangles déterminés par deux parallèles coupant deux droites sécantes (théorème de Thalès).				
	Connaître et utiliser un énoncé réciproque du théorème de Thalès				
12	Connaître et utiliser le cosinus, le sinus ou la tangente d'un angle aigu.				
	Connaître et utiliser les angles inscrits et angles au centre qui interceptent un même arc de cercle				
	Construire des polygones réguliers dont le centre et un sommet sont connus				
13	Étudier la sphère : – calculer l'aire d'une sphère ; – calculer le volume d'une boule SOCLE 3^e				
	Étudier les sections planes : – du cube, du parallélépipède rectangle et du cylindre de révolution SOCLE 3e – du cône de révolution et d'une pyramide				
	Connaître l'effet d'une réduction ou d'un agrandissement sur les aires et les volumes				

MONSIEUR! IL PARAÎT QU'IL Y A UN « SOCLE COMMUN » DANS NOTRE COLLÈGE.
ON L'A CHERCHÉ PARTOUT MAIS ON NE L'A PAS TROUVÉ.
MAIS NON ! LE « SOCLE COMMUN » N'EST PAS UN OBJET !
LE « SOCLE » PRÉSENTE CE QUE TOUT ÉLÈVE DOIT AU MINIMUM SAVOIR ET MAÎTRISER À LA FIN DE LA TROISIÈME.
CELA VA NOUS DONNER DU TRAVAIL EN PLUS ?
C'EST QUI LE PROF DE SOCLE ?
ON LE PRÉPARE DANS TOUTES LES MATIÈRES !
EN MATHÉMATIQUES, PAR EXEMPLE, LORSQUE VOUS APPRENEZ À DÉMONTRER, VOUS TRAVAILLEZ UNE COMPÉTENCE DU SOCLE !
MONSIEUR! QUELLE NOTE IL FAUT AVOIR POUR LE RÉUSSIR ?
IL N'Y A PAS DE NOTES. TES PROFESSEURS VALIDENT TES COMPÉTENCES EN TENANT COMPTE DE TES PROGRÈS.
GÉNIAL ! JE N'AURAI PLUS DE NOTES ALORS ?
ET SI !
L'ÉVALUATION DES COMPÉTENCES DU SOCLE COMMUN ET L'ÉVALUATION CHIFFRÉE POUR LES MOYENNES TRIMESTRIELLES SONT DEUX CHOSES DIFFÉRENTES QUI SONT FAITES EN PARALLÈLE !
PEUT-ON OBTENIR LE BREVET SANS LE SOCLE ?
NON ! LA MAÎTRISE DU SOCLE COMMUN EST OBLIGATOIRE POUR OBTENIR LE DIPLÔME NATIONAL DU BREVET.
AÏE ! FAUT QUE JE BOSSE ALORS...

>>> Savoir utiliser des connaissances et des compétences mathématiques

Organisation et gestion des données : Reconnaître des situations de proportionnalité. Utiliser des pourcentages, des tableaux, des graphiques. Exploiter des données statistiques et aborder des situations simples de probabilité.

❶ Reconnaître si deux grandeurs sont ou non proportionnelles et, dans l'affirmative : déterminer et utiliser un coefficient de proportionnalité ; utiliser les propriétés de linéarité ; calculer une quatrième proportionnelle.
Les nombres en jeu sont entiers, décimaux ou fractionnaires.

❷ Relier pourcentages et fractions. Appliquer un pourcentage. Calculer un pourcentage, une fréquence.

❸ Repérer un point sur une droite graduée, dans un plan muni d'un repère orthogonal.
Lire des données présentées sous forme de tableaux, de graphiques.
Effectuer, à la main ou avec un tableur-grapheur, des traitements de données.
Les données seront, autant que possible, recueillies à l'issue d'expériences ou d'enquêtes.

❹ Utiliser un tableur-grapheur pour : présenter des données ; calculer des effectifs, des fréquences, des moyennes ; créer un graphique ou un diagramme.

❺ Déterminer des probabilités dans des contextes familiers.

1 ❶ et ❸ • La ***distance de réaction*** est la distance parcourue par un véhicule pendant le temps de réaction du conducteur (temps qui lui est nécessaire pour réagir).

• La ***distance de freinage*** est la distance parcourue entre le début du freinage et l'arrêt du véhicule.

1. a. Quelle est la **distance de réaction** d'un véhicule roulant à 90 km/h ?

b. La distance de réaction d'un véhicule est-elle proportionnelle à sa vitesse ? Justifier la réponse.

c. Sachant qu'à 180 km/h (sur circuit automobile) la distance de réaction est de 50 m, calculer la distance de réaction à 42 km/h, puis à 126 km/h.

2. a. Quelle est la **distance de freinage** sur route sèche d'un véhicule roulant à 90 km/h ?

b. La distance de freinage est-elle proportionnelle à sa vitesse ? Justifier la réponse.

c. Quelle est la distance de freinage sur route sèche à 110 km/h ?

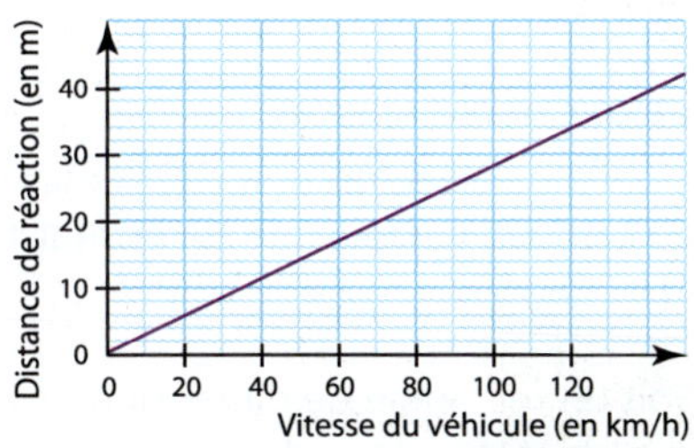

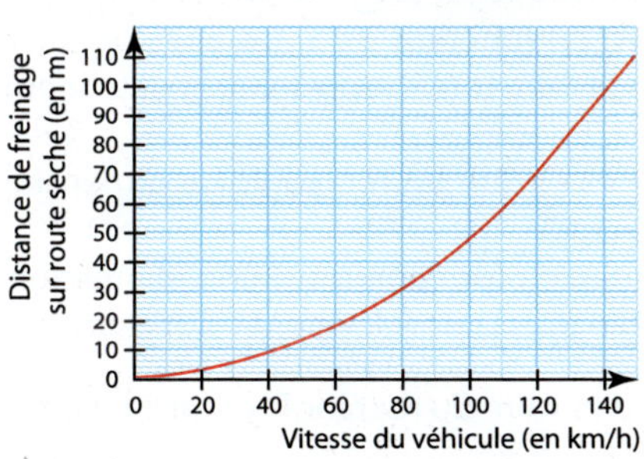

2 ❶ et ❷ Heidi et Iris décident d'acheter un lecteur MP3 à leur mère. Celui qui les intéresse coûte 154 euros. Après négociation, elles ne le paient que 128 euros.

a. Exprimer sous forme de fraction la proportion que représente la réduction par rapport au prix initial, puis calculer le pourcentage de réduction obtenu.

b. Appliquer ce même pourcentage de réduction à une chaîne hifi vendue 450 euros. Quel est son nouveau prix ?

3 ❶ et ❷ Dire si les phrases suivantes sont **vraies** ou **fausses** en justifiant la réponse :

a. Augmenter un prix de 50 % revient à le multiplier par deux.

b. Diminuer un prix de 50 % revient à le diviser par deux.

c. Augmenter un prix de 100 % revient à le multiplier par deux.

d. Diminuer un prix de 100 % revient à le diviser par 1,5.

4 ❸ et ❹ Voici la répartition des 303 élèves d'un collège :

• ***niveau sixième :*** 23 élèves en 6e 1; 27 élèves en 6e 2; 28 élèves en 6e 3 ;

• ***niveau cinquième :*** 24 élèves en 5e 1; 28 élèves en 5e 2; 22 élèves en 5e 3 ;

• ***niveau quatrième :*** 25 élèves en 4e 1; 27 élèves en 4e 2 ; nombre d'élèves inconnu en 4e 3 ;

• ***niveau troisième :*** 29 élèves en 3e 1; 26 élèves en 3e 2; 29 élèves en 3e 3.

1. Dans une feuille de calcul de tableur, présenter les données sous forme d'un tableau à double entrée dont la première ligne est le niveau des classes (6e, 5e, …) et la première colonne est le numéro de la classe (1, 2, …).

2. La cellule contenant l'effectif de la 4e 3 est vide. Y saisir une formule permettant de calculer cet effectif.

3. a. Écrire des formules permettant de calculer les effectifs des niveaux.

b. Écrire une formule pour calculer l'effectif total du collège.

4. Écrire des formules permettant de calculer les fréquences d'élèves dans chaque niveau.

5. Construire avec le grapheur du tableur un diagramme montrant la répartition des élèves par niveau dans l'établissement.

5 ❺ Dans un sac de pommes DAPI, il y a 124 pommes rouges et 95 pommes vertes. Quelle est la probabilité de tirer au hasard une pomme rouge ?

6 ❺ Si l'on ouvre un livre de 254 pages au hasard, quelle est la probabilité de tomber sur une page dont le numéro commence par 9 ?

>>> Savoir utiliser des connaissances et des compétences mathématiques (suite)

Nombres et calculs : Connaître et utiliser les nombres entiers, décimaux et fractionnaires. Mener à bien un calcul mental, à la main, à la calculatrice, avec un ordinateur.

❶ Traduire les données d'un exercice à l'aide de nombres relatifs.
Mobiliser des écritures différentes d'un même nombre.
Comparer des nombres. Choisir l'opération qui convient.

❷ Maîtriser de manière automatisée les tables de multiplication « dans un sens ou dans l'autre » pour effectuer un calcul mental simple, un calcul réfléchi, un calcul posé portant sur des nombres de taille raisonnable.
Mener à bien un calcul instrumenté (calculatrice, tableur). Conduire un calcul littéral simple.

❸ Évaluer mentalement un ordre de grandeur du résultat avant de se lancer dans un calcul.
Contrôler un résultat à l'aide d'une calculatrice ou d'un tableur.

7 ❷ Calculer mentalement :

a. $-17+11$ **b.** $7\times 0{,}6$ **c.** $5+3\times 5$ **d.** $\frac{2}{7}+\frac{5}{7}$ **e.** $\frac{3}{5}+1$

8 ❷ Calculer mentalement :

a. $2-\frac{2}{3}$ **b.** $\frac{13}{8}-\frac{5}{2}$ **c.** $\frac{2}{11}\times\frac{-22}{10}$ **d.** $8\times\frac{5}{16}$ **e.** $-1+\frac{2}{3}:\frac{1}{3}$

9 ❶ et ❷ Résoudre mentalement :
« 20% des cinquante-cinq vaches du père Lapaille sont des limousines. Combien le père Lapaille possède-t-il de vaches limousines ? »

10 ❶ et ❷ Résoudre mentalement :
« On observe un carré de 3 cm de côté à travers une loupe de grossissement ×2. Quelle est l'aire de l'image du carré visible sur la loupe ? »

11 ❶ et ❷ Chez *Culturstore*, Diégo achète trois CD de jazz à 16,85 euros chacun, un DVD à 22,70 euros et un roman de science-fiction.
Écrire une expression permettant de déterminer le prix du roman, puis le calculer sachant qu'il a dépensé 95 euros au total.

12 ❶ et ❷ Dire si les phrases suivantes sont **vraies** ou **fausses** en justifiant la réponse.

a. Le côté d'un carré de 7 cm² d'aire mesure $\sqrt{7}$ cm.

b. $\sqrt{2\,500}$ vaut 500.

c. $\sqrt{2}$ est de l'ordre de 1,4.

d. $\frac{3}{4}$ est plus grand que $\frac{4}{5}$.

e. 3^{-4} est égal à 0,0003.

f. $\frac{5}{3}$ est égal à 1,666666667.

13 ❶ Selem est parti de chez lui et a mis un quart d'heure pour aller à l'arrêt de bus. Le bus est arrivé vingt minutes plus tard, puis a roulé pendant une demi-heure avant de s'arrêter à la porte du collège de Selem.

1. Combien de temps s'est-il écoulé entre le départ de la maison de Selem et son arrivée au collège ? On donnera d'abord le résultat en heures puis en minutes.

2. Quelle fraction d'heure représente ce trajet ?

14 ❶ Un pâtissier a confectionné 2 850 chocolats. Il veut les vendre dans des boîtes de 24.
Combien de boîtes va-t-il utiliser ?

15 ❸ Tarzan se décide à mettre un peu d'ordre dans les lianes qui sont tombées autour de sa cabane. Il les attache toutes ensemble bout à bout, ce qui lui fait une seule liane de 142,25 m. Il coupe cette grande liane de façon à faire huit rouleaux de même longueur.

1. Donner un ordre de grandeur de la longueur de chaque rouleau.

2. Quelle est la longueur exacte de chaque rouleau ?

16 ❷ et ❸ Pour convertir une température T_F en degrés Fahrenheit (°F) en une température T_C en degrés Celsius (°C), on peut utiliser la formule suivante : $T_C=\frac{5}{9}(T_F-32)$.

1. Quand il fait 77°F, combien fait-il en °C ?

2. Léandre dit que, pour passer de degrés Celsius en degrés Fahrenheit, il faut calculer $T_F=\frac{9}{5}T_C+32$.

Lucie lui dit que non, il faut calculer $T_F=\frac{9}{5}(T_c+32)$.

a. Trouver qui a raison en raisonnant avec les expressions.

b. Avec un tableur, vérifier que le résultat trouvé en **a.** est correct.

17 ❷ Soit un rectangle de dimensions 3,7 cm et x cm ainsi qu'un autre rectangle de dimensions x cm et 18,35 cm. Calculer, en fonction de x, les aires de chacun des rectangles et l'aire totale représentée par les deux rectangles.

18 ❷ et ❸ Soit un rectangle de dimensions 4,5 cm et $(2x-5)$ cm.

1. Donner, en fonction de x, une expression de l'aire du rectangle puis la développer et la réduire.

2. Calculer l'aire du rectangle quand x vaut $\frac{11}{2}$.

19 ❸ Pour calculer l'aire d'une petite pièce de la fusée Ariane V, il faut calculer l'expression suivante :

$$2\,500{,}22+2\,128{,}15+420{,}76\times 8{,}13-1\,641{,}28+\frac{2\,500{,}22}{2}$$

1. Donner un ordre de grandeur de cette aire.

2. Comparer l'ordre de grandeur obtenu à l'aire exacte que l'on déterminera à la calculatrice.

>>> Savoir utiliser des connaissances et des compétences mathématiques (suite)

Géométrie : Connaître et représenter des figures géométriques et des objets de l'espace. Utiliser leurs propriétés dans des exercices simples.

❶ Effectuer des constructions simples en utilisant :
– des outils (instruments de dessin, logiciels) ;
– des définitions, des propriétés (en acte et sans nécessité d'indiquer ou de justifier la méthode choisie).
Les tracés doivent pouvoir être réalisés sur papier uni ou support informatique.

❷ Utiliser les propriétés d'une figure et les théorèmes de géométrie pour résoudre par déduction un problème simple.
Raisonner, démontrer. Les supports sont des configurations immédiatement lisibles ; les raisonnements ne font pas systématiquement l'objet d'une mise en forme écrite.
Il est seulement attendu des élèves qu'ils sachent utiliser en situation les propriétés.

❸ Interpréter une représentation plane d'un objet de l'espace, un patron.

20 ❶ **1.** Construire sur papier uni (sans quadrillage) un triangle ABC tel que AB = 7 cm ; BC = 4 cm et AC = 6 cm.
2. Sur la figure précédente, placer le point D tel que ABCD soit un parallélogramme.

21 ❶ Construire un carré dont la diagonale mesure 6 cm.

22 ❶ **1.** Construire un losange RSTU tel que RS = 7 cm.
2. Construire un losange TRAC tel que TA = 8 cm et CR = 6 cm.

23 ❷ À l'aide d'un logiciel de géométrie dynamique, tracer une figure semblable à la figure ci-dessous :

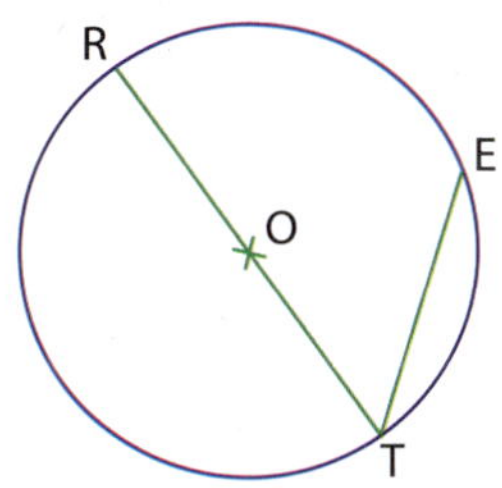

O est le centre du cercle

1. Que peut-on dire du triangle TRE ? Finir de tracer ce triangle.
2. Compléter la figure avec un point A, symétrique du point E par rapport au point O. Que peut-on dire du quadrilatère TERA ?
3. Où faut-il placer le point E pour que TERA soit un carré ?

24 ❷ Pour fabriquer une maquette, Pierre a découpé dans du carton deux triangles en veillant à ce qu'ils soient rectangles :

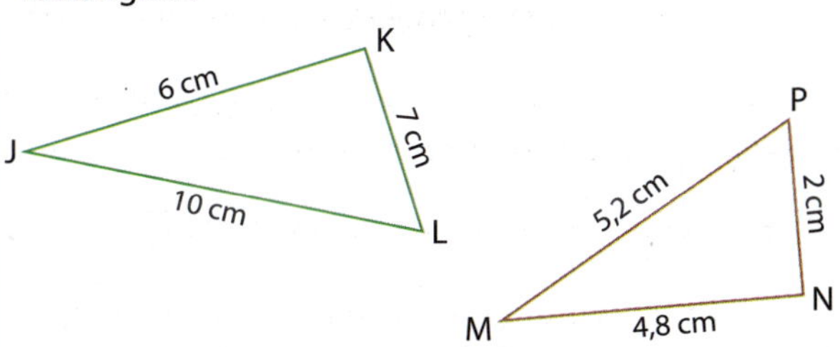

A-t-il obtenu ce qu'il souhaitait ?

25 ❷ Un jardinier fabrique un massif rectangulaire de 10 m sur 15 m. Quelle est la longueur de la diagonale de ce massif ?

26 ❷ Calculer la longueur LM dans le triangle ci-dessous :

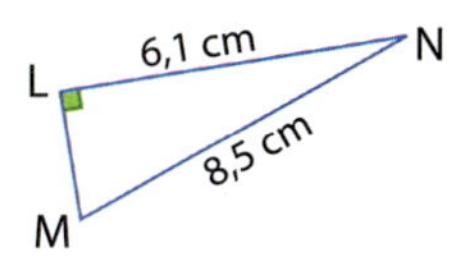

27 ❷ **1.** Quelle est la nature du triangle ABD ?

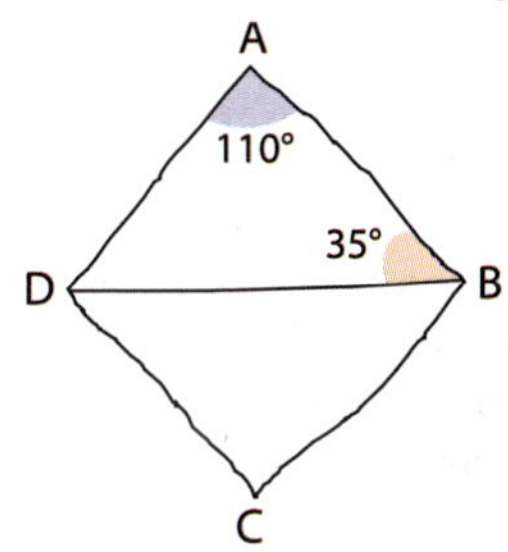

2. Soit C le symétrique de A par rapport à la droite (BD). Quelle est la nature du quadrilatère ABCD ?

28 ❸ Pour représenter la Terre, dessiner une sphère en perspective et tracer un de ses grands cercles.

29 ❸ Ces patrons peuvent-ils être des patrons de parallélépipède rectangle ?

a.

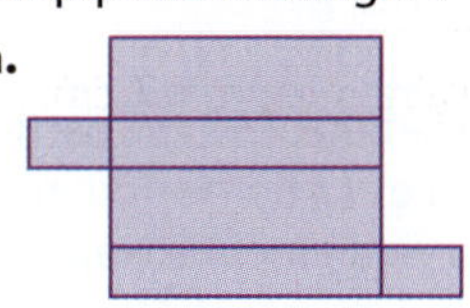

b.

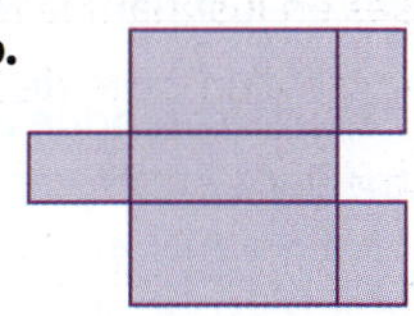

30 ❸

1. Nommer le parallélépipède rectangle dessiné en perspective ci-dessous :

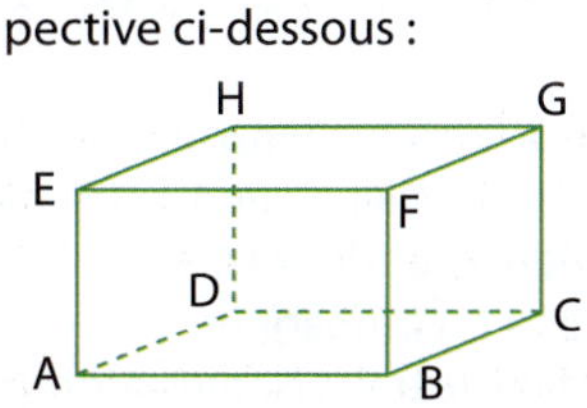

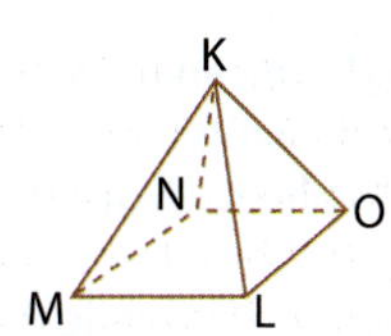

2. Quelle est la nature des faces EFGH et BFGC ?
3. KLMNO est une pyramide régulière à base carrée. Que peut-on dire de MLON ? de KLM ? de KLO ?

>>> Savoir utiliser des connaissances et des compétences mathématiques (suite)

Grandeurs et mesures : Réaliser des mesures (longueurs, durées, masses, températures,...). Calculer des valeurs en utilisant différentes unités.

❶ Mesurer une distance, un angle, une durée.
Calculer une longueur, une aire, un volume, une vitesse, une durée.
Effectuer des conversions d'unités relatives aux grandeurs étudiées.

Tous les exercices correspondent à l'item ❶.

31 • L'or a une masse volumique de 19 300 kg/m^3 (ce qui signifie que 1 m^3 d'or a une masse de 19 300 kg).
• Le platine a une masse volumique de 21 450 kg/m^3.
1. Quel est le volume d'un lingot d'or en forme de parallélépipède rectangle de 24 cm de long, 6 cm de large et 5 cm de haut ?
2. Quel est le volume d'un cylindre de platine de 4 cm de rayon et 12 cm de haut ?
3. Le lingot d'or pèse-t-il plus que le cylindre de platine ?

32 On a offert à Hélène un vase cubique de 13 cm d'arête.
1. Peut-elle verser 2 L d'eau dans ce vase ?
2. Si elle y verse 1,69 L d'eau, quel sera le niveau de l'eau dans le vase ? Donner la réponse en cm.

33 Dans l'air, le son se déplace à la vitesse de 340 m/s.
1. Quelle distance parcourt un son en une minute ?
2. Combien de temps met une explosion pour être entendue à une distance de 2 km ?

34

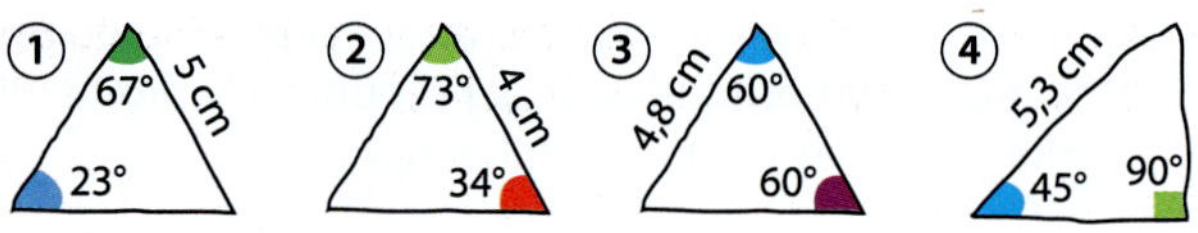

1. Combien mesure le troisième angle du triangle ① ? Quelle est la nature de ce triangle?
2. Montrer que le triangle ② est isocèle.
3. Quelle est la nature du triangle ③ ?
4. Quelle est la nature du triangle ④ ?

35 Théa s'est rendue en Italie cet été. Elle est partie de Montpellier, s'est arrêtée à Marseille et à Rome pour rendre visite à des amies avant d'arriver finalement à Naples.
1. Elle a parcouru les 171 km qui séparent Montpellier de Marseille en 1 h et 48 minutes. Quelle a été sa vitesse moyenne sur ce parcours ?
2. En roulant à cette même vitesse, combien de temps a-t-elle mis pour parcourir les 893 km qui séparent Marseille de Rome ?
3. Enfin, en roulant toujours à la même vitesse moyenne, Théa a mis 2 h et 24 minutes pour aller de Rome à Naples. Quelle est la distance qui sépare ces deux villes ?
4. Au retour, son amie Clara l'a accompagnée et elles ont conduit à tour de rôle pour faire le trajet Naples-Montpellier en une seule fois. Elles sont parties de Naples à 09 h 25 le matin et ont roulé à la vitesse moyenne de 80 km/h. À quelle heure sont-elles arrivées à Montpellier ?

36 Jean-Yves fabrique deux boîtes cubiques gigognes, c'est-à-dire que l'on peut mettre la plus petite boîte dans la plus grande. La petite mesure 6 cm d'arête. La grande a une arête deux fois plus grande :

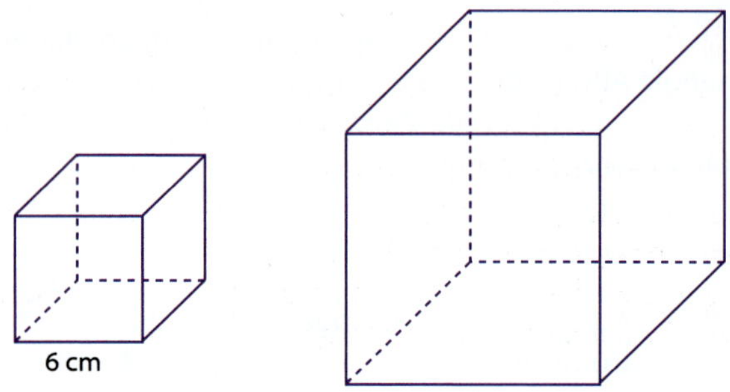

1. Quelle est l'aire totale des cinq faces de la petite boîte (sans le dessus qui est ouvert) ?
2. Quel est le volume de la petite ?
3. Peut-on trouver l'aire totale des cinq faces de la grande à partir de celle de la petite ?
4. Le volume de la grande est combien de fois supérieur à celui de la petite ?

37 La pyramide de Khéops est une pyramide régulière à base carrée de 232 m de côté.
Sachant que son volume vaut 2 619 434 m^3, calculer sa hauteur.

38 • ABCD est un carré avec AB = 4 cm.
• EFGH est un rectangle avec EF = 2,5 cm et FG = 7 cm.
• JKL est un triangle tel que JK = 6,5 cm ; KL = 7 cm ; JL = 4 cm et KM = 6,5 cm.
• NOPQ est un parallélogramme tel que NQ = 3,5 cm ; NO = 4 cm et SR = 3,5 cm.
• ($\mathscr{C}$) est un cercle de centre T avec TU = 3 cm.

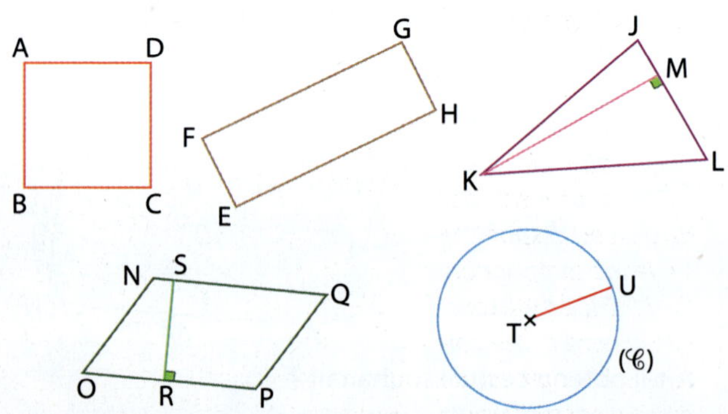

1. Ranger les périmètres de ces figures dans l'ordre croissant.
2. Ranger les aires de ces figures dans l'ordre décroissant.

>>> Pratiquer une démarche scientifique, résoudre des problèmes

- Rechercher, extraire et organiser l'information utile.
- Réaliser, manipuler, mesurer, calculer, appliquer des consignes.
- Raisonner, argumenter, pratiquer une démarche expérimentale ou technologique, démontrer.
- Présenter la démarche suivie, les résultats obtenus, communiquer à l'aide d'un langage adapté.

Les problèmes proposés ci-dessous sont des tâches complexes, car ces tâches correspondent au mieux aux quatre items du domaine « PRATIQUER UNE DÉMARCHE SCIENTIFIQUE, RÉSOUDRE DES PROBLÈMES ». Ces items étant traités dans chaque problème proposé, ils ne font pas l'objet de mention particulière dans les problèmes.

« Une tâche complexe est une tâche mobilisant des ressources internes (culture, capacités, connaissances, vécu…) et externes (aides méthodologiques, protocoles, fiches techniques, ressources documentaires…). Chaque élève peut adopter une démarche personnelle de résolution pour réaliser la tâche. Une tâche complexe ne se réduit pas à l'application d'une procédure automatisée. »

(Vade-Mecum Palier 3 Compétence 3, ministère de l'Éducation Nationale

39 Les fourmis

Lola a lu dans une encyclopédie qu'il existe environ 20 000 espèces de fourmis pour un total d'environ 10 millions de milliards de fourmis sur Terre. Pour se faire une idée de ce qu'une telle quantité représente, elle imagine qu'elles se rangent les unes derrière les autres.

- Quelle longueur cette « chaîne de fourmis » représenterait-elle par rapport à la circonférence de la Terre ?

40 L'expert

Vous êtes un expert en jeux de stratégie, appelé en renfort par les responsables de l'émission TV *Fort Brouillard*. Ceux-ci trouvent que les candidats de l'émission gagnent trop souvent au « Jeu des bâtonnets » et il vous est demandé d'apprendre aux Maîtres du jeu à mieux jouer.

Dans ce jeu, il y a 20 bâtonnets posés côte à côte sur un plateau. Chacun des deux joueurs enlève à son tour 1, 2 ou 3 bâtonnets du plateau de jeu. Le perdant est celui qui prend le dernier bâtonnet. C'est le candidat qui commence.

- Qu'allez-vous donner comme conseils aux Maîtres du jeu ?

41 L'escargot et la piscine

La piscine de Gevray-sur-Oise respecte les dimensions recommandées par la Fédération internationale de natation. Elle est actuellement vide et en cours de nettoyage. Pour entraîner l'escargot le plus rapide du monde (*record établi en 2006 dans le comté de Congham, au Royaume-Uni*), on le dépose au fond de la piscine, sur une petite marque au centre.

- Combien de temps au minimum mettra l'escargot pour sortir de la piscine ?

Téléchargement

42 La vidéo

Pour faire cet exercice, il faut visionner une vidéo disponible sur le site compagnon. Cette vidéo a été tournée à bord d'une voiture : il s'agit ici de déterminer si elle roule trop vite ou non.

43 La chambre

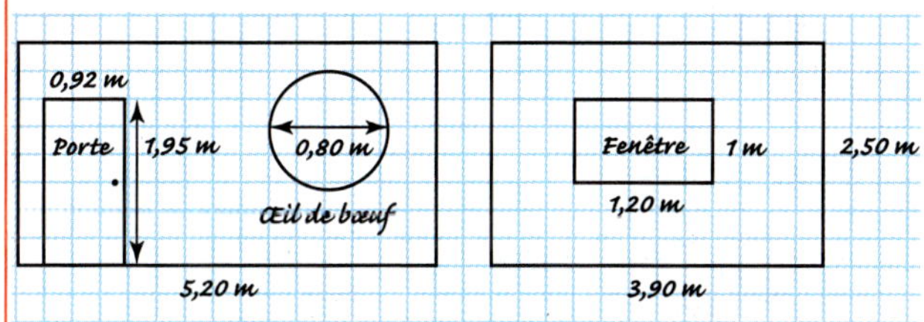

Madame Daline rénove une chambre de sa maison. Cette pièce est rectangulaire et le croquis ci-dessus indique les particularités de deux de ses murs, les deux autres étant de simples rectangles, sans ouverture. Madame Daline hésite entre deux revêtements muraux : du papier peint ou de la toile de verre recouverte de peinture blanche. Elle ne sait pas encore si elle fera les travaux elle-même ou si elle les fera faire.

Au magasin *Bricocool*, elle a relevé les prix suivants pour les revêtements qui l'intéressaient :

Revêtement en papier peint
- Papier peint « Aurore boréale » : 35,90 € le rouleau (10,05 x 0,56 m, sans raccords).
- Colle pour papier peint : 6,40 € le pot de 300 g (rendement : environ 100 g pour 2 rouleaux).
- Forfait « Aurore boréale all inclusive » : 43,50 € le m^2 posé (tout est compris dans le prix).

Revêtement en toile de verre et peinture blanche
- Toile de verre « Gratti Tutti » : 30,99 € le rouleau (1 × 25 m).
- Colle pour toile de verre : 21,20 € le pot de 5 kg (rendement : environ 5 m^2/kg).
- Peinture blanche sur toile de verre : 37,90 € le pot de 2,5 L (rendement : environ 10 m^2/L).
- Forfait « Gratti Tutti all inclusive » : 36,50 € le m^2 (tout est compris dans le prix, sauf la peinture blanche, à fournir).

1. Si Madame Daline veut la solution la moins chère, que va-t-elle choisir ?

2. Si Madame Daline veut la solution la moins chère sans faire elle-même les travaux, que va-t-elle choisir ?

Activités

1 Calculer avec des nombres relatifs

Quentin a effectué les trois calculs proposés par son professeur. Mais il a commis une erreur dans chacun d'eux…

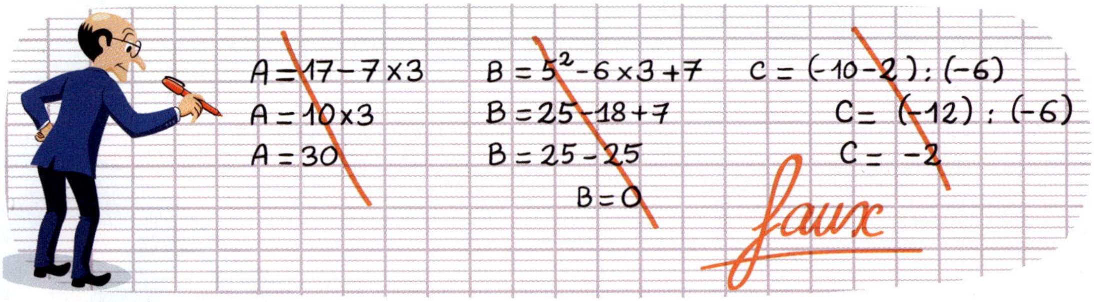

1. Identifier dans chaque calcul l'erreur commise par Quentin.

2. Effectuer correctement les trois enchaînements d'opérations proposés.

2 Calculer avec des écritures fractionnaires

Reproduire et compléter les deux calculs proposés en utilisant les neuf cartes vertes à disposition :

Calcul 1 $\frac{5}{2} : \frac{7}{3} + \frac{6}{7} = \frac{\cdots}{\cdots} \times \frac{\cdots}{\cdots} + \frac{\cdots}{\cdots} = \frac{\cdots}{\cdots} + \frac{\cdots}{\cdots} = \frac{\cdots}{\cdots}$

Calcul 2 $\frac{2}{5} \times \frac{3}{7} + \frac{6}{7} = \frac{\cdots}{\cdots} + \frac{\cdots}{\cdots} = \frac{\cdots}{\cdots}$

$\frac{36}{35}$ $\frac{12}{14}$ $\frac{27}{14}$ $\frac{15}{14}$ $\frac{6}{7}$ $\frac{5}{2}$ $\frac{3}{7}$ $\frac{6}{35}$ $\frac{30}{35}$

3 Étudier le produit et le quotient de deux puissances d'un même nombre

1. Recopier et compléter chacune des égalités suivantes :

a. $5^4 \times 5^2 = 5 \times 5 \times 5 \times 5 \times 5 \times 5 = 5^{\cdots}$

b. $7^6 \times 7^3 = \ldots\ldots\ldots\ldots = 7^{\cdots}$

c. $10^7 \times 10^1 = \ldots\ldots\ldots\ldots = 10^{\cdots}$

d. $\frac{5{,}2^6}{5{,}2^4} = \frac{\ldots\ldots\ldots\ldots}{\ldots\ldots\ldots\ldots} = 5{,}2^{\cdots}$

e. $\frac{10^4}{10^7} = \frac{\ldots\ldots\ldots\ldots}{\ldots\ldots\ldots\ldots} = 10^{\cdots}$

2. Exprimer, à l'aide d'une seule puissance, les expressions suivantes :

a. $4^8 \times 4^3$ **b.** $6{,}3^7 \times 6{,}3^{-5}$ **c.** $(-5)^8 \times (-5)^{-17}$ **d.** $\frac{11^{13}}{11^6}$ **e.** $\frac{(-13)^{16}}{(-13)^{-12}}$ **f.** $\frac{(5{,}1)^6}{(5{,}1)^{10}}$

3. Recopier et compléter les formules suivantes, où ***a*** est un nombre non nul et où ***m*** et ***p*** sont deux entiers relatifs :

• $a^m \times a^p = a^{\cdots}$ • $\frac{a^m}{a^p} = a^{\cdots}$

4 Étudier la puissance d'une puissance d'un nombre

1. Recopier et compléter chacune des égalités suivantes :

a. $(5^4)^3 = 5 \times 5 \times 5 \times 5 \times 5 \times 5 \times 5 \times 5 \times 5 \times 5 \times 5 \times 5 = 5^{\cdots}$

b. $(9^6)^2 = \dots\dots\dots\dots = 9^{\cdots}$

c. $(10^2)^5 = \dots\dots\dots\dots = 10^{\cdots}$

2. Exprimer, à l'aide d'une seule puissance, les expressions suivantes :

a. $(4^8)^3$ **b.** $(2{,}7^5)^3$ **c.** $(5^{-4})^6$ **d.** $(-6^7)^2$

3. Recopier et compléter la formule suivante, où a est un nombre non nul et où m et p sont deux entiers relatifs :

$$(a^m)^p = a^{\cdots}$$

5 Étudier le produit et le quotient de deux nombres à la même puissance

1. Recopier et compléter chacune des égalités suivantes :

a. $5^3 \times 7^3 = 5 \times 5 \times 5 \times 7 \times 7 \times 7 = 5 \times 7 \times 5 \times 7 \times 5 \times 7 = (5 \times 7)^{\cdots} = 35^{\cdots}$

b. $\dfrac{7^5}{2^5} = \dfrac{7 \times 7 \times 7 \times 7 \times 7}{2 \times 2 \times 2 \times 2 \times 2} = \dfrac{7}{2} \times \dfrac{7}{2} \times \dfrac{7}{2} \times \dfrac{7}{2} \times \dfrac{7}{2} = \left(\dfrac{7}{2}\right)^{\cdots} = 3{,}5^{\cdots}$

c. $3^4 \times 2^4 = \dots\dots\dots\dots = (3 \times 2)^{\cdots} = 6^{\cdots}$

d. $\dfrac{4{,}2^4}{3^4} = \dfrac{\dots\dots}{\dots\dots} = \left(\dfrac{4{,}2}{3}\right)^{\cdots} = 1{,}4^{\cdots}$

e. $10^5 \times 8^5 = \dots\dots\dots\dots = (\dots \times \dots)^{\cdots} = 80^{\cdots}$

f. $\dfrac{(-5)^6}{4^6} = \dfrac{\dots\dots}{\dots\dots} = \left(\dfrac{\dots}{\dots}\right)^{\cdots} = (-1{,}25)^{\cdots}$

2. Exprimer, à l'aide d'une seule puissance, les expressions suivantes :

a. $10^6 \times 3{,}1^6$ **b.** $5^4 \times 3^4$ **c.** $7^9 : 2^9$ **d.** $8{,}4^5 : 4^5$

3. Recopier et compléter les formules suivantes, où a et b sont deux nombres non nuls et où m est un entier relatif :

- $a^m \times b^m = (ab)^{\cdots}$
- $\dfrac{a^m}{b^m} = \left(\dfrac{a}{b}\right)^{\cdots}$

6 Utiliser la notation scientifique d'un nombre

1. Écrire les nombres suivants en écriture décimale :

- 10^9 • 10^6 • 10^3 • 10^0 • 10^{-3} • 10^{-6} • 10^{-9}

2. La Terre est environ à 150 000 000 km du Soleil.

a. Recopier et compléter les différentes écritures de ce nombre proposées ci-dessous à l'aide de puissances de 10 :

- $D_{TS} = 150\,000 \times 10^{\cdots}$ km • $D_{TS} = 150 \times 10^{\cdots}$ km • $D_{TS} = 15 \times 10^{\cdots}$ km • $D_{TS} = 1{,}5 \times 10^{\cdots}$ km

b. Parmi ces écritures, quelle est celle que l'on appelle la notation scientifique ?

c. Donner une définition de la notation scientifique d'un nombre.

3. Le diamètre d'un atome d'hydrogène est d'environ 0,000 000 002 4 m.

a. Donner plusieurs écritures de ce nombre à l'aide de puissances de 10.

b. Parmi ces écritures, indiquer celle en notation scientifique.

Tu peux vérifier ta réponse à la calculatrice. → Calculatrice 3

Savoir faire

1 Calculer avec des nombres relatifs, des écritures fractionnaires et des puissances

ANIMATION

Énoncé

Calculer $A = \dfrac{4^2}{15} - \left(\dfrac{15}{3} + \dfrac{-8}{3}\right) : \dfrac{5}{2}$ en montrant les étapes de calcul.

Solution commentée

$A = \dfrac{4^2}{15} - \left(\dfrac{15}{3} + \dfrac{-8}{3}\right) : \dfrac{5}{2}$ — On effectue les calculs entre parenthèses.

$A = \dfrac{4^2}{15} - \dfrac{7}{3} : \dfrac{5}{2}$ — On calcule les puissances.

$A = \dfrac{16}{15} - \dfrac{7}{3} : \dfrac{5}{2}$ — La division est prioritaire.

$A = \dfrac{16}{15} - \dfrac{14}{15}$ — On effectue la soustraction.

$A = \dfrac{2}{15}$

Avec les TICE

La calculatrice peut te permettre de vérifier tes calculs.

→ Calculatrice 4

$\dfrac{4^2}{15} - \left(\dfrac{15}{3} + \dfrac{-8}{3}\right) \div \dfrac{5}{2}$

$\dfrac{2}{15}$

Exercices d'application

1 Effectuer les calculs suivants :

a. $A = 31 - 11 \times 4$ **b.** $B = 10^3 + 8 \times 10^2 + 5 \times 10 + 7$

c. $C = 15^2 - 6 : 2$ **d.** $D = (14 - 6)^2 + (14 + 6)^2$

2 Effectuer les calculs suivants :

a. $E = 2 + 8 \times 3 + 7$ **b.** $F = 10^3 - 4 \times 10^2 + 4 \times 10 - 6$

c. $G = 38 : 2 - 9 \times 3$ **d.** $H = (5 + 7)^2 - (15 - 4)^2$

3 On note $S = x + y$ et $D = x - y$.

Calculer S et D avec :

a. $x = 17$ et $y = 5{,}3$; **b.** $x = -32$ et $y = 45$; **c.** $x = -9$ et $y = -14$.

4 On note $P = x \times y$ et $Q = x : y$.

Calculer P et Q avec :

a. $x = 7$ et $y = 5$; **b.** $x = -36$ et $y = 1{,}2$; **c.** $x = -19$ et $y = -4$.

5 Effectuer les calculs suivants en donnant le résultat sous forme d'une fraction irréductible :

a. $\left(\dfrac{4}{3} - \dfrac{2}{9}\right) \times \dfrac{5}{4}$ **b.** $\dfrac{7}{15} - \dfrac{3}{25} : \dfrac{9}{35}$ **c.** $\left(\dfrac{1}{2}\right)^3 - \left(\dfrac{1}{3}\right)^2$

6 Effectuer les calculs suivants en donnant le résultat sous forme d'une fraction irréductible :

a. $\left(\dfrac{5}{6} - \dfrac{2}{9}\right) \times \dfrac{7}{4}$ **b.** $-\dfrac{13}{5} - \dfrac{8}{25} : \dfrac{16}{35}$ **c.** $\left(\dfrac{5}{4}\right)^3 + \dfrac{7}{8} \times \dfrac{5}{8}$

7 Effectuer les calculs suivants en donnant le résultat sous forme d'une fraction irréductible :

a. $\dfrac{5}{11} \times \dfrac{8}{7} : \dfrac{15}{22}$ **b.** $\dfrac{9}{5} \times \dfrac{7}{8} - \dfrac{3}{4} : \dfrac{5}{7}$

8 Effectuer les calculs suivants en donnant le résultat sous forme d'une fraction irréductible :

a. $\left(\dfrac{3}{5}\right)^2 - 3$ **b.** $2 \times \left(2 - \left(2 - \dfrac{1}{5}\right)\right)$

9 Effectuer les calculs suivants en donnant le résultat sous forme d'une fraction irréductible :

a. $\left(\dfrac{4}{6} - \dfrac{5}{3}\right) : \left(\dfrac{3}{4} + \dfrac{3}{16}\right)$ **b.** $\dfrac{\dfrac{5}{16} - \dfrac{7}{2}}{\dfrac{7}{8} + 1}$

10 Vu au **BREVET**

On donne $A = \dfrac{9}{7} - \dfrac{2}{5} \times \dfrac{15}{8}$.

Calculer A et donner le résultat sous la forme d'une fraction irréductible.

Pondichéry, 2007

Voir aussi les Exercices 21 à 36

2 Calculer avec des puissances

Animation

Énoncé

Écrire chaque expression sous la forme a^n, où a est un nombre relatif et n est un entier :

- $7^5 \times 7^6$
- $\dfrac{4^7}{4^5}$
- $(10^8)^5$
- $(-6)^8 \times 0{,}5^8$

Solution commentée

- $7^5 \times 7^6 = 7^{5+6} = \mathbf{7^{11}}$

  Pour multiplier deux puissances d'un même nombre, on ajoute les exposants.

- $\dfrac{4^7}{4^5} = 4^{7-5} = \mathbf{4^2}$

  Pour diviser deux puissances d'un même nombre, on soustrait les exposants.

- $(10^8)^5 = 10^{8\times5} = \mathbf{10^{40}}$

  Pour calculer la puissance d'une puissance d'un nombre, on multiplie les exposants.

- $(-6)^8 \times 0{,}5^8$
  $= (-6 \times 0{,}5)^8$
  $= (-3)^8 = (-1 \times 3)^8$
  $= (-1)^8 \times 3^8 = \mathbf{3^8}$

  Le produit de deux nombres à une même puissance est égal à la puissance du produit des nombres.

Avec les TICE

La calculatrice peut te permettre de vérifier tes calculs. → Calculatrice 2

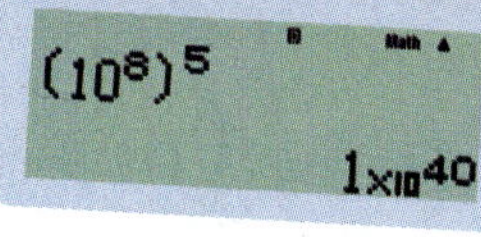

Exercices d'application

11 Recopier et compléter :

a. $5^3 \times 5^4 = 5^{\cdots}$ **b.** $(-7)^6 \times (-7)^5 = (-7)^{\cdots}$
c. $10^7 \times 10^{-5} = 10^{\cdots}$ **d.** $8^3 \times 8^{-4} \times 8^9 = 8^{\cdots}$

12 Écrire chaque produit sous la forme a^n, où a est un nombre relatif et n est un entier :

a. $7^{12} \times 7^6$ **b.** $(-6)^{-8} \times (-6)^{12}$
c. $10^{-9} \times 10^4$ **d.** $3^{31} \times 3^{43} \times 3^{-52}$

13 Recopier et compléter :

a. $\dfrac{7^4}{7^9} = 7^{\cdots}$ **b.** $\dfrac{(-5)^{14}}{(-5)^8} = (-5)^{\cdots}$
c. $\dfrac{10^{-9}}{10^8} = 10^{\cdots}$ **d.** $\dfrac{4^5}{4^{-8}} = 4^{\cdots}$

14 Écrire chaque quotient sous la forme a^n, où a est un nombre relatif et n est un entier :

a. $\dfrac{7^{24}}{7^8}$ **b.** $\dfrac{(-7)^{11}}{(-7)^{18}}$
c. $\dfrac{10^{-5}}{10^{-8}}$ **d.** $\dfrac{9^{15}}{9^{-7}}$

15 Recopier et compléter :

a. $(2^3)^7 = 2^{\cdots}$ **b.** $((-5)^4)^3 = (-5)^{\cdots}$
c. $(10^9)^9 = 10^{\cdots}$ **d.** $(11^1)^{-8} = 11^{\cdots}$

16 Écrire chaque puissance sous la forme a^n, où a est un nombre relatif et n est un entier :

a. $(3^3)^2$ **b.** $((-5)^7)^8$ **c.** $(5^2)^{-5}$ **d.** $(10^{-6})^{-2}$

17 Recopier et compléter chaque produit :

a. $5^3 \times 7^3 = \ldots^3$ **b.** $(-7)^6 \times 5^6 = \ldots^6$
c. $10^7 \times 7{,}1^7 = \ldots^7$ **d.** $8^{-3} \times 3{,}2^{-3} = \ldots^{-3}$

18 Écrire chaque produit sous la forme a^n, où a est un nombre relatif et n est un entier :

a. $7^{12} \times 1{,}2^{12}$ **b.** $42^8 \times (-5)^8$
c. $0{,}2^{-9} \times 10^{-9}$ **d.** $5^{21} \times 3^{21} \times 2^{21}$

19 Écrire chaque expression sous la forme a^n, où a est un nombre relatif et n est un entier :

a. $\dfrac{5^7 \times 5^3}{5^4}$ **b.** $\dfrac{10^5 \times 10^3}{10^6}$ **c.** $\dfrac{(8^7)^6}{8^4}$
d. $\dfrac{(9^{-3})^8}{9^4}$ **e.** $\dfrac{2^7 \times 2^{13}}{2^4 \times 2^5}$ **f.** $\dfrac{6^6 \times 6^{-7}}{6^{-5} \times 6^3}$

20 Vu au BREVET QCM

$\dfrac{(10^{-3})^2 \times 10^4}{10^{-5}}$ est égal à : ⓐ 10^{-7} ⓑ 10^{-15} ⓒ 10^3

Pondichéry, 2011

Voir aussi les Exercices 37 à 63

Exercices d'entraînement

Calculs avec nombres relatifs et écritures fractionnaires

SOCLE 3e

POUR COMMENCER

21 Calculer :

a. $48 - 18$ **b.** $-29 - 9$ **c.** $-14 + 4$
d. $23 - 6 + 3$ **e.** $-17 + 8 - 9 + 6$

22 Calculer :

a. $(-13) \times (+4)$ **b.** $(+9) : (-2)$ **c.** $120 : 6 \times 2$

23 Calculer :

a. $\frac{8}{7} + \frac{3}{7}$ **b.** $\frac{8}{7} - \frac{3}{7}$ **c.** $\frac{8}{7} \times \frac{3}{7}$ **d.** $\frac{8}{7} : \frac{3}{7}$

24 Calculer :

a. $29 - 9 \times 3$ **b.** $(29 - 9) \times 3$
c. $12 + 8 : (-2)$ **d.** $-15 + 15 \times 3^2$

25 Calculer :

a. $29 - 9^2 \times 3$ **b.** $(29 - 9)^2 \times 3$
c. $12 + 8 : (-2)^2$ **d.** $-15 + 15^2 \times 3$

26 Calculer :

a. $\frac{7}{4} + \frac{3}{8}$ **b.** $\frac{7}{4} - \frac{3}{8}$ **c.** $\frac{7}{4} \times \frac{3}{8}$ **d.** $\frac{7}{4} : \frac{3}{8}$

27 Calculer :

a. $\frac{9}{5} + \frac{17}{15}$ **b.** $\frac{4}{5} - \frac{8}{15}$ **c.** $\frac{4}{5} \times \frac{8}{15}$ **d.** $\frac{2}{5} : \frac{7}{15}$

28 Calculer et donner le résultat sous forme d'une fraction simplifiée :

a. $\frac{-2}{6} + \frac{7}{8}$ **b.** $\frac{-11}{12} - \frac{1}{18}$ **c.** $\frac{-15}{2} \times \frac{8}{5}$
d. $\frac{-27}{10} \times \frac{-5}{-9}$ **e.** $\frac{9}{5} : \frac{5}{-6}$ **f.** $\frac{-9}{5} : \frac{-8}{3}$

29 Calculer et donner le résultat sous la forme fractionnaire la plus simple possible :

a. $\frac{1}{3} + \frac{7}{2} - \frac{7}{6}$ **b.** $\frac{4}{5} - \frac{9}{5} \times \frac{1}{2}$ **c.** $\frac{-7}{4} \times \left(\frac{1}{5} - \frac{3}{10}\right)$

30 Calculer et donner le résultat sous la forme fractionnaire la plus simple possible :

a. $\frac{4}{5} + \frac{8}{15} - \frac{3{,}6}{1{,}5}$ **b.** $\frac{10}{9} - \frac{7}{9} \times \frac{5}{3}$ **c.** $-\frac{11}{28} - \frac{4}{7} : \frac{1}{4}$

31 Calculer et donner le résultat sous la forme d'une fraction irréductible :

a. $\dfrac{\frac{7}{2} - 1}{\frac{6}{5} + 3}$ **b.** $\dfrac{\frac{8}{3} + \frac{5}{2}}{\frac{5}{6} - \frac{1}{3}}$

32 Karim, Samir et Nicolas ont fait un petit match de football avec des amis. Durant ce match :
- Karim a eu le ballon un huitième du temps de jeu ;
- Samir a eu le ballon un cinquième du temps de jeu ;
- Nicolas a eu le ballon la moitié du temps de Karim.

1. Qui a eu le ballon le plus longtemps ?
2. À eux trois, quelle fraction du temps total ont-ils possédé le ballon ?
3. Sachant qu'un match de football dure 90 minutes, pendant combien de temps Karim a-t-il eu le ballon (à la seconde près) ?

33 Lors d'un contrôle commun de mathématiques :
- en 3e A, 15 élèves sur 25 ont eu la moyenne ;
- en 3e B, $\frac{3}{4}$ des élèves ont eu la moyenne ;
- en 3e C, 70 % des élèves ont eu la moyenne.

Dans quelle classe de 3e, la proportion des élèves ayant eu la moyenne est-elle la plus forte ?

34 William et Kate habitent deux villes éloignées de plusieurs kilomètres. Ils vont à la rencontre l'un de l'autre.
William, avec son scooter, a parcouru $\frac{1}{4}$ du trajet et Kate, avec son vélo, $\frac{2}{7}$ du trajet.

1. Qui a parcouru le plus long trajet ?
2. Quelle fraction du trajet total les sépare encore ?
3. Sachant qu'ils habitent à 42 km l'un de l'autre, calculer la distance qu'il leur reste à parcourir.

35 Au cinéma, Tom dépense un cinquième de son argent de poche pour acheter un ticket d'entrée et les trois quarts du reste de son argent pour acheter un sac de pop-corn.
Quelle fraction de son argent de poche représente le montant de l'achat du pop-corn ?

36 D'après le site *Star-counter.com*, en 2012, sept internautes européens sur vingt utilisent le navigateur Firefox pour surfer sur Internet.

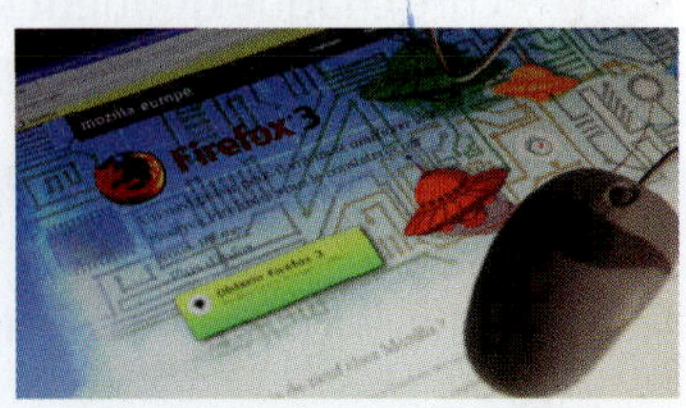

Parmi ces utilisateurs, la moitié seulement utilise la dernière version de ce navigateur.
Quel pourcentage du total des internautes utilise la dernière version de Firefox ?

Calculs avec des puissances — SOCLE 3e

POUR COMMENCER

37 Calculer les puissances suivantes et donner la réponse sous forme d'un nombre entier ou décimal :

a. 7^2 **b.** 2^5 **c.** 5^2 **d.** 10^6
e. 2^{-2} **f.** 2^{-3} **g.** 10^{-4} **h.** 10^{-5}

38 Calculer en utilisant la calculatrice et donner la réponse sous forme d'un nombre entier ou décimal → *Calculatrice 1* :

a. 2^{10} **b.** 11^4 **c.** 17^3 **d.** 2^{-8}
e. 4^{-5} **f.** $(-3)^{10}$ **g.** $(-8)^7$ **h.** $(-13)^6$

39 Écrire sous forme d'une puissance de 10 les nombres suivants :

a. 1 000 **b.** 10 000 **c.** 0,001 **d.** 0,000 0001

40 Calculer chacune des expressions suivantes :

a. $A = 3 + 3^3$ **b.** $B = 7 + 10^2 + 10^{-2}$ **c.** $C = 13 - 3^4$

41 Calculer chacune des expressions suivantes :

a. $D = 5 \times 2^6$ **b.** $E = (5 \times 2)^6$ **c.** $F = 6^2 : 2^4$

42 Calculer chacune des expressions suivantes :

a. $G = 5 \times 2^4 - 5^2 \times 2$
b. $H = 4^2 - 2^3 + 2^{-3}$
c. $I = 7 \times (1 + 3^2)^3$

43 Calculer les expressions suivantes pour $x = 4$ et $y = (-2)$:

a. $3 + x^2 + y^2$ **b.** $4 + x^3 - y^5$
c. $(x + y)^4$ **d.** $(x - y)^3$

44 Calculer, en utilisant la calculatrice, les expressions suivantes pour $a = 5$ et $b = (-8)$ → *Calculatrice 1* :

a. $9 + a^5 + b^3$ **b.** $120 - a^4 + b^3$
c. $(a + b)^6$ **d.** $(a - b)^6$

45 Écrire chaque expression sous la forme 10^n, où n est un entier relatif :

a. $10^7 \times 10^2$ **b.** $10^1 \times 10^3$ **c.** $10^5 \times 10^{-9}$
d. $10^5 \times 10^{-2}$ **e.** $10^{-5} \times 10^2$ **f.** $10^{-6} \times 10^6$

46 Écrire chaque expression sous la forme 10^n, où n est un entier relatif :

a. $\dfrac{10^8}{10^3}$ **b.** $\dfrac{10^{11}}{10^2}$ **c.** $\dfrac{10^{-9}}{10^2}$

d. $\dfrac{10^{11}}{10^{-5}}$ **e.** $\dfrac{10^{-7}}{10^{-3}}$ **f.** $\dfrac{10^4}{10^{-8}}$

47 Écrire chaque expression sous la forme 10^n, où n est un entier relatif :

a. $(10^5)^3$ **b.** $(10^5)^4$ **c.** $(10^5)^9$
d. $(10^{-3})^6$ **e.** $(10^2)^{-4}$ **f.** $(10^{-5})^{-4}$

48 Écrire chaque expression sous la forme 10^n, où n est un entier relatif :

a. $10^{11} \times 10^{-2} \times 10^5$ **b.** $(10^8)^{-2} \times 10^6 \times 10^{-4}$

c. $\dfrac{10^{10} \times 10^{-7}}{10^5}$ **d.** $\dfrac{10^{15} \times 10^{-9}}{10^8}$

e. $\dfrac{10^3 \times 10^{-4}}{10^5 \times 10^{-7}}$ **f.** $\dfrac{(10^2)^3 \times 10^5}{10^{-8} \times 10^{-6}}$

49 Écrire chaque expression sous la forme a^n, où a est un nombre relatif et n est un entier relatif :

a. $5^7 \times 5^2$ **b.** $\dfrac{8^5}{8^3}$ **c.** $(6^3)^2$

d. $5^7 \times 2^7$ **e.** $\dfrac{35^6}{7^6}$ **f.** $(7^5)^5$

50 Écrire chaque expression sous la forme a^n, où a est un nombre relatif et n est un entier relatif :

a. $3^5 \times 3^{-2}$ **b.** $\dfrac{4^5}{4^1}$ **c.** $(17^5)^3$

d. $1{,}2^6 \times 4^6$ **e.** $\dfrac{12^{-4}}{5^{-4}}$ **f.** $(11^{-3})^4$

51 Écrire chaque expression sous la forme a^n, où a est un nombre relatif et n est un entier relatif :

a. $9^{-5} \times 9^3$ **b.** $\dfrac{11^8}{11^2}$ **c.** $(2{,}1^4)^4$

d. $12^{-4} \times 5^{-4}$ **e.** $\dfrac{100^9}{25^9}$ **f.** $(4{,}3^6)^7$

52 Écrire chaque expression sous la forme a^n, où a est un nombre relatif et n un entier relatif :

a. $\dfrac{6^5 \times 6^8}{6^4}$ **b.** $\dfrac{2{,}3^7 \times 2{,}3^{-3}}{2{,}3^6}$ **c.** $\dfrac{(3^2)^6}{3^5}$

d. $\dfrac{(7^{-3})^5}{7^4}$ **e.** $\dfrac{5^{17} \times 5^{23}}{5^1 \times 5^8}$ **f.** $\dfrac{11^8 \times 11^{-2}}{11^{-7} \times 11^4}$

53 Écrire chaque expression sous la forme a^n, où a est un nombre relatif et n est un entier relatif :

a. $2^4 \times 32$ **b.** 16×4^7
c. 16×81 **d.** $3^{-7} \times 81$

54 Donner l'écriture scientifique des nombres suivants :

a. 170 000 **b.** 345 000 000
c. 0,005 **d.** 0,000 018

55 Donner l'écriture scientifique des nombres suivants :

a. 250×10^5 **b.** $3\,700 \times 10^{-8}$
c. $0{,}065 \times 10^7$ **d.** $0{,}02 \times 10^{-5}$

56 Utiliser la calculatrice pour trouver l'écriture scientifique des nombres suivants → *Calculatrice 1 et 3* :

a. $175\,000 \times 30\,000$
b. $0{,}00051 \times 320^2$
c. $1{,}7 \times 10^8 \times 9{,}5 \times 10^{-3}$
d. $0{,}22 \times 10^{10} \times 2{,}9 \times 10^7$

Exercices d'entraînement

57 Utiliser la calculatrice pour trouver l'écriture scientifique des nombres suivants → *Calculatrice 2 et 3* :

a. $\dfrac{2\,526\times10^{3}}{4\times10^{-4}}$ **b.** $\dfrac{-0{,}68\times10^{14}}{5\times10^{4}}$

c. $\dfrac{126\times10^{-5}\times32\times10^{7}}{6\times10^{4}}$ **d.** $\dfrac{4{,}2\times10^{3}\times5{,}9\times(10^{5})^{3}}{3\times10^{6}}$

58 Donner l'écriture scientifique des nombres suivants en détaillant les étapes de calcul :

a. $A = 4 \times 10^{11} \times 8 \times 10^{-5}$

b. $B = -0{,}6 \times 10^{-8} \times 0{,}4 \times 10^{3}$

59 Donner l'écriture scientifique des nombres suivants en détaillant les étapes de calcul :

a. $C = \dfrac{2\,500\times10^{-6}}{2\times10^{5}}$ **b.** $D = \dfrac{-0{,}36\times10^{10}}{3\times10^{2}}$

60 Donner l'écriture scientifique des nombres suivants en détaillant les étapes de calcul :

a. $E = \dfrac{6\times10^{8}\times21\times10^{4}}{9\times10^{3}}$ **b.** $F = \dfrac{-4\times10^{-4}\times80\times(10^{5})^{3}}{5\times10^{2}}$

61 **Sciences physiques**

La vitesse de la lumière est de 3×10^{5} km/s.

a. Quelle distance parcourt la lumière en une minute ?

b. Combien de temps met la lumière pour faire le tour de la Terre (environ 40 000 km) ?

62 **Chimie**

La mole est une unité internationale apparue en 1971. Elle est utilisée en physique et en chimie pour compter les atomes. Par définition, la mole est le nombre d'atomes nécessaire pour obtenir 12 grammes de carbone 12.

1. Sachant que la masse d'un atome de carbone 12 est environ de $1{,}99265 \times 10^{-26}$ kg, calculer le nombre d'atomes contenus dans une mole.

2. La masse d'un atome de plomb est égale à $3{,}45 \times 10^{-25}$ kg. Calculer la masse, en grammes, d'une mole de plomb.

63 À l'automne 2011, la population mondiale a atteint 7 milliards d'êtres humains.
Certains spécialistes en démographie estiment que la population mondiale va continuer de croître à raison de 1 % par an. En utilisant ces prévisions, répondre aux questions suivantes.

1. Quelle sera la population mondiale à l'automne 2012 ? 2013 ? 2014 ?

2. Quelle sera la population mondiale en 2020 ?

3. En quelle année la population mondiale va-t-elle atteindre 10 milliards d'êtres humains ?

Coup de pouce
Tu peux utiliser un tableur pour résoudre cet exercice.

À l'oral

64 Calculer :

a. (–7) + (–7) + (–7) **b.** (–7) + (+7) + (–7)

c. (–7) + (+7) + (+7) **d.** (–7) + (–7) + (+7)

65 Parmi les nombres suivants, quels sont les nombres qui sont égaux :

• $\dfrac{6}{7}$ • $\dfrac{-6}{7}$ • $\dfrac{6}{-7}$ • $\dfrac{-6}{-7}$ • $-\dfrac{6}{7}$

66 Compléter pour que l'égalité soit vraie :

a. (–6) × … = 48 **b.** (–6) × … = –48 **c.** 6 × … = –48

67 Écrire sous forme d'un nombre entier :

a. $\dfrac{-72}{8}$ **b.** $\dfrac{72}{-8}$

c. $-\dfrac{72}{8}$ **d.** $\dfrac{-72}{-8}$

68 Quand c'est possible, écrire sous forme d'une puissance de 5 les nombres suivants :

a. $5^{4} \times 5^{2}$ **b.** 125 **c.** $5^{4} + 5^{3}$

d. 5×5^{8} **e.** $5^{-8} \times 5^{3}$ **f.** $5^{3} \times 5^{8} \times 5^{2}$

g. $5^{-7} \times 5^{9} \times 5^{4}$ **h.** $(-5)^{4} \times 5^{5}$ **i.** $3 \times 5^{3} + 2 \times 5^{3}$

69 Quand c'est possible, écrire sous forme d'une puissance de 10 les nombres suivants :

a. 1 000 000 **b.** 0,000 1 **c.** $10^{3} \times 10^{2}$

d. $10^{4} + 10^{3}$ **e.** 10×10^{-7} **f.** $\dfrac{10^{8}}{10^{5}}$

g. $\dfrac{10^{-1}}{10^{5}}$ **h.** $\dfrac{10^{-3}}{10^{-5}}$ **i.** $2^{6} \times 5^{6}$ **j.** $2^{8} + 5^{8}$

70 **VRAI ou FAUX**

a. $2^{5} = 25$ **b.** $5^{2} = 25$ **c.** $10^{6} + 10^{-6} = 0$

d. $5^{8} - 5^{7} = 5$ **e.** $4^{2} = 2^{4}$ **f.** $3^{4} = 4^{3}$

71 QCM

1. Le nombre décimal 0,246 s'écrit aussi :

ⓐ $2,46 \times 10^{-1}$ ⓑ $24,6 \times 10^{1}$ ⓒ $2,46 \times 10^{1}$

2. Un randonneur parcourt 5 km en 1 h 15 min. Sa vitesse moyenne est :

ⓐ 4 km/h ⓑ 4,3 km/h ⓒ 5,75 km/h.

Polynésie française, 2009

72 QCM

$\dfrac{4\times10^{-3}}{5\times10^{2}}$ est égal à :

ⓐ 0, 000 000 8 ⓑ 8×10^{-6} ⓒ $0,8 \times 10^{-6}$

Amérique du Nord, 2009

73 QCM

1. L'écriture scientifique de 0,0000549 est :

ⓐ 5,49 ⓑ 549×10^{7} ⓒ $5,49 \times 10^{-5}$

2. $\dfrac{3}{4}-\dfrac{5}{4}\times\dfrac{1}{2}$ est égal à :

ⓐ $-\dfrac{2}{4}$ ⓑ $-\dfrac{2}{8}$ ⓒ $\dfrac{1}{8}$

France métropolitaine, 2010

74 QCM

1. Combien vaut 8 % de 1 200 Francs Pacifique (F) ?

ⓐ 150 F ⓑ 80 F ⓒ 96 F

2. Quelle est l'écriture scientifique de 0,00567 ?

ⓐ 567×10^{-5} ⓑ $5,67 \times 10^{-3}$ ⓒ $5,67 \times 10^{-4}$

3. Quelle est la vitesse moyenne d'un coureur qui court le 400 m en une minute ?

ⓐ 40 m/s ⓑ 24 km/h ⓒ 4 km/h

4. Quel est le résultat de $\dfrac{2}{3}-\dfrac{1}{3}\times\dfrac{5}{4}$?

ⓐ $\dfrac{1}{4}$ ⓑ $\dfrac{5}{12}$ ⓒ $-\dfrac{1}{3}$

Polynésie française, 2010

75 Dans chaque cas, indiquer les étapes du calcul.

1. Calculer A et B en donnant le résultat sous la forme d'une fraction simplifiée :

- $A = \dfrac{1}{2}+\dfrac{3}{4}$
- $B = \dfrac{5}{6}:\dfrac{5}{9}$

2. Calculer $C = 10 - [-2 \times (2 - 3) + 5]$.

Nouvelle-Calédonie, 2008

76 **1.** On pose $A = \dfrac{2}{5}+\dfrac{1}{4}$; $B = \dfrac{2}{5}-\dfrac{1}{4}$ et $C = \dfrac{A}{B}$.

Écrire le nombre C sous la forme d'une fraction irréductible.

2. On pose $D = (2^3)^2$; $E = 4^5 \times 3^5$; $F = \dfrac{5^{26}}{5^{17}}$.

Écrire sous la forme d'une puissance d'un nombre entier chacun des nombres D, E et F.

Amérique du Sud, 2008

77 *Dans la question 1 de cet exercice, toute trace de recherche, même incomplète, ou d'initiative même non fructueuse, sera prise en compte dans l'évaluation.*

1. Un propriétaire terrien a vendu le quart de sa propriété en 2006 puis le tiers du reste en 2007.

Quelle fraction de sa propriété lui reste-t-il aujourd'hui ?

2. Quelle est la superficie actuelle de sa propriété sachant qu'elle était au départ de 40 hectares ?

Nouvelle-Calédonie, 2008

78 **1.** Calculer $A = \dfrac{8+3\times4}{1+2\times1,5}$.

2. Pour calculer A, un élève a tapé sur sa calculatrice la succession de touches ci-dessous :

[8] [+] [3] [×] [4] [÷] [1] [+] [2] [×] [1] [.] [5] [=]

Expliquer pourquoi il n'obtient pas le bon résultat.

France métropolitaine, 2009

79 On donne l'expression numérique :

$A = 2 + 10^1 + 10^{-1} + 2 \times 10^2$.

1. Donner l'écriture décimale de A.

2. Donner l'écriture scientifique de A.

3. Écrire A sous la forme d'un produit d'un nombre entier par une puissance de 10.

4. Écrire A sous la forme d'une somme d'un entier et d'une fraction irréductible inférieure à 1.

Liban, 2009

80 Donner l'écriture scientifique du nombre

$\dfrac{6\times10^{4}\times35\times10^{-4}}{14\times10^{3}}$ (avec au moins une étape de calcul).

Amérique du Nord, 2010

81 La vitesse de la lumière est 300 000 km/s.

1. La lumière met $\dfrac{1}{75}$ de seconde pour aller d'un satellite à la Terre.

Calculer la distance séparant le satellite de la Terre.

2. La lumière met environ 8 minutes et 30 secondes pour nous parvenir du Soleil.

Calculer la distance nous séparant du Soleil.

Donner le résultat en écriture scientifique.

Amérique du Nord, 2011

82 On donne l'égalité suivante : $10^5 + 10^{-5} = 10^0$.

Indiquer si cette égalité est vraie ou fausse.

Si elle vraie, écrire les étapes de calcul qui permettent de l'obtenir.

Si elle est fausse, la transformer pour qu'elle devienne vraie.

France métropolitaine, 2011

83 QCM

$3^{-2} \times 3^3 - 3 =$:

ⓐ 0 ⓑ 3^0 ⓒ 3^{-5}

Asie, 2001

Tous les exercices de cette double page sont corrigés p. 315.

J'évalue mes connaissances SOCLE 3e

Pour les exercices 84 à 93, trouve la ou les bonnes réponses parmi celles proposées.

	A	B	C
84 $25 - 5 \times 3$ est égal à :	10	60	90
85 $12 : 2 \times 3$ est égal à :	2	8	18
86 $\frac{13}{8} - \frac{3}{4}$ est égal à :	$\frac{10}{4}$	$\frac{10}{8}$	$\frac{7}{8}$
87 $\frac{1}{3} : \frac{-2}{5}$ se calcule en effectuant :	$\frac{1}{3} \times \frac{2}{5}$	$\frac{1}{3} \times \frac{5}{-2}$	$\frac{3}{1} \times \frac{5}{-2}$
88 $7^m \times 7^n$ est égal à :	$7^{m \times n}$	49^{m+n}	7^{m+n}
89 $(13^4)^6$ est égal à :	13^{10}	13^{24}	13^{46}
90 $8^{10} \times 5^{10}$ est égal à :	40^{10}	40^{20}	40^{100}
91 $\frac{3 \times 10^{-4}}{5 \times 10^2}$ est égal à :	0,000 006	6×10^{-6}	$0,6 \times 10^{-6}$
92 L'écriture scientifique de 720 000 000 est :	720×10^6	72×10^7	$7,2 \times 10^8$
93 L'écriture scientifique de 0,000 084 est :	8,4	$8,4 \times 10^{-5}$	$8,4 \times 10^{-6}$

Tu peux vérifier tes réponses p. 315 et continuer ton entraînement sur le site compagnon

J'évalue mes compétences SOCLE 3e

Calculs avec des nombres relatifs et écritures fractionnaires

94 Calculer :

a. $(+13) + (-54)$ **b.** $(-86) + (-28)$ **c.** $(+92) - (-15)$
d. $(-5) \times (+4)$ **e.** $(-12) \times (-6)$ **f.** $(+9) : (-2)$

95 Calculer :

a. $13 - 4 + 9$ **b.** $118 - 18 + 15 - 9$
c. $6 \times 7 : (-2)$ **d.** $13 \times (-5) : 10 \times 3$

96 Calculer en détaillant les étapes de calcul :

a. $26 - 6 \times 3$ **b.** $42 : 6 \times 2$
c. $(28 + 8) : 3 - 9 \times 2$ **d.** $81 - 11 \times 3 + 18 : 3$

97 À l'aide de la calculatrice, donner la valeur décimale des nombres suivants :

a. $12,3 - 6^2 \times 7,6$ **b.** $4,5^2 \times (7,3 + 8,6)$

98 Déterminer, à l'aide de la calculatrice, l'arrondi au centième des nombres suivants :

a. $\frac{176}{4+3,2}$ **b.** $\frac{817-58,4}{38-92,7}$

99 Calculer :

a. $\frac{9}{5} + \frac{3}{10}$ **b.** $\frac{5}{6} - \frac{3}{8}$ **c.** $\frac{4}{5} \times \frac{2}{3}$ **d.** $\frac{6}{5} : \frac{3}{8}$

100 Calculer et donner le résultat sous la forme d'une fraction la plus simple possible :

a. $\frac{1}{5}+\frac{6}{10}-\frac{6}{15}$ **b.** $\frac{7}{4}-\frac{1}{2}+\frac{-3}{8}$

c. $\frac{4}{7}-\frac{5}{7}\times\frac{1}{2}$ **d.** $\frac{-6}{7}\times\left(\frac{1}{2}-\frac{3}{4}\right)$

101 Vu au **BREVET**

On pose :

$A = 5^2 + 2^2 \times 9$; $C = \frac{3^2}{4+2^2}$; $D = 5 \times 10^3 - 2 \times 10^2$.

Donner l'écriture décimale de ces trois nombres.

2007

102 Calculer et donner le résultat sous forme d'une fraction irréductible :

a. $7+\frac{2}{3}$ **b.** $\frac{-3}{4}-9$ **c.** $\frac{-9}{6}\times(-8)$

d. $5\times\frac{-5}{7}$ **e.** $\frac{-2}{5}:6$ **f.** $-7:\frac{11}{5}$

103 Calculer et donner le résultat sous forme d'une fraction irréductible :

a. $\frac{11}{3}-\frac{5}{6}+\frac{13}{12}$ **b.** $1-\frac{4}{11}+\frac{-1}{33}$

c. $\frac{3}{7}+\frac{6}{14}-\frac{8}{7}$ **d.** $\frac{-7}{9}-\frac{7}{3}+4$

104 Calculer et donner le résultat sous la forme d'une fraction la plus simple possible :

a. $\frac{4}{5}+\frac{7}{15}-\frac{3,8}{1,5}$ **b.** $\frac{-7}{12}-\left(\frac{4}{3}+\frac{5}{4}\right)$

c. $\frac{2}{3}-\frac{1}{5}:\frac{5}{8}$ **d.** $\left(\frac{11}{4}-\frac{2}{8}\right)\times\frac{-7}{10}$

POUR T'AIDER, voir
■ Cours 1 ■ Exercices 21 à 36

Calculs avec des puissances

105 Calculer mentalement les nombres suivants en donnant leur forme entière ou décimale :

a. 2^5 **b.** 2^{-2} **c.** 5^3 **d.** 3^4

e. 10^6 **f.** 10^9 **g.** 10^{-3} **h.** 10^{-5}

106 Calculer chacune des expressions suivantes :

a. $A = 7 \times 2^3 - 5^2 \times 3$ **b.** $B = 11^2 - 2^7 + 10^{-5}$

c. $C = 8 \times (19 - 3^2)^5$ **d.** $(17 - 13)^3 - 2^6$

107 Déterminer, à l'aide de la calculatrice, l'arrondi au centième des nombres suivants :

a. $E = 17{,}3^5 : 5{,}1^4$ **b.** $F = 1{,}3^5 + 2{,}5^7$

c. $G = 44{,}2^{-1} \times (18 + 7)^2$ **d.** $(2^3 + 5^5) : 3^4$

108 Écrire chaque expression sous la forme a^n, où n est un entier :

a. $11^5 \times 11^9$ **b.** $10^{-8} \times 10^3$ **c.** $(7^5)^2$

d. $(9^7)^3$ **e.** $8^5 \times 3^5$ **f.** $2{,}1^6 \times 5^6$

g. $\frac{9^{11}}{9^7}$ **h.** $\frac{10^{-6}}{10^3}$ **i.** $\frac{45^{-3}}{9^{-3}}$

109 Écrire chaque expression sous la forme a^n, où n est un entier :

a. $\frac{7^{15}\times7^8}{7^4}$ **b.** $\frac{(11{,}3^2)^4\times11{,}3^{-7}}{11{,}3^{-4}}$ **c.** $\frac{8^{15}\times8^{-5}}{4^4\times2^4}$

110 Pour chaque égalité, dire si elle est vraie ou fausse en justifiant :

a. $2^7 + 2^{-7} = 2^0$ **b.** $3^5 \times 3^{-5} = 0$;

c. $(5^2)^3\times5^{-6}=1$ **d.** $4^8 : 2^{16} = 1$.

111 Donner l'écriture scientifique des nombres suivants :

a. 580 000 **b.** 11 000 **c.** 0,000 78

d. $30{,}5 \times 10^5$ **e.** 420×10^{-6} **f.** $0{,}83 \times 10^6$

112 Utiliser la calculatrice pour trouver l'écriture scientifique des nombres suivants → *Calculatrice 2 et 3* :

a. $17\,000 \times 450$ **b.** $0{,}0012 \times 0{,}0075$

c. $4{,}5 \times 10^4 \times 12 \times 10^7$ **d.** $2{,}4 \times 10^{-7} \times 2{,}8 \times 10^4$

e. $\frac{-2{,}9\times10^{12}}{4\times10^7}$ **f.** $\frac{3\,400 \times 10^{-3}}{0{,}04 \times 10^{-3}}$

113 Donner l'écriture scientifique des nombres suivants en montrant les étapes de calcul :

a. $G = \frac{3\times10^{-5}\times7\times10^4}{6\times10^2}$ **b.** $H = \frac{-8\times10^{-5}\times6\times(10^6)^2}{4\times10^2}$

114 Vu au **BREVET**

Dans cet exercice, tout début d'explication, de démarche sera pris en compte.

Voici les distances (en km) qui séparent le Soleil de trois planètes du système solaire :

Vénus : 105×10^6 km ; **Mars** : $2\,250 \times 10^5$ km ;
Terre : $1{,}5 \times 10^8$ km.

Parmi ces trois planètes, quelle est celle qui est la plus éloignée du Soleil ? Justifier.

Nouvelle-Calédonie, 2008

POUR T'AIDER, voir
■ Cours 1 ■ Exercices 37 à 63

115 Les produits

On sait que $12\ 345\ 679 \times 9 = 111\ 111\ 111$.

Sans calculatrice, trouver la valeur des deux produits suivants :

a. $12\ 345\ 679 \times 45$ **b.** $12\ 345\ 679 \times 5\ 427$

116 Fractions de fractions

Exprimer sous forme d'une fraction simplifiée les écritures ci-dessous :

a. $1+\cfrac{1}{1+\cfrac{1}{1+\cfrac{1}{1}}}$ **b.** $2+\cfrac{1}{2+\cfrac{1}{2+\cfrac{1}{2}}}$

117 Les feuilles

a. Combien y aura-t-il de feuilles le cinquième jour ?

b. Combien y aura-t-il de feuilles le dixième jour ?

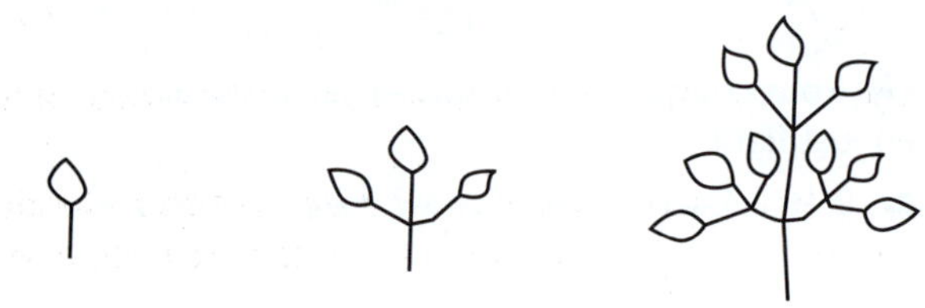

1er jour 2e jour 3e jour

D'après Rallye mathématiques de la Sarthe

118 Sciences physiques

a. La vitesse de la lumière est de 3×10^5 km/s. À cette vitesse, quelle distance la lumière parcourt-elle en une année ? On appelle cette distance une année de lumière.

b. La galaxie la plus proche de la nôtre est la galaxie d'Andromède. Elle est située à 2,5 années de lumière de nous. Exprimer cette distance en km.

Donner la réponse en écriture scientifique.

119 Le rebond

Une balle est lâchée du deuxième étage de la tour Eiffel (116 m). Lorsqu'elle touche le sol, elle rebondit, puis retombe de façon qu'à chaque rebond, elle remonte à la moitié de son altitude précédente. À partir de combien de rebonds ne remontera-t-elle plus au-dessus de 1,60 m ?

120 Développement durable

En 1990, la surface occupée par les forêts était estimée à 40 millions de km^2, soit un peu plus d'un quart des terres de notre planète. Dans plusieurs régions du monde, l'action de l'Homme a engendré une destruction des forêts (tropicales en particulier) et conduit au phénomène de « déforestation ».

Entre le 1er janvier 1990 et le 1er janvier 2000, on estime que, chaque jour, 300 km^2 de forêt ont été supprimés. Depuis 2000, des plantations nouvelles sont réalisées mais on estime que, chaque jour, l'équivalent de 200 km^2 de forêt sont supprimés.

a. Quelle surface de forêt a disparu entre 1990 et 2000 ? Exprimer ce résultat en écriture scientifique.

b. Comparer cette surface à la superficie de la France.

Coup de pouce

La superficie de la France est environ de $6{,}3 \times 10^5$ km^2 en comptant les départements d'outre-mer.

c. Depuis 2000, quelle surface de forêt a disparu ? Exprimer ce résultat en écriture scientifique.

d. Si le rythme actuel de déforestation se poursuit, quelle sera la situation en 2100 ?

121 Technologie

Les nanotechnologies (NST) concernent la conception d'objets et de structures à l'échelle des atomes et des molécules.

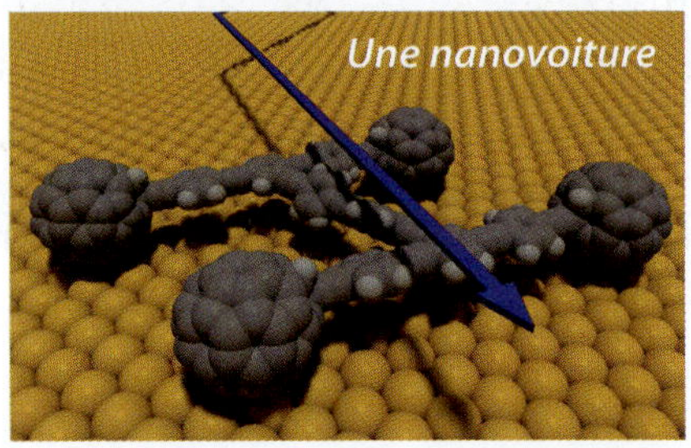

1. En 1959, Richard Feynman évoque l'idée de l'infiniment petit et, considérant la taille minuscule des atomes, se demande : « Pourquoi ne pourrions-nous pas écrire l'intégralité de l'*Encyclopædia Britannica* sur une tête d'épingle ? »

a. Cette encyclopédie aurait environ 18 000 pages. Une page comptant environ 8 000 caractères, calculer le nombre de caractères contenus dans l'encyclopédie. Donner la réponse en écriture scientifique.

b. La superficie d'une tête d'épingle est de l'ordre de 10^{-6} m^2. Quel est l'ordre de grandeur de la superficie (en m^2) d'un des caractères de l'encyclopédie ? Donner la réponse sous forme de puissance de 10.

2. En décembre 2007, des scientifiques israéliens ont gravé au laser l'intégralité de la Bible, soit 308 428 mots, sur une surface d'un demi-millimètre carré.

a. Quel est l'ordre de grandeur de la superficie (en m^2) occupée par un mot de ce plus petit livre du monde ?

b. Comparer cet ordre de grandeur au projet de Feynman.

122 Énergie

La puissance d'un outil de production d'électricité se mesure en watts (W). On utilise aussi le mégawatt (1 MW = 10^6 W) et le gigawatt (1 GW = 10^9 W).

Voici la puissance de quelques sources d'énergie :

- éolienne terrestre : environ 2×10^6 W ;
- éolienne offshore : environ 5×10^6 W ;
- centrale thermique à flamme : jusqu'à 720×10^6 W ;
- centrale solaire photovoltaïque : jusqu'à 20×10^6 W ;
- centrale solaire thermodynamique : jusqu'à 350×10^6 W ;
- centrale hydro-électrique : jusqu'à $3\,000 \times 10^6$ W ;
- réacteur nucléaire : de 900 à $1\,500 \times 10^6$ W.

1. Le parc éolien français

a. En 2011, 3 500 éoliennes terrestres étaient installées en France. Quelle puissance pouvait fournir ce parc éolien ?

b. La France souhaite une production éolienne offshore de 6×10^9 W avant 2020. Combien faut-il d'éoliennes offshore pour répondre à cet objectif ?

2. Comparaison de puissances

Combien faut-il d'éoliennes terrestres pour obtenir la même puissance de production :

a. qu'une centrale thermique à flamme ?

b. qu'une centrale solaire photovoltaïque ?

c. qu'une centrale solaire thermodynamique ?

d. qu'une centrale hydro-électrique ?

e. qu'un réacteur nucléaire ?

123 Développement durable

La superficie de la Terre est environ de $5,1 \times 10^8$ km^2.

1. Les océans

La surface de la Terre est occupée en grande partie par les océans et les mers qui ont une surface totale d'environ $3,61 \times 10^8$ km^2, le reste étant occupé par les terres émergées (les continents).

a. Quelle est la superficie des terres émergées ? Donner la réponse, en écriture scientifique en km^2.

b. Quel pourcentage représente la superficie des océans par rapport à la superficie totale de notre planète ?

Les superficies des trois principaux océans (avec leurs mers) sont les suivantes :

océan Atlantique : 106 100 000 km^2 ; ***océan Indien*** : 74 900 000 km^2 ; ***océan Pacifique*** : 179 700 000 km^2.

c. Écrire ces nombres en notation scientifique et classer ces trois océans du plus grand au plus petit.

2. Le réchauffement climatique

Le réchauffement climatique actuel a des conséquences sur le niveau des mers et des océans. La dilatation de l'eau avec la chaleur fait déjà monter très légèrement ce niveau. Mais c'est surtout la fonte possible des glaciers qui constitue la principale menace pour notre environnement. Le Groenland, par exemple, est une réserve de glace de 2 500 000 km^3, si ce volume venait à fondre, un grand volume d'eau supplémentaire serait versé dans les océans.

a. En utilisant la superficie totale occupée par les mers et les océans, montrer que le niveau de l'eau pourrait monter de environ 7 m.

b. Chercher le volume de glace contenu dans l'Antarctique et calculer la hausse théorique du niveau des mers en cas de fonte totale de ce glacier.

124 The chocolate cake

Phillipa has baked a rectangular chocolate cake.
She ate a small square of cake before the arrival of her six guests.
Now, Phillipa wants to cut her cake up into 7 identical portions in order to give $\frac{1}{7}$ of the cake to each guest.
How can Phillipa cut her chocolate cake?

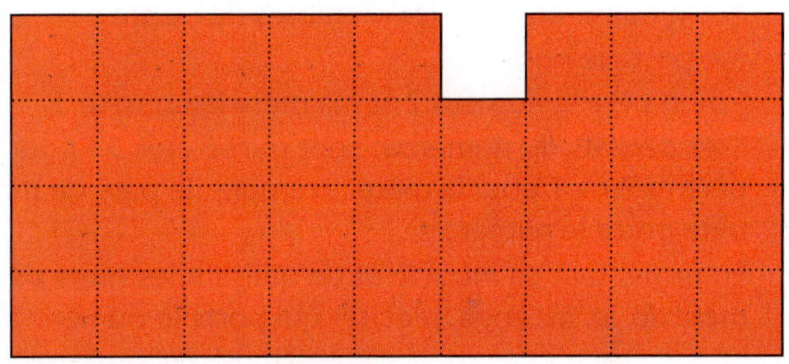

125 Die Brunnen

Das Wasserbecken der Gemeinde Wassenburg ist mit vier Brunnen versorgt.
Der erste Brunnen könnte allein das Becken in einer Stunde füllen.
Der zweite Brunnen könnte es in zwei Stunden füllen.
Der dritte könnte es in drei Stunden füllen und die vierte in vier Stunden.
Yvan, der Stadtangestellte, dreht die vier Brunnen gleichzeitig auf.
Wie lange, auf die Sekunde genau, braucht er um das Becken zu füllen ?

Exercices d'approfondissement

Pour chercher

126 Côte à côte

Classer les entiers de 1 à 15 de façon que la somme de deux entiers placés côte à côte soit toujours le carré d'un entier.

127 Recherche d'unités

1. Quel est le chiffre des unités de 7^{777} ?

2. Quel est le chiffre des unités de 13^{2012} ?

128 Trois nombres

Paul doit effectuer le calcul $(a + b) : c$.

Il sait que la réponse correcte est 15. Mais il oublie les parenthèses et trouve 21. Voyant qu'il s'est trompé, il intervertit a et b, calcule $(b + a) : c$, mais il oublie à nouveau les parenthèses et obtient 24.

Quels sont les trois nombres a, b et c ?

D'après championnat de Jeux mathématiques et logiques

129 Arbre généalogique

1. Je veux faire mon arbre généalogique contenant mes deux parents (première génération), mes quatre grands-parents (deuxième génération) jusqu'à mes ancêtres de la cinquième génération. Combien cet arbre comporte-t-il de personnes (en me comptant) ?

2. On numérote ainsi les membres de l'arbre :

- je porte le numéro 1,
- mon père le numéro 2 et ma mère le numéro 3,
- les parents du numéro n sont numérotés $2n$ pour le père et $2n + 1$ pour la mère (exemple : le père de mon père porte le numéro 4).

En respectant ce modèle et en utilisant les mots ***père***, ***mère de***, ***la***, ***du***, ***mon***, préciser qui porte le numéro 37.

D'après Rallye d'Auvergne

130 Cubes d'allumettes

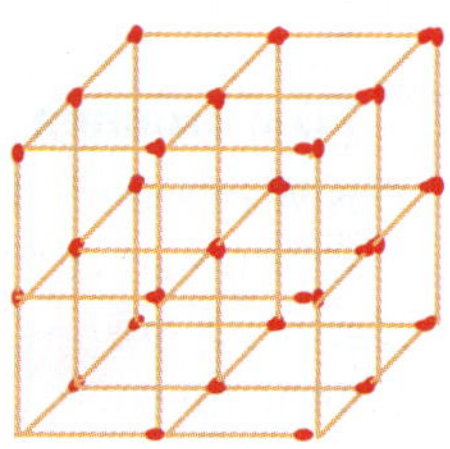

1. La figure ci-contre représente un cube en allumettes fait de $2^3 = 8$ petits cubes identiques. Combien faut-il d'allumettes pour le réaliser ?

2. On veut construire un plus grand cube dans lequel il y aurait $10^3 = 1\,000$ petits cubes identiques. Combien faudra-t-il d'allumettes pour le réaliser ?

131 Le défi

Quel est le nombre de chiffres de l'écriture entière du nombre $2^{25} \times 5^{19}$?

132 L'énigme

Pour combien d'entiers x la fraction $\dfrac{10x+1}{2x-1}$ est-elle égale à un nombre entier ?

Vers la Seconde

133 Nombres de Fermat

Un nombre de Fermat est un entier naturel qui peut s'écrire sous la forme $2^{2^n}+1$, avec n entier.

Ces nombres doivent leur nom au mathématicien français Pierre de Fermat (1601-1665).

1. On note F_0 le nombre de Fermat obtenu en remplaçant n par 0 dans la formule précédente. Vérifier que $F_0 = 3$.

2. a. De même, on note F_1 et F_2 les nombres de Fermat obtenus en remplaçant respectivement n par 1 et n par 2 dans la formule. Vérifier que $F_1 = 5$ et que $F_2 = 17$.

b. Calculer F_3, F_4 et F_5.

3. a. Vérifier que $F_3 = F_0 \times F_1 \times F_2 + 2$.

b. Vérifier que $F_4 = F_0 \times F_1 \times F_2 \times F_3 + 2$.

c. Vérifier que $F_5 = F_0 \times F_1 \times F_2 \times F_3 \times F_4 + 2$.

4. Fermat pensait que tous ces nombres étaient des nombres premiers. Or seuls les cinq premiers le sont. Vérifier que F_5 est divisible par 641.

134 Système solaire

Toutes les planètes du système solaire tournent sur elle-même.

Le tableau ci-dessous donne le diamètre et la durée d'une rotation de chaque planète :

Nom	Diamètre équatorial (en km)	Durée d'une rotation
Mercure	$4{,}88 \times 10^3$	58 jours 15 h 38 min
Vénus	$1{,}21 \times 10^4$	243 jours 00 h 14 min
Terre	$1{,}27 \times 10^4$	23 h 56 min
Mars	$6{,}80 \times 10^3$	24 h 37 min
Jupiter	$1{,}43 \times 10^5$	09 h 53 min
Saturne	$1{,}20 \times 10^5$	10 h 24 min
Uranus	$5{,}10 \times 10^4$	15 h 30 min
Neptune	$4{,}95 \times 10^4$	16 h 07 min

1. Lucco habite au Brésil. Sa maison est située exactement sur l'équateur de la Terre. En utilisant les données du tableau précédent, calculer la vitesse de Lucco due à la rotation de la Terre. Répondre en km/h arrondi à l'unité près.

2. Pour chaque planète, on considère un point situé sur l'équateur. Calculer la vitesse de chacun de ces points engendrée par la rotation de ces planètes. Répondre en km/h arrondi à l'unité près.

Saturne *Jupiter* *Vénus* *Mercure*

Devoir à la maison

De l'infiniment grand à l'infiniment petit

1. De plus en plus grand

a. Reproduire et compléter le tableau ci-dessous donnant les préfixes et les symboles de différents coefficients multiplicateurs :

Multiplication par	Préfixe	Symbole
10^1	déca	
10^2		h
10^3	kilo	k
	méga	M
10^9		G
10^{12}	téra	
10^{15}		
10^{18}		
10^{21}		
10^{24}		

Ces coefficients sont utilisés par les scientifiques lorsqu'ils ont besoin d'exprimer des grands nombres.

b. Exprimer de plusieurs façons les grandeurs physiques suivantes et chercher dans quels domaines scientifiques elles sont utilisées :

- 54 000 joules
- 104 900 000 hertz
- 17 000 000 000 watts

2. De plus en plus petit

a. Reproduire et compléter le tableau ci-dessous donnant les préfixes et les symboles de différents coefficients multiplicateurs :

Multiplication par	Préfixe	Symbole
10^{-1}	déci	
10^{-2}		c
10^{-3}	milli	m
10^{-6}		µ
	nano	
10^{-12}		
10^{-15}		
10^{-18}		
10^{-21}		
10^{14}		

Ces coefficients sont utilisés par les scientifiques lorsqu'ils ont besoin d'exprimer de très petits nombres.

b. Le plus petit atome (celui d'hélium) a un rayon de 31 pm. Le plus gros (le césium) a un rayon de 298 pm. Écrire ces deux longueurs, en m, en donnant la réponse sous forme d'une écriture scientifique.

c. Sachant que la lumière met 3 ms pour aller de Brest à Strasbourg, quelle est la distance entre ces deux villes ?

Rappel : la vitesse de la lumière est 3×10^5 km/s.

Du côté du site compagnon
http://www.bordas-myriade.fr

Une question de puissance

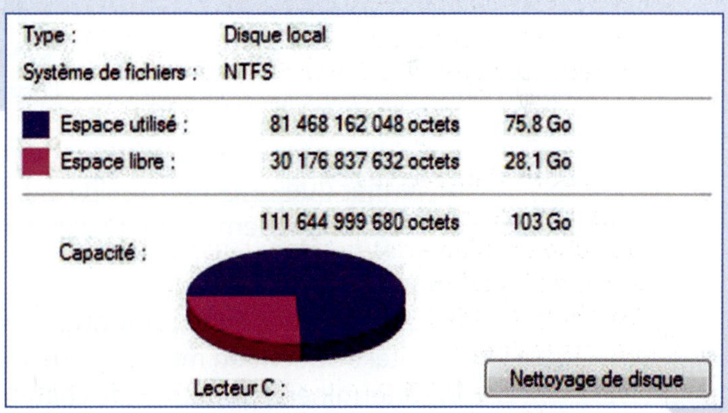

L'informatique utilise beaucoup les **puissances de 2**. Son langage ne comprend que les chiffres binaires, 0 et 1, appelés bits, regroupés par paquets de 8 (2^3) que l'on appelle des octets.

Cas particulier du langage informatique : les préfixes « kilo », « méga », « giga »… , lorsqu'ils sont appliqués aux octets, ne représentaient traditionnellement pas une puissance de 10, mais une puissance de 2.

Exemples : – un kilooctet ne désignait pas 10^3 soit 1 000 octets, mais 2^{10} soit 1 024 octets ;
– un gigaoctet ne désignait pas 10^6 soit 1 000 000 octets, mais 2^{20} soit 1 048 576 octets.

Cette tradition ne respectait pas les normes du Système International (SI) des unités et pouvait créer chez les personnes non-averties quelques confusions. Par exemple, Windows écrit les valeurs en Go (puissances de 10), tout en les calculant en puissances de 2. Mais tout change et le langage informatique revient peu à peu à la norme du Système International.

Pour en savoir plus sur les mesures des capacités d'ordinateur et devenir un expert en Go, rendez-vous sur le site compagnon !

★ Niveau de difficulté technique ★ Niveau de difficulté mathématique

Avec un ordinateur

1 ACHAT D'APPARTEMENT

★★★ ★★★ 40 min

OBJECTIF : *Utiliser le tableur pour résoudre un problème liant pourcentage et puissance.*

Sophie et Marc veulent acheter un appartement, pour cela ils ont besoin d'emprunter 130 000 € à la banque. Leur banque leur fait trois propositions :

- ***offre 1*** : 130 000 € à rembourser en 15 ans avec un taux d'intérêt de 3,90 % ;
- ***offre 2*** : 130 000 € à rembourser en 20 ans avec un taux d'intérêt de 4,15 % ;
- ***offre 3*** : 130 000 € à rembourser en 25 ans avec un taux d'intérêt de 4,35 %.

Pour se décider, Sophie et Marc veulent savoir combien ils devront rembourser chaque mois (mensualité) et quel sera le coût total du crédit.

1. Reproduire dans une feuille de calcul le tableau ci-dessous :

	A	B	C	D
1		Proposition 1	Proposition 2	Proposition 3
2	C : capital emprunté (en €)	130 000,00 €	130 000,00 €	130 000,00 €
3	D : durée de l'emprunt (en mois)	180	240	300
4	T : taux d'intéret (en %)	3,90%	4,15%	4,35%
5				
6	Mensualité à rembourser			
7				
8	Total des remboursements			
9	Coût total du crédit			

2. Calcul des mensualités

Pour rembourser leur emprunt, Sophie et Marc devront verser chaque mois une somme d'argent appelée mensualité qui se calcule à partir d'une formule assez complexe :

$$M = \frac{\dfrac{C \times T}{12}}{1-\left(1+\dfrac{T}{12}\right)^{-D}}$$

où

M désigne le montant de la mensualité (en €) ;
C désigne le montant du capital emprunté (en €) ;
D désigne la durée de l'emprunt (en mois) ;
T désigne le taux d'intérêt de l'emprunt (en %).

a. Saisir une formule permettant de calculer le montant de la mensualité pour l'***offre 1***. → *Tableur 1*
b. Vérifier que cette mensualité est de 955,09 €.
c. Calculer de même la mensualité à rembourser pour les ***offres 2*** et ***3***. → *Tableur 2*

3. Coût du crédit

a. Calculer le total des remboursements pour chaque offre de prêt. → *Tableur 1*
Ce total s'obtient en multipliant le montant de la mensualité par le nombre de mensualités.
b. Déterminer le coût total de chaque crédit. Ce coût s'obtient en calculant la différence entre le total des remboursements et le capital emprunté au départ.
c. Quelle offre donne le coût total de crédit le plus faible ? Que peut-on dire au sujet de la mensualité de cette offre par rapport aux autres ? → *Tableur 2*

4. Négociation

Sophie et Marc ne veulent pas rembourser plus de 850 € par mois mais veulent un coût total de crédit le plus faible possible. Le banquier leur propose de réétudier les offres de prêt avec le principe suivant : « Si l'on augmente la durée de remboursement de 1 an (12 mois), alors le taux d'intérêt monte de 0,05 % ».

a. Vérifier que si l'on augmente la durée de remboursement de l'***offre 1*** de 12 mois, la mensualité devient 914,51 €.
b. Trouver l'offre correspondant le plus au souhait de Sophie et Marc.

À la fin du manuel, retrouve tes

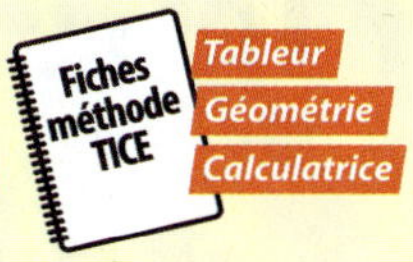

★★☆ ★★☆

2 VITESSE DES PLANÈTES

30 min

Téléchargement

OBJECTIF : *Utiliser le tableur pour résoudre un problème comportant des écritures scientifiques.*

Ce tableau donne des renseignements sur les planètes du système solaire :
– leur distance moyenne au Soleil en km (en notation scientifique) ;
– la durée de leur révolution autour du Soleil (en jours).
Calculons la vitesse moyenne (en km/h) de chaque planète.

Nom	Distance moyenne au Soleil (en km)	Période de révolution (en jours)
Mercure	$5,79 \times 10^6$	87,97
Vénus	$1,08 \times 10^8$	224,70
Terre	$1,50 \times 10^8$	365,26
Mars	$2,28 \times 10^8$	686,98
Jupiter	$7,78 \times 10^8$	4 272,59
Saturne	$1,43 \times 10^9$	10 746,93
Uranus	$2,87 \times 10^9$	30 686,25
Neptune	$4,50 \times 10^9$	60 190,00

1. Récupération des données

Reproduire les données du tableau précédent dans une feuille de calcul (ou télécharger ces données sur le site compagnon).
Attention ! L'écriture scientifique dans une feuille de calcul est un peu particulière. ➜ *Tableur 8*

2. Calcul de la longueur de l'orbite

Pour simplifier, on suppose que l'orbite de chaque planète est un cercle parfait dont le rayon est donné par la distance moyenne de la planète au Soleil.

a. À l'aide d'une formule, déterminer, dans une autre colonne, la longueur de l'orbite de chaque planète. ➜ *Tableur 1 et 2*

b. Faire afficher ces longueurs en écriture scientifique. ➜ *Tableur 8*

Coup de pouce
*La fonction « **pi()** » te sera utile.*

3. Calcul de la vitesse des planètes

a. À l'aide d'une formule, déterminer, dans une autre colonne, la vitesse moyenne de chaque planète au cours de sa révolution autour du Soleil. ➜ *Tableur 1 et 2*

b. Que peut-on dire au sujet des vitesses des planètes ?

	A	B	C	D	E
1	Planète	Distance moyenne au Soleil (en km)	Longueur de l'orbite autour du Soleil (en km)	Période de révolution (en jours)	Vitesse de révolution (en km/h)
2	Mercure	5,79E+07	3,64E+08	87,97	172 311
3	Vénus	1,08E+08		224,70	
4	Terre	1,50E+08		365,26	
5	Mars	2,28E+08		686,98	
6	Jupiter	7,78E+08		4 272,59	
7	Saturne	1,43E+09		10 746,93	
8	Uranus	2,87E+09		30 686,25	
9	Neptune	4,50E+09		60 190,00	

3 LA BOÎTE NOIRE DU CHAPITRE 1

Téléchargement

Une « boîte noire » dans un tableur est un programme de calcul mystérieux !
Le but de l'activité est de percer ce mystère…
Pour cela, on peut saisir des nombres mais aussi utiliser des formules qui aident dans la recherche.

1. Télécharger sur le site compagnon le fichier « boite_noire_01 » et l'ouvrir.
2. Saisir un nombre dans la cellule verte et observer dans la cellule grise le résultat de la « boîte noire ».
3. Faire plusieurs observations puis chercher le programme de calcul mystérieux de la boîte noire.
4. Pour tester un programme de calcul, saisir dans la cellule jaune la formule qui correspond à ce programme et observer si le résultat obtenu est le même que celui dans la cellule grise.
5. Tester plusieurs exemples pour vérifier que les programmes de la boîte noire et de la boîte rouge donnent les mêmes résultats.
6. Écrire sur une feuille le programme de calcul qui semble être celui de la boîte noire.

Activités

1 Trouver les diviseurs communs à deux nombres

Liste des diviseurs d'un nombre

Dans son cahier, Marie recherche tous les diviseurs de 48.

1. 48 est-il divisible par 2 ? par 5 ? Justifier.

2. Aider Marie à terminer son travail en complétant les lignes de son cahier avec des nombres entiers quand c'est possible.

3. En déduire la liste des diviseurs de 48.

$48 = 1 \times \ldots$	$48 = 5 \times \ldots$
$48 = 2 \times \ldots$	$48 = 6 \times \ldots$
$48 = 3 \times \ldots$	$48 = 7 \times \ldots$
$48 = 4 \times \ldots$	$48 = 8 \times \ldots$

Diviseurs communs à deux nombres

4. Trouver tous les diviseurs de 54 et tous les diviseurs de 36.

5. Quels sont les diviseurs communs à 54 et 36 ? Combien y en a-t-il ?

6. Quel est le **P**lus **G**rand **D**iviseur **C**ommun à 54 et 36 ? *On note ce nombre :* ***PGCD (54 ; 36)****.*

2 Découvrir l'algorithme des soustractions successives

Découverte d'une propriété fondamentale de l'arithmétique

1. ***Exemple avec 48 et 36***

a. Vérifier que le nombre 6 est un diviseur commun à 48 et 36.

b. Montrer que 6 est aussi un diviseur commun de la différence de 48 et 36 et de la somme de 48 et 36.

2. ***Démonstration***

On dit qu'un nombre entier positif non nul ***n*** *est un diviseur d'un nombre entier* ***a*** *quand il existe un entier* ***p*** *tel que* $\boldsymbol{a = p \times n}$*.*

a. Recopier et compléter la phrase suivante :

« Soit a et b deux nombres entiers positifs ($a > b$). Dire que n, entier non nul, est un diviseur commun à a et b signifie qu'il existe deux entiers positifs p et q tels que :

$a = \ldots \times \ldots$ et $b = \ldots \times \ldots$ »

b. En déduire que si $\boldsymbol{n}$ est un diviseur commun à $\boldsymbol{a}$ et $\boldsymbol{b}$, alors $\boldsymbol{n}$ est aussi un diviseur de $\boldsymbol{a - b}$.

c. Réciproquement, montrer que si un nombre entier $\boldsymbol{m}$ est un diviseur commun à $\boldsymbol{b}$ et $\boldsymbol{a - b}$, alors $\boldsymbol{m}$ est aussi un diviseur de $\boldsymbol{a}$.

d. En déduire que PGCD $(a\ ;\ b)$ = PGCD $(b\ ;\ a - b)$.

Algorithme des soustractions successives

3. On veut déterminer le PGCD de 1 720 et 645 sans chercher tous leurs diviseurs.

a. Recopier et compléter le tableau ci-dessous (sur le cahier ou dans une feuille de calcul) et les étapes de raisonnement (à droite du tableau).

	A	B	C	D
1	étape	a	b	différence a - b
2	1	1720	645	1075
3	2	1075	645	
4	3	645		
5	4			
6	5			

Dans chaque ligne de ce tableau, le nombre a est toujours plus grand que le nombre b.

donc PGCD (1 720 ; 645) = PGCD (1075 ; 645)
donc PGCD (1 075 ; 645) = PGCD (… ; …)
donc PGCD (… ; …) = PGCD (… ; …)
donc PGCD (… ; …) = PGCD (… ; …)

b. Conclure sur le PGCD de 1 720 et 645.

*Cette méthode est appelée l'****algorithme des soustractions successives****.*

Un **algorithme** est une succession d'actions et/ou d'opérations mises en place pour résoudre un problème donné.

3 Découvrir l'algorithme d'Euclide

Un algorithme simple mais un peu long

On a réalisé, à l'aide du tableau ci-dessous, l'algorithme des soustractions successives permettant de calculer le PGCD de 1 900 et 550.

	A	B	C	D
1	étape	a	b	différence $a - b$
2	1	1900	550	1350
3	2	1350	550	800
4	3	800	550	250
5	4	550	250	300
6	5	300	250	50
7	6	250	50	200
8	7	200	50	150
9	8	150	50	100
10	9	100	50	50
11	10	50	50	0

1. ***Étude globale de l'algorithme***

a. Quel est le PGCD de 1 900 et 550 ?

b. Combien d'étapes comporte cet algorithme ?

2. ***Étude des lignes vertes***

a. Pourquoi les lignes vertes permettent-elles d'écrire :

$$1\,900 = 550 \times 3 + 250\ ?$$

b. Quelle division euclidienne cette égalité traduit-elle ?

3. ***Étude des autres lignes***

a. Quelle égalité les lignes jaunes permettent-elles d'écrire ?
Quelle division euclidienne cette égalité traduit-elle ?

b. Mêmes questions pour les lignes oranges.

Vers un nouvel algorithme

4. Recopier et compléter le tableau ci-dessous (sur le cahier ou dans une feuille de calcul) et les étapes de raisonnement (à droite du tableau).

étape	a	b	quotient de a par b	reste de la division de a par b
1	1900	550	3	250
2	550	250		
3	250			

donc PGCD (1900 ; 550) = PGCD (550 ; 250)
donc PGCD (550 ; 250) = PGCD (250 ; …)

5. Où peut-on lire le PGCD de 1 900 et 550 dans ce tableau ?

Cette méthode est appelée ***algorithme des divisions successives*** *(ou* ***algorithme d'Euclide****).*

4 Rendre irréductible une fraction

1. À l'aide des critères de divisibilité

Simplifier les fractions suivantes en utilisant les critères de divisibilité classiques :

a. $\dfrac{55}{15}$ **b.** $\dfrac{14}{16}$ **c.** $\dfrac{270}{120}$ **d.** $\dfrac{14}{49}$

Lorsque l'on ne peut plus simplifier une fraction, on dit qu'elle est **irréductible**.

2. À l'aide de la calculatrice

Certains modèles de calculatrice permettent de simplifier des fractions. → Calculatrice 5

Utiliser la calculatrice pour simplifier les fractions suivantes :

a. $\dfrac{84}{27}$ **b.** $\dfrac{39}{91}$ **c.** $\dfrac{102}{85}$ **d.** $\dfrac{57}{76}$

3. À l'aide du PGCD

On veut simplifier la fraction $A = \dfrac{16\,376}{19\,224}$.

a. Peut-on rendre facilement irréductible cette fraction à l'aide des critères de divisibilité ?

b. Calculer le PGCD de 16 376 et 19 224.

c. En déduire la fraction irréductible égale à A.

Le cours

1 Multiples, diviseurs, diviseurs communs à deux entiers

a Multiples et diviseurs

DÉFINITION Un **entier naturel** est un nombre entier positif ou nul.

■ **Exemple :** 0, 1, 2, 3 sont des entiers naturels.

DÉFINITION Dire que l'entier naturel a est **multiple** de l'entier naturel non nul b signifie qu'il existe un entier k tel que $\boldsymbol{a = b \times k}$.

On dit aussi : « b est un **diviseur** de a » ou « a est **divisible par** b ».

■ **Exemple :** $15 = 3 \times 5$. 15 est un multiple de 5. Autrement dit, 5 est un diviseur de 15.

Remarques

- Tout nombre est multiple de 1.
  En effet, quel que soit le nombre entier naturel a : $a \times 1 = a$, donc 1 est diviseur de tout nombre.

■ **Exemple :** $12 \times 1 = 12$.

- Tout nombre est multiple de lui-même, donc tout nombre est divisible par lui-même.

■ **Exemple :** $27 = 27 \times 1$.

- Tout nombre est un diviseur de zéro, mais zéro ne divise aucun nombre.

■ **Exemple :** $0 : 21 = 0$.

- On appelle « **nombre premier** » un entier naturel qui admet exactement deux diviseurs distincts, 1 et lui-même.

■ **Exemple**

Les premiers nombres premiers sont : 2, 3, 5, 7, 11, 13, 17, 19, 23, 29, 31 …
Mais 1 n'est pas premier.

b Critères de divisibilité : rappels

– Un nombre est divisible **par 2** s'il est pair, donc s'il se termine par 0, 2, 4, 6 ou 8.

– Un nombre est divisible **par 4** si le nombre formé par ses deux derniers chiffres est un multiple de 4.

– Un nombre est divisible **par 5** s'il se termine par 0 ou 5.

– Un nombre est divisible **par 3** si la somme de ses chiffres est un multiple de 3.

– Un nombre est divisible **par 9** si la somme de ses chiffres est un multiple de 9.

■ **Exemples**

- 276 est divisible par 2.
- 752 est divisible par 4.
- 395 est divisible par 5.
- 564 est divisible par 3.
- 765 est divisible par 9.

c Diviseurs communs à deux nombres entiers

DÉFINITION Si deux entiers a et b sont divisibles par un même entier d, on dit que d est un **diviseur commun** de a et b.

■ **Exemple :** 1, 2, 3 et 6 sont les diviseurs communs à 12 et 18.

2 PGCD de deux nombres entiers

a PGCD de deux nombres

DÉFINITION Le plus grand diviseur commun à deux entiers naturels non nuls ***a*** et ***b*** est appelé **PGCD** de ***a*** et ***b***. Il est noté **PGCD (*a* ; *b*)**.

■ **Exemple :** 6 est le PGCD de 18 et 12. On note alors : PGCD (18 ; 12) = 6.

PROPRIÉTÉ Le PGCD de deux nombres entiers naturels non nuls est égal au PGCD de la différence des deux nombres et du plus petit de ces deux nombres.

Autrement dit : soit deux entiers a et b ($a > b$), PGCD (a ; b) = PGCD (a–b ; b).

■ **Exemple :** 48 – 18 = 30, donc PGCD (48 ; 18) = PGCD (30 ; 18).

PROPRIÉTÉ Le PGCD de deux nombres entiers naturels non nul est égal au PGCD du plus petit des deux nombres et du reste de la division euclidienne du nombre le plus grand par le plus petit.

Autrement dit : soit deux entiers a et b ($a > b > 0$), on note r le reste de la division euclidienne de a par b.
PGCD (a ; b) = PGCD (b ; r).

■ **Exemple**

48 = 2 × 18 + 12 donc PGCD (48 ; 18) = PGCD (18 ; 12).

Il existe plusieurs méthodes pour déterminer le PGCD de deux nombres (voir Savoir faire 1, p.44).

b Nombres premiers entre eux

DÉFINITION Deux nombres **premiers entre eux** sont deux entiers naturels non nuls dont le PGCD est égal à 1.

■ **Exemple**

Les diviseurs de 12 sont : 1, 2, 3, 4, 6 et 12.
Les diviseurs de 35 sont : 1, 5, 7, 35.
Le PGCD de 12 et 35 est 1.
PGCD (12 ; 35) = 1, donc 12 et 35 sont premiers entre eux.

3 Fractions irréductibles

PROPRIÉTÉ Si a et b sont deux entiers premiers entre eux, alors la fraction $\frac{a}{b}$ est **irréductible**.

■ **Exemple**

$\frac{5}{7}$ est une fraction irréductible car 5 et 7 sont premiers entre eux. En effet, PGCD (5 ; 7) = 1.

PROPRIÉTÉ En simplifiant une fraction par le PGCD du numérateur et du dénominateur, on obtient une fraction irréductible.

■ **Exemple**

Pour simplifier la fraction $\frac{1\,449}{2\,277}$:

– on utilise le PGCD de 1 449 et 2 277 : PGCD (1 449 ; 2 277) = 207 ;

– on simplifie la fraction par 207 : $\frac{1\,449}{2\,277} = \frac{207 \times 7}{207 \times 11} = \frac{7}{11}$.

La fraction $\frac{7}{11}$ obtenue est irréductible.

1 Déterminer le PGCD de deux nombres

Animation

Énoncé

Calculer le PGCD de 4 250 et 1 750 à l'aide d'un algorithme.

Solution commentée

On peut utiliser l'algorithme des soustractions successives ou l'algorithme des divisions successives.

• Algorithme des soustractions successives

4 250 − 1 750 = 2 500	On soustrait les deux nombres.
2 500 − 1 750 = 750	On recommence avec le plus petit des deux nombres et leur différence (il faut ordonner les nombres de façon à ce que leur différence soit positive).
1 750 − 750 = 1 000	
1 000 − 750 = 250	
750 − 250 = 500	
500 − 250 = **250**	
250 − 250 = 0	

Le PGCD est **la dernière différence non nulle.**
On le note **PGCD(4 250 ; 1 750) = 250.**

• Algorithme des divisions successives (Euclide)

4 250 | 1750 ; reste 750, quotient 2	On effectue la division euclidienne des deux nombres. $4\,250 = 1\,750 \times 2 + 750$
1 750 | 750 ; reste **250**, quotient 2	On recommence avec le diviseur et le reste précédents. $1\,750 = 750 \times 2 + 250$
750 | 250 ; reste 0, quotient 3	$750 = 250 \times 3 + 0$

Le PGCD est **le dernier reste non nul.**
On le note **PGCD(4 250 ; 1 750) = 250.**

Avec les TICE

La calculatrice peut te permettre de vérifier tes calculs.

PGCD(4500;1750)
250

Exercices d'application

1 En utilisant la fonction PGCD de la calculatrice, déterminer le PGCD de :
a. 145 et 75 **b.** 3 973 et 2 871 **c.** 5 733 et 5 265

2 En utilisant la fonction PGCD de la calculatrice, déterminer le PGCD de :
a. 425 et 325 **b.** 4 551 et 3 649 **c.** 55 640 et 29 380

3 Déterminer le PGCD des nombres suivants en utilisant l'algorithme des soustractions successives :
a. 133 et 95 **b.** 264 et 192 **c.** 405 et 285

4 Déterminer le PGCD des nombres suivants en utilisant l'algorithme des soustractions successives :
a. 255 et 187 **b.** 375 et 275 **c.** 11 534 et 1 606

5 Déterminer le PGCD des nombres suivants en utilisant l'algorithme d'Euclide :
a. 255 et 187 **b.** 375 et 275 **c.** 11 534 et 1 606

6 Déterminer le PGCD des nombres suivants en utilisant l'algorithme d'Euclide :
a. 532 et 190 **b.** 987 et 735 **c.** 37 440 et 31 590

7 Déterminer le PGCD des nombres suivants en indiquant la méthode utilisée :
a. 364 et 156 **b.** 2 012 et 503 **c.** 5 625 et 4 000

8 Déterminer le PGCD des nombres suivants en indiquant la méthode utilisée :
a. 560 et 350 **b.** 2 028 et 1 092 **c.** 52 632 et 36 120

9 **Vu au BREVET**
1. Déterminer le PGCD de 238 et 170 par la méthode de son choix. Faire apparaître les calculs intermédiaires.
2. En déduire la forme irréductible de la fraction $\frac{170}{238}$.

Pondichéry, 2009

Voir aussi les Exercices 40 à 57

2 Rendre une fraction irréductible SOCLE 3e

Animation

Énoncé

Trouver la fraction irréductible égale à $\dfrac{882}{1134}$ en détaillant la méthode utilisée.

Solution commentée

On cherche d'abord le PGCD de 882 et 1 134 en utilisant l'algorithme d'Euclide, par exemple.

$1\,134 = 882 \times 1 + 252$

$882 = 252 \times 3 + 126$

$252 = 126 \times 2 + 0$ donc **PGCD (1 134 ; 882) = 126.**

On simplifie la fraction par le PGCD des deux nombres :

$\dfrac{882}{1\,134} = \dfrac{882 : 126}{1\,134 : 126} = \dfrac{7}{9}$.

$\dfrac{7}{9}$ est une fraction irréductible.

Avec les TICE

La calculatrice peut te permettre de vérifier tes calculs. → Calculatrice 5

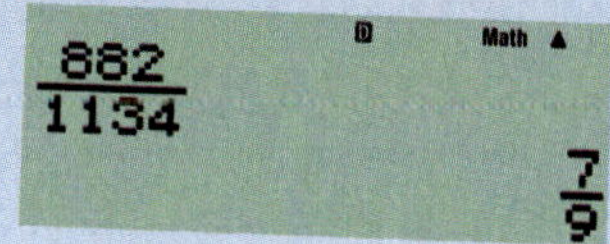

Exercices d'application

10 Sachant que le PGCD de 629 et 444 est 37, trouver les fractions irréductibles égales aux fractions suivantes :

a. $\dfrac{444}{629}$ **b.** $\dfrac{629}{444}$ **c.** $\dfrac{6\,290}{4\,440}$

11 Sachant que le PGCD de 1 105 et 765 est 85, trouver les fractions irréductibles égales aux fractions suivantes :

a. $\dfrac{765}{1105}$ **b.** $\dfrac{1105}{765}$ **c.** $\dfrac{76\,500}{110\,500}$

12 En utilisant la simplification de fraction sur calculatrice, rendre irréductible les fractions suivantes :

a. $\dfrac{72}{42}$ **b.** $\dfrac{120}{210}$ **c.** $\dfrac{900}{1\,200}$ **d.** $\dfrac{255}{285}$

13 En utilisant la simplification de fraction sur calculatrice, rendre irréductible les fractions suivantes :

a. $\dfrac{532}{476}$ **b.** $\dfrac{540}{1\,485}$ **c.** $\dfrac{8\,897}{15\,252}$ **d.** $\dfrac{14\,874}{14\,606}$

14 **a.** Calculer de façon détaillée le PGCD de 2 125 et 2 040.

b. Écrire la fraction $\dfrac{2\,125}{2\,040}$ sous forme irréductible.

15 **a.** Calculer de façon détaillée le PGCD de 18 810 et 11 286.

b. Écrire la fraction $\dfrac{11\,286}{18\,810}$ sous forme irréductible.

16 **a.** Calculer de façon détaillée le PGCD de 69 930 et 32 130.

b. Écrire la fraction $\dfrac{69\,930}{32\,130}$ sous forme irréductible.

17 Rendre irréductible chacune des fractions suivantes en détaillant la méthode utilisée :

a. $\dfrac{36\,000}{54\,000}$ **b.** $\dfrac{144}{188}$ **c.** $\dfrac{9\,588}{8\,460}$ **d.** $\dfrac{1\,111}{1\,212}$

18 Vu au BREVET

Écrire la fraction $\dfrac{84}{126}$ sous forme irréductible en détaillant tous les calculs.

Amérique du Nord, 2010

19 Vu au BREVET

1. Sans aucun calcul, expliquer pourquoi on peut simplifier la fraction $\dfrac{4\,114}{7\,650}$.

2. Calculer le PGCD des nombres 4 114 et 7 650 avec la méthode de son choix en détaillant les calculs.

3. Rendre irréductible la fraction $\dfrac{4\,114}{7\,650}$ en précisant par quel nombre on simplifie.

Asie, 2008

Voir aussi les Exercices 58 à 66

Exercices d'entraînement

Diviseurs, multiples, diviseurs commun à deux entiers

POUR COMMENCER

20 Les nombres suivants sont-ils divisibles par 2, par 4, par 5 :
12 ; 14 ; 15 ; 24 ; 60 ; 110 ?

21 Les nombres suivants sont-ils divisibles par 3, par 9 :
32 ; 39 ; 45 ; 72 ; 74 ; 129 ?

22 Parmi les nombres suivants, trouver ceux qui sont divisibles par 2 et par 3 mais pas par 4 ni par 9 :
42 ; 43 ; 54 ; 84 ; 102 ; 138.

23 L'égalité suivante traduit une division euclidienne :
$319 = 11 \times 27 + 22$.
a. Quel est le dividende ? **b.** Quel est le diviseur ?
c. Quel est le quotient ? **d.** Quel est le reste ?

24 Les deux égalités ci-dessous traduisent chacune une division euclidienne :
- $404 = 15 \times 26 + 14$
- $214 = 8 \times 24 + 22$

Préciser de quelles divisions il peut s'agir.

25 Les deux égalités ci-dessous traduisent chacune une division euclidienne :
- $1\,256 = 44 \times 28 + 24$
- $7\,586 = 114 \times 66 + 62$

Préciser de quelles divisions il peut s'agir.

26 Poser et effectuer la division euclidienne de 178 par 12 puis recopier et compléter l'égalité suivante :
$$178 = \ldots \times 12 + \ldots$$

27 Poser et effectuer la division euclidienne de 275 par 15 puis recopier et compléter l'égalité suivante :
$$275 = \ldots \times 15 + \ldots$$

28 Poser et effectuer la division euclidienne de 4 219 par 17 puis recopier et compléter l'égalité suivante :
$$4\,219 = \ldots \times 17 + \ldots$$

29 Un livreur range 752 DVD dans des caisses qui peuvent en contenir 40.
a. Combien faut-il de caisses pour ranger tous les DVD ?
b. Combien de DVD contiendra la caisse non pleine ?

30 Quand cela est possible, recopier puis compléter les phrases suivantes avec le mot ***diviseur*** ou ***multiple***. Sinon, ne rien écrire.
a. 8 est un .... de 72.
b. 16 est un .... de 8.
c. 45 est un .... de 9.
d. 45 est un .... de 90.
e. 27 est un .... de 44.
f. 28 est un .... de 28.

31 Le pirate Edward Teach dit « Barbe-noire » fut l'un des plus célèbres pirates de l'histoire.
En 1718, le long des côtes des Caraïbes, il pille un navire chargé d'or et dit à ses 300 hommes : « Comptez ces pièces d'or. Partagez-les de façon à ce que chacun en ait le même nombre et donnez-moi le reste ! »
Le décompte montre que le butin s'élève à 6 850 pièces d'or.
Que peut-on dire de ce partage ?

32 **VRAI ou FAUX**
a. 4 est un diviseur de 212
b. 52 est un multiple de 13
c. 15 est un diviseur de 75
d. 58 est un multiple de 4
e. 75 est un diviseur de 5
f. 3 est un multiple de 12

33 Trouver tous les diviseurs des nombres suivants :
a. 10 **b.** 12 **c.** 16 **d.** 25

34 Trouver tous les diviseurs des nombres suivants :
a. 20 **b.** 24 **c.** 36 **d.** 45

35 Trouver tous les diviseurs des nombres suivants :
a. 50 **b.** 60 **c.** 70
d. 80 **e.** 90 **f.** 100

36 **a.** Trouver tous les multiples de 4 compris entre 119 et 143.
b. Trouver tous les nombres divisibles par 2 et par 3 compris entre 1 517 et 1 553.

37 Je suis un nombre entier compris entre 1 509 et 1 534. Je suis divisible par 2 et par 3 mais pas par 4 ni par 9. Qui suis-je ?

38 Hugo a acheté un paquet de 60 bonbons. Il veut les partager avec des amis mais tient absolument à ce que chacun d'eux (et lui-même) ait le même nombre de bonbons. Combien d'amis pourront avoir des bonbons ? Chercher toutes les possibilités.

39 Dans sa bibliothèque, Olivia a 48 BD. Elle veut les ranger par paquets contenant tous le même nombre de BD. Comment peut-elle organiser ce rangement ? Chercher toutes les possibilités.

PGCD de deux nombres entiers

POUR COMMENCER

40 **a.** Trouver tous les diviseurs de 30.
b. Trouver tous les diviseurs de 45.
c. Entourer les diviseurs communs à 30 et 45.
d. Quel est le plus grand d'entre eux ?

41 **a.** Trouver tous les diviseurs de 28 et ceux de 42.
b. En déduire le PGCD de 28 et 42.

42 **a.** Trouver tous les diviseurs communs à 18 et 54.
b. En déduire le PGCD de 18 et 54.

43 **a.** Trouver tous les diviseurs communs à 78 et 130.
b. En déduire le PGCD de 78 et 130.

44 Pour décorer la salle de son restaurant, un cuisinier dispose de 42 roses et 24 tulipes qu'il veut répartir dans des vases contenant tous le même nombre de chacune des fleurs. Combien peut-il prévoir de vases au maximum ?

45 Pour les fêtes de Pâques, un chocolatier a fabriqué 350 œufs au chocolat au lait et 150 œufs au chocolat noir. Il veut vendre des paquets identiques contenant tous les mêmes nombres d'œufs au chocolat au lait et d'œufs au chocolat noir. Combien pourra-t-il en vendre au maximum ?

46 Sans chercher à déterminer leur PGCD, dire pourquoi les nombres suivants ne sont pas premiers entre eux :
a. 1 250 et 3 780 **b.** 744 et 568 **c.** 126 et 345

47 Sans chercher à déterminer leur PGCD, dire pourquoi les nombres suivants ne sont pas premiers entre eux :
a. 745 et 855 **b.** 444 et 777 **c.** 810 et 207

48 Déterminer à l'aide d'un algorithme le PGCD des nombres suivants :
a. 285 et 152 **b.** 1 107 et 861

49 Déterminer à l'aide d'un algorithme le PGCD des nombres suivants :
a. 7 095 et 5160 **b.** 476 et 391

50 Déterminer à l'aide d'un algorithme le PGCD des nombres suivants :
a. 1 425 et 1 197 **b.** 10 472 et 7 684

51 Dire si les nombres suivants sont premiers entre eux :
a. 49 et 27 **b.** 39 et 65 **c.** 27 et 34

52 Dire si les nombres suivants sont premiers entre eux :
a. 312 et 125 **b.** 154 et 105 **c.** 542 et 215

53 **Chercher l'erreur**
Le professeur Myriadus a demandé à Lilou et Raphaël de déterminer le PGCD de 728 et 416.
Voici ce qu'ils lui ont rendu :

Lilou
J'utilise l'algorithme des soustractions successives
728 − 416 = 312
416 − 312 = 104
312 − 104 = 208
208 − 208 = 0
donc PGCD (728 ; 416) = 208

Raphaël
J'utilise l'algorithme d'Euclide
728 = 416 × 1 + 312
416 = 312 × 1 + 104
312 = 104 × 3 + 0
donc PGCD (728 ; 416) = 3

1. Vérifier le travail des deux élèves.
2. Quel est le PGCD de 728 et 416 ?

54 **VRAI ou FAUX**
Justifier les réponses.
a. 24 et 33 sont premiers entre eux.
b. PGCD (18 ; 108) = 8.
c. PGCD (525 ; 425) = PGCD (625 ; 125).

55 Nicolas dirige un magasin de jardinage. Il dispose de 1 005 plants de tomates et de 871 plants de pommes de terre. Il veut tous les vendre dans des caissettes contenant le même nombre de plants de chaque sorte mais ce nombre doit être le plus petit possible.
1. Combien peut-il remplir de caissettes ?
2. Quel est le nombre de plants de tomates et de plants de pommes de terre dans chaque caissette ?

Coup de pouce
Tu peux calculer le PGCD de 1 005 et 871.

56 On dispose de deux rubans de tissu, un de 630 cm de long et un de 270 cm de long. Martine veut les couper de façon à obtenir des morceaux de longueur identique, la plus grande possible, sans avoir de chute.
1. Calculer la longueur des morceaux de ruban obtenus.
2. Quel est le nombre total de morceaux découpés ?

57 Mamie Vano a préparé un gâteau au chocolat dans un moule rectangulaire de 60 cm sur 42 cm.
Elle veut découper le gâteau en parts carrées identiques les plus grandes possibles.
Combien Mamie Vano a-t-elle fait de parts ?

Fraction irréductible

POUR COMMENCER

58 Parmi les fractions suivantes, trouver celles qui sont irréductibles :

a. $\frac{10}{6}$ **b.** $\frac{5}{9}$ **c.** $\frac{33}{35}$ **d.** $\frac{23}{27}$

59 Parmi les fractions suivantes, trouver celles qui sont irréductibles et simplifier les autres pour qu'elles le soient aussi :

a. $\frac{15}{8}$ **b.** $\frac{8}{6}$ **c.** $\frac{23}{33}$ **d.** $\frac{54}{360}$

60 Voici la liste des diviseurs de 58 : 1, 2, 29, 58.
Voici la liste des diviseurs de 87 : 1, 3, 29, 87.
a. Trouver le PGCD de 58 et 87.
b. Écrire la fraction $\frac{87}{58}$ sous forme irréductible.

61 **a.** Calculer le PGCD de 3 828 et 3 300.
b. Écrire la fraction irréductible égale à $\frac{3\,828}{3\,300}$.

62 **a.** Calculer le PGCD de 17 485 et 6 725.
b. Écrire la fraction irréductible égale à $\frac{6\,725}{17\,485}$.

63 **a.** Sans calcul, expliquer pourquoi 396 et 378 ne sont pas premiers entre eux.
b. Calculer le PGCD de 396 et 378.
c. Écrire la fraction irréductible égale à $\frac{-396}{378}$.

64 Écrire chaque nombre sous la forme d'une fraction irréductible :

- $A = \frac{0,18}{42 \times 10^{-1}}$
- $B = \frac{7 \times 3 + 4}{7 \times 13 + 4}$
- $C = \frac{2,1 \times 10^{8}}{490 \times 10^{6}}$

Coup de pouce
Pour écrire le nombre C, tu peux utiliser les formules de calcul sur les puissances.

65 Écrire chaque nombre sous la forme d'une fraction irréductible :

- $D = \frac{7,2}{0,72 - 0,16}$
- $E = \frac{2 \times 3^2 \times 11}{2 \times 3 \times 11^2}$
- $F = \frac{2 \times 5 \times 13}{4 \times 5^2 \times 13}$

66 **Vu au BREVET**
1. 288 et 224 sont-ils premiers entre eux ? Expliquer.
2. Déterminer le PGCD de 288 et 224.
3. Écrire la fraction $\frac{288}{224}$ sous forme irréductible.

Centres étrangers, 2006 (Extrait)

À l'oral

67 345 est-il divisible par 2 ? par 3 ? par 4 ? par 5 ? par 9 ? par 10 ?

68 Citer trois multiples de 7.

69 Citer trois diviseurs de 126.

70 Citer tous les diviseurs de 10.

71 Citer tous les diviseurs de 63.

72 Quel est le reste de la division euclidienne de 25 par 3 ?

73 Sans chercher la liste des diviseurs, trouver le PGCD de :
a. 45 et 60 **b.** 27 et 36 **c.** 105 et 75

74 **VRAI ou FAUX**
Justifier toutes les réponses.
a. Il existe des nombres qui ne possèdent aucun diviseur.
b. Un nombre possède toujours un nombre pair de diviseurs.
c. Si 9 est diviseur d'un nombre, alors 3 est aussi diviseur de ce nombre.

75 On veut écrire 36 comme un produit de deux facteurs. Combien y a-t-il de possibilités ?

76 Rendre irréductible : **a.** $\frac{15}{36}$; **b.** $-\frac{45}{36}$; **c.** $\frac{-36}{-22}$.

77 On a 12 croissants et 18 pains au chocolat que l'on veut répartir dans des corbeilles ayant toutes le même contenu. Combien faut-il prévoir de corbeilles ? Chercher toutes les possibilités.

78 On a 500 livres à ranger dans des cartons qui peuvent contenir 30 livres.
Combien faut-il de cartons pour transporter tous les livres ? Combien de livres contiendra le carton non plein ?

79 **VRAI ou FAUX**
$\frac{117}{531}$ est irréductible.

80 **VRAI ou FAUX**
Justifier toutes les réponses.
a. Le PGCD de deux nombres pairs est toujours 2.
b. On peut trouver deux nombres sans PGCD.
c. Si deux nombres sont premiers entre eux, alors l'un des deux au moins est impair.

81 **QCM**

Les diviseurs communs à 30 et 42 sont :

ⓐ 1 ; 2 ; 3 ; 5 ; 6 et 7. ⓑ 1 ; 2 ; 3 et 6.

ⓒ 1 ; 2 ; 3 ; 5 et 7.

Pondichéry, 2011

82 Simplifier par 3 la fraction $\frac{1\,404}{3\,465}$.

La fraction obtenue est-elle irréductible ? Justifier.

France métropolitaine, 2009

83 **1.** En précisant la méthode utilisée, calculer le PGCD de 378 et 270.

2. Pour une kermesse, un comité des fêtes dispose de 378 billes et 270 calots.

Il veut faire le plus grand nombre de lots identiques en utilisant toutes les billes et tous les calots.

a. Combien de lots identiques pourra-t-il faire ?

b. Quelle sera la composition de chacun de ces lots ?

Amérique du Nord, 2008

84 *Dans cet exercice, toute trace de recherche, même incomplète, ou d'initiative même non fructueuse sera prise en compte dans l'évaluation.*

« **Le nombre caché**

– Je suis un nombre entier compris entre 100 et 400.

– Je suis pair.

– Je suis divisible par 11.

– J'ai aussi 3 et 5 comme diviseurs.

Qui suis-je ? »

Expliquer une démarche permettant de trouver le nombre caché, et donner sa valeur.

Centres étrangers, 2008

85 **1.** Déterminer le PGCD de 1 394 et de 255.

2. Un artisan dispose de 1 394 graines d'açaï et de 255 graines de palmier-pêche.

Il veut réaliser des colliers identiques, c'est-à-dire contenant chacun le même nombre de graines d'açaï et le même nombre de graines de palmier-pêche.

a. Combien peut-il réaliser au maximum de colliers en utilisant toutes ses graines ?

b. Dans ce cas, combien chaque collier contient-il de graines d'açaï et de graines de palmier-pêche ?

Antilles- Guyane, 2009

86 Un plaquiste souhaite recouvrir un mur rectangulaire avec des plaques isolantes.

Ce mur mesure 270 cm de haut sur 330 cm de large.

Les plaques isolantes doivent être de forme carrée, les plus grandes possibles, et il ne veut pas de chutes.

1. Calculer le PGCD des nombres 330 et 270 en indiquant la méthode utilisée.

2. En déduire les dimensions d'une de ces plaques isolantes et le nombre de plaques nécessaires.

Amérique du Nord, 2010

87 **1.** Déterminer le PGCD de 186 et 155 en expliquant la méthode utilisée (faire apparaître les calculs intermédiaires).

2. Un chocolatier a fabriqué 186 pralines et 155 chocolats.

Les colis sont constitués ainsi :

• le nombre de pralines est le même dans chaque colis ;

• le nombre de chocolats est le même dans chaque colis ;

• tous les chocolats et toutes les pralines sont utilisés.

a. Quel nombre maximal de colis pourra-t-il réaliser ?

b. Combien y aura-t-il de chocolats et de pralines dans chaque colis ?

Amérique du Nord, 2009

88 **1.** Comment, sans calcul, peut-on justifier que la fraction $\frac{1\,848}{2\,040}$ n'est pas irréductible ?

2. Calculer le PGCD des nombres 1 848 et 2 040 en indiquant la méthode.

3. Simplifier la fraction $\frac{1\,848}{2\,040}$ pour la rendre irréductible.

Centres étrangers, 2009

89 L'algorithme des soustractions successives permet de trouver le PGCD de deux entiers donnés. Il utilise la propriété suivante : « a et b étant deux entiers positifs tels que a supérieur à b, PGCD (a ; b) = PGCD (b ; $a - b$). »

Sur un tableur, Heiarii a créé cette feuille de calcul pour trouver le PGCD de 2 277 et 1 449.

a. En utilisant sa feuille de calcul, dire quel est le PGCD de 2 277 et 1 449.

b. Quelle formule a-t-il écrite dans la cellule C2 pour obtenir le résultat indiqué dans cette cellule par le tableur ?

	A	B	C
1	*a*	*b*	*a-b*
2	2 277	1 449	828
3	1 449	828	621
4	828	621	207
5	621	207	414
6	414	207	207
7	207	207	0

Polynésie française , 2010

90 Un pâtissier dispose de 411 framboises et de 685 fraises. Afin de préparer des tartelettes, il désire répartir ces fruits en les utilisant tous et en obtenant le maximum de tartelettes identiques.

1. Calculer le nombre de tartelettes.

2. Calculer le nombre de framboises et de fraises dans chaque tartelette.

Groupement Nord, 2005

91 Pierre a gagné 84 sucettes et 147 bonbons à un jeu. Étant très généreux, et ayant surtout très peur du dentiste, il décide de les partager avec des amis. Pour ne pas faire de jaloux, chacun doit avoir le même nombre de sucettes et le même nombre de bonbons.

1. Combien de personnes au maximum pourront bénéficier de ces friandises (Pierre étant inclus dans ces personnes) ? Expliquer le raisonnement.

2. Combien de sucettes et de bonbons aura alors chaque personne ?

Groupement Nord, 2006

127 La division incomplète

Maxime a posé une division euclidienne sur son cahier.
Malheureusement une tache d'encre masque certains chiffres du dividende.
Sachant que le quotient est un quotient exact de trois chiffres, retrouver l'intégralité de cette division.

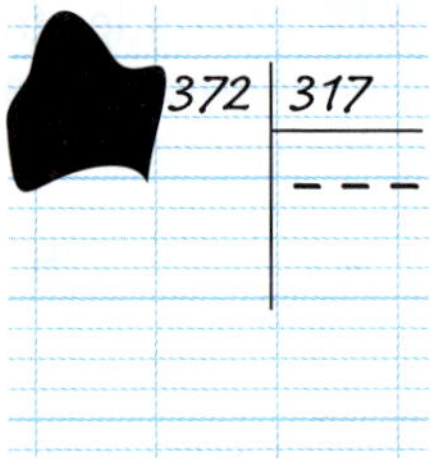

128 Le livre de magie

Le grand livre de magie de Merlin est ouvert à la double-page de la recette de la potion magique pour être fort en mathématiques.
Les numéros de ces deux pages sont composés chacun de trois chiffres différents.
Le produit de ces six chiffres est égal à 2 400.
Quel est le numéro de la première page de la recette ?

129 Fractions en puissance !

Écrire sous forme irréductible les fractions suivantes :

a. $\frac{4^9}{2^{20}}$ **b.** $\frac{2^{17}}{8^7}$ **c.** $\frac{3^{97}}{9^{50}}$

Coup de pouce
$4 = 2^2$

130 Plus petit multiple commun

1. Multiple commun

45 est un multiple de 3. C'est aussi un multiple de 5. On dit que 45 est un multiple commun à 3 et 5.

a. Vérifier que 36 est un multiple commun à 2 et 6.
b. Trouver un multiple commun à 7 et 11.
c. Vérifier que 330 est un multiple commun à 3, 5 et 11.
d. Trouver un multiple commun à 3, 5 et 7.

2. Plus petit multiple commun

3 et 5 ont plusieurs multiples en commun. Le plus petit d'entre eux est 15. On l'appelle le plus petit multiple commun de 3 et 5 ; on le note PPCM (3 ; 5) = 15.
Déterminer :

a. PPCM (2 ; 9) **b.** PPCM (5 ; 10)
c. PPCM (2 ; 5 ; 7) **d.** PPCM (2 ; 3 ; 4 ; 5 ; 6)

Vocabulaire
• **PPCM** = **P**lus **P**etit **C**ommun **M**ultiple.

131 Sciences physiques

Dans une tôlerie industrielle, un ouvrier dispose de plaques d'aluminium de 2,20 m de longueur, de 1,76 m de largeur et de 5 mm d'épaisseur. Il a reçu la consigne suivante : « Découper dans ces plaques des carrés d'épaisseur 5 mm, tous identiques, les plus grands possibles, de façon à ne pas avoir de perte ».

1. Quelle sera la longueur du côté d'un carré ?

2. Combien l'ouvrier peut-il faire de carrés dans une seule plaque ?

3. La masse volumique de l'aluminium est de 2 700 kg/m³. Quelle sera la masse d'un carré obtenu ?

132 Le jeu de Juniper Green

TRAVAIL EN GROUPE

Voici un jeu très simple qui se joue à deux sur une grille des 20, 25, 50 ou 100 premiers nombres entiers.

1	2	3	4	5	6	7	8	9	10
11	12	13	14	15	16	17	18	19	20
21	22	23	24	25	26	27	28	29	30
31	32	33	34	35	36	37	38	39	40
41	42	43	44	45	46	47	48	49	50
51	52	53	54	55	56	57	58	59	60
61	62	63	64	65	66	67	68	69	70
71	72	73	74	75	76	77	78	79	80
81	82	83	84	85	86	87	88	89	90
91	92	93	94	95	96	97	98	99	100

Ce jeu n'a que trois règles :
• le joueur 1 choisit un nombre pair ;
• ensuite, à tour de rôle, chaque joueur doit choisir un nombre parmi les multiples ou les diviseurs du nombre choisi précédemment par son adversaire ;
• un nombre ne peut être joué qu'une seule fois.
Le perdant est le joueur qui ne trouve plus de multiple ou de diviseur du nombre précédemment choisi.

Exemple d'une partie dans une grille de 25 nombres

~~1~~	~~2~~	~~3~~	4	5
~~6~~	7	8	9	10
11	~~12~~	13	14	15
16	~~17~~	18	19	20
21	22	23	24	25

Paul : 6 → 12 → 1 →
Inès : → 3 → 2 → 17

Inès est la gagnante car Paul ne peut plus jouer (il n'y a pas de multiple ou de diviseur de 17 dans la grille).
a. Faire une partie avec un camarade.
b. Faire une partie en essayant d'utiliser le plus grand nombre de cases.

133 VRAI ou FAUX

Liam affirme que pour tout entier n, le nombre
$2^n \times 3^n \times 7^n + 2^n \times 21^n \times 5 + 6^n \times 7^n \times 4$
est divisible par 10.
A-t-il raison ? Justifier la réponse.

134 Produit de nombres premiers

On note $a = 2^6 \times 5^4 \times 3^5$ et $b = 2 \times 5^2 \times 3 \times 7^3$.
Déterminer le PGCD de a et b.

135 VRAI ou FAUX

Ophélie affirme que deux nombres consécutifs sont toujours premiers entre eux.
A-t-elle raison ? Justifier la réponse.

136 **Le centurion**

Le centurion Gauloitus est fier de sa légion. Pour le défilé à Rome, il demande à ses soldats de se ranger par lignes de cinq, mais il reste quatre soldats.
Il leur demande alors de se ranger par lignes de six, mais il reste cinq soldats.
Il leur demande ensuite de se ranger par ligne de huit, mais il reste sept soldats.
Combien cette légion comporte-t-elle de soldats, sachant qu'elle en compte moins de 200 ?

137 **Le terrain de camping**

Ludovic s'occupe d'un grand terrain de camping de forme triangulaire dont les dimensions sont 518 m, 448 m et 350 m.
Pour le protéger du vent et du soleil, Ludovic envisage de planter des arbres, régulièrement espacés, le long des côtés, avec un arbre à chaque sommet du triangle. Il décide que la distance qui sépare deux arbres consécutifs doit être un nombre entier de mètres.

1. Quel est le nombre minimum d'arbres qu'il lui faudra acheter ?

2. Sachant qu'un arbre coûte 54 €, quel sera le coût de cet investissement ?

138 **Histoire**

La galerie des glaces (ou Grande Galerie du Château de Versailles) est une grande pièce rectangulaire longue de 73,00 m, large de 10,50 m, éclairée par 17 fenêtres et décorée par 357 miroirs.

Le conservateur du château décide de recarreler cette galerie avec des dalles de forme carrée. Il souhaite utiliser des dalles les plus grandes possible sans qu'aucune ne soit découpée.

1. Calculer la longueur du côté de la dalle carrée qu'il va choisir.

2. Combien de dalles devra-t-il acheter ?

139 **Les boîtes de cubes**

Thor Anciel fabrique des jeux en bois. Il travaille actuellement à la conception de deux boîtes de cubes.

1. La petite boîte

La petite boîte que Thor a fabriquée est un parallélépipède rectangle de dimensions 60 cm, 36 cm et 24 cm. Il veut remplir complètement cette boîte avec des cubes dont l'arête mesure un nombre entier de centimètres.

a. Quelle(s) longueur(s) peut-il choisir pour l'arête des cubes contenus dans cette boîte ?

b. Dans chaque cas, quel est alors le nombre de cubes contenus dans cette petite boîte ?

2. La grande boîte

Thor a également fabriqué une grande boîte, toujours de forme parallélépipédique, de dimensions 70 cm, 56 cm et 42 cm. Il veut également la remplir de cubes identiques dont l'arête mesure un nombre entier de centimètres.

a. Quelle est l'arête du plus grand cube possible ?

b. Combien Thor doit-il fabriquer de tels cubes pour remplir la boîte ?

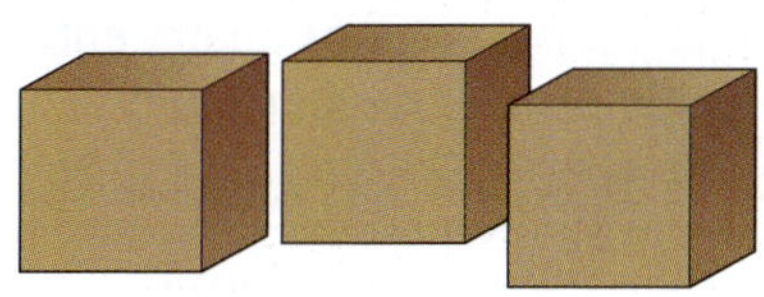

140 **The delivery**

Thomas must deliver a box which is a right-angled parallelepiped. The measurement in centimeter of each edge is an integer number. The areas of the faces are 2 700 cm², 4 050 cm² and 5 400 cm².
What are the dimensions of the box ?

141 **La herencia**

La señora Laura Ambarres reúne a todos sus nietos y les dice : " Voy a distribuir 1215 € al conjunto de las chicas y 945 € al conjunto de los chicos. Pero no os preocupéis, tendréis cada uno la misma cantidad de dinero, un número entero de euros."
¿ Cuántos nietos tiene la señora Ambarres ?

Pour chercher

142 La table ronde

Lors d'un banquet, toutes les places d'une table ronde sont occupées.

- 7 femmes ont une femme à leur droite ;
- 23 femmes ont un homme à leur droite ;
- 3 hommes sur 4 ont une femme à leur droite.

Combien y a-t-il de personnes autour de la table ?

D'après Championnat mathématique du Niger

143 L'âge du grand-père

Lili voudrait connaître la date de naissance de son grand-père Rakoto.

– Lili demande : « Quelle est ta date de naissance Papy ? »

– Rakoto répond : « Si je divise mon année de naissance par le jour de ma naissance, j'obtiens comme quotient mon âge et comme reste mon mois de naissance. Si j'additionne 2001 au dividende et 23 au diviseur, j'obtiens le même reste et le même quotient. »

Peut-on aider Lili à trouver la date de naissance de son grand-père ?

D'après Rallye mathématiques de Madagascar

144 C'est Parfait

Aujourd'hui, c'est la Saint Parfait. C'est la fête, mais aussi l'anniversaire de M. Teument qui, ce matin, a laissé sans voix sa femme Béa lorsqu'il lui a déclaré : « La somme des âges de nos quatre enfants est égal à mon âge et le produit de leurs âges est égal à 2 002. C'est parfait non ? »

Mais quel âge M. Teument a-t-il aujourd'hui ?

D'après Rallye mathématiques de Poitou-Charentes

145 Un petit nombre

Quel est le plus petit nombre possédant cinq diviseurs ?

146 Le défi

Trouve le plus petit nombre de 15 chiffres (qui ne commence pas par 0), divisible par 15 et dont la somme des chiffres est 15.

147 L'énigme

Dans le tableau final du spectacle de danse, tous les danseurs étaient en piste.

- Lorsqu'ils se regroupaient par 2, il en restait 1 tout seul.
- Lorsqu'ils se regroupaient par 3, il en restait 2.
- Lorsqu'ils se regroupaient par 4, il en restait 3.
- Lorsqu'ils se regroupaient par 5, il en restait 4.

Combien y avait-il de danseurs (ils étaient moins de 100) ?

Vers la Seconde

148 Les nombres particuliers

1. Les nombres parfaits… ou presque

On dit qu'un nombre est ***parfait*** s'il est égal à la somme de ses diviseurs (autres que lui-même). Par exemple, 6 est parfait car $6 = 1 + 2 + 3$.

a. Expliquer pourquoi 28 est parfait.

b. Expliquer pourquoi 64 n'est pas parfait à une unité près. On dit que 64 est ***presque parfait***.

c. Trouver tous les nombres presque parfaits inférieurs à 20.

2. Les nombres amicaux

Deux nombres sont ***amicaux*** quand chacun est égal à la somme des diviseurs de l'autre (excepté le nombre lui-même).

Lister les diviseurs de 220 et 284 et dire s'ils sont amicaux ou non.

3. Les nombres gentils… (enfin si on veut)

Un nombre est ***gentil*** s'il est multiple des 10 premiers nombres entiers non nuls.

a. Expliquer pourquoi 10 080 est gentil.

b. ***Pour aller plus loin :*** trouver le plus petit nombre gentil, en expliquant la recherche.

4. Les nombres rationnels

Un ***nombre rationnel*** est un nombre qui peut s'écrire sous forme d'un quotient de deux nombres entiers.

Par exemple, 12 ; $\frac{7}{5}$; $-3,12$ sont des nombres rationnels car $12 = \frac{12}{1}$, $\frac{7}{5}$ est une fraction et $-3,12 = \frac{-312}{100}$.

a. Jean dit : « Il est évident qu'un nombre décimal est rationnel ».

Que peut-on en penser ?

b. Soit le nombre x tel que $x = 0,2121212121......$

Calculer $100x$. En déduire $100x - x = 21$.

c. Résoudre cette équation et en déduire une fraction égale à x.

5. Les nombres constructibles

Un nombre est ***constructible*** lorsque l'on peut construire un segment de longueur la distance à zéro de ce nombre **avec la règle graduée et le compas uniquement**.

Ainsi, tous les nombres entiers sont constructibles.

Jean dit :

« Puisque je sais construire les longueurs entières et aussi les droites parallèles grâce au parallélogramme, je peux construire les nombres rationnels grâce au théorème de Thalès : exemple avec $\frac{12}{7}$, si je trace cette figure avec (MN)//(AC), alors $MN = \frac{12}{7}$ ».

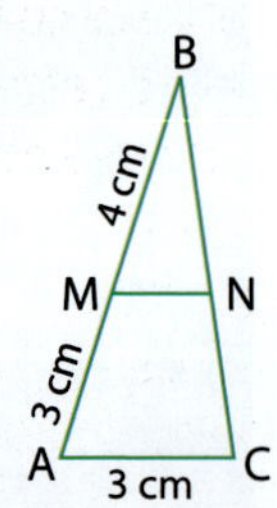

a. Grâce au théorème de Thalès, prouver que MN est bien égal à $\frac{12}{7}$.

b. Construire, en utilisant le même principe, un segment de longueur $\frac{7}{6}$.

Devoir à la maison

1 Les nombres premiers

Un nombre premier est un nombre entier naturel qui possède exactement deux diviseurs : 1 et lui-même.
Par exemple, 5 est un nombre premier car ses diviseurs sont 1 et 5.
Mais 10 n'est pas un nombre premier car il possède quatre diviseurs : 1, 2, 5 et 10.

1. Trouver tous les nombres premiers entre 1 et 10.
2. Les nombres suivants sont-ils premiers : 21 ; 23 ; 36 ; 37 ?

2 Une méthode pour trouver les nombres premiers : le crible d'Ératosthène

1. Construire une grille contenant tous les entiers de 1 à 100.

1	2	3	4	5	6	7	8	9	10
11	12	13	14	15	16	17	18	19	20
21	22	23	24	25	26	27	28	29	30
31	32	33	34	35	36	37	38	39	40
41	42	43	44	45	46	47	48	49	50
51	52	53	54	55	56	57	58	59	60
61	62	63	64	65	66	67	68	69	70
71	72	73	74	75	76	77	78	79	80
81	82	83	84	85	86	87	88	89	90
91	92	93	94	95	96	97	98	99	100

2. Suivre l'algorithme décrit ci-dessous pour trouver tous les nombres premiers inférieurs à 100 :
- 1 n'est pas premier, on le raye ;
- 2 est premier, on le garde et on raye tous ses multiples, car ils ne peuvent pas être premiers ;
- le plus petit nombre non rayé est 3 : il est donc premier, on le garde et on raye tous ses multiples, car ils ne peuvent pas être premiers ;
- le plus petit nombre non rayé est 5 : etc.

3. Après avoir mené cet algorithme jusqu'au terme de la grille, écrire la liste de tous les nombres premiers qui sont plus petits que 100.

3 Les nombres premiers jumeaux

Deux nombres sont **premiers jumeaux** s'ils sont premiers et si leur différence est égale à 2.
Voici quelques paires de nombres premiers jumeaux : (3 ; 5) ; (5 ; 7) ; (11 ; 13) ; (17 ; 19) ; (29 ; 31).
Quel est le couple de nombres premiers jumeaux suivant ?

4 La conjecture de Goldbach

1. Chercher sur Internet l'énoncé de la « conjecture de Goldbach ».
2. Tester cette conjecture avec les entiers : 26 ; 58 ; 138.
À chaque fois, il y a plusieurs combinaisons possibles. Essayer de les donner toutes.

Coup de pouce
Pense à utiliser les nombres premiers trouvés dans le devoir 2.

Du côté du site compagnon

http://www.bordas-myriade.fr

La cryptographie

La cryptographie est la « science du secret ». Elle est utilisée dès l'Antiquité pour protéger les communications à l'aide de **codes secrets** appelés « clés ».
Lors de la Seconde Guerre mondiale, le 9 mai 1941, les Britanniques ont capturé un sous-marin allemand (le U 110) dans lequel ils ont pris la machine **Enigma** (photographie ci-contre), qui servait aux Allemands à coder et décoder leurs messages.
Avec cette machine, les Alliés ont pu déchiffrer de nombreux messages du camp adverse et connaître la position des navires ennemis.

Pour en savoir plus sur la machine Enigma, la cryptographie et les codes secrets de Jules César à nos jours, rendez-vous sur le site compagnon

★ Niveau de difficulté technique ★ Niveau de difficulté mathématique

Avec un ordinateur

★★☆ ★★☆

1 ALGORITHMES POUR PGCD 40 min

OBJECTIF : *Programmer dans une feuille de calcul l'algorithme des soustractions successives et l'algorithme des divisions successives puis les comparer.*

1. Algorithme des soustractions successives

a. Dans une feuille de calcul, créer un tableau à trois colonnes et inscrire, dans la première ligne, deux nombres dont on va calculer le PGCD, par exemple 663 et 273 (le plus grand en premier).

	A	B	C
1	a	b	différence a – b
2	663	273	
3			
4			

b. Calculer la différence des deux nombres choisis dans la cellule C2. → *Tableur 1*

c. Quels nombres doivent être utilisés pour poursuivre l'algorithme ?
Programmer les cellules A3 et B3 de façon à obtenir le plus grand des deux en A3 et le plus petit des deux en B3. → *Tableur 1*

d. Recopier les formules utilisées dans les trois colonnes. → *Tableur 2*

e. Quel est le PGCD de 663 et 273 ?

f. Tester l'algorithme en remplaçant les deux nombres de départ par deux autres.

Coup de pouce
*Les fonctions « **MAX** » et « **MIN** » peuvent être utiles.*

2. Algorithme des divisions successives (Euclide)

a. Dans la même feuille de calcul, créer un autre tableau (colonnes E, F et G) et recopier, sur la première ligne, les deux nombres dont on cherche le PGCD (le plus grand en premier).

	E	F	G
1	a	b	reste de la division de a par b
2	663	273	
3			
4			

b. Calculer le reste de la division euclidienne des deux nombres choisis dans la cellule G2. → *Tableur 6*

c. Quels nombres doivent être utilisés pour poursuivre l'algorithme ?
Programmer les cellules E3 et F3 de façon à obtenir le plus grand des deux en E3 et le plus petit des deux en F3. → *Tableur 6*

d. Recopier les formules utilisées dans les trois colonnes. → *Tableur 2*

e. Où retrouve-t-on le PGCD de 663 et 273 ?

f. Tester l'algorithme en remplaçant les deux nombres de départ par deux autres.

Coup de pouce
*La fonction « **MOD** » peut être utile car elle donne le reste d'une division euclidienne.*

3. Comparaison des deux algorithmes

a. Tester les deux algorithmes avec les nombres 1 275 et 450.

b. Combien le premier comporte-t-il d'étapes dans ce cas ?

c. Combien le second comporte-t-il d'étapes dans ce cas ?

d. Tester les deux algorithmes avec deux autres nombres.

e. Est-il exact de dire que l'algorithme d'Euclide comporte toujours moins d'étapes que l'algorithme des soustractions successives ? Justifier.

À la fin du manuel, retrouve tes **Fiches méthode TICE** : Tableur, Géométrie, Calculatrice

2 MULTIPLES DE 6

★☆☆ ★☆☆ 20 min

OBJECTIF : *Utiliser le tableur pour trouver des nombres premiers.*

1. Dans une feuille de calcul, construire un tableau à trois lignes, avec tous les multiples de 6 inférieurs à 100 (autres que zéro) sur la ligne du milieu ➜ *Tableur 3* :

	A	B	C	D
1				
2	6	12	18	24
3				

2. Pour chaque cellule de la ligne du haut, ajouter 1 au multiple de 6 qui est juste en-dessous.
➜ *Tableur 1 et 2*

3. Pour chaque cellule de la ligne du bas, enlever 1 au multiple de 6 qui est juste au-dessus.
➜ *Tableur 1 et 2*

4. Dans la ligne du haut et celle du bas, effacer tous les multiples de 5 et les multiples de 7.

	A	B	C	D	E	F
1	7	13	19		31	37
2	6	12	18	24	30	36
3	5	11	17	23	29	

5. Quelle remarque peut-on faire sur les nombres qui restent dans ces deux lignes ?

6. Comparer cette liste de nombres à la liste complète des nombres premiers inférieurs à 100.

Coup de pouce
Tu peux chercher cette liste sur Internet.

3 LA BOÎTE NOIRE DU CHAPITRE 2

Téléchargement

BOITE NOIRE

Une « boîte noire » dans un tableur est un programme de calcul mystérieux !
Le but de l'activité est de percer ce mystère…
Pour cela, on peut saisir des nombres mais aussi utiliser des formules qui aident dans la recherche.

1. Télécharger sur le site compagnon le fichier « boite_noire_02 » et l'ouvrir.

2. Saisir un nombre dans la cellule verte et observer dans la cellule grise le résultat de la « boîte noire ».

3. Faire plusieurs observations puis chercher le programme de calcul mystérieux de la boîte noire.

4. Pour tester un programme de calcul, saisir dans la cellule jaune la formule qui correspond à ce programme et observer si le résultat obtenu est le même que celui dans la cellule grise.

5. Tester plusieurs exemples pour vérifier que les programmes de la boîte noire et de la boîte rouge donnent les mêmes résultats.

6. Écrire sur une feuille le programme de calcul qui semble être celui de la boîte noire.

Activités

1 Définir la racine carrée d'un nombre

1. Dans le tableau ci-dessous, on passe de la première ligne à la deuxième en élevant au carré. Recopier et compléter le tableau, quand c'est possible, avec des résultats exacts :

x	2	-2				$\frac{1}{2}$	
x^2			16	-16	13		$\frac{4}{9}$

2. Dans le tableau précédent, il n'a pas été possible de trouver un nombre dont le carré vaut 13. Nous allons voir si un tel nombre existe.

a. Tracer un triangle rectangle dont les côtés de l'angle droit mesurent 2 cm et 3 cm.

b. Combien vaut le carré de la longueur de l'hypoténuse du triangle ?

c. La question précédente prouve l'existence d'un nombre positif dont le carré vaut 13. Ce nombre peut-il être entier ? Expliquer.

d. Ce nombre peut-il être décimal ? Pour le savoir, on pourra étudier le dernier chiffre du produit d'un décimal par lui-même.

3. Regardons si ce nombre peut s'écrire sous la forme d'une fraction $\frac{n}{d}$ irréductible.

a. Montrer que, s'il existe deux entiers n et d tels que $\left(\frac{n}{d}\right)^2 = 13$, alors $n^2 = 13 \times d^2$.

b. En étudiant les derniers chiffres possibles de n^2 et de $13 \times d^2$, démontrer que l'on ne peut pas trouver deux entiers n et d premiers entre eux tels que $\left(\frac{n}{d}\right)^2 = 13$.

*Un **nombre rationnel** est un nombre qui peut s'écrire sous la forme $\frac{a}{b}$, avec a et b des entiers relatifs.*

4. La question précédente montre que le nombre cherché est **irrationnel** (il n'est pas rationnel). Ce nombre positif est appelé la racine carrée de 13 et on le note $\sqrt{13}$.
Proposer une définition de la racine carrée d'un nombre positif a.

2 Découvrir la règle de calcul du produit

1. Conjecture

a. Recopier et compléter le tableau suivant :

a	b	$\sqrt{a}$	$\sqrt{b}$	$\sqrt{a}\times\sqrt{b}$	$a\times b$	$\sqrt{a\times b}$
4	36					
9	16					
25	81					

b. Quelle égalité peut-on conjecturer à partir de la question précédente ?

2. Démonstration

a. Les nombres a et b sont positifs. Le produit $\sqrt{a}\times\sqrt{b}$ peut-il être négatif ? Justifier.

b. Démontrer que $\left(\sqrt{a}\times\sqrt{b}\right)^2 = a\times b$.

c. $\sqrt{a}\times\sqrt{b}$ est donc le nombre qui, élevé au carré, donne $a \times b$.
Recopier et compléter : $\sqrt{a}\times\sqrt{b} = \sqrt{\ldots}$.

d. Recopier et compléter : « Le produit des racines carrées de deux nombres est égal à **...** ».

3. Application

Recopier et compléter : **a.** $\sqrt{3}\times\sqrt{7} = \sqrt{\ldots}$ **b.** $\sqrt{2}\times\sqrt{8} = \sqrt{\ldots}$ **c.** $\sqrt{91} = \sqrt{\ldots}\times\sqrt{\ldots}$

3 Découvrir la règle de calcul du quotient

1. Conjecture

a. Recopier et compléter le tableau suivant :

a	b	$\sqrt{a}$	$\sqrt{b}$	$\frac{\sqrt{a}}{\sqrt{b}}$	$\frac{a}{b}$	$\sqrt{\frac{a}{b}}$
64	9					
4	0,25					
100	16					

b. Quelle égalité peut-on conjecturer à partir de la question précédente ?

2. Démonstration

a. Démontrer la conjecture précédente en s'inspirant de la démonstration faite à l'activité 2.

Recopier et compléter : $\frac{\sqrt{a}}{\sqrt{b}} = \sqrt{\ldots}$ (avec $b \neq 0$).

b. Recopier et compléter : « Le quotient des racines carrées de deux nombres est égal à **...** ».

3. Application

Recopier et compléter : **a.** $\frac{\sqrt{18}}{\sqrt{6}} = \sqrt{\ldots}$ **b.** $\frac{\sqrt{45}}{\sqrt{5}} = \sqrt{\ldots}$ **c.** $\sqrt{13} = \frac{\sqrt{\ldots}}{\sqrt{\ldots}}$

4 Déterminer des nombres dont on connaît le carré

1. Quels sont les nombres dont le carré est égal à 10 000 ?

2. Si l'on appelle x le solde bancaire d'Ecervelus, quelle équation permet de connaître la somme dont il dispose sur son compte en banque ? Donner les solutions de cette équation.

3. Expliquer la réponse du Grand Racinus.

Différents cas

4. Résoudre les équations suivantes quand c'est possible :
a. $x^2 = 64$ **b.** $x^2 = 3$ **c.** $x^2 = 0$ **d.** $x^2 = -9$

5. Recopier et compléter :
« Une équation de type $x^2 = a$ possède : • 0 solution si **...** • 1 solution si **...** • 2 solutions si **...**

Le cours

1 Racine carrée d'un nombre positif

DÉFINITION Soit a un nombre **positif**.
On appelle **racine carrée de a** le nombre **positif** dont le carré est égal à a.
On le note $\sqrt{a}$.
Autrement dit :

$$\sqrt{a} \geqslant 0 \text{ et } \left(\sqrt{a}\right)^2 = a.$$

Exemples

1 $\sqrt{2}$ est le nombre positif dont le carré est égal à 2.
$\left(\sqrt{2}\right)^2 = 2.$

2 $\sqrt{16}$ est le nombre positif dont le carré est 16.
$\left(\sqrt{16}\right)^2 = 16.$
16 est un « carré parfait », sa racine carrée est 4.
En effet : $4^2 = 16$ donc $\sqrt{16} = 4$.

Un **carré parfait** est un nombre dont la racine carrée est un nombre entier.

3 $\sqrt{0} = 0$. En effet : $0^2 = 0$.

4 $\sqrt{1} = 1$. En effet : $1^2 = 1$.

5 $\sqrt{\dfrac{4}{9}} = \dfrac{2}{3}$. En effet : $\left(\dfrac{2}{3}\right)^2 = \dfrac{4}{9}$.

6 $\sqrt{4,41} = 2,1$. En effet : $(2,1)^2 = 4,41$.

Remarques
- Le symbole « $\sqrt{\ }$ » se nomme « radical ».
- Il n'y a pas de nombre dont le carré est négatif, donc la racine carrée d'un nombre négatif n'existe pas.

PROPRIÉTÉ Soit a un nombre **positif**.

$$\sqrt{a^2} = a$$

La racine carrée du carré d'un nombre positif est égale à ce nombre.

Exemples
- $\sqrt{3^2} = 3.$
- $\sqrt{7,24^2} = 7,24.$
- $\sqrt{\left(\dfrac{11}{17}\right)^2} = \dfrac{11}{17}.$

Attention ! $\sqrt{(-7)^2} \neq (-7)$.
En effet, (− 7) n'est pas un nombre positif.
Comme $(-7)^2 = 7^2$, alors $\sqrt{(-7^2)} = \sqrt{7^2} = 7$.

2 Calculs avec les racines carrées

PROPRIÉTÉ Pour tous les nombres positifs a et b :

$$\sqrt{a}\times\sqrt{b}=\sqrt{a\times b}$$

Le produit des racines carrées de deux nombres positifs est égal à la racine carrée du produit de ces deux nombres.

Exemples

- $\sqrt{2}\times\sqrt{7}=\sqrt{2\times7}=\sqrt{14}$.
- $\sqrt{30}=\sqrt{6\times5}=\sqrt{6}\times\sqrt{5}$.
- $\sqrt{12}=\sqrt{4\times3}=\sqrt{4}\times\sqrt{3}=2\sqrt{3}$.

PROPRIÉTÉ Pour tous les nombres positifs a et b, b étant différent de 0 :

$$\frac{\sqrt{a}}{\sqrt{b}}=\sqrt{\frac{a}{b}}$$

Le quotient des racines carrées de deux nombres positifs est égal à la racine carrée du quotient de ces deux nombres.

Exemples

- $\dfrac{\sqrt{21}}{\sqrt{3}}=\sqrt{\dfrac{21}{3}}=\sqrt{7}$.
- $\sqrt{\dfrac{25}{16}}=\dfrac{\sqrt{25}}{\sqrt{16}}=\dfrac{5}{4}$.

Remarque : Il n'y a pas de propriété de ce type pour l'addition ou la soustraction.
En général, $\sqrt{a}+\sqrt{b}\neq\sqrt{a+b}$, par exemple : $\sqrt{9}+\sqrt{16}\neq\sqrt{25}$.

3 Équations de la forme $x^2 = a$

PROPRIÉTÉS Soit a un nombre.

- Si $a < 0$, alors l'équation $x^2=a$ n'a **pas de solution**.
- Si $a = 0$, alors l'équation $x^2=a$ possède **une seule solution** : **0**.
- Si $a > 0$, alors l'équation $x^2=a$ possède **deux solutions** : $\sqrt{a}$ et $-\sqrt{a}$.

Exemples

1 Résoudre l'équation $x^2=-9$.
-9 est négatif donc cette équation n'a pas de solution.

2 Résoudre l'équation $x^2=0$.
Cette équation a une seule solution : 0.
En effet : $0^2=0$.

3 Résoudre l'équation $x^2=3$.
Cette équation a deux solutions : $\sqrt{3}$ et $-\sqrt{3}$.
En effet : $\left(\sqrt{3}\right)^2=3$ et $\left(-\sqrt{3}\right)^2=3$.

1 Calculer avec des racines carrées

Animation

Énoncé

Dans chaque cas, écrire le nombre sous la forme $a\sqrt{b}$, avec a et b entiers, b étant le plus petit possible.

- $A = \sqrt{75}$
- $B = -5\sqrt{18}+\sqrt{72}$

Solution commentée

- $A = \sqrt{75}$ — On cherche le plus grand carré parfait qui divise 75, c'est 25.

$A = \sqrt{25\times3}$ — On fait apparaître le carré parfait sous le radical.

$A = \sqrt{25}\times\sqrt{3}$ — On utilise la propriété $\sqrt{a\times b} = \sqrt{a}\times\sqrt{b}$.

$A = 5\times\sqrt{3}$ — On remplace $\sqrt{25}$ par sa valeur 5.

$\mathbf{A = 5\sqrt{3}}$

- $B = -5\sqrt{18}+\sqrt{72}$.

$B = -5\sqrt{9\times2}+\sqrt{36\times2}$ — On écrit chaque nombre qui se trouve sous un radical comme le produit d'un carré parfait et d'un autre nombre (si possible le même).

$B = -5\times\sqrt{9}\times\sqrt{2}+\sqrt{36}\times\sqrt{2}$ — On utilise la propriété $\sqrt{a\times b} = \sqrt{a}\times\sqrt{b}$.

$B = -5\times3\times\sqrt{2}+6\times\sqrt{2}$

$B = -15\sqrt{2}+6\sqrt{2}$ — On remplace $\sqrt{9}$ par sa valeur 3 et $\sqrt{36}$ par 6.

$\mathbf{B = -9\sqrt{2}}$ — On réduit.

Avec les TICE

La calculatrice peut te permettre de vérifier tes calculs.

→ Calculatrice 16

$-5\sqrt{18}+\sqrt{72}$

$-9\sqrt{2}$

Exercices d'application

1 Écrire chaque nombre sous la forme $a\sqrt{3}$, où a est un nombre entier :

a. $\sqrt{12}$ **b.** $\sqrt{27}$ **c.** $\sqrt{48}$

2 Écrire chaque nombre sous la forme $a\sqrt{5}$, où a est un nombre entier :

a. $\sqrt{20}$ **b.** $\sqrt{500}$ **c.** $\sqrt{45}$

Pour les exercices 3 à 6, écrire chaque nombre sous la forme $a\sqrt{b}$, où a et b sont des nombres entiers, b étant le plus petit possible.

3 **a.** $\sqrt{32}$ **b.** $\sqrt{28}$ **c.** $\sqrt{300}$

4 **a.** $\sqrt{80}$ **b.** $\sqrt{128}$ **c.** $\sqrt{50}$

5 **a.** $2\sqrt{27}$ **b.** $3\sqrt{50}$ **c.** $-7\sqrt{18}$

6 **a.** $5\sqrt{28}$ **b.** $-10\sqrt{162}$ **c.** $11\sqrt{200}$

7 Réduire les expressions suivantes en les écrivant sous la forme $a\sqrt{3}$, où a est un nombre entier :

a. $A = \sqrt{12}-5\sqrt{3}$ **b.** $B = 2\sqrt{75}+\sqrt{48}$

8 Réduire les expressions suivantes en les écrivant sous la forme $a\sqrt{b}$, où a et b sont des nombres entiers, b étant le plus petit possible :

a. $A = 2\sqrt{45}-\sqrt{20}$ **b.** $B = -6\sqrt{28}-2\sqrt{63}$

9 Réduire les expressions suivantes en les écrivant sous la forme $a\sqrt{b}$, où a et b sont des nombres entiers, b étant le plus petit possible :

a. $A = 8\sqrt{24}-2\sqrt{54}$ **b.** $B = -\sqrt{32}+4\sqrt{72}-\sqrt{800}$

10 **Vu au BREVET**

Écrire B sous la forme $a\sqrt{2}$, où a est un nombre entier relatif : $B = \sqrt{50}-4\sqrt{18}$.

Polynésie française, 2006

Voir aussi les Exercices 38 à 53

2 Résoudre une équation de la forme $x^2 = a$

Animation

Énoncé

Résoudre les équations suivantes : • $x^2 = -3$ • $x^2 = 27$ • $9x^2 = 5$.

Solution commentée

• -3 est négatif, **l'équation n'a donc pas de solution.**

• 27 **est positif** donc l'équation a deux solutions :

$\sqrt{27}$ et $-\sqrt{27}$.

On peut écrire les solutions autrement :

$\sqrt{27} = \sqrt{9 \times 3} = \sqrt{9} \times \sqrt{3} = 3\sqrt{3}$.

L'équation a deux solutions : $3\sqrt{3}$ et $-3\sqrt{3}$.

• On transforme l'équation en une équation de forme connue :

$$9x^2 = 5$$

$$\frac{9x^2}{9} = \frac{5}{9}$$

$$x^2 = \frac{5}{9}$$

$\frac{5}{9} > 0$, donc l'équation a deux solutions : $\sqrt{\frac{5}{9}}$ et $-\sqrt{\frac{5}{9}}$.

On peut écrire les solutions autrement : $\sqrt{\frac{5}{9}} = \frac{\sqrt{5}}{\sqrt{9}} = \frac{\sqrt{5}}{3}$.

Les deux solutions simplifiées de l'équation sont $\frac{\sqrt{5}}{3}$ et $-\frac{\sqrt{5}}{3}$.

Avec les TICE

Des logiciels comme WIRIS (http://www.wiris.net/demo/wiris/fr/) peuvent te permettre de vérifier tes résultats quand ils sont difficiles à tester à la main.

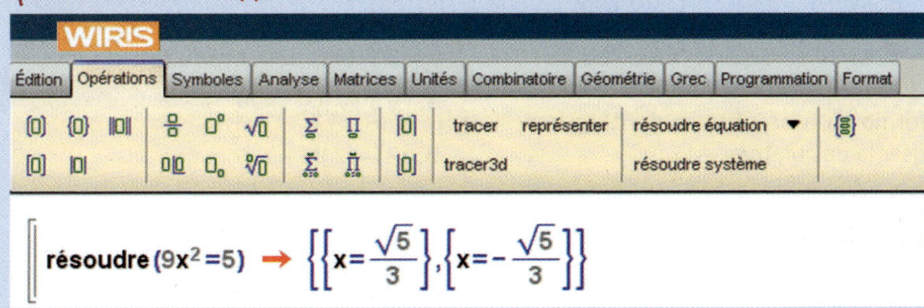

Exercices d'application

Pour les exercices 11 à 16, résoudre les équations proposées.

11 a. $x^2 = 36$ b. $x^2 = 5$ c. $x^2 = -100$

12 a. $x^2 = 81$ b. $x^2 = 0$ c. $x^2 = 50$

13 a. $x^2 = 1$ b. $x^2 = -25$ c. $x^2 = 75$

14 a. $x^2 = \frac{4}{9}$ b. $x^2 = \frac{25}{-16}$ c. $x^2 = \frac{7}{64}$

15 a. $2x^2 = 32$ b. $4x^2 = 3$ c. $-16x^2 = -81$

16 a. $x^2 - 25 = 0$ b. $x^2 - 18 = 0$ c. $x^2 + 4 = 0$

17 Soit un nombre dont le double du carré vaut 1 250. Quelles sont les valeurs possibles de ce nombre ?

18 **Vu au BREVET**

On désigne par x la longueur des côtés d'un carré. L'aire de ce carré est 32 cm^2.

1. Traduire la phrase ci-dessus par une équation.
2. Calculer la longueur exacte des côtés du carré.

D'après Antilles, 2006

Voir aussi les Exercices 54 à 68

Exercices d'entraînement

Racine carrée d'un nombre positif

POUR COMMENCER

19 Recopier et compléter :

a. Le carré de 3 est ...

b. La racine carrée de 16 est ...

c. 5 est la racine carrée de ...

d. 25 est le carré de ... et ...

20 Écrire sous la forme d'un nombre entier, sans utiliser la calculatrice :

a. $\sqrt{81}$ **b.** $\sqrt{25}$ **c.** $\sqrt{1}$ **d.** $\sqrt{0}$ **e.** $\sqrt{9}$ **f.** $\sqrt{64}$

21 Recopier et compléter le tableau, quand c'est possible, avec des valeurs exactes :

a	36		-10		17	
$\sqrt{a}$		12		$\sqrt{13}$		0,9

22 Écrire sous la forme d'un nombre entier, sans utiliser la calculatrice :

a. $\sqrt{144}$ **b.** $\sqrt{400}$ **c.** $\sqrt{10\ 000}$

d. $\sqrt{4\ 900}$ **e.** $\sqrt{121}$ **f.** $\sqrt{169}$

23 Recopier et compléter, sans utiliser la calculatrice :

a. $\sqrt{...} = 0{,}5$ **b.** $\sqrt{0{,}81} = ...$ **c.** $\sqrt{0{,}01} = ...$

d. $\sqrt{...} = 0{,}7$ **e.** $\sqrt{1{,}44} = ...$ **f.** $\sqrt{...} = 0{,}06$

24 Écrire sous la forme d'un nombre en écriture fractionnaire, sans utiliser la calculatrice :

a. $\sqrt{\dfrac{4}{9}}$ **b.** $\sqrt{\dfrac{1}{81}}$ **c.** $\sqrt{\dfrac{49}{25}}$

d. $\sqrt{\dfrac{225}{0{,}09}}$ **e.** $\sqrt{\dfrac{0{,}64}{196}}$ **f.** $\sqrt{\dfrac{0{,}0036}{0{,}16}}$

25 Déterminer la valeur exacte puis l'arrondi au cm du côté d'un carré de 34 cm² d'aire.

26 Encadrer les nombres suivants par deux nombres entiers consécutifs :

a. $\sqrt{2}$ **b.** $\sqrt{12}$ **c.** $\sqrt{80}$ **d.** $\sqrt{99}$ **e.** $\sqrt{17{,}6}$ **f.** $\sqrt{\dfrac{11}{15}}$

27 Calculer, sans utiliser la calculatrice :

a. $\left(\sqrt{5}\right)^2$ **b.** $\sqrt{7^2}$ **c.** $\sqrt{(-8)^2}$

d. $\left(-\sqrt{10}\right)^2$ **e.** $-7\sqrt{(-4)^2}$ **f.** $\sqrt{(3-\pi)^2}$

28 Écrire les nombres suivants sous la forme 10^n, avec n entier relatif :

a. $\sqrt{10^8}$ **b.** $\sqrt{10^{20}}$ **c.** $\sqrt{10^{-4}}$

d. $\sqrt{(-10)^6}$ **e.** $\sqrt{(-10)^{-10}}$ **f.** $\sqrt{\dfrac{10^4}{(10^3)^2}}$

29 Calculer, sans utiliser la calculatrice :

a. $3\left(\sqrt{2}\right)^2$ **b.** $\left(2\sqrt{5}\right)^2$ **c.** $-5\left(\sqrt{(-3)^2}\right)^2$

d. $\left(10\sqrt{10}\right)^2$ **e.** $\left(\dfrac{2}{3}\sqrt{27}\right)^2$ **f.** $\dfrac{1}{121}\left(\sqrt{11}\right)^2$

30 Soit un triangle ABC rectangle en A tel que AB = 8 cm et AC = 12 cm.
Déterminer la valeur exacte de BC.

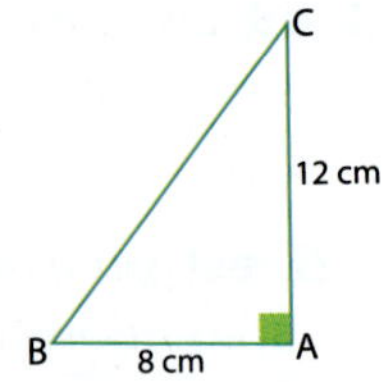

31 Réduire les expressions suivantes :

a. $7\sqrt{3}+5\sqrt{3}-4\sqrt{3}$

b. $-3\sqrt{7}+2\sqrt{7}-5\sqrt{7}-12\sqrt{7}$

c. $7-10\sqrt{5}+3\sqrt{5}-7\sqrt{5}-11\sqrt{5}$

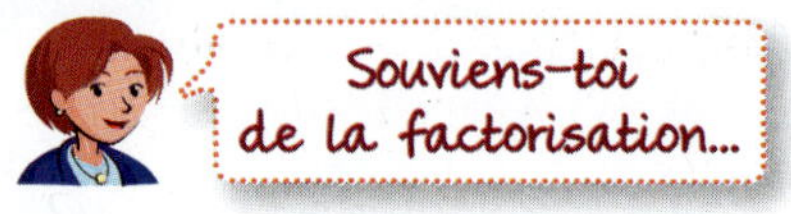

32 Développer et réduire :

a. $3\left(\sqrt{2}+5\right)$ **b.** $10\left(11-\sqrt{5}\right)$ **c.** $\sqrt{5}\left(\sqrt{5}-2\right)$

d. $2\sqrt{3}\left(8-3\sqrt{3}\right)$ **e.** $-\sqrt{2}\left(\sqrt{3}-8\right)$

f. $9\sqrt{10}\left(-4\sqrt{40}+9\sqrt{90}\right)$

33 Développer et réduire :

a. $\left(\sqrt{3}+7\right)\left(\sqrt{3}-7\right)$

b. $\left(3-\sqrt{7}\right)\left(5+2\sqrt{7}\right)$

c. $\left(8-2\sqrt{11}\right)\left(4\sqrt{11}+3\right)$

34 **VRAI ou FAUX**

a. $\sqrt{(2-7)^2}=-5$.

b. $\sqrt{(-4)^2}=4$.

c. Les racines carrées de 9 sont 3 et – 3.

d. La racine carrée de la moitié de 128 est 8.

35 Démontrer que le nombre suivant est un nombre entier : $\sqrt{32\sqrt{4}+6^2-15\sqrt{25}}$.

36 Soit $A=\dfrac{2}{\sqrt{3}}$.

On veut écrire A sans radical au dénominateur.
Pour cela, par quel nombre doit-on multiplier le numérateur et le dénominateur de A ?

37 Écrire les nombres suivants sans radical au dénominateur :

a. $\dfrac{1}{\sqrt{2}}$ **b.** $\dfrac{-2}{9\sqrt{3}}$ **c.** $\dfrac{4\sqrt{6}-8}{-3\sqrt{6}}$

POUR COMMENCER

Calculs av

38 Recop

a. $\sqrt{3}\times\sqrt{1}$

b. $4\sqrt{5}=$

c. $\sqrt{300}=$

d. $\sqrt{18}=$

39 Recc

a. $\sqrt{\dfrac{16}{9}}=$

c. $\sqrt{\dfrac{...}{...}}=\dfrac{}{\sqrt{...}}=\dfrac{}{7}$ … $\sqrt{2}$ … $\sqrt{...}$

40 Calculer, sans utiliser la calculatrice :

a. $\sqrt{7}\times\sqrt{8}$ **b.** $\sqrt{10}\times\sqrt{2}$ **c.** $\dfrac{\sqrt{10}}{\sqrt{2}}$

d. $\dfrac{\sqrt{48}}{\sqrt{8}}$ **e.** $\dfrac{\sqrt{12}}{\sqrt{3}}$ **f.** $\dfrac{\sqrt{80}}{\sqrt{15}}$

41 Calculer, sans utiliser la calculatrice :

a. $\sqrt{2}\times\sqrt{3}$ **b.** $\dfrac{\sqrt{24}}{\sqrt{6}}$ **c.** $\sqrt{6}\times\sqrt{24}$

d. $\dfrac{\sqrt{72}}{\sqrt{2}}$ **e.** $\dfrac{\sqrt{6}\times\sqrt{12}}{\sqrt{8}}$ **f.** $\dfrac{\sqrt{30}}{\sqrt{2}\times\sqrt{5}}$

42 Écrire les nombres suivants sous la forme $a\sqrt{2}$, où a est un nombre entier :

a. $\sqrt{8}$ **b.** $\sqrt{50}$ **c.** $\sqrt{72}$ **d.** $\sqrt{200}$

43 Écrire les nombres suivants sous la forme $a\sqrt{5}$, où a est un nombre entier :

a. $\sqrt{20}$ **b.** $\sqrt{80}$ **c.** $\sqrt{500}$ **d.** $\sqrt{125}$

44 Écrire les nombres suivants sous la forme $a\sqrt{b}$, où a et b sont des nombres entiers, b étant le plus petit possible :

a. $\sqrt{27}$ **b.** $\sqrt{28}$ **c.** $\sqrt{40}$ **d.** $\sqrt{700}$

45 **1.** Écrire les nombres $\sqrt{12}$, $\sqrt{48}$ et $\sqrt{75}$ sous la forme $a\sqrt{3}$, où a est un nombre entier.

2. En déduire une écriture sous la forme $a\sqrt{3}$ de $\sqrt{12}+3\sqrt{48}-2\sqrt{75}$, où a est un nombre entier.

Pour les exercices 46 et 47, calculer, sans utiliser la calculatrice.

46 **a.** $A=\sqrt{18}+\sqrt{50}-\sqrt{32}$

b. $B=2\sqrt{5}+3\sqrt{45}-\sqrt{180}$

…hamp carré de côté
…ment double de celle
…ère Lapaille.
…ôté du champ du père

49 **VRAI ou FAUX**

a. $\sqrt{2}+\sqrt{8}=\sqrt{10}$

b. $\sqrt{8}-\sqrt{2}=\sqrt{2}$

c. $\sqrt{32}-\sqrt{2}=\sqrt{8}$

50 **Chercher l'erreur**

Voici un calcul effectué par Sébastien. Chercher l'erreur qu'il a commise.

$A=\sqrt{7}+\sqrt{18}$
$A=\sqrt{7+18}$
$A=\sqrt{25}$
$A=5$

Pour les exercices 51 et 52, développer puis réduire les expressions proposées.

51 **a.** $\left(\sqrt{2}+\sqrt{5}\right)\left(\sqrt{2}-\sqrt{5}\right)$

b. $\left(3-\sqrt{3}\right)\left(2-\sqrt{2}\right)$

c. $\left(\sqrt{7}+\sqrt{2}\right)^2$

52 **a.** $\left(\sqrt{7}-\sqrt{11}\right)^2$

b. $\left(2+2\sqrt{6}\right)^2$

c. $\left(3\sqrt{5}+\sqrt{2}\right)\left(\sqrt{2}-\sqrt{50}\right)$

53 Soit un rectangle ABCD tel que $AB=\left(\sqrt{12}+\sqrt{3}\right)$ cm et $BC=\left(-2\sqrt{3}+\sqrt{27}\right)$ cm.

1. Calculer son périmètre en donnant le résultat sous la forme $a\sqrt{3}$, a étant un nombre entier.

2. Montrer que l'aire en cm^2 de ce rectangle est un nombre entier.

Exercices d'entraînement

Équations de la forme $x^2 = a$

POUR COMMENCER

54 Parmi les nombres suivants, quels sont ceux qui sont solution de l'équation $x^2 = 4$:
2 ; 16 ; 4 ; -2 ; -16 ; -4 ou $\sqrt{2}$?

55 Parmi les nombres suivants, quels sont ceux qui sont solution de l'équation $x^2 = 14$:
-7 ; 7 ; 154 ; $\sqrt{14}$; 12 ; $-\sqrt{14}$ ou -154 ?

Pour les exercices 56 à 58, résoudre les équations.

56 **a.** $x^2 = 25$ **b.** $x^2 = -4$ **c.** $x^2 = 4\,900$ **d.** $x^2 = 0$

57 **a.** $x^2 = -100$ **b.** $x^2 = 81$ **c.** $x^2 = 121$ **d.** $x^2 = 3\,600$

58 **a.** $x^2 = 0{,}81$ **b.** $x^2 = \dfrac{4}{9}$ **c.** $x^2 = 2$ **d.** $x^2 = \dfrac{36}{100}$

59 Résoudre les équations suivantes et donner les solutions sous la forme $a\sqrt{b}$, où a et b sont des nombres entiers, b étant le plus petit possible :
a. $x^2 = 12$ **b.** $x^2 = 72$ **c.** $x^2 = 48$ **d.** $x^2 = 80$

Pour les exercices 60 et 61, résoudre les équations.

60 **a.** $t^2 = 0{,}04$ **b.** $4m^2 = 36$
c. $2s^2 = -200$ **d.** $y^2 = 3{,}5^2$

61 **a.** $x^2 - 4 = 0$ **b.** $x^2 + 36 = 0$
c. $x^2 + 4 = 148$ **d.** $\dfrac{2}{3}k^2 = \dfrac{7}{2}$

62 Soit x un nombre dont le triple du carré est égal à 588. Quelles sont les valeurs possibles de ce nombre ?

63 Soit un jardin carré d'aire 124 m². Calculer la valeur exacte de la longueur du côté de ce jardin puis en donner un arrondi au cm.

64 Soit un disque d'aire 164 mm². Déterminer la valeur exacte du rayon de ce disque en l'exprimant en fonction de π.

65 Soit un triangle ABC rectangle en B tel que $AB = 3\sqrt{7}$ cm et $BC = 5\sqrt{2}$ cm.
1. Calculer la valeur exacte de la longueur AC.
2. En déduire la valeur exacte du périmètre du triangle.

66 **1.** Calculer, dans chaque cas, la valeur exacte de la longueur de la diagonale d'un carré de côté :
a. 2 cm **b.** 3 cm **c.** 5 cm **d.** 10 cm
2. En déduire la longueur de la diagonale d'un carré de côté a, a étant un nombre positif.

67 **Sécurité**
Les buts de rugby sont des tubes de dimensions réglementées afin notamment de garantir la sécurité des joueurs lors des matchs. Considérons qu'une des barres cylindriques verticales mesure 11 m de hauteur et possède un volume de 359 536 cm³. Quel est, au cm près, le rayon de la section du tube utilisé ?

68 **Développement durable**
La société *Solaris* teste un nouveau genre de cellules photovoltaïques. Pour cela, un support particulier est nécessaire : un disque de 5 cm de rayon dans lequel on découpe un carré. L'aire de ce carré doit être égale à l'aire restante du disque (disque sans le carré).
Donner une longueur du côté du carré au mm près.

À l'oral

69 Calculer : **a.** $\sqrt{6}\times\sqrt{6}$ **b.** $\sqrt{5}\times\sqrt{20}$
c. $\sqrt{8}\times\sqrt{200}$ **d.** $\sqrt{150}\times\sqrt{6}$

70 Calculer : **a.** $\dfrac{\sqrt{36}}{\sqrt{4}}$ **b.** $\dfrac{\sqrt{1600}}{4}$
c. $\dfrac{\sqrt{50}}{\sqrt{10}}$ **d.** $\dfrac{\sqrt{27}}{3}$

71 Calculer : **a.** $\left(3\sqrt{2}\right)^2$ **b.** $\left(\dfrac{2}{\sqrt{3}}\right)^2$
c. $5\left(\sqrt{3}\right)^2$ **d.** $\left(\sqrt{2^2\times3^2}\right)^2$

72 Résoudre les équations suivantes :
a. $x^2 = 400$ **b.** $2x^2 = 10$
c. $x^2 + 8 = 12$ **d.** $x^2 - 9 = 2$

73 **QCM** *Cet exercice est un questionnaire à choix multiples. Quatre réponses sont proposées mais **une seule est exacte**. Aucune justification n'est demandée.*

Question	ⓐ	ⓑ	ⓒ	ⓓ
$\sqrt{9+16}$ est égal à :	$\sqrt{9}+\sqrt{16}$	25	7	5

Polynésie française, 2011

74 Un carré a pour aire 225 cm^2.
Quel est le périmètre de ce carré ? Justifier la réponse.

Amérique du Sud, 2010

75 On donne $B=\sqrt{27}+5\sqrt{12}-\sqrt{300}$.

1. Sophie pense que B peut s'écrire plus simplement sous la forme $3\sqrt{3}$. Prouver que Sophie a bien raison.

2. Éric pense que Sophie a raison car, avec sa calculatrice, lorsqu'il calcule $\sqrt{27}+5\sqrt{12}-\sqrt{300}$ et $3\sqrt{3}$, il trouve deux fois le même résultat : 5,196 152 423.
Que penser du raisonnement d'Éric ?

Centres étrangers, 2011

76 $C=\left(\sqrt{5}+\sqrt{10}\right)^2-10\sqrt{2}$.

Montrer que C est un nombre entier.

Pondichéry, 2010

77 *Dans cet exercice, toutes les longueurs sont données en cm.*

- La mesure du côté du carré est $\sqrt{3}+3$.
- Les dimensions du rectangle sont $\sqrt{72}+3\sqrt{6}$ et $\sqrt{2}$.

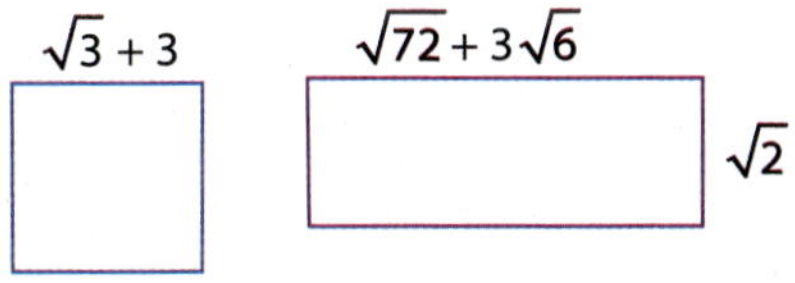

1. Calculer l'aire $\mathscr{A}$ du carré ; réduire l'expression obtenue.

2. Calculer l'aire $\mathscr{A}'$ du rectangle.

3. Vérifier que $\mathscr{A}=\mathscr{A}'$.

Pondichéry, 2006

78 $C=\sqrt{12}-5\sqrt{3}+2\sqrt{48}$.

Écrire C sous la forme $a\sqrt{3}$, où a est un nombre entier.

Asie, 2010

79 On donne $G=5\sqrt{32}+\sqrt{18}-4\sqrt{50}$.

Écrire G sous la forme $a\sqrt{2}$.

Amérique du Sud, 2008

80 Écrire B sous la forme $a\sqrt{3}$, où a est un entier :
$B=\sqrt{48}-3\sqrt{12}+7\sqrt{3}$

Groupement Ouest, 2006

81 $C=5\sqrt{12}+\sqrt{27}-10\sqrt{3}$.

Écrire C sous la forme $a\sqrt{b}$, où a et b sont deux nombres entiers.

Antilles-Guyane, 2008

82 On donne le programme de calcul suivant :

> Choisir un nombre
> - Multiplier ce nombre par 3
> - Ajouter le carré du nombre choisi
> - Multiplier par 2
>
> Écrire le résultat

Calculer la valeur exacte du résultat obtenu lorsque le nombre choisi est $\sqrt{5}$.

France métropolitaine, 2008

83 On donne : $C=\sqrt{75}+4\sqrt{27}-5\sqrt{48}$
et $D=\left(2+4\sqrt{5}\right)\left(2-4\sqrt{5}\right)$.

1. Écrire C sous la forme $a\sqrt{3}$, où a est un entier relatif.

2. Montrer que D est un nombre entier.

Amérique du Nord, 2007

84 On donne :
$C=7\sqrt{18}-3\sqrt{8}-\sqrt{32}$ et $D=\sqrt{2}\left(3\sqrt{2}-1\right)+2\left(2\sqrt{2}-3\right)$.

Mettre C et D sous la forme $a\sqrt{2}$.

Amérique du Sud, 2006

85 On donne : $C=2\sqrt{180}+5\sqrt{80}-3\sqrt{125}$.

Écrire C sous la forme $a\sqrt{5}$, où a est un nombre entier.

Pondichéry, 2007

86 Prouver que $\sqrt{648}+\sqrt{972}=18\left(\sqrt{3}+\sqrt{2}\right)$.

Centres étrangers, Nice

87 Montrer, en détaillant les calculs, que le nombre C ci-dessous est un nombre entier :

$$C=\frac{3\sqrt{96}}{4\sqrt{54}}$$

Centres étrangers, 2005

88 Donner E sous la forme $a\sqrt{2}+b\sqrt{3}$, où a et b sont deux entiers relatifs, en justifiant les calculs :
$E=5\sqrt{8}-3\sqrt{12}+\sqrt{27}-\sqrt{18}$.

Amérique du Sud, 2004

89 On considère les nombres :

- $B=\left(\sqrt{17}-1\right)\left(\sqrt{17}+1\right)$ • $C=\left(3-\sqrt{7}\right)^2$ • $D=B-C$

1. Développer et réduire B et C.

2. Écrire D sous la forme $a\sqrt{7}$, où a désigne un nombre entier.

Amérique du Nord, 2004

Tous les exercices de cette double page sont corrigés p. 315.

J'évalue mes connaissances

*Pour les exercices **90** à **99**, trouve la ou les bonnes réponses parmi celles proposées.*

	A	B	C
90 SOCLE 3e La racine carrée d'un nombre est toujours …	négative	positive	On ne peut pas savoir
91 SOCLE 3e $\sqrt{4} = \ldots$	2	-2	2 ou -2
92 SOCLE 3e $\sqrt{0} = \ldots$	0	1	n'existe pas
93 SOCLE 3e $\left(\sqrt{5}\right)^2 = \ldots$	5^2	-5 ou 5	5
94 On sait que $a > 0$. $\sqrt{a^2} = \ldots$	a	a^2	$-a$
95 $\sqrt{2}\times\sqrt{3} = \ldots$	$\sqrt{5}$	$\sqrt{6}$	6
96 $\sqrt{\frac{1}{4}} = \ldots$	$\frac{1}{\sqrt{2}}$	2	$\frac{1}{2}$
97 $\sqrt{27}+\sqrt{48} = \ldots$	$\sqrt{75}$	$7\sqrt{3}$	36
98 L'équation $x^2 = -4$ a pour solutions …	-2	-2 et 2	Pas de solution
99 L'équation $x^2 = 9$ a pour solutions …	3	-3 et 3	Pas de solution

Tu peux vérifier tes réponses p. 315 et continuer ton entraînement sur le site compagnon

J'évalue mes compétences

Racine carrée d'un nombre positif SOCLE 3e

100 Écrire sous la forme d'un entier, sans utiliser la calculatrice :

a. $\sqrt{64}$ **b.** $\sqrt{0}$ **c.** $\sqrt{36}$ **d.** $\sqrt{1}$ **e.** $\sqrt{400}$ **f.** $\sqrt{49}$

101 Calculer, sans utiliser la calculatrice :

a. $\sqrt{\frac{4}{25}}$ **b.** $\sqrt{\frac{1}{100}}$ **c.** $\sqrt{\frac{36}{16}}$

d. $\sqrt{\frac{256}{0,01}}$ **e.** $\sqrt{\frac{0}{12\,100}}$ **f.** $\sqrt{\frac{0,0004}{0,49}}$

102 Calculer, sans utiliser la calculatrice :

a. $\left(\sqrt{5}\right)^2$ **b.** $\left(\sqrt{49}\right)^2$ **c.** $\sqrt{7^2}$

d. $\sqrt{0,04^2}$ **e.** $\left(-\sqrt{7}\right)^2$ **f.** $\sqrt{(-4)^2}$

103 Parmi les nombres suivants, quels sont ceux qui sont égaux à 3 et ceux qui sont égaux à -3 ?

- $-\sqrt{(-3)^2}$ • $-\sqrt{3^2}$ • $\left(-\sqrt{3}\right)^2$ • $\sqrt{(-3)^2}$ • $\sqrt{3^2}$ • $-\sqrt{9}$

104 **Vu au BREVET**

On donne le programme de calcul ci-dessous :

- Choisir un nombre
- Lui ajouter 3
- Multiplier cette somme par 4
- Enlever 12 au résultat obtenu

Calculer la valeur exacte du résultat obtenu lorsque le nombre choisi est $\sqrt{5}$.

Nouvelle-Calédonie, 2009

105 Calculer les valeurs exactes du périmètre et de l'aire d'un rectangle qui mesure $\left(2+\sqrt{3}\right)$ cm et $\left(8-\sqrt{3}\right)$ cm.

106 MER est un triangle tel que ME = $\sqrt{5}$ cm ;
MR = $\sqrt{10}$ cm et RE = $\sqrt{5}$ cm.
Quelle est la nature de ce triangle ?

POUR T'AIDER, voir
■ Cours 1 ■ Exercices 19 à 37

Calculs avec des racines carrées

107 Calculer, sans utiliser de calculatrice :

a. $\sqrt{7}\times\sqrt{8}$ **b.** $\sqrt{10}\times\sqrt{2}$ **c.** $\dfrac{\sqrt{10}}{\sqrt{2}}$

d. $\dfrac{\sqrt{48}}{\sqrt{8}}$ **e.** $\dfrac{\sqrt{12}}{\sqrt{3}}$ **f.** $\dfrac{\sqrt{60}}{\sqrt{15}}$

108 Calculer, sans utiliser de calculatrice :

a. $\sqrt{2}\times\sqrt{3}$ **b.** $\sqrt{3}\times\sqrt{12}$ **c.** $\dfrac{\sqrt{800}}{\sqrt{8}}$

d. $\dfrac{\sqrt{98}}{\sqrt{2}}$ **e.** $\dfrac{\sqrt{90}}{\sqrt{10}}$ **f.** $\dfrac{\sqrt{2}}{\sqrt{8}}$

109 Calculer, sans utiliser de calculatrice :

a. $\sqrt{5}\times\sqrt{2}$ **b.** $\sqrt{6}\times\sqrt{24}$ **c.** $\dfrac{\sqrt{24}}{\sqrt{6}}$

d. $\dfrac{\sqrt{72}}{\sqrt{2}}$ **e.** $\dfrac{\sqrt{6}\times\sqrt{12}}{\sqrt{8}}$ **f.** $\dfrac{\sqrt{30}}{\sqrt{2}\times\sqrt{5}}$

110 Écrire les nombres suivants sous la forme $a\sqrt{b}$, où a et b sont des nombres entiers, b étant le plus petit possible :
a. $\sqrt{18}$ **b.** $\sqrt{75}$ **c.** $\sqrt{54}$ **d.** $\sqrt{96}$

111 Soit $A = 4\sqrt{3}+2\sqrt{27}-\sqrt{48}$.
Écrire A sous la forme $a\sqrt{3}$, a étant un nombre entier.

112 Écrire les nombres suivants sous la forme $a\sqrt{b}$, où a et b sont des nombres entiers, b étant le plus petit possible :
a. $A = 2\sqrt{18}+\sqrt{32}-\sqrt{50}$ **b.** $B = 3\sqrt{5}-2\sqrt{20}+3\sqrt{80}$

113 Calculer le périmètre du triangle ABC. Donner une valeur exacte sous la forme $a\sqrt{b}$, où a et b sont des nombres entiers, b étant le plus petit possible, puis une valeur approchée au mm.

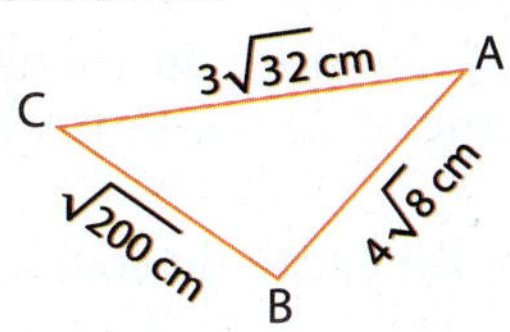

114 Vu au **BREVET**
$B = \sqrt{50} + 3\sqrt{2}$; $C = \left(1+2\sqrt{3}\right)^2$; $D = \sqrt{1\,681} - \sqrt{81}$.
Les résultats de Chloé sont les suivants :
$B = 8\sqrt{2}$; $C = 13 + 4\sqrt{3}$ et $D = 40$.
Les résultats de Chloé sont-ils justes ou faux ? Justifier.
Amérique du Sud, 2005

115 Vu au **BREVET**
On considère les deux expressions :
$C = 2\sqrt{24} + \sqrt{96} - \sqrt{600}$ et $D = \left(\sqrt{3} - \sqrt{2}\right)\left(\sqrt{3} + 5\sqrt{2}\right)$.
1. Mettre C sous la forme $a\sqrt{6}$, avec a entier relatif.
2. Développer et réduire D.
Amérique du Nord, 2006

POUR T'AIDER, voir
■ Cours 2 ■ Savoir faire 1 ■ Exercices 38 à 53

Équations de la forme $x^2 = a$

116 Résoudre les équations suivantes :
a. $x^2 = 36$ **b.** $x^2 = -3$
c. $x^2 = 0$ **d.** $x^2 = 1\,600$

117 Résoudre les équations suivantes et donner les solutions sous la forme $a\sqrt{b}$, où a et b sont des nombres entiers, b étant le plus petit possible :
a. $x^2 = 8$ **b.** $x^2 = 27$ **c.** $x^2 = 150$ **d.** $x^2 = 28$

118 Résoudre les équations suivantes :
a. $x^2 + 25 = 0$ **b.** $x^2 - 16 = 0$
c. $x^2 - 75 = 0$ **d.** $x^2 + 1 = 122$

119 Résoudre les équations suivantes :
a. $2z^2 = -800$ **b.** $3t^2 = 108$
c. $s^2 = 0{,}02$ **d.** $7d^2 = 147$

120 Soit un triangle ABC rectangle en A tel que $AC = \sqrt{3}$ cm et $AB = \sqrt{2}$ cm.
Calculer la valeur exacte de la longueur BC. En déduire la valeur exacte du périmètre du triangle.

121 Soit un triangle RST rectangle en S tel que $RS = 5\sqrt{2}$ cm et $TS = 3\sqrt{7}$ cm.
Calculer la valeur exacte de la longueur RT. En déduire la valeur exacte du périmètre du triangle.

122 Soit un triangle rectangle ZAP représenté ci-dessous.
Calculer la valeur exacte de la longueur PA. En déduire les valeurs exactes du périmètre et de l'aire du triangle.

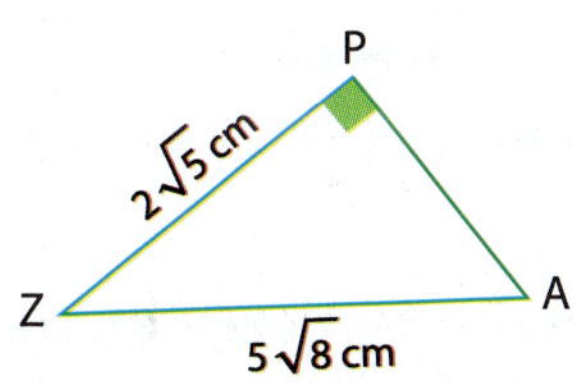

POUR T'AIDER, voir
■ Cours 3 ■ Savoir faire 2 ■ Exercices 54 à 68

123 **VRAI ou FAUX**

a. $\frac{10}{6}\sqrt{\frac{36}{10}}=\sqrt{10}$ **b.** $\left(3\sqrt{2}-2\sqrt{3}\right)^2=0$

c. $5\sqrt{8}\times4\sqrt{3}\times3\sqrt{6}$ est un nombre entier.

d. $11\times\sqrt{35}\times\sqrt{\frac{140}{5}}$ est un nombre entier.

124 **Thalès et les radicaux**

Soit un triangle ABC. Soit deux points R et S respectivement sur [AB] et [AC] tels que :

$AB = 15$; $BC = 5\sqrt{2}$; $AR = \sqrt{27}$; $AS = \sqrt{48}$ et $AC = 20$.

Toutes les longueurs sont exprimées en cm.

1. Démontrer que les droites (RS) et (BC) sont parallèles.

2. En déduire la valeur exacte de RS.

125 **Développement et réduction**

Développer et réduire les expressions suivantes :

a. $\left(5\sqrt{2}-7\right)\left(5\sqrt{2}+7\right)$ **b.** $\left(3\sqrt{5}+5\sqrt{3}\right)^2$ **c.** $\left(5\sqrt{6}-2\sqrt{3}\right)^2$

126 **Sécurité**

Monsieur Elifaz veut équiper un bâtiment d'un détecteur de fumée. Ce bâtiment est en forme de parallélépipède rectangle de dimensions au sol 20 m sur 12 m et de hauteur 4 m. Le détecteur doit être posé dans un coin supérieur du bâtiment.

1. Faire un schéma de la situation et tracer le segment représentant la plus longue distance que doit couvrir le détecteur.

2. Calculer la portée minimale du détecteur. En donner une valeur exacte puis un arrondi au cm.

127 **Un rectangle**

Soit un rectangle ABCD de longueur $AB = \sqrt{34}$ cm et de largeur $BC = 2\sqrt{5}$ cm.

1. Calculer la longueur d'une diagonale de ce rectangle.

2. Les diagonales du rectangle se coupent en O. Calculer l'aire du triangle ABO puis l'aire du triangle BCO.

128 **Équation pour aller plus loin**

Résoudre les équations suivantes :

a. $(x+7)^2=9$ **b.** $(x-5)^2=\frac{16}{9}$

129 **Équation pour aller encore plus loin**

Résoudre les équations suivantes :

a. $(2a+3)^2=5$ **b.** $x^2=\left(1+2\sqrt{3}\right)^2$

130 **Démonstration radicale**

Démontrer que $\left(2\sqrt{3}+3\sqrt{12}\right)^2$ est un nombre entier.

131 **Côté et hauteur**

Montrer que la longueur du côté d'un carré d'aire 12 cm² est égale à la hauteur d'un triangle équilatéral de côté 4 cm. On donnera ce résultat commun sous la forme $a\sqrt{b}$, où a et b sont des nombres entiers, b étant le plus petit possible.

132 **Racines carrées de racines carrées**

Montrer que $\sqrt{3+\sqrt{8}}=1+\sqrt{2}$.

133 **VRAI ou FAUX**

a. $\sqrt{(4-\pi)^2}=4-\pi$.

b. $\sqrt{(2\pi-7)^2}=2\pi-7$.

c. Le carré de $1+\sqrt{3}$ est $4+\sqrt{3}$.

d. $\left(2\sqrt{6}\right)^4=288$.

e. $\left(-\sqrt{5}\right)^6=-125$.

134 **VRAI ou FAUX**

a. Le double du produit de $\sqrt{5}$ et $\sqrt{6}$ est $\sqrt{120}$.

b. $8\sqrt{5}-2\sqrt{9}=2\sqrt{5}$.

c. $\sqrt{3}-1$ est une solution de l'équation $x^2+2x-2=0$.

d. L'hypoténuse du triangle ci-dessous mesure 7.

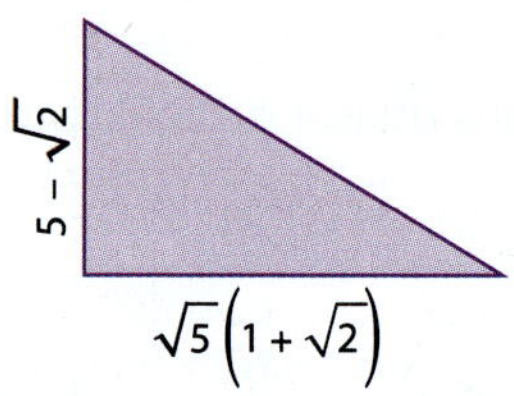

135 **Sciences physiques**

Le comte Messous, connu pour son avarice, fait le point sur sa consommation d'électricité qu'il trouve trop élevée. Il veut vérifier si ses deux appareils électriques fonctionnent normalement. Pour cela, il calcule l'intensité du courant qui passe dans sa bouilloire électrique et dans son unique radiateur.

1. Déterminer l'intensité du courant utilisée par sa bouilloire électrique de puissance 500 W et de résistance 125 Ω.

2. Déterminer l'intensité du courant utilisée par son radiateur électrique de 1 000 W et de résistance 96 Ω.

On donnera la valeur exacte, sous la forme $\frac{a\sqrt{b}}{c}$, où a, b et c sont des nombres entiers, b étant le plus petit possible.

$P = RI^2$ avec P en watts (W), R en ohms (Ω) et I en ampères (A).

136 **Vu au BREVET**

Partie 1

À la bibliothèque de l'école, il y a deux étagères placées dans un angle de la pièce, comme le montre le schéma ci-dessous.

Configuration n° 1

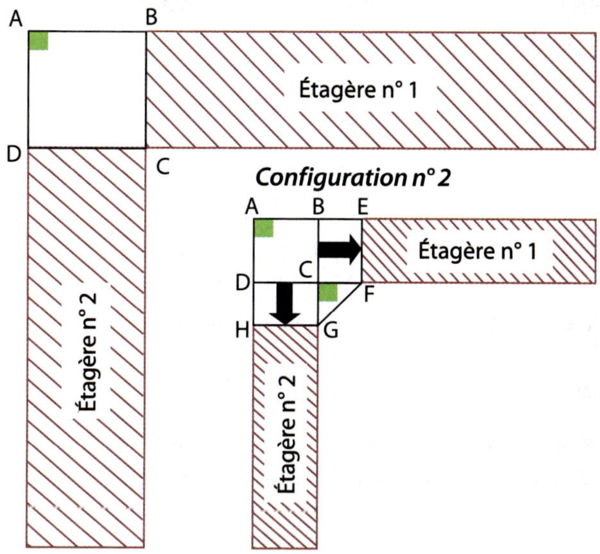

Pour installer un ordinateur, on déplace les deux étagères **d'une même distance** afin de placer une table ayant la forme AEFGH comme sur le schéma à droite. On précise que :

- BE = CF = CG = DH ;
- GCF est un triangle rectangle et isocèle en C.

1. Si l'on déplace les deux étagères d'un mètre, combien mesure alors GF ?

2. On souhaite avoir GF = 1 m. De combien doit-on alors déplacer les étagères ?

Centres étrangers, 2011

137 **Vu au BREVET**

On donne $E = \left(\sqrt{7}+1\right)^2 + \left(\sqrt{7}-1\right)^2$.

1. Montrer que E est un nombre entier.

2. En déduire la nature d'un triangle dont les côtés mesurent respectivement, en centimètres :

$\sqrt{7}+1$, $\sqrt{7}-1$ et 4. Justifier la réponse.

Madagascar, 2004

138 **Énergie**

Le 3 juillet 2007, le TGV a établi un record du monde de vitesse sur rail. Ce TGV pesait 350 tonnes et l'énergie cinétique de ce train à cette vitesse était de $4{,}48 \times 10^9$ joules. Sachant que la formule de calcul de l'énergie cinétique, en joules, est $E = \frac{1}{2}mV^2$, avec m la masse en kg et V la vitesse en m/s, calculer la vitesse atteinte lors de ce record. On donnera le résultat en km/h.

Coup de pouce

L'énergie cinétique d'un objet est l'énergie de ce corps quand il est en mouvement.

139 **Qui a raison ?**

140 **Aire d'un triangle : formule de Héron**

Héron d'Alexandrie, mathématicien et physicien grec (1er siècle après J.-C.), a démontré une formule permettant de calculer l'aire A d'un triangle à partir des longueurs de ses côtés a, b et c :

$$A = \sqrt{p(p-a)(p-b)(p-c)},$$

avec p le demi-périmètre du triangle :

$$p = \frac{1}{2}(a+b+c).$$

1. a. À l'aide de la formule de Héron, calculer l'aire d'un triangle ABC tel que AB = 3 cm ; BC = 4 cm et AC = 5 cm.

b. Après avoir déterminé la nature du triangle ABC, calculer cette aire d'une autre façon.

2. a. Tracer un triangle isocèle de dimensions 8 cm, 8 cm et 12 cm

b. Calculer l'aire du triangle en utilisant la formule de Héron. On donnera le résultat sous la forme $a\sqrt{b}$, où a et b sont des nombres entiers, b étant le plus petit possible.

c. Tracer la hauteur issue du sommet principal de ce triangle.

d. En déduire une autre façon de calculer l'aire du triangle.

On donnera le résultat sous la forme $a\sqrt{b}$, où a et b sont des nombres entiers, b étant le plus petit possible.

141 **Pyramid**

- The volume of a square pyramid is 15 300 cm^3.
- Its height from the base to the apex is 17 cm.

Calculate the exact length of a base side.

You will give the result in the following way :

$a\sqrt{b}$, with a and b integers and b, the least possible one.

142 **Brunnen**

Um die Tiefe eines Brunnens zu messen, kann man einen Stein fallen lassen und die bis der Stein der Grund erreicht abgelaufene Zeit messen.

Die Formel, die die Tiefe ergibt ist dann : $p = \frac{gt^2}{2}$ mit p, die Tiefe in Meter, t, die Dauer des Falls in Sekunden und $g = 9{,}81$ m/s^2.

1. Rechnen Sie die Tiefe eines Brunnens, wenn der Stein 1,2 Sekunden braucht, um den Grund zu erreichen.

2. Rechnen Sie die genaue Zeit, die der Stein braucht, um den Grund eines Brunnens, der 14, 715 Meters tief ist, zu erreichen.

Exercices d'approfondissement

Pour chercher

143 Énergie

Voici la formule permettant de calculer la puissance émise par 1 m^2 de surface du Soleil :

$P = \sigma T^4$, où σ vaut $5{,}67 \times 10^{-8}$ $Wm^{-2}K^{-4}$ (constante de Stefan-Boltzmann), et T est la température de surface du Soleil en degrés Kelvin (1 K = 273,15°C).

Sachant que la puissance émise par 1 m^2 de surface du Soleil est environ $6{,}4 \times 10^7$ W, déterminer la température à la surface du Soleil à un degré près.

144 Trigonométrie

Soit un angle aigu α tel que $\sin(\alpha) = \frac{3}{4}$. Calculer $\cos(\alpha)$ et $\tan(\alpha)$ en donnant des valeurs exactes.

Coup de pouce
- $(\cos(\alpha))^2 + (\sin(\alpha))^2 = 1$.
- $\tan(\alpha) = \frac{\sin(\alpha)}{\cos(\alpha)}$.

145 Des racines bien rangées

Dans un plan muni d'un repère, soit trois points A, B et C tels que :

$AB = \sqrt{150}$ cm ; $AC = \sqrt{24}$ cm et $BC = \sqrt{54}$ cm.

Le professeur François prétend que ces trois points sont alignés. A-t-il raison ?

146 Le défi

Peut-on calculer le volume d'un prisme droit de hauteur $\sqrt{32}$ cm et de base un triangle de dimensions $\sqrt{5}$ cm, $\sqrt{45}$ cm et $5\sqrt{2}$ cm ? Manque-t-il une donnée dans l'énoncé ?

147 L'énigme

Un ingénieur a calculé que la charge maximale supportable par le pont de Solignac-sur-Charente est de $1\,000\left(99 - 70\sqrt{2}\right)$ tonnes. Après plusieurs vérifications, il est sûr que sa formule est correcte.

Il prend 1,4 comme valeur approchée de $\sqrt{2}$ pour évaluer cette charge mentalement. Il trouve 1 000 tonnes. Il simule ensuite sur ordinateur l'ouverture au trafic de ce pont pour en évaluer la solidité en situation. Effaré, il voit son pont s'effondrer sur l'écran de l'ordinateur alors que la charge est inférieure au dixième de la charge maximale. Pourquoi le pont virtuel s'est-il effondré ?

Vers la Seconde

148 Ensembles de nombres

Voici un tableau indiquant les types de nombres, leur description ainsi que le nom de l'ensemble qui les contient.

Nombres …	Description	Ensemble	Exemples
entiers naturels	Entiers positifs	$\mathbb{N}$	0 ; 1 ; 2 ; 127 658
entiers relatifs	Entiers positifs ou négatifs	$\mathbb{Z}$	−1 ; 0 ; 1 ; −8 ; −100
décimaux	Quotients d'un entier relatif par une puissance de 10	$\mathbb{D}$	−0,3 ; −5, 0, 8 ; 2,7
rationnels	Quotients de deux entiers relatifs	$\mathbb{Q}$	$-0{,}5$; $-\frac{2}{3}$; 10 ; $\frac{3}{7}$
réels	rationnels et irrationnels (tels que $\sqrt{2}$ ou π)	$\mathbb{R}$	$-\sqrt{3}$; 0 ; 5 ; $\frac{1}{9}$; π

Rappel : 0 est à la fois positif et négatif.

Un ***nombre irrationnel*** *est un nombre qui ne peut pas s'écrire sous la forme $\frac{a}{b}$, avec a et b entiers relatifs.*

Les entiers naturels sont compris dans les entiers relatifs, qui eux-mêmes sont dans les décimaux à leur tour compris dans les rationnels qui appartiennent aux réels.

Déterminer à quel ensemble (le plus petit possible) appartiennent les nombres suivants :

a. $-3{,}8$ **b.** 5 **c.** $-\sqrt{36}$ **d.** 2π

e. $\frac{-3}{4}$ **f.** $\sqrt{7}$ **g.** $\frac{\sqrt{28}}{\sqrt{35}}$ **h.** $-0{,}3 \times 10^{-27}$

149 $\sqrt{2}$ irrationnel

1. Supposons que $\sqrt{2}$ soit un nombre rationnel. Cela signifie qu'il existe a et b entiers premiers entre eux tels que $\sqrt{2} = \frac{a}{b}$ (fraction irréductible).

a. Démontrer que, dans ce cas, on aurait $a^2 = 2b^2$.

b. En étudiant les derniers chiffres possibles de a^2 et de $2b^2$, démontrer que l'on ne peut pas trouver deux entiers a et b premiers entre eux tels que $a^2 = 2b^2$.

c. Conclure.

On arrive à une absurdité, quelque chose qui est en contradiction avec l'énoncé de départ. C'est donc que ce point de départ est faux, donc $\sqrt{2}$ est ***irrationnel***.

150 Quantité conjuguée

1. Démontrer que $\left(2\sqrt{3} + 1\right)\left(2\sqrt{3} - 1\right)$ est un nombre entier.

2. Utiliser le résultat précédent pour trouver un nombre en écriture fractionnaire égale à $\frac{3}{2\sqrt{3}+1}$ mais sans radical au dénominateur.

Devoir à la maison

1 Carrés et racines

Un ordinateur a donné le résultat suivant :
$104\,501^2 = 10\,920\,459\,001$.

1. Utiliser le résultat précédent pour trouver les valeurs exactes de :

a. $104{,}501^2$ **b.** $104\,501\,000^2$

c. $\sqrt{10\,920\,459\,001}$ **d.** $\sqrt{1\,092\,045{,}9001}$

2. Par quel nombre faut-il multiplier $\sqrt{10\,920\,459\,001}$ pour obtenir $\sqrt{109\,204\,590\,010}$?

2 Une figure et des racines

La figure GIRET est composé de deux triangles. Le triangle TIG est rectangle en I.
Déterminer si le triangle IRE est rectangle ou non.
Toutes les longueurs sont exprimées en cm.

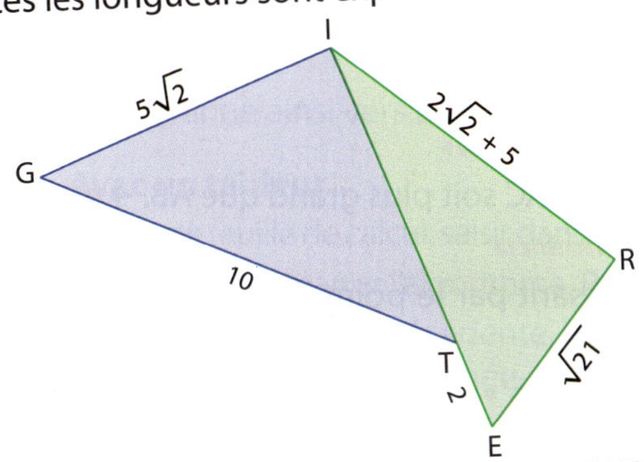

3 Le Nombre d'or

1. Définition du Nombre d'or

Le Nombre d'or est le nombre irrationnel représenté par la lettre grecque φ (on dit « phi »), dont l'expression est la suivante :

$$\varphi = \frac{1+\sqrt{5}}{2}$$

a. Donner une valeur arrondie à 10^{-5} près du Nombre d'or.

b. Montrer que le Nombre d'or est une solution de l'équation $x^2 - x - 1 = 0$.

c. Montrer que le Nombre d'or est une solution de l'équation $\frac{1}{x} - x + 1 = 0$.

2. Construction géométrique du Nombre d'or

a. Construire un carré ABCD de côté 1 dm. On appelle I le milieu du segment [AB].

b. Tracer le cercle de centre I et de rayon [IC]. Ce cercle coupe la demi-droite [AB) en E.

c. Construire le rectangle AEFD.

d. Calculer la valeur exacte de la longueur IC puis démontrer que les longueurs AE et DF sont toutes les deux égales au Nombre d'or.

Remarque : le rectangle AEFD est appelé *Rectangle d'or*. La proportion entre sa longueur et sa largeur est égal au Nombre d'or.

DU CÔTÉ DU SITE COMPAGNON
http://www.bordas-myriade.fr

La star des racines

Le château de Chenonceau

Le **Nombre d'or**, appelé aussi « la divine proportion » à cause de l'harmonie qu'il semble porter, se retrouverait dans un grand nombre de domaines : la nature, la musique, etc.
Des monuments célèbres comme le Parthénon ou la pyramide de Khéops seraient basés sur des rectangles tels que le quotient de leur longueur par leur largeur est égal au Nombre d'or.
Mais là où certains voient le Nombre d'or, c'est la **racine de 2** qui serait à l'œuvre en réalité. Par exemple, les architectes de la Renaissance l'ont beaucoup utilisée pour leurs travaux (et non le Nombre d'or comme le veut la croyance). En imprimerie, on connaît les formats A0, A1, A2, A3, A4, … . Ce sont tous des rectangles dont le quotient du grand côté sur le petit côté vaut… $\sqrt{2}$.

Si tu veux en savoir plus, rends-toi sur le site compagnon

1 Découvrir deux identités remarquables

Conjecturer

1. En utilisant l'identité $(a + b)(c + d) = ac + ad + bc + bd$, développer puis réduire les expressions suivantes :

a. $(x + 2)^2$ **b.** $(y + 9)^2$ **c.** $(3 + a)^2$ **d.** $(2x + 1)^2$

e. $(0{,}5 + 6b)^2$ **f.** $(3b + 4)^2$ **g.** $(8 + 5x)^2$ **h.** $(\pi + 7)^2$

2. Écrire une égalité entre l'expression de départ et l'expression développée et réduite pour chacune des huit expressions ci-dessus.

3. Décrire avec les mots ***carré***, ***somme*** et ***produit*** les huit égalités écrites dans la question précédente et formuler une conjecture.

4. Tester cette conjecture avec d'autres exemples.

Démontrer

5. Pour tous les nombres a et b, démontrer que $(a + b)^2 = a^2 + 2ab + b^2$.

6. Développer puis réduire $(a + (-b))^2$ en utilisant l'identité trouvée dans la partie « **Conjecturer** ».

7. En déduire une nouvelle identité correspondant au développement de $(a - b)^2$.

2 Découvrir une troisième identité remarquable

1. Développer puis réduire les expressions suivantes :

a. $(a + 5)(a - 5)$

b. $(3 + 7b)(3 - 7b)$

c. $(4\pi - 2)(4\pi + 2)$

d. $(x - 9)(x + 9)$

2. Décrire les expressions obtenues avec les mots ***somme, différence***, ***carré*** et ***produit***.
Quelle égalité peut-on conjecturer ?

3. Trouver d'autres exemples pour lesquels cette conjecture est vérifiée.

4. Prouver la conjecture faite à la question **2.**.

5. Parmi les expressions ci-dessous, quelles sont celles pour lesquelles on peut utiliser la nouvelle identité prouvée à la question **4.** ?
Donner l'expression développée et réduite.
Lorsque l'on ne peut pas utiliser l'identité, expliquer pourquoi.

a. $(2 + x)(2 - x)$

b. $(y - 4)(y + 4)$

c. $t + 8 \times t - 8$

d. $(a + 5)(a - 6)$

3 Résoudre algébriquement un problème

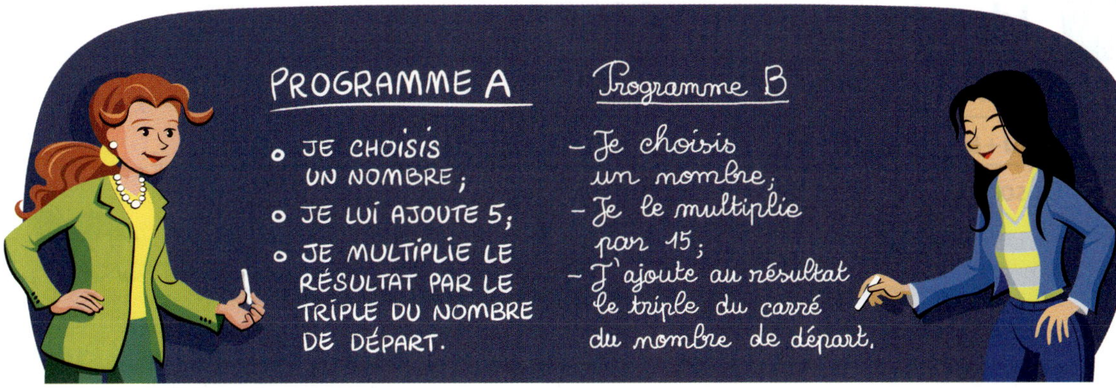

1. Effectuer ces deux programmes de calcul en prenant comme nombre de départ : 0 ; 1 et – 2.

2. Formuler une conjecture.

3. Tester cette conjecture en choisissant d'autres nombres au départ.

4. On note x le nombre choisi au départ. Écrire, en fonction de x, les nombres obtenus à l'issue des deux programmes de calcul.

5. Prouver que ces deux expressions sont toujours égales.

4 Factoriser une expression algébrique

1. Ces deux expressions sont-elles des sommes ou des produits ?
- $A = 5x^2 + 2x$
- $B = (x + 2)(5x + 8) + (x + 2)(3x - 7)$

Expliquer la réponse.

2. Kim affirme que l'on peut factoriser A et B en utilisant la distributivité de la multiplication par rapport à l'addition : $ka + kb = k(a + b)$, pour tous les nombres a, b et k.

a. Écrire chacune des expressions sous la forme $ka+kb$ en précisant, dans chaque cas, quels sont les nombres k, a et b.

b. En déduire une factorisation de chacune de ces expressions.

c. Réduire chacun des facteurs obtenus.

3. Factoriser puis réduire les expressions suivantes :
a. $-9y + 6y^2$ **b.** $(x - 2)(4x + 5) - 3(x - 2)(5x + 3)$ **c.** $(y - 3)^2 + (y - 3)(5y + 9)$

4. **a.** Montrer que $(6x + 3) = 3(2x + 1)$.

b. En déduire une autre écriture de l'expression $A = (2x + 1)(5x - 2) + (6x + 3)(7x - 1)$.

c. En déduire une factorisation de l'expression A.

5 Factoriser une expression du type $a^2 - b^2$

1. À l'aide de l'identité $a^2 - b^2 = (a - b)(a + b)$, factoriser les expressions ci-dessous en identifiant les nombres qui jouent les rôles de a et de b :

a. $x^2 - 2^2$ **b.** $7^2 - y^2$
c. $(a + 6)^2 - 3^2$ **d.** $(t + 1)^2 - (3t - 8)^2$

2. Écrire chaque expression ci-dessous comme la différence de deux carrés :

a. $x^2 - 25$ **b.** $16 - t^2$
c. $4 - 9x^2$ **d.** $100y^2 - 36$

3. Factoriser les expressions obtenues à la question précédente à l'aide de l'identité $a^2 - b^2 = (a - b)(a + b)$.

Exercices d'entraînement

Connaître les identités remarquables

POUR COMMENCER

31 Recopier et compléter les égalités suivantes :
a. $(3x+1)^2 = 9x^2 + \dots + 1$
b. $(2x+3)^2 = \dots + 12x + 9$
c. $(5x+2)^2 = 25x^2 + 20x + \dots$
d. $(6x+4)^2 = \dots + \dots + \dots$

32 Recopier et compléter les égalités suivantes :
a. $(x-4)^2 = x^2 - \dots + 16$
b. $(7x+2)^2 = \dots + 28x + 4$
c. $(6x-2)^2 = 36x^2 - 24x + \dots$
d. $(2x-6)^2 = \dots - \dots + \dots$

33 Recopier et compléter les égalités suivantes :
a. $(x-4)(x+4) = x^2 - \dots$
b. $(5x+3)(5x-3) = \dots - 9$
c. $(4x+1)(4x-1) = \dots^2 - \dots^2$
d. $(7-3x)(7+3x) = \dots - \dots$

34 Recopier et compléter les égalités suivantes :
a. $64a^2 + \dots + \dots = (\dots + 3)^2$
b. $(\dots + \dots)^2 = \dots + 30a + 25a^2$
c. $(2x + \dots)^2 = \dots + \dots + 16$
d. $36y^2 + 108y + \dots = (\dots + \dots)^2$

35 Recopier et compléter les égalités suivantes :
a. $(\dots - 2x)^2 = 9 - \dots + \dots$
b. $\dots - 10y + 1 = (\dots - \dots)^2$
c. $\dots - \dots + 100 = (4a - \dots)^2$
d. $(\dots - \dots)^2 = 49 - 84x + \dots$

36 Recopier et compléter les égalités suivantes :
a. $y^2 - \dots = (\dots - 2)(\dots + \dots)$
b. $(9 - \dots)(\dots + \dots) = \dots - 4x^2$
c. $(\dots + 7)(\dots - \dots) = 9x^2 - \dots$
d. $\dots - 64a^2 = (\dots + \dots)(10 - \dots)$

37 Trouver l'expression littérale qui correspond à chaque phrase.

$2xy$ •	• Le carré de la somme de x et de y
$x^2 + 2xy + y^2$ •	• La somme du carré de x et du carré de y
$(x+y)^2$ •	• Le double du carré de la somme de x et de y
$x^2 - y^2$ •	• La différence entre le carré de x et le carré de y
$2(x+y)^2$ •	• La somme du carré de x et du double du produit de x par y et du carré de y
$x^2 + y^2$ •	• Le double du produit de x par y

38 Décrire avec les mots ***somme***, ***produit***, ***carré*** et ***différence*** chacune des expressions suivantes :
a. $(a+b)^2$ **b.** $2ab$ **c.** $a^2 + b^2$ **d.** $(a-b)^2$

39 L'égalité $(x+8)^2 = x^2 + 64$ est-elle vraie ? Justifier la réponse.

40 L'égalité $(x-10)^2 = x^2 - 100$ est-elle vraie ? Justifier la réponse.

41

1. Quel calcul fait Noé ?
2. En utilisant une identité remarquable, calculer mentalement 505^2 et 99^2.

42 **Chercher l'erreur**
Voici le calcul que Samantha a écrit sur son cahier, y a-t-il des corrections à apporter ? Si oui, reprendre le calcul en le rectifiant.

$608^2 = (600 + 8)^2$
$= 600^2 + 8^2 = 120000 + 64$
$= 120064$

43 **Vu au BREVET** **QCM**
Quelle est l'expression factorisée de $4x^2 - 12x + 9$?
ⓐ $(2x+3)(2x-3)$ ⓑ $(2x+3)^2$ ⓒ $(2x-3)^2$
Amérique du Nord, 2009

Développer une expression littérale

Pour les exercices 44 à 49, développer et réduire si possible les expressions suivantes en précisant la propriété utilisée.

POUR COMMENCER

44 **a.** $x(3x+6)$ **b.** $-8(y+1)$ **c.** $2a(7+a)$
d. $3x(4-6x)$ **e.** $-2y(y-5)$ **f.** $(6y+9) \times 4y$

45 **a.** $-8(x+2)$ **b.** $7y(y-1)$ **c.** $3x(4+x)$
d. $6b(3-b)$ **e.** $-a(a-1)$ **f.** $(4x+1) \times 2x$

46 **a.** $(x+2)(3x+1)$ **b.** $(y+1)(y+5)$
c. $(2a-2)(1+3a)$ **d.** $(b-1)(5-b)$
e. $(-y+5)(y-5)$ **f.** $(6y-9)(4y-8)$

47 **a.** $(x+3)(x+6)$ **b.** $(11+y)(y-1)$
c. $(a-5)(7+a)$ **d.** $(3x+5)(4-x)$
e. $(-y-9)(y-2)$ **f.** $(3x-8)(9x+1)$

48 **a.** $3x + 1 + 5(x + 2)$ **b.** $2y - 8 + 6(3y + 7)$
c. $-5(a + 8)(6 - a)$ **d.** $x(3x - 9) + (x + 2)(2x + 7)$
e. $(y - 9)(2y + 6) + 4(5y - 8)$
f. $(a - 7)(3a - 2) + (-5a + 1)(-a + 10)$

49 **a.** $7(y + 9) - (y + 4)$ **b.** $5x(x + 8) - 4(x - 2)$
c. $3a - 8 - 6(5a - 7)$ **d.** $5x + 6 - 3x(8 + 5x)$
e. $(b + 9)(2 + 4b) - (2b - 6)(b + 8)$
f. $-(2x - 5)(6x - 9) - (3 - 4x)(-2x - 1)$

50 Associer, si possible, chaque expression de gauche à l'expression de droite qui lui est égale :

$3x + 2 + (-x + 9)$ •	• $-5x + 2$
$(x + 5)(8 - x) + (3x + 2)(5x - 1)$ •	• $9x^2 + 10x + 38$
$-(x + 1) + 4(2x + 7)$ •	• $2x + 11$
$2(3x + 7) - 10(x - 2)$ •	• $7x + 27$
$-x + 8 - (4x + 6)$ •	• $-4x + 34$
$(2x - 8)(x + 9) - (-3x + 7)(6x + 1)$ •	• $2x^2 + 35x - 79$

51 Recopier et compléter les égalités suivantes :
a. $(x + 8)^2 = \dots + 16x + 64$
b. $(2x + 1)^2 = 4x^2 + 4x + \dots$
c. $(3x + 6)^2 = 9x^2 + \dots + 36$
d. $(5x + 3)^2 = \dots + 30x + \dots$
e. $(8x + 11)^2 = \dots + \dots + 121$
f. $(2x + 9)^2 = \dots + \dots + \dots$

52 Recopier et compléter les égalités suivantes :
a. $(\dots + 2)^2 = x^2 + 12x + \dots$ **b.** $(2x + \dots)^2 = 4x^2 + \dots + 9$
c. $(\dots + 4)^2 = \dots + 24x + \dots$ **d.** $(\dots + \dots)^2 = 25y^2 + \dots + 4$
e. $(\dots + 8)^2 = 49x^2 + \dots + \dots$ **f.** $(6 + \dots)^2 = \dots + \dots + 100x^2$

53 Développer et réduire si possible les expressions suivantes en précisant la propriété utilisée :
a. $(y + 4)^2$ **b.** $(2x + 8)^2$ **c.** $y + 1^2$
d. $(5 + a)^2$ **e.** $(2 \times x)^2$ **f.** $(2 + 3b)^2$

54 Développer et réduire si possible les expressions suivantes en précisant la propriété utilisée :
a. $(x + 6)^2$ **b.** $(7 + y)^2$ **c.** $(3a + 6)^2$
d. $(4x + 1)^2$ **e.** $(2 \times x)^2$ **f.** $(1 + 8t)^2$

55 Recopier puis compléter les égalités suivantes :
a. $(y - 5)^2 = \dots - 10y + 25$ **b.** $(2x - 10)^2 = 4x^2 - 40x + \dots$
c. $(3x - 9)^2 = 9x^2 - \dots + 81$ **d.** $(6x - 4)^2 = \dots - 48x + \dots$
e. $(8x - 1)^2 = \dots - \dots + 1$ **f.** $(5x - 7)^2 = \dots - \dots + \dots$

56 Recopier et compléter les égalités suivantes :
a. $(\dots - 2)^2 = 36y^2 - \dots + \dots$ **b.** $(12x - \dots)^2 = \dots - \dots + 81$
c. $(\dots - \dots)^2 = \dots - 42x + 49$ **d.** $(\dots - 4)^2 = \dots - 64x + \dots$
e. $(\dots - 1)^2 = \dots - 4x + \dots$ **f.** $(\dots - \dots)^2 = \dots - 12x + 4x^2$

57 Développer et réduire si possible les expressions suivantes en précisant la propriété utilisée :
a. $(x - 2)^2$ **b.** $(2y - 3)^2$ **c.** $(4 \times y)^2$
d. $(3a - 7)^2$ **e.** $(y - 1)^2$ **f.** $(1 - b)^2$

58 Développer et réduire si possible les expressions suivantes en précisant la propriété utilisée :
a. $(4a - 3)^2$ **b.** $(2y - 2)^2$ **c.** $(3x - 4)^2$
d. $(3 \times y)^2$ **e.** $(6 - 8x)^2$ **f.** $(1 - 2x)^2$

59 **Chercher l'erreur**
Julie a écrit ce calcul, mais le professeur Myriadus pense qu'il est faux !
Expliquer les erreurs de Julie et faire le calcul demandé.

$$(4 - 6y)^2 = 4^2 + 2 \times 4 \times (-6y) + (-6y)^2$$
$$= 16 + 8 \times (-6y) - 6^2y^2$$
$$= 16 - 48y - 36y^2$$

60 Recopier et compléter les égalités suivantes à l'aide d'une identité remarquable :
a. $(x + 8)(x - 8) = x^2 - \dots$
b. $(2x + 1)(2x - 1) = 4x^2 - \dots$
c. $(3x - 6)(3x + 6) = \dots - 36$
d. $(5x - 4)(5x + 4) = 25x^2 - \dots^2$
e. $(3 - 8x)(3 + 8x) = \dots^2 - \dots^2$
f. $(9x + 2)(9x - 2) = \dots - \dots$

61 Recopier et compléter les égalités suivantes :
a. $(\dots + 4)(\dots - 4) = x^2 - \dots$
b. $(\dots + 1)(\dots - 1) = 9y^2 - \dots$
c. $(5x - \dots)(5x + \dots) = \dots - 25$
d. $(\dots - 4x)(\dots + 4x) = 9 - \dots^2$
e. $(1 - \dots)(1 + \dots) = \dots - 9x^2$
f. $(6x + \dots)(\dots - 2) = \dots^2 - \dots^2$

62 Développer et réduire, si possible, les expressions suivantes en précisant la propriété utilisée :
a. $(y + 2)(y - 2)$ **b.** $(3 + x) + (3 - x)$
c. $(11 + y)(11 - y)$ **d.** $(4a - 5)(4a + 5)$
e. $(2x + 1)(2x - 1)$ **f.** $(1 + 3b)(1 - 3b)$

63 Développer et réduire, si possible, les expressions suivantes en précisant la propriété utilisée :
a. $(x - 10)(x + 10)$ **b.** $(1 + x) \times (1 - x)$
c. $(7 + b)(7 - b)$ **d.** $(6x - 2)(6x + 2)$
e. $(4x + 8)(4x - 8)$ **f.** $(11 + 5b)(11 - 5b)$

64 Relier les expressions égales :

Exercices d'entraînement

65 **Vu au BREVET**

On donne l'expression suivante :

$D = (4x - 3)^2 - (3x + 1)(4x - 3)$

Développer et réduire D.

Asie, 2007

66 Développer puis réduire les expressions suivantes :

a. $(2x + 1)^2 + x(5 - x)$ **b.** $(3y - 2)(y + 6) + (3y - 2)^2$

c. $(6x - 5)^2 - (4x + 4)^2$ **d.** $(x - 3)(x + 3) + y(5y + 8)$

e. $(7y + 9)^2 + (4y - 2)(4y + 2)$ **f.** $6(x + 9)^2 - (5x + 2)^2$

67 Développer puis réduire les expressions suivantes :

a. $(3x + 1)^2 + 3x(5x - 2)$ **b.** $(3y - 6)(3y + 6) + (6y - 4)^2$

c. $(-8x + 5)^2 - (2x - 10)^2$ **d.** $(6x - 13)(8x + 3) + y(5y + 8)$

e. $(y - 6)^2 + (5y - 1)(5y + 1)$ **f.** $-7(2x + 2)^2 - (x - 2)^2$

68 Prouver que les aires des deux rectangles ci-dessous sont égales pour toutes les valeurs de x :

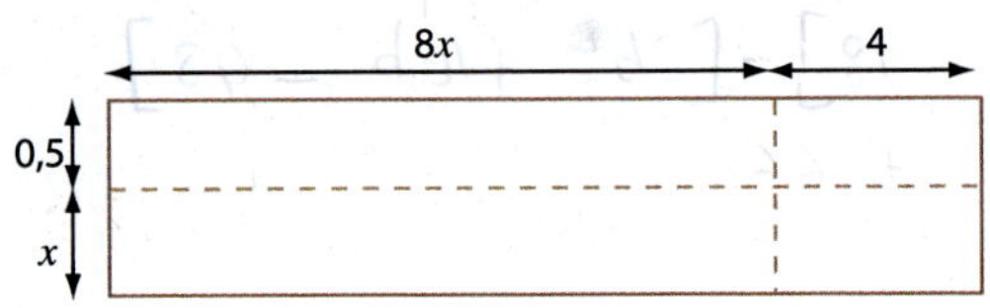

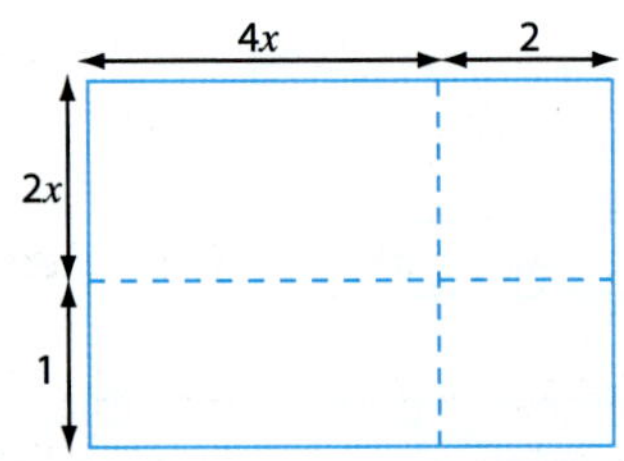

69 **1.** Donner une expression développée et réduite des aires de chacun des triangles ci-dessous :

a.

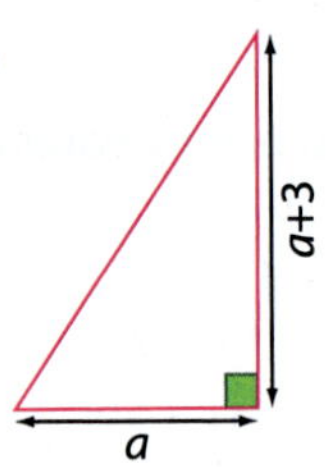

b.

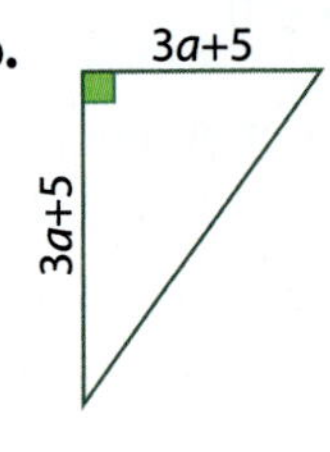

c.

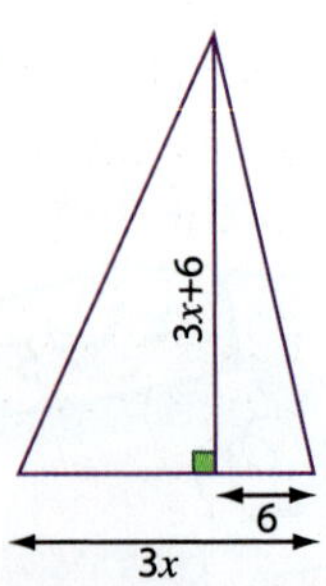

d.

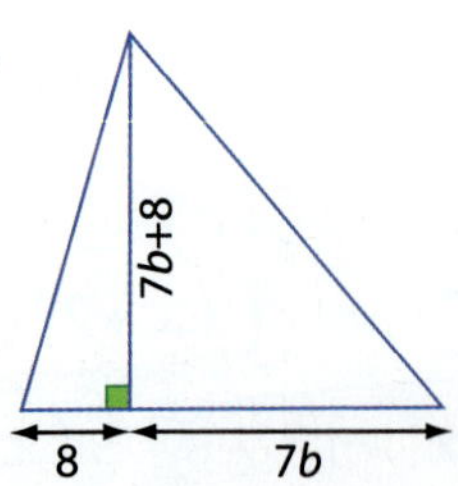

2. Vérifier que la somme des aires des figures **a.** et **b.** est égale à 34 lorsque $a = 1$.

3. Vérifier que la différence des aires des figures **c.** et **d.** est égale à 76,5 lorsque $x = 2$ et $b = 1$.

70 Voici deux programmes de calculs :

Programme A	Programme B
• Choisir un nombre • Calculer le double de son carré • Soustraire à ce produit 10 fois le nombre de départ	• Choisir un nombre • Soustraire 5 • Multiplier cette différence par le double du nombre de départ

1. En prenant comme nombre de départ : 0 ; –1 et 5, calculer les résultats obtenus avec les programmes A et B.

2. Émettre une conjecture.

3. Exprimer, en fonction de x, les résultats obtenus avec les programmes A et B.

4. En développant l'expression obtenue en fonction de x avec le programme B, prouver que les deux programmes de calcul permettent d'obtenir les mêmes résultats quel que soit le nombre choisi au départ.

5. En s'inspirant de ces deux programmes de calcul, créer deux programmes de calcul différents qui permettent d'obtenir le même résultat.

71 Voici deux programmes de calculs :

Programme A	Programme B
• Choisir un nombre • Calculer le carré de ce nombre • Prendre le quadruple de ce carré • Soustraire 16 fois le nombre de départ • Ajouter à cette différence 16	• Choisir un nombre • Calculer son double • Soustraire 4 au résultat • Calculer le carré de la différence obtenue

1. En prenant comme nombre de départ : 1 ; –2 et 10, calculer les résultats obtenus avec les programmes A et B.

2. Émettre une conjecture.

3. Exprimer, en fonction de x, les résultats obtenus avec les programmes A et B.

4. En développant l'expression obtenue en fonction de x avec le programme B, prouver que les deux programmes de calcul permettent d'obtenir les mêmes résultats quel que soit le nombre choisi au départ.

5. En s'inspirant de ces deux programmes de calcul, créer deux programmes de calcul différents qui permettent d'obtenir le même résultat.

Factoriser une expression littérale

Pour les exercices 72 à 76, factoriser et réduire si possible les expressions suivantes en précisant la propriété utilisée.

72 **a.** $3 \times x + 2 \times x$ **b.** $-2 \times x + x \times x$

c. $5 \times y - y \times 7$ **d.** $-x + 3 \times x$

e. $2 \times a + a \times a \times 3$ **f.** $-5 \times x - 19 \times x$

73 **a.** $4x + 8$ **b.** $x^2 + 3x$ **c.** $x + 1$
d. $-16 + 8y$ **e.** $3x + x$ **f.** $x^2 - x$

74 **a.** $5x - 10$ **b.** $-8x + x^2$ **c.** $x^2 + x$
d. $-1 + y$ **e.** $x - 7x$ **f.** $x^2 + 9x$

75 **a.** $3(x + 1) + 5(x + 1)$ **b.** $2x(y - 2) + (y - 2)x$
c. $7(2x + 3) + x^2(2x + 3)$ **d.** $-16(x - 6) - 8y(x - 6)$
e. $-10a(y + 7) - (y + 7) \times 6a$ **f.** $x^2(x + 2) + 2(x + 2)$

76 **a.** $8(b + 5) + 15(b + 5)$ **b.** $-8x(x + 4) - (x + 4)x$
c. $(7 + 3y) \times 6 + x^2(7 + 3y)$ **d.** $6(x - 6) - y(x - 5)$
e. $a(a + 9) - (a + 9)$ **f.** $(5y + 2) + (5y + 2) \times y^2$

77 Factoriser et réduire les expressions suivantes en précisant la propriété utilisée :
a. $(x + 1)(x + 6) + 4x(x + 6)$
b. $5(y + 5) + (y + 1)(y + 5)$
c. $-4(a - 2) - (b + 8)(a - 2)$
d. $(4b + 1)(b - 8) - 8(4b + 1)$
e. $-x^2(x + 3) + (x + 2)(x + 3)$
f. $(a + 4)(7 - a) + (4a + 1)(7 - a)$

78 Factoriser et réduire les expressions suivantes en précisant la propriété utilisée :
a. $(x + 1)(y + 16) - 2y(x + 1)$
b. $-8(3y + 2) + (10y - 11)(3y + 2)$
c. $-(b - 18) - (b - 18)(3b - 5)$
d. $(-x + 1)(x - 3) - 2(-x + 1)$
e. $(-2 + a^2)(4a + 2) + a^2(4a + 2)$
f. $(x - 9)(5 + 2x) + (3x + 1)(5 + 2x)$

79 Factoriser et réduire les expressions suivantes en précisant la propriété utilisée :
a. $(x + 5)(x + 4) + (x + 5)(4x + 2)$
b. $(x + 6)(4x - 3) - (x - 4)(4x - 3)$
c. $(7x + 9)^2 + (7x + 9)(x + 8)$
d. $(2x - 9)(x - 1) + (-4x + 8)(2x - 9)$
e. $(6y - 10)(3y - 7) - (8 + y)(6y - 10)$
f. $(3b + 2)(-5b + 1) - (3b + 2)^2$

80 Factoriser et réduire les expressions suivantes en précisant la propriété utilisée :
a. $(3x-1)^2-(3x-1)(-5x+2)$
b. $(-2x+6)(2x+13)-(4x-3)(-2x+6)$
c. $(-b+12)(5b-6)-(-3b+1)(-b+12)$
d. $(x-3)(2x-11)+(-x+18)(x-3)$
e. $(y^2+6)(3y^2-1)+(3y^2-1)(2-3y^2)$
f. $(x^2+3)(x-1)+(x-1)^2$

81 **Vu au BREVET**
On donne l'expression suivante :
$D = (4x - 3)^2 - (3x + 1)(4x - 3)$.
Factoriser D.

Asie, 2007

82 Recopier et compléter les égalités :
a. $4x^2+...+9=(...+...)^2$ **b.** $...+12x+9=(...+...)^2$
c. $...+12x+...=(...+1)^2$ **d.** $64x^2+80x+...=(...+...)^2$
e. $...+...+36=(9x+...)^2$ **f.** $49x^2+28x+...=(...+...)^2$

Pour les exercices 83 et 84, factoriser et réduire si possible les expressions suivantes en précisant la propriété utilisée.

83 **a.** x^2+6x+9 **b.** $4x^2-4x+1$ **c.** $8x^2+4x+1$
d. $16y^2+144+96y$ **e.** $a^2+16-8a$ **f.** $9-36b+36b^2$

84 **a.** $y^2+12y+36$ **b.** $100-20b+b^2$ **c.** $81+4x^2+36x$
d. $16-12x+9x^2$ **e.** $9a^2+30a+25$ **f.** $36x^2-12x+1$

85 Léo est au tableau pendant un cours de mathématiques et doit compléter des expressions.
Aider Léo à faire le travail demandé :

Pour les exercices 86 à 87, factoriser et réduire si possible les expressions suivantes en précisant la propriété utilisée.

86 **a.** $4x^2-20x+25$ **b.** $25x^2-40x+64$
c. $a^2-12a+36$ **d.** $121y^2-66y+9$
e. $64x^2-176x+121$ **f.** $81-72x+16x^2$

87 **a.** $9y^2-36y+36$ **b.** $100-20b+b^2$
c. $25+9x^2+30x$ **d.** $2-10x+10x^2$
e. $36a^2-108a+81$ **f.** $81x^2-18x+1$

88 Recopier et compléter les égalités :
a. $...^2-...^2=(2-t)(2+t)$
b. $...^2-6^2=(2y-...)(2y+...)$
c. $y^2-...=(...+49)(...-49)$
d. $...+64=(4a^2-...)(4a^2+...)$
e. $144x^2-...=(...+4)(...-4)$
f. $25x^2-...=(...+10)(...-10)$

Pour les exercices 89 à 93, factoriser et réduire si possible les expressions suivantes en précisant la propriété utilisée.

89 **a.** $100-t^2$ **b.** x^2-36 **c.** y^2-100
d. $16-a^2$ **e.** $9-4b^2$ **f.** $16y^2-64$

90 **a.** x^2-16 **b.** $25-(y+1)^2$ **c.** $(a+5)^2-4$
d. $36-(2a+1)^2$ **e.** $y^2-(y-3)^2$ **f.** $(b+4)^2-(-b+2)^2$

91 **a.** $(x+2)^2-16$ **b.** $25-(y-1)^2$
c. $(a+1)^2-(2a-6)^2$ **d.** $49-(a+1)^2$
e. $(3y+8)^2-(y-3)^2$ **f.** $(b-4)^2-4b^2$

92 **a.** $(x-2)(x+8)+6x(x-2)$ **b.** $(2y+6)^2-(4y+1)(2y+6)$
c. $(x-1)^2+(4-3x)(x-1)$ **d.** $x^2-16+(x-4)(6x+3)$

93 **a.** $x^2-36-(x-6)(6x-7)$
b. $(10-a)(-a-2)+100-a^2$
c. $(2y+1)^2+(5y-2)(2y+1)$
d. $t^2(5t+1)-(5t+1)(9t+2)$

94 **Chercher l'erreur**

Noélie a résolu sur son cahier un exercice donné par le professeur Myriadus, mais elle s'est trompée…

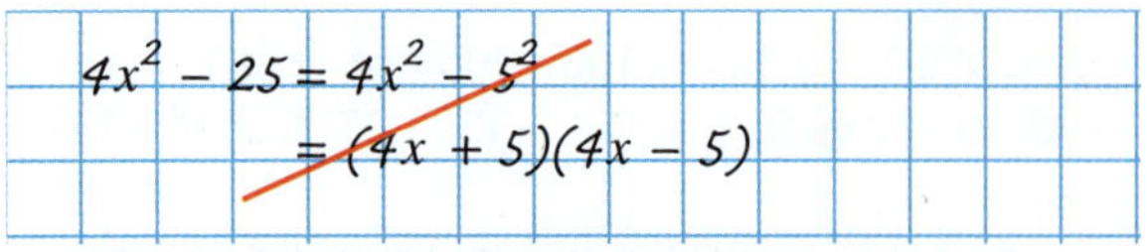

Trouver l'erreur de Noélie et corriger son calcul.

95 Voici deux programmes de calcul :

Programme A	**Programme B**
• Choisir un nombre • Lui ajouter 2 • Calculer le carré de la somme obtenue • Soustraire 4 au résultat	• Choisir un nombre • Lui ajouter 4 • Effectuer le produit du nombre de départ par la somme obtenue

1. Effectuer les programmes pour les nombres : 0 ; 1 et 2. Émettre une conjecture.

2. En prenant comme nombre de départ n, montrer que le programme A aboutit à l'expression $(n+2)^2-4$. Puis montrer que le programme B aboutit à l'expression $n\times(n+4)$.

3. En factorisant l'expression obtenue après le programme A, montrer que les expressions, en fonction de n, des programmes A et B sont égales. Conclure.

96 Voici un programme de calcul :

- Choisir un nombre
- Ajouter 6 au triple du nombre choisi
- Élever au carré le résultat
- Soustraire 25 au résultat obtenu

1. Si l'on appelle n le nombre auquel on applique le programme de calcul, exprimer, en fonction de n, le résultat de ce programme.

2. En factorisant ce résultat, montrer que l'on peut aussi l'écrire $(3n+11)(3n+1)$.

3. En déduire un autre programme de calcul qui permet d'obtenir le même résultat.

97 ABCD et AEGH sont des carrés.

1. Expliquer à quoi correspond sur la figure chacune des expressions ci-dessous :

a. y^2 **b.** $(y+4)^2$ **c.** $(y+4)^2-y^2$

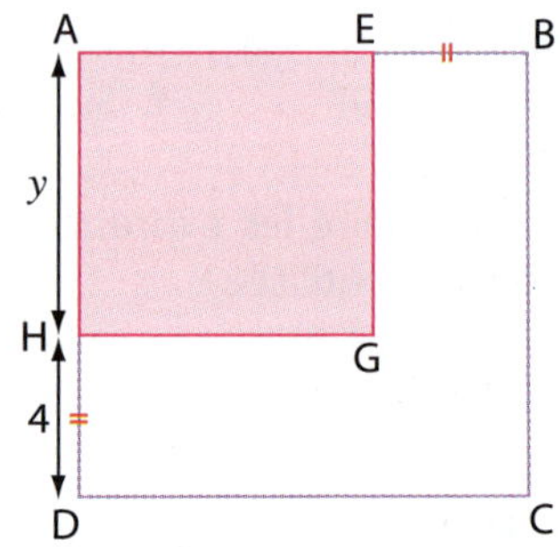

2. Montrer que l'aire de la partie blanche peut s'écrire $4(2y+4)$.

3. En déduire une figure de même aire que la partie blanche.

98 ABCD est un carré de côté 4 cm.

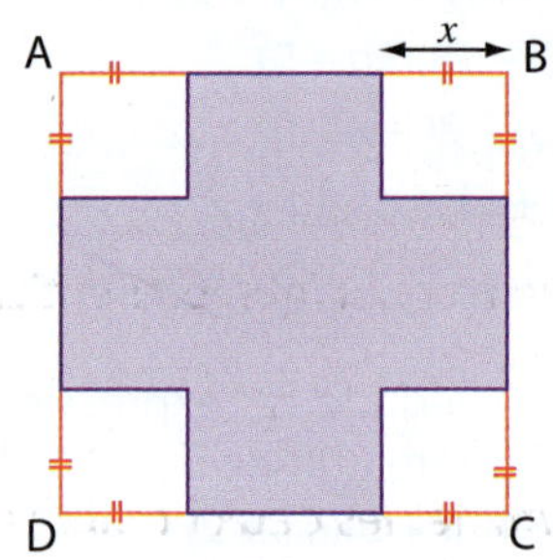

1. Montrer que l'aire de la croix à l'intérieur du carré est égale à $16-4x^2$.

2. Écrire l'aire de la croix sous forme d'un produit.

3. En déduire une figure de même aire que la croix.

À l'oral

99 En utilisant l'identité remarquable :
$(a+b)^2=a^2+2ab+b^2$,
calculer le plus rapidement possible :
a. 31^2 **b.** 105^2
c. 43^2 **d.** 82^2

100 En utilisant l'identité remarquable :
$(a-b)^2=a^2-2ab+b^2$,
calculer le plus rapidement possible :
a. 19^2 **b.** 47^2
c. 98^2 **d.** 129^2

101 En utilisant l'identité remarquable :
$a^2-b^2=(a-b)(a+b)$,
calculer le plus rapidement possible :
a. 6^2-5^2 **b.** 11^2-10^2 **c.** 58^2-57^2

102 Factoriser :
a. $1-100x^2$ **b.** $16-25x^2$ **c.** $9y^2-49$

103 Factoriser :
a. $1-2x+x^2$ **b.** x^2-4x+4 **c.** y^2+6y+9

104 **1.** On rappelle l'identité remarquable suivante :

$$(a-b)^2 = a^2 - 2ab + b^2$$

En déduire la forme développée de l'expression $(2x-3)^2$.

2. On rappelle l'identité remarquable suivante :

$$a^2 - b^2 = (a+b)(a-b)$$

En déduire la forme factorisée de l'expression $(7x+2)^2 - 25$.

Amérique du Nord, 2010

105 On pose $D=(12x+3)(2x-7)-(2x-7)^2$.

1. Développer et réduire D.

2. Factoriser D.

3. Calculer D pour $x = 2$, puis pour $x = -1$.

Amérique du Nord, 2008

106 On considère les nombres suivants :

$A = 1\,001 \times 999 - 999^2$, $B = 57 \times 55 - 55^2$

et $C = (-2) \times (-4) - (-4)^2$.

1. Donner les valeurs lues sur la calculatrice pour A, B et C.

2. On pose $D=(x+1)(x-1)-(x-1)^2$.

x étant un nombre entier, supérieur à 1, montrer que D est un multiple de 2.

3. Trouver une expression E de la même forme que celle de A pour laquelle le résultat du calcul est 2 008.

Madagascar, 2008

107 **1.** On pose $A=(x-1)^2+x^2+(x+1)^2$.

a. Développer et réduire A.

b. Déterminer trois nombres entiers positifs consécutifs, $(x - 1)$, x et $(x + 1)$ dont la somme des carrés est 1 325.

2. a. On pose $B = 9x^2 - 64$. Factoriser B.

b. Déterminer les deux nombres relatifs dont le carré du triple est égal à 64.

Pondichéry, 2008 (Extrait)

108 On considère le programme de calcul ci-dessous :

- Choisir un nombre de départ
- Multiplier ce nombre par (– 2)
- Ajouter 5 au produit
- Multiplier le résultat par 5
- Écrire le résultat obtenu.

1. Vérifier que, lorsque le nombre de départ est 2, on obtient 5.

2. Lorsque le nombre de départ est 3, quel résultat obtient-on ?

3. Arthur prétend que, pour n'importe quel nombre de départ x, l'expression $(x-5)^2 - x^2$ permet d'obtenir le résultat du programme de calcul.

A-t-il raison ?

France métropolitaine, 2010 (Extrait)

109 Sur la figure dessinée ci-dessous, ABCD est un carré et ABEF est un rectangle.

On a AB = BC = $2x + 1$ et AF = $x + 3$, où x désigne un nombre supérieur à 2. L'unité de longueur est le centimètre.

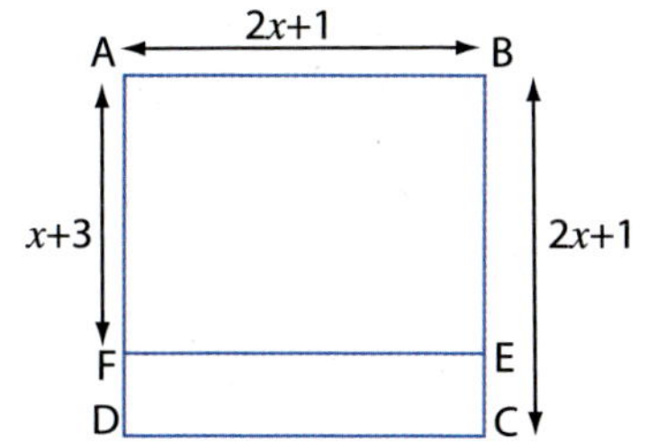

Partie A : Étude d'un cas particulier $x = 3$

1. Pour $x = 3$, calculer AB et AF.

2. Pour $x = 3$, calculer l'aire du rectangle FECD.

Partie B : Étude du cas général

x désigne un nombre supérieur à 2.

1. Exprimer la longueur FD en fonction de x.

2. En déduire que l'aire de FECD est égale à $(2x+1)(x-2)$.

3. Exprimer, en fonction de x, les aires du carré ABCD et du rectangle ABEF.

4. En déduire que l'aire du rectangle FECD est $(2x+1)^2 - (2x+1)(x+3)$.

5. Les deux aires trouvées aux questions **2** et **4** sont égales et on a donc :

$$(2x+1)^2 - (2x+1)(x+3) = (2x+1)(x-2).$$

Cette égalité traduit-elle un développement ou une factorisation ?

Polynésie française, 2010

110 Soit $A = \frac{1}{4}\left[(a+b)^2 - (a-b)^2\right]$.

1. Calculer A pour $a = 1$ et $b = 5$.

2. Calculer A pour $a = -2$ et $b = -3$.

3. Alex affirme que le nombre A est égal au produit des nombres a et b.

A-t-il raison ? Justifier.

Liban, 2009

111 *Dans cet exercice, toute trace de recherche, même incomplète, ou d'initiative, même non fructueuse, sera prise en compte dans l'évaluation.*

Anatole affirme :

« Pour tout nombre entier naturel n, l'expression $n^2 - 24n + 144$ est toujours différente de zéro. »

A-t-il raison ?

Centres étrangers, 2009

112 On donne $A=(x-5)^2$ et $B=x^2-10x+25$.

1. Calculer A et B pour $x = 5$.

2. Calculer A et B pour $x = -1$.

3. Peut-on affirmer que $A = B$ quelle que soit la valeur de x ? Justifier.

Amérique du Sud, 2009

Tous les exercices de cette double page sont corrigés p. 315.

J'évalue mes connaissances

Pour chaque exercice 113 à 123, trouve la ou les bonnes réponses parmi celles proposées.

	A	B	C
113 SOCLE 3e $(a+b)^2 =$	a^2+b^2	$a^2+2ab+b^2$	a^2+ab+b^2
114 SOCLE 3e $(a-b)^2 =$	$a^2-2ab+b^2$	a^2-b^2	a^2-ab+b^2
115 SOCLE 3e $a^2-b^2 =$	$(a-b)^2$	$a^2-2ab+b^2$	$(a-b)(a+b)$
116 SOCLE 3e L'expression développée de $(a+5)^2$ est :	$a^2+5a+25$	$a^2+10a+25$	a^2+25
117 SOCLE 3e L'expression factorisée de x^2-2x+1 est :	$(x-1)^2$	$(x+1)^2$	$x-1^2$
118 SOCLE 3e L'expression développée de $(1+x)(1-x)$ est :	$1+x^2$	$(1-x)^2$	$1-x^2$
119 L'expression développée de $(5x-4)^2$ est :	$5x^2-40x+16$	$25x^2-16$	$25x^2-40x+16$
120 L'expression factorisée de $4x^2-25$ est :	$(2x-5)^2$	$(2x+5)^2$	$(2x-5)(2x+5)$
121 L'expression factorisée de $64+112y+49y^2$ est :	$8+7y^2$	$(8+7y)^2$	$(8+7y)(8-7y)$
122 L'expression factorisée et réduite de $(x+4)(2x+9)+(x+4)(3x-5)$ est :	$(x+4)(5x+4)$	$(x+4)(5x^2+4)$	$(x+4)(6x+4)$
123 L'expression factorisée et réduite de $(2-y)(4y+10)-(4y+10)(-8-3y)$ est :	$(4y+10)(4y+10)$	$(4y+10)(2y+10)$	$(4y+10)(2y-6)$

Tu peux vérifier tes réponses p. 315 et continuer ton entraînement sur le site compagnon

J'évalue mes compétences

Connaître les identités remarquables SOCLE 3e

124 Recopier puis compléter les expressions suivantes :

a. $(...+5)^2 = x^2+...+...$ **b.** $(y-...)^2 = ...-8y+...$

c. $(...+7)(...-...) = t^2-...$ **d.** $(1-...)(...+...) = ...-100x^2$

125 Recopier puis compléter les expressions suivantes :

a. $(t-...)^2 = ...-12t+...$ **b.** $(...+8)^2 = a^2+...+...$

c. $(5-...)(...+...) = ...-81y^2$ **d.** $(...+3)(...-...) = x^2-...$

126 Julie affirme que l'aire de la figure bleue ci-contre est égale à $(3y+5)^2$ alors que Noé pense qu'elle est égale à $9y^2+30y+25$. Qui a raison ?

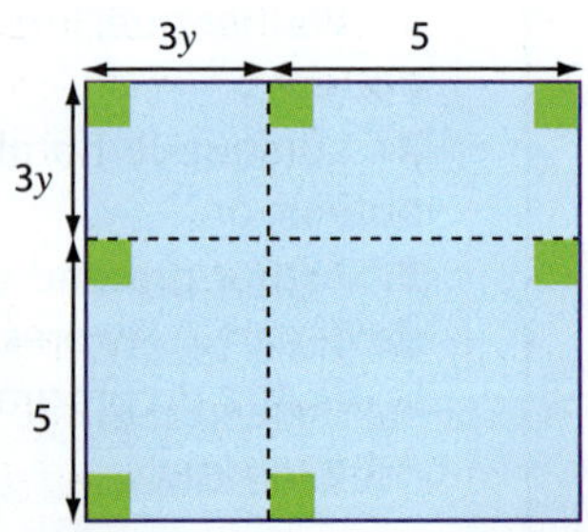

Pour les exercices 127 et 128, calculer, sans calculatrice, en utilisant l'une des trois identités remarquables suivantes : $(a + b)^2 = a^2 + 2ab + b^2$; $(a - b)^2 = a^2 - 2ab + b^2$; $(a + b)(a - b) = a^2 - b^2$.

127 **a.** 999^2 **b.** 202^2 **c.** 43×37

128 **a.** $(100+1)(100-1)$ **b.** $66^2 - 54^2$ **c.** $10,1 \times 9,9$

POUR T'AIDER, voir
- Cours 1
- Exercices 31 à 43

Développer une expression littérale

Pour les exercices 129 à 133, développer puis réduire les expressions.

129 **a.** $5x(3x+8)$ **b.** $-4y(y+3)$ **c.** $-2t(-3t-7)$

130 **a.** $(x+1)(x+4)$ **b.** $(y-1)(y+3)$ **c.** $(7t+8)(4-3t)$

131 **a.** $(x+9)^2$ **b.** $(2y+6)^2$ **c.** $(3a+3)^2$ **d.** $(7x+8y)^2$

132 **a.** $(y-3)^2$ **b.** $(3x-10)^2$ **c.** $(2a-2b)^2$ **d.** $(1-4x)^2$

133 **a.** $(5x+1)(5x-1)$ **b.** $(4y-3)(4y+3)$ **c.** $(a+2y)(a-2y)$ **d.** $(2-7t)(2+7t)$

134 Voici un programme de calcul :

- Je choisis un nombre
- Je calcule son quadruple
- Je soustrais 8 au résultat obtenu
- J'élève au carré la différence obtenue

1. Écrire l'expression finale obtenue si l'on prend x comme nombre de départ.

2. Montrer que cette expression est égale à $16x^2 - 64x + 64$.

135 Développer puis réduire les expressions :
a. $(x + 7)^2 + (3x + 1)(x + 9)$
b. $(-3a + 8)(a + 5) + (5a - 10)^2$
c. $(-2 + 3y)^2 - (3y - 8)(3y + 8)$
d. $(x + 3)(x - 3) - (5x + 2)(5x - 2)$

136 **Vu au BREVET**

Pour l'affirmation donnée ci-dessous :

« Pour tout nombre a : $(2a+3)^2 = 4a^2 + 9$ »

indiquer si elle est vraie ou fausse en argumentant la réponse.

France métropolitaine, 2011

137 **Vu au BREVET**

1. Développer $(x-1)^2$. Justifier que $99^2 = 9\,801$ en utilisant le développement précédent.

2. Développer $(x-1)(x+1)$. Justifier que $99 \times 101 = 9\,999$ en utilisant le développement précédent.

Centres étrangers, 2009

POUR T'AIDER, voir
- Cours 2
- Savoir faire
- Exercices 44 à 71

Factoriser une expression littérale

Pour les exercices 138 à 146, factoriser les expressions puis réduire les facteurs obtenus.

138 **a.** $x^2(3x+9) + x^2(x+1)$
b. $(y+2)(5y-7) + (y+2)(2y+9)$

139 **a.** $(y+8)(5y-1) - (y+8)(-3+3y)$
b. $(2a-6)(a+3) - (2a-6)(4+4a)$

140 **a.** $(a+9)(2a-3) + (4a+2)(a+9)$
b. $(a+9)(2a-3) - 5(4a+2)(a+9)$

141 **a.** $4 - 12t + 9t^2$ **b.** $4x^2 + 28x + 49$ **c.** $100a^2 + 60a + 9$ **d.** $36 + 60y + 25y^2$

142 **a.** $9 - 12y + 4y^2$ **b.** $25a^2 - 10a + 1$ **c.** $81x^2 - 54x + 9$ **d.** $x^2 + x + \frac{1}{4}$

143 **a.** $x^2 - 64$ **b.** $81 - a^2$ **c.** $4y^2 - 100$ **d.** $25t^2 - 64$

144 **a.** $(x+2)^2 - 9$ **b.** $16 - (2y+8)^2$ **c.** $25 - (7x+9)^2$ **d.** $(a+1)^2 - 1$

145 **a.** $(x+2)(6x+8) + 5x(x+2)$
b. $(2y+4)^2 - (y+1)(2y+4)$
c. $(4x-1)^2 + (7-4x)(4x-1)$
d. $x^2 - 4 + (x+2)(3x+1)$

146 **a.** $x^2 - 64 - (x+8)(3x-8)$
b. $(9-a)(-3a+1) + 81 - a^2$
c. $(2y+9)^2 + (y-2)(2y+9)$
d. $t(4t+9) - (4t+9)(t+7)$

147 **Vu au BREVET**

Factoriser l'expression D : $(2x + 1)^2 - 64$

Créteil, Paris, Versailles, 1996

POUR T'AIDER, voir
- Cours 3
- Savoir faire 2
- Exercices 72 à 98

Exercices d'approfondissement

Pour chercher

160 Fleurs à découper

À l'école primaire, pour la fête des mères, Vanessa veut faire confectionner aux élèves de sa classe des fleurs en papier sur le modèle suivant :

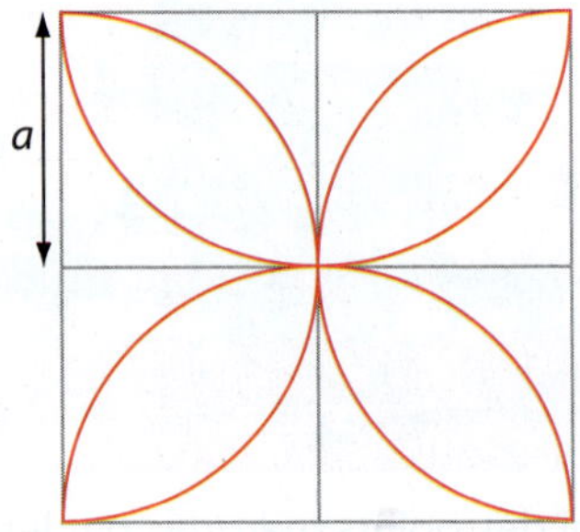

Pour fabriquer un pétale, elle prend des feuilles de forme carrée de côté a et trace deux quarts de cercles de centres les extrémités d'une diagonale du carré et de rayons a.

Elle fabrique une fleur en regroupant quatre pétales.

1. Calculer, en fonction de a, l'aire des chutes de papier lorsqu'un pétale aura été découpé dans une feuille.

2. Calculer, en fonction de a, l'aire d'un pétale de cette fleur.

161 Étonnant

Montrer que la différence de l'inverse d'un nombre entier non nul et de l'inverse de celui qui le succède est égale à l'inverse du produit de ces nombres.

162 Le défi

1. Comment empiler 88 tubes en faisant des pyramides de tubes comme ci-dessous ?

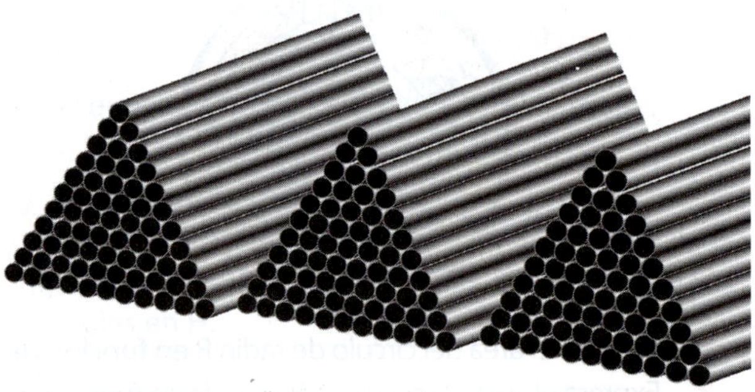

2. Combien de pyramides peut-on faire dans ce cas-là ?

3. Combien y a-t-il de lignes de tubes dans chaque pyramide ?

163 L'énigme

La différence des carrés de deux nombres impairs consécutifs est un multiple de 8.

Vers la Seconde

164 Prouesses techniques

Le but de cet exercice est de montrer que pour tous les nombres a, b et c :

$$\left(1+\frac{c}{a+b}\right)\left(1+\frac{a}{b+c}\right)\left(1+\frac{b}{c+a}\right)-\frac{a^3+b^3+c^3}{(a+b)(b+c)(c+a)}$$

est un nombre entier.

1. Montrer que $\left(1+\frac{c}{a+b}\right)\left(1+\frac{a}{b+c}\right)$

peut s'écrire sous la forme $\frac{A}{(a+b)(b+c)}$

où A est une expression développée et réduite.

2. En déduire une écriture de :

$$\left(1+\frac{c}{a+b}\right)\left(1+\frac{a}{b+c}\right)\left(1+\frac{b}{c+a}\right)$$

sous la forme $\frac{B}{(a+b)(b+c)(c+a)}$

dans laquelle B est une expression développée et réduite.

3. En déduire que :

$$\left(1+\frac{c}{a+b}\right)\left(1+\frac{a}{b+c}\right)\left(1+\frac{b}{c+a}\right)-\frac{a^3+b^3+c^3}{(a+b)(b+c)(c+a)}$$

est un nombre entier.

165 Histoire de minima

1. Après avoir développé $(x+5)^2$, expliquer pourquoi $(x+5)^2 > 10x$, quel que soit le nombre x choisi.

2. Montrer que $(x+5)^2+3=x^2+10x+28$ et en déduire que pour tout nombre x, $x^2+10x+28$ ne peut pas être inférieur à 3.

166 Calcul d'aire

Dans la figure ci-dessous, les deux cercles de centres O et O' sont tangents à la droite (AB) et tangents entre eux. Le triangle ABC est un triangle rectangle isocèle en C.

1. Citer, en justifiant, tous les angles droits de la figure.

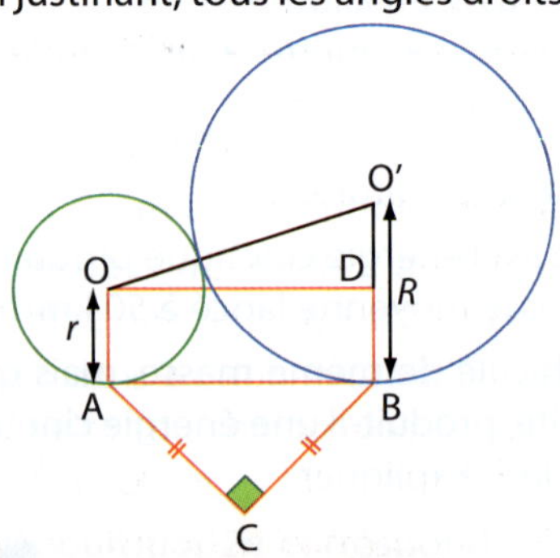

2. Exprimer l'aire du triangle ABC en fonction de la longueur AB.

3. En déduire l'expression réduite de l'aire du triangle ABC en fonction de r et de R.

Devoir à la maison

1 Quatre nombres consécutifs

Conjecturer

1. Effectuer les calculs ci-dessous sur le papier ou dans une feuille de calcul :

a. $123^2 - 122^2 - 121^2 + 120^2$

b. $45^2 - 44^2 - 43^2 + 42^2$

c. $87^2 - 86^2 - 85^2 + 84^2$

Quelle remarque peut-on faire concernant les résultats ?

2. Choisir quatre nombres consécutifs et effectuer les mêmes calculs qu'à la question **1.**.

3. À l'aide des questions précédentes, écrire une conjecture.

Prouver

4. Si n est un nombre entier, comment exprime-t-on en fonction de n les trois entiers qui le suivent ?

5. Expliquer pourquoi la conjecture écrite dans la question **3.** peut s'écrire ainsi :
$(n + 3)^2 - (n + 2)^2 - (n + 1)^2 + n^2 = 4$.

6. En développant puis en réduisant l'expression de gauche dans l'égalité ci-dessus, prouver que cette égalité est vraie pour tout nombre n entier.

2 La cour de récréation

La cour de récréation de l'école d'un petit village de Lozère est de forme carrée de côté 20 mètres. Elle est représentée par le carré ABCD ci-dessous. La directrice veut créer un couloir de 2 mètres de large, représenté par le rectangle FGCD, pour que les élèves s'entrainent à faire des sprints sur 20 mètres.

Pour éviter de diminuer la surface de la cour, la mairie lui propose de rajouter un couloir de 2 m comme sur la figure ci-dessous, représenté par le rectangle BEHG.

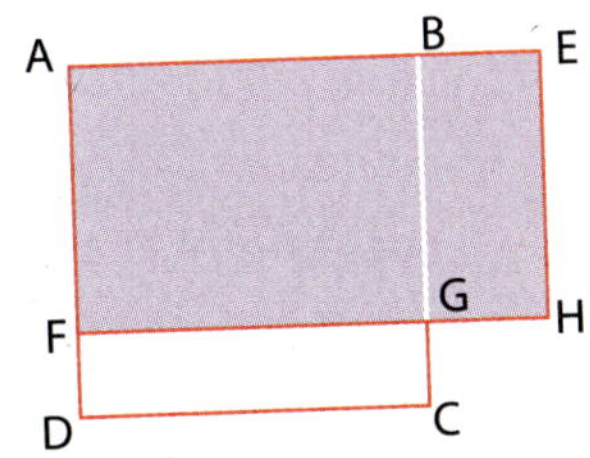

1. Calculer l'aire de la nouvelle cour de récréation représentée par le rectangle AEHF.

2. Comparer cette aire à celle de l'ancienne cour de récréation, que doit-en penser la directrice de l'école ?

3. On appelle x les longueurs BE et FD. Exprimer, en fonction de x, l'aire de AEHF, puis développer et réduire l'expression obtenue.

4. Prouver que l'aire de AEHF est toujours inférieure à l'aire de ABCD quelle que soit la longueur du couloir choisie.

5. Que faut-il proposer à la directrice de l'école pour que l'aire de la cour de l'école ne soit pas diminuée ?

DU CÔTÉ DU SITE COMPAGNON

http://www.bordas-myriade.fr

À chaque cycliste son développement !

Lorsqu'un cycliste donne un coup de pédale, il parcourt une distance qui dépend du diamètre de la roue de son vélo ainsi que du plateau et du pignon utilisés, c'est **le développement**.

Le développement en cyclisme est le nombre obtenu par calcul de la distance parcourue en un seul coup de pédale. On peut calculer un développement D (en mm) en utilisant la formule : $D = \pi \times d \times \frac{N}{n}$,

dans laquelle d est le diamètre de la roue en mm, N le nombre de dents du plateau et n le nombre de dents du pignon. Plus le cycliste sera d'un bon niveau, plus il sera capable d'avoir un développement élevé.

Pour en savoir plus sur le développement et calculer le tien, rends-toi sur le site compagnon

★ Niveau de difficulté technique ★ Niveau de difficulté mathématique

Avec un ordinateur

1 ★★☆ ★★☆ DÉMONTRER UN THÉORÈME 40 min

OBJECTIF : *Conjecturer un théorème à l'aide d'un logiciel de géométrie dynamique puis le prouver grâce au calcul littéral.*

Conjecturer

Dans un logiciel de géométrie dynamique :

1. Construire un carré ABCD. → *Géométrie 7*
2. Comme sur la figure ci-dessous, placer un point E sur le segment [DC]. → *Géométrie 2*
3. Tracer le carré EFGC à l'intérieur du carré ABCD. → *Géométrie 7*
4. Placer le point H à l'intersection des droites (EF) et (AB). → *Géométrie 3*
5. Construire le carré HBJI. → *Géométrie 7*
6. Placer le point K à l'intersection des droites (AD) et (IJ). → *Géométrie 3*
7. Tracer le polygone DEFGBA. → *Géométrie 7*
8. Faire afficher l'aire du polygone DEFGBA. → *Géométrie 17*
9. Tracer le polygone DKIE. → *Géométrie 7*
10. Faire afficher l'aire du polygone DKIE. → *Géométrie 17*
11. Déplacer le point E et faire une conjecture. → *Géométrie 1*

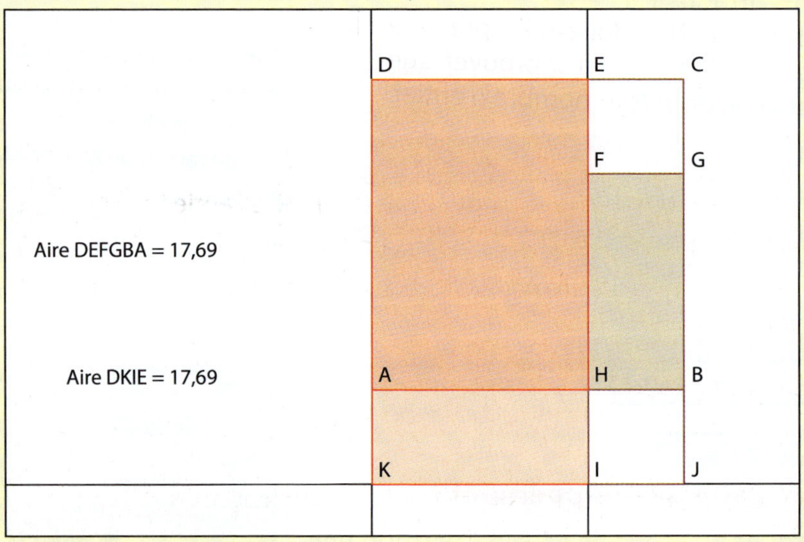

Démontrer

12. En désignant par a la longueur des côtés du carré ABCD, et b la longueur des côtés des carrés ECGF et HBJI, exprimer, en fonction de a et b, l'aire du polygone DEFGBA et l'aire du polygone DKIE.
13. Quel théorème vient-on de démontrer ?

À la fin du manuel, retrouve tes **Fiches méthode TICE** : Tableur, Géométrie, Calculatrice

★☆☆ ★★☆

2 DIFFÉRENCE DE CARRÉS

30 min

OBJECTIF : *Conjecturer un théorème à l'aide d'une feuille de calcul puis le prouver grâce au calcul littéral.*

Conjecturer

1. Ouvrir une feuille de calcul et recopier la première ligne du tableau ci-dessous.
2. Créer une liste de nombres entiers de 0 à 100 dans la colonne A. → *Tableur 3*
3. Entrer la formule qui convient dans la cellule B2 pour afficher les carrés des nombres qui suivent ceux de la première colonne, puis la recopier dans la colonne B. → *Tableur 1 et 2*
4. Entrer la formule qui convient dans la cellule C2 pour afficher les carrés des nombres qui précèdent ceux de la première colonne, puis la recopier dans la colonne C. → *Tableur 1 et 2*
5. Entrer la formule qui convient dans la cellule D2 pour afficher la différence des carrés des nombres des colonnes B et C, puis la recopier dans la colonne D. → *Tableur 1 et 2*
6. En observant la colonne D, faire une conjecture concernant la différence du carré du nombre qui suit n et du carré du nombre qui précède n.

	A	B	C	D
1	n	carré du nombre qui suit	carré du nombre qui précède	différence des deux carrés
2	0	1	1	0
3	1	4	0	4
4	2	9	1	8
5	3	16	4	12
6	4	25	9	16

Démontrer

7. Exprimer, en fonction de n, l'entier qui suit n puis l'entier qui précède n.
8. Montrer que la différence de ces deux carrés peut s'écrire $(n + 1)^2 - (n - 1)^2$.
9. En développant puis en réduisant l'expression précédente, prouver la conjecture faite à la question **2.**.

3 LA BOÎTE NOIRE DU CHAPITRE 4

Téléchargement

BOITE NOIRE

Une « boîte noire » dans un tableur est un programme de calcul mystérieux !
Le but de l'activité est de percer ce mystère…
Pour cela, on peut saisir des nombres mais aussi utiliser des formules qui aident dans la recherche.

1. Télécharger sur le site compagnon le fichier « boite_noire_04 » et l'ouvrir.
2. Saisir un nombre dans la cellule verte et observer dans la cellule grise le résultat de la « boîte noire ».
3. Faire plusieurs observations, puis chercher le programme de calcul mystérieux de la boîte noire.
4. Pour tester un programme de calcul, saisir dans la cellule jaune la formule qui correspond à ce programme et observer si le résultat obtenu est le même que celui dans la cellule grise.
5. Tester plusieurs exemples pour vérifier que les programmes de la boîte noire et de la boîte rouge donnent les mêmes résultats.
6. Écrire sur une feuille le programme de calcul qui semble être celui de la boîte noire.

Activités

1 Mettre en équation un problème et le résoudre

Jane, Élodie et Thibault ont participé à la cueillette des pommes pendant une quinzaine de jours au mois d'août. Ils ont gagné 1 650 euros à eux trois.

- Une caisse d'environ 350 kg de pommes (appelée un palox) rapporte 15 euros.
- Élodie est celle qui a rempli le moins de caisses et Jane a rempli 5 caisses de plus qu'Élodie. Thibault a été le plus efficace, il a rempli 1,5 fois plus de caisses qu'Élodie.

On cherche le nombre de palox remplis par chacun des trois amis.

1. Si p est le nombre de palox remplis par Élodie, exprimer, en fonction de p, le nombre de palox remplis respectivement par Jane et par Thibault.

2. À quoi correspondent les expressions ci-dessous par rapport au problème posé ?
- $15p$
- $15(p+5)$
- $15\times1{,}5p$

3. En déduire que l'équation qui traduit la somme d'argent reçue par les trois amis est :

$$15p+15(p+5)+15\times1{,}5p = 1\,650.$$

4. Après avoir développé et réduit le membre de gauche de l'équation précédente, la résoudre.

5. En déduire le nombre de palox remplis par Élodie, Jane et Thibault.

2 Résoudre un problème se ramenant à une équation-produit

On cherche tous les nombres entiers consécutifs qui peuvent être les longueurs des trois côtés d'un triangle rectangle.
On cherche donc quels sont les nombres n tels que le triangle ci-contre soit rectangle.

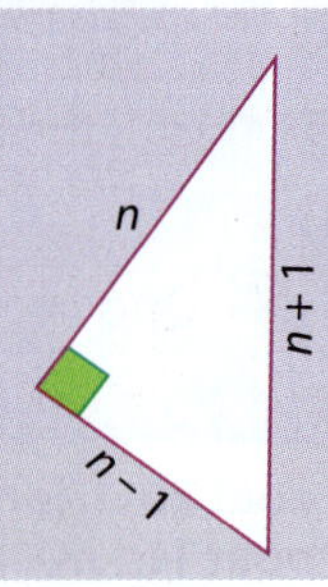

1. Pourquoi peut-on utiliser l'égalité de Pythagore dans le triangle ci-dessus ?

2. En déduire que $(n+1)^2 = n^2+(n-1)^2$.

L'égalité $(n+1)^2 = n^2+(n-1)^2$ est une ***équation*** *dans laquelle on cherche le nombre n pour résoudre le problème posé.*

Cette équation n'est pas une équation du premier degré ! Mais nous pouvons la résoudre...

3. Après avoir développé et réduit les deux membres de l'égalité précédente, montrer que $(n+1)^2 = n^2+(n-1)^2$ peut aussi s'écrire $n^2+2n+1 = 2n^2-2n+1$.

4. Expliquer pourquoi résoudre $n^2+2n+1 = 2n^2-2n+1$ revient à résoudre $n^2-4n = 0$.

5. Factoriser le membre de gauche de l'équation précédente puis expliquer pourquoi résoudre $n^2-4n = 0$ revient à résoudre $n(n-4) = 0$.

6. Quels sont les deux facteurs du produit $n(n-4)$?

7. Quelles valeurs de n rendent le produit $n(n-4)$ égal à 0 ?

8. Résoudre le problème posé.

3 Résoudre un problème se ramenant à une inéquation

Lydie fait ses études à Toulouse et sa famille habite à Foix, dans l'Ariège.
Lydie rentre dans sa famille toutes les fins de semaines par le train. Elle se renseigne sur le prix d'une carte d'abonnement annuelle qui pourrait lui convenir. Mais avant d'acheter cette carte, elle veut connaître le nombre de voyages à faire dans une année pour amortir son coût.

- Prix d'un billet de train Toulouse-Foix : 14 euros.
- Avec la carte d'abonnement à 225 euros par an, prix d'un billet de train Toulouse-Foix : 7 euros.

Le château de Foix

1. On note t le nombre de trajets que Lydie va effectuer en train.
Exprimer, en fonction de t, le prix qu'elle devra payer sans carte d'abonnement.

2. Que représente l'expression $225+7t$?
Expliquer ce que représente chacun des termes de cette somme.

3. Que traduit l'inégalité $14t > 225+7t$ par rapport au problème posé ?
On va chercher les valeurs de t pour lesquelles cette inégalité est vraie. On dit que l'on va ***résoudre l'inéquation*** $\boldsymbol{14t > 225+7t}$ ***d'inconnue t***.

4. Expliquer pourquoi résoudre $14t > 225+7t$ revient à résoudre $14t-7t > 225+7t-7t$.

5. En déduire que cela revient à résoudre l'inéquation $7t > 225$.

6. Expliquer pourquoi résoudre $7t > 225$ revient à résoudre $\frac{7t}{7} > \frac{225}{7}$.

7. En déduire à partir de combien de trajets Lydie aura intérêt à acheter la carte d'abonnement annuelle. Va-t-elle l'acheter ?

Le cours

1 Mise en équation et résolution d'un problème

DÉFINITIONS
- **Une équation** est une égalité comportant une ou plusieurs lettres désignant des nombres inconnus.
- **Résoudre une équation à une inconnue**, c'est trouver toutes les valeurs de l'inconnue pour lesquelles l'égalité est vraie. Ce sont les **solutions de l'équation**.

Remarque : après avoir développé les deux membres d'une équation, si les inconnues présentes ont toutes pour exposant 1, on dit que cette équation est du **premier degré**.

Exemples

1 $3(x+5) = 2x-7$ est une équation à une inconnue du premier degré.
$x = -22$ est une solution de l'équation car :
$3(-22+5) = -51$ et $2\times(-22)-7 = -51$.

2 On va résoudre l'équation $4x+5 = 10$.

$4x+5-5 = 10-5$

$4x = 5$

$\dfrac{4x}{4} = \dfrac{5}{4}$

$x = 1{,}25$.

Pour résoudre un problème à l'aide d'équations, il faut :
- mettre ce problème en équations ;
- résoudre ces équations ;
- répondre en interprétant la solution des équations en fonction du problème initial.

2 Équations-produits

DÉFINITION *a, b, c* et *d* représentent n'importe quels nombres relatifs.
Une équation de la forme $(ax+b)(cx+d) = 0$ est appelée une **équation-produit**.

Exemple

$(3x+2)(7x-9) = 0$ est une équation-produit nulle d'inconnue x.

PROPRIÉTÉ Si un produit est nul, alors l'un de ses facteurs est nul.

PROPRIÉTÉ Si l'un des facteurs d'un produit est nul, alors ce produit est nul.

Exemple

Résoudre l'équation-produit $(2x+2)(4x-9) = 0$ revient à résoudre deux équations du premier degré.

Soit :

$2x+2 = 0$

$2x = -2$

$x = -\dfrac{2}{2}$

$x = -1$.

Soit :

$4x-9 = 0$

$4x = 9$

$x = \dfrac{9}{4}$

$x = 2{,}25$.

Si $a \times b = 0$, alors $a = 0$ ou $b = 0$.

Les solutions de cette équation sont -1 et $2{,}25$.

3 Inéquations

DÉFINITIONS
- Une **inéquation** est une inégalité comportant une ou plusieurs inconnues désignées par des lettres.
- Une **inéquation du premier degré** est une inégalité dont les membres (développés et réduits) ne comportent que des inconnues d'exposant 1.
- **Résoudre une inéquation à une inconnue**, c'est trouver toutes les valeurs de l'inconnue pour lesquelles l'inégalité est vraie. Ce sont **les solutions de l'inéquation**.

Exemples

$2x+3<x+10$ et $-5y+8 \geqslant 3y+2$ sont des inéquations.

PROPRIÉTÉS On transforme une inéquation en une autre inéquation qui a les mêmes solutions en effectuant l'une des actions suivantes :
- ajouter ou soustraire le même nombre à chaque membre de l'inéquation ;
- multiplier ou diviser par un même nombre non nul et positif chaque membre de l'inéquation ;
- multiplier ou diviser par un même nombre non nul et **négatif** chaque membre de l'inéquation **à condition de changer le sens de l'inégalité**.

Exemple

Résolvons l'inéquation $2x+5 \leqslant 4x-7$.

– On soustrait $4x$ à chaque membre de l'inéquation :

$$2x+5-4x \leqslant 4x-7-4x$$

– On réduit chacun des membres de l'inéquation :

$$-2x+5 \leqslant -7$$

– On soustrait 5 à chaque membre de l'inéquation :

$$-2x+5-5 \leqslant -7-5$$

– On réduit chacun des membres de l'inéquation :

$$-2x \leqslant -12$$

– On divise chaque membre par -2 sans oublier de changer le sens de l'inégalité :

$$\frac{-2x}{-2} \geqslant \frac{-12}{-2}$$

– On réduit chacun des membres de l'inéquation :

$$x \geqslant 6$$

Toutes les inéquations successivement obtenues ont les mêmes solutions.

Les solutions de l'inéquation $2x+5 \leqslant 4x-7$ sont $x \geqslant 6$, c'est-à-dire tous les nombres supérieurs ou égaux à 6.

On peut représenter ces solutions sur une droite graduée : c'est la partie colorée en rouge sur la droite ci-dessous, crochet compris.

Le crochet sur le 6 est orienté vers la demi-droite colorée car 6 fait partie des solutions.

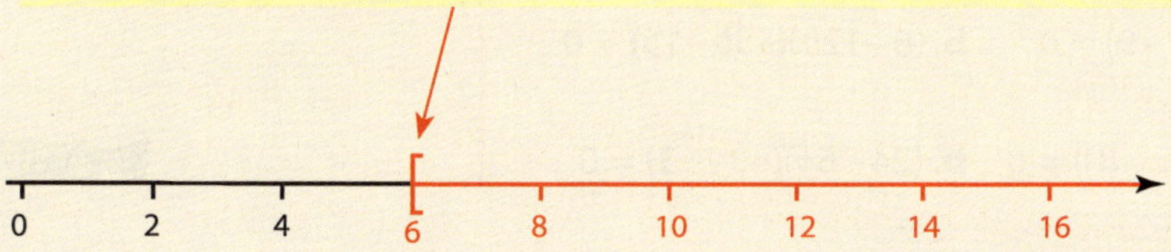

1 Résoudre une équation-produit

Animation

Énoncé

Résoudre l'équation suivante : $(3x+8)(10-4x) = 0$.

Solution commentée

Je reconnais une équation-produit.

$(3x+8)(10-4x) = 0$

Dire qu'un produit est nul signifie que l'un de ses facteurs est nul. Je dois donc résoudre deux équations.

Soit $3x+8 = 0$

$3x+8 = 0$

$3x+8-8 = 0-8$

$\dfrac{3x}{3} = \dfrac{-8}{3}$

$x = -\dfrac{8}{3}$

Soit $10-4x = 0$

$10-4x = 0$

$10-4x-10 = 0-10$

$\dfrac{-4x}{-4} = \dfrac{-10}{-4}$

$x = \dfrac{10}{4} = 2{,}5$

Les deux solutions de cette équation sont donc $-\dfrac{8}{3}$ et 2,5.

Avec les TICE

Il existe des logiciels de calcul formel (comme WIRIS) qui permettent de résoudre des équations : on recopie les équations dans le logiciel qui renvoie alors directement la réponse. Ils peuvent ainsi être utilisés pour contrôler les résultats. Voici un lien permettant d'accéder à WIRIS : www.wiris.net/demo/wiris/fr/

résoudre $((3x+8)\cdot(10-4x)=0)$ → $\{\{x=\frac{5}{2}\},\{x=-\frac{8}{3}\}\}$

Exercices d'application

Pour les exercices 1 à 13, résoudre les équations-produits.

1 **a.** $x(x+10) = 0$ **b.** $(y-3)\times y = 0$

2 **a.** $(x+3)(x+2) = 0$ **b.** $(3+y)(y+7) = 0$

3 **a.** $(x+10)(x-12) = 0$ **b.** $(4-y)(y+7) = 0$

4 **a.** $(a-6)(a-5) = 0$ **b.** $(1-x)(x-3) = 0$

5 **a.** $(x-3)(x-2) = 0$ **b.** $(3-y)(y-7) = 0$

6 **a.** $(-2x+1)(4x+7) = 0$ **b.** $(4-5y)(-3y+3) = 0$

7 **a.** $(2-3a)(-2a+1) = 0$ **b.** $(1-8b)(-6b-11) = 0$

8 **a.** $(-12x+7)(4x+4) = 0$ **b.** $(14-7y)(-5y+13) = 0$

9 **a.** $(-4-8a)(3a-9) = 0$ **b.** $(6-12b)(-5b-15) = 0$

10 **a.** $(4x+16)(-9x-81) = 0$ **b.** $(24-6y)(-3y+3) = 0$

11 **a.** $(2{,}5x-10)(5x+7{,}3) = 0$
b. $(-0{,}3x+9)(7x-5{,}2) = 0$

12 **a.** $(0{,}8x-4{,}5)(3{,}5x-12) = 0$
b. $(-0{,}4x+6)(7{,}2x-5{,}4) = 0$

13 **a.** $(x+3)^2 = 0$ **b.** $(y-2)^2 = 0$

14 Donner les solutions de ces deux équations en utilisant un logiciel de calcul formel :

a. $\left(\dfrac{x}{3}+2\right)\left(\dfrac{4}{3}x-6\right) = 0$ **b.** $(17-4{,}8b)(-3{,}7b-11) = 0$

15 **Vu au BREVET QCM**

L'équation $(2x-3)(3x+5) = 0$ a pour solution :

ⓐ $-\dfrac{3}{2}$ et $\dfrac{5}{3}$ ⓑ $\dfrac{2}{3}$ et $-\dfrac{3}{5}$ ⓒ $\dfrac{3}{2}$ et $-\dfrac{5}{3}$

Nouvelle-Calédonie, 2008

Voir aussi les Exercices 48 à 70

2 Résoudre une inéquation

Animation

Énoncé

Résoudre les inéquations suivantes :

- $5x-6<3x+2$
- $2x+10 \geqslant 4x-7$

Solution commentée

- $5x-6<3x+2$

J'ajoute 6 à chaque membre et je les réduis.

$5x-6+6<3x+2+6$

$5x<3x+8$

J'enlève 3x à chaque membre et je les réduis.

$5x-3x<3x+8-3x$

$2x<8$

Je divise chaque membre par 2. 2 est positif donc je ne change pas le sens de l'inégalité.

$2x<8$

$\frac{2x}{2}<\frac{8}{2}$

$x<4$

Les solutions de cette inéquation sont tous les nombres inférieurs à 4. On peut représenter toutes les solutions de cette inéquation sur une droite graduée :

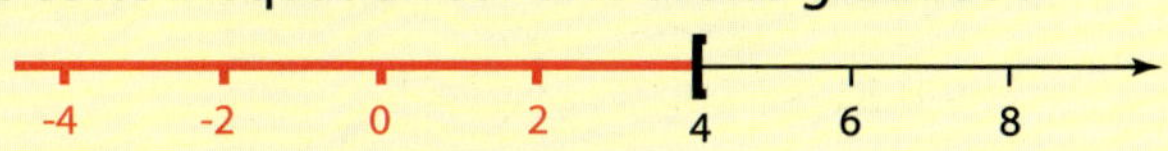

Le nombre 4 ne fait pas partie des solutions donc le crochet est orienté à l'opposé des solutions.

- $2x+10 \geqslant 4x-7$

J'enlève 10 à chaque membre et je les réduis.

$2x+10-10 \geqslant 4x-7-10$

$2x \geqslant 4x-17$

J'enlève 4x à chaque membre et je les réduis.

$2x-4x \geqslant 4x-17-4x$

$-2x \geqslant -17$

Je divise chaque membre par −2. −2 est négatif donc je change le sens de l'inégalité.

$-2x \geqslant -17$

$\frac{-2x}{-2} \leqslant \frac{-17}{-2}$

$x \leqslant 8{,}5$

Les solutions de cette inéquation sont tous les nombres inférieurs ou égaux à 8,5. On peut les représenter sur une droite graduée :

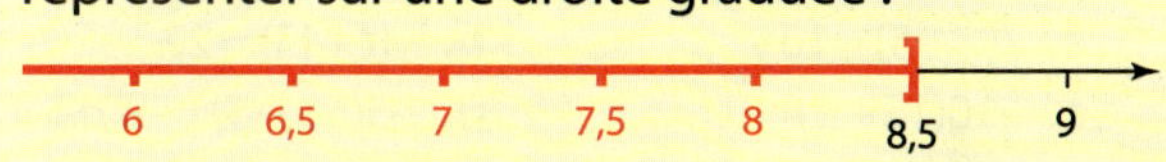

Le nombre 8,5 fait partie des solutions donc le crochet est orienté vers les solutions.

Exercices d'application

Pour les exercices 16 à 24, résoudre les inéquations et représenter les solutions sur une droite graduée.

16 **a.** $x+2<10$ **b.** $y+9<-5$

17 **a.** $3-b \geqslant -4$ **b.** $b-4 \leqslant 3$

18 **a.** $-x-1>3$ **b.** $-10-y \leqslant -7$

19 **a.** $3x>-5$ **b.** $4x>8$

20 **a.** $11 \leqslant 2a$ **b.** $-7 \geqslant 5x$

21 **a.** $1-3y \leqslant -7$ **b.** $-5y-1>8$

22 **a.** $\frac{x+8}{5}<-4$ **b.** $\frac{2y-4}{10}>3$

23 **a.** $3a+10>-6-a$ **b.** $10+y \leqslant 5y$

24 **a.** $3(x+2)<x+3$ **b.** $2+(5-2t)>2(4t-1)$

25 **Vu au BREVET QCM**

Le nombre 1 est solution de l'inéquation :

ⓐ $4x-3>7$ ⓑ $-2x+1 \leqslant -3$ ⓒ $5x+3<9$

Amérique du Nord, 2009

Voir aussi les Exercices 71 à 88

Exercices d'entraînement

Résoudre une équation

Pour les exercices 26 à 30, résoudre les équations.

POUR COMMENCER

26 **a.** $x+3=1$ **b.** $9+y=15$ **c.** $5-x=4$
d. $a+1=-5$ **e.** $-10-b=-2$ **f.** $7=-x-1$

27 **a.** $2x=4$ **b.** $-5y=10$ **c.** $5x=-8$
d. $-4a=-5$ **e.** $-10b=-2$ **f.** $24=-12x$

28 **a.** $2x+3=5$ **b.** $6y+9=10$ **c.** $5-2x=4$
d. $4a-1=-5$ **e.** $1-9b=-2$ **f.** $8=-6x-1$

29 **a.** $2x=5x+5$ **b.** $6y=10y-9$
c. $-2x=-4x+2$ **d.** $a-1=-5+4a$
e. $1-9b=-2+b$ **f.** $8x=-5x-10$

30 **a.** $x+3=4x$ **b.** $5y+7=y+1$
c. $10-2x=4+3x$ **d.** $a-1=-5-a$
e. $8-3b=-2-2b$ **f.** $18+x=-x-1$

31 **Vu au BREVET** **QCM**
L'équation $4x-3=7x+6$ a pour solution :
ⓐ 3 ⓑ $\dfrac{9}{11}$ ⓒ -3

Nouvelle-Calédonie, 2008

Pour les exercices 32 à 35, résoudre les équations.

32 **a.** $2(x+3)=5x$ **b.** $-2(y+1)=2$
c. $-2(x+5)=4x$ **d.** $-4(2a-1)=-5a+6$
e. $-9(t-7)=2(t-6)$ **f.** $8(b+9)=-6(b-1)$

33 **a.** $7(y+5)=10y$ **b.** $-(t+11)=22$
c. $-10(15+x)=9x$ **d.** $-3(5a-5)=-7a+4$
e. $7(t-5)=-3(t-4)$ **f.** $-4(a+9)=-6(4a-1)$

34 **a.** $2+(x+3)=5x$ **b.** $6-(y+9)=y+10$
c. $5+(2x+1)=4-4x$ **d.** $2(a-1)=-5+(3a-9)$
e. $1-9(b+6)=-2(4-3b)$ **f.** $-(5-x)=-6(x-1)$

35 **a.** $1+(x+13)=-5x$ **b.** $3-(y+2)=y+1$
c. $15+(x+11)=2-2x$ **d.** $8(a-2)=-1+(5a-8)$
e. $7-2(3b+1)=-(4-4b)$ **f.** $-(3-7x)=-2(5x-1)$

36 **a.** $\dfrac{3x}{4}=\dfrac{x}{2}$ **b.** $\dfrac{-2x}{6}=\dfrac{4}{3}$ **c.** $\dfrac{5x}{10}=\dfrac{-7x}{3}$
d. $\dfrac{3x}{4}=x+2$ **e.** $5(x+5)=\dfrac{x}{2}$ **f.** $\dfrac{6x}{7}=4+\dfrac{x}{2}$

37 **a.** $\dfrac{2x}{9}=\dfrac{x}{-5}$ **b.** $\dfrac{-x}{8}=-\dfrac{2}{3}$
c. $\dfrac{5x}{11}=4(2x+4)$ **d.** $-2(x+6)=\dfrac{x}{2}$
e. $\dfrac{7x}{8}=-6(8-x)$ **f.** $\dfrac{-7x}{2}=\dfrac{x}{2}+(4-2x)$

38 **Chercher l'erreur**
Darria a résolu une équation ci-dessous, trouver son ou ses erreurs et les corriger.

$-5x+9=7x+4$
$-5x-7x+9=4$
~~$-12x=4+9$~~
~~$-12x=13$~~
~~$x=\dfrac{13}{-12}$~~

39 Voici un programme de calcul :

- Choisir un nombre
- Ajouter 7
- Multiplier cette somme par -6

1. Si l'on prend -5 comme nombre de départ, quel résultat obtient-on après avoir effectué le programme de calcul ?
2. On note y le nombre choisi au départ. Exprimer, en fonction de y, le nombre obtenu après avoir effectué le programme de calcul.
3. Écrire l'équation à résoudre pour trouver le nombre à choisir au départ pour obtenir 8 comme résultat, puis la résoudre pour répondre à la question.

40 **QCM**
Sur la figure ci-dessous, (MN) est parallèle à (BC). On veut calculer la longueur BC. Quelle équation faut-il résoudre ? On donne AB = 7 cm, AC = 8 cm, AM = 3 cm et MN = 4 cm.

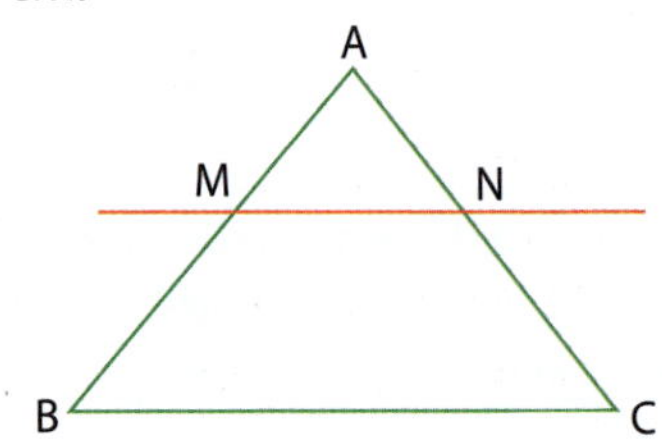

ⓐ $\dfrac{BC}{3}=\dfrac{7}{8}$ ⓑ $\dfrac{BC}{7}=\dfrac{8}{3}$ ⓒ $\dfrac{BC}{8}=\dfrac{7}{3}$ ⓓ $\dfrac{BC}{4}=\dfrac{7}{3}$

41 Samir pense à un nombre, il le multiplie par -4 et ajoute 2 au résultat, il obtient 10.
1. Si l'on appelle x le nombre auquel a pensé Samir, quelle équation traduit son problème ?
2. Résoudre cette équation.

42 Quelle doit être la valeur de x pour que le triangle équilatéral et le rectangle ci-dessous aient le même périmètre ?

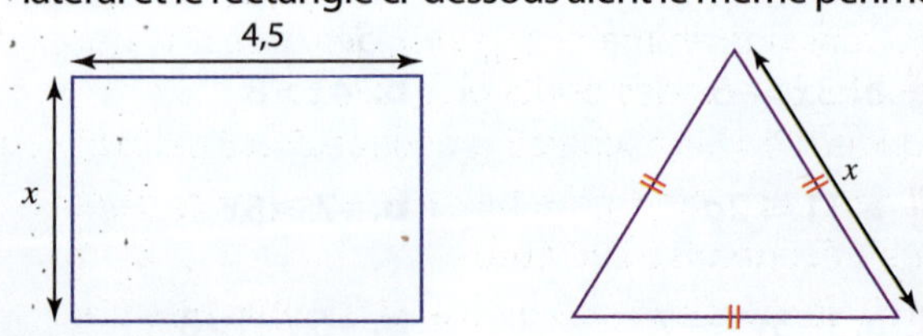

43 Barbara a obtenu les notes suivantes aux premiers devoirs de mathématiques du trimestre : 8 ; 12 ; 7 et 11 sur 20. Combien doit-elle obtenir au dernier devoir pour avoir une moyenne générale égale à 10 ?

44 Ilan et ses amis veulent regrouper leur argent pour payer les entrées à un parc de loisirs. Si chacun d'eux donne 5 euros, alors il manque 2,80 euros pour les billets. Si chacun d'eux donne 6 euros, alors il y a 4,20 euros en trop. Combien Ilan a-t-il d'amis ?

45 Quelle doit être la valeur de x pour que le triangle ci-dessous soit rectangle en A ?

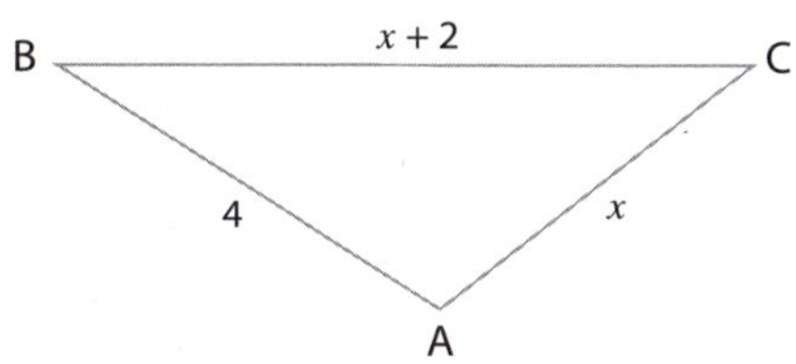

46 Dans la feuille de calcul ci-dessous, Sofiane tente de trouver la solution d'une équation en effectuant de multiples essais :

	A	B	C
1	x	-5x+8	-1,4x
2	1,5	0,5	-2,1
3	1,6	0	-2,24
4	1,7	-0,5	-2,38
5	1,8	-1	-2,52
6	1,9	-1,5	-2,66
7	2	-2	-2,8
8	2,1	-2,5	-2,94
9	2,2	-3	-3,08
10	2,3	-3,5	-3,22
11	2,4	-4	-3,36

1. De quelle équation s'agit-il ?

2. Donner un encadrement au dixième de la solution de cette équation à l'aide de la feuille de calcul.

3. Résoudre l'équation.

47 Dans une animalerie, le prix des gros oiseaux est le double du prix des petits oiseaux.
Monsieur Pipotin a acheté 5 gros oiseaux et 3 petits oiseaux.
S'il avait acheté 3 gros oiseaux et 5 petits oiseaux, il aurait économisé 200 euros.
Quels sont les prix des gros et des petits oiseaux ?

Résoudre une équation-produit

Pour les exercices 48 à 56, résoudre les équations.

POUR COMMENCER

48 **a.** $x(x+2)=0$ **b.** $(y+6)y=0$
c. $-x(x+9)=0$ **d.** $(a+1)(a+7)=0$
e. $(b-5)(b+3)=0$ **f.** $(y-6)(4-y)=0$

49 **a.** $(x+1)x=0$ **b.** $y(y+8)=0$
c. $(-x+6)(x+2)=0$ **d.** $(a-1)(a-7)=0$
e. $(-5-b)(b-3)=0$ **f.** $(-y-6)(-4-y)=0$

50 **a.** $(x+1)(x+2)=0$ **b.** $(y+6)(y-9)=0$
c. $(x+3)(x-1)=0$ **d.** $(a+1)(a-7)=0$
e. $(b-5)(b+3)=0$ **f.** $(y-6)(y-10)=0$

51 **a.** $(x-1)(x+12)=0$ **b.** $(10y+16)(-y-3)=0$
c. $(x+13)(-1-3x)=0$ **d.** $(a+11)(-7+a)=0$
e. $(5b-15)(-b+33)=0$ **f.** $(-16+y)(-7y-8)=0$

52 **a.** $(x-10)(-3x-12)=0$ **b.** $(6-y)(-y-13)=0$
c. $(2x+1)(-11-x)=0$ **d.** $(-4a+1)(-2-6a)=0$
e. $(-3b-5)(-b+3)=0$ **f.** $(-8+4y)(9y-2)=0$

53 **a.** $(2x+1)(5x+2)=0$ **b.** $(2y+6)(-y-9)=0$
c. $(-3x+3)(2x-1)=0$ **d.** $(-2a+1)(5a-7)=0$
e. $(5b-5)(-3b+3)=0$ **f.** $(-9y-6)(4y-1)=0$

54 **a.** $(5x+1)(-2x+5)=0$ **b.** $(-2y+4)(8y-1)=0$
c. $(-7x+13)(-x-8)=0$ **d.** $(-12a+5)(15a-4)=0$
e. $(-5b+5)(3b-3)=0$ **f.** $(-6-9y)(1-4y)=0$

55 **a.** $(2x+1)^2=0$ **b.** $(-y+9)^2=0$
c. $(-x+3)^2=0$ **d.** $(7a-7)^2=0$
e. $(-2b+3)^2=0$ **f.** $(-3y-6)^2=0$

56 **a.** $(x+2)^2=0$ **b.** $(-9y+1)^2=0$
c. $(-4-x)^2=0$ **d.** $(5a+6)^2=0$
e. $(3b-3)^2=0$ **f.** $(-6y-3)^2=0$

Pour les exercices 57 à 63, factoriser les expressions puis résoudre les équations.

57 **a.** $x^2+5x=0$ **b.** $2y+y^2=0$
c. $-3x=x^2$ **d.** $-2a^2+5a=0$
e. $5b^2=-2b$ **f.** $-9y=8y^2$

58 **a.** $3x^2+7x=0$ **b.** $12y+2y^2=0$
c. $-x=-2x^2$ **d.** $-2a^2+5a=0$
e. $-5b^2=-b$ **f.** $-3y=5y^2$

59 **a.** $25x^2+20x+4=0$ **b.** $9-6y+y^2=0$
c. $25x^2-4=0$ **d.** $16x^2+8x+1=0$
e. $36-24a+4a^2=0$ **f.** $1-y^2=0$

60 **a.** $4x^2-8x+4=0$ **b.** $t^2+20t+100=0$
c. $9-t^2=0$ **d.** $16x^2+8x+1=0$
e. $49-64x^2=0$ **f.** $1-6y+9y^2=0$

Exercices d'entraînement

61 **a.** $49x^2-14x+1=0$
b. $25t^2+40t+16=0$
c. $(3t-5)^2-(1-t)^2=0$
d. $16x^2-121=0$
e. $(x+2)^2-x^2=0$
f. $25+20y+4y^2=0$

62 **a.** $x^2-16+(x+4)(x+1)=0$
b. $y(y+2)+y^2+4y+4=0$
c. $9-6t+t^2+2t(t-3)=0$
d. $4x^2+4x+1-(2x+1)(x-9)=0$
e. $81-64x^2+(7-x)(9+8x)=0$
f. $(1+3y)(y+9)-1+9y^2=0$

63 **a.** $(t+1)(2t-5)+t(t+1)=0$
b. $100t^2+20t+1-(10t+1)\times(t+5)=0$
c. $(t+3)(3t-6)+t^2-9=0$
d. $x(x+4)+x^2+8x+16=0$
e. $49-x^2-(7+x)(2x-3)=0$
f. $-5y(y-3)+9-6y+y^2=0$

64 **Chercher l'erreur**

Voici ce qu'a écrit Lydie sur son cahier, mais le professeur Myriadus a barré une partie de ses calculs.
Expliquer l'erreur de Lydie et la corriger.

Résoudre l'équation $x^2+4x=-2$
$x^2+4x=-2$
$x(x+4)=-2$
~~$x=-2$ ou $x+4=-2$~~
~~$x=2$ ou $x=-6$~~

65 **Vu au BREVET**

On considère l'expression $E=4x^2-9+(2x+3)(x-2)$.

1. Développer et réduire l'expression E.

2. Factoriser $4x^2-9$. En déduire la factorisation de l'expression E.

3. **a.** Résoudre l'équation $(2x+3)(3x-5)=0$.
b. Cette équation a-t-elle une solution entière ?
c. Cette équation a-t-elle une solution décimale ?

Groupement Est, 2005

66 Voici un programme de calcul :

- Choisir un nombre
- Calculer son carré
- Soustraire le triple de ce nombre au résultat obtenu

1. Effectuer ce programme de calcul pour les nombres 2 et –4.

2. Si l'on prend x comme nombre de départ, exprimer, en fonction de x, l'expression obtenue après avoir effectué le programme de calcul.

3. Quel nombre faut-il prendre au départ pour obtenir 0 ?

67 Voici un programme de calcul :

- Choisir un nombre
- Calculer le carré de ce nombre
- Calculer le quadruple de son carré
- Ajouter à ce résultat 20 fois le nombre de départ
- Ajouter 25 à la somme obtenue

1. On pose n le nombre de départ. Écrire, en fonction de n, l'expression obtenue à l'issue du programme de calcul.

2. Factoriser l'expression obtenue.

3. Trouver tous les nombres de départ qui permettent d'obtenir 0.

68 Émilie et Pierre cherchent les solutions de cette équation :

$(x-1)^2-(2x+3)^2=0$

- Émilie dit à Pierre que la solution est –4 car $(-4-1)^2-(2\times(-4)+3)^2=0$.
- Pierre répond à Émilie qu'elle ne peut pas être sûre de sa réponse, car il manque peut-être des solutions…

1. Que penser des réponses de ces deux élèves ?

2. Résoudre l'équation proposée. Quel élève a raison ?

69 **1.** Exprimer, en fonction de h, les aires du triangle ABC et du rectangle IJKL.

2. Montrer que $10h-2h^2=0$ est une équation qui traduit l'égalité entre les aires des deux figures.

3. Après l'avoir factorisée, résoudre cette équation.

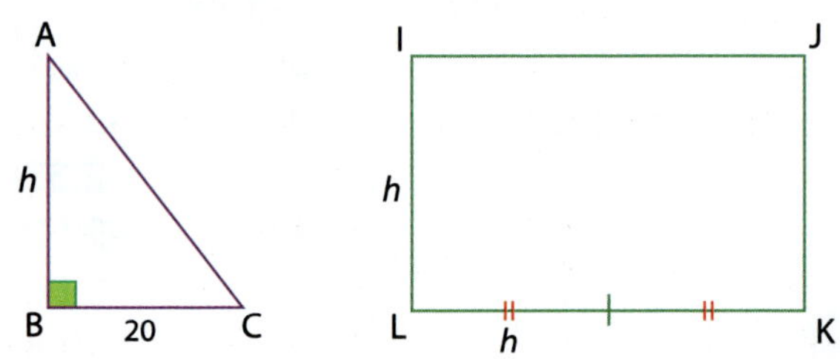

70 Dans la figure ci-dessous, ABCD est un carré et AEFD est un rectangle :

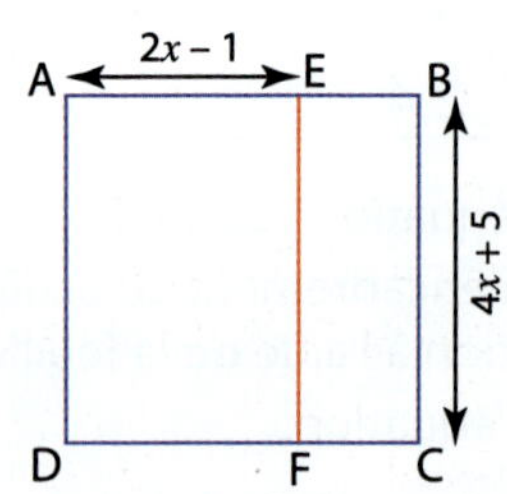

1. Exprimer, en fonction de x, l'aire de ABCD et l'aire de AEFD.

2. En déduire que l'aire de EBCF est égale à :
$8x^2+34x+30$.

3. Pour quelle valeur de x, l'aire de EBCF est-elle égale à 30 ?

Résoudre une inéquation

Pour les exercices 71 à 74, résoudre les inéquations puis en représenter graphiquement les solutions.

POUR COMMENCER

71 **a.** $x+3<5$ **b.** $x-5\leqslant 8$ **c.** $x+2>3$
d. $-6+y>1$ **e.** $x+5\geqslant 2$ **f.** $-5-y<6$

72 **a.** $3x<5$ **b.** $5x\leqslant 8$ **c.** $2x>3$
d. $-5y\geqslant 6$ **e.** $-5x>2$ **f.** $-4y\leqslant -6$

73 **a.** $3x+1\leqslant 5$ **b.** $5x-5<8$ **c.** $2x>3$
d. $-6y>6$ **e.** $x+5\geqslant 2$ **f.** $-5-y\leqslant 6$

74 **a.** $2x-1<15$ **b.** $-4x-2\leqslant -8$
c. $-3x\geqslant \dfrac{2}{3}$ **d.** $4y\geqslant -6$
e. $-x+7>-5$ **f.** $-10-4y<-7$

75 **Vu au BREVET QCM**
Les solutions de $2x+1<4x-2$ sont :

ⓐ $x<-\dfrac{1}{2}$ ⓑ $x>\dfrac{3}{2}$ ⓒ $x<-\dfrac{3}{2}$

Antilles, 2007

Pour les exercices 76 à 81, résoudre les inéquations.

76 **a.** $x+1<5x+3$ **b.** $5+4y\leqslant 8+y$
c. $2x-2>3-4x$ **d.** $-6y-5\geqslant 6-2y$
e. $7y+5>-2y+2$ **f.** $-5-3y\leqslant 6+y$

77 **a.** $7x+3\leqslant 6x+2$ **b.** $4+3y<2+y$
c. $12x-1\geqslant 3-x$ **d.** $-y-1>-2+y$
e. $3+5y\geqslant -2y+8$ **f.** $-6-8y<3-y$

78 **a.** $-2x-3<6x-2$ **b.** $3-5y\leqslant 12+8y$
c. $-x-1>3-7x$ **d.** $-6y-3\geqslant -1-4y$
e. $2+10y>-4y+3$ **f.** $-9-6y\leqslant 4+y$

79 **a.** $3(x+1)<5x+2$ **b.** $5+4(y+6)\leqslant 8y$
c. $2(x-2)>3-4(x-6)$ **d.** $-6-(y-5)\geqslant 6-2y$
e. $7(y+5)>-2(y+2)$ **f.** $-5-(y-3)\leqslant 6-(y+2)$

80 **a.** $-5(x+3)<x+12$ **b.** $2-6(y+1)\leqslant 4y$
c. $-6(x-5)\geqslant -5-2(3x+3)$ **d.** $-2-(t-2)>8-5t$
e. $-9(y+7)\geqslant -3(y+4)$ **f.** $-1-(5y-1)<-6-(y+12)$

81 **a.** $-6(x+7)\leqslant x+1$ **b.** $12-4(y+5)<9y$
c. $-8(x-5)>-4-3(2x-1)$ **d.** $-7-(4t-11)>4-3t$
e. $-10(3y+2)\geqslant -10(y+5)$ **f.** $-8-(4y-2)\leqslant -1-(6y+10)$

82 Julien a 31 ans et sa fille Chloé en a 6.
Pendant combien d'années l'âge de Julien restera-t-il au moins trois fois plus grand que celui de Chloé ?

83 **Chercher l'erreur**
Énoncé : Résoudre $2x-7<5x+8$ et représenter graphiquement les solutions.
Voici ce que Florent a écrit sur sa copie, mais le professeur Myriadus a barré la dernière ligne, pourquoi ?

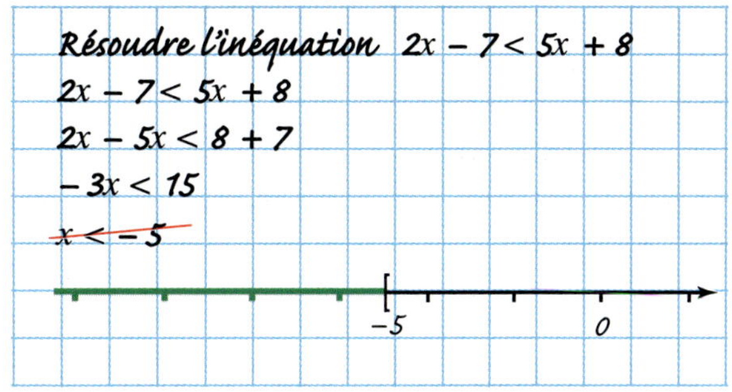

84 **1.** Écrire, en fonction de x, les périmètres du triangle et du rectangle ci-dessous :

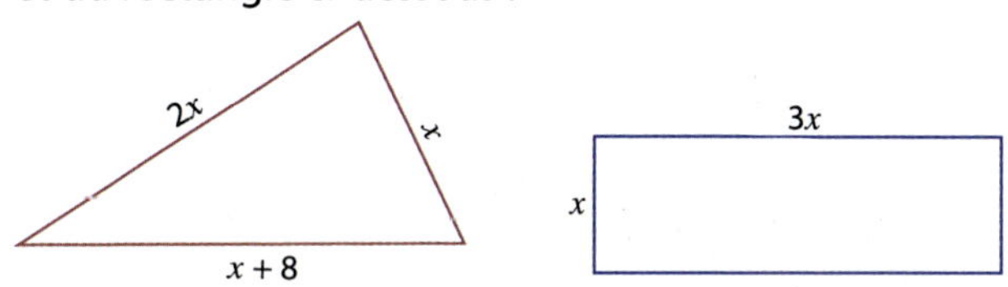

2. À partir de quelles valeurs de x, le périmètre du rectangle est-il plus grand que celui du triangle ?

85 L'association sportive d'un collège a acheté des licences pour les élèves désirant faire du sport au sein de l'établissement. Il existe deux sortes de tarifs :
- ***tarif 1 :*** la licence à l'unité coûte 18 euros ;
- ***tarif 2 :*** le collège paye un forfait de 100 euros et la licence à l'unité revient à 15 euros.

À partir de combien de licenciés est-il plus avantageux pour ce collège de prendre le deuxième forfait ?

86 Béatrice et Charlotte choisissent le même nombre.
- Béatrice multiplie ce nombre par 4 et soustrait 2 au résultat.
- Charlotte ajoute 2 à ce nombre et calcule le double de la somme obtenue.

Béatrice affirme que tant qu'elles choisiront un nombre supérieur à 3, elle trouvera un résultat plus grand que celui de Charlotte.
Démontrer que Béatrice a raison.

87 Audrey veut s'inscrire dans une salle de sport dont voici les tarifs :

TARIFS 1 séance : 10 euros. 10 séances : 75 euros.
TARIFS FORFAITS carte d'adhérent : 45 euros.

1 an	9 mois	6 mois	3 mois
30 €/mois soit 360 euros	35 €/mois soit 315 euros	40 €/mois soit 240 euros	50 €/mois soit 150 euros

Elle hésite entre acheter des carnets de 10 séances ou prendre un forfait d'un an en payant la carte d'abonnement 45 euros.

Pour que la carte d'abonnement soit rentable pour Audrey, il faut qu'elle fasse un minimum de séances dans l'année.

À partir de combien de séances est-il plus avantageux pour elle d'acheter une carte pour bénéficier du tarif de 30 euros par mois ?

88 **Vu au BREVET**

On considère la figure ci-dessous où les dimensions sont données en cm et les aires en cm².

ABCD est un rectangle. Le triangle DCF est rectangle en D.

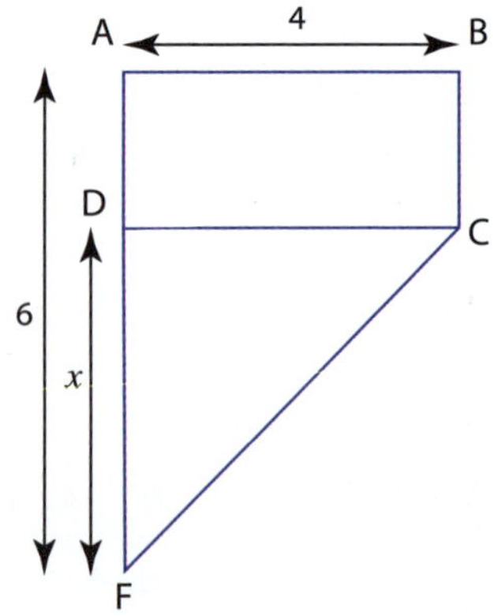

1. Dans cette question, on a AB = 4 ; AF = 6 et DF = 2.

a. Calculer l'aire du rectangle ABCD.

b. Calculer l'aire du triangle DCF.

2. Dans la suite du problème AB = 4 ; AF = 6 ; DF = x et AD = $6 - x$.

a. Montrer que l'aire du rectangle ABCD est $24 - 4x$.

b. Montrer que l'aire du triangle DCF est $2x$.

c. Résoudre l'équation $24 - 4x = 2x$. Pour quelle valeur de x, l'aire du rectangle ABCD est-elle égale à l'aire du triangle DCF ?

Amérique du Nord, 2009 (Extrait)

À l'oral

89 **VRAI ou FAUX**

-3 est la solution de l'équation $2x+6=0$.

90 **VRAI ou FAUX**

-2 et $\frac{1}{3}$ sont les solutions de l'équation $(3x-1)(x-2)=0$.

91 Associer à chaque inéquation la représentation graphique des solutions qui convient :

a. $2x>1$ **b.** $2x+1<0$
c. $-2x\leqslant 1$ **d.** $2x-1<0$

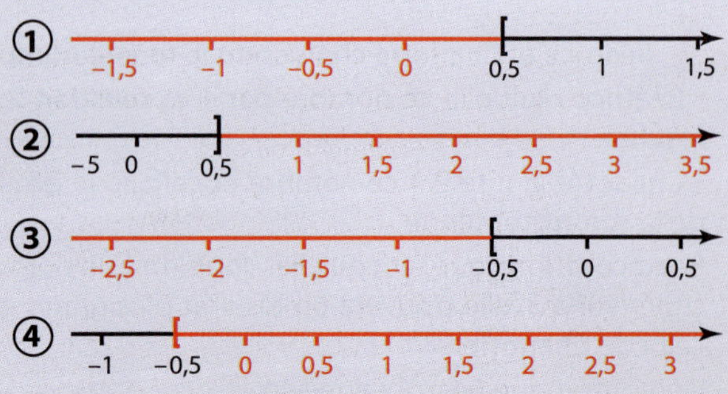

92 Résoudre les équations suivantes :

a. $x-1,5=5,5$ **b.** $5x=-5$
c. $3x-9=9$ **d.** $\frac{x}{8}=-\frac{1}{2}$

93 Résoudre les équations suivantes :

a. $(x-1)(x+8)=0$ **b.** $(x+1)(2x-2)=0$
c. $(4x+3)^2=0$ **d.** $(3x-8)^2=0$

94 Résoudre les inéquations suivantes :

a. $4x<16$ **b.** $5x\geqslant -5$
c. $4x-9\leqslant 5$ **d.** $5x+5>-5$

95 Trouver le nombre dont le triple est égal à – 12.

96 Trouver le nombre dont le tiers est égal à 11.

97 Trouver tous les nombres dont le triple diminué de 3 est inférieur à 0.

98 Si l'on augmente la longueur d'un côté d'un carré de 2 cm, alors son aire augmente de 8 cm².
Quelle est la longueur initiale du côté du carré ?

99 **QCM**

Cet exercice est un questionnaire à choix multiples. Aucune justification n'est demandée.
Pour chaque question, trois réponses sont proposées et une seule est exacte.
Pour chacune des deux questions, indiquer sur la copie le numéro de la question et recopier la réponse exacte.

		ⓐ	ⓑ	ⓒ
1.	L'équation $-3x+7=0$ a pour solution :	$\frac{-7}{3}$	$\frac{7}{3}$	$\frac{-3}{7}$
2.	La partie en orange représente les solutions de l'inéquation $5x+3 \geqslant 2x+9$:	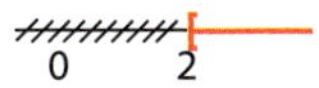	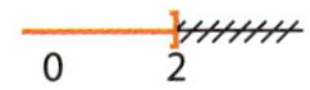	

Asie, 2010 (Extrait)

100 **QCM**

Pour chaque question, écrire la lettre correspondant à la bonne réponse. Aucune justification n'est demandée.

1. Quelle expression est égale à 6 si l'on choisit la valeur -1 ?

ⓐ $-3x^2$ ⓑ $6(x+1)$ ⓒ $5x^2+1$

2. Les solutions de l'équation $(x-5)(3x+4)=0$ sont :

ⓐ $\frac{4}{3}$ et 5 ⓑ $-\frac{4}{3}$ et 5 ⓒ $\frac{4}{3}$ et -5

Pondichéry, 2010 (Extrait)

101 **1.** -2 est-il solution de l'inéquation $3x+12<4-2x$? Justifier.

2. -2 est-il solution de l'équation $(x-2)(2x+1)=0$? Justifier.

3. -2 est-il solution de l'équation $x^3+8=0$? Justifier.

Pondichéry, 2009

102 On donne le programme de calcul suivant :

- Choisir un nombre
- Multiplier ce nombre par 4
- Ajouter 6
- Écrire le résultat

1. Calculer la valeur exacte du résultat obtenu lorsque :
a. le nombre choisi est 1,2 ; **b.** le nombre choisi est x.

2. Quel nombre doit-on choisir pour que le résultat soit égal à 15 ?

Amérique du Nord, 2009

103 On a posé à des élèves de 3e la question suivante : « Est-il vrai que, pour n'importe quelle valeur du nombre x, on a : $5x^2-10x+2=7x-4$? »

- Léa a répondu : « Oui, c'est vrai. En effet, si l'on remplace x par 3, on a :
$5\times3^2-10\times3+2=17$ et $7\times3-4=17$ ».
- Myriam a répondu : « Non, ce n'est pas vrai. En effet, si l'on remplace x par 0, on a :
$5\times0^2-10\times0+2=2$ et $7\times0-4=-4$ ».

Une de ces deux élèves a donné un argument qui permet de répondre de façon correcte à la question posée dans l'exercice. Indiquer laquelle en expliquant pourquoi.

France métropolitaine, 2008 (Extrait)

104 On considère le programme de calcul ci-dessous :

- Choisir un nombre de départ
- Multiplier ce nombre par (-2)
- Ajouter 5 au produit
- Multiplier le résultat par 5
- Écrire le résultat obtenu

Quel nombre faut-il choisir au départ pour que le résultat obtenu soit 0 ?

France métropolitaine, 2010 (Extrait)

105 Un carré a pour aire 225 cm^2.
Quel est le périmètre de ce carré ?
Justifier la réponse.

Amérique du Sud, 2010

106 Le professeur choisit trois nombres entiers relatifs consécutifs rangés dans l'ordre croissant.

- Leslie calcule le produit du troisième nombre par le double du premier.
- Jonathan calcule le carré du deuxième nombre, puis il ajoute 2 au résultat obtenu.

1. Leslie a écrit le calcul suivant : $11\times(2\times9)$.
Jonathan a écrit le calcul suivant : 10^2+2.
a. Effectuer les calculs précédents.
b. Quels sont les trois entiers choisis par le professeur ?

2. Le professeur choisit maintenant trois nouveaux entiers. Leslie et Jonathan obtiennent alors tous les deux le même résultat.
a. Le professeur a-t-il choisi 6 comme deuxième nombre ?
b. Le professeur a-t-il choisi -7 comme deuxième nombre ?
c. Arthur prétend qu'en prenant pour inconnue le deuxième nombre entier (qu'il appelle n), l'équation $n^2=4$ permet de retrouver le ou les nombres choisis par le professeur.
A-t-il raison ? Expliquer la réponse en expliquant comment il a trouvé cette équation, puis donner les valeurs possibles des entiers choisis.

Amérique du Nord, 2011

Tous les exercices de cette double page sont corrigés p. 315.

J'évalue mes connaissances

*Pour les exercices **107** à **116**, trouve la ou les bonnes réponses parmi celles proposées.*

	A	B	C
107 Julie a acheté un pantalon et un tee-shirt pour 55 euros. Le pantalon a coûté 25 euros de plus que le tee-shirt. Quelle équation permet de trouver le prix du pantalon noté y ?	$2y - 25 = 55$	$2y + 25 = 55$	$y + 25 = 55$
108 L'équation qui permet de trouver la longueur x pour que le périmètre du carré soit égal au périmètre du rectangle est : 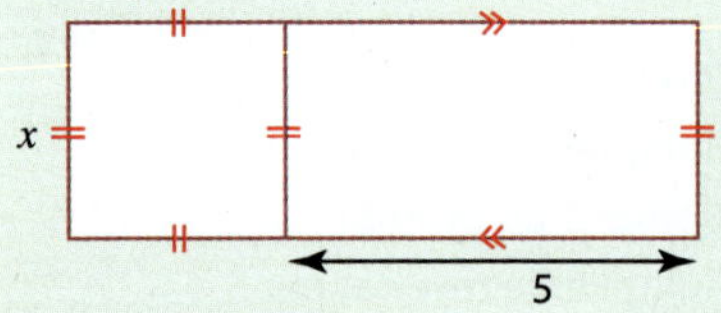	$4x = 10 + 2x$	$2x = 10 + x$	$x^2 = 5x$
109 -2 est la solution de l'équation :	$-4x + 2 = x + 8$	$4x + 2 = -x + 8$	$-4x + 2 = -x + 8$
110 L'équation $(x - 3)(5x + 1) = 0$ a pour solution :	3 et $-\frac{1}{5}$	3 et $\frac{1}{5}$	-3 et $-\frac{1}{5}$
111 L'équation $(x + 3)(5x - 1) = 0$ a pour solution :	-3 et $-\frac{1}{5}$	-3 et $\frac{1}{5}$	3 et $-\frac{1}{5}$
112 L'équation $x^2 + 3x = 0$ a les mêmes solutions que :	$x + 3 = 0$	$x + 3x = 0$	$x(x + 3) = 0$
113 Les nombres surlignés en rouge sur la droite sont les solutions de l'inéquation : 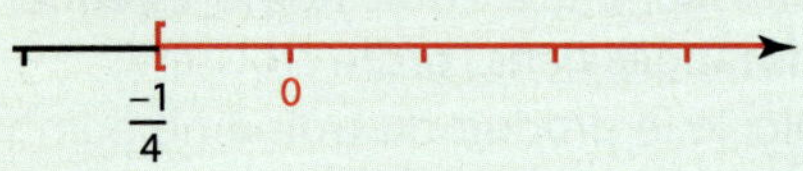	$-4x + 3 > 2$	$-4x + 3 < 2$	$4x + 3 \geqslant 2$
114 Les nombres surlignés en rouge sur la droite sont les solutions de l'inéquation : 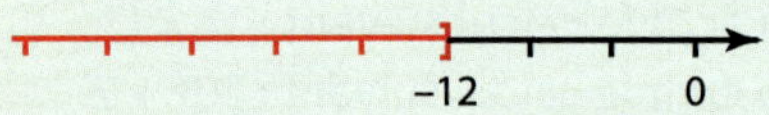	$6(y + 8) \leqslant 2y$	$6(y + 8) \geqslant 2y$	$6(y + 8) > 2y$
115 Les solutions de l'inéquation $8 - 3x < x + 7$ sont les nombres surlignés en rouge sur la droite :	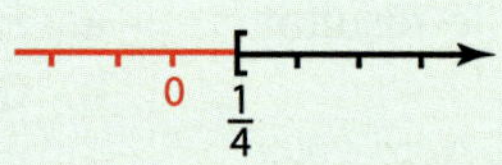	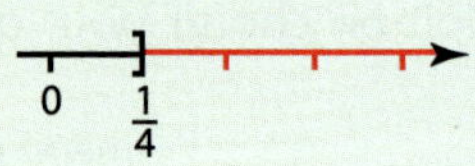	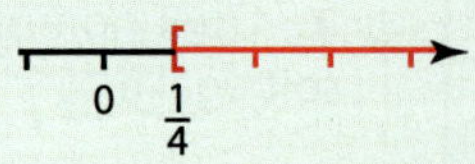
116 Les solutions de l'inéquation $3x - 11 < 5x + 10$ sont les nombres surlignés en vert sur la droite :	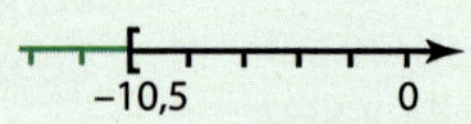	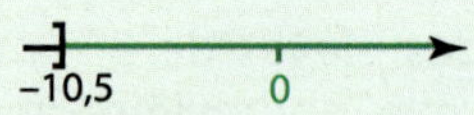	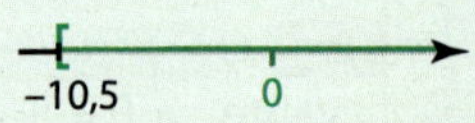

Tu peux vérifier tes réponses p. 315 et continuer ton entraînement sur le site compagnon

J'évalue mes compétences

Mettre en équation un problème et le résoudre

117 Caroline choisit un nombre, calcule son carré et soustrait le double de ce nombre. Elle trouve – 1.
Quel est le nombre choisi par Caroline ?

118 Marc a eu quatre notes en français ce trimestre : 11 ; 5 ; 8 et une quatrième note qu'il a oubliée. Il sait juste que la moyenne de ses quatre notes est de 9,75. Quelle est la quatrième note de Marc ?

119 Quelle doit-être la valeur de x pour que ces deux triangles aient le même périmètre ?

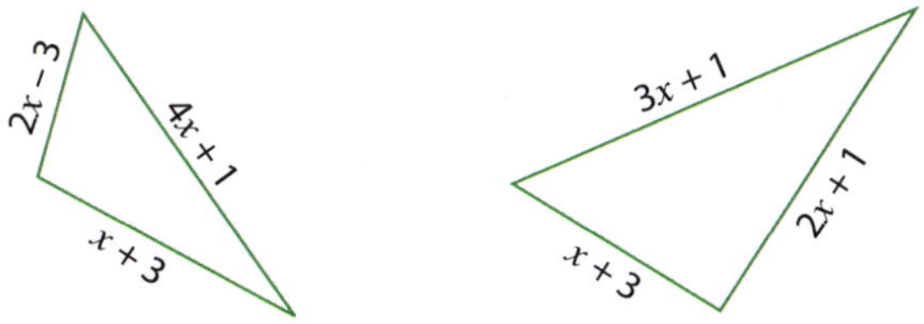

120 **1.** Trouver l'équation qui correspond à chacune des phrases ci-dessous :

a. la somme du triple de n et de 5 est égale à 20 ;
b. le carré de la somme de x et 1 est égal à 0 ;
c. la somme de l'opposé du double de y et de 4 est égale à 8.

2. Résoudre les équations obtenues à la question **1**.

121 Pour quelles valeurs de a l'angle ci-contre est-il :

a. un angle droit ?
b. un angle obtus ?
c. un angle aigu ?

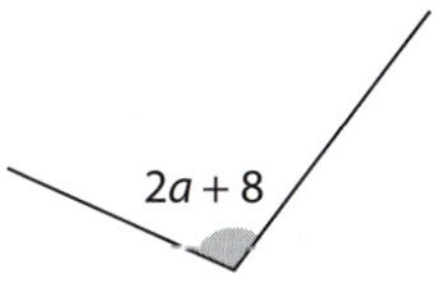

122 Voici un programme de calcul :

- Choisir un nombre
- Multiplier ce nombre par – 2
- Soustraire 5 à cette somme.

1. Pour quel nombre le résultat sera-t-il égal à 0 ?
2. Pour quels nombres le résultat sera-t-il toujours positif ?
3. Pour quels nombres le résultat sera-t-il toujours négatif ?

123 Imane, Léa et Jordan comparent leurs âges.

- La somme des trois âges est égale à 57 ans.
- Imane a 2 ans de plus que Léa. Et Léa a 5 ans de plus que Jordan.

On appelle x l'âge de Jordan. Écrire, en fonction de x, l'équation correspondant à ce problème puis la résoudre. Quels sont les âges de ces trois personnes ?

POUR T'AIDER, voir
■ Cours 1 ■ Exercices 26 à 47

Résoudre une équation-produit

*Pour les exercices **124** à **126**, résoudre les équations.*

124 **a.** $x(x + 11) = 0$ **b.** $(2 - y) \times y = 0$ **c.** $a(a - 7) = 0$
d. $x(3x + 2) = 0$ **e.** $y(4y - 3) = 0$ **f.** $(7a - 1) \times a = 0$

125 **a.** $(x + 6)(x + 7) = 0$ **b.** $(7 - y)(2 + y) = 0$
c. $(a - 1)(a - 6) = 0$ **d.** $(8x + 3)(3x + 1) = 0$
e. $(9 - 2y)(4y + 3) = 0$ **f.** $(3a - 5)(7a - 1) = 0$

126 **a.** $x(x - 17) = 0$ **b.** $(8 + y)^2 = 0$
c. $(5a - 15)(2a - 16) = 0$ **d.** $(2x + 13)^2 = 0$

*Pour les exercices **127** à **129**, factoriser puis résoudre les équations.*

127 **a.** $x^2 + 8x = 0$ **b.** $8y - y^2 = 0$
c. $-9a^2 + 5a = 0$ **d.** $x^2 + 10x + 25 = 0$
e. $a^2 - 6a + 9 = 0$ **f.** $y^2 - 16 = 0$

128 **a.** $x^2 + 4x + 4 = 0$ **b.** $25y^2 - 30y + 9 = 0$
c. $4 - 9a^2 = 0$ **d.** $16x^2 + 8x + 1 = 0$
e. $(a - 1)^2 - 1 = 0$ **f.** $y^2 - (y + 2)^2 = 0$

129 **a.** $x^2 + 20x + 100 = 0$ **b.** $36y^2 - 12y + 1 = 0$
c. $16 - 25a^2 = 0$ **d.** $49x^2 + 28x + 4 = 0$
e. $(3a + 1)^2 - 1 = 0$ **f.** $y^2 - (2y + 9)^2 = 0$

130 Pour quelle valeur de x ces deux rectangles ont-ils la même aire ?

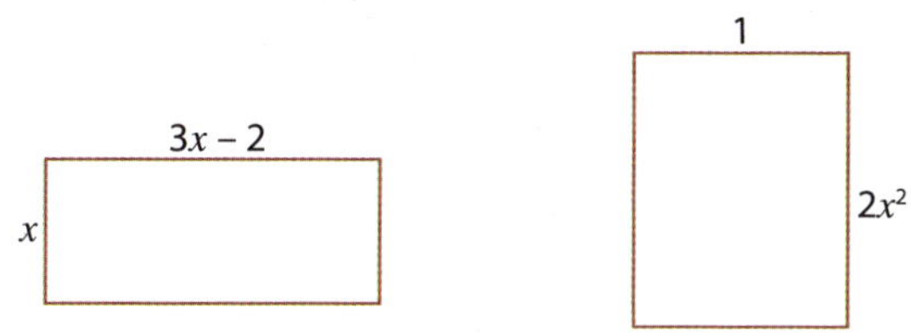

POUR T'AIDER, voir
■ Cours 2 ■ Savoir faire 1 ■ Exercices 48 à 70

Résoudre une inéquation

131 Résoudre les inéquations suivantes et représenter sur une droite leurs solutions :

a. $x + 5 < 10$ **b.** $3y > 2$ **c.** $x - 6 \leqslant 3$
d. $-7a \leqslant 7$ **e.** $-x - 3 \geqslant 2$ **f.** $-10x < -4$

*Pour les exercices **132** à **134**, résoudre les inéquations.*

132 **a.** $3x + 5 < 10$ **b.** $3y - 1 > -2$ **c.** $5x - 6 \leqslant -3$
d. $-7 \leqslant 7a + 8$ **e.** $-6x - 1 \geqslant 2$ **f.** $-1 < -4 - 8x$

133 **a.** $x + 5 < 10x$ **b.** $3y > 2y + 1$
c. $6x - 6 \leqslant 3x + 2$ **d.** $1 - 7a \leqslant 7 + a$
e. $-6x - 3 \geqslant 2x$ **f.** $-10x + 4 < -4 + x$

134 **a.** $x < 5(x + 2)$ **b.** $3(y + 1) > 2(y + 5)$
c. $x - (1 + 3x) \leqslant x + 2$ **d.** $1 - 4(a + 1) \leqslant 7 - (2a + 2)$
e. $-6(x - 2) \geqslant 2(x + 6)$ **f.** $-x + 2(6 + 2x) < -4 + x$

135 **1.** Résoudre les inéquations suivantes :
a. $3x + 8 \geqslant -4$ **b.** $-13x + 12 > -14$

2. Sur une droite graduée, repasser en rouge les nombres solutions de l'inéquation **1.a.** et en vert les nombres solutions de l'inéquation **1.b**.

3. Quels sont les nombres qui sont solutions des deux inéquations à la fois ? Écrire un encadrement de x donnant toutes les solutions.

POUR T'AIDER, voir
■ Cours 3 ■ Savoir faire 2 ■ Exercices 71 à 88

136 **À la recherche de solutions**

1. **a.** Montrer que résoudre l'équation $2(x+3) = 2x - 10$ revient à résoudre l'équation $6 = -10$.

b. L'égalité $6 = -10$ est-elle vraie ou fausse ?

c. Existe-t-il des valeurs de x pour lesquelles l'égalité $2(x+3) = 2x - 10$ est vraie ?

d. L'équation $2(x+3) = 2x - 10$ a-t-elle des solutions ?

2. **a.** Montrer que résoudre l'équation :

$4(-x+2) = -2(2x-4)$ revient à résoudre l'équation $8 = 8$.

b. Pour quelles valeurs de x, l'égalité $8 = 8$ est-elle vraie ?

c. En déduire les solutions de l'équation :

$$4(-x+2) = -2(2x-4).$$

3. Résoudre les équations suivantes :

a. $-6(4x+8) = 4(-6-6x)$ **b.** $\dfrac{1-24y}{3} = -8y$

c. $\dfrac{-40x+16}{2} = -4(5x-2)$

d. $-12-(-3y-39) = (y+9) \times 3$

137 **À la recherche de solutions d'inéquations**

1. **a.** Montrer que résoudre l'inéquation :

$$-5(y+8) < \frac{-6-10y}{2}$$

revient à résoudre l'inéquation $-40 < -3$.

b. L'inégalité $-40 < -3$ est-elle vraie ou fausse ?

c. En déduire les solutions de l'inéquation :

$$-5(y+8) < \frac{-6-10y}{2}.$$

2. **a.** Montrer que résoudre l'inéquation :

$3(2y-3) + 2y \geqslant 8y + 6$ revient à l'inégalité $-9 \geqslant 6$.

b. L'inégalité $-9 \geqslant 6$ est-elle vraie ou fausse ?

c. En déduire les solutions de l'inéquation :

$$3(2y-3) + 2y \geqslant 8y + 6.$$

3. Résoudre les inéquations suivantes :

a. $4x - 3 \leqslant \dfrac{16x+12}{4}$ **b.** $\dfrac{16-2x}{2} > 2 - x$

c. $6(y-1) + 2y - 1 \geqslant 2(4y+5)$ **d.** $6y - 5 < -3(-2y+5)$

138 **Une équation impossible à résoudre ?**

Voici une équation $x^2 + 10x = 56$.

1. Sait-on résoudre ce genre d'équation en classe de 3ᵉ ?

2. Peut-on ajouter 25 à chaque membre de cette équation ? Que penser des solutions de l'équation $x^2 + 10x + 25 = 81$?

3. Montrer que les solutions de l'équation précédente sont les mêmes que celles de $(x+5)^2 - 81 = 0$.

4. En déduire les solutions de l'équation de départ.

139 **Des inéquations**

Résoudre les inéquations suivantes :

a. $(2x+1)(3x+2) \geqslant 6x^2 - 5x$

b. $(4x+9)^2 < 16x^2 + 8x - 1$

140 **Résoudre d'autres équations**

Résoudre les équations suivantes :

a. $\left(\dfrac{2}{3}x - 6\right)\left(\dfrac{7}{3}x + 9\right) = \left(\dfrac{14}{9}x + \dfrac{7}{6}\right)\left(x + \dfrac{1}{3}\right)$

b. $\left(\dfrac{5}{4}x - 3\right)(3x-1) = \left(\dfrac{15}{4}x + \dfrac{7}{6}\right)\left(x - \dfrac{1}{3}\right)$

141 **Résoudre d'autres équations-produits**

On veut résoudre l'équation suivante :

$$16y^2 - 4 + (4y-2)(y+8) = 0.$$

1. Factoriser l'expression $16y^2 - 4$.

2. En déduire une expression factorisée de :

$$16y^2 - 4 + (4y-2)(y+8).$$

3. Résoudre l'équation.

4. En s'inspirant des questions précédentes, résoudre l'équation $25x^2 - 49 - (5x+7)(2x+6) = 0$.

142 **Un cadeau bien mérité**

Trois collégiennes, Léa, Loubna et Camille offrent un cadeau d'anniversaire à une de leur amies.

Léa paye le tiers du prix du cadeau, Loubna paye la moitié du prix et Camille paye 9 euros.

Quel est le prix du cadeau offert par ces trois amies ?

143 **Encore le théorème de Thalès !**

Dans la figure ci-dessous, les droites (IJ) et (CB) sont parallèles.

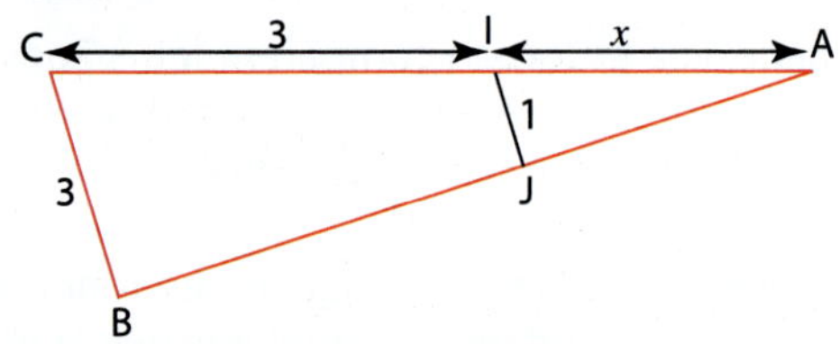

1. Expliquer pourquoi $\dfrac{x}{x+3} = \dfrac{1}{3}$.

2. En utilisant le produit en croix, donner une autre équation qui a les mêmes solutions que l'équation précédente.

3. En déduire les solutions de l'équation de la question **1.**.

144 **Un cadeau pour la doyenne**

Une association d'une commune du Gard collecte de l'argent pour offrir un cadeau à sa doyenne.

• Avec le nombre de participants, le cadeau revenait au mois de septembre à 32,50 euros par personne.

• Au mois de décembre, trois personnes de plus veulent participer au cadeau, ce qui va diminuer son prix par personne de 7,50 euros.

Combien de personnes cotisent pour le cadeau de leur doyenne ?

145 **Où mettre le ballon ?**

Hadrien (H) et Moussa (M) courent à la même vitesse.

Hadrien est à 40 mètres de la ligne représentée ci-dessous par le segment [AC] telle que AC = 50 m, et Moussa est à 30 mètres de cette ligne.

Le ballon est représenté par le point B sur la ligne.

On considère que les triangles HAB et MCB sont rectangles respectivement en A et C.

On veut placer le ballon de façon à ce que Hadrien et Moussa arrivent au même moment dessus.

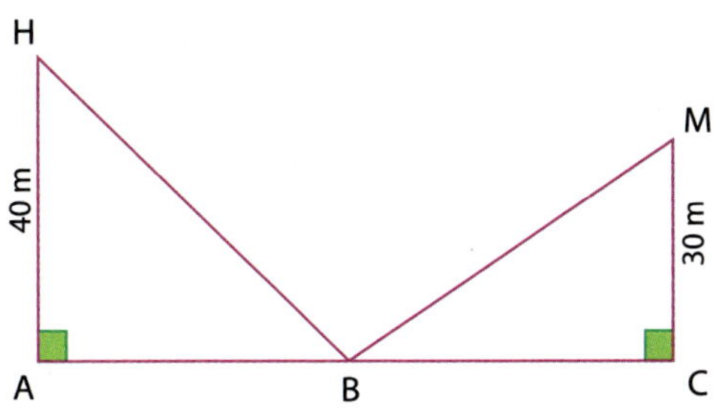

On pose AB = x.

1. Écrire, en fonction de x, les égalités de Pythagore dans les triangles HAB et BMC.

2. Pourquoi doit-on avoir HB = MB ?

3. En déduire une équation d'inconnue x à partir de la question **1.**.

4. Résoudre l'équation et répondre au problème posé dans l'énoncé.

146 **Volume d'une boîte**

Voici le patron d'une boîte de forme pavé. ABCD est un carré de côté 4 :

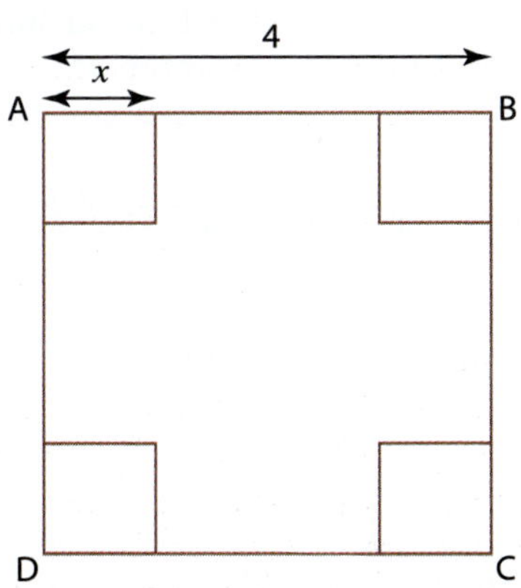

Pour former la boîte, il faut découper les quatre carrés à chaque coin du patron et relever les morceaux restants.

1. Donner un encadrement des valeurs possibles de x.

2. En utilisant les informations codées sur la figure, montrer que le volume de la boîte est donné par l'expression suivante $x \times (4 - 2x)^2$.

3. Calculer le volume de la boîte pour $x = 0{,}5$; $x = 1$ et $x = 1{,}5$.

4. Comment semble varier le volume de cette boîte en fonction de x ?

5. Ouvrir une feuille de calcul et créer une liste de nombres à partir de 0,1 en avançant de 0,1 en 0,1 dans la colonne A jusqu'au nombre 2.

6. Dans la colonne B, entrer la formule qui permet de calculer le volume de la boîte et copier cette formule dans la colonne B.

7. En déduire un encadrement au dixième du maximum du volume de cette boîte et un encadrement au dixième de x correspondant.

147 **Problème de cotisation**

Émilie et Pierre se rendent sur une plateforme de vente de nourriture biologique.

Tous les aliments y sont vendus moins chers que dans un magasin biologique traditionnel.

Le paquet de coquillettes biologiques, par exemple, y est vendu 1,80 euros.

S'ils décident de prendre la cotisation qui coûte 10 euros pour l'année, le prix du paquet de coquillettes est réduit de 5 %.

1. Quel est le prix d'un paquet de coquillettes s'ils prennent la cotisation ?

2. À partir de combien de paquets est-il plus judicieux de prendre la cotisation ?

148 **¿Alemán, inglés o español?**

En un centro escolar del Gard, hay 85 alumnos en clase de 4e. Esos alumnos han elegido un segundo idioma al principio de curso. Tienen 3 posibilidades : alemán, inglés o español. En alemán, hay 15 alumnos más que en inglés y en español, hay dos veces más alumnos que en inglés.

¿Cuántos alumnos practican el inglés? el alemán? el español?

149 **An always greater result**

Both Andrew and Curtis choose the same number.

- Andrew multiplies it by – 2 and adds 5 to the product.
- Curtis multiplies it by 3 and subtracts 6 from the product.

Which is the set of the numbers such that the Curtis result is greater than Andrew's?

Pour chercher

150 Triangle et rectangle

En utilisant toutes les informations codées sur la figure ci-dessous, trouver la valeur de y :

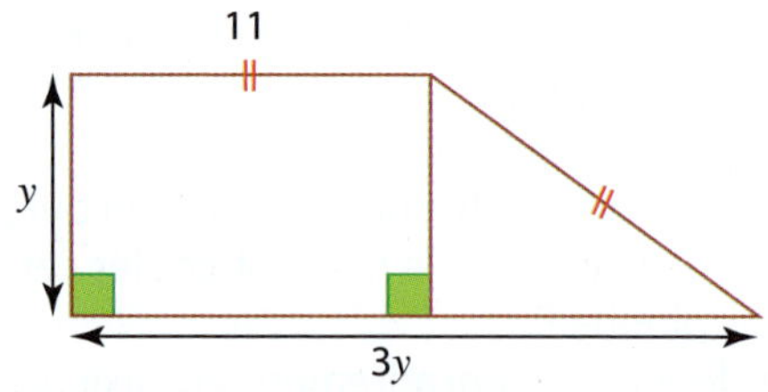

151 Aire d'une couronne

Quelle doit être la valeur du rayon du plus petit cercle pour que l'aire de la couronne comprise entre les deux cercles concentriques soit égale à 25 cm² ?

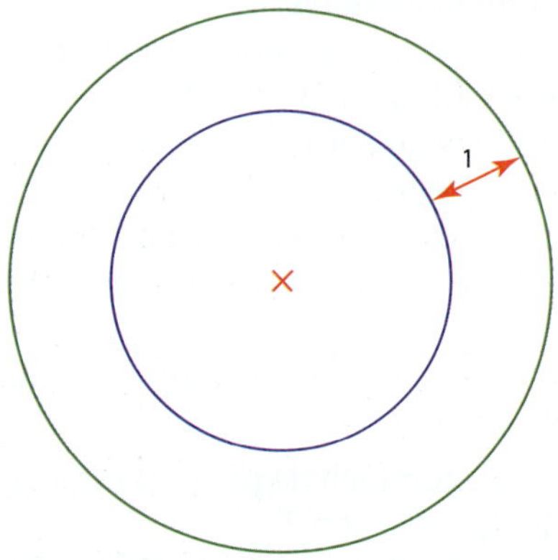

152 Quel degré ?

On cherche à résoudre l'équation :

$$(2x-1)^2 - 6x(2x-1) = 4x^2 - 1.$$

1. Développer et réduire le membre de gauche de cette équation. Cette équation est-elle une équation du premier degré ?

2. Montrer que cette équation a les mêmes solutions que l'équation $(2x-1)(-6x-2) = 0$.

3. Résoudre cette équation et en déduire les solutions de l'équation de départ.

153 Le défi

Un vase a la forme d'un pavé dont la longueur mesure 15 cm et la largeur 9 cm.
Peux-tu calculer la hauteur d'eau contenue dans ce vase sachant qu'on y a versé 1,8 L d'eau ?

154 L'énigme

Noé et Soledad ont la même somme d'argent dans les poches. Combien d'argent faut-il que Noé donne à Soledad pour qu'elle ait plus de la moitié de la somme de Noé ?

Vers la Seconde

155 Comment factoriser ?

On veut résoudre l'équation $4x^2 + 12x + 6 = 0$.

1. Peut-on résoudre cette équation en factorisant son membre de gauche ?

2. Expliquer pourquoi cette équation a les mêmes solutions que $(2x+3)^2 - 3 = 0$.

3. Montrer que :

$$(2x+3)^2 - 3 = (2x+3+\sqrt{3})(2x+3-\sqrt{3}).$$

4. En déduire une équation-produit ayant les mêmes solutions que l'équation de départ.

5. Montrer que les solutions de cette équation sont :

$x = \dfrac{-3-\sqrt{3}}{2}$ ou $x = \dfrac{-3+\sqrt{3}}{2}$.

156 Étude du signe d'un produit

Le but de ce problème est de trouver, suivant les différentes valeurs de x, le signe du produit suivant :

$$(4x-1)(-6x+12).$$

1. Résoudre l'équation $(4x-1)(-6x+12) = 0$.

2. Résoudre l'inéquation $4x - 1 < 0$, puis l'inéquation $4x - 1 > 0$.

3. Recopier et compléter le tableau suivant par les mots ***positif***, ***négatif*** ou le nombre ***0*** :

	Si $x < \frac{1}{4}$	Si $x = \frac{1}{4}$	Si $x > \frac{1}{4}$
Signe de $4x - 1$			

4. Résoudre l'inéquation $-6x + 12 < 0$, puis l'inéquation $-6x + 12 > 0$.

5. Recopier et compléter le tableau suivant par les mots ***positif***, ***négatif*** ou le nombre ***0*** :

	Si $x < 2$	Si $x = 2$	Si $x > 2$
Signe de $-6x + 12$			

6. Recopier et compléter le tableau suivant par les mots ***positif***, ***négatif*** ou le nombre ***0*** :

	$x < \frac{1}{4}$	$\frac{1}{4}$	$\frac{1}{4} < x < 2$	2	$x > 2$
Signe de $4x - 1$					
Signe de $-6x + 12$					
Signe de $(4x-1)(-6x+12)$					

7. En s'inspirant des six questions précédentes, construire un tableau permettant de connaître le signe de $(10x-3)(5x+9)$ pour n'importe quelle valeur de x.

Devoir à la maison

1 Trois disques

Le cercle ($\mathscr{C}_1$) est un cercle de diamètre 10 cm.
Le cercle ($\mathscr{C}_3$) a pour rayon x.
On veut trouver, pour quelle valeur de x, l'aire du domaine blanc est égale à l'aire du disque délimité par ($\mathscr{C}_3$).

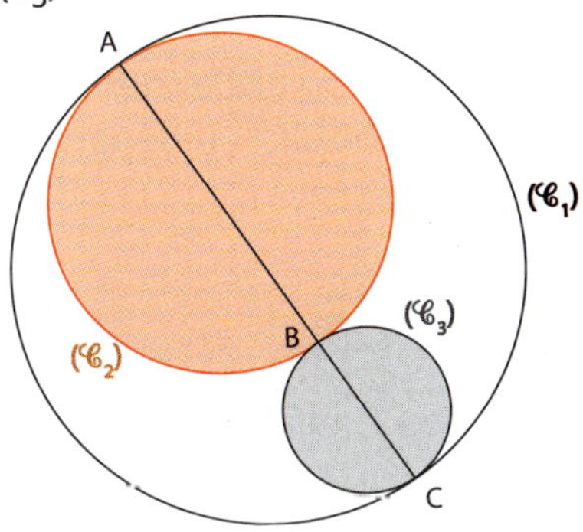

1. Exprimer, en fonction de x, les aires des trois disques de la figure ci-dessus.

2. En déduire que l'expression développée et réduite de l'aire du domaine blanc en fonction de x est $\pi(-2x^2 + 10x)$.

3. Quelle équation traduit le fait que l'aire du domaine blanc est égale à l'aire du disque délimité par le cercle ($\mathscr{C}_3$) ?

4. Montrer que cette équation a les mêmes solutions que $x(-3x + 10) = 0$.

5. Résoudre cette équation et répondre au problème posé.

2 Une équation difficile à résoudre

Figure 1

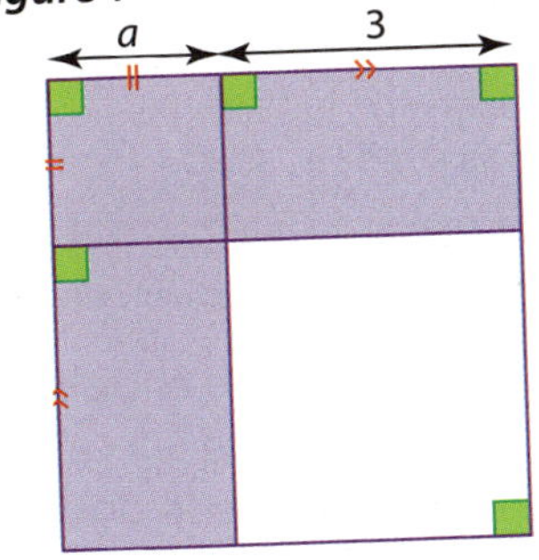

Figure 2

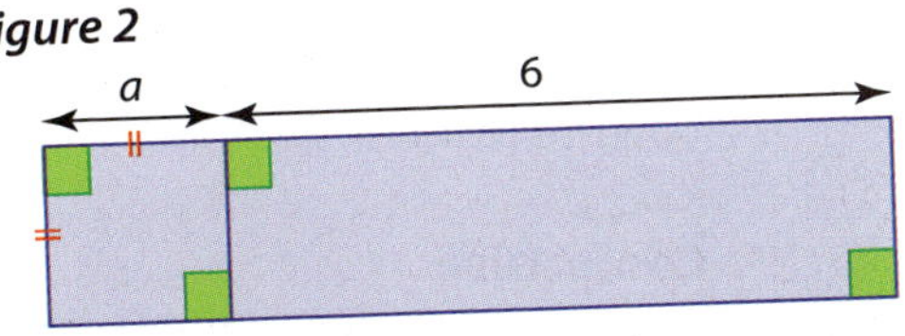

1. Exprimer, en fonction de a, l'aire du domaine bleu de la figure 1.

2. Exprimer, en fonction de a, l'aire du domaine bleu de la figure 2.

3. Expliquer pourquoi les aires bleues dans chacune des deux figures sont égales.
En déduire que $a^2 + 6a = (a + 3)^2 - 9$.

4. Pourquoi l'équation $a^2 + 6a - 16 = 0$ est impossible à résoudre à notre niveau de connaissances ?

5. À partir de l'équation trouvée en **3.**, expliquer pourquoi l'équation $a^2 + 6a - 16 = 0$ a les mêmes solutions que l'équation $(a + 3)^2 - 25 = 0$.

6. Résoudre $(a + 3)^2 - 25 = 0$ et en déduire les solutions de $a^2 + 6a - 16 = 0$.

DU CÔTÉ DU SITE COMPAGNON
http://www.bordas-myriade.fr

Une déferlante d'équations

Les **équations mathématiques** sont utilisées pour décrire de nombreux phénomènes physiques.
Les équations utilisées pour cela sont plus compliquées que celles étudiées dans ce chapitre (ce sont des équations différentielles) mais leur résolution permet de comprendre, de simuler et de prévoir de nombreux phénomènes naturels, voire catastrophiques comme les tsunamis.
On peut ainsi, par exemple, anticiper la trajectoire des immenses vagues de tsunami.
Ces simulations restent encore imparfaites mais de nombreux travaux sont en cours pour les améliorer.

Pour en savoir plus sur les mathématiques et les tsunamis, rendez-vous sur le site compagnon

★ Niveau de difficulté technique ★ Niveau de difficulté mathématique

Avec un ordinateur

★★☆ ★☆☆

1 UN OU DEUX NOMBRES ? 30 min

OBJECTIF : *Conjecturer puis prouver à l'aide d'une feuille de calcul.*

James et Lilou choisissent le même nombre.
- James ajoute 5 à ce nombre puis élève au carré la somme obtenue.
- Lilou calcule le double de ce nombre, soustrait 1 à ce produit puis élève au carré la différence obtenue.

Après avoir effectué les calculs sur leur calculatrice, James et Lilou obtiennent exactement le même résultat. On veut trouver le ou les nombres qu'ils ont choisi(s) au départ.

Conjecture

1. a. Recopier la feuille de calcul ci-dessous :

	A	B	C	D
1	nombre de départ	calcul de James	calcul de Lilou	différence de leurs résultats
2	-10			
3	-9			
4				
5				
6				

b. Créer une liste de nombres entiers dans la colonne A allant de – 10 à 10. → *Tableur 3*

2. a. Entrer une formule dans la cellule B2 de façon à faire afficher le résultat du programme de calcul de James appliqué au nombre qui se trouve en A2. → *Tableur 1*

b. Recopier cette formule dans la colonne B. → *Tableur 2*

3. a. Entrer une formule dans la cellule C2 de façon à faire afficher le résultat du programme de calcul de Lilou appliqué au nombre qui se trouve en A2. → *Tableur 1*

b. Recopier cette formule dans la colonne C. → *Tableur 2*

4. a. Entrer une formule dans la cellule D2 de façon à faire afficher la différence des résultats obtenus par James et Lilou. → *Tableur 1*

b. Recopier cette formule dans la colonne D. → *Tableur 2*

5. En observant la colonne D, trouver une valeur du nombre de départ pour laquelle James et Lilou trouvent le même résultat à l'issue de leurs programmes de calcul.

6. En observant la colonne D, peut-on penser qu'il existe une autre valeur pour laquelle les deux programmes donnent le même résultat ?

7. En créant une liste de nombres avec un pas de 0,1, donner un encadrement au dixième de la valeur négative du nombre de départ pour laquelle les deux programmes donnent le même résultat.

Démonstration

On appelle n le nombre de départ choisi par James et Lilou.

8. a. Exprimer, en fonction de n, l'expression obtenue par James une fois ses calculs effectués.

b. Exprimer, en fonction de n, l'expression obtenue par Lilou une fois ses calculs effectués.

9. Que signifie l'égalité $(n + 5)^2 = (2n - 1)^2$?

10. Résoudre l'équation précédente et répondre au problème posé.

À la fin du manuel, retrouve tes Fiches méthode TICE : Tableur, Géométrie, Calculatrice

2 AIRE DE LA FLÈCHE

★★☆ ★☆☆ 40 min

OBJECTIF : *Conjecturer puis prouver à l'aide d'un logiciel de géométrie dynamique.*

Conjecture

Dans un logiciel de géométrie dynamique,

1. Construire un carré ABCD. → Géométrie 7
2. Placer le point E à l'intersection des diagonales de ce carré. → Géométrie 3
3. Placer le point F, milieu de [BA]. → Géométrie 4
4. Afficher l'aire du carré ABCD. → Géométrie 17
5. Construire le polygone CFDE. → Géométrie 7
6. Afficher l'aire du polygone CFDE. → Géométrie 17
7. Déplacer les points A et B. Que peut-on conjecturer ? → Géométrie 1

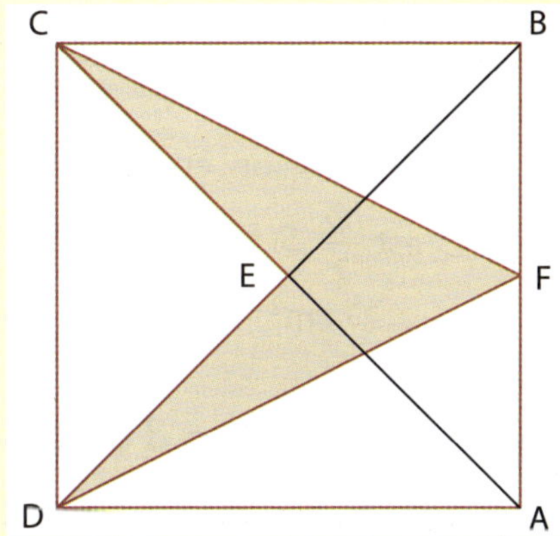

Démonstration

8. Si le côté du carré est égal à x, exprimer l'aire du carré ABCD et l'aire du triangle CFD en fonction de x.
9. Exprimer l'aire du triangle CDE en fonction de x.
10. Déduire des questions précédentes que l'on peut écrire $\frac{x^2}{4}$, l'aire de la flèche CFDE en fonction de x, et montrer que cela prouve la remarque faite dans la partie « **Conjecture** ».
11. Pour quelle valeur de x l'aire de la flèche est-elle égale à 1 ?

3 LA BOÎTE NOIRE DU CHAPITRE 5

Téléchargement

BOITE NOIRE

Une « boîte noire » dans un tableur est un programme de calcul mystérieux !
Le but de l'activité est de percer ce mystère…
Pour cela, on peut saisir des nombres mais aussi utiliser des formules qui aident dans la recherche.

1. Télécharger sur le site compagnon le fichier « boite_noire_05 » et l'ouvrir.
2. Saisir un nombre dans la cellule verte et observer dans la cellule grise le résultat de la « boîte noire ».
3. Faire plusieurs observations puis chercher le programme de calcul mystérieux de la boîte noire.
4. Pour tester un programme de calcul, saisir dans la cellule jaune la formule qui correspond à ce programme et observer si le résultat obtenu est le même que celui dans la cellule grise.
5. Tester plusieurs exemples pour vérifier que les programmes de la boîte noire et de la boîte rouge donnent les mêmes résultats.
6. Écrire sur une feuille le programme de calcul qui semble être celui de la boîte noire.

Avant de commencer le Chapitre 6

Pour revoir les acquis

Valeur d'une expression littérale

1 La valeur de l'expression $2x+3y+2$ pour $x = 0$ et $y = 1$ est :
a. 5 **b.** 7 **c.** 4

2 L'expression, en fonction de h et b, de l'aire du triangle ci-contre est $\frac{hb}{2}$. Si $h = 3$ cm et $b = 4,5$ cm, l'aire de ce triangle est égale à :
a. 27 cm^2 **b.** 6,75 cm^2 **c.** 3,75 cm^2

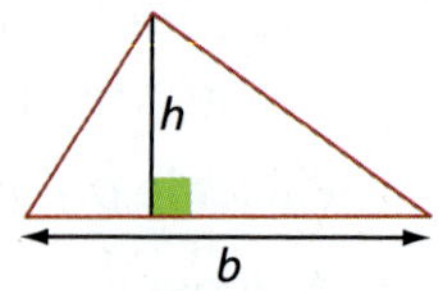

Mise en équation d'un problème

3 Le fait que les deux figures suivantes aient le même périmètre se traduit par l'équation :
a. $8,5x = 7y$
b. $4x+4,5 = 2y+5$
c. $x+4,5 = y+5$

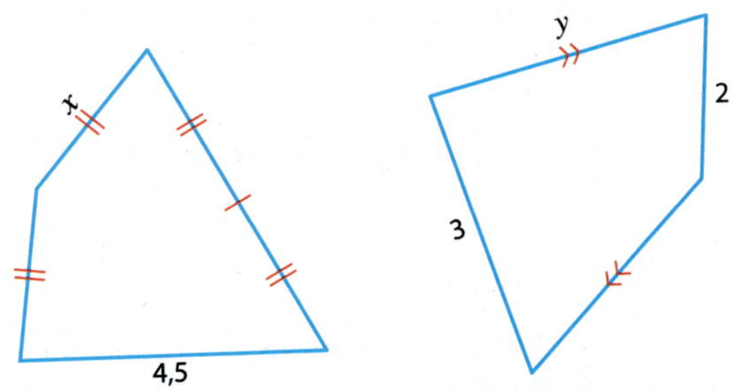

4 Soit c le prix d'un croissant et p le prix d'un pain au chocolat. Caroline a acheté à la boulangerie 3 croissants et 4 pains au chocolat, elle a payé en tout 5,40 euros.
Quelle équation permet de traduire la phrase précédente ?
a. $4c+3p = 5,4$ **b.** $c+p = 5,4$ **c.** $3c+4p = 5,4$

Résolution d'une équation

5 La solution de l'équation $2x+6 = 8+3x$ est :
a. $x = -2$ **b.** $x = 10$ **c.** $x = 2$

6 L'égalité $3x-6y = -18$ est vraie pour :
a. $x = 0$ et $y = 3$ **b.** $x = 2$ et $y = -4$ **c.** $x = 2$ et $y = 4$

7 $a = -2$ et $b = -5$ sont des solutions de l'équation suivante :
a. $9a + 43 = -5b$ **b.** $9a + 43 = 5b$ **c.** $9a - 43 = -5b$

Résolution d'un problème à l'aide d'une équation

8 Nina tape un nombre sur sa calculatrice. Elle lui ajoute 5 et multiplie le résultat par -4, puis elle soustrait le nombre de départ au résultat. Elle obtient -70.
Le nombre que Nina a choisi est :
a. -50 **b.** 10 **c.** $-16,3$

9 J'avais un gros paquet de bonbons dans mon sac ce matin. J'en ai donné la moitié à ma sœur. J'ai donné 8 bonbons à Marc. Il me reste juste 5 bonbons. J'avais donc ce matin :
a. 24 bonbons **b.** 26 bonbons **c.** 39 bonbons

Chapitre

6

Systèmes d'équations

Dans un parc d'attractions, une otarie et un dauphin mangent, à eux deux, 150 kg de poissons par jour. Un dauphin mange 1,5 fois plus de poissons par jour qu'une otarie.

Quelle est la quantité de poissons mangée par une otarie et par un dauphin en une journée ?

Je vais apprendre à...

- Résoudre algébriquement un système de deux équations à deux inconnues ► *Exercices 22 à 42*
- Résoudre graphiquement un système de deux équations à deux inconnues ► *Exercices 43 à 48*

Activités

1 Mettre en équation un problème à deux inconnues

Problème : Monsieur et Madame Bendum, tous les deux nettement en surpoids, pèsent, à eux deux, 280 kg ! Si Madame Bendum pesait 40 kg de plus, elle pèserait autant que son mari.

• Comment mettre en équation ce problème pour trouver le poids de chacune de ces deux personnes ?

1. « Monsieur et Madame Bendum pèsent, à eux deux, 280 kg ».
Donner des poids possibles pour ces deux personnes. Y a-t-il plusieurs possibilités ?

2. « Si Madame Bendum pesait 40 kg de plus, elle pèserait autant que son mari ».
Tous les couples de poids proposés à la question **1.** conviennent-ils ?

3. Soit x le poids de Madame Bendum et y le poids de Monsieur Bendum. Écrire une équation d'inconnues x et y signifiant que Monsieur et Madame Bendum pèsent, à eux deux, 280 kg.

4. À quoi correspond l'équation $x+40=y$ dans le problème posé ?
Les deux équations $x+y=280$ et $x+40=y$ contiennent deux inconnues x et y. Pour déterminer ces deux inconnues, il faut résoudre ces deux équations simultanément.

$$\begin{cases} x+40=y \\ x+y=280 \end{cases}$$ *s'appelle un **système d'équations à deux inconnues**.*

Nous ne savons pas encore résoudre un système d'équations ! Mais nous allons le voir dans les activités 2 et 3.

2 Résoudre un système d'équations par substitution

Nous allons résoudre le système d'équations suivant :

$$\begin{cases} x+40=y \\ x+y=280 \end{cases}$$

1. Dans la première équation, y est exprimé en fonction de x. Remplacer dans la deuxième équation y par cette expression. Quelle est l'équation obtenue ?

2. Montrer que l'équation obtenue à la question **1.** est équivalente à l'équation $2x+40=280$.

3. Résoudre l'équation $2x+40=280$ et en déduire la valeur de x.

4. Dans la première équation, remplacer x par sa valeur et en déduire la valeur de y.

5. En déduire le couple-solution du système.

Le **couple-solution** est constitué des valeurs de x et de y qui sont solutions des deux équations.

3 Résoudre un système d'équations par addition ou soustraction

Problème : Thelma va au marché et achète deux salades et trois concombres, ce qui lui revient à 4,10 euros. Son amie, Louise, qui l'accompagne achète quatre salades et un concombre pour 3,20 euros.

• Combien coûte une salade ? Combien coûte un concombre ?

1. Appelons x le prix en euros d'une salade et y le prix en euros d'un concombre.
Écrire le système de deux équations d'inconnues x et y correspondant au problème posé.

2. **a.** Combien aurait payé Thelma si elle avait acheté quatre salades et six concombres ?
b. Écrire une équation d'inconnues x et y correspondant aux achats de la question **a**.

3. Expliquer pourquoi le système écrit en **1.** a les même solutions que le système $\begin{cases} 4x+6y=8{,}20 \\ 4x+\ \ y=3{,}20 \end{cases}$

4. Soustraire membre à membre les deux équations du système de la question précédente et résoudre l'équation obtenue.

5. En remplaçant y par sa valeur dans l'une des deux équations du système, déterminer la valeur de x.

6. Quel est le couple-solution du système ?

7. En déduire le prix d'une salade et celui d'un concombre.

4 Résoudre graphiquement un système

1. Résoudre le système $\begin{cases} 6x+2y=14 \\ 3x+3y=15 \end{cases}$

2. Montrer que ce système a les mêmes solutions que le système $\begin{cases} y=-3x+7 \\ y=-x+5 \end{cases}$

3. Tracer les représentations graphiques des fonctions $f(x)=-3x+7$ et $g(x)=-x+5$.

4. Quel lien peut-on faire entre le couple-solution du système et les représentations graphiques des fonctions f et g ? Expliquer.

5. Ci-contre, les droites (d_1) et (d_2) représentent respectivement les fonctions $h(x)=1{,}2x$ et $k(x)=-\frac{2}{5}x+4$.

Quelle semble être la solution du système $\begin{cases} y=1{,}2x \\ y=-\frac{2}{5}x+4 \end{cases}$?

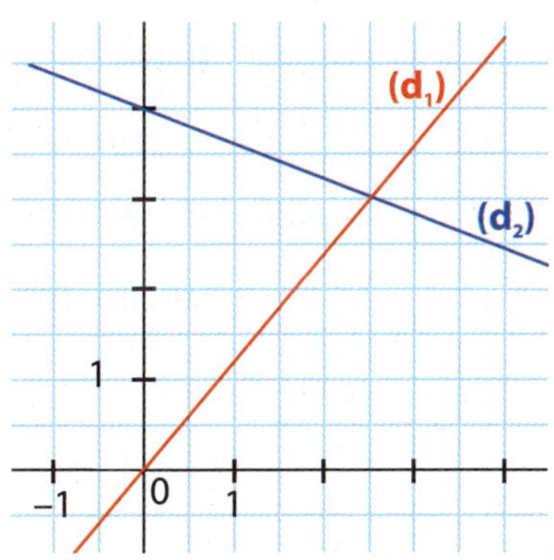

Le cours

1 Système d'équations

DÉFINITION **Une équation du premier degré à deux inconnues** est une égalité comportant deux inconnues désignées par deux lettres différentes dont les exposants sont égaux à 1.

Exemple

$2x+3y=10$ est une équation du premier degré à deux inconnues x et y.
Le couple (2 ; 2) est une des solutions de cette équation car $2\times2+3\times2=10$.

DÉFINITIONS • **Un système de deux équations du premier degré à deux inconnues** désignées par x et y est de la forme :

$$\begin{cases} ax+by=c \\ a'x+b'y=c' \end{cases}$$ avec a, b, c, a', b' et c' des nombres donnés.

• **Résoudre un système de deux équations du premier degré à deux inconnues**, c'est trouver tous les couples $(x\,;y)$ qui sont solutions des deux équations.

Exemple

Le système $\begin{cases} 2x+3y=-4 \\ 4x+y=2 \end{cases}$ a pour solution le couple (1 ; – 2) car ce couple est solution des deux équations.

En effet : $2\times1+3\times(-2)=-4$ et $4\times1+(-2)=2$.

Remarque : Pour donner les solutions du système, on parle du couple (1 ; – 2) ou on écrit $\begin{cases} x=1 \\ y=-2 \end{cases}$

2 Résolution graphique

Exemple

On veut interpréter graphiquement le couple-solution du système suivant : $\begin{cases} 3x+y=9 \\ 2x+4y=16 \end{cases}$

• L'équation $3x+y=9$ a les mêmes solutions que l'équation $y=-3x+9$.
Les couples-solutions de cette équation sont les points appartenant à la représentation graphique (d_1) de la fonction affine $f(x)=-3x+9$.

• De même, l'équation $2x+4y=16$ a les mêmes solutions que l'équation $y=-0{,}5x+4$.
Les couples-solutions de cette équation sont les points appartenant à la représentation graphique (d_2) de la fonction affine $g(x)=-0{,}5x+4$.

• On voit ici que les droites (d_1) et (d_2) semblent se couper au point A de coordonnées (2 ; 3).

On peut donc donner la solution du système par lecture graphique, c'est $\begin{cases} x=2 \\ y=3 \end{cases}$

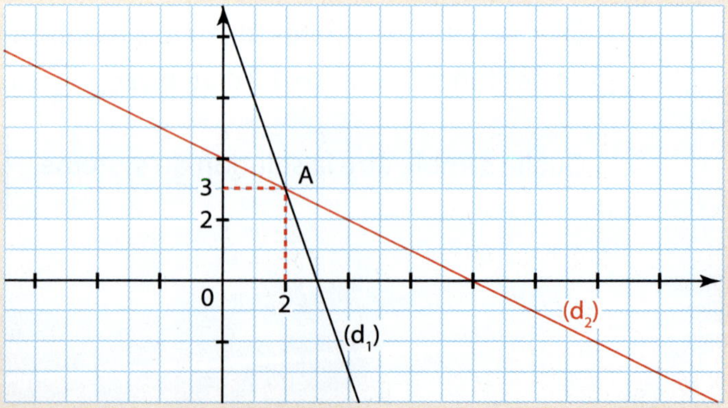

1 Résoudre un système par substitution

Animation

Énoncé

Résoudre le système suivant par substitution : $\begin{cases} x-4y=6 \\ 2x+5y=-1 \end{cases}$

Solution commentée

① J'utilise une des deux équations pour exprimer l'inconnue x en fonction de l'inconnue y.

$x-4y=6$ a les mêmes solutions que $x=4y+6$.

② Dans l'autre équation, je remplace x par son expression en fonction de y.

$2(4y+6)+5y=-1$.

③ Je résous l'équation obtenue et je trouve ainsi la valeur de y.

$2(4y+6)+5y=-1$, donc $8y+12+5y=-1$,

$13y=-13$, donc $y=-1$.

④ Je remplace maintenant y par sa valeur dans l'équation exprimant x en fonction de y, puis je résous cette équation pour trouver la valeur de x.

$x=4y+6$ devient $x=4\times(-1)+6$

$x=-4+6$

$x=2$.

⑤ J'écris le couple-solution du système en faisant attention à l'ordre des nombres dans les parenthèses.

Le couple-solution du système $\begin{cases} x-4y=6 \\ 2x+5y=-1 \end{cases}$ **est (2 ; –1).**

Avec les TICE

On peut résoudre un système de deux équations à deux inconnues à la calculatrice et ainsi vérifier les résultats trouvés. Il faut rentrer dans la calculatrice toutes les valeurs contenues dans le système $\begin{cases} x-4y=6 \\ 2x+5y=-1 \end{cases}$

Ensuite la calculatrice affiche les valeurs de x et de y :

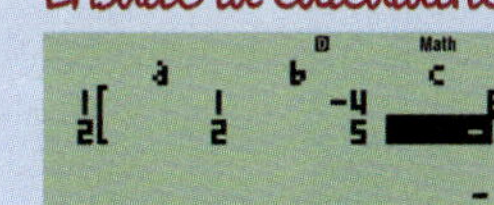

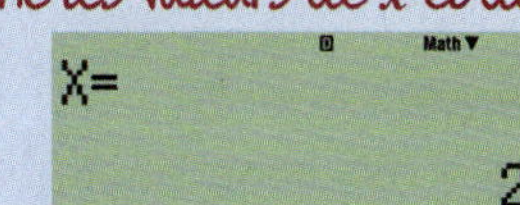

→ Calculatrice 17

Exercices d'application

1 Résoudre à la calculatrice le système suivant :

$\begin{cases} 5a+b=11 \\ -a+8b=12 \end{cases}$

Pour les exercices 2 à 5, résoudre les systèmes par substitution.

2 **a.** $\begin{cases} x+2y=5 \\ 3x+2y=7 \end{cases}$ **b.** $\begin{cases} 3a-2y=4 \\ 2a+y=5 \end{cases}$

3 **a.** $\begin{cases} 4a+3b=2 \\ 3a+b=1 \end{cases}$ **b.** $\begin{cases} x-y=0 \\ -2x-y=-3 \end{cases}$

4 **a.** $\begin{cases} x+3y=-5 \\ 4x+4y=-12 \end{cases}$ **b.** $\begin{cases} -3x-3y=-12 \\ -x+y=-2 \end{cases}$

5 **a.** $\begin{cases} x+4y=8 \\ 2x+5y=13 \end{cases}$ **b.** $\begin{cases} 5x+4y=22 \\ -2x+y=-1 \end{cases}$

6 **Vu au BREVET**

On considère le système suivant : $\begin{cases} 2x+3y=5{,}5 \\ 3x+y=4{,}05 \end{cases}$

1. Le couple $(x=2 ; y=0{,}5)$ est-il solution de ce système ?

2. Résoudre le système d'équations.

3. À la boulangerie, Anatole achète 2 croissants et 3 pains au chocolat : il paie 5,50 €. Béatrice achète 3 croissants et 1 pain au chocolat et paie 4,05 €.

Quel est le prix d'un croissant ? Quel est le prix d'un pain au chocolat ?

Groupement Est, 2006

Voir aussi les Exercices 22 à 31

2 Résoudre un système par addition ou soustraction

Animation

Énoncé

Résoudre le système suivant par la méthode d'addition : $\begin{cases} 3x+4y=11 \\ 2x-8y=-14 \end{cases}$

Solution commentée

① Je multiplie une des équations, ou les deux, par un nombre de façon à obtenir deux termes opposés dans chacune des équations.

$(\times 2) \begin{cases} 3x+4y=11 \\ 2x-8y=-14 \end{cases}$ donne $\begin{cases} 6x+8y=22 \\ 2x-8y=-14 \end{cases}$

② J'additionne membre à membre les équations et je réduis. J'obtiens une nouvelle équation d'inconnue x que je peux résoudre.

$6x+8y+2x-8y=22+(-14)$

$8x=8$

$x=1$

③ Dans une des deux équations de départ, je remplace x par 1 puis je résous l'équation obtenue pour obtenir la valeur de y.

$3\times 1+4y=11$

$4y=8$

$y=2$

④ J'écris le couple-solution du système et je peux vérifier que j'ai trouvé la bonne réponse en remplaçant x et y respectivement par 1 et 2 dans les équations du système.

(1 ; 2) est le couple-solution du système $\begin{cases} 3x+4y=11 \\ 2x-8y=-14 \end{cases}$

Vérifications

$3\times 1+4\times 2=6+8=11$ et $2\times 1-8\times 2=2-16=-14$.

Avec les TICE

Il existe des logiciels de calcul formel (comme WIRIS) qui permettent de résoudre des systèmes d'équations. Ces logiciels donnent directement la réponse, après saisie du système, et peuvent être utiles pour contrôler les résultats trouvés à la main.

résoudre $\left\{\begin{matrix} 3x+4y=11 \\ 2x-8y=-14 \end{matrix}\right\} \rightarrow \{\{x=1, y=2\}\}$

Exercices d'application

7 Résoudre à l'aide d'un logiciel de calcul formel le système $\begin{cases} 15x+7x=-1 \\ -4x+9y=-2 \end{cases}$

Pour les exercices 8 et 9, résoudre les systèmes par soustraction.

8 **a.** $\begin{cases} 2a+4b=4 \\ 6a+3b=3 \end{cases}$ **b.** $\begin{cases} 4x+3y=7 \\ 2x-4y=-2 \end{cases}$

9 **a.** $\begin{cases} 2a+4b=-2 \\ 4a+2b=8 \end{cases}$ **b.** $\begin{cases} 8x-4y=-4 \\ 2x+5y=2 \end{cases}$

10 Résoudre les systèmes par addition :

a. $\begin{cases} x-5y=13 \\ -5x+3y=-21 \end{cases}$ **b.** $\begin{cases} 2x-3y=9 \\ -3x+y=-10 \end{cases}$

Pour les exercices 11 et 12, résoudre les systèmes par addition ou soustraction.

11 **a.** $\begin{cases} -2a+3b=10 \\ -4a+b=0 \end{cases}$ **b.** $\begin{cases} 4x-6y=10 \\ 3x+18y=48 \end{cases}$

12 **a.** $\begin{cases} a+5b=21 \\ -3a+2b=-12 \end{cases}$ **b.** $\begin{cases} -3x+6y=-12 \\ -4x+y=-9 \end{cases}$

13 **Vu au BREVET**

1. Résoudre le système $\begin{cases} 6x+5y=57 \\ 3x+7y=55{,}5 \end{cases}$

2. Pour classer des photos, un magasin propose deux types de rangement : des albums ou des boîtes. Léa achète 6 boîtes et 5 albums et paie 57 € ; Hugo achète 3 boîtes et 7 albums et paie 55,50 €.

Quel est le prix d'une boîte ? Quel est le prix d'un album ?

Groupement Sud, 2006

Voir aussi les Exercices 32 à 42

3 Résoudre un système graphiquement

Animation

Énoncé

Résoudre graphiquement le système $\begin{cases} x+3y=0{,}6 \\ -x+4y=-2 \end{cases}$

Solution commentée

J'exprime, dans chacune des équations, y en fonction de x.

- L'équation $x+3y=0{,}6$ a les mêmes solutions que l'équation $y=-\dfrac{x}{3}+0{,}2$.
- L'équation $-x+4y=-2$ a les mêmes solutions que $y=\dfrac{x}{4}-0{,}5$.

Je trace dans le même repère les droites (d_1) et (d_2) représentant respectivement les fonctions affines f et g (voir si besoin le Savoir Faire 1 du chapitre 8, p. 171).

- $f(x)=-\dfrac{x}{3}+0{,}2$ et $g(x)=\dfrac{x}{4}-0{,}5$.

Les coordonnées du point d'intersection des droites (d_1) et (d_2) semblent être (1,2 ; – 0,2). On peut donc penser que le **couple-solution du système est (1,2 ; – 0,2)**.

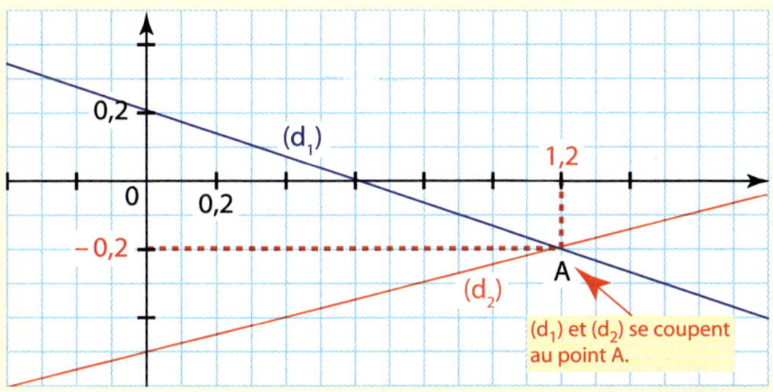

Exercices d'application

14 Le système $\begin{cases} 8x+y=6 \\ -6x-y=-5 \end{cases}$ a les même solutions que :

a. $\begin{cases} y=6+8x \\ y=6x+5 \end{cases}$ **b.** $\begin{cases} y=6-8x \\ y=-6x+5 \end{cases}$

Pour les exercices 15 à 20, résoudre graphiquement le système puis vérifier la réponse en résolvant le système algébriquement par la méthode de son choix.

15 **a.** $\begin{cases} 4x+y=0 \\ 6x+3y=0 \end{cases}$ **b.** $\begin{cases} 10x+5y=-5 \\ 8x+2y=6 \end{cases}$

16 **a.** $\begin{cases} 3a+6b=6 \\ 4a+b=8 \end{cases}$ **b.** $\begin{cases} 5x-2y=3 \\ 6x+3y=9 \end{cases}$

17 **a.** $\begin{cases} 6a-b=13 \\ a+4b=-2 \end{cases}$ **b.** $\begin{cases} -x+2y=4 \\ 4x+5y=1 \end{cases}$

18 **a.** $\begin{cases} -3a+4b=2 \\ 6a+3b=18 \end{cases}$ **b.** $\begin{cases} -2x+3y=-4 \\ 5x+4y=-13 \end{cases}$

19 **a.** $\begin{cases} 4a-3b=-7 \\ 5a+2b=-3 \end{cases}$ **b.** $\begin{cases} -4x+5y=-7 \\ 7x-2y=-8 \end{cases}$

20 **a.** $\begin{cases} -5a+b=-13 \\ a-3b=-3 \end{cases}$ **b.** $\begin{cases} -2a+10b=12 \\ 2a-4b=-6 \end{cases}$

21 **Vu au BREVET**

1. Tracer sur une même figure, pour x compris entre 0 et 10, les représentations graphiques dans un repère orthogonal de la fonction qui, à x, associe $3x$ et de celle qui, à x, associe $-\dfrac{9}{5}x+30$ (*unités : 1 cm sur l'axe des abscisses et 0,5 cm sur l'axe des ordonnés*).

On désigne par K le point d'intersection de ces deux représentations.

2. À l'aide du graphique, encadrer par deux entiers consécutifs l'abscisse du point K (on laissera apparents les traits de construction).

3. Déterminer les valeurs exactes des coordonnées de K.

Bordeaux, 1996

Voir aussi les Exercices 43 à 48

Exercices d'entraînement

Résoudre un système par substitution

POUR COMMENCER

22 **1.** À partir de la première équation du système $\begin{cases} x+y=1 \\ 2x+3y=3 \end{cases}$, montrer que $y = 1 - x$.

2. Remplacer y par $1 - x$ dans la deuxième équation.

3. Résoudre le système.

23 **1.** À partir de la deuxième équation du système $\begin{cases} 2x+4y=6 \\ x+3y=4 \end{cases}$, exprimer x en fonction de y.

2. Remplacer x par cette expression dans la première équation du système.

3. Résoudre le système.

24 Résoudre les systèmes suivants par substitution :

a. $\begin{cases} y=-2x \\ 3x+2y=0 \end{cases}$ **b.** $\begin{cases} x=-5+4y \\ 3x+5y=2 \end{cases}$ **c.** $\begin{cases} 7x-2y=-7 \\ y=-5-5x \end{cases}$

Pour les exercices 25 à 28, résoudre les systèmes par la méthode de substitution.

25 **a.** $\begin{cases} 2x+3y=4{,}5 \\ 3x+2y=3 \end{cases}$ **b.** $\begin{cases} 3x+2y=1 \\ 4x+3y=5{,}5 \end{cases}$

c. $\begin{cases} 2x-3y=-3 \\ 5x+5y=-7{,}5 \end{cases}$ **d.** $\begin{cases} 3x-15y=39 \\ 2x+2y=-16 \end{cases}$

26 **a.** $\begin{cases} -3x+4y=-5 \\ -2x-6y=14 \end{cases}$ **b.** $\begin{cases} 2x+6y=-28 \\ 3x+2y=0 \end{cases}$

c. $\begin{cases} -4x+5y=15{,}5 \\ -3(2x+y)=7{,}5 \end{cases}$ **d.** $\begin{cases} 7(x+y)=24{,}5 \\ 2x-3y=10{,}5 \end{cases}$

27 **a.** $\begin{cases} 3x-3y=6 \\ 5x+7y=-2 \end{cases}$ **b.** $\begin{cases} -3x+5y=3 \\ -2x-2y=2 \end{cases}$

c. $\begin{cases} 6x+6y=-24 \\ -6x+2y=0 \end{cases}$ **d.** $\begin{cases} 6(x-3y)=6 \\ 2x-3y=1 \end{cases}$

28 **a.** $\begin{cases} 3(x+12y)=-132 \\ -4x-3y=-4 \end{cases}$ **b.** $\begin{cases} 3x+2y=-5 \\ -2(-4x+y)=-28 \end{cases}$

c. $\begin{cases} 2x+2y=-7 \\ -3x-5y=14{,}5 \end{cases}$ **d.** $\begin{cases} 6x+6y=3 \\ 5x+4y=2 \end{cases}$

29 **Vu au BREVET**

1. Résoudre le système $\begin{cases} x+2y=76 \\ 4x+y=115 \end{cases}$

2. Le responsable du CDI d'un collège voudrait renouveler le stock d'atlas et de dictionnaires.

- Au 1er trimestre, il commande 1 atlas et 2 dictionnaires. La facture est de 76 euros.
- Au 2e trimestre, les prix n'ont pas changé, il commande 4 atlas et 1 dictionnaire. La facture est de 115 euros.

Quel est le prix d'un atlas ? Quel est le prix d'un dictionnaire ?

France métropolitaine, 2004

30 **Chercher l'erreur**

Julien a résolu l'exercice donné par le professeur Myriadus, mais il y a des erreurs…
Trouver les erreurs de Julien et les corriger.

Résoudre le système suivant en utilisant la méthode de substitution : $\begin{cases} 2x+y=2 \\ 6x-3y=30 \end{cases}$

J'exprime y en fonction de x dans la première équation : $y = 2 - 2x$.
Je remplace y par cette expression dans la deuxième équation que je résous :
$6x - 3 \times 2 - 2x = 30$
$6x - 6 - 2x = 30$
$4x - 6 = 30$
$4x = 36$
$x = 9$
Je remplace x par cette valeur dans l'équation $y = 2 - 2x$ *que je résous :*
$y = 2 - 2 \times 9$
$y = -16$
Le couple-solution est $(9 ; -16)$.

31 Agatha et Mathieu ont loué durant les 7 jours de la semaine un pédalo à côté de chez eux.
Certains jours, ils ont juste fait une balade d'une heure et d'autres, ils sont partis toute la matinée. À la fin de la semaine, ils ont dépensé 138 euros.
Le prix d'une heure de pédalo est de 12 euros et le prix d'une matinée est de 39 euros.
On note x le nombre de fois où ils n'ont fait qu'une heure de pédalo et y le nombre de fois où ils sont partis toute la matinée.

1. Expliquer ce que traduit l'équation $x + y = 7$.

2. Écrire, en fonction de x et de y, la dépense totale des deux amis durant la semaine et en déduire une équation traduisant le fait qu'ils ont, en tout, dépensé 138 euros.

3. Résoudre le système $\begin{cases} x+y=7 \\ 12x+39y=138 \end{cases}$

4. En déduire le nombre d'heures et le nombre de matinées de location du pédalo.

Résoudre un système par addition ou soustraction

POUR COMMENCER

32 **1.** Ajouter membre à membre les deux équations du système $\begin{cases} 2x - y = -1 \\ -2x + 2y = 2 \end{cases}$

2. En déduire la valeur de y.

3. Trouver la valeur de x et en déduire le couple-solution du système.

33 **1.** Soustraire membre à membre les équations de ce système $\begin{cases} 4x + 5y = -9 \\ 4x + 6y = -10 \end{cases}$

2. En déduire la valeur de y.

3. Trouver la valeur de x et en déduire le couple-solution du système.

34 **1.** Multiplier par 2 la première équation du système $\begin{cases} 2x + 3y = 8 \\ -4x + y = -2 \end{cases}$

2. Ajouter membre à membre les équations du système obtenu.

3. Résoudre le système.

35 **1.** Expliquer pourquoi le système $\begin{cases} -3x + 5y = 28 \\ 9x - 3y = -24 \end{cases}$ a les mêmes solutions que le système $\begin{cases} -9x + 15y = 84 \\ 9x - 3y = -24 \end{cases}$

2. En utilisant la méthode d'addition, résoudre le système obtenu à la question précédente.

36 **1.** Expliquer pourquoi le système $\begin{cases} 8x - 5y = -6 \\ 7x - 3y = -8 \end{cases}$ a les mêmes solutions que le système $\begin{cases} 24x - 15y = -18 \\ 35x - 15y = -40 \end{cases}$

2. En utilisant la méthode de soustraction, résoudre le système obtenu à la question précédente.

37 Résoudre par addition les systèmes suivants :

a. $\begin{cases} 3x - y = -1 \\ -2x + y = 2 \end{cases}$ **b.** $\begin{cases} -3a + 8b = 2 \\ 9a + 7b = 25 \end{cases}$

c. $\begin{cases} 6x - 5y = -16 \\ -2x + 4y = 10 \end{cases}$ **d.** $\begin{cases} 6a - 2b = 12{,}2 \\ -7a + 3b = -15{,}1 \end{cases}$

38 Résoudre par soustraction les systèmes suivants :

a. $\begin{cases} 6x - 10y = -37 \\ 5x - 2y = -13{,}1 \end{cases}$ **b.** $\begin{cases} -15a + 10b = 92{,}5 \\ -10a + 11b = 19{,}6 \end{cases}$

c. $\begin{cases} -5x - 8y = 42{,}4 \\ 2x + 3y = -16{,}4 \end{cases}$ **d.** $\begin{cases} 5a + 2b = 1{,}5 \\ 3a + 3b = 4{,}5 \end{cases}$

39 Résoudre les systèmes par la méthode la plus appropriée :

a. $\begin{cases} -6a + b = -1 \\ -7a + b = -1 \end{cases}$ **b.** $\begin{cases} x + 2y = 6 \\ 4x + y = 10 \end{cases}$

c. $\begin{cases} -8x - 7y = 444{,}8 \\ -12x - 6y = 52{,}8 \end{cases}$ **d.** $\begin{cases} x + 6y = 4 \\ 4x + 2y = -38 \end{cases}$

e. $\begin{cases} 4x - 6y = -30 \\ 5x - 6y = 3 \end{cases}$ **f.** $\begin{cases} 3x + 3y = -3 \\ -4x + y = 11{,}5 \end{cases}$

40 **Chercher l'erreur**

Sarah a résolu par addition le système $\begin{cases} 3x + 5y = 15 \\ 55x - 15y = -13 \end{cases}$

Trouver les erreurs de Sarah et les corriger.

Je multiplie par 3 et j'obtiens le système :

$\begin{cases} 9x + 15y = 45 \\ 55x - 15y = -13 \end{cases}$

J'ajoute chaque membre des deux équations :

$64x = 32$ *donc* $x = \frac{32}{64} = 0{,}5$.

Je remplace et je résous :

$3x + 5 \times 0{,}5 = 15$ *donc* $3x + 2{,}5 = 15$

$3x = 13{,}5$ *donc* $x = 4{,}5$

Le couple-solution est : $(0{,}5 ; 4{,}5)$.

41 **Vu au BREVET**

1. Résoudre le système suivant : $\begin{cases} 5x + 2y = 12 \\ x + 2y = 8 \end{cases}$

2. Montrer que le couple (1 ; 3,5) est solution du système suivant : $\begin{cases} 10x + 4y = 24 \\ 3x + 6y = 24 \end{cases}$

3. Un artisan fabrique des perles noires et des perles dorées. Un sac contenant 10 perles noires et 4 perles dorées est vendu 24 euros. Un sac contenant 3 perles noires et 6 perles dorées est vendu également 24 euros. Combien serait vendu un sac contenant 4 perles noires et 3 perles dorées ?

France métropolitaine, 2004

42 Sur les balances ci-dessous, les tomates ont toutes la même masse, de même pour les citrons :

Quelle est la masse en grammes d'une tomate ? Quelle est celle d'un citron ?

Résoudre graphiquement un système

POUR COMMENCER

43 Sur chacun des graphiques ci-dessous, lire les coordonnées des points d'intersection des deux droites :

a.

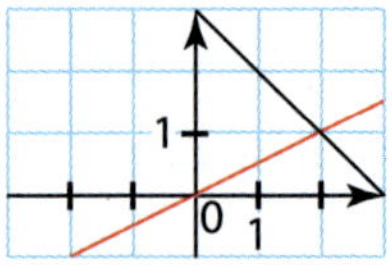

b.

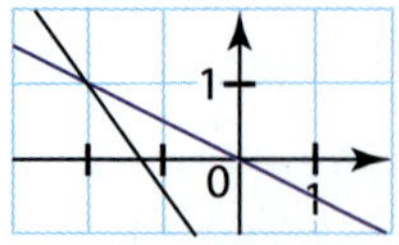

44 Pour chacun des systèmes ci-dessous, écrire un système qui a les mêmes solutions et dont les équations sont écrites sous la forme $y = ax + b$.

a. $\begin{cases}16x+4y=44\\-3x+y=-10\end{cases}$ **b.** $\begin{cases}6x-3y=-3\\-10x+5y=0\end{cases}$

c. $\begin{cases}8x+2y=10\\-10x+5y=-5\end{cases}$ **d.** $\begin{cases}4x-2y=8\\3x+5y=-9\end{cases}$

45 À l'aide des représentations graphiques ci-dessous, donner le couple-solution pour chacun des systèmes suivants :

a. $\begin{cases}x+y=3\\-x+y=1\end{cases}$ **b.** $\begin{cases}2x+2y=6\\-3x+3y=3\end{cases}$

c. $\begin{cases}x+y=3\\-2x+2y=10\end{cases}$ **d.** $\begin{cases}3x+3y=21\\-3x+3y=15\end{cases}$

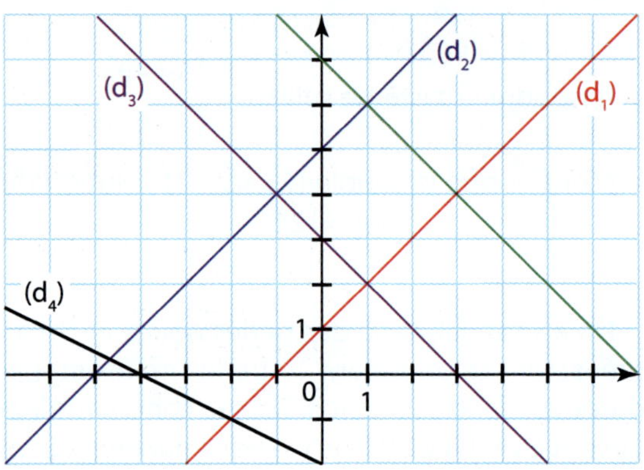

Pour les exercices 46 et 47, résoudre graphiquement les systèmes puis vérifier la validité des solutions à l'aide des équations.

46 Résoudre graphiquement les systèmes suivants :

a. $\begin{cases}-16x+8y=-16\\12x+4y=-8\end{cases}$ **b.** $\begin{cases}15x+3y=18\\-8x-2y=-8\end{cases}$

c. $\begin{cases}-x+3y=-3\\-2x-3y=3\end{cases}$ **d.** $\begin{cases}5x+y=1\\2x+y=1\end{cases}$

47 **a.** $\begin{cases}3x-y=-3{,}5\\-x-y=0{,}5\end{cases}$ **b.** $\begin{cases}-x+3y=-8\\2x-y=1\end{cases}$

c. $\begin{cases}9x+3y=24\\4y-x=6\end{cases}$ **d.** $\begin{cases}4x+2y=8\\3x+2y=6\end{cases}$

48 **Vu au BREVET**

Première partie

1. On considère le tableau de proportionnalité ci-dessous :

20	30	$\times a$
70	b	

a. Calculer b.

b. On appelle a le coefficient de proportionnalité. Calculer a.

2. On considère la fonction linéaire définie par $f : \mapsto 3{,}5x$.
Sur une feuille de papier millimétré, tracer la droite (d) représentant la fonction f.
On prendra un repère orthonormé* ; l'origine sera placée en bas et à gauche de la feuille ; sur chaque axe : 1 cm représentera 10 unités.

**Repère orthogonal avec la même unité sur chaque axe.*

Deuxième partie

1. Dans le repère précédent, placer les points A(20 ; 70) et B(60 ; 90). On admet que la droite (AB) est la représentation graphique de la fonction $g(x) = 0{,}5x + 60$.

2. **a.** Résoudre le système $\begin{cases}y=3{,}5x\\y=0{,}5x+60\end{cases}$

b. Que représente le couple $(x ; y)$, solution de ce système, pour les droites ?

Centres étrangers, 2007

À l'oral

49 Le couple (1 ; 2) est-il solution du système suivant :
$\begin{cases}-2x-y=-4\\x+3y=7\end{cases}$?

50 Le couple (–1 ; –2) est-il solution du système suivant :
$\begin{cases}-x+8y=-15\\3x+4y=5\end{cases}$?

51 Résoudre mentalement les systèmes suivants :

a. $\begin{cases}y=-x+1\\y=2x+1\end{cases}$ **b.** $\begin{cases}x+y=0\\-x+y=0\end{cases}$ **c.** $\begin{cases}x+y=2\\5x+y=6\end{cases}$

52 Dans un bar, deux cafés et trois sodas coûtent 9 euros et deux cafés et quatre sodas coûtent 11 euros. Combien coûtent un café et un soda ?

53 Le couple (– 2 ; 1) est-il solution du système $\begin{cases} 2x+3y=-1 \\ x+5y=3 \end{cases}$? Justifier.

Pondichéry, 2009 (Extrait)

54 On fabrique des bijoux à l'aide de triangles qui ont tous la même forme. Certains triangles sont en verre et les autres sont en métal.
Trois exemples de bijoux sont donnés ci-dessous. Les triangles en verre sont représentés en blanc ; ceux en métal sont représentés en noir.

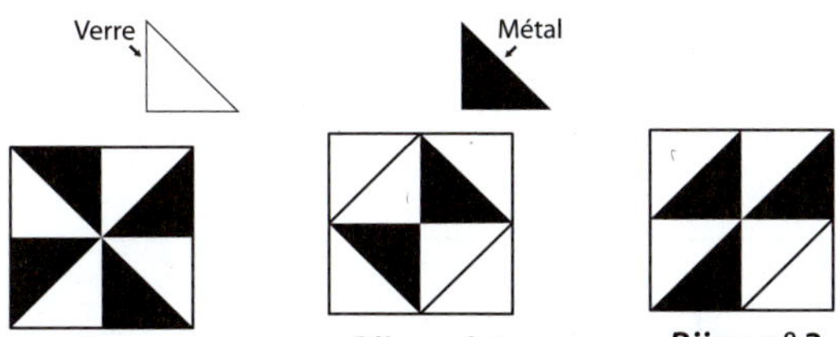

Bijou n° 1 **Bijou n° 2** **Bijou n° 3**

Tous les triangles en métal ont le même prix. Tous les triangles en verre ont le même prix.
Le bijou n° 1 revient à 11 € ; le bijou n° 2 revient à 9,10 €.
À combien revient le bijou n° 3 ?
Si le travail n'est pas terminé, laisser tout de même une trace de la recherche. Elle sera prise en compte dans la notation.

France métropolitaine, 2011

55 Dans un magasin, tous les articles d'une même catégorie sont au même prix.
Pierre et Clothilde décident d'y acheter des DVD et des bandes dessinées. Ils possèdent chacun 75 €.
- Pierre achète 1 DVD et 4 bandes dessinées ; il lui reste 14,50 €.
- Clothilde dépense 73,50 € pour l'achat de 2 DVD et 3 bandes dessinées.

Calculer le prix de chaque article.

Asie, 2010 (Extrait)

56 Deux compositions de meubles sont exposées en magasin, la première au prix de 234 € et la deuxième au prix de 162 €.

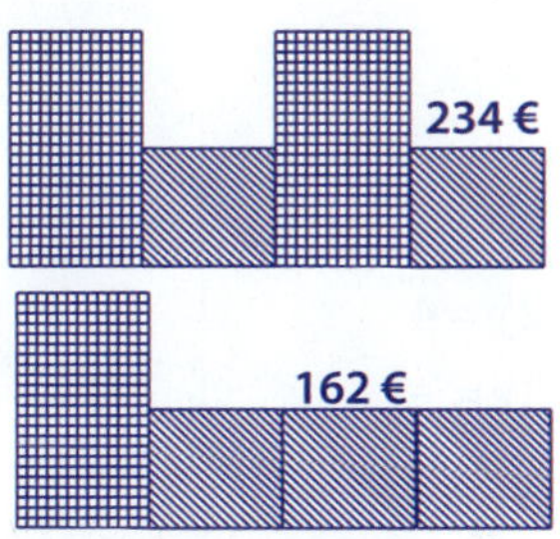

Quel est le prix de la composition ci–dessous ?
Expliquer la démarche suivie.

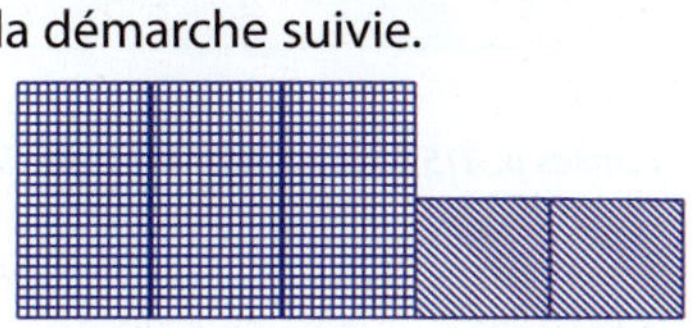

France métropolitaine, 2010

57 **1.** On considère le système suivant : $\begin{cases} 45x + 30y = 510 \\ 27x + 20y = 316 \end{cases}$

a. Les nombres $x = 10$ et $y = 2$ sont-ils solutions de ce système ? Justifier.
b. Les nombres $x = 8$ et $y = 5$ sont-ils solutions de ce système ? Justifier.

2. Pour les fêtes de fin d'année, un groupe d'amis souhaite emmener leurs enfants assister à un spectacle au Palais des Congrès, à Paris.
Les tarifs sont les suivants :
- 45 € par adulte et 30 € par enfant s'ils réservent en catégorie 1 ;
- 27 € par adulte et 20 € par enfant s'ils réservent en catégorie 2.

Le coût total pour ce groupe d'amis est de 510 € s'ils réservent en catégorie 1 et 316 € s'ils réservent en catégorie 2.
Déterminer le nombre d'adultes et d'enfants de ce groupe.

Amérique du Sud, 2010

58 Un train est constitué, à l'aller, de deux locomotives identiques et de dix wagons-citernes du même modèle, ce train mesure alors 152 m de long.
Après avoir vidé le contenu de tous les wagons-citernes, on décroche une locomotive et on ajoute deux wagons-citernes vides.
Après ces changements, le train ainsi constitué mesure 160 m de long. On cherche la longueur d'une locomotive et la longueur d'un wagon-citerne.

1. Écrire un système de deux équations à deux inconnues représentant la situation.

2. Résoudre le système $\begin{cases} x+5y = 76 \\ x+12y=160 \end{cases}$

3. En déduire la longueur en mètres d'une locomotive et celle d'un wagon-citerne.

Asie, 2009 (Extrait)

59 **1.** Résoudre le système suivant :

$$\begin{cases} 8x+3y=39,5 \\ 7x+9y=50,5 \end{cases}$$

2. Une balade d'une heure en mer est proposée à deux groupes de touristes.
Le premier groupe, composé de 8 adultes et de 3 enfants, paie 39,50 €. Le second, composé de 7 adultes et de 9 enfants, paie 50,50 €.
Quel est donc le prix d'un ticket pour un adulte ? pour un enfant ?

Groupement Nord, 2006

60 Dans une pépinière, Moetia a acheté trois orangers et deux citronniers pour 14 000 F* et Orai a payé 13 500 F* pour deux orangers et trois citronniers.
À l'aide d'un système de deux équations à deux inconnues, déterminer le prix d'un oranger et d'un citronnier.

Polynésie française, 2007

** Les francs en question dans cet exercice sont des Francs pacifique utilisés en Polynésie francaise et en Nouvelle-Calédonie.*

Tous les exercices de cette double page sont corrigés p. 315.

J'évalue mes connaissances

Pour les exercices 61 à 67, trouve la ou les bonnes réponses parmi celles proposées.

	A	B	C
61 SOCLE 3e (–6 ; 2) est le couple-solution du système :	$\begin{cases} -x-4y=-2 \\ 2x+3y=-6 \end{cases}$	$\begin{cases} -x-4x=2 \\ 2x+3y=-6 \end{cases}$	$\begin{cases} -x-4y=-2 \\ 2x+3y=6 \end{cases}$
62 SOCLE 3e 3 sucettes et 2 bonbons coûtent 1,80 euros. 2 sucettes et 3 bonbons coûtent 1,45 euros. On peut traduire ce problème par le système :	$\begin{cases} 3x+2y=1,80 \\ 2x+3y=1,45 \end{cases}$	$\begin{cases} 3x+2y=1,45 \\ 2x+3y=1,80 \end{cases}$	$\begin{cases} 3x+2y=1,80 \\ 5x+5y=3,25 \end{cases}$
63 SOCLE 3[e] $\begin{cases} x+5y=7 \\ -3x+2y=1 \end{cases}$ a le même couple de solutions que le système :	$\begin{cases} x=7+5y \\ -3x+2y=1 \end{cases}$	$\begin{cases} x=7-5y \\ -3x+2y=1 \end{cases}$	$\begin{cases} x=-7-5y \\ -3x+2y=1 \end{cases}$
64 $\begin{cases} x+3y=1 \\ 3x+4y=2 \end{cases}$ a le même couple de solutions que le système :	$\begin{cases} -3x-9y=3 \\ 3x+4y=2 \end{cases}$	$\begin{cases} 3x+9y=-3 \\ 3x+4y=2 \end{cases}$	$\begin{cases} 3x+9y=3 \\ 3x+4y=2 \end{cases}$
65 Pour résoudre graphiquement $\begin{cases} 2x+y=9 \\ 3x-3y=6 \end{cases}$, il faut l'écrire sous la forme :	$\begin{cases} y=2x+9 \\ y=x-2 \end{cases}$	$\begin{cases} y=-2x+9 \\ y=x-2 \end{cases}$	$\begin{cases} y=-2x+9 \\ y=x-6 \end{cases}$
66 Le système $\begin{cases} 4x+2y=10 \\ -12x+3y=-21 \end{cases}$ peut être résolu graphiquement à l'aide de :	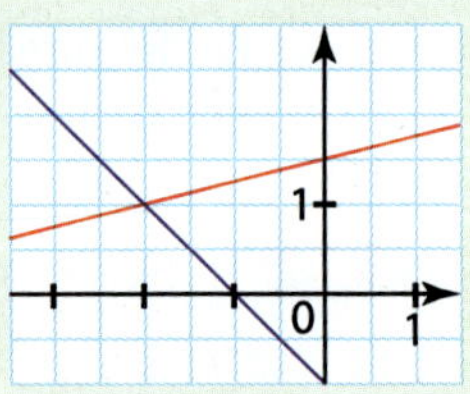	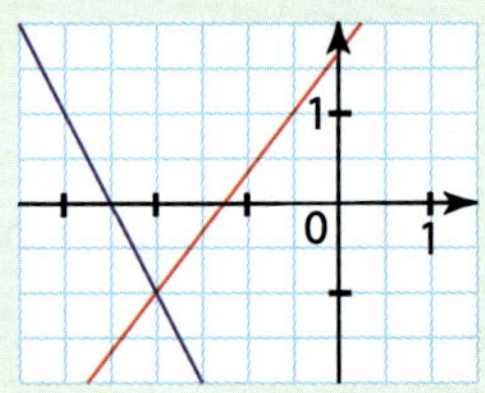	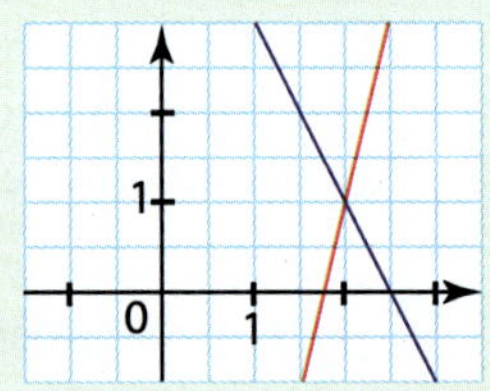
67 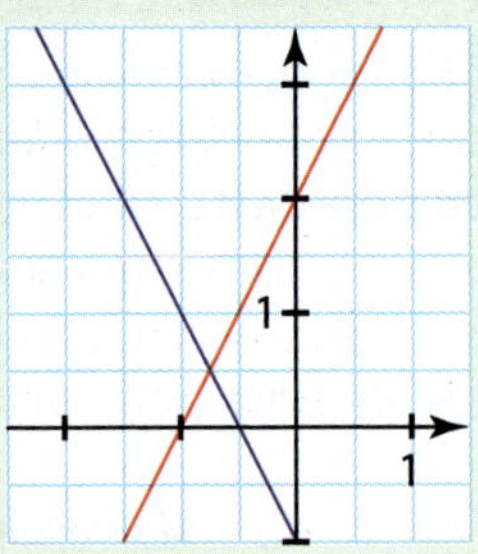 permet de résoudre le système :	$\begin{cases} 4x-2y=-4 \\ 6x+3y=-3 \end{cases}$	$\begin{cases} 4x-2y=4 \\ 6x+3y=-3 \end{cases}$	$\begin{cases} 4x-2y=4 \\ 6x+3y=3 \end{cases}$

Tu peux vérifier tes réponses p. 315 et continuer ton entraînement sur le site compagnon

J'évalue mes compétences

Résoudre algébriquement un système

68 Le couple (1 ; – 1) est-il solution du système $\begin{cases} -5x+4y=-9 \\ 3x+y=1 \end{cases}$?
Justifier la réponse.

69 Le couple (2 ; –4) est-il solution du système $\begin{cases} 3a-4b=22 \\ -6a-2b=-4 \end{cases}$?
Justifier la réponse.

70 Résoudre par la méthode de substitution les systèmes suivants :

a. $\begin{cases} x-6y=-2 \\ 2x+7y=-4 \end{cases}$ **b.** $\begin{cases} 3x+y=-5 \\ 4x+2y=-6 \end{cases}$

71 Résoudre par la méthode de substitution les systèmes suivants :

a. $\begin{cases} x-2y=5 \\ -3x-5y=7 \end{cases}$ **b.** $\begin{cases} 2x-5y=-2 \\ 6x+6y=-6 \end{cases}$

72 Résoudre par soustraction les systèmes suivants :

a. $\begin{cases} 3x+5y=5 \\ 3x+4y=4 \end{cases}$ **b.** $\begin{cases} 4x+2y=-6 \\ 5x+4y=-9 \end{cases}$

73 Résoudre par la méthode d'addition les systèmes suivants :

a. $\begin{cases} 5x+7y=19 \\ -10x-3y=-16 \end{cases}$ **b.** $\begin{cases} -8a+7b=10 \\ 2a+5b=-16 \end{cases}$

74 Résoudre les systèmes suivants par la méthode de son choix :

a. $\begin{cases} x-3y=-3 \\ 4x+3y=-3 \end{cases}$ **b.** $\begin{cases} -5a-5b=-20 \\ 8a+2b=-12 \end{cases}$

75 Résoudre les systèmes suivants par la méthode de son choix :

a. $\begin{cases} 3x-6y=-21 \\ 5x-5y=-25 \end{cases}$ **b.** $\begin{cases} 6x+4y=0 \\ 5x+y=-7 \end{cases}$

76 **1.** Résoudre le système $\begin{cases} x+y=172 \\ x-y=12 \end{cases}$

2. Bernard et Brigitte collectionnent tous les deux les fèves. Ils possèdent à eux deux 172 fèves.
Si Brigitte donnait six fèves à Bernard, ils auraient le même nombre de fèves.
Combien de fèves ont chacun de ces deux collectionneurs ?

POUR T'AIDER, voir
■ Cours 1 ■ Savoir faire 1 et 2
■ Exercices 22 à 42

Interpréter graphiquement la solution d'un système

77 Associer, à chacun des systèmes ci-dessous, la représentation graphique qui semble permettre de le résoudre.

a. $\begin{cases} 2x+y=4 \\ x+2y=5 \end{cases}$ **b.** $\begin{cases} -5x-4y=3 \\ -3x+2y=-7 \end{cases}$ **c.** $\begin{cases} 3x-2y=-7 \\ 3x+6y=9 \end{cases}$

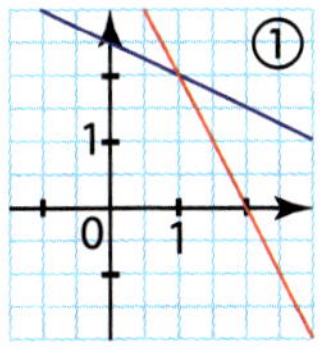

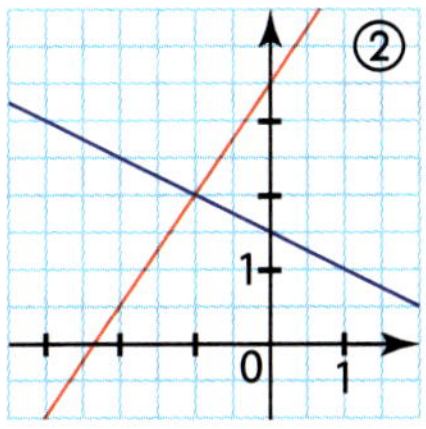

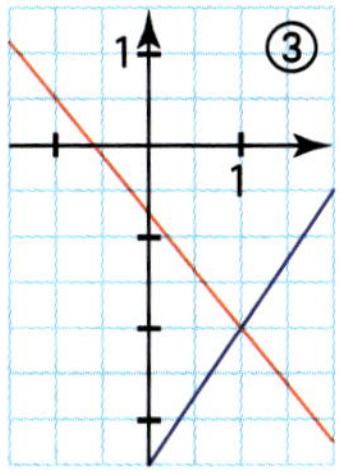

78 **1.** Lire sur le graphique ci-contre les coordonnées du point d'intersection des deux droites.

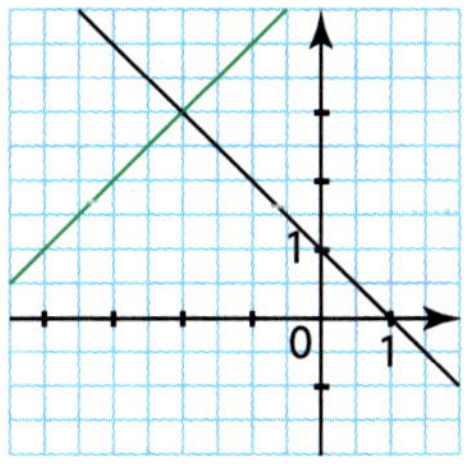

2. Expliquer ce que représente le système $\begin{cases} x+y=1 \\ x-y=-5 \end{cases}$ par rapport au graphique.

3. En déduire la valeur de deux nombres sachant que leur somme est égale à 1 et si l'on ajoute 3 au plus petit nombre, on obtient la valeur du plus grand diminuée de 2.

79 Résoudre graphiquement les systèmes puis les résoudre algébriquement pour vérifier les solutions :

a. $\begin{cases} -x-5y=-15 \\ 5x-y=-3 \end{cases}$ **b.** $\begin{cases} -2x-4y=-24 \\ 6x-y=20 \end{cases}$

80 • Un bouquet constitué de 4 roses et de 4 tulipes coûte 10 euros.
• Un bouquet constitué de 4 roses et de 2 tulipes coûte 8 euros.

1. En notant y le prix d'une tulipe et x le prix d'une rose, écrire deux équations, en fonction de x et de y, traduisant le problème.

2. Montrer que chaque équation peut s'écrire : $y=-x+2{,}5$ et $y=-2x+4$, où y est le prix d'une tulipe et x le prix d'une rose.

3. Tracer sur le même graphique les représentations graphiques des fonctions f et g définies par $f(x)=-x+2{,}5$ et $g(x)=-2x+4$ et en déduire graphiquement le prix d'une rose et le prix d'une tulipe.

4. Résoudre algébriquement le système et comparer avec la réponse donnée à la question **3**.

POUR T'AIDER, voir
■ Cours 2 ■ Savoir faire 3 ■ Exercices 43 à 48

1 Vers la notion de fonction

Avec une ficelle de longueur 11 cm, on fabrique un rectangle.
On désigne par x la longueur d'un côté de ce rectangle.

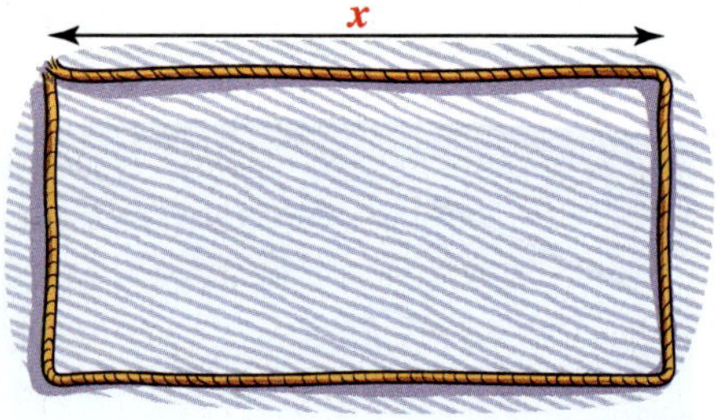

1. **a.** Quelles sont les dimensions du rectangle lorsque $x = 1$ cm ? Calculer l'aire du rectangle dans ce cas.
b. Reprendre la question précédente pour $x = 2$ cm.

2. **a.** Exprimer les dimensions du rectangle en fonction de x.
b. Démontrer que l'aire A du rectangle s'exprime, en fonction de x, par la formule : $A(x) = 5{,}5x - x^2$.

On écrit $A(x)$ car l'aire A dépend de la longueur x. $A(x)$ se lit « A de x ».

3. On cherche la valeur de x pour laquelle l'aire A du rectangle est la plus grande possible.
a. Pour les différentes valeurs de x données dans le tableau, calculer l'aire $A(x)$ du rectangle.

x	1	1,4	1,8	2,2	2,6	3	3,4	3,8
$A(x)$	4,5							

b. Pour quelle valeur de x l'aire A du rectangle semble-t-elle la plus grande ?

4. **a.** Dans un repère, placer tous les points dont les coordonnées $(x\,;A(x))$ sont données dans le tableau précédent.
b. Estimer graphiquement la valeur de x pour laquelle l'aire A du rectangle est maximale.

2 Image d'un nombre par une fonction

On considère la fonction f qui, à un nombre x, fait correspondre le carré de sa moitié.

1. Démontrer que $f(x) = \dfrac{x^2}{4}$.

2. Démontrer que $f(2) = 1$.

On dit dans ce cas que « l'image de 2 par la fonction f est égale à 1 et on note $f : 2 \mapsto 1$ ».

3. Calculer $f(3)$ et en déduire l'image du nombre 3 par la fonction f.

4. **a.** Démontrer que $f : 6 \mapsto 9$.
b. Quelle est l'image du nombre 6 par la fonction *f* ?
c. Recopier et compléter : $f : 7 \mapsto \ldots$
d. En déduire l'image de 7 par la fonction *f*.

5. **a.** Recopier et compléter le tableau de valeurs suivant :

x	– 10	– 5	– 2	0	2	5	10
$f(x)$	25						

b. À l'aide du tableau, répondre aux questions suivantes :
- Quelle est l'image de –5 par la fonction *f* ?
- Quelle est l'image de 10 par la fonction *f* ?
- Donner deux nombres qui possèdent la même image par la fonction *f*.

3 Antécédent d'un nombre par une fonction

La courbe ci-dessous représente la fonction *f* qui donne la hauteur de marée, en mètres, à Myriadoulle-sur-Plage durant une journée du mois de juillet 2012 :

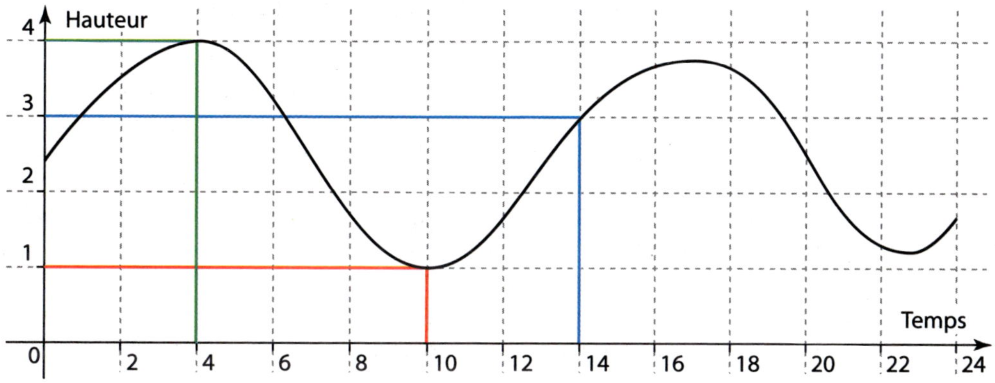

1. Quel tracé permet de déterminer que la hauteur de marée à 10 h est égale à 1 m : le rouge, le vert ou le bleu ?

2. Quel tracé permet de déterminer que l'image de 14 par la fonction *f* est égale à 3 : le rouge, le vert ou le bleu ?

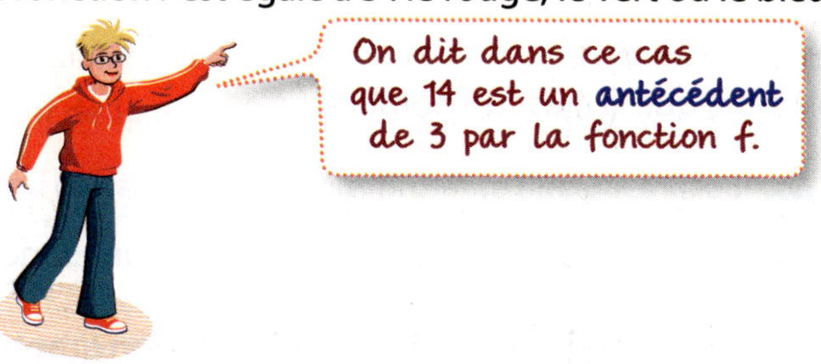

À marée haute

À marée basse

3. Déterminer un antécédent de 4 par la fonction *f*.

4. Combien existe-t-il d'antécédents de 2 par la fonction *f* ? Donner une valeur approchée de ces antécédents.

5. Donner une valeur approchée de l'image de 2 par la fonction *f*.

6. Peut-on trouver un antécédent de 0,5 par la fonction *f* ? Expliquer.

Savoir faire

1 Déterminer l'image d'un nombre par une fonction

Énoncé

Pour chaque fonction *f*, *g* et *h*, déterminer l'image de 3. Les fonctions *f*, *g* et *h* sont données par :

a) l'expression de la fonction *f* : $f(x) = \dfrac{4}{5 - x}$

b) le tableau de valeurs de la fonction *g* :

x	1	2	3	4
$g(x)$	9	3	5	7

c) la courbe représentative de la fonction *h* :

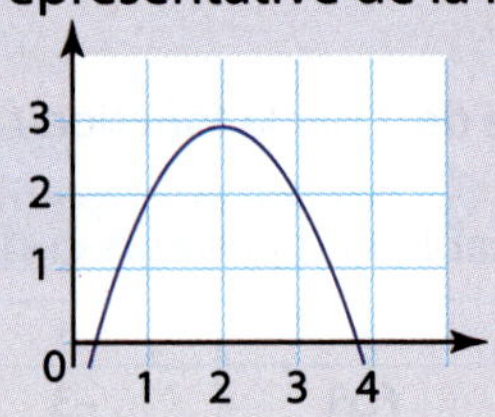

Solution commentée

a) On remplace x par 3 et on calcule $f(3) = \dfrac{4}{5 - 3} = 2$.

L'image de 3 par la fonction *f* est égale à 2.

b) Par lecture directe du tableau, on voit que **l'image de 3 par la fonction *g* est égale à 5.**

x	1	2	**3**	4
$g(x)$	9	3	**5**	7

c) On cherche le point de la courbe dont l'abscisse est égale à 3. On trouve A(3 ; 2).

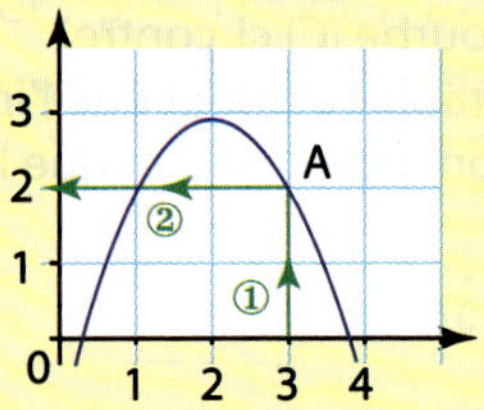

L'image de 3 par la fonction *h* est égale à 2.

Avec les TICE

Avec la calculatrice, il est possible d'obtenir un tableau de valeurs d'une fonction dont on connaît l'expression. → *Calculatrice 14*

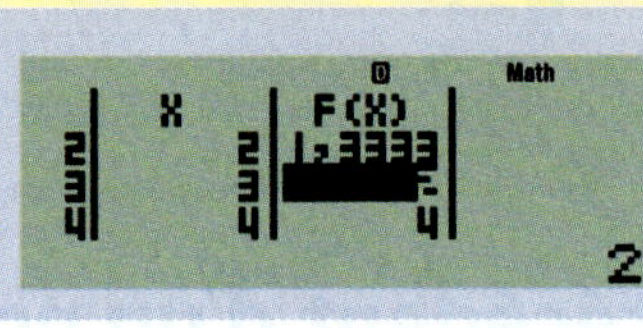

Exercices d'application

1 On donne le tableau de valeurs d'une fonction *f* :

x	3	4	5	6
$f(x)$	4	3	–3	–4

Quelles sont les images de 3 et 4 par la fonction *f* ?

2 On donne le tableau de valeurs d'une fonction *g* :

x	–2	–1	1	1
$g(x)$	5	7	0	–3

1. Donner les images de –2 et 1 par la fonction *g*.
2. Recopier et compléter : $g(-1) = \ldots$ et $g(\ldots) = -3$.

3 On considère la fonction *f* définie par $f(x) = \dfrac{x + 3}{2}$.

Calculer les images de 5 et de 6 par la fonction *f*.

4 On considère la fonction *f* définie par $f(x) = 5x - 9$.

Calculer les images de 1, 3, $\dfrac{3}{7}$ et 10^{-3} par la fonction *f*.

5 On a représenté graphiquement la fonction *f* :

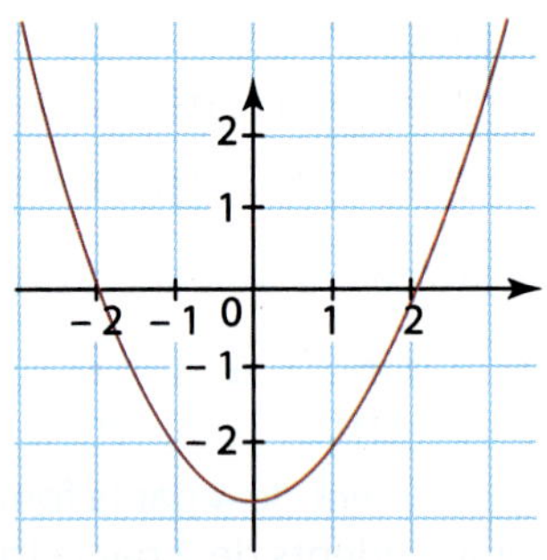

Lire graphiquement l'image de 1 et l'image de – 2 par la fonction *f*.

6 Vu au **BREVET** **QCM**

Soit *f* la fonction définie par $f(x) = -2x + 3$.
L'image de 0 par *f* est :

ⓐ 1 ⓑ 1,5 ⓒ 3.

Centres étrangers, 2010

Voir aussi les Exercices 25 à 42

2 Déterminer un antécédent d'un nombre par une fonction

Énoncé

Pour chaque fonction f, g et h, déterminer des antécédents de 2.
Les fonctions f, g et h sont données par :

a) l'expression de la fonction f : $f(x) = x^2 + 2$

b) le tableau de valeurs de la fonction g :

x	1	3	5	7
$g(x)$	2	0	–1	2

c) la courbe (C) représentative de la fonction h :

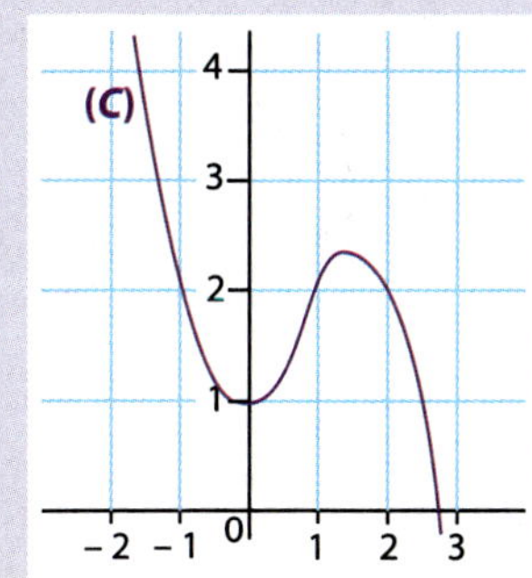

Solution commentée

a) On effectue quelques tests :
$f(1) = 1^2 + 2 = 3$, $f(0) = 0^2 + 2 = 2$.
On constate que la valeur 0 convient,
donc **0 est un antécédent de 2 par la fonction *f*.**

b)

x	1	3	5	7
$g(x)$	2	0	–1	2

1 et 7 sont des antécédents de 2 par la fonction *g*.

c) On cherche des points de la courbe dont l'ordonnée est égale à 2.
On trouve A(–1 ; 2), B(1 ; 2) et C(2 ; 2).
Des antécédents de 2 par la fonction *h* sont : –1, 1 et 2.

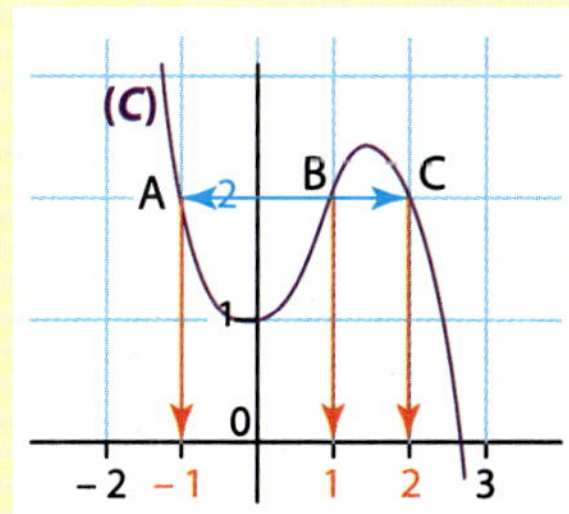

Exercices d'application

7 On considère la fonction f définie par $f(x) = 3x - 1$.
1. Déterminer un antécédent de 2 par la fonction f.
2. Déterminer un antécédent de 14 par la fonction f.

8 On considère la fonction f définie par $f(x) = x^2 - x$.
Déterminer par tâtonnement un antécédent de 20 par la fonction f.

9 On considère la fonction g dont la courbe (C) est représentée ci-dessous :

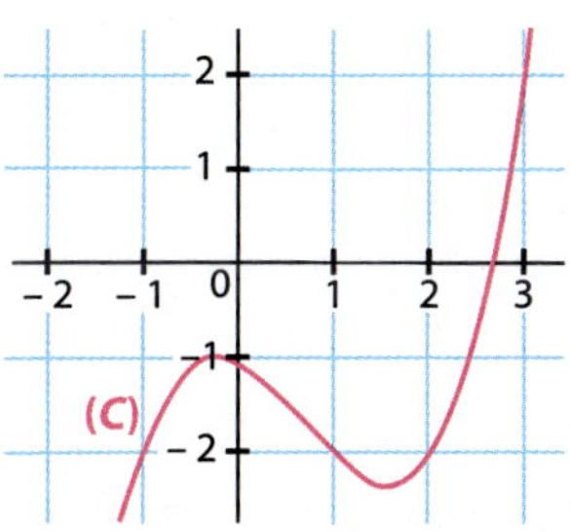

1. Lire graphiquement un antécédent de 2 par la fonction g.
2. Lire graphiquement trois antécédents de –2 par la fonction g.

10 Soit g une fonction dont voici un tableau de valeurs :

x	–2	–1	1	2
$g(x)$	4	1	2	–3

1. Donner des antécédents de –3 et 1 par la fonction g.
2. Recopier et compléter : $g(\ldots) = -3$ et $g(-1) = \ldots$

11 Vu au BREVET

Le graphique représente les variations du volume de cocktail contenu dans un verre en fonction de la hauteur de liquide.

Par lecture graphique déterminer la hauteur de liquide si le volume servi est 17 cl.

Asie, 2010

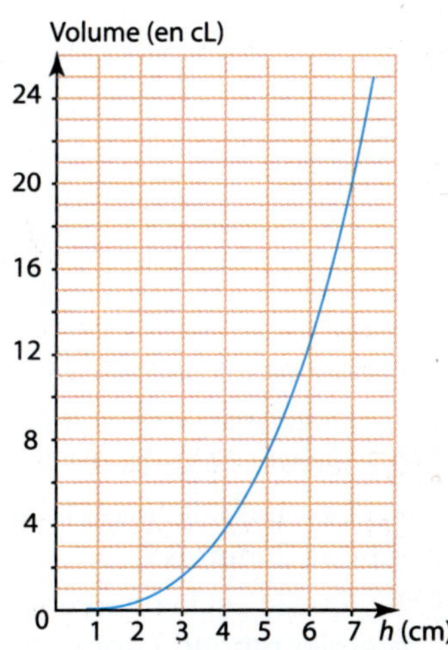

Voir aussi les Exercices 43 à 56

Exercices d'entraînement

Vers la notion de fonction

SOCLE 3[e]

POUR COMMENCER

12 Le graphique représente le nombre de naissances en France entre 1900 et 2010 :

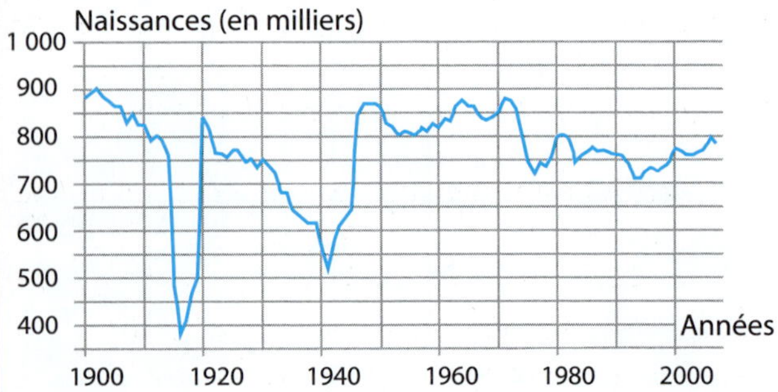

Source : Insee, statistiques de l'état civil.

Répondre aux questions suivantes par lecture graphique en donnant éventuellement des valeurs approchées.

1. Quel a été le nombre de naissances en 1980 ? en 1970 ? en 1950 ? en 1910 ?

2. En quelle année le nombre de naissances était-il le plus élevé ? le plus faible ?

3. En quelles années le nombre de naissances était-il égal à 650 000 ?

4. Durant quelles périodes le nombre de naissances a-t-il chuté brutalement ? Rappeler les faits historiques qui correspondent à ces périodes.

13 Une balle est lancée depuis une hauteur de 7 mètres puis rebondit. Le graphique ci-dessous représente la hauteur de la balle en fonction du temps :

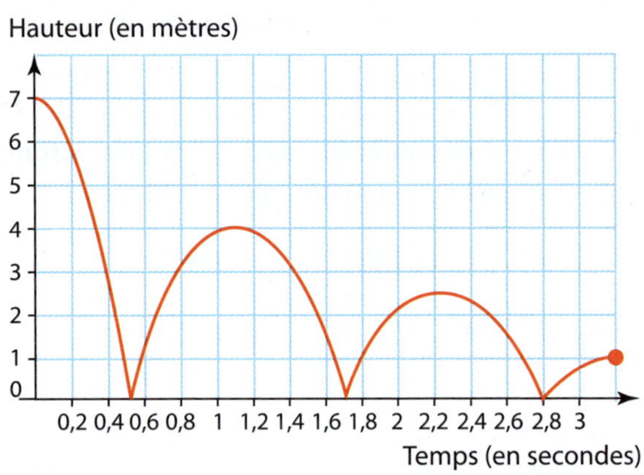

Répondre aux questions suivantes par lecture graphique.

1. Quelle est la hauteur approximative de la balle après 0,2 seconde ? après 0,4 seconde ? après 1 seconde ?

2. Combien de fois la balle se trouve-t-elle à une hauteur de 2 mètres ?

3. Quelle est la hauteur maximale de la balle après le premier rebond ? après deux rebonds ?

4. Après le deuxième rebond, combien de temps faut-il approximativement à la balle pour retoucher le sol ?

14 En partant de son domicile, un cycliste effectue une petite randonnée. Le graphique représente la distance à son domicile en fonction du temps :

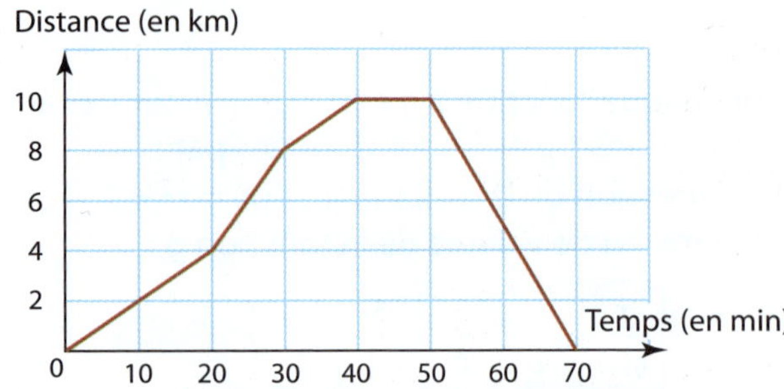

Répondre aux questions suivantes par lecture graphique en donnant éventuellement des valeurs approchées.

1. Quelle est la durée de la randonnée ?

2. Peut-on affirmer que le cycliste rejoindra son domicile ? Expliquer.

3. Quelle distance a parcouru le cycliste ?

4. Que se passe-t-il après 40 minutes de randonnée ?

5. Durant quelle période le cycliste est-il le plus rapide ?

15 Le graphique représente l'évolution du pourcentage de population atteinte par une épidémie de gastro-entérite en fonction du temps :

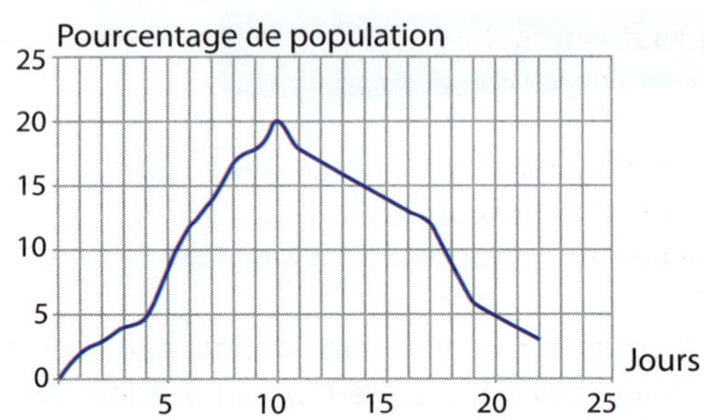

Répondre aux questions suivantes par lecture graphique.

1. Après combien de jours le pourcentage de la population atteinte par la maladie dépasse-t-il 10 % ?

2. Après combien de jours l'épidémie a-t-elle atteint son seuil maximal ?

3. Durant quelle période le pourcentage de la population atteinte est-il supérieur à 5 % ?

4. Après combien de jours le pourcentage de la population atteinte par la maladie repasse-t-il sous la barre des 10 % ?

16 **1.** A est égal au produit d'un nombre x par 7. Exprimer A en fonction de x.

2. B est égal à la somme du carré d'un nombre x et de 5. Exprimer B en fonction de x.

3. C est égal au quotient d'un nombre x par la somme de 4 et de x. Exprimer C en fonction de x.

17 On donne le programme de calcul suivant :

- Choisir un nombre x
- Prendre son double
- Ajouter 5

Exprimer le nombre N obtenu à l'issue du programme de calcul en fonction du nombre x choisi au départ.

18 On donne le programme de calcul suivant :

- Choisir un nombre x
- Prendre son carré
- Diviser par 2
- Ajouter le nombre de départ

Exprimer le nombre N obtenu à l'issue du programme de calcul en fonction du nombre x choisi au départ.

19 **1.** Soit un carré de côté c. Exprimer l'aire du carré en fonction de c.

2. Soit un cercle de rayon r. Exprimer la longueur du cercle en fonction de r.

3. Soit une pyramide de hauteur h dont la base a pour aire 6 cm^2. Exprimer le volume de la pyramide en fonction de h.

20 **1.** Inventer une figure dont l'aire, en fonction de x, s'écrit $3(x + 5)$.

2. Exprimer son périmètre en fonction de x.

3. Calculer son aire et son périmètre lorsque $x = 2$.

21 À tout nombre x, on fait correspondre son carré. Écrire une expression de la fonction f ainsi définie.

22 À tout nombre x, on fait correspondre le quotient de 3 par la somme de ce nombre et de 5. Écrire une expression de la fonction f ainsi définie.

23 À tout nombre x, on fait correspondre la moitié de son cube. Écrire une expression de la fonction f ainsi définie.

24 **1.** Écrire une expression de la fonction f qui, à x, fait correspondre l'aire de la couronne mauve ci-dessous :

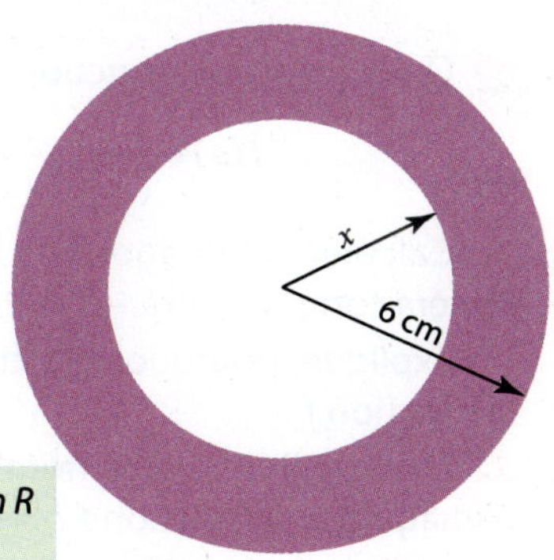

Coup de pouce
L'aire d'un disque de rayon R est égale à πR^2.

2. Pour quelles valeurs de x le calcul de $f(x)$ est-il possible ?

3. Calculer $f(x)$ pour $x = 4$.

Image d'un nombre par une fonction

SOCLE 3e

POUR COMMENCER

25 On considère la fonction f qui, à un nombre, associe son double.
Calculer les images de 2 et -3 par la fonction f.

26 On considère la fonction g qui, à un nombre, associe son carré.
Calculer les images de 3 et -7 par la fonction g.

27 Soit f une fonction. Par cette fonction, on donne :

- $-2 \mapsto 5$
- $-1 \mapsto 6$
- $3 \mapsto 2$
- $5 \mapsto -1$
- $7 \mapsto -3$
- $10 \mapsto 0$
- $12 \mapsto 5$
- $15 \mapsto 6$

1. Quelle est l'image de -1 par la fonction f ?
2. Quelle est l'image de 5 par la fonction f ?
3. Quel nombre a pour image 0 par la fonction f ?
4. Quels nombres ont pour image 6 par la fonction f ?

28 Soit f une fonction telle que :
$f(-5) = 3$; $f(-3) = 5$; $f(0) = 3$; $f(1) = 3{,}5$; $f(3) = 6{,}9$.

1. Quelle est l'image de -3 par la fonction f ?
2. Quelle est l'image de 1 par la fonction f ?
3. Quel nombre a pour image 6,9 par la fonction f ?
4. Quels nombres ont pour image 3 par la fonction f ?

29 Soit f une fonction dont voici un tableau de valeurs :

x	-6	-4	-2	0	2	4	6	8
$f(x)$	4	2	0	-2	$-\frac{7}{3}$	-2	1	$\frac{17}{4}$

1. Quelle est l'image de 2 par la fonction f ?
2. Quelle est l'image de 4 par la fonction f ?
3. Quel nombre a pour image 2 par la fonction f ?
4. Quels nombres ont pour image -2 par la fonction f ?

30 Soit f une fonction. Recopier et compléter le tableau suivant :

L'image de 1 par la fonction f est 2	$f(1) = 2$	$f : 1 \mapsto 2$
L'image de 3 par la fonction f est -1		
	$f(0) = 4$	
	$f(-1) = 5$	
		$f : 6 \mapsto -6$
		$f : -6 \mapsto 6$

31 Traduire chacune des phrases suivantes par l'expression d'une fonction de la forme $x \mapsto \ldots$

1. L'image de x est égale à la somme du double de x et de 4.
2. L'image de x est égale à l'inverse du carré de x.
3. L'image de x est égale à la différence de x et du carré de x.

32 Soit f une fonction dont voici un tableau de valeurs :

x	-4	-2	1	2	3	4	5	6
$f(x)$	5	-2	5	-2	-4	1	1	6

1. Recopier et compléter :

a. $f(1) = \ldots$ **b.** $f : \ldots \mapsto 6$

c. $f(-4) = \ldots$ **d.** $f : -2 \mapsto \ldots$

2. Quels sont les nombres qui ont la même image par la fonction f ?
Dans chaque cas, préciser quelle est cette image.

33 Soit g une fonction dont voici un tableau de valeurs :

x	-10	-5	-4	-2	0	1	3	10
$g(x)$	-6	3	1	10	-5	1	3	-6

1. Recopier et compléter :

a. L'image de -5 par la fonction g est …

b. L'image de … par la fonction g est égale à 10.

c. -4 a pour image … par la fonction g.

2. Quels sont les nombres qui ont la même image par la fonction g ?
Dans chaque cas, préciser quelle est cette image.

34 Soit g une fonction définie par la courbe (C).
Répondre aux questions suivantes par lecture graphique.

1. Quelle est l'image par la fonction g de -9 ?

2. Quels nombres ont pour image 0 par la fonction g ?

3. Peut-on affirmer qu'au moins trois nombres ont pour image -50 par la fonction g ?

4. Pour $-8 < x < -2$, donner la plus grande image par g.

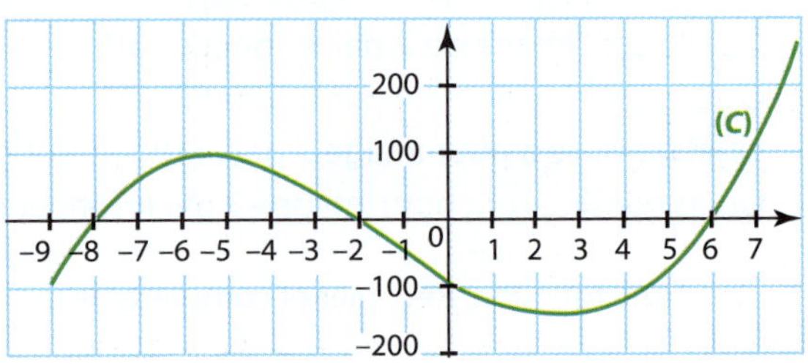

35 Soit f une fonction définie par la courbe (C) :

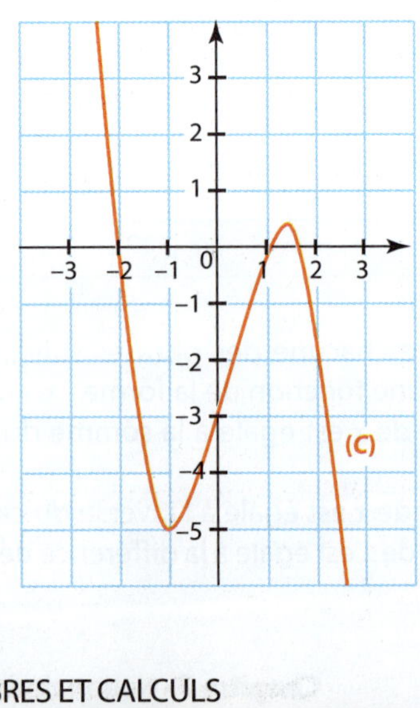

Répondre aux questions suivantes par lecture graphique.

1. Quelle est l'image par la fonction f de -1, de 0 et de 1 ?

2. Quels nombres ont pour image 0 par la fonction f ?

3. Quels nombres ont pour image -4 par la fonction f ?

4. Pour $x < 0$, quelle est la plus petite image par f ?

36 On considère la fonction f définie par :

$$f(x) = \frac{3+x}{5}.$$

Calculer les images de 1, 2, 3 et 4 par la fonction f.

37 On considère la fonction f définie par $f : x \mapsto x^2 - 9$.
Calculer les images de -1, 0, 1 et 3 par la fonction f.

38 On considère la fonction g définie par :

$$g(x) = x^2 + 3x - 4.$$

Calculer $g(-2)$, $g(0)$, $g(5)$ et $g(10)$.

39 **Chercher l'erreur**

On considère la fonction h définie par $h(x) = x^2$.
Quelle est l'image de 9 par la fonction h ?

Voici la réponse d'Octave à cette question :

On remarque que : $h(3) = 3^2 = 9$.
On en déduit que l'image de 9 par la fonction h est égale à 3.

Quelle erreur a-t-il commise ?

40 On considère la fonction f définie par $f(x) = x^4$.
Recopier et compléter :

a. $f(5) = \ldots$ **b.** $f(\ldots) = 81$

c. $f : 10^7 = \mapsto \ldots$ **d.** $f : \ldots\ 10^{20}$

41 On considère la fonction f définie par :

$$f(x) = \frac{3}{x+5}.$$

1. Calculer les images par la fonction f de tous les entiers positifs inférieurs ou égaux à 4.

2. Expliquer pourquoi le nombre -5 n'a pas d'image par la fonction f.

42 On considère la fonction f définie par :

$$f(x) = \frac{1}{(x-6)(x+5)}.$$

1. Calculer les images par la fonction f de tous les entiers compris entre -2 et 2.

2. Expliquer pourquoi le nombre 6 n'a pas d'image par la fonction f.

3. Existe-t-il un autre nombre qui ne possède pas d'image par la fonction f ? Si oui, lequel ?

Coup de pouce
Il est interdit de diviser par zéro !

33 – 35 – 42 Images
49 – 46 – 56 Antécédent

(42)

x	-2	-1	0	1	2
$f(x)$	$-\frac{1}{24}$	$-\frac{1}{28}$	$-\frac{1}{30}$	$-\frac{1}{30}$	$-\frac{1}{28}$

Ant…
par

POUR COMMENCER

43 ci-…

Recopier et compléter :

a. un antécédent de 4 par la fonction *f* est le nombre **…** ;
b. le nombre 4 est un antécédent de **…** par la fonction *f* ;
c. le nombre 0 est un antécédent de **…** par la fonction *f*.

44 Soit *f* une fonction. Par cette fonction, on donne :

- $-6 \mapsto 5$
- $-4 \mapsto 7$
- $-2 \mapsto 11$
- $0 \mapsto 9$
- $2 \mapsto 7$
- $4 \mapsto 2$
- $6 \mapsto -4$
- $8 \mapsto -6$

1. Donner un antécédent de 2 par la fonction *f*.
2. Donner un antécédent de -4 par la fonction *f*.
3. Quel nombre a pour antécédent -6 par la fonction *f* ?

45 Soit *g* une fonction. On donne :
$g(-2) = 2$; $g(-1) = 1$; $g(0) = -2$; $g(1) = 1$; $g(2) = 2$.

1. Donner un antécédent de -2 par la fonction *g*.
2. Donner un antécédent de 2 par la fonction *g*.
3. Quel nombre a pour antécédent 1 par la fonction *g* ?
4. Quelle est l'image de -2 par la fonction *g* ?

46 Soit *h* une fonction dont voici un tableau de valeurs :

x	-10	-6	-2	1	3	5	7	9
$h(x)$	4,6	2	0,5	$-3{,}6$	-6	-2	0,5	5

1. Donner un antécédent de $-3{,}6$ par la fonction *h* .
2. Donner un antécédent de -6 par la fonction *h*.
3. Quel nombre a pour antécédent 5 par la fonction *h* ?
4. Quelle est l'image de -2 par la fonction *h* ?
5. Quel nombre a pour image 5 par la fonction *h* ?

47 Soit *f* une fonction. Recopier et compléter le tableau suivant :

2 est un antécédent de 3 par la fonction *f*	3 est l'image de 2 par la fonction *f*	$f(2) = 3$	$f : 2 \mapsto 3$
-4 est un antécédent de 6 par la fonction *f*			
		$f(3) = 5$	
		$f(-3) = 7$	
			$f : 1 \mapsto -5$

48 On considère la fonction *f* définie par la courbe (*C*).
Lire graphiquement :
a. un antécédent de 1 par la fonction *f* ;
b. un antécédent de -4 par la fonction *f* ;
c. des valeurs approchées de trois antécédents de -1 par la fonction *f*.

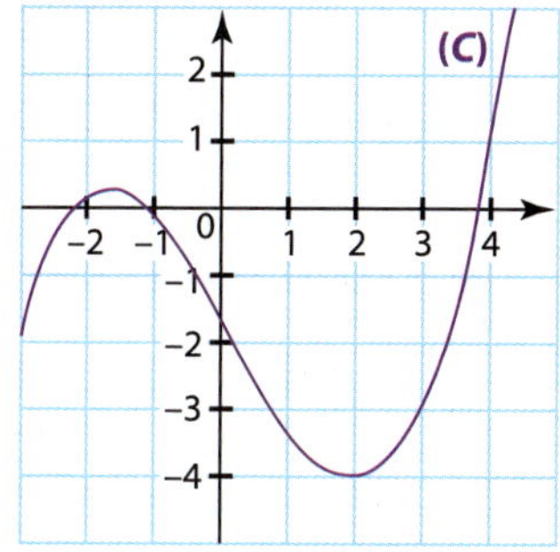

49 On considère la fonction *g* définie par la courbe (*C*).
Lire graphiquement :
a. un antécédent de 3 par la fonction *g* ;
b. des valeurs approchées de deux antécédents de -2 par la fonction *g* ;
c. quatre antécédents de 0 par la fonction *g* ;
d. une valeur approchée de l'image de 1,5 par la fonction *g*.

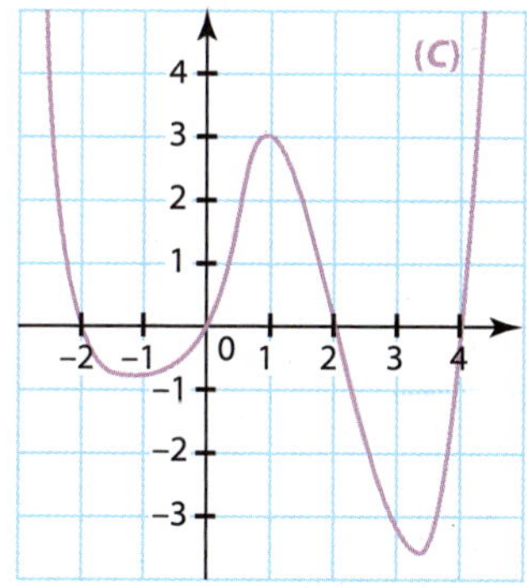

50 Soit *h* une fonction définie par la courbe (*C*).
Lire graphiquement :
a. deux antécédents de -4 par la fonction *h* ;
b. des valeurs approchées de deux antécédents de -5 par la fonction *h* ;
c. deux antécédents de 0 par la fonction *h* ;
d. une valeur approchée de l'image de $-0{,}5$ par la fonction *h*.

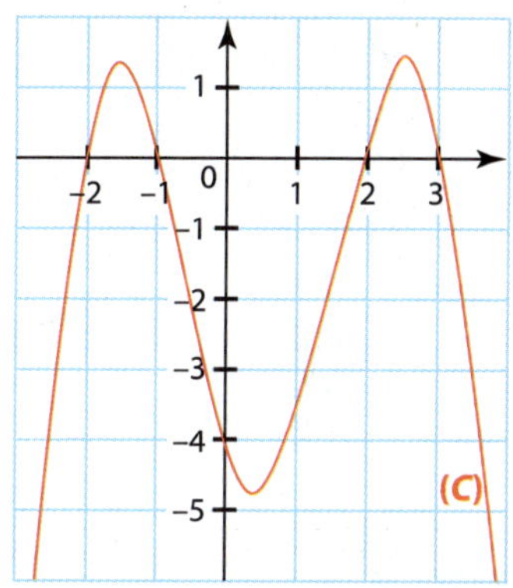

51 Soit *f* une fonction définie par la courbe (*C*).
Lire graphiquement :
a. une valeur approchée d'un antécédent de 1 par la fonction *f* ;
b. l'image de 1 par la fonction *f* ;
c. une valeur approchée d'un antécédent de 2 par la fonction *f* ;
d. une valeur approchée de l'image de 2 par la fonction *f*.

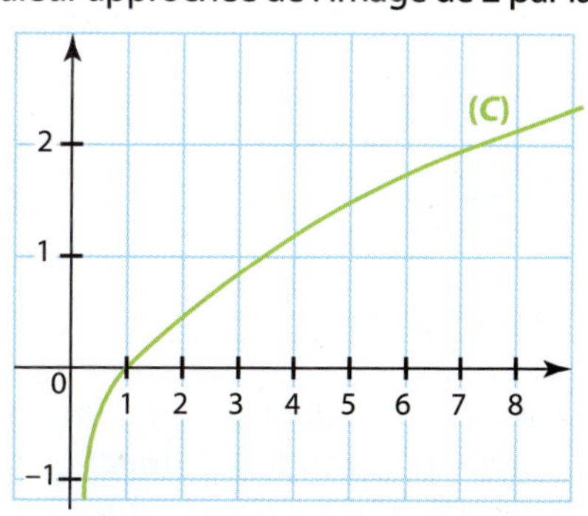

52 **Chercher l'erreur**

Le professeur Myriadus a donné à Franck l'exercice suivant : « Soit *f* une fonction définie par la courbe (*C*). Lire graphiquement un antécédent de 2 par la fonction *f*. »

Voici la solution de Franck :

Le tracé que j'ai effectué sur le graphique me permet de conclure qu'un antécédent de 2 par la fonction f est égal à 3.

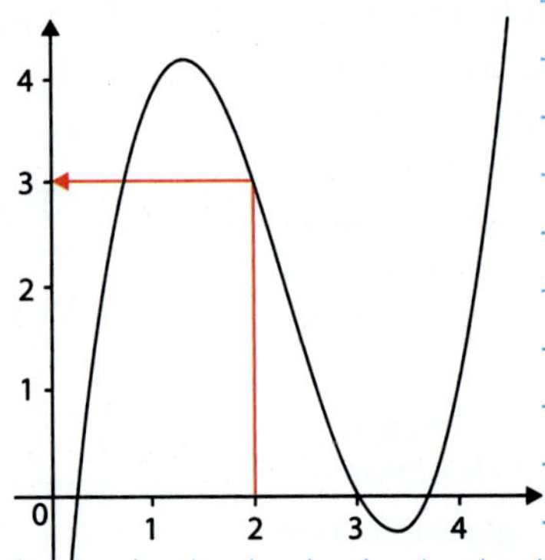

Mais elle est fausse, quelle erreur a-t-il commise ?

53 On considère la fonction *f* définie par $f(x) = 3x^2 + 1$.

1. Quelle affirmation est exacte ?

a. 28 est un antécédent de 3 par la fonction *f* ;

b. 3 est un antécédent de 28 par la fonction *f*.

2. Parmi les nombres suivants, quels sont les antécédents de 4 : -1 ; 0 ; 1 ; 2 ?

3. Expliquer pourquoi 0 n'a pas d'antécédent par la fonction *f*.

54 On considère les trois fonctions suivantes :

$f(x) = 4x - 5$; $g(x) = 9 - x^2$; $h(x) = \dfrac{x+2}{x-2}$.

Recopier et compléter les phrases suivantes :

a. 3 est un antécédent de 0 par la fonction …

b. 3 est l'image de 2 par la fonction …

c. 6 est un antécédent de 2 par la fonction …

d. 0 a pour image -1 par la fonction …

e. 15 a pour antécédent 5 par la fonction …

55 **VRAI ou FAUX**

Soit *f* une fonction dont voici un tableau de valeurs :

x	-6	-5	-4	-3	-2	-1
$f(x)$	1	2	3	4	5	6

a. 4 est un antécédent de -3 par la fonction *f*.

b. -2 est un antécédent de 5 par la fonction *f*.

c. -5 a pour antécédent 2 par la fonction *f*.

d. 4 est l'image de -3 par la fonction *f*.

e. -2 a pour image 5 par la fonction *f*.

56 Soit *f* et *g* des fonctions dont voici un tableau de valeurs :

x	-7	-5	-3	-1	1	3
$f(x)$	4	2,6	7	9	8,2	7
$g(x)$	7	8,2	7,5	4	2,6	-3

Recopier et compléter :

a. 3 est un antécédent de … par la fonction *f*.

b. 8,2 est … de -5 par la fonction *g*.

c. 1 est … de 2,6 par la fonction …

d. … est un antécédent de 9 par la fonction …

e. 7 est … de -3 par la fonction …

À l'oral

Pour les exercices 57 à 59, on utilisera les quatre courbes ci-dessous.

On a tracé les courbes (C_1), (C_2), (C_3) et (C_4) représentatives de quatre fonctions :

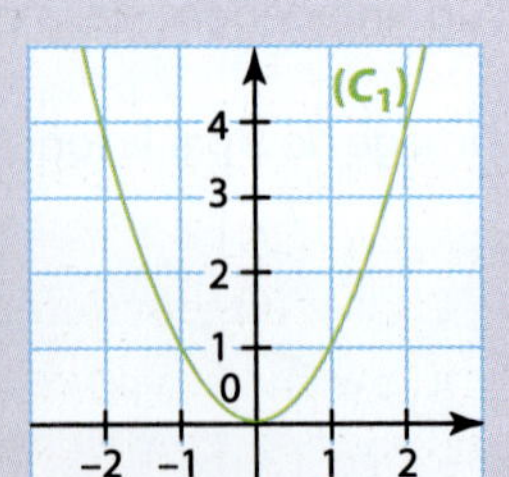

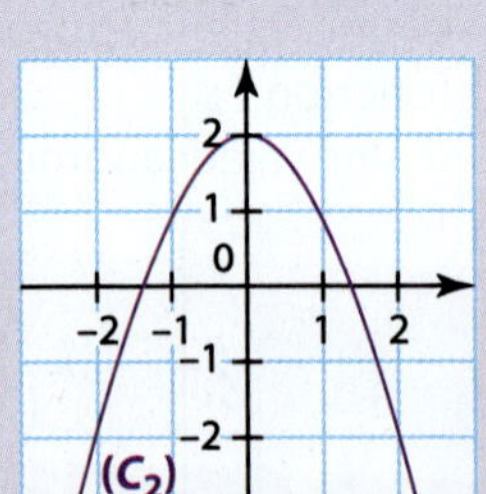

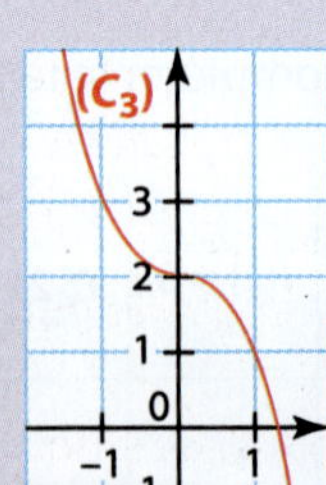

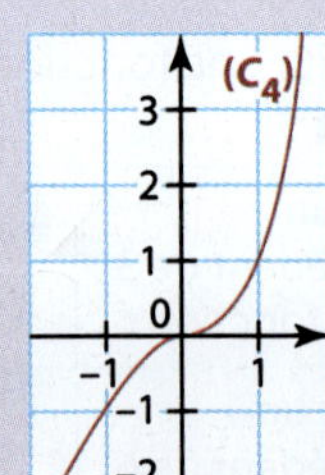

57 Lire graphiquement les images des nombres -2, -1, 0, 1 et 2 par la fonction dont la courbe représentative est (C_1).

58 Lire graphiquement sur la courbe (C_2) des antécédents des nombres -2, 1 et 2 par la fonction correspondante.

59 On donne : $f(1) = 1$; $g(0) = 0$; $g(2) \neq 4$; $h(0) = 2$; $k(-2) = -2$.

Associer à chaque fonction *f*, *g*, *h* et *k* la courbe représentative (C_1), (C_2), (C_3) et (C_4) correspondante.

60 On donne le programme de calcul suivant :

> Choisir un nombre
> • Multiplier ce nombre par 3
> • Ajouter le carré du nombre choisi
> • Multiplier par 2
> Écrire le résultat

1. Montrer que, si l'on choisit le nombre 10, le résultat obtenu est 260.

2. Calculer la valeur exacte du résultat obtenu lorsque :

• le nombre choisi est −5 ; • le nombre choisi est $\frac{2}{3}$;

• le nombre choisi est $\sqrt{5}$.

3. Quels nombres peut-on choisir pour que le résultat obtenu soit 0 ?

La Réunion et Mayotte, 2008

61 On donne un programme de calcul :

> • Choisir un nombre
> • Lui ajouter 4
> • Multiplier la somme obtenue par le nombre choisi
> • Ajouter 4 à ce produit
> • Écrire le résultat

1. Écrire les calculs permettant de vérifier que, si l'on fait fonctionner ce programme avec le nombre −2, on obtient 0.

2. Donner le résultat fourni par le programme lorsque le nombre choisi est 5.

3. a. Faire deux autres essais en choisissant à chaque fois un nombre entier et écrire le résultat obtenu sous la forme du carré d'un autre nombre entier (les essais doivent figurer sur la copie).

b. En est-il toujours ainsi lorsqu'on choisit un nombre entier au départ de ce programme de calcul ? Justifier la réponse.

4. On souhaite obtenir 1 comme résultat. Quels nombres peut-on choisir au départ ?

La Réunion et Mayotte, 2007

62 On donne le programme de calcul suivant :

> • Choisir un nombre
> • Ajouter 1
> • Calculer le carré du résultat obtenu
> • Soustraire le carré du nombre de départ
> • Soustraire 1

1. a. Effectuer ce programme lorsque le nombre choisi est 10 et montrer qu'on obtient 20.

b. Effectuer ce programme lorsque le nombre choisi est -3 et montrer qu'on obtient -6.

c. Effectuer ce programme lorsque le nombre choisi est 1,5.

2. Quelle conjoncture peut-on faire à propos du résultat fourni par ce programme de calcul ?

Asie, Juin 2011

63 Le directeur d'un théâtre sait qu'il reçoit environ 500 spectateurs quand le prix d'une place est de 20 €. Il a constaté que chaque réduction de 1 euro du prix d'une place attire 50 spectateurs de plus.

(Les parties 1 et 2 sont indépendantes).

Partie 1

1. Recopier et compléter le tableau 1 suivant :

Réduction en €	Prix de la place en €	Nombre de spectateurs	Recette du spectacle
0	20	500	20x500=10000
1	19	...	... = ...
...	...	600	... = ...
...	16	...	... = ...

2. On appelle x le montant de la réduction (en €). Recopier et compléter le tableau 2 suivant :

Réduction en €	Prix de la place en €	Nombre de spectateurs	Recette du spectacle
x	...	...	...

3. Développer l'expression de la recette obtenue à la question **2**.

Partie 2

Le directeur de la salle souhaite déterminer le prix d'une place lui assurant la meilleure recette. Il utilise la fonction R donnant la recette (en €) en fonction du montant x de la réduction (en €).

Sa courbe représentative est donnée ci-dessous :

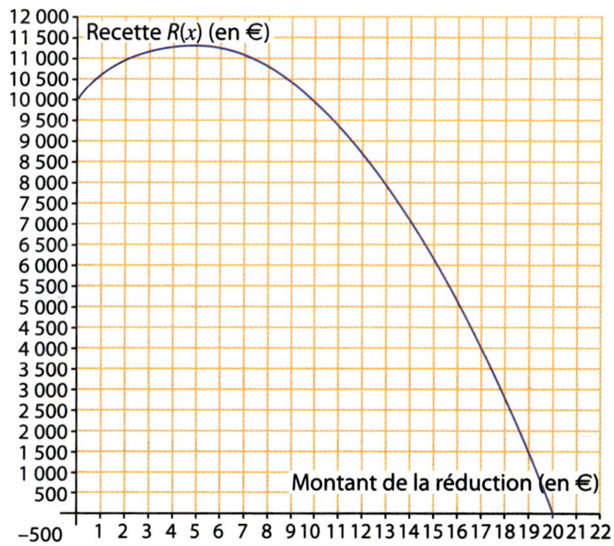

Par lecture graphique, répondre aux questions ci-dessous (on attend des valeurs approchées avec la précision permise par le graphique).

1. Quelle est la recette pour une réduction de 2 € ?

2. Quel est le montant de la réduction pour une recette de 4 050 € ? Quel est alors le prix d'une place ?

3. Quelle est l'image de 8 par la fonction R ? Interpréter ce résultat pour le problème.

4. Quelle est la recette maximale ? Quel est alors le prix de la place ?

Amérique du Nord, 2011 (Extrait)

82 Danger caillou !

Le petit Paulo lance un caillou verticalement et vers le haut. Le graphique ci-dessous représente la hauteur du caillou en fonction du temps :

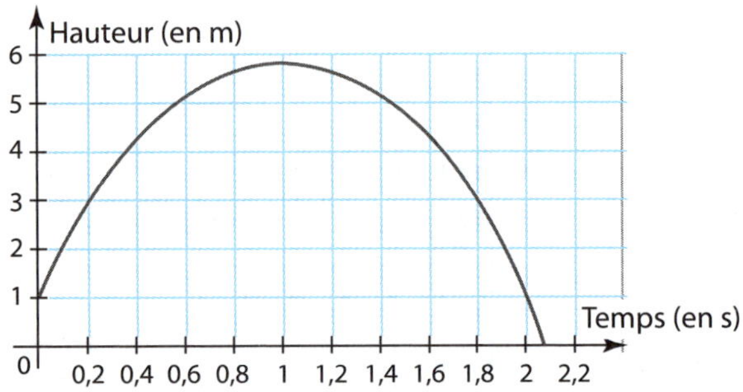

Répondre aux questions suivantes par lecture graphique en donnant éventuellement une valeur approchée.

1. Quelle est la hauteur du caillou après une demi-seconde ? après une seconde et demi ?

2. Durant combien de temps le caillou se trouve-t-il à plus de 5 mètres du sol ?

3. Quelle est la hauteur maximale du caillou ? Combien de temps met-il pour atteindre cette hauteur ?

4. Le petit Paulo mesure 1 mètre. Au bout de combien de temps prendra-t-il le caillou sur la tête ?

83 Géographie

Les tableaux ci-dessous présentent l'évolution de la population mondiale en millions d'habitants :

Années	200	400	600	800	1000	1200	1400	1600	1800
Millions d'hab.	250	200	200	225	250	400	375	575	950

Années	1900	1950	1960	1970	1980	1990	2000	2010
Millions d'hab.	1 650	2 525	3 025	3 700	4 450	5 275	6 100	6 850

1. Sur papier millimétré, représenter les données du tableau par une courbe correspondant au nombre d'habitants en fonction des années. On prendra :
- 1 cm en abscisse pour 100 ans ;
- 1 cm en ordonnée pour 250 millions d'habitants.

2. Commenter l'allure de la courbe à partir de 1900 et en donner une interprétation démographique.

3. La peste noire a ravagé une partie de l'Europe. À l'aide du graphique, retrouver l'époque où elle a sévi.

84 Programmes de calcul

On donne les programmes de calculs suivants :

Programme 1
- Choisir un nombre
- Prendre son carré
- Ajouter 5

Programme 2
- Choisir un nombre
- Ajouter 5
- Élever au carré

1. Appliquer les deux programmes en choisissant le nombre 3 au départ.

2. On considère les deux fonctions f et g définies par $f(x) = (x + 5)^2$ et $g(x) = x^2 + 5$.
Associer chacune des fonctions f et g à l'un des programmes de calcul ci-dessus.

3. On considère la fonction h définie par $h(x) = (x + 3)^2$.
Écrire un programme de calcul correspondant à la fonction h.

85 Avec des puissances

On considère les fonctions f et g définies par $f(x) = \frac{1}{x^3}$ et $g(x) = 2x^4$.

1. Calculer les images par la fonction f des nombres suivants : $\frac{1}{2}$; $\frac{2}{3}$; 10^3 et 10^{-6}.

Coup de pouce
$(a^n)^p = a^{n \times p}$ *et* $\frac{1}{a^n} = a^{-n}$.

2. Calculer les images par la fonction g des nombres suivants : 10^3 ; 10^{-5} ; 2×10^5 et 3×10^{-4}.
On donnera les résultats en écriture scientifique.

Coup de pouce
L'écriture scientifique d'un nombre positif non nul se présente sous la forme $a \times 10^n$, où $1 \leqslant a < 10$.

86 Fonctions et calculatrice

1. À l'aide de la calculatrice, déterminer les images de toutes les valeurs entières comprises entre 1 et 6 prises par la fonction $f : x \mapsto x^2 + 1{,}8x - 16$. → Calculatrice 14

2. À l'aide de la calculatrice, recopier et compléter le tableau de valeurs. → Calculatrice 14

x	3	3,1	3,2	3,3	3,4	3,5	3,6
$f(x)$							

3. En déduire une solution de l'équation $x^2 + 1{,}8x - 16 = 0$.

87 Tracé d'une courbe point par point

1. À l'aide de la calculatrice, recopier et compléter le tableau de valeurs suivant qui donne les images par f des nombres compris entre – 1,2 et 2 avec un pas de 0,2. → Calculatrice 14

x	– 1,2	– 1	– 0,8	– 0,6		…		1,8	2
$f(x) = x^2 - 3x$						…			

2. Représenter graphiquement les données du tableau dans un repère.
On prendra : 1 cm en abscisse pour 0,2 unité ; 1 cm en ordonnée pour 0,5 unité.

88 Points sur une courbe

On considère la fonction g définie par $g(x) = \dfrac{x-6}{5-x}$.

1. Quelle est l'image de 6 par la fonction g ?
En déduire que le point A(6 ; 0) appartient à la courbe représentative (C) de la fonction g.
2. Démontrer que le point B(4 ; – 2) appartient à la courbe (C).
3. Le point K(10 ; –1) appartient-il à la courbe (C) ?
4. Expliquer pourquoi il n'existe pas de point d'abscisse 5 qui appartient à la courbe (C).

89 Sciences physiques

Pour calculer la vitesse moyenne v (en km/h) d'un véhicule parcourant une distance d (en km) pendant une durée t (en h), on utilise la formule : $v = \dfrac{d}{t}$.

Odette a parcouru une distance de 500 km.

1. Donner une expression de la fonction v qui donne la vitesse moyenne d'Odette en fonction de la durée en heures t de son parcours.
2. Calculer $v(5)$, $v(6)$ et $v(7)$.
3. Calculer l'image de $t = 330$ min par la fonction v.
4. Calculer l'image de $t = 380$ min par la fonction v.
5. **a.** Résoudre l'équation $\dfrac{500}{t} = 80$.

b. En déduire un antécédent de 80 par v.

c. Donner une interprétation du résultat précédent en lien avec le trajet d'Odette.

90 La piscine

On a représenté ci-dessous une piscine rectangulaire ABCD entourée d'une zone recouverte de dalles sur une largeur de 2 m.
La surface totale, piscine et dalles, est égale à 400 m².

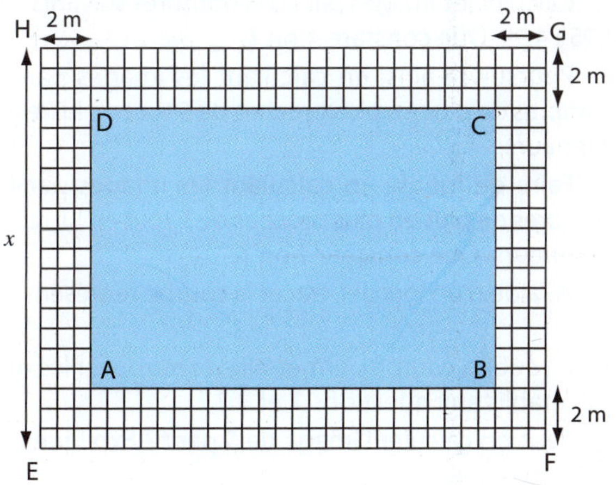

1. Si l'on pose EH = x, démontrer que $EF = \dfrac{400}{x}$.
2. Démontrer que la fonction A qui donne la surface de la piscine ABCD en fonction de x est définie par :

$$A(x) = (x-4)\left(\frac{400}{x} - 4\right)$$

3. Recopier et compléter ce tableau de valeurs :

x	5	7,5	10	12,5	15	17,5	20	22,5	25	27,5	30
$A(x)$											

4. Tracer la courbe représentative de la fonction A dans un repère.
On prendra : en abscisse 1 cm pour 5 unités ;
en ordonnée 1 cm pour 10 unités.
5. Déterminer graphiquement une valeur approchée de x pour laquelle l'aire de la piscine semble être maximale.

91 Bremsweg

Der Bremsweg « f » eines Fahrzeugs (in Metern) ist abhängig von seiner Geschwindigkeit « v » (in Stundenkilometern km/h).
Auf trockener straβe wird der Bremsweg aus der Formel berechnet : $f(v) = \dfrac{v^2}{155}$.

1. Erganzen Sie die folgende Wertetafel :

v	20	40	60	80	100	120	140	160
$f(v)$								

2. Stellen Sie grafisch die Werte der Tafel dar :
• abzissenachse 1 cm für 10 km/h ;
• Ordinateachse 1 cm für 10 m.
Die Punkte werden freihändig zusammengesetzt.
3. Kann man behaupden, daβ sich der Bremsweg eines Fahrzeugs proportional zu seiner Geschwindigkeit verhält ?

92 Séquences of calculations

We consider the following sequence of calculations :

- Chose a number
- Add 1 to it
- Multiply the result by 4
- Divide the reduct by 2
- Substract 2 from the quotient

1. Choose your age as start number of the above sequence.
2. Choose your height as start number of the above sequence.
3. What can we assume about this sequence ?
4. Prove this assumption.

Exercices d'approfondissement

Pour chercher

93 Le verre à pied

On dispose d'un verre à pied qui a la forme d'un cône de révolution de hauteur 6 cm. On appelle x le rayon de sa base.

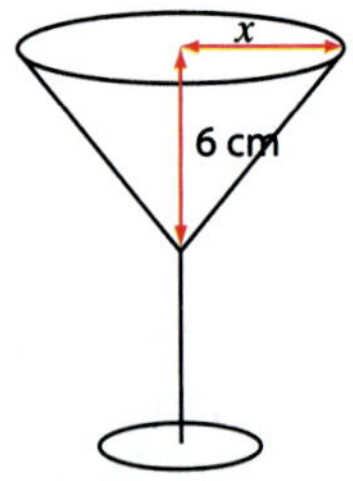

1. Démontrer que la fonction V qui donne le volume du verre en fonction de x est définie par : $V(x) = 2\pi x^2$.

2. Le volume du verre est-il proportionnel au rayon de la base ?

3. Calculer l'image par V des nombres 3, 5 et 7. On donnera les valeurs exactes et les valeurs arrondies à 10^{-2} près.

4. Trouver un antécédent de 32π et représenter dans ce cas une vue de face du verre à pied.

94 Problème ouvert

Les quatre récipients ci-dessous ont le même volume et la même hauteur :

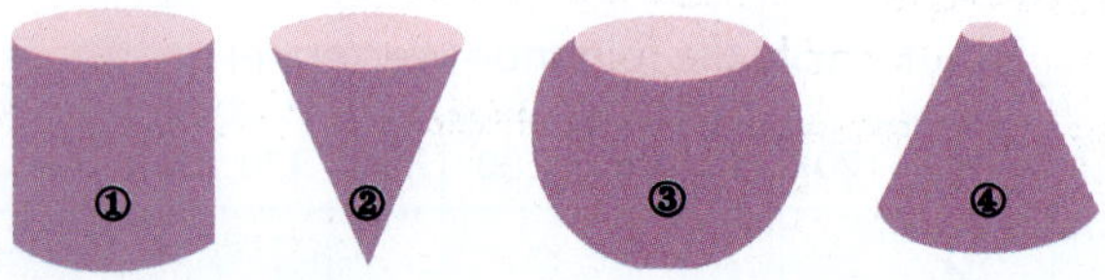

On les remplit à ras bord avec un même robinet dont le débit est constant. Puis on trace les courbes représentant la hauteur d'eau dans le récipient en fonction du temps de remplissage.

Associer chaque récipient à sa courbe.

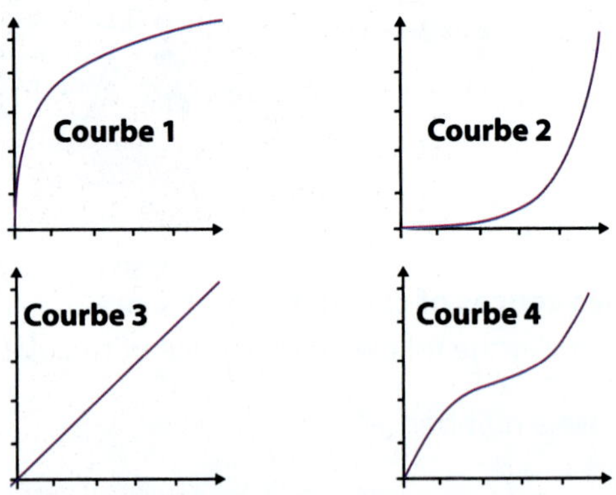

95 Le défi

On donne la fonction $f : x \mapsto \dfrac{1}{x}$.

Calculer $f(f(f(2)))$.

96 L'énigme

On considère trois fonctions f, g et h telles que :

$$f(x) = g(x) \quad \text{et} \quad g(x) = h(x) + 5.$$

Si $h(0) = 4$, quelle est l'image de 0 par f ?

Vers la Seconde

97 Résolution graphique d'une équation

Soit f et g deux fonctions. On a tracé la courbe représentative (C_1) de f et la courbe représentative (C_2) de g :

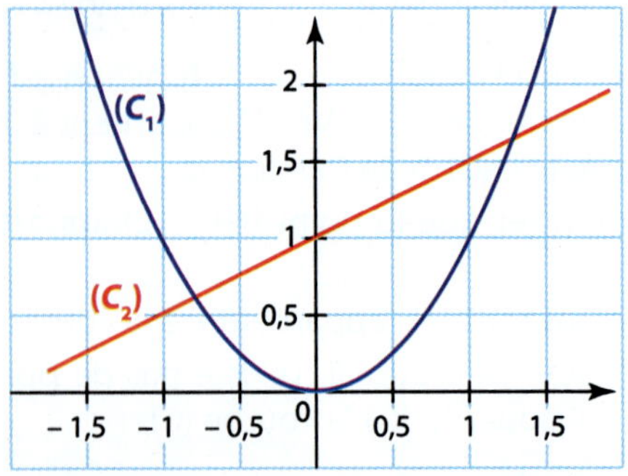

1. En s'aidant des graphiques, associer chacune des expressions suivantes aux fonctions f et g :

$$x \mapsto \frac{x}{2} + 1 \quad \text{et} \quad x \mapsto x^2.$$

2. Peut-on affirmer que l'image de 1 par la fonction f est égale à l'image de 1 par la fonction g ? Expliquer.

3. Existe-t-il au moins un nombre dont son image par la fonction f est égale à son image par la fonction g ?

4. En déduire deux valeurs approchées de x pour lesquelles $\dfrac{x}{2} + 1 = x^2$.

En classe de Seconde, tu apprendras à résoudre graphiquement des équations.

98 Fonction homographique

On considère la fonction f définie par :

$$f(x) = \frac{x+3}{x-5}.$$

1. Calculer les images par f des nombres suivants : 4,9 ; 4,95 ; 4,99. Que constate-t-on ?

2. Poursuivre ainsi en calculant les images par f de nombres de plus en plus proches de 5 tout en lui restant inférieurs.

3. Faire de même en calculant les images par f de nombres de plus en plus proches de 5 tout en lui restant supérieurs. Que constate-t-on ?

4. À l'aide d'un logiciel, tracer la courbe représentative de f.

5. En quoi la courbe permet-elle de retrouver les résultats établis aux questions **2** et **3** ?

6. Peut-on calculer l'image de 5 par f ? Expliquer.

Une telle fonction s'appelle une fonction homographique.

Devoir à la maison

1 Courbe point par point

1. Recopier et compléter le tableau suivant :

x	x^2	$\frac{x^2}{2}$	$\frac{x^2}{2}+5$	$3x$	$f(x)=\frac{x^2}{2}+5-3x$
0					
1					
2	4	2	7	6	1
3					
4					
5					
6					
7					
8					
9					
10					

2. Pourquoi le point de coordonnées (2 ; 1) appartient-il à la courbe représentative de la fonction f ?

3. Dans un repère, placer les points de la courbe de la fonction f correspondant aux différentes valeurs de x du tableau.

2 Images et antécédents

On considère trois fonctions f, g et h définies par

$f(x)=3x^2$, $g(x)=5x-9$ et $h(x)=\frac{1}{x+6}$.

1. Ranger les nombres suivants dans l'ordre croissant :
$f(0)$, $g(0)$ et $h(0)$.

2. Ranger les nombres suivants dans l'ordre décroissant :
$f(-1)$, $g(-1)$ et $h(-1)$.

3. Comparer les images de 2 par la fonction g et par la fonction h.

4. a. Résoudre les équations suivantes :

$5x-9=1$ et $\frac{1}{x+6}=1$.

b. Peut-on en déduire que les antécédents de 1 par les fonctions g et h sont égaux ? Expliquer.

5. Expliquer pourquoi -6 ne possède pas d'antécédent par h.

6. Expliquer pourquoi f ne possède pas d'antécédent de nombre négatif.

DU CÔTÉ DU SITE COMPAGNON

http://www.bordas-myriade.fr

Des hauts et des bas

Le *Silver Star* du parc de loisirs *Europa Park* en Allemagne est la plus haute montagne russe d'Europe.
Les **courbes** de ce grand huit qui culminent à 73 mètres emmènent le train dans une chute vertigineuse qui lui permet d'atteindre la vitesse de 130 km/h.
Les forces centrifuges exercées sur les armatures sont considérables.
Pour cette raison, lors de la conception d'un grand huit, **l'étude des courbes** est confiée à des mathématiciens.

Rendez-vous sur le site compagnon pour découvrir quelques courbes mathématiques remarquables et apprendre à les construire.

★ Niveau de difficulté technique ★ Niveau de difficulté mathématique

Avec un ordinateur

★☆☆ ★☆☆

1 PROGRAMMES DE CALCUL ET FONCTIONS — 40 min

OBJECTIF : *Conjecturer un résultat à l'aide de programmes de calcul puis démontrer qu'une même fonction peut posséder différentes expressions algébriques.*

On considère les trois programmes de calcul suivants :

Programme A
- Choisir un nombre
- Ajouter 10
- Multiplier le résultat précédent par le nombre de départ

Programme B
- Choisir un nombre
- Ajouter 5
- Élever le résultat au carré
- Soustraire 25

Programme C
- Choisir un nombre
- L'élever au carré
- Ajouter au résultat précédent le produit de 10 par le nombre de départ

1. Quel résultat donne le programme A si le nombre choisi au départ est 5 ? Même question pour le programme B et le programme C.

2. a. À l'aide d'un tableur, calculer les résultats donnés par le programme A pour tous les nombres entiers compris entre 0 et 100. → *Tableur 1, 2 et 3*

b. Même question pour le programme B et le programme C.

c. À partir des résultats précédents, quelle conjecture peut-on faire ?

	A	B	C
1	Programme A		
2	Nombre choisi	Etape 1	Etape 2
3	1	11	11
4	2	12	24
5	3	13	39
6	4	14	56

3. Pour la suite, x désigne le nombre choisi au départ.
On appelle f la fonction exprimant le résultat obtenu à l'aide du programme A, g la fonction exprimant le résultat obtenu à l'aide du programme B et h la fonction exprimant le résultat obtenu à l'aide du programme C.

a. Justifier que $f(x) = x(x + 10)$.

b. Écrire les expressions des fonctions g et h.

c. Démontrer alors le résultat conjecturé à la question **2. c.**

★☆☆ ★☆☆

2 LA BALLE DE TENNIS — 30 min

OBJECTIFS : *Utiliser un logiciel pour représenter graphiquement une situation et effectuer des lectures graphiques.*

Une machine lance une balle de tennis vers un joueur. On note t le temps (en secondes) qui s'est écoulé depuis que la balle a été lancée par la machine.
La hauteur h (en mètres) de la balle est donnée, en fonction de t, par la fonction h définie par $h(t) = -10t^2 + 12t$.

1. À l'aide d'un logiciel, tracer la représentation graphique de la fonction h. → *Géométrie 26*

2. Placer un point mobile sur la courbe et afficher ses coordonnées. → *Géométrie 2*

3. Répondre graphiquement aux questions suivantes en déplaçant le point :

a. À quel instant t la balle retombe-t-elle au sol ?

b. À quel instant t la balle atteint-elle une hauteur de 2 mètres ?

c. À quel instant t la balle atteint-elle sa hauteur maximale ? Quelle est cette hauteur ?

4. Vérifier par le calcul les résultats conjecturés aux questions **3. a** et **3. b**.

À la fin du manuel, retrouve tes Fiches méthode TICE Tableur Géométrie Calculatrice

3 L'ENCLOS DE MATHILDE

★★☆ ★☆☆ 30 min

OBJECTIF : *Résoudre graphiquement à l'aide d'un logiciel un problème d'aire maximale.*

Mathilde veut construire un petit enclos rectangulaire pour son lapin. Son papi lui fournit 6,5 m de grillage. En plaçant l'enclos contre le mur de son jardin, le grillage ne délimitera que trois côtés.

Mathilde place un premier poteau A contre le mur. Elle veut déterminer à quelle distance x placer le poteau B pour que la surface de l'enclos soit maximale (voir schéma ci-contre).

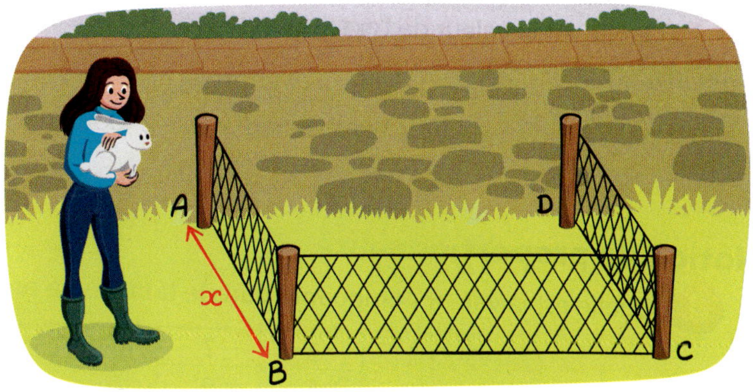

1. Calculer l'aire de l'enclos pour $x = 2$ m.

2. Exprimer la longueur BC en fonction de x.

3. On considère la fonction A exprimant l'aire de l'enclos en fonction de x.
Démontrer que $A(x) = 6{,}5x - 2x^2$.

4. **a.** À l'aide d'un logiciel, tracer la représentation graphique de la fonction A. → Géométrie 26
b. Placer un point mobile sur la courbe et afficher ses coordonnées. → Géométrie 2

5. **a.** Déterminer graphiquement une valeur approchée de x pour laquelle la surface de l'enclos est maximale.
b. En déduire les dimensions de l'enclos de Mathilde dans ce cas.
c. Quelle est alors la surface de l'enclos ?

4 LA BOÎTE NOIRE DU CHAPITRE 7

Téléchargement

BOITE NOIRE

La « boîte noire » du tableur de ce chapitre est un calcul mystérieux !
Le but de l'activité est de retrouver ce calcul pour percer le mystère…
Pour cela, on peut saisir des nombres, mais aussi utiliser des formules qui aident dans la recherche.

1. Télécharger sur le site compagnon le fichier « boite_noire_07 » et l'ouvrir.

2. Saisir dans la cellule verte un nombre et observer dans la cellule grise le résultat de la boîte noire.

3. Faire plusieurs observations puis chercher le calcul mystérieux de la boîte noire.

4. Pour tester un calcul, saisir dans la cellule jaune la formule correspondante et observer si le résultat obtenu est le même que celui de la cellule grise.

5. Tester plusieurs exemples pour vérifier que les programmes de la boîte noire et de la boîte rouge donnent les mêmes résultats.

6. Écrire sur une feuille le programme de calcul qui semble être celui de la boîte noire.

Activités

1 Découvrir les fonctions linéaires

1. Recopier et compléter le tableau de proportionnalité suivant :

−5	0	4	10

×5

2. On désigne par x un nombre de la première ligne. Écrire une expression de la fonction f donnant les nombres de la deuxième ligne en fonction de x.
Une fonction de la forme $x \mapsto ax$, où a est un nombre donné, est appelée ***fonction linéaire****.*

3. La fonction f trouvée en **2.** est-elle linéaire ?

4. Associer, à chacune des fonctions linéaires suivantes, un programme de calcul du type « Je multiplie … par … » : • $g(x) = 7x$ • $h(x) = 3x$ • $k(x) = \frac{1}{2}x$

5. Pour chacun des tableaux de proportionnalité suivants, écrire une expression algébrique d'une fonction linéaire où les nombres de la deuxième ligne sont les images des nombres de la première :

a.

x	5	7
$m(x)$	15	21

b.

x	3	5
$n(x)$	−6	−10

c.

x	−4	3
$p(x)$	10	−7,5

2 Découvrir les fonctions affines

Avec la carte *Reduk*, collégiens et lycéens ne payent que 2 € l'entrée pour tout spectacle de leur commune. Cette carte coûte 12 €.

1. Si Thierry va voir 15 spectacles cette année, vérifier que cela lui coûtera 42 €.

2. a. Recopier et compléter le tableau suivant :

Nombre de spectacles auxquels Thierry a assisté	5	8	10	15	20
Prix payé (en euros)				42	

b. S'agit-il d'un tableau de proportionnalité ? Expliquer.

3. On désigne par x le nombre de spectacles auxquels Thierry a assisté durant l'année. Exprimer le prix total $f(x)$ qu'il a payé en fonction du nombre x de spectacles vus.
Une fonction de la forme $x \mapsto ax + b$, où a et b sont deux nombres donnés, est appelée ***fonction affine****.*

4. a. La fonction f trouvée à la question **3.** est-elle affine ?

b. Décrire la fonction f par un programme de calcul du type « Je multiplie … par … et j'ajoute … »

3 Représenter graphiquement une fonction affine

Téléchargement

On considère la fonction f définie par $f(x) = 2x + 3$.

1. Recopier et compléter le tableau suivant :

x	−3	−2	1	2	4	5
$f(x)$	…	…	…	…	…	…
Points de coordonnées $(x\ ;\ f(x))$	(−3 ; …)	…	…	…	…	…

Un point de coordonnées $(x\ ; f(x))$ appartient à la représentation graphique de la fonction f.

2. **a.** Dans un repère, placer les points de coordonnées $(x ; f(x))$ du tableau.

b. Quelle semble être la nature de la représentation graphique de la fonction f ? Tracer cette représentation.

La représentation graphique d'une fonction affine est une droite.

3. **a.** Démontrer que le point de coordonnées (0 ; **3**) appartient à la droite qui représente la fonction f définie par $f(x) = 2x + 3$.

b. *Pour la fonction f définie par $f(x) = ax + b$, le nombre **b** s'appelle l'**ordonnée à l'origine**.*

Justifier l'expression « ordonnée à l'origine » utilisée pour le coefficient **b**.

c. Plus généralement, démontrer que le point de coordonnées (0 ; **b**) appartient à la droite qui représente la fonction $f : x \mapsto ax + b$.

4. **a.** Démontrer que, pour la fonction f définie par $f(x) = 2x + 3$, si x augmente de 1, alors $f(x)$ augmente de **2**.

b. *Pour la fonction f définie par $f(x) = ax + b$, le nombre **a** s'appelle le **coefficient directeur**.*

Démontrer que pour la fonction $f : x \mapsto ax + b$, si x augmente de 1, alors $f(x)$ augmente de **a**.

4 Fonction linéaire et pourcentage

Augmentations

Les parents de Mona et Lisa annoncent une bonne nouvelle à leurs deux filles :
« À partir du mois prochain, nous augmenterons votre argent de poche de 15 %. »

On désigne par x le montant de l'argent de poche avant augmentation.

1. Exprimer, en fonction de x, l'augmentation de l'argent de poche.

2. Exprimer, en fonction de x, le nouveau montant de l'argent de poche.

3. Démontrer que l'on peut obtenir le nouveau montant en multipliant l'ancien par $1 + \frac{15}{100}$.

4. En déduire que le nouveau montant peut s'exprimer par la fonction linéaire f telle que $f(x) = 1{,}15x$.

5. L'aînée, Mona, reçoit actuellement 20 € et sa petite sœur Lisa 12 €.

Calculer le nouveau montant de l'argent de poche de chacune des filles.

Réductions et augmentations

6. Mathilda tient un magasin de maillots de bain. À la période des soldes, elle accorde une remise de 30 % sur tous ses maillots.

a. Par combien faut-il multiplier l'ancien prix des maillots pour obtenir le prix soldé ?

b. Mathilda expose en vitrine ses maillots préférés avec une étiquette indiquant leur ancien prix. Pour chacun d'eux, calculer le prix après remise.

7. **a.** Démontrer que, pour diminuer un nombre de t %, on le multiplie par $1 - \frac{t}{100}$.

b. Démontrer que, pour augmenter un nombre de t %, on le multiplie par $1 + \frac{t}{100}$.

2 Déterminer une fonction affine

Animation

Énoncé

f est une fonction affine telle que $f(1) = -1$ et $f(3) = 5$.
Donner une expression algébrique de la fonction f.

Solution commentée

f est une fonction affine, elle s'écrit donc sous la forme $f(x) = ax + b$.

ÉTAPE 1 Calcul du coefficient directeur a

Tu appliques la formule du cours (paragraphe 2).

$$a = \frac{f(3) - f(1)}{3 - 1}$$

$$= \frac{5 - (-1)}{3 - 1}$$

$$= \frac{6}{2} \text{ donc } a = 3.$$

ÉTAPE 2 Calcul de l'ordonnée à l'origine b

Tu viens de trouver que f s'écrit sous la forme $f(x) = 3x + b$.

D'après l'énoncé, $f(1) = -1$ donc $3 \times 1 + b = -1$.
On résout cette équation d'inconnue b.

$3 + b = -1$,
$b = -1 - 3$,
$b = -4$

donc $f(x) = 3x - 4$.

L'expression algébrique de la fonction f est donc $f(x) = 3x - 4$.

Exercices d'application

16 f est une fonction affine de la forme $f(x) = ax + b$ telle que $f(1) = 1$ et $f(2) = 3$.
1. Calculer a.
2. Calculer b.
3. En déduire une expression algébrique de la fonction f.

17 g est une fonction affine de la forme $g(x) = ax + b$ telle que $g(-1) = 3$ et $g(3) = 1$.
1. Calculer a.
2. Calculer b.
3. En déduire une expression algébrique de la fonction g.

18 h est une fonction affine telle que $h(-2) = 2$ et $h(2) = 3$. On note (d) sa représentation graphique.
1. Calculer le coefficient directeur de (d).
2. Calculer l'ordonnée à l'origine de (d).
3. En déduire une expression algébrique de la fonction h.

19 f est une fonction affine telle que $f(4) = 1$ et $f(7) = 2$.
Donner une expression algébrique de la fonction f.

20 g est une fonction affine telle que $g(4) = -1$ et $g(5) = -4$.
Donner une expression algébrique de la fonction g.

21 h est une fonction affine telle que $h(2) = 0$ et $h(8) = -3$.
Donner une expression algébrique de la fonction h.

22 On a représenté ci-dessous la fonction f dans un repère :

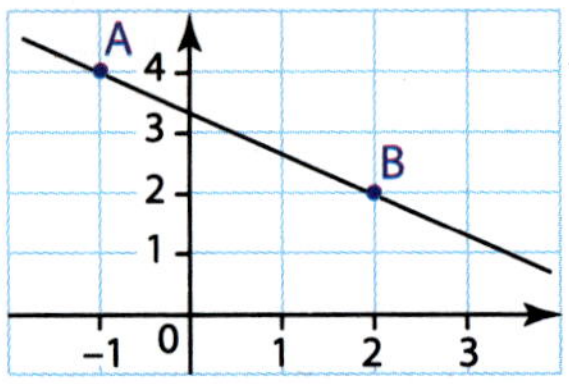

1. À l'aide des points A et B, donner deux nombres et leurs images par la fonction f.
2. En déduire une expression algébrique de la fonction f.

23 f est une fonction affine telle que $f(-2) = -1$ et $f(6) = 3$.
1. Donner une expression algébrique de la fonction f.
2. Quelle est la nature de la fonction f ?

24 g est une fonction affine telle que $g(5) = -6$ et $g(6) = -6$.
1. Donner une expression algébrique de la fonction g.
2. Quelle est la nature de la fonction g ?

25 Vu au BREVET QCM

La fonction affine f vérifie $f(0) = 1$ et $f(1) = 2$.
f est définie par :

ⓐ $f(x) = x - 1$
ⓑ $f(x) = x + 1$
ⓒ $f(x) = 3x - 1$
ⓓ $f(x) = 3 - x$

Antilles-Guyane, 2008

Voir aussi les Exercices 52, 53, 80 à 82

3 Augmenter ou diminuer un nombre d'un pourcentage donné

Animation

Énoncé

« Chez Dédé, tout est soldé ! »

- Calculer le nouveau prix du casque de moto.
- Calculer l'ancien prix des bottes de motard.

Solution commentée

- 240 € est le prix de départ du casque. Ce prix est diminué de 35 %.

Diminuer un nombre de 35 % revient à le multiplier par $1 - \frac{35}{100}$.

$240 \times \left(1 - \frac{35}{100}\right) = 240 \times 0{,}65 = 156$ €.

Le nouveau prix du casque est donc égal à 156 €.

- On cherche à calculer le prix x des bottes avant réduction.

Diminuer un nombre de 40 % revient à le multiplier par $1 - \frac{40}{100}$:

$\left(1 - \frac{40}{100}\right) \times x = 111$

donc $0{,}6x = 111$ et $x = \frac{111}{0{,}6} = 185$.

L'ancien prix des bottes était donc égal à 185 €.

Exercices d'application

26 Recopier et compléter le tableau suivant :

Ancien prix	Réduction de	Nombre par lequel il faut multiplier l'ancien prix	Nouveau prix
44 €	30 %	0,70	
258 €	45 %		
46,90 €	20 %		
13,20 €	15 %		

27 Recopier et compléter le tableau suivant :

Ancien prix	Augmentation de	Nombre par lequel il faut multiplier l'ancien prix	Nouveau prix
56 €	5 %	1,05	
34,50 €	1,2 %		
90,90 €	1 %		
3,45 €	7 %		

28 Recopier et compléter le tableau suivant :

Ancien prix	Variation	Nouveau prix
	Augmentation de 4 %	85,28 €
	Augmentation de 12 %	29,12 €
	Diminution de 15 %	44,20 €
	Diminution de 8 %	517,04 €

29 Victor a touché son premier salaire d'apprenti, soit 341,25 €. Il dépose cette somme à la banque sur un compte qui lui rapportera 3,8 % par an.

1. Quelle somme possèdera-t-il après un an ?
2. Quelle somme possèdera-t-il après deux ans ?

30 Mohamed s'est offert un nouvel ordinateur dont la capacité du disque dur est 60 % supérieure à celle de son ancien ordinateur.
Sachant que son nouvel ordinateur a une capacité de 400 Go, calculer la capacité de l'ancien.

31 Le professeur principal de la classe de 3ᵉB félicite ses élèves. Entre le premier et le deuxième trimestre, la moyenne générale de la classe a augmenté de 12 %.
Au premier trimestre, cette moyenne était de 12,5. Calculer la moyenne du deuxième trimestre.

32 Démontrer qu'une augmentation de 15 % suivi d'une nouvelle augmentation de 20 % revient à effectuer une augmentation de 38 %.

33 Démontrer qu'une augmentation de 30 % suivi d'une diminution de 30 % revient à effectuer une diminution de 9 %.

34 **Vu au BREVET QCM**

Si une quantité est diminuée de 5 %, elle est multipliée par :

ⓐ 0,95 ⓑ 0,05 ⓒ −0,05

Asie, 2011

Voir aussi les Exercices 99 à 116

Fonctions linéaires

SOCLE 3e

POUR COMMENCER

35 Associer à chaque fonction linéaire un programme de calcul du type « Je multiplie ... par ... » :

a. $f(x) = 6x$; **b.** $g(x) = -5x$;

c. $h(x) = 3{,}5x$; **d.** $k(x) = \frac{2}{3}x$.

36 Parmi les fonctions suivantes, lesquelles sont des fonctions linéaires ?

a. $f(x) = 4x$; **b.** $g(x) = -5 + x$;

c. $h(x) = 3x - 5$; **d.** $k(x) = \frac{3}{7}x$.

37 Parmi les programmes de calcul suivants, lesquels peuvent être associés à une fonction linéaire ?

- **P1** : « Prendre le triple »
- **P2** : « Ajouter 7 »
- **P3** : « Prendre la moitié »
- **P4** : « Diviser par 4 »
- **P5** : « Enlever 5 »
- **P6** : « Élever au carré »

38 On considère un carré de côtés de longueur x.

1. a. Écrire une expression algébrique d'une fonction donnant le périmètre du carré en fonction de x.

b. Cette fonction est-elle linéaire ?

2. a. Écrire une expression algébrique d'une fonction donnant l'aire du carré en fonction de x.

b. Cette fonction est-elle linéaire ?

39 **1.** Thomas joue avec Margot au babyfoot. Sachant qu'une partie coûte 0,50 €, exprimer à l'aide d'une fonction le prix à payer en fonction du nombre x de parties jouées.

2. Cette fonction est-elle linéaire ?

3. Margot gagne deux parties sur trois. Elle ne paie la partie que lorsqu'elle perd. La fonction exprimant la somme payée par Margot en fonction de x est-elle linéaire ? Expliquer.

40 **1.** Recopier et compléter le tableau suivant de telle sorte que les nombres de la première ligne aient pour images les nombres de la deuxième ligne par la fonction $f : x \mapsto 3x$.

x	4	7	9	
$f(x)$				33

2. S'agit-il d'un tableau de proportionnalité ? Expliquer.

41 **1.** Recopier et compléter le tableau suivant de telle sorte que les nombres de la première ligne aient pour images les nombres de la deuxième ligne par la fonction $f : x \mapsto -3x$.

x	−1	0	7	
$f(x)$				54

2. S'agit-il d'un tableau de proportionnalité ? Expliquer.

42 **1.** Le tableau suivant est-il un tableau de proportionnalité ?

−4	8	10	13
8	−16	−20	−26

2. Écrire une expression algébrique d'une fonction qui, aux nombres de la première ligne du tableau, associe les nombres de la deuxième.

3. Cette fonction est-elle linéaire ?

43 Le cinéma *Capitol* propose deux options à ses clients :

– ***option 1*** : chaque place de cinéma coûte 7 € ;

– ***option 2*** : le client paye un abonnement annuel de 25 € et la place de cinéma coûte 4 €.

1. Recopier et compléter le tableau :

Nombre de places	4	12	24
Prix avec l'option 1			

2. S'agit-il d'un tableau de proportionnalité ?

3. Déterminer la fonction f exprimant le prix à payer avec ***l'option 1*** en fonction du nombre de places de cinéma achetées. Cette fonction est-elle linéaire ?

4. Pour ***l'option 2***, réaliser un tableau du même type que celui de la question **1.**.

5. Déterminer la fonction g exprimant le prix à payer avec ***l'option 2*** en fonction du nombre de places de cinéma achetées. Cette fonction est-elle linéaire ?

44 **1.** Recopier et compléter le tableau de proportionnalité suivant :

20	60	2	62
13			

2. On appelle f la fonction qui associe aux nombres de la première ligne ceux de la seconde.

a. Recopier et compléter en s'aidant du tableau :

- $f(20) = ...$ • $f(3 \times 20) = ...$

En déduire une relation entre $f(20)$ et $f(3 \times 20)$.

b. Recopier et compléter en s'aidant du tableau :

- $f(60) = ...$ • $f(2) = ...$ • $f(60 + 2) = ...$

En déduire une relation entre $f(60)$, $f(2)$ et $f(60 + 2)$.

45 **1.** Recopier et compléter le tableau de proportionnalité suivant :

4	6	24	2,4	26,4
7				

2. On appelle g la fonction telle que les nombres de la première ligne ont pour images les nombres de la deuxième ligne.
Recopier et compléter en s'aidant des résultats du tableau :
• $g(6 \times 4) = \dots\, g(4)$ • $g(24 + 2{,}4) = g(\dots) + g(\dots)$

46 On considère la fonction f telle que $f(x) = 4x$.
Calculer les images par la fonction f des nombres suivants :
a. 5 **b.** 7 **c.** –4 **d.** 0 **e.** $\frac{3}{4}$

47 On considère la fonction f telle que $f(x) = -5x$.
Calculer les images par la fonction f des nombres suivants :
a. 6 **b.** –1 **c.** –3 **d.** $\frac{6}{25}$ **e.** $\frac{-3}{7}$

48 On considère la fonction f telle que $f(x) = \frac{7}{6}x$.
Calculer les images par la fonction f des nombres suivants :
a. 3 **b.** –9 **c.** $\frac{3}{14}$ **d.** $\frac{-12}{21}$ **e.** $\frac{-2}{7}$

49 On considère la fonction f telle que $f(x) = 2x$.
Calculer les antécédents par la fonction f des nombres suivants :
a. 10 **b.** –2 **c.** 0 **d.** –4 **e.** 25

50 On considère la fonction f telle que $f(x) = -3x$.
Calculer les antécédents par la fonction f des nombres suivants :
a. –9 **b.** 6 **c.** 1 **d.** –36 **e.** 1,5

51 On considère la fonction f telle que $f(x) = \frac{2}{5}x$.
Calculer les antécédents par la fonction f des nombres suivants :
a. $\frac{4}{5}$ **b.** $-\frac{12}{5}$ **c.** $\frac{2}{10}$ **d.** 4 **e.** $\frac{7}{4}$

52 On considère la fonction linéaire g telle que $g(9) = -6$.
Déterminer une expression de la fonction g.

53 Déterminer une expression de chacune des fonctions linéaires f, g, h et k telles que :
a. $f(3) = -12$ **b.** $g(-1) = 5$ **c.** $h(5) = 6$ **d.** $k(3) = 4$

54 Déterminer une expression de chacune des fonctions linéaires f et g telles que :
a. l'image de 4 par la fonction f est –2 ;
b. 5 est l'antécédent de –1 par la fonction g.

55 **Chercher l'erreur**
Le professeur Myriadus a demandé de déterminer une expression algébrique de la fonction linéaire f telle que $f(5) = 1$.
Que peut-on penser de la solution rédigée par Julie ?

f est une fonction linéaire donc elle s'écrit sous la forme $f(x) = ax$.
On sait que $f(5) = 1$ donc $5 \times x = 1$ et donc $x = \frac{1}{5}$.
On en déduit que $f(x) = \frac{1}{5}a$.

56 Ce matin, au marché, Paulette a vendu 35 salades et a gagné 28 €.
1. Écrire une expression algébrique d'une fonction linéaire donnant le gain de Paulette en euros en fonction du nombre de salades vendues.
2. Si Paulette vend la totalité de son stock de salades, soit 120 salades, quelle somme aura-t-elle gagnée ?

57 Parmi les représentations graphiques suivantes, laquelle est celle d'une fonction linéaire ? Expliquer.

1.
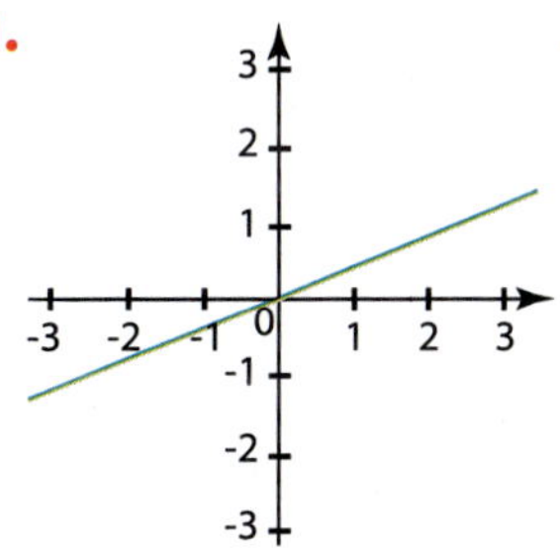

2.
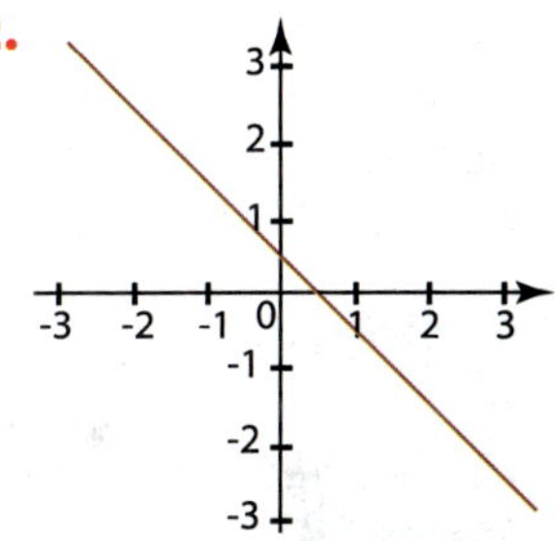

3.
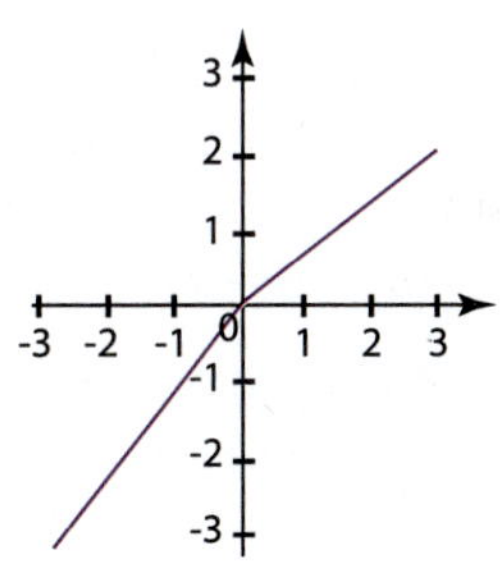

4.
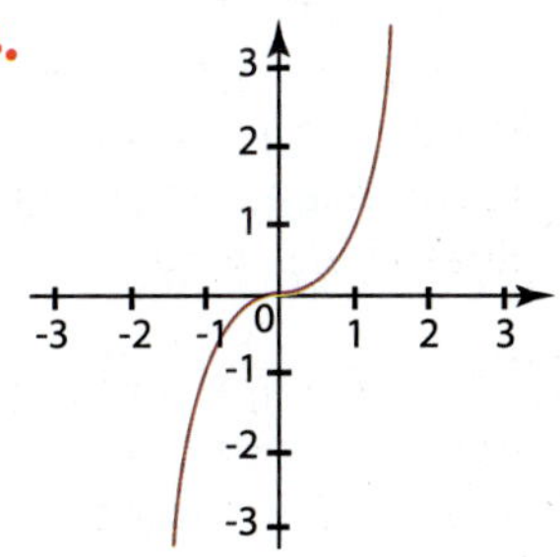

58 On a représenté ci-dessous la fonction f dans un repère :

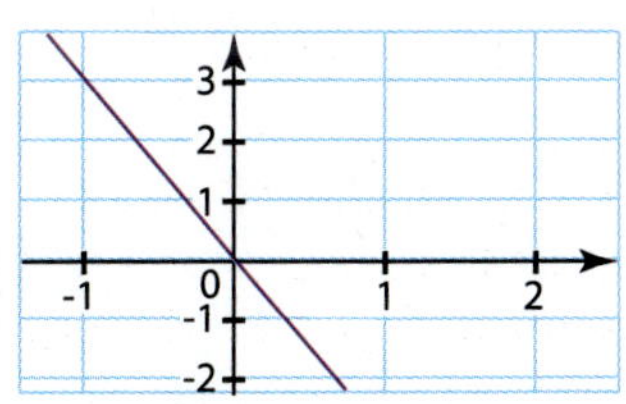

1. La fonction f est-elle linéaire ? Justifier.
2. Lire graphiquement l'image de – 1 par la fonction f.
3. En déduire une expression algébrique de la fonction f.

Exercices d'entraînement

59 On a représenté ci-dessous la fonction g dans un repère :

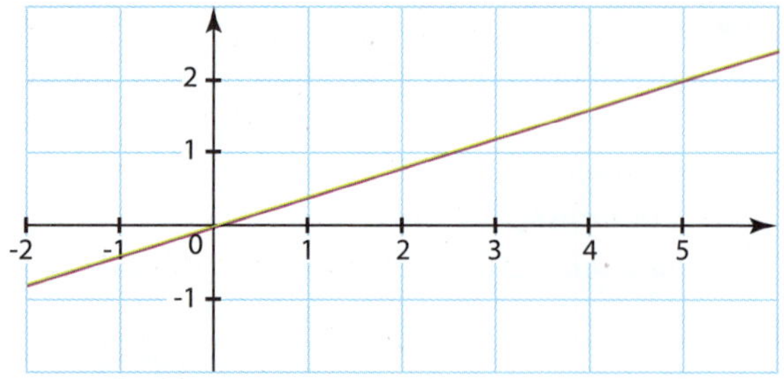

1. Lire graphiquement :

a. l'image de 4 par la fonction g ;

b. l'image de -2 par la fonction g ;

c. un antécédent de 1 par la fonction g.

2. Donner une expression algébrique de la fonction g.

3. Calculer l'image de -9 par la fonction g.

60 On considère la fonction linéaire $f : x \mapsto 2{,}5x$.

1. Quelle est la nature de la représentation graphique de f ?

2. a. Calculer les images de 0, de 1 et de 4 par la fonction f.

b. En déduire les coordonnées de trois points appartenant à la représentation graphique de f.

3. Représenter la fonction f dans un repère.

4. Vérifier que les points sont alignés.

61 On considère la fonction linéaire $g : x \mapsto -3x$.

1. Donner les coordonnées de trois points appartenant à la représentation graphique de g.

2. Représenter la fonction g dans un repère.

62 Représenter les fonctions linéaires suivantes dans un même repère :

• $f : x \mapsto 3x$ • $g : x \mapsto -x$ • $h : x \mapsto 1{,}5x$ • $k : x \mapsto -\dfrac{2}{3}x$.

63 Associer à chaque fonction linéaire f, g et h la droite représentative correspondante :

• $f : x \mapsto 2x$ • $g : x \mapsto 0{,}5x$ • $h : x \mapsto -4x$.

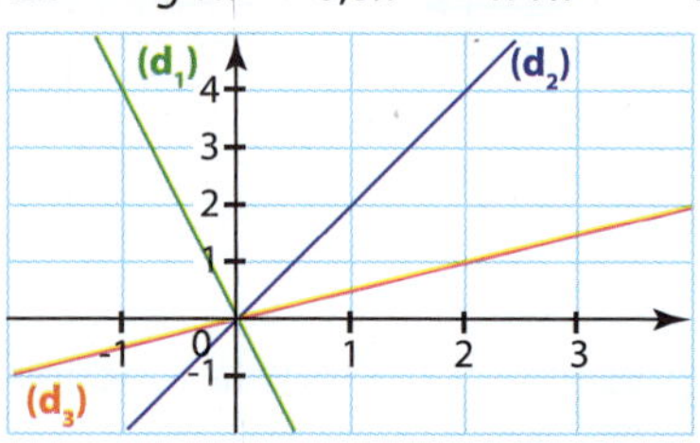

64 On a représenté ci-dessous dans un repère la fonction linéaire f :

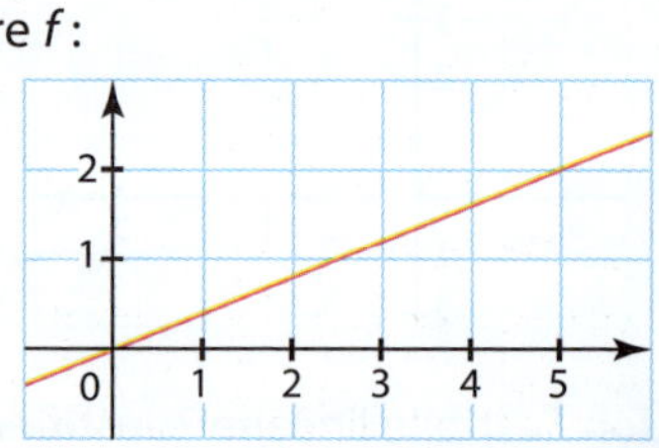

Le point M(5 ; 2) appartient à la droite représentative de f. Donner une expression de la fonction f.

65 **1.** Représenter graphiquement dans un repère la fonction linéaire f telle que $f : x \mapsto -4x$.

2. Placer le point M(1 ; -4). Ce point appartient-il à la droite représentative de f ?

3. Démontrer par le calcul le résultat précédent.

66 **1.** Représenter graphiquement dans un repère la fonction linéaire g telle que $g(x) = 0{,}6x$.

2. Vérifier graphiquement si les points M(-2 ; $-1{,}2$) et N(0,8 ; 0,5) appartiennent à la droite représentative de g.

3. Vérifier par le calcul les résultats précédents.

67 On considère la fonction linéaire h telle que $h(x) = \dfrac{2}{5}x$.

Les points A(-5 ; m) et B(n ; -4) appartiennent à la représentation graphique de h.
Calculer m et n.

68 On a représenté dans un repère les fonctions linéaires f, g et k respectivement par les droites (d), (d') et (d''). Donner les coefficients directeurs de ces droites.

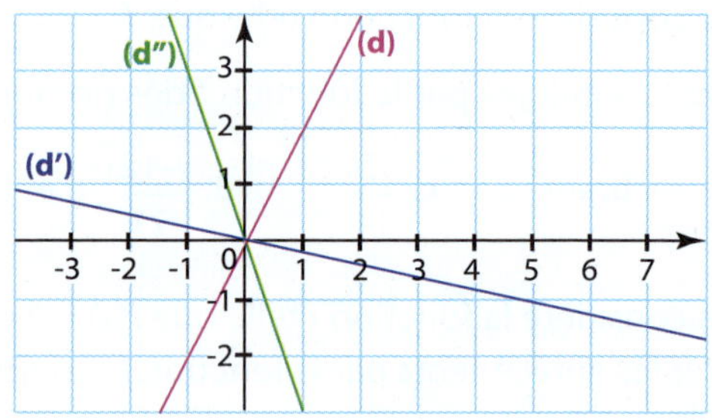

69 **1.** Représenter dans un repère la fonction linéaire f dont la droite représentative (d) a pour coefficient directeur -2.

2. Tracer la droite (d') perpendiculaire à (d) passant par l'origine du repère.

3. a. Quel semble être le coefficient directeur de (d') ?

b. En déduire une expression algébrique de la fonction g dont la représentation graphique est (d').

70 Les droites représentatives des fonctions linéaires f, g et h ont pour coefficients directeurs respectifs -2, 4 et $\dfrac{4}{3}$.

Représenter ces trois droites dans un même repère.

71 On considère les fonctions linéaires f, g et h dont les droites représentatives (d), (d') et (d'') ont pour coefficients directeurs respectifs 2, 5 et 8.

1. Sur quelle droite le point d'abscisse 1 a-t-il l'ordonnée la plus grande ?

2. Sur quelle droite le point d'abscisse -4 a-t-il l'ordonnée la plus grande ?

3. Sur quelle droite le point d'ordonnée 2 a-t-il l'abscisse la plus petite ?

Fonctions affines

SOCLE 3e

POUR COMMENCER

72 Parmi les fonctions suivantes, lesquelles sont des fonctions affines ?

a. $f(x) = 6x - 3$ **b.** $g(x) = -4x^2$

c. $h(x) = \dfrac{1}{x} + 7$ **d.** $k(x) = \dfrac{x}{2} - 5$

73 Parmi les programmes de calcul suivants, lesquels peuvent être associés à une fonction affine ?

- **P1 :** « Choisir un nombre, calculer son triple et ajouter 4 »
- **P2 :** « Choisir un nombre, lui enlever 9 »
- **P3 :** « Choisir un nombre, le diviser par 5 et enlever 3 »
- **P4 :** « Choisir un nombre, l'élever au carré et ajouter 1 »
- **P5 :** « Choisir un nombre, calculer son double et enlever 3 »
- **P6 :** « Choisir un nombre, calculer son inverse »

74 On considère un rectangle de côtés de longueurs x cm et 5 cm.

1. Donner une expression algébrique d'une fonction donnant, en cm, le périmètre du rectangle en fonction de x.
Cette fonction est-elle affine ? Est-elle linéaire ?

2. Donner une expression algébrique d'une fonction donnant, en cm², l'aire du rectangle en fonction de x.
Cette fonction est-elle affine ? Est-elle linéaire ?

75 Voici l'offre d'un opérateur de téléphonie mobile :

> **TELTEL+**
> 10 € par mois pour 30 minutes de communication + 0,25 € par minute de dépassement.

Donner une expression algébrique d'une fonction donnant le prix à payer en cas de dépassement en fonction du temps total en minutes.
Cette fonction est-elle affine ? Est-elle linéaire ?

76 On considère la fonction f telle que $f(x) = -5x + 3$.
Calculer les images par la fonction f des nombres suivants :

a. 4 **b.** 3 **c.** -2 **d.** 0 **e.** $\dfrac{2}{5}$

77 On considère la fonction f telle que $f(x) = -4x - 7$.
Calculer les images par la fonction f des nombres suivants :

a. 8 **b.** -4 **c.** -2 **d.** $\dfrac{3}{2}$ **e.** $-\dfrac{1}{3}$

78 On considère la fonction f telle que $f(x) = 3x - 1$.
Calculer les antécédents par la fonction f des nombres suivants :

a. 5 **b.** 11 **c.** -1 **d.** 20 **e.** -10

79 On considère la fonction f telle que $f(x) = -5x - 20$.
Calculer les antécédents par la fonction f des nombres suivants :

a. -45 **b.** -15 **c.** 15 **d.** -30 **e.** $-17{,}5$

80 f est une fonction affine de la forme $f : x \mapsto ax + b$ telle que $f(1) = 7$ et $f(3) = 11$.

1. a. Calculer a. **b.** Calculer b.

2. En déduire une expression algébrique de la fonction f.

81 g est une fonction affine de la forme $g : x \mapsto ax + b$ telle que $g(2) = -10$ et $g(4) = -22$.

1. a. Calculer a. **b.** Calculer b.

2. En déduire une expression algébrique de la fonction g.

82 h est une fonction affine telle que $h(-1) = 7$ et $h(4) = 8$.
Donner une expression algébrique de la fonction h.

83 Parmi les représentations graphiques suivantes, quelles sont celles d'une fonction affine ? quelles sont celles d'une fonction linéaire ?

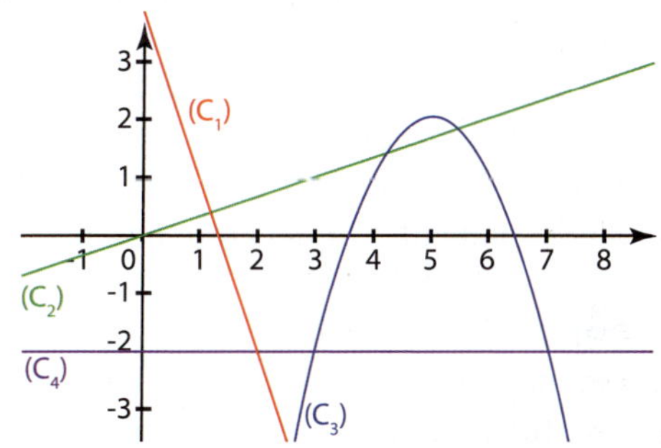

84 Pour chacune des fonctions affines suivantes, donner le coefficient directeur et l'ordonnée à l'origine de leur représentation graphique.

a. $f(x) = 4x + 5$ **b.** $g(x) = -2x - 5$
c. $h(x) = 6$ **d.** $k(x) = 7 - 5x$

85 Pour chacune des fonctions affines suivantes, donner le coefficient directeur et l'ordonnée à l'origine de leur représentation graphique.

a. $f(x) = 7 - 3x + 5$ **c.** $h(x) = 6x - 7x + 8(1 - 2x)$
b. $g(x) = -3(2 - 4x)$ **d.** $k(x) = 6(x - 5) - 4(x + 5)$

86 **1.** Recopier et compléter le tableau par lecture graphique :

Droite	Coefficient directeur	Ordonnée à l'origine
(d_2)		
(d_1)		
		4
	0,5	

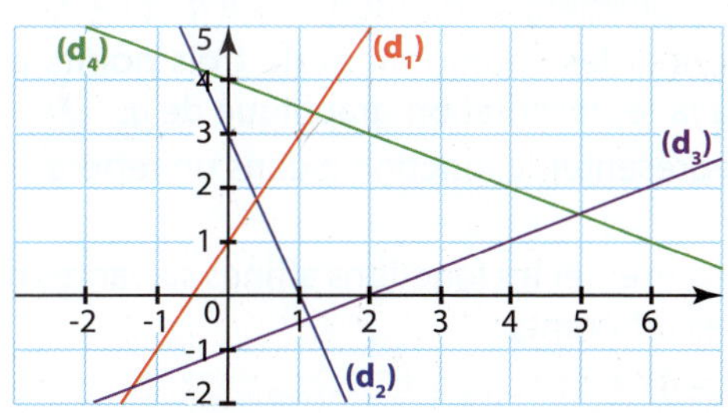

2. Donner les expressions des fonctions affines représentées par les droites (d_1), (d_2), (d_3) et (d_4).

87 On a représenté ci-dessous la fonction f dans un repère :

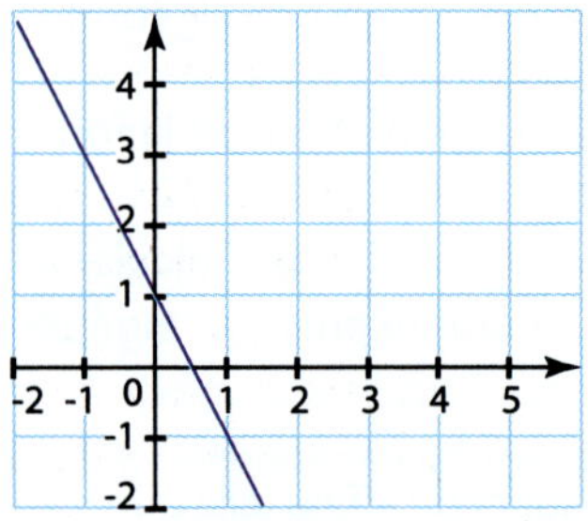

1. La fonction f est-elle affine ? Justifier.

2. Lire graphiquement :

a. l'image de -1 par la fonction f ;

b. L' antécédent de -1 par la fonction f ;

c. l'ordonnée à l'origine de la droite représentative de la fonction f ;

d. le coefficient directeur de cette droite.

3. Déduire des questions **2. c** et **2. d** une expression de la fonction f.

4. Calculer l'image de 12 par la fonction f.

88 On a représenté ci-contre la fonction affine g dans un repère.

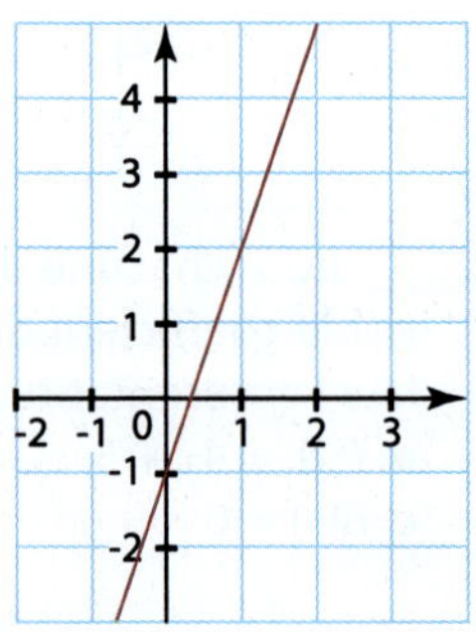

1. Lire graphiquement :

a. l'image de 1 par la fonction g ;

b. l'antécédent de -1 par la fonction g ;

c. l'ordonnée à l'origine de la droite représentative de la fonction g ;

d. le coefficient directeur de cette droite.

2. Déduire des questions **1. c** et **1. d** une expression algébrique de la fonction g.

3. Calculer l'image de -8 par la fonction g.

89 On considère la fonction affine $f : x \mapsto -5x + 4$.

1. Quelle est la nature de la représentation graphique de f ?

2. Calculer les images de 0, de 1 et de 2 par la fonction f.

3. En déduire les coordonnées de trois points appartenant à la représentation graphique de f.

4. Représenter la fonction f dans un repère.

90 On considère la fonction affine $g : x \mapsto 3x - 1{,}5$.

1. Donner les coordonnées de trois points appartenant à la représentation graphique de g.

2. Représenter la fonction g dans un repère.

91 Représenter les fonctions affines suivantes dans des repères différents :

a. $f(x) = 4x + 3$;

b. $g(x) = 2x - 5$;

c. $h(x) = -3x - 2$.

92 Représenter les fonctions affines suivantes dans des repères différents :

a. $f(x) = x + 4$; **b.** $g(x) = 2x - 1$; **c.** $h(x) = -x + 2$.

93 Représenter les fonctions affines suivantes dans un même repère :

• $f(x) = 2x - 4$ • $g(x) = \frac{1}{5}x + 1$ • $h(x) = 3$ • $k(x) = \frac{2}{3}x + 3$

94 **1.** Représenter graphiquement dans un repère la fonction affine f telle que $f(x) = 3{,}5x - 3$.

2. Placer le point M(2 ; 4). Ce point semble-t-il appartenir à la droite représentative de f ?

3. Démontrer par le calcul le résultat précédent.

95 On a représenté dans un repère la fonction affine f :

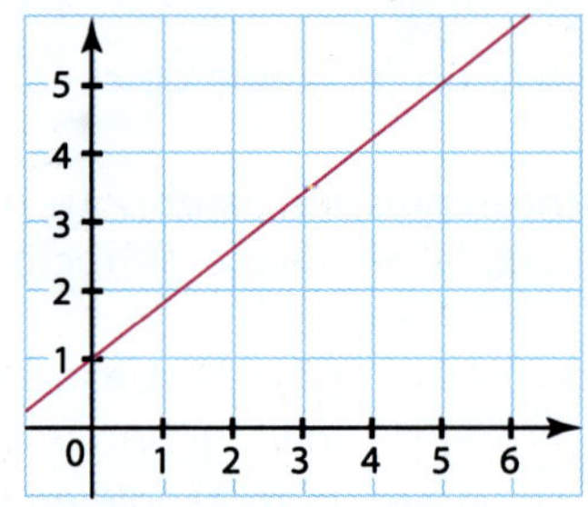

1. Le point M(3 ; 3,5) semble-t-il appartenir à la droite représentative de f ?

2. Donner une expression algébrique de la fonction f.

3. Vérifier par le calcul le résultat de la question **1.**.

96 On considère la fonction affine h telle que $h(x) = 7x - 1$. Les points A(-3 ; m) et B(n ; 13) appartiennent à la représentation graphique de h. Calculer m et n.

97 On considère la fonction f telle que $f(x) = 0{,}1x - 0{,}2$.

1. À l'aide de la calculatrice, compléter le tableau de valeurs suivant :

x	-1	0	1	2	3
$f(x)$					

→ *Calculatrice 14*

2. Représenter graphiquement les données du tableau dans un repère.

On prendra 1 cm en abscisse pour 1 unité ; 1 cm en ordonnée pour 0,1 unité.

98 On considère la fonction f telle que $f(x) = 5x - 3$.

1. À l'aide de la calculatrice, recopier et compléter le tableau de valeurs suivant :

x	0,5	0,6	0,7	0,8	0,9	1
$f(x)$						

→ *Calculatrice 14*

2. En déduire la solution de l'équation $5x - 3 = 1$.

Situations de proportionnalité

SOCLE 3e

POUR COMMENCER

99 Recopier et compléter.

a. Augmenter un nombre de 4 % revient à le multiplier par ...

b. Diminuer un nombre de 13 % revient à le multiplier par ...

c. ... un nombre de ... % revient à le multiplier par 0,65.

100 QCM

Effectuer le calcul « 5,5 × 1,2 » revient à :

ⓐ augmenter 5,5 de 2 %

ⓑ augmenter 5,5 de 20 %

ⓒ diminuer 5,5 de 1,2 %

ⓓ augmenter 1,2 de 5,5 %

101 Recopier et compléter le tableau suivant :

Évolution	Calcul correspondant	Fonction linéaire associée
Augmenter de 5 %	Multiplier par 1,05	$f(x) = 1{,}05x$
Augmenter de 12 %		
Diminuer de 33 %		
	Multiplier par 0,70	
		$f(x) = 1{,}5x$

102 **1.** Dans chaque cas, écrire une expression algébrique de la fonction linéaire associée à l'augmentation donnée en pourcentage :

a. 4 % **b.** 67 % **c.** 15 % **d.** 44 % **e.** 8 %

2. Dans chaque cas, écrire une expression algébrique de la fonction linéaire associée à la diminution donnée en pourcentage :

a. 14 % **b.** 5 % **c.** 8,9 % **d.** 47 % **e.** 9,4 %

103 Déterminer le pourcentage d'augmentation ou de diminution associé aux fonctions linéaires suivantes :

a. $f(x) = 1{,}4x$ **b.** $f(x) = 0{,}8x$ **c.** $f(x) = 1{,}1x$ **d.** $f(x) = 1{,}9x$

104 Déterminer le pourcentage d'augmentation ou de diminution associé aux fonctions linéaires suivantes :

a. $f(x) = \frac{5}{4}x$ **b.** $f(x) = \frac{3}{8}x$

c. $f(x) = \frac{123}{100}x$ **d.** $f(x) = \frac{43}{50}x$

105 Les soldes sont lancées. Le magasin de vêtements *Troclass* accorde une remise de 15 % sur tous les articles. Calculer les nouveaux prix des articles ci-dessous :

106 Le prix des tablettes tactiles a baissé de 15 % en un an. Sachant que l'année dernière, une tablette de capacité 8 Go coûtait 480 €, calculer son nouveau prix.

107 Chloé promet à ses parents d'améliorer ses résultats au deuxième trimestre.

« – Je vais augmenter ma moyenne de maths de 15 %.

– Mais tu n'as que 5/20 actuellement, affirme son père.

– Et bien, 5 et 15 font 20, répond Chloé à ses parents. »

Calculer la moyenne réellement promise par Chloé au deuxième trimestre.

108 Voici le rapport édité par APFEL, la multinationale de produits électroniques :

« Sur le premier semestre 2011, nos ventes de tablettes tactiles iBid ont diminué de 20 %. Sur le deuxième semestre, elles ont augmenté de 20 % ce qui correspond à une baisse sur l'année de ... %. »

Donner en expliquant la valeur du pourcentage manquant.

109 En 2010, la boulangerie-pâtisserie *Aux délices* a augmenté ses ventes de 10 %.

En 2011, elle a de nouveau augmenté ses ventes de 10 %.

Démontrer que, sur les deux années, les ventes ont augmenté de 21 %.

110 Recopier et compléter cette facture de garagiste :

Temps (en h) ou quantité	Pièces ou travail effectué	Prix unitaire hors taxes (en €)	Montant hors taxes (en €)
2,5	Forfait révision	28,40	
0,4	Pose des bougies	17,30	
3	Joints	0,80	
1	Filtre	15,80	
4	Bougies	1,51	
		TOTAL hors taxes	
		TOTAL TTC*	

** Le prix TTC (Toutes Taxes Comprises) est égal au prix hors taxes augmenté de 19,6 %.*

Exercices d'entraînement

111 **Chercher l'erreur**

Léa calcule l'augmentation d'un prix de 20 % suivie d'une augmentation de 30 %. Quelle erreur a-t-elle commise ?

20 % + 30 % = 50 %
Alors si par exemple un article qui coûte 8 € augmente de 20 % puis augmente ensuite de 30 %, son nouveau prix sera de :
8 × 1,5 = 12 €.

112 À la fin de son voyage, le GPS de Christian lui donne les informations suivantes :

Vitesse moyenne : 89 km/h
Distance parcourue : 234 km

Combien de temps a duré le voyage de Christian ? Arrondir à la seconde près.

113 L'entreprise de Denis est spécialisée dans le bâtiment. Elle emploie 9 ouvriers qui travaillent chacun 35 heures par semaine (temps de travail légal).

1. Calculer la quantité de travail par semaine, exprimée en *heures* × *ouvriers*, de l'entreprise de Denis.

2. À la demande de ses ouvriers, Denis décide de réorganiser le temps de travail dans son entreprise. Deux de ses ouvriers demandent un jour de libre dans la semaine et vont donc travailler aux quatre cinquièmes du temps de travail légal. Pour compenser ces absences, Denis décide d'embaucher un apprenti qui travaillera à mi-temps.
Calculer alors la nouvelle quantité de travail par semaine de son entreprise.

114 **Santé**

La concentration en sucre d'un soda est de 130 g/L.

1. Calculer la masse de sucre que contient une canette de 33 cL.

2. La masse d'un morceau de sucre est d'environ 5 g. Coline affirme qu'une canette de soda contient l'équivalent d'environ neuf morceaux de sucre. Expliquer son raisonnement.

115 Lorsqu'Alain transfère des données de son ordinateur vers son disque dur externe, la vitesse de transfert est de 80 Mo/min.

1. Combien de temps lui faudra-t-il pour copier un dossier de 450 Mo ?

2. Même question pour un dossier de 2 Go (1 Go = 1 000 Mo).

116 **Sciences physiques**

La masse volumique de l'eau est de 1 000 kg/m^3 ce qui signifie que 1 000 kg d'eau occupent 1 m^3.

Coup de pouce
On rappelle que 1 L = 1 dm^3.

1. Convertir la masse volumique de l'eau en kg/L.

2. Selin laisse geler de l'eau sur son balcon et constate que 458 g de glace occupe un demi-litre. En déduire la masse volumique de la glace en kg/L.

3. Selin prétend qu'il est déconseillé de placer une bouteille d'eau pleine dans un congélateur. Expliquer pourquoi.

À l'oral

117 On considère la fonction linéaire f telle que $f(6) = 18$.
Calculer $f(12)$; $f(18)$; $f(60)$; $f(1{,}2)$ et $f(19{,}2)$.

118 On considère la fonction linéaire g telle $g(-5) = 10$.
Calculer $g(10)$; $g(-15)$; $g(5)$; $g(50)$ et $g(48{,}5)$.

119 Un article coûte 60 €. Dans chacun de ces magasins, calculer son nouveau prix après la variation donnée en pourcentage :

a. ***magasin A*** : augmentation de 5 % ;
b. ***magasin B*** : diminution de 15 % ;
c. ***magasin C*** : augmentation de 12 % ;
d. ***magasin D*** : diminution de 7 %.

120 On considère la fonction f définie par :

$$f(x) = \frac{x}{3} - \frac{3}{4}.$$

Dans chaque cas, calculer l'image, par la fonction f, du nombre donné :

a. 1 **b.** –2 **c.** 3 **d.** –4

121 On considère la fonction g définie par :

$$g(x) = -\frac{3}{7}x + 6\,.$$

Dans chaque cas, calculer l'antécédent, par la fonction g, du nombre donné :

a. 6 **b.** 0 **c.** 3 **d.** –1

122 On considère un triangle ABC rectangle en A tel que AB = 6 cm et AC = 4 cm.

Partie 1

1. Construire ce triangle.

2. Placer le point M sur le segment [AB] tel que BM = 3,5 cm et tracer la droite passant par le point M et perpendiculaire à la droite (AB) ; elle coupe le segment [BC] en E.

a. Calculer AM.

b. Démontrer que les droites (AC) et (ME) sont parallèles.

c. Calculer EM (on donnera le résultat sous la forme d'une fraction irréductible).

d. Le triangle AEM est-il un triangle isocèle en M ?

Partie 2

On souhaite placer le point M sur le segment [AB] de façon à ce que le triangle AEM soit isocèle en M comme sur la figure ci-dessous que l'on ne demande pas de refaire.

On rappelle que AB = 6 cm et AC = 4 cm, les droites (ME) et (AB) sont perpendiculaires.

1. On pose BM = x (on a donc $0 \leq x \leq 6$).
Démontrer, en utilisant la propriété de Thalès, que $ME = \frac{2}{3}x$.

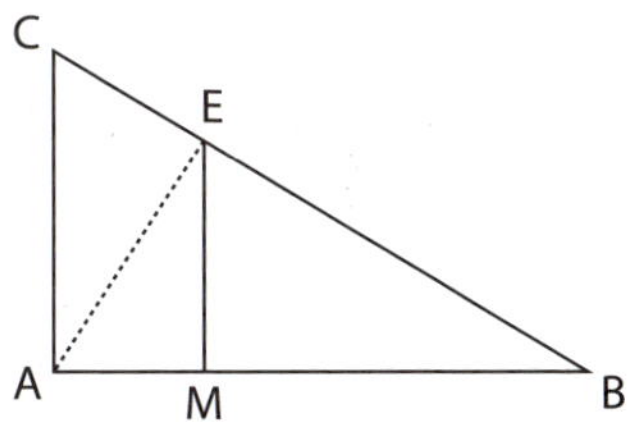

2. *Première résolution du problème posé.*

a. Montrer que $MA = 6 - x$.

b. Calculer x pour que le triangle AME soit isocèle en M.

3. Soit un repère orthogonal avec pour unités 2 cm sur l'axe des abscisses et 1 cm sur l'axe des ordonnées.

a. Représenter, dans ce repère, les fonctions f et g définies par :

$$f(x) = \frac{2}{3}x \text{ et } g(x) = 6 - x, \text{ pour } 0 \leq x \leq 6.$$

b. En utilisant ce graphique, retrouver le résultat de la question **2. b**.

France métropolitaine, 2004

123 On donne ci-dessous les représentations graphiques de trois fonctions. Ces représentations sont nommées C_1, C_2 et C_3.

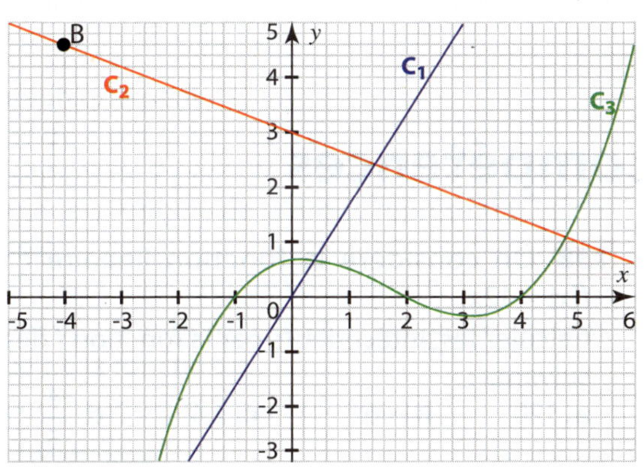

L'une d'entre elles est la représentation graphique d'une fonction linéaire.

Une autre est la représentation graphique de la fonction f telle que $f : x \mapsto -0{,}4x + 3$.

1. Lire graphiquement les coordonnées du point B.

2. Par lecture graphique, déterminer les abscisses des points d'intersection de la courbe C_3 avec l'axe des abscisses.

3. Laquelle de ces représentations est celle de la fonction linéaire ? Justifier.

4. Laquelle de ces représentations est celle de la fonction f ? Justifier.

5. Quel est l'antécédent de 1 par la fonction f ? Justifier par un calcul.

6. A est le point de coordonnées (4,6 ; 1,2). A appartient-il à C_2 ? Justifier par un calcul.

France métropolitaine, La Réunion, Mayotte, 2009

124 **1.** Une séance de cinéma coûte 7,50 euros. Recopier et compléter le tableau :

Nombre de séances	0	1		
Prix en euros			30	75

2. On propose aux étudiants une carte d'abonnement de 20 euros qui permet de payer chaque séance 5 euros. Recopier et compléter le tableau :

Nombre de séances	0	1		
Prix en euros avec la carte			40	65

On note :
- x le nombre de séances ;
- $P(x)$ le prix payé pour x séances au tarif normal ;
- $A(x)$ le prix payé pour x séances au tarif abonné.

3. Exprimer $P(x)$ en fonction de x.

4. Exprimer $A(x)$ en fonction de x.

5. Représenter graphiquement la fonction P et la fonction A sur une feuille de papier millimétré en prenant :
– en abscisse : 1 cm pour 1 séance,
– en ordonnée : 1 cm pour 5 euros.

6. Résoudre l'équation $7{,}5x = 20 + 5x$.

7. En déduire le nombre de séances au-delà duquel il est intéressant de prendre une carte d'abonnement.
Expliquer comment on retrouve ce résultat sur le graphique.

Antilles–Guyane, 2008

125 On donne le programme de calcul suivant :

- Choisir un nombre
- Multiplier ce nombre par 4
- Ajouter 6
- Écrire le résultat

1. Calculer la valeur exacte du résultat obtenu lorsque :

a. le nombre choisi est 1,2 ;

b. le nombre choisi est x.

2. Quel nombre doit-on choisir pour que le résultat soit égal à 15 ?

Amérique du Nord, 2009

153 La conjecture de Syracuse

On considère les fonctions affines f et g telles que $f(x) = \frac{x}{2}$ et $g(x) = 3x + 1$.

On donne l'algorithme de calcul suivant :

① Choisir un nombre.
② Si ce nombre est pair, calculer l'image de ce nombre par la fonction f ;
si ce nombre est impair, calculer l'image de ce nombre par la fonction g.
③ Si la réponse précédente est différente de 1, recommencer à l'étape ② avec le nombre obtenu.
Si la réponse précédente est égale à 1, c'est fini.

1. Vérifier qu'en choisissant 10 au départ, on trouve 1 à la fin.

2. Choisir d'autres nombres au départ et vérifier que dans chaque cas on trouve 1 à la fin.

154 Proportionnalité des accroissements

f est une fonction affine de la forme $f(x) = ax + b$.

On donne deux nombres x_1 et x_2 tels que $x_1 \neq x_2$.

1. Démontrer que $f(x_1) - f(x_2) = ax_1 - ax_2$.

2. Factoriser le second membre de cette égalité.

3. En déduire que $a = \frac{f(x_2) - f(x_1)}{x_2 - x_1}$.

155 Programme de calcul

On donne le programme de calcul suivant :

- Choisir un nombre
- Ajouter 3
- Multiplier par 4
- Soustraire 12

1. Vérifier qu'en prenant le nombre 12 au départ, on trouve 48 à la fin.

2. Si l'on choisit x au départ, écrire une expression algébrique d'une fonction f exprimant le nombre obtenu à la fin en fonction de x.

3. Prouver que la fonction f est linéaire.

4. Quel nombre a-t-on choisi au début si l'on trouve 36 à la fin ?

156 Téléchargement

Un site propose de télécharger des chansons. Si l'internaute paie un abonnement forfaitaire annuel, il pourra télécharger autant de chansons qu'il le souhaite à un tarif intéressant.

1. Démontrer que le prix à payer en fonction du nombre de chansons téléchargées s'exprime par une fonction affine.

2. Florie a téléchargé cette année 142 chansons et a payé (abonnement compris) 98,20 €.
Sur le même site, Elia a téléchargé cette année 123 chansons et a payé (abonnement compris) 86,80 €.
Donner une expression algébrique de la fonction de la question **1.**.

3. En déduire le prix de l'abonnement et le prix d'une chanson.

157 Le restaurant de Norbert

Norbert Balaize, cuisinier de profession, vient d'acheter un local qu'il va aménager en restaurant. Le local peut être assimilé au trapèze schématisé ci-dessous :

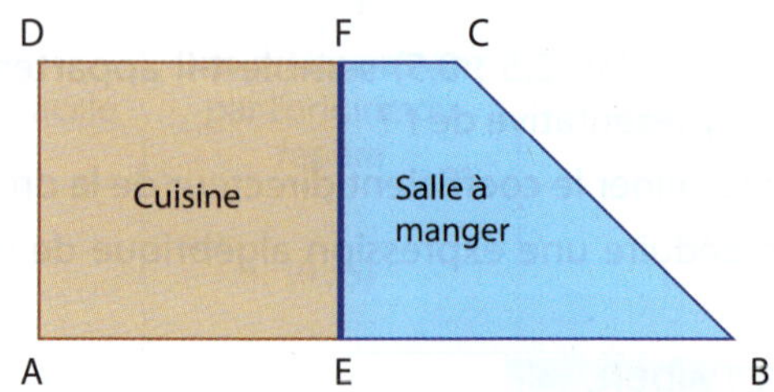

On donne AB = 19 m, CD = 12 m et AD = 8,4 m.

Norbert veut faire construire un mur perpendiculaire aux bases du trapèze pour séparer la cuisine et la salle à manger qui devront avoir la même surface.

1. Dans le cas où AE = 4 m, calculer l'aire de la cuisine et celle de la salle à manger. Cette situation conviendra-t-elle à Norbert ?

2. On note x la longueur AE.

a. Exprimer, en fonction de x, l'aire $f(x)$ de la cuisine puis l'aire $g(x)$ de la salle à manger.

b. Quelle est la nature des fonctions f et g ?

3. Représenter graphiquement dans un même repère les fonctions f et g.

4. Déterminer par lecture graphique une valeur approchée de la solution au problème de Norbert.

5. Résoudre l'équation $f(x) = g(x)$ et en déduire la valeur exacte de la solution au problème de Norbert.

158 Coefficient directeur et ordonnée à l'origine

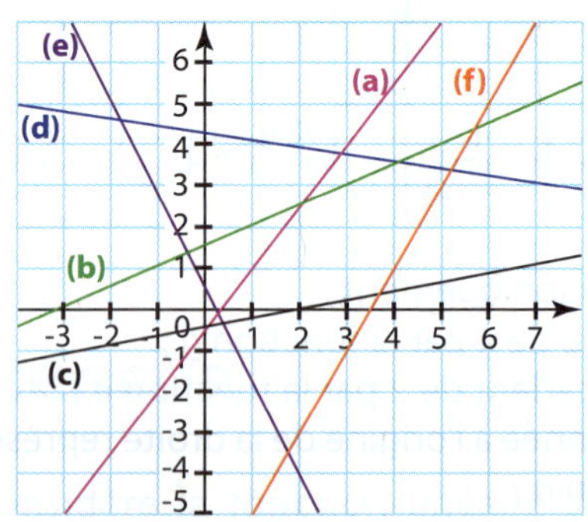

On a représenté dans un repère les droites (a), (b), (c), (d), (e) et (f). Quelle droite possède :

a. le plus grand coefficient directeur ?

b. le plus petit coefficient directeur ?

c. le plus petit coefficient directeur positif ?

d. la plus grande ordonnée à l'origine ?

e. la plus petite ordonnée à l'origine ?

159 Forfaits

L'opérateur de téléphonie mobile *MDR* propose plusieurs types de forfaits mensuels :

- forfait ***Mini*** : 30 minutes pour 12 € et 0,40 € par minute supplémentaire ;
- forfait ***Medium*** : 1 heure pour 20 € et 0,25 € par minute supplémentaire ;
- forfait ***Pro*** : 2 heures pour 32 € et 0,20 € par minute supplémentaire.

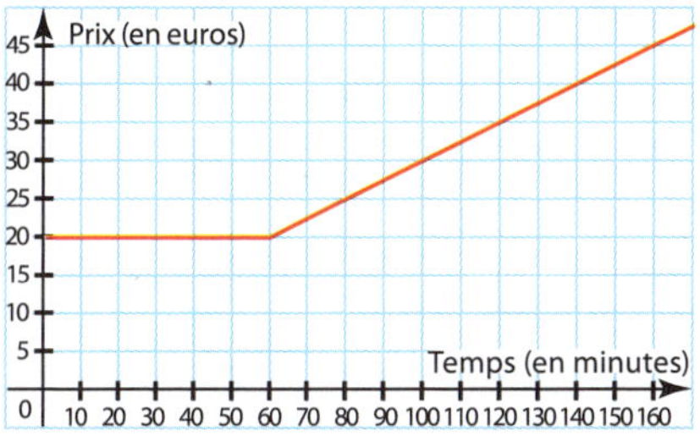

1. Lequel des trois forfaits est représenté ci-dessus ?

2. Reproduire la représentation graphique ci-dessus et représenter dans le même repère les deux autres forfaits.

3. Répondre graphiquement aux questions suivantes.

a. Pour une consommation mensuelle de 1 heure, quel est le forfait le plus intéressant ?

b. Même question pour une consommation mensuelle de 2 h 30.

c. Donner en fonction du temps de consommation mensuelle le forfait le plus intéressant.

160 Géographie

Le tableau suivant présente la population (en millions d'habitants) et la superficie (en millions de km^2) de quelques pays d'Europe en 2008 :

Pays	Population (en millions)	Superficie (en milliers de km^2)
Allemagne	82,3	357
Belgique	10,6	31
Espagne	44,5	506
France métropolitaine	62	551,5
Italie	59,6	301
Norvège	4,8	324
Pays-Bas	16,5	37
Royaume-Uni	61,2	243

Source : Onu (World population prospects, the 2008 revision).

1. Calculer la densité de population, exprimée en hab./km^2, pour chaque pays.

2. Quel pays avait la plus forte densité ? Quel pays avait la plus faible densité ?

3. La densité de population de l'Europe était, en 2008, de 32 hab./km^2. Sachant que la superficie de l'Europe est de 23 millions de km^2, calculer le nombre d'habitants en Europe en 2008.

4. La densité de population mondiale en 2008 était de 50 hab./km^2. Sachant qu'en 2008, la planète comptait 6 milliards 750 millions d'habitants, calculer la superficie mondiale habitable.

161 En voiture

Voici les résultats affichés par un site de calcul d'itinéraires pour le trajet Strasbourg-Paris :

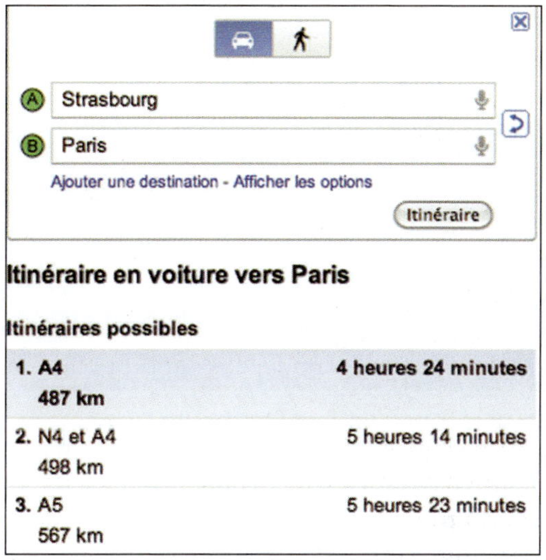

1. Calculer la vitesse moyenne en km/h d'une voiture qui suit l'***itinéraire 1***. Donner un arrondi à 1 km/h près.

2. Même question pour les ***itinéraires 2*** et ***3***.

162 Instructions for computations

1. Harry chooses a number and multiplies it by 5 and adds 7 to the result.

Check that if Harry chooses 4 as start number, then the final number is 27.

2. If we call x the start number, write the formula of a function f which gives the final number in function of x. Is this function affine?

3. Which start number has Harry to choose if he wants the final number be 19?

163 Helmut l'escargot

Die Schnecke, Helmut, ist die langsamste Schnecke der Welt. Am Vormittag ist sie noch eingeschlafen und geht mit einer Geschwindigkeit von 3 meter/Stunde vorwärts. Am Nachmittag verdaut sie ihren Salat und bewegt sich zweimal langsamer als am Vormittag. Am Abend ist sie zu müde und geht dreimal langsamer voran als am Nachmittag.

In jeder Zeitspanne (Morgen, Nachmittag und Abend) kriecht Helmut 2 Stunden lang vorwärts.

Wie weit ist sie an einem Tag gekrochen?

Exercices d'approfondissement

Pour chercher

164 Tableau de valeurs

f est une fonction affine. Recopier et compléter le tableau de valeurs suivant :

x		-2		11	15
$f(x)$	29	19	-16		-66

165 TGV

Deux personnes quittent Strasbourg au même moment pour se rendre à Paris. L'une emprunte le TGV et fera le trajet Strasbourg-Paris d'une longueur de 506 km en 2 h 20 min ; l'autre utilise la voiture et fera le trajet Strasbourg-Paris d'une longueur de 490 km en 4 h 10 min. On suppose que le mouvement des véhicules est uniforme.

À quelle distance de Strasbourg se trouve le conducteur de la voiture au moment où le TGV arrive en gare de Paris ?

D'après activité Tice – Académie de Strasbourg

166 Problème ouvert

Tous les angles de la figure sont droits.

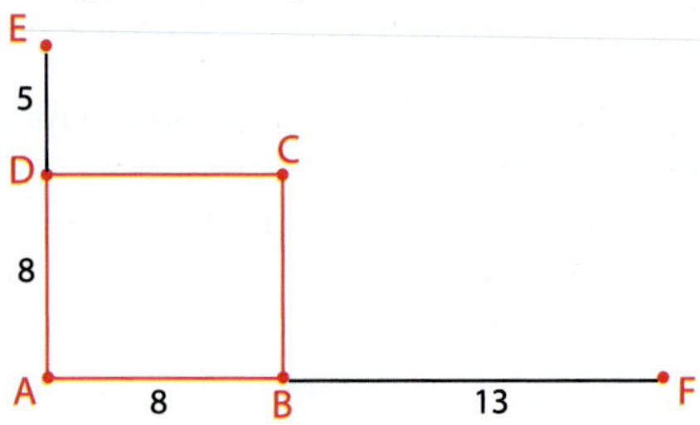

Les points C, E et F sont-ils alignés ?

167 Le défi

Trouver une expression algébrique d'une fonction dont la représentation est une droite passant par A et perpendiculaire à la droite (d).

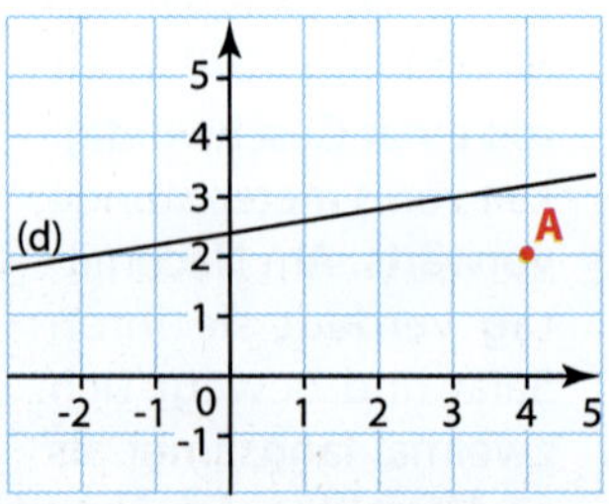

168 L'énigme

On augmente successivement un prix de 1 %. Combien de fois faut-il l'augmenter de 1 % pour qu'il augmente globalement de 100 % ?

Vers la Seconde

169 Fonctions affines par morceaux

1. Dans un même repère, représenter graphiquement les fonctions suivantes :

- $f(x) = 2x + 5$
- $g(x) = -2x + 5$
- $h(x) = 3$
- $k(x) = \frac{3}{4}x$
- $m(x) = -\frac{3}{4}x$

2. Repasser en vert :

a. le morceau de la droite représentative de la fonction f telle que $-4 \leqslant x \leqslant 0$;

b. le morceau de la droite représentative de la fonction g telle que $0 \leqslant x \leqslant 4$;

c. le morceau des droites représentatives des fonctions h, k et m telles que $-4 \leqslant x \leqslant 4$.

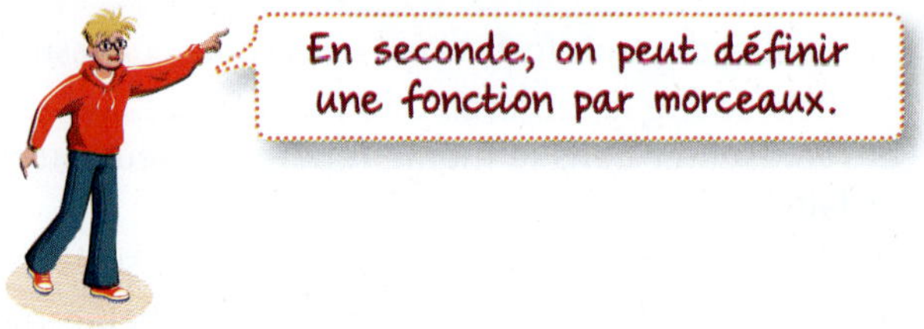

170 Variations d'une fonction affine

On a représenté ci-dessous la fonction affine définie par $f(x) = 2x - 1$.

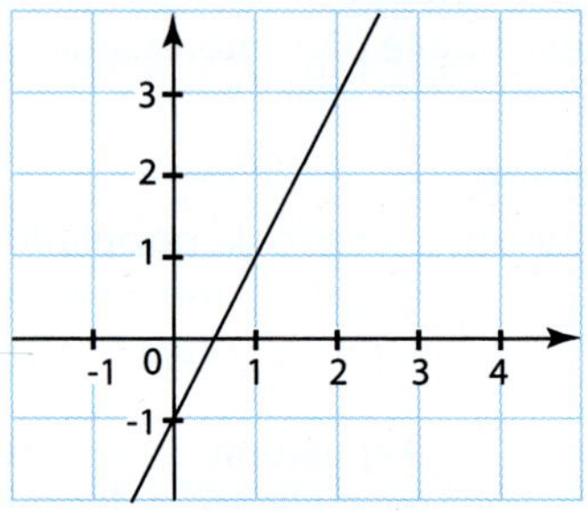

On dit qu'une fonction est croissante si, pour des valeurs de x choisies croissantes, leurs images restent dans le même ordre.

1. La fonction f est-elle croissante ? Justifier.

2. Dans un repère, tracer une autre fonction affine qui est également croissante.

3. Comment pourrait-on définir une fonction décroissante ?

4. La fonction affine g définie par $g(x) = -3x + 4$ est-elle décroissante ? Justifier.

5. Dans le repère précédent, tracer une autre fonction affine qui est décroissante.

6. Comment peut-on déterminer si une fonction affine est croissante ou décroissante à l'aide de son coefficient directeur ?

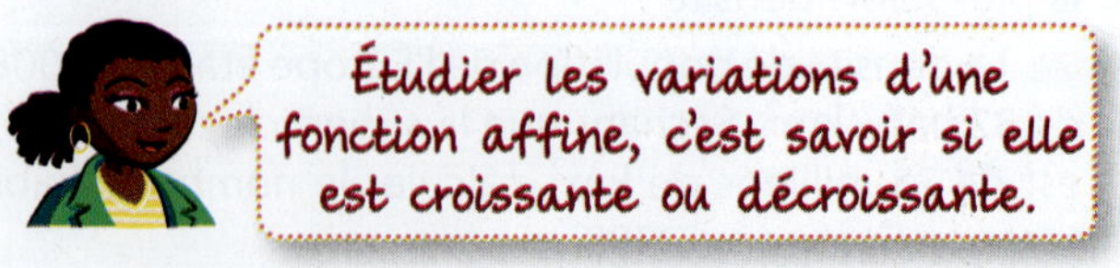

Devoir à la maison

1 Problème de tarifs

Le centre de loisirs aquatique Nautiplouf propose deux tarifs :

- le tarif ***Miniplouf*** : 6 € l'entrée ;
- le tarif ***Megaplouf*** : achat d'une carte de 25 € donnant droit à un tarif réduit de 3,50 € l'entrée.

1. Quel est le tarif le plus intéressant pour 7 entrées ? pour 15 entrées ?

2. On note x le nombre d'entrées.

a. Exprimer, en fonction de x, le prix $f(x)$ payé avec le tarif ***Miniplouf*** puis le prix $g(x)$ payé avec le tarif ***Megaplouf***.

b. Quelle est la nature des fonctions f et g ?

3. Représenter graphiquement dans un même repère les fonctions f et g.

On prendra en abscisse 1 cm pour 1 entrée et en ordonnée 1 cm pour 10 €.

4. Déterminer par lecture graphique le tarif le plus intéressant en fonction du nombre d'entrées x.

5. Retrouver le résultat précédent par calculs.

2 Pourcentages pour ne rien faire !

1. Prouver que les nombres 1,25 et 0,8 sont inverses l'un de l'autre.

2. En déduire qu'une augmentation de 25 % suivie d'une diminution de 20 % revient à ne faire aucune variation.

3. Démontrer de même qu'une augmentation de 60 % suivie d'une diminution de 37,5 % revient à ne faire aucune variation.

4. Entre le premier et le deuxième trimestre, Elia a vu sa moyenne de maths baisser de 36 %.

Très motivée au troisième trimestre, elle souhaite retrouver son niveau du premier trimestre.

De quel pourcentage devra s'élever sa moyenne entre le deuxième et le troisième trimestre ?

3 Ça souffle…

Le nœud est une unité de mesure de vitesse utilisée dans l'aviation et la marine.

On donne 1 nœud = 1 mille/h et 1 mille ≈ 1 852 m.

1. Norbert Balaize prétend que son petit hors-bord est plus rapide qu'une voiture. Sa vitesse maximale est de 45 nœuds. A-t-il raison ?

2. Avec son planeur, Norbert vole à une vitesse environ égale à 70 km/h. Son ami lui a conseillé avant son départ de ne pas dépasser 50 nœuds.

A-t-il respecté les conseils de son ami ?

3. Aujourd'hui, Norbert ne pourra pas s'adonner à ses deux passions.

Selon l'échelle de Beaufort (*), les vents sont de Force 9 (41 à 47 nœuds). À quelles vitesses, en km/h, correspondent des vents de Force 9 ?

(*) L'échelle de Beaufort mesure la vitesse moyenne des vents.

Du côté du site compagnon

http://www.bordas-myriade.fr

L'écho

En montagne, lorsque l'on crie face aux parois d'une falaise, ce cri nous revient. **Le son** est une onde qui se propage dans l'air à la **vitesse de 340 m/s**. Les ondes sonores du cri émis se réfléchissent sur les parois de la falaise pour nous renvoyer le son émis.

Sur le même principe, la chauve-souris utilise la réflexion des ultrasons pour se diriger ou se nourrir. À la manière d'un écho, le cri de la chauve-souris se réfléchit sur sa proie pour lui permettre de la localiser et de la capturer.

Pour en savoir plus sur la vitesse du son et l'écho, rendez-vous sur le site compagnon

★ Niveau de difficulté technique ★ Niveau de difficulté mathématique

Avec un ordinateur

★★☆ ★★☆

1 FONCTION AFFINE ET DROITE REPRÉSENTATIVE (20 min)

OBJECTIF : *Observer de façon dynamique la représentation graphique d'une fonction affine en faisant varier ses coefficients.*

Pour cette activité, on utilise un logiciel de géométrie dynamique.

Construction

1. Afficher la grille et les axes. → Géométrie 23

2. Construire deux curseurs nommés *a* et *b* tels que les nombres *a* et *b* varient entre – 5 et 5 avec un pas de 0,1. → Géométrie 27

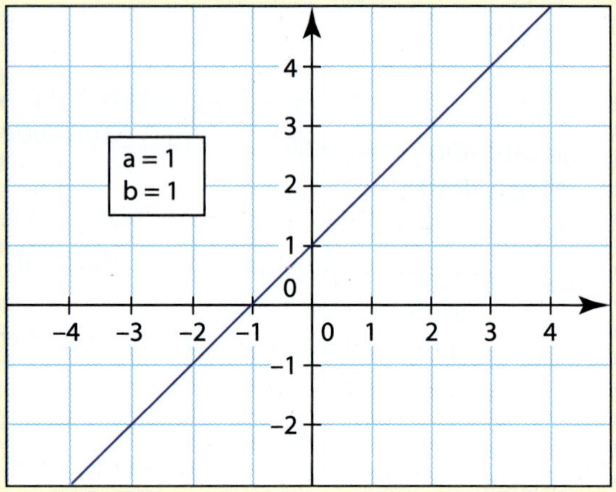

Avec un logiciel de géométrie

3. On va afficher la représentation graphique de la fonction *f* définie par $f(x) = ax + b$, où *a* et *b* sont les nombres définis par les curseurs.

a. Dans le champ de saisie, entrer l'expression $f(x) = a*x + b$ de la fonction *f*.

La droite représentative de la fonction *f* est ainsi construite dans le repère.

b. Donner une expression algébrique de la fonction *f* dont la droite est affichée à l'écran.

Manipulation et observation

À l'aide des deux curseurs *a* et *b*, il est possible de modifier l'expression algébrique de la fonction *f*.

4. Afficher la droite représentative de la fonction *f* telle que $f(x) = 0{,}4x + 2$. Donner les coordonnées du point d'intersection de la droite avec l'axe des abscisses.

5. Donner une expression algébrique d'une fonction dont la droite représentative a pour coefficient directeur – 0,8 et passe par le point de coordonnées (– 5 ; 2).

6. Déplacer le curseur *b* seulement.
Que peut-on dire de droites qui possèdent le même coefficient directeur ?

7. Déplacer le curseur *a* seulement.
Que peut-on dire de droites qui possèdent la même ordonnée à l'origine ?

8. Étudier l'inclinaison de la droite en fonction du signe de son coefficient directeur.

★★☆ ★★★

2 L'AGENCE IMMOBILIÈRE (40 min)

OBJECTIF : *Résoudre un problème lié à des fonctions affines dont l'étude des représentations graphiques serait fastidieuse sans logiciel.*

Georges Poupin, PDG de l'agence immobilière *Toutimmo*, propose trois types de contrat à ses commerciaux. Pour les ventes qu'il aura réalisées, le commercial percevra chaque mois :
- avec le ***contrat One*** : pas de salaire fixe mais 0,92 % des ventes ;
- avec le ***contrat Two*** : un salaire fixe de 1 075 € et 0,63 % des ventes ;
- avec le ***contrat Three*** : un salaire fixe de 1 482 €.

1. Ce mois-ci, Patrick a vendu un splendide appartement de 245 000 €. Calculer son salaire mensuel sachant qu'il a opté pour le ***contrat One***.

2. a. Soit x le montant des ventes d'un commercial en euros.

Exprimer, en fonction de x, son salaire mensuel $f(x)$ s'il a opté pour le ***contrat One***.

À la fin du manuel, retrouve tes **Fiches méthode TICE** : *Tableur*, *Géométrie*, *Calculatrice*

b. Écrire de même des expressions algébriques des fonctions *g* et *h* donnant les salaires mensuels respectifs avec le ***contrat Two*** et le ***contrat Three***.

3. a. Ouvrir le logiciel de géométrie dynamique GeoGebra et afficher la grille et les axes. → *Géométrie 23*

b. Dans le champ de saisie en bas, entrer successivement les expressions des fonctions affines *f*, *g* et *h* pour tracer leurs droites représentatives respectives.

Coup de pouce
Les droites ne sont pas visibles à l'écran ?
Alors modifie l'échelle des axes avec la souris.

4. a. Placer un point A sur l'axe des abscisses. → *Géométrie 2*

b. Tracer la droite passant par A et perpendiculaire à l'axe des abscisses. Elle coupe les droites représentant les fonctions affines *f*, *g* et *h* respectivement en B, C et D. → *Géométrie 8 et 3*

c. Afficher les coordonnées des points. → *Géométrie 24*

5. Répondre graphiquement aux questions suivantes en déplaçant le point A. → *Géométrie 1*

a. Le total des ventes de Medir est de 123 250 €. Quel contrat aurait été le plus intéressant pour lui ?

b. Mike a vendu durant ce mois pour un total de 392 000 €. A-t-il bien fait de choisir le ***contrat Two*** ?

c. Le salaire de Bob avec le ***contrat Two*** est de 2 996 €. Donner un arrondi, à l'euro près, du montant de ses ventes.

d. Exprimer, en fonction du montant des ventes, le contrat le plus intéressant pour un commercial.

3 ★★★ ★★★ PROBLÈME OUVERT — 30 min

OBJECTIF : *Utiliser un tableur pour résoudre un problème de calcul d'intérêts.*

Nestor Balaize qui vient de toucher son salaire décide d'en déposer une partie sur un compte bancaire rémunéré à 3,9 % par an.
Il a calculé que, en laissant cette somme sur son compte pendant 10 ans, les intérêts qu'il aura cumulés lui permettront d'avoir un capital de 567 € arrondi à l'euro près.
Quelle somme a-t-il déposée sur le compte bancaire au départ ?

4 LA BOÎTE NOIRE DU CHAPITRE 8

Téléchargement

BOITE NOIRE

Une « boîte noire » est un nouvel outil du logiciel permettant de construire une figure selon un mystérieux programme ! Le but de l'activité est de percer ce mystère…
Pour cela, on peut déplacer les objets mais aussi faire toute nouvelle construction et afficher des longueurs qui aident dans la recherche.

1. Télécharger sur le site compagnon le fichier « boite_noire_8 » et l'ouvrir.

2. Placer un point A. Appliquer l'outil nommé « boite_noire_8 » à ce point.

3. Écrire sur le cahier le programme de construction permettant d'obtenir la droite apparue.

4. Tester ce programme de construction sur le point A.
Vérifier que l'on retrouve la même droite qu'en utilisant la boîte noire.
Est-ce vrai quelles que soient les positions du point A ?

1 Revoir la moyenne et découvrir la médiane d'une série de données

Treize étudiants en mathématiques jouent au bowling.

- Voici la série des scores obtenus par les sept joueurs de l'équipe des Verts :
105 – 120 – 104 – 121 – 99 – 127 – 108
- Voici la série des scores obtenus par les six joueurs de l'équipe des Bleus :
93 – 181 – 89 – 98 – 117 – 94

1. Calcul de moyenne

a. Pourquoi les étudiants ne peuvent-ils pas ajouter les scores pour désigner l'équipe gagnante ?

b. Calculer le **score moyen** obtenu dans chaque équipe. Que peut-on en conclure ?

c. Malgré cette caractéristique commune, peut-on trouver une différence entre ces deux séries de scores ?

2. Étude de l'équipe des Verts

a. Recopier les scores des sept joueurs verts en les classant dans l'ordre croissant.

b. Entourer le score « du milieu », c'est-à-dire celui qui partage la série des sept scores en deux parties de même effectif (trois scores inférieurs à gauche et trois scores supérieurs à droite). Quel est ce score ?

On appelle cette valeur la valeur ***médiane*** *de la série. Il y a autant de joueurs qui ont obtenu un score inférieur à cette valeur que de joueurs qui ont obtenu un score supérieur à cette valeur.*

3. Étude de l'équipe des Bleus

a. Recopier les scores des six joueurs bleus en les classant dans l'ordre croissant.

b. Y a-t-il un score « du milieu », c'est-à-dire un score qui partage la série des scores de cette équipe en deux parties de même effectif ? Pourquoi ?

c. Quelles valeurs peut-on proposer comme valeur médiane de la série des scores bleus ?

d. Convention : les mathématiciens ont décidé que la médiane de cette série est 96. Expliquer ce choix.

4. Comparaison des équipes : En comparant les moyennes et les médianes, que peut-on dire des scores obtenus par ces deux équipes ?

2 Calculer l'étendue d'une série de données

Cette activité peut être réalisée avec ou sans tableur.

On a relevé les températures de trois villes, au cours d'une journée de mars 2012, et on les a reportées dans une feuille de calcul :

	A	B	C	D	E	F	G	H	I	J	K	L	M
1	horaire	0 h	2 h	4 h	6 h	8 h	10 h	12 h	14 h	16 h	18 h	20 h	22 h
2	Température à Bordeaux (en °C)	8	5	5	9	12	15	18	22	21	18	16	11
3	Température à Tamanrasset (en °C)	-1	-1	-3	4	9	18	25	31	32	27	13	5
4	Température à Moscou (en °C)	-6	-7	-7	-3	-1	3	6	7	6	4	2	-2

1. Étude de la température à Bordeaux

a. Quelle est la température maximale enregistrée à Bordeaux au cours de cette journée ?

b. Quelle est la température minimale enregistrée à Bordeaux au cours de cette journée ?

c. Quel est l'écart entre ces deux températures ?

Cette différence est appelée ***l'étendue*** *de la série de températures de Bordeaux.*

2. Étude de la température à Tamanrasset et Moscou

a. Déterminer l'étendue des températures à Tamanrasset.

b. Déterminer l'étendue des températures à Moscou.

c. Que peut-on dire sur les étendues de températures des trois villes étudiées ?

3 Déterminer le premier et le troisième quartiles d'une série de données

Depuis juin 2009, le Parlement européen rassemble 736 députés.
Le tableau ci-dessous donne, dans **l'ordre croissant** et pour chacun des 27 pays membres de l'Union Européenne, le nombre de députés élus (exprimé en nombre de sièges ici).

1. Partager la série en deux

a. Calculer la moitié de 27.

b. Trouver le pays situé « au centre » de cette série de pays, c'est-à-dire le pays tel qu'il y ait autant de pays possédant moins de députés que lui que de pays possédant plus de députés que lui.

c. En déduire la médiane de la série des nombres de députés.

2. Partager la série en quatre

a. Calculer le quart (25 %) de 27.

b. Trouver le premier pays de cette série de 27 situé dans une position telle qu'au moins un quart des pays possèdent moins de députés que lui.

c. Le premier quartile (noté Q_1) de la série des nombres de députés est la première valeur de cette série pour laquelle au moins un quart (**25%**) des pays possèdent un nombre de députés inférieur ou égal à Q_1.
Quel est donc le premier quartile de la série des nombres de députés ?

d. Calculer trois quarts (75%) de 27.

e. Trouver le premier pays de cette série de 27 situé dans une position telle qu'au moins trois quarts des pays possèdent moins de députés que lui.

f. En déduire le troisième quartile (noté Q_3) de la série des nombres de députés qui est la première valeur de cette série pour laquelle au moins trois quarts (**75%**) des pays possèdent un nombre de députés inférieur ou égal à Q_3.

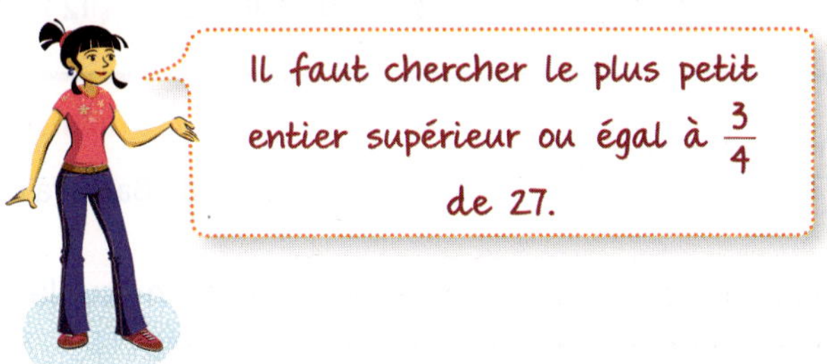

Répartition des sièges par pays

Pays membres	Sièges
Malte	5
Chypre	6
Estonie	6
Luxembourg	6
Slovénie	7
Lettonie	8
Irlande	12
Lituanie	12
Danemark	13
Finlande	13
Slovaquie	13
Autriche	17
Bulgarie	17
Suède	18
Belgique	22
République tchèque	22
Grèce	22
Hongrie	22
Portugal	22
Pays-Bas	25
Roumanie	33
Espagne	50
Pologne	50
France	72
Italie	72
Royaume-Uni	72
Allemagne	99
Total Union Européenne	**736**

1 Étudier une série statistique donnée par une liste

Énoncé

Huit athlètes ont participé à un concours de lancer de javelot. Voici leurs performances :

62 m – 73 m – 58 m – 64 m – 71 m – 62 m – 65 m – 59 m

Déterminer la moyenne, la médiane, l'étendue et les quartiles de cette série de lancers.

Solution commentée

La moyenne

$M = (62 + 73 + 58 + 64 + 71 + 62 + 65 + 59) : 8 = 64{,}25$.

La **moyenne** des lancers est donc de **64,25 m**.

La médiane

On ordonne la série du moins bon lancer au meilleur :

58 m – 59 m – 62 m – **62 m – 64 m** – 65 m – 71 m – 73 m.

valeurs centrales

$m = (62 + 64) : 2 = 63$. La **médiane** est donc de **63 m**.

Il y a autant de lancers inférieurs à 63 m que de lancers supérieurs à 63 m.

Dans le cas d'un nombre pair de valeurs, une **valeur médiane** est obtenue par la moyenne des deux valeurs centrales, ici 62 et 64.

L'étendue

Le meilleur lancer est de 73 m et le moins bon de 58 m.

73 – 58 = 15. L'**étendue** de la série est donc de **15 m**.

Les quartiles

Il y a huit données dans cette série.

- 25 % de 8 est égal à 2, donc le **premier quartile** de la série de lancers est la **2e** donnée de la série ordonnée, soit 59 : $Q_1 = 59$.
- 75 % de 8 est égal à 6, donc le **troisième quartile** de la série de lancers est la **6e** donnée de la série ordonnée, 65 : $Q_3 = 65$.

Les valeurs sont peu dispersées.

Avec les TICE

On peut aussi calculer l'étendue, la moyenne et la médiane d'une série avec un tableur.

	A	B	C
1	62		*étendue*
2	73		=MAX(A1:A8) – MIN(A1:A8)
3	58		
4	64		*moyenne*
5	71		=MOYENNE(A1:A8)
6	62		
7	65		*médiane*
8	59		=MEDIANE(A1:A8)

Exercices d'application

1 La mère Poulard a donné à Lucien une douzaine d'œufs. Il a pesé chaque œuf et a obtenu les masses suivantes : 61 g – 62 g – 61 g – 58 g – 56 g – 63 g – 55 g – 64 g – 61 g – 63 g – 63 g – 65 g.

1. Calculer la masse totale de la douzaine d'œufs.
2. Calculer la masse moyenne d'un œuf.
3. Déterminer la médiane de cette série de masses.
4. Calculer l'étendue de cette série.

2 Le professeur de SVT montre à ses élèves le relevé des hauteurs de cinq peupliers :

35 m – 38 m – 34 m – 41 m – 32 m.

1. Quelle est la plus grande valeur de cette série ? la plus petite ?
2. Calculer l'étendue de cette série. Peut-on dire que les valeurs de cette série sont très dispersées ?
3. Calculer la hauteur moyenne d'un des peupliers.
4. Déterminer la médiane de cette série de hauteurs. Donner une interprétation de ce nombre.

3 Simon a relevé la taille de cinq de ses amis : 166 – 154 – 162 – 173 – 168.

1. Calculer la taille moyenne des amis de Simon.
2. Déterminer la médiane de cette série de tailles. Donner une interprétation de ce nombre.
3. Calculer l'étendue de cette série. Donner une interprétation de ce nombre.

4 **Vu au BREVET**

Sept athlètes ont couru sur 200 m dans les temps suivants (en secondes) :

20,25 – 20,12 – 20,48 – 20,09 – 20,69 – 20,19 – 20,38.

1. Quelle est l'étendue de cette série ?
2. Quelle est la moyenne de cette série ?
3. Quelle est la médiane de cette série ?
4. Quelle est la vitesse moyenne de l'athlète classé premier, en mètres par seconde (m/s) (arrondie au millième) ?

D'après Centres étrangers, 2009

Voir aussi les Exercices 41, 43 et 44

20 **Technologie**

Maxime utilise son ordinateur pour réduire le poids de sept photographies numériques.

1. Avant compression, ses fichiers pesaient respectivement : 2,4 Mo – 1,6 Mo – 3,2 Mo – 3,3 Mo – 4,3 Mo – 1,8 Mo – 3,8 Mo.

a. Quel était le poids moyen de ces sept images ?

b. Quel était le poids médian de ces sept images ?

2. Après compression à l'aide d'un logiciel, les poids des fichiers sont les suivants : 128 ko – 112 ko – 244 ko – 232 ko – 221 ko – 168 ko – 199 ko.

a. Quel est le poids moyen de ces sept images retravaillées ?

b. Quel est le poids médian de ces sept images retravaillées ?

c. Quel est, en Mo, le gain total d'espace de Maxime sur son disque dur ?

Coup de pouce
1 Mo = 1 000 ko

21 Lydie tient la comptabilité de sa boutique de prêt-à-porter à l'aide d'un tableur :

	A	B	C	D	E
1		**Ventes du samedi 22 décembre 2012**			
2					
3	**client**	**ticket de caisse**			
4	1	122,00 €			
5	2	86,00 €		**total des ventes**	
6	3	75,00 €			
7	4	45,50 €		**ticket moyen**	
8	5	32,00 €			
9	6	117,80 €		**ticket médian**	
10	7	15,00 €			
11	8	12,20 €			
12	9	19,90 €			
13	10	80,40 €			
14	11	136,00 €			
15	12	28,80 €			
16	13	12,90 €			
17	14	56,00 €			
18	15	55,90 €			

1. Total des ventes

a. Quelle formule Lydie peut-elle saisir dans la cellule E5 ?

b. Calculer le total des ventes de la journée.

2. Ticket moyen et ticket médian

a. Quelle formule Lydie peut-elle saisir dans la cellule E7 ?

b. Calculer le montant moyen dépensé par un client.

c. Calculer le montant médian dépensé par un client.

22 Le tableau ci-dessous donne la répartition, par âge, des participants à un camp de vacances :

Âge	13 ans	14 ans	15 ans	16 ans	17 ans
Effectif	2	6	3	1	2

1. Quel est l'effectif total de ce groupe ?

2. Quel est l'âge moyen d'un participant ?

3. Quelle est la médiane des âges des participants ?

23 **Météorologie**

Le graphique ci-dessous donne la hauteur des précipitations (en mm) tombées pendant 14 jours de la saison des pluies à Saint-Denis de la Réunion :

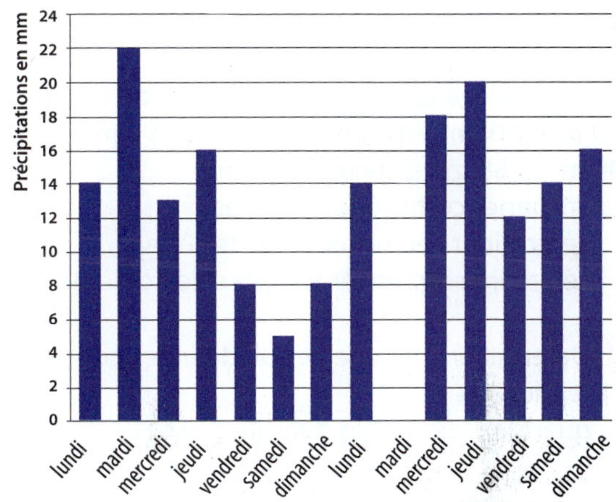

1. Calculer la hauteur totale de ces précipitations.

2. Calculer la hauteur moyenne des précipitations pour une journée et la médiane de ces 14 hauteurs.

24 Dans le cadre du travail sur le B2i, la documentaliste du collège a demandé aux élèves d'une classe de 3e de compter le nombre de spams (courriels indésirables) reçus sur leur messagerie au cours d'un week-end. Le graphique ci-dessous montre les résultats de ce sondage :

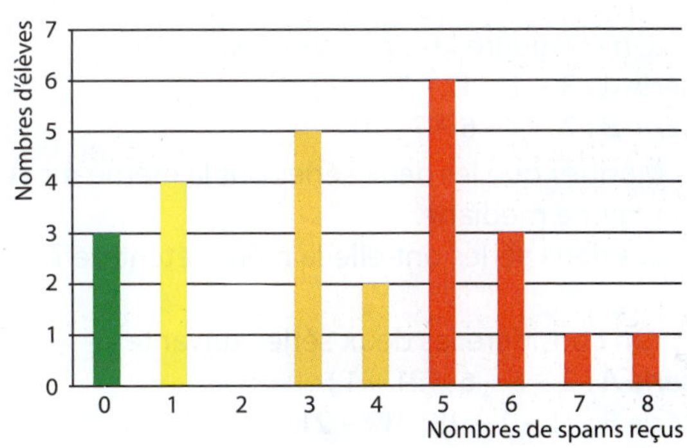

1. a. Combien d'élèves n'ont reçu aucun spam ?

b. Combien d'élèves ont répondu au sondage ?

c. Quel pourcentage du nombre total d'élèves représentent ceux qui ont reçu au moins cinq spams ?

2. a. Déterminer le nombre total de spams reçus par les élèves de la classe.

b. Calculer le nombre moyen de spams reçus par un élève de cette classe.

c. Calculer le nombre médian de spams reçus par un élève de cette classe.

Étendue et quartiles d'une série statistique

POUR COMMENCER

25 Déterminer l'étendue de chaque série ci-dessous :
- ***série 1 :*** 11 – 5 – 6 – 8 – 9 ;
- ***série 2 :*** 5 – 3 – 8 – 2 – 2 – 8 – 4 ;
- ***série 3 :*** 4,3 – 3,4 – 5,1 – 6,7 – 4,6.

26 Ordonner chacune des séries de huit données ci-dessous puis déterminer le quartile 1 et le quartile 3 de chacune d'elle :
- ***série 1 :*** 2 – 6 – 14 – 12 – 8 – 4 – 16 – 10 ;
- ***série 2 :*** 10 – 6 – 8 – 20 – 7 – 24 – 7 – 10 ;
- ***série 3 :*** 7,2 – 6,4 – 8,3 – 1,9 – 1,2 – 1,7 – 8,4 – 9,1.

27 On a relevé la taille de dix joueurs de basket :
1,89 m – 2,03 m – 1,95 m – 1,99 m – 1,97 m – 2,07 m – 1,95 m – 1,88 m – 2,09 m – 1,91 m.

1. Ordonner cette série de tailles.
2. Déterminer l'étendue de cette série.
3. Déterminer le premier quartile et le troisième quartile.

28 Déterminer une série de huit données pour laquelle :
– l'étendue est 12 ;
– le quartile 1 est 7 et le quartile 3 est 11.

29 Déterminer une série de six données pour laquelle :
– toutes les données sont différentes ;
– l'étendue est 25 ;
– le quartile 1 est 9 et le quartile 3 est 20.

30 Déterminer une série de dix données pour laquelle :
– toutes les données sont différentes ;
– l'étendue est 154 ;
– le quartile 1 est 248 et le quartile 3 est 401.

Coup de pouce
Tu peux utiliser les nombres décimaux.

31 On considère les deux séries suivantes :
- ***série A :*** 3 – 1 – 17 – 7 – 12 ;
- ***série B :*** 7 – 9 – 6 – 7 – 11.

1. Montrer que les deux séries ont la même moyenne et la même médiane.
2. Les deux séries ont-elle la même étendue ?

32 On considère les deux séries suivantes :
- ***série A :*** 2 – 5 – 6 – 21 – 1 ;
- ***série B :*** 11 – 1 – 18 – 19 – 21.

1. Montrer que les deux séries ont la même étendue.
2. Les deux séries ont-elles la même moyenne ? Ont-elles la même médiane ?

33 On considère les deux séries suivantes :
- ***série A :*** 7 – 9 – 11 – 12 – 14 – 17 – 18 – 20 ;
- ***série B :*** 1 – 2 – 3 – 4 – 22 – 24 – 25 – 27.

1. Montrer que les deux séries ont les mêmes moyenne et médiane.
2. Les deux séries ont-elles la même étendue ? les mêmes quartiles ?

34 **Chimie**
Léa Cide, professeur de chimie, propose à ses élèves de mesurer le potentiel hydrogène (pH) de plusieurs sodas achetés dans le commerce.
Voici les résultats des mesures effectuées :
- Coba-Cola : pH = 2,3 ;
- Pepsi-mola : pH = 2,6 ;
- Sudo-Cola : pH = 2,5 ;
- Aroma-Cola : pH = 2,45 ;
- Briz-Cola : pH = 2,48 ;
- Free-Cola : pH = 2,31.

1. Classer ces sodas du plus acide (pH le plus faible) au moins acide (pH le plus élevé).
2. Déterminer l'étendue de cette série de pH.
3. Quel est le pH moyen des sodas étudiés ?

35 Voici les résultats de deux demi-finales du 100 m lors des championnats du monde d'athlétisme 2011 à Daegu (Corée du Sud) :

- **Demi-finale 1**

Couloir	Coureur	Temps
1	A. Hinds (Bar)	10,32 s
2	A. Rodriguez (Esp)	10,49 s
3	Y. Blake (Jam)	9,95 s
4	J. Vicaut (Fra)	10,10 s
5	W. Dix (USA)	10,05 s
6	D. Chambers (GBR)	disqualifié
7	K. Bledman (Tri)	10,14 s
8	D. Bailey (Ant)	10,14 s

- **Demi-finale 2**

Couloir	Coureur	Temps
1	D. Kuc (Pol)	10,51 s
2	M. Devonish (GBR)	10,25 s
3	U. Bolt (Jam)	10,05 s
4	M. Frater (Jam)	10,23 s
5	C. Lemaitre (Fra)	10,11 s
6	T. Kimmons (USA)	10,21 s
7	R. Thompson (Tri)	10,20 s
8	J. Ndure (Nor)	10,21 s

1. Établir le classement des temps de chaque demi-finale.
2. Calculer l'étendue de chacune de ces séries de temps.
3. Quelle demi-finale a été la plus équilibrée ?

36 Le professeur a relevé les notes du dernier devoir de mathématiques en 3e A. Voici les résultats :

Note	08	09	10	12	15	16	17
Effectif	2	4	5	3	7	3	2

1. Quel est le nombre d'élèves dans la classe de 3e A ?
2. Quelle est l'étendue des notes de ce devoir ?
3. Déterminer les valeurs du premier quartile et du troisième quartile de la série.
4. Le professeur affirme : « Moins d'un quart des élèves ont eu une note inférieure à 10/20 ».
A-t-il raison ? Justifier la réponse.

37 Pour lutter contre la baisse des stocks de thon rouge, les pêcheurs français doivent respecter les consignes de la Commission Internationale pour la Conservation des Thonidés de l'Atlantique (CICTA) :
– interdiction de pêcher des thons rouges d'une masse inférieure à 30 kg,
– quotas de pêche maximaux pour l'ensemble des thoniers : 700 tonnes.

En 2011, seuls neuf navires français sont sortis du port de Sète pour participer à la campagne annuelle (du 15 mai au 15 juin).

Voici le bilan de la pêche d'un de ces thoniers :

	A	B
1	***Pêche de thon rouge***	
2	masse du poisson	nombre de poisson pêchés
3	30	255
4	40	315
5	50	178
6	60	85
7	80	76
8	100	27
9	120	25
10	150	18
11	200	9
12		
13	***masse totale***	
14	***masse moyenne***	
15	***masse médiane***	
16	*Quartile 1*	
17	*Quartile 3*	

1. Nombre total de poissons
a. Dans une feuille de calcul, quelle formule peut-on utiliser dans la cellule B13 ?
b. Calculer le nombre total de poisson pêchés.

2. Masse totale de la pêche
a. Dans une feuille de calcul, quelle(s) formule(s) peu(ven)t permettre de calculer la masse totale de la pêche de ce thonier ?
b. Calculer la masse totale de cette pêche.

3. Masse moyenne, médiane, quartile
a. Calculer la masse moyenne d'un poisson pêché par ce thonier.
b. Déterminer la masse médiane d'un thon pêché.
c. Déterminer le premier quartile et le troisième quartile de cette série de masses.

38 Le responsable d'un centre de vacances dresse le bilan des effectifs des jeunes adhérents en fonction de leur âge :

Âge (en années)	10	11	12	13	14	15	16	17
Nombre de jeunes	12	14	5	23	17	13	8	2

1. Quel est le nombre de jeunes adhérents à ce centre de vacances ?
2. Quelle est l'étendue des âges des adhérents ?
3. Déterminer les valeurs du premier quartile et du troisième quartile de cette série.
4. Le directeur affirme :
« L'âge moyen d'un jeune adhérent est d'environ 13 ans ».
A-t-il raison ? Justifier la réponse.

39 Une enquête a été réalisée pour connaître les tarifs « Étudiant » des salles de cinéma (hors séance 3D) dans plusieurs grandes villes françaises.
Ce diagramme montre les résultats de cette enquête :

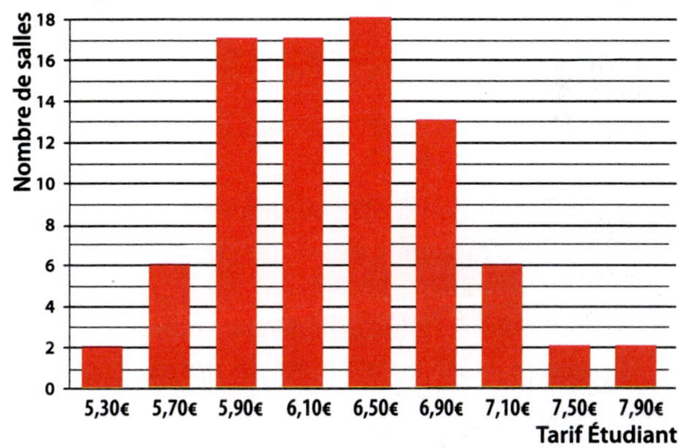

1. Quelle est l'étendue de cette série de prix ?
2. Déterminer le premier quartile et le troisième quartile de cette série.
3. D'après cette enquête, quel est le prix moyen d'un billet de cinéma « Étudiant » ?

40 **Vu au BREVET**
On a relevé la vitesse du vent en m/s toutes les minutes pendant une année de 365 jours.
Le nombre de relevés étant trop important, la série est présentée par les éléments suivants :

Minimum	1er quartile	Médiane	3e quartile	Maximum
0 m/s	4 m/s	6,2 m/s	14,6 m/s	28,4 m/s

1. Pendant combien de temps peut-on estimer que le vent a soufflé à moins de 6,2 m/s durant l'année ?
2. Lorsque la vitesse du vent est inférieure à 4 m/s, l'éolienne ne fonctionne pas. Expliquer pourquoi on peut considérer que l'éolienne n'a pu fonctionner faute de vent suffisant pendant une durée totale de trois mois.
3. Combien la série contient-elle de relevés ?

France Métropolitaine, 2010

41 Six employés travaillent dans une petite entreprise de menuiserie. Voici leurs salaires mensuels :

- Marc : 1 600 € • Isabelle : 1 450 € • Gérard : 2 400 €
- Lucien : 1 800 € • Théo : 1 700 € • Yvan : 2 200 €

1. Calculer la masse salariale mensuelle de cette entreprise, c'est-à-dire le total des salaires versés par mois.

2. Calculer le salaire moyen de cette entreprise.

3. Déterminer l'étendue et la médiane des salaires.

42 **Vu au BREVET**

Sur le graphique ci-dessous, on a représenté toutes les notes obtenues en mathématiques par Mathieu tout au long de l'année scolaire :

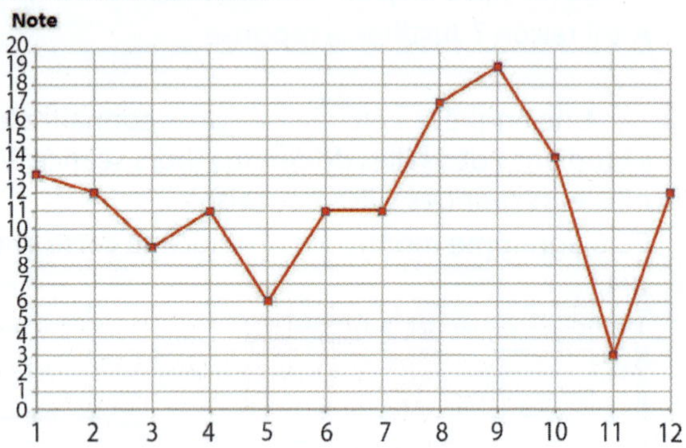

1. À quel devoir a-t-il obtenu sa meilleure note ?

2. Calculer la moyenne des notes de Mathieu sur l'ensemble de l'année.

3. Déterminer l'étendue de la série de notes de Mathieu.

4. Combien Mathieu a-t-il eu de notes strictement inférieures à 10 sur 20 ?

Pondichéry, 2011 (Extrait)

43 Météo-France publie quotidiennement les relevés de températures moyennes enregistrées dans les 107 stations françaises.
Voici les températures moyennes enregistrées au cours d'une semaine dans la ville d'Aurillac :

lundi : 12°C ; mardi : 7°C ; mercredi : 11°C ; jeudi : 8°C ; vendredi : 10°C ; samedi : 12°C ; dimanche : 15°C.

1. Calculer la moyenne de ces températures.

2. Déterminer la médiane de cette série de températures. Donner une interprétation de ce nombre.

3. Quel est l'écart de température entre la journée la plus chaude et la journée la plus froide ?

44 Deux entreprises ont accepté de communiquer les salaires de leurs employés.

- Dans l'entreprise *Alumeto*, les salaires mensuels des sept employés sont :
1 600 € – 1 600 € – 1 750 € – 1 805 € – 2 200 € – 2 300 € – 2 450 €.

- Dans l'entreprise *Roulalu*, les salaires mensuels des neuf employés sont :
1 250 € – 1 300 € – 1 300 € – 1 350 € – 1 370 € – 1 460 € – 1 700 € – 3 000 € – 4 900 €.

1. Déterminer le salaire moyen dans chacune de ces entreprises. Que remarque t-on ?

2. Cette caractéristique suffit-elle pour comparer les salaires des deux entreprises ?

3. Quelles caractéristiques statistiques faut-il déterminer pour faire une analyse plus fine ?

4. Déterminer ces caractéristiques et les interpréter par rapport aux salaires des deux entreprises.

À l'oral

45 On considère la série suivante : 18 – 20 – 22 – 24 – 26.

a. Quelle est la moyenne de cette série ?
b. Quelle est la médiane de cette série ?
c. Quelle est l'étendue de cette série ?
d. Quels sont les quartiles 1 et 3 de cette série ?

46 On considère la série suivante : 9 – 11 – 13 – 17.

a. Quelle est la moyenne de cette série ?
b. Quelle est la médiane de cette série ?
c. Quelle est l'étendue de cette série ?
d. Quels sont les quartiles 1 et 3 de cette série ?

47 On considère la série suivante : 21 – 21 – 27.

a. Quelle est la moyenne de cette série ?
b. Quelle est la médiane de cette série ?
c. Quelle est l'étendue de cette série ?
d. Quels sont les quartiles 1 et 3 de cette série ?

48 Le tableau ci-dessous donne les effectifs des classes d'un collège de Normandie :

	A	B	C	D	E	F	G
1		A	B	C	D	total	moyenne
2	Classes de 6ᵉ	24	25	25	26	100	
3	Classes de 5ᵉ	28	28	27	21	104	26
4	Classes de 4ᵉ	29	29	27	22	107	26,75
5	Classes de 3ᵉ	27	27	29	28	111	27,75
6				établissement			26,38

1. Quelle formule a pu être saisie dans la cellule F2 ? dans la cellule G3 ?

2. Quelle formule peut être saisie dans la cellule G2 ? dans la cellule F6 ?

3. Quel nombre peut apparaître dans la cellule G2 ? dans la cellule F6 ?

49 Le tableau ci-dessous donne la répartition des notes obtenues à un contrôle de mathématiques par les 27 élèves d'une classe de troisième :

Note	6	8	10	13	14	17
Effectif	3	5	6	7	5	1

1. Calculer la note moyenne de la classe à ce contrôle. Arrondir le résultat à l'unité.

2. Calculer le pourcentage d'élèves ayant eu une note supérieure ou égale à 10. Arrondir le résultat au dixième.

Groupement Ouest, 2006

50 Le tableau ci-dessous présente la série de notes obtenues par les élèves de 3e B lors du dernier devoir en classe :

Note sur 20	5	6	8	9	11	12	13	15	18	19
Effectif	1	2	6	2	1	4	2	3	1	1

1. Quel est l'effectif de la classe de 3e B ?

2. Calculer la note moyenne de ce devoir (donner une valeur arrondie au dixième de point).

3. Quel est le pourcentage, arrondi à l'unité, de l'effectif total représentant les élèves ayant obtenu une note inférieure ou égale à 8 ?

4. Déterminer la note médiane de cette série. Que représente cette note ?

Centres étrangers, 2006

51 Le tableau ci-dessous indique des grandeurs physiques et démographiques des pays et territoires constituant la Mélanésie en 2005 :

Pays et territoires de Mélanésie	Superficie terrestre (en km^2)	Densité en 2005 (nombre d'habitants par km^2)
Îles Fidji	18 272	45
Îles Salomon	28 370	17
Nouvelle-Calédonie	18 576	13
Papouasie – Nouvelle-Guinée	462 840	13
Vanuatu	12 190	18

Source : Institut de la Statistique et des Études Économiques.

1. Quelle est la superficie terrestre totale de la Mélanésie ?

2. Quel pourcentage de la superficie totale représente la superficie de la Nouvelle–Calédonie ?
Donner le pourcentage obtenu arrondi au dixième près.

3. Calculer le nombre d'habitants en Nouvelle–Calédonie en 2005.

Nouvelle-Calédonie, 2009

52 Voici les effectifs et les salaires des employés d'une Petite et Moyenne Entreprise (PME) :

Catégorie	Ouvrier simple	Ouvrier qualifié	Cadre moyen	Cadre supérieur	Dirigeant
Effectif	50	25	15	10	2
Salaire en euros	950	1 300	1 700	3 500	8 000

1. Quel est l'effectif de cette PME ?

2. Calculer le salaire moyen arrondi à l'unité.

3. Déterminer l'étendue des salaires.

4. Les dirigeants décident une augmentation de 8 % du montant du salaire d'un ouvrier simple. Calculer le nouveau salaire de cet ouvrier.

Antilles-Guyane, 2008

53 Le tableau ci-dessous donne la répartition du nombre de spectateurs à la séance de midi, dans une salle de 325 places pendant la semaine du cinéma :

Jour	Lundi	Mardi	Mercr.	Jeudi	Vendr.	Sam.	Dim.
Nombre de spectateurs	164	239	312	285	310	308	321

1. Calculer le nombre moyen de spectateurs à la séance de midi pendant la Semaine du cinéma.

2. Quel pourcentage du nombre total de places de la salle représentent les places occupées le mercredi ?

Polynésie française, 2009

54 **1.** Dans une classe, un sondage a été fait auprès des élèves pour connaître leur animal préféré. Les résultats sont illustrés dans le graphique ci-dessous :

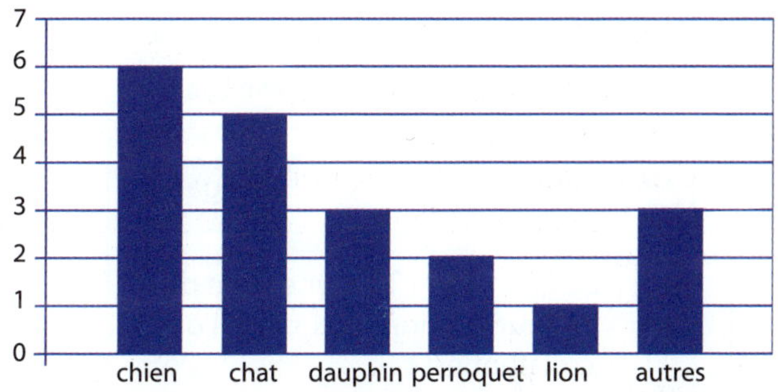

Quelle est la fréquence d'apparition de la réponse « chien » ?

2. On donne la série suivante :
3 – 4 – 6 – 10 – 13 – 14 – 17 – 25 – 26.
- Quelle est la médiane de cette série ?
- Quel est le premier quartile de cette série ?

Centres étrangers II, 2009

55 Les créateurs d'un site réalisent une enquête de satisfaction auprès des internautes clients.
Ils leur demandent d'attribuer une note sur 20 au site.
Le tableau suivant donne les notes de 50 internautes :

Note	6	8	10	12	14	15	17
Effectif	1	5	7	8	12	9	8

1. Calculer la note moyenne obtenue par le site. Arrondir le résultat à l'unité.

2. L'enquête est jugée satisfaisante si 55 % des internautes ont donné une note supérieure ou égale à 14. Est-ce le cas ? Expliquer pourquoi.

Pondichéry, 2010

Tous les exercices de cette double page sont corrigés p. 315.

J'évalue mes connaissances

Pour chaque exercice 56 à 67, trouve la ou les bonnes réponses en considérant les deux séries de masses suivantes :
• série 1 : 112 g – 115 g – 112 g – 119 g – 113 g ; ***• série 2 : 119 g – 110 g – 111g – 114 g – 117 g – 116 g.***

	A	B	C
56 SOCLE 3e La moyenne d'une série de données est :	la valeur située au milieu de la série	la somme de la plus grande et de la plus petite valeur de la série divisée par 2	la somme des valeurs de la série divisée par le nombre total de valeurs
57 SOCLE 3e La moyenne de la **série 1** s'obtient en calculant :	$\frac{112+119}{2}$	$\frac{112+115+119+113}{4}$	$\frac{112+115+112+119+113}{5}$
58 SOCLE 3e La moyenne de la **série 2** est égale à :	114 g	114,5 g	115 g
59 La médiane d'une série de valeur ordonnées dans l'ordre croissant est :	la valeur située au milieu de la série	un nombre qui partage la série en deux parties de même effectif	la somme de la plus grande et de la plus petite valeur de la série divisée par 2
60 La médiane de la **série 1** est :	112 g	113 g	114,2 g
61 La médiane de la **série 2** s'obtient en calculant :	(119 – 110) : 2	(119 + 110) : 2	(116 + 114) : 2
62 L'étendue d'une série de données est la différence entre :	la dernière et la première valeur de la série	la plus grande et la plus petite valeur de la série	la moyenne et la médiane de la série
63 L'étendue de la **série 1** est égale à :	1 g	3 g	7 g
64 L'étendue de la **série 2** est égale à :	3 g	9 g	119 g
65 Le quartile 1 (Q_1) d'une série de valeurs ordonnées dans l'ordre croissant est :	un quart de la plus grande valeur	une valeur pour laquelle un quart des données lui sont inférieures ou égales	la plus petite valeur de la série pour laquelle un quart des données lui sont inférieures ou égales
66 Le quartile 1 de la **série 1** est égale à :	112 g	113 g	115 g
67 Le quartile 1 de la **série 2** est égale à :	110 g	111 g	114 g

Tu peux vérifier tes réponses p. 315 et continuer ton entraînement sur le site compagnon

J'évalue mes compétences

Moyenne et médiane d'une série statistique

68 Ordonner chacune des séries ci-dessous puis déterminer la moyenne et la médiane de chacune d'elle :
a. ***Série 1 :*** 5 – 2 – 6 – 1 – 6.
b. ***Série 2 :*** 18 – 18 – 16 – 12.

69 Déterminer une série de cinq données pour laquelle la médiane est 130 et la moyenne est 120.

70 Chaque jour, Thomas fait le tour du lac d'Annecy à vélo. Voici ses temps pour cette semaine :
- lundi : 55 min 23 s ;
- mardi : 57 min 42 s ;
- mercredi : 49 min 57 s ;
- jeudi : 58 min 27 s ;
- vendredi : 55 min 29 s ;
- samedi : 52 min 31 s ;
- dimanche : 55 min 59 s.

1. Combien de temps au total Thomas a-t-il pédalé cette semaine ?
2. Quel est le temps moyen mis pour faire un tour du lac ?
3. Quelle est la médiane de cette série de temps ?

71 Le tableau ci-dessous donne la répartition, par âge, des membres d'un club de lecture.

Âge des membres	12 ans	13 ans	14 ans	15 ans	16 ans
Effectif	22	16	18	11	12

1. Quel est l'effectif total de ce groupe ?
2. Quel est l'âge moyen d'un membre ?
3. Quelle est la médiane des âges des membres ?

72 **Vu au BREVET**

Voici le diagramme en bâton des notes obtenues sur 20 par une classe de 25 élèves de 3e au dernier devoir de mathématiques :

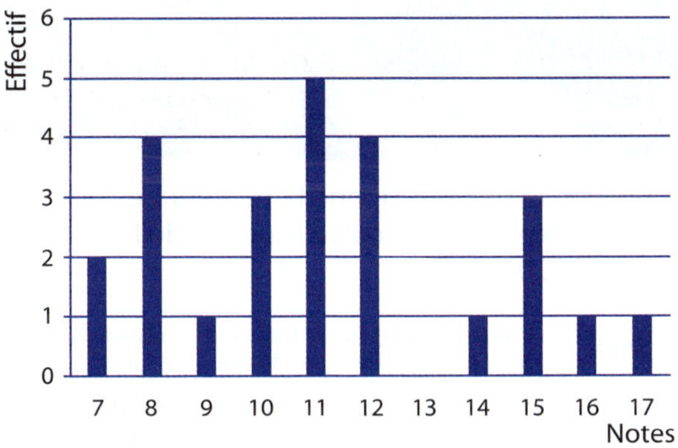

1. Calculer l'étendue des notes.
2. Recopier et compléter le tableau suivant :

Notes	7	8	9	10	11	12	13	14	15	16	17
Effectifs					5						

3. Calculer la moyenne des notes.
4. Déterminer la médiane des notes.
5. Calculer le pourcentage d'élèves ayant eu une note inférieure ou égale à 14.

Asie, 2008

POUR T'AIDER, voir
■ **Cours 1 et 2** ■ **Savoir faire 1 et 2**
■ **Exercices 8 à 24**

Étendue et quartiles d'une série statistique

73 Déterminer l'étendue de chaque série ci-dessous :

a. ***Série 1*** : 21 – 15 – 6 – 18 – 20.
b. ***Série 2*** : 50 – 30 – 80 – 32 – 20 – 18 – 44.
c. ***Série 3*** : 7,5 – 8,4 – 5,5 – 6,1 – 4,1.

74 Ordonner chacune des séries de huit données ci-dessous puis déterminer le quartile 1 et le quartile 3 de chacune d'elle :

a. ***Série 1*** : 12 – 18 – 16 – 32 – 18 – 14 – 36 – 20.
b. ***Série 2*** : 100 – 61 – 80 – 20 – 37 – 44 – 28 – 97.
c. ***Série 3*** : 7,2 – 8,4 – 18,3 – 0,9 – 4,2 – 8,7 – 9,3 – 1,1.

75 Déterminer une série de huit données pour laquelle :
– toutes les données sont différentes ;
– l'étendue est 55 ;
– le quartile 1 est 20 et le quartile 3 est 72.

76 Laura reçoit par mail la facture de son téléphone portable. En pièce jointe, elle reçoit également une feuille de calcul qui lui indique le nombre de SMS envoyés quotidiennement :

	A	B	C	D	E	F	G	H
1	facture de septembre 2012							
2	nombre de SMS envoyés par jour							
3								
4		lundi	mardi	mercredi	jeudi	vendredi	samedi	dimanche
5	Semaine 35 1 et 2 sept						22	26
6	Semaine 36 Du 3 au 9 sept	7	8	15	9	17	35	39
7	Semaine 37 Du 10 au 16 sept	5	6	20	4	15	68	24
8	Semaine 38 Du 17 au 23 sept	9	8	19	8	12	34	36
9	Semaine 39 Du 24 au 30 sept	14	10	21	4	17	29	37

1. **Étude de la semaine 36 (du 3 au 9/09)**

a. Quelle formule pourrait permettre de calculer le nombre total de SMS envoyés lors de la semaine 36 ?
b. Déterminer ce nombre.
c. Quelle formule pourrait permettre de calculer le nombre moyen de SMS envoyés par jour pendant la semaine 36 ? Déterminer ce nombre moyen.

2. **Étude du mois de septembre complet**

a. Quelle formule permet de connaître le nombre total de SMS envoyés lors du mois de septembre ? Déterminer ce nombre.
b. Quelle formule permet de connaître l'étendue de cette série de nombres ? Déterminer ce nombre.
c. Quelle formule permet de connaître le nombre moyen de SMS envoyés par jour ? Déterminer ce nombre.
d. Déterminer la médiane de cette série de nombre.
e. Déterminer le quartile 1 et le quartile 3 de cette série.

77 **Vu au BREVET**

Dans un collège, une enquête a été menée sur « le poids des cartables des élèves ». Pour cela, on a pesé le cartable de 48 élèves du collège. Les résultats de cette enquête sont inscrits dans le tableau ci-dessous :

Poids (en kg)	1	2	3	4	5	6	7	8	9	10
Effectif	1	2	4	2	5	11	8	8	3	4

1. Calculer l'étendue de cette série statistique.
2. Déterminer la médiane de cette série statistique.
3. Déterminer les valeurs du premier quartile et du troisième quartile de la série.
4. Une personne affirme : « Plus des trois quarts des 48 élèves viennent en cours avec un cartable qui pèse 5 kg ou plus. » A-t-elle raison ? Justifier la réponse.

Asie, 2009

POUR T'AIDER, voir
■ **Cours 3 et 4** ■ **Savoir faire 1 et 2**
■ **Exercices 25 à 40**

Activités

1 Comprendre une expérience aléatoire

Tom réalise plusieurs expériences :

- *expérience 1 :* il lance une pièce d'un euro et il note la face visible quand la pièce est au sol (PILE ou FACE) ;
- *expérience 2 :* il lance un dé à six faces et il note le nombre de points inscrits sur la face du dessus ;
- *expérience 3 :* il laisse tomber son portable pour voir s'il se casse ;
- *expérience 4 :* dans une urne contenant des boules indiscernables au toucher (une boule blanche, une boule noire et deux boules rouges), il tire une boule sans regarder et note la couleur obtenue ;
- *expérience 5 :* il lance une roue avec des secteurs de couleurs différentes et note le secteur marqué par la flèche ;
- *expérience 6 :* il prend son vélo pour aller chercher du pain et note la durée de son aller-retour.

1. L'expérience 1

a. Combien y a-t-il de résultats possibles (appelés « issues ») pour cette expérience ?

b. Si Tom réalise une fois cette expérience, peut-il prévoir avec certitude le résultat qu'il va obtenir ?

c. Tom peut-il reproduire cette expérience dans les mêmes conditions autant de fois qu'il le souhaite ?

Le résultat de l'expérience 1 est uniquement dû au hasard. On dit que c'est ***une expérience aléatoire****.*

2. Les autres expériences

a. Parmi les ***expériences 2***, ***3***, ***4***, ***5*** et ***6***, quelles sont les expériences aléatoires ?

b. Pour chacune de ces expériences aléatoires, préciser le nombre et la nature des « issues » possibles.

c. Lors de l'***expérience 1***, on peut définir un évènement « Obtenir FACE » ou encore un évènement « Obtenir PILE ». Trouver cinq évènements pour l'***expérience 6***.

2 Passer de la fréquence à la probabilité

TRAVAIL EN GROUPE

Voici un jeu qui se joue avec deux dés à six faces numérotées de 1 à 6 :

« un joueur annonce un nombre puis il jette les deux dés ensemble. Si la somme des dés est égale au nombre annoncé, il gagne, sinon il perd ».

- Est-il possible de trouver une stratégie pour gagner le plus souvent possible à ce jeu ?

1. Expérience réelle (à faire par groupe de deux)

a. Dans chaque groupe, jouer quelques parties pour comprendre le jeu.

b. On veut savoir si une somme « sort » plus souvent qu'une autre. Pour cela, lancer 50 fois les dés et compléter le tableau de la page suivante après l'avoir reproduit.

Somme des deux dés	2	3	4	5	6	7	8	9	10	11	12	Total
Nombre de lancers qui ont donné cette somme												
Fréquence d'apparition de chaque somme												

c. Mettre en commun les résultats des différents groupes et construire un autre tableau pour avoir le bilan des lancers de la classe.

Remarque : *on pourra utiliser un tableur pour faire ce bilan.*

d. Comparer le tableau de la classe avec le tableau ci-dessous. Il contient les résultats obtenus dans une classe de 3e d'un collège de La-Roche-sur-Yon.

	A	B	C	D	E	F	G	H	I	J	K	L	M
1	**Somme des deux dés**	**2**	**3**	**4**	**5**	**6**	**7**	**8**	**9**	**10**	**11**	**12**	Total
2	Nombre de lancers qui ont donné cette somme	16	30	50	71	93	99	96	90	51	37	17	650
3	Fréquence d'apparition de chaque somme												

e. Calculer les fréquences d'apparition de chaque résultat possible.

f. Pourquoi ces fréquences sont-elles si différentes ?

2. Modélisation mathématique

On considère le lancer d'un dé bleu et d'un dé rouge.

a. À l'aide éventuellement d'un tableau, expliquer pourquoi il y a 36 combinaisons différentes.

b. Combien y a-t-il de combinaisons dont la somme est égale à 6 ? égale à 10 ? égale à 12 ?

c. En déduire la fréquence théorique d'apparition de chaque somme lors de ce jeu.

Cette fréquence est appelée la ***probabilité*** *d'obtenir cette somme. On l'exprime sous forme d'une fraction, d'un nombre décimal ou d'un pourcentage.*

d. Quel résultat a la probabilité la plus forte d'être obtenu ? Quelle est cette probabilité ?

e. En conclusion, quelle stratégie permet de gagner le plus souvent possible à ce jeu ?

3 Déterminer une probabilité

Dans un jeu de 32 cartes, il y a quatre couleurs (pique, cœur, carreau, trèfle) et pour chacune d'elles, il y a huit cartes différentes (7, 8, 9, 10, valet, dame, roi, as). Patrick tire une carte au hasard dans le paquet.

1. a. Quelle est la probabilité de tirer un as ?

b. Quelle est la probabilité de tirer un trèfle ?

c. Quelle est la probabilité de tirer une figure ?

d. Quelle est la probabilité de tirer le 8 de pique ?

2. a. Trouver un évènement dont la probabilité est 0,25.

b. Trouver un évènement dont la probabilité est 0,5.

3. a. Trouver un évènement certain, c'est-à-dire un évènement dont la probabilité est 1.

b. Trouver un évènement impossible, c'est-à-dire un évènement dont la probabilité est 0.

Le cours

1 Expérience aléatoire

DÉFINITION Une expérience est **aléatoire** lorsqu'elle vérifie trois conditions :
– on connaît les **issues** (« résultats possibles ») ;
– le résultat n'est pas prévisible ;
– l'expérience est reproductible dans les mêmes conditions.

■ **Exemple :** On lance un dé à six faces numérotées de 1 à 6 et on regarde le nombre de points inscrits sur la face du dessus.
Cette expérience a six issues : 1 ; 2 ; 3 ; 4 ; 5 ; 6.

DÉFINITION Un **évènement** est un ensemble de résultats que l'on peut obtenir lors d'une expérience aléatoire. Il est constitué d'une ou plusieurs issues de l'expérience.

■ **Exemple :** Pour un lancer de dé :
– l'évènement « Obtenir un nombre impair » est réalisé pour les issues 1, 3 et 5 ;
– l'évènement « Obtenir un nombre strictement supérieur à 4 » est réalisé pour les issues 5 et 6.

Notation : On désigne souvent les évènements par des lettres (comme A, B, C…).

DÉFINITION Un **évènement élémentaire** est un évènement constitué d'une seule issue.

■ **Exemple :** Pour le dé, il y a six évènements élémentaires : « 1 », « 2 », « 3 », « 4 », « 5 » et « 6 ».

DÉFINITION L'**évènement contraire** de l'évènement A est celui qui se réalise lorsque l'événement A ne se réalise pas.

■ **Exemple :** Pour le dé, l'évènement « Obtenir un multiple de 3 » est réalisé pour les évènements élémentaires « 3 » et « 6 ». L'évènement contraire est réalisé pour les évènements élémentaires « 1 », « 2 », « 4 » et « 5 ».

Notation : On note $\overline{A}$ l'évènement contraire à l'évènement A.

2 Probabilité

a Notion de probabilité

La **probabilité** d'un évènement est **un nombre compris entre 0 et 1** qui exprime la « chance » qu'a cet évènement de se produire.

■ **Exemple :** Dire que la probabilité d'un évènement est **0,8** signifie que cet évènement a **8 chances sur 10** ou **80% de chance** de se produire.

Notation : On note p(A) la probabilité de l'évènement A.

■ **Exemple :** Lors d'un lancer de pièce, on a **1 chance sur 2** d'obtenir « FACE ». Si l'on note F l'événement « Obtenir FACE », on dit que la **probabilité** de **l'évènement F est** $\frac{1}{2}$ **ou 0,5** et on note **p(F) = 0,5**.

PROPRIÉTÉ $p(\overline{A}) = 1 - p(A)$

■ **Exemple :** Si, lors d'une expérience aléatoire, la probabilité d'un évènement A est égale à 0,37, alors la probabilité de son évènement contraire est égale à $p(\overline{A}) = 1 - 0,37 = 0,63$.

b Équiprobabilité

DÉFINITION Un évènement dont la probabilité est nulle est un **évènement impossible**.

DÉFINITION Un évènement dont la probabilité est égale à 1 est un **évènement certain**.

DÉFINITION Lorsque chaque évènement élémentaire a la même chance de se réaliser, on dit qu'il y a **équiprobabilité**.

Exemple

Lors d'un lancer de dé à six faces, par symétrie de l'objet que l'on lance, on a autant de chances d'obtenir 1, 2, 3, 4, 5 ou 6. Autrement dit, la probabilité d'obtenir chacune des faces est $\frac{1}{6}$. Il s'agit donc d'une situation d'équiprobabilité.

c Calcul de probabilité dans une situation d'équiprobabilité

PROPRIÉTÉ Dans une expérience aléatoire, la probabilité d'un événement est égale au quotient suivant :

$$\frac{\text{nombre de résultats favorables à l'évènement}}{\text{nombre de résultats possibles}}$$

Exemple

Sur cette roue, il y a 8 secteurs colorés dont 3 sont jaunes.
Si l'on fait tourner cette roue, la probabilité de l'événement « Obtenir jaune » est $\frac{3}{8}$.

PROPRIÉTÉ **La somme des probabilités** de tous les événements élémentaires **est égale à 1**.

PROPRIÉTÉ Si l'on répète un très grand nombre de fois une expérience aléatoire, la fréquence d'un évènement se rapproche de la probabilité de cet évènement.

Exemple

Étape 1 : On demande à chacun des 25 élèves d'une classe de 3e de lancer 60 fois un dé et de noter, dans un tableau d'effectifs, le nombre d'apparitions de chaque face. Voici le tableau d'un élève :

Faces	1	2	3	4	5	6	Total
Effectifs	8	7	11	13	8	13	60

Étape 2 : On regroupe l'ensemble des résultats de la classe dans un même tableau, puis on calcule les fréquences d'apparition de chaque face :

Faces	1	2	3	4	5	6	Total
Effectifs	234	256	263	249	241	257	1 500
Fréquences	$\frac{234}{1\,500} = 0{,}156$	$\frac{256}{1\,500} \approx 0{,}171$	$\frac{263}{1\,500} \approx 0{,}175$	$\frac{249}{1\,500} = 0{,}166$	$\frac{241}{1\,500} \approx 0{,}161$	$\frac{257}{1\,500} \approx 0{,}171$	1
Fréquences (%)	15,6	17,1	17,5	16,6	16,1	17,1	100

Dans l'expérience aléatoire du lancer de dé décrite, les fréquences d'apparition se rapprochent toutes d'une valeur proche de $\frac{1}{6}$, soit environ 16,67 %.

Pour étudier un plus grand nombre de lancers, on peut continuer à lancer les dés ou effectuer une simulation à l'aide d'un tableur en utilisant la fonction «***alea.entre.bornes(1 ; 6)***» *(voir TP TICE 1, p. 230)*.

Faces	1	2	3	4	5	6	Total
Effectifs	8 281	8 387	8 299	8 338	8 397	8 298	50 000
Fréquences	16,56 %	16,77 %	16,60 %	16,68 %	16,79 %	16,60 %	100

Savoir faire

1 Calculer une probabilité dans une situation d'équiprobabilité

Animation

Énoncé

Un enfant lance une roue divisée en dix secteurs identiques, numérotés de 1 à 10, ayant tous la même chance d'être atteint.

- Quelle est la probabilité d'obtenir 10 ?
- Quelle est la probabilité d'obtenir un nombre pair ?
- Quelle est la probabilité d'obtenir un nombre supérieur ou égal à 8 ?

Solution commentée

- Il y a dix résultats possibles. Un seul des dix secteurs comporte le numéro 10, donc il n'y a qu'un seul résultat favorable.
La probabilité d'obtenir 10 est donc : $\frac{1}{10} = 0,1$.
- Il y a cinq nombres pairs entre 1 et 10 : 2 ; 4 ; 6 ; 8 et 10, donc il y a cinq résultats favorables.
La probabilité d'obtenir un nombre pair est donc : $\frac{5}{10} = 0,5$.
- Il y a trois résultats favorables : 8 ; 9 et 10.
La probabilité d'obtenir un nombre supérieur ou égal à 8 est donc : $\frac{3}{10} = 0,3$.

Dans chaque cas, on calcule : $\dfrac{\text{nombre de résultats favorables}}{\text{nombre de résultats possibles}}$.

Avec les TICE

La fonction calculatrice permet de simuler un tirage aléatoire :

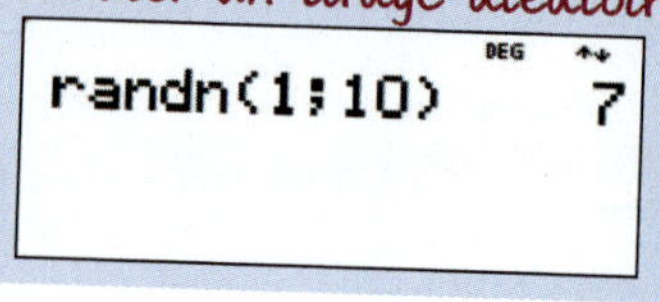

Exercices d'application

1 Benjamin lance un dé à six faces (numérotées de 1 à 6) non truqué.

a. Quelle est la probabilité d'obtenir un 1 ?

b. Quelle est la probabilité d'obtenir un 2 ?

c. Quelle est la probabilité d'obtenir un 6 ?

d. Quelle est la probabilité d'obtenir un nombre impair ?

e. Quelle est la probabilité d'obtenir un nombre inférieur à 3 ?

f. Quelle est la probabilité d'obtenir un nombre multiple de 3 ?

2 Dans certains jeux de société, on utilise un dé à 12 faces (numérotées de 1 à 12).
On lance un tel dé.

a. Quelle est la probabilité d'obtenir un 1 ?

b. Quelle est la probabilité d'obtenir un 2 ?

c. Quelle est la probabilité d'obtenir un 6 ?

d. Quelle est la probabilité d'obtenir un nombre impair ?

e. Quelle est la probabilité d'obtenir un nombre supérieur ou égal à 8 ?

f. Quelle est la probabilité d'obtenir un nombre multiple de 3 ?

3 **1.** Dans un jeu de 32 cartes, il y a quatre couleurs (pique, cœur, carreau, trèfle) et pour chacune d'elles, il y a huit cartes différentes (7, 8, 9, 10, valet, dame, roi, as).
Mathilde tire une carte de ce jeu au hasard.

a. Quelle est la probabilité de tirer un roi ?

b. Quelle est la probabilité de tirer un 8 ?

c. Quelle est la probabilité de tirer un carreau ?

d. Quelle est la probabilité de tirer une carte noire ?

e. Quelle est la probabilité de tirer le 7 de pique ?

2. Dans un jeu de 52 cartes, il y a toujours quatre couleurs et, pour chacune d'elles, il y a 13 cartes différentes (2, 3, 4, 5, 6, 7, 8, 9, 10, valet, dame, roi, as).
Reprendre la question **1.** avec Yann qui tire une carte de ce jeu de 52 cartes.

4 Vu au **BREVET**

Pierre a lancé 10 fois un dé cubique (non truqué).
À chaque fois, il a obtenu 6. Il lance ce dé une 11e fois.
Quelle est la probabilité d'obtenir 6 au 11e lancer ?

Centres étrangers II, 2009

Voir aussi les Exercices 14 à 22

2 Utiliser un arbre pour modéliser une expérience aléatoire

ANIMATION

Énoncé

Dans une urne, il y a trois boules rouges, deux boules vertes et une boule bleue.
On tire une boule au hasard.

- Construire un arbre des possibles de cette expérience.
- Calculer la probabilité de chaque issue de cette expérience.

Solution commentée

- L'arbre des possibles est celui-ci :

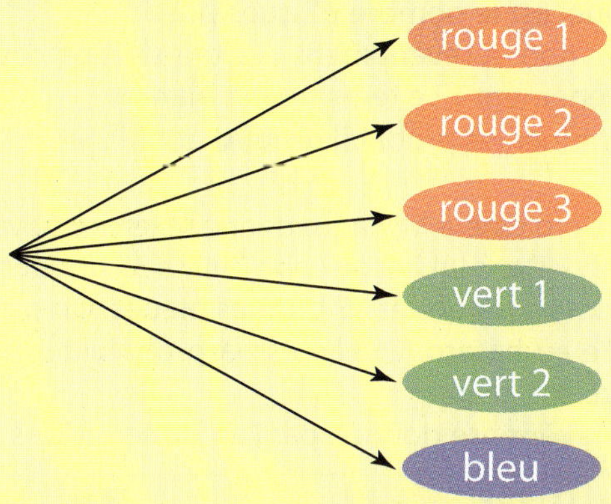

- On peut aussi construire l'arbre pondéré suivant, sachant qu'il y a six issues possibles :

– probabilité de tirer une boule rouge : $\frac{3}{6} = 0{,}5$

– probabilité de tirer une boule verte : $\frac{2}{6} = \frac{1}{3} = 0{,}333...$

– probabilité de tirer une boule bleue : $\frac{1}{6} = 0{,}1666....$

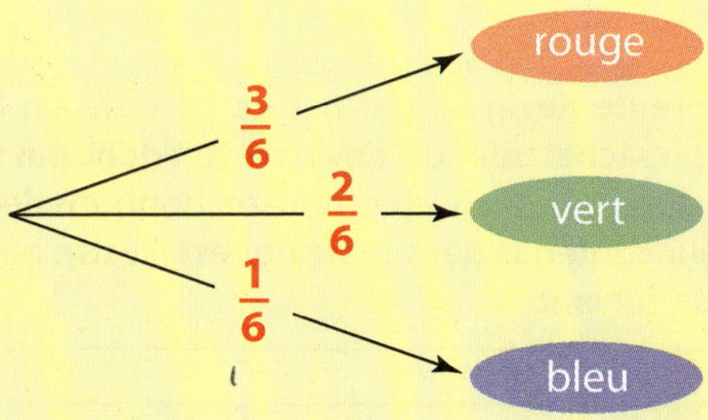

Exercices d'application

5 On lance un dé à six faces et on regarde le nombre de points inscrits sur la face du dessus.

a. Construire l'arbre des possibles de cette expérience.

b. Quelle est la probabilité d'obtenir le nombre 3 ?

c. Quelle est la probabilité d'obtenir un nombre pair ?

6 Dans l'urne ci-contre, il y a 20 boules numérotées de 1 à 4.
On mélange les boules, on en tire une au hasard et on regarde le nombre inscrit.

a. Construire l'arbre pondéré des possibles de cette expérience aléatoire.

b. Quelle est la probabilité d'obtenir le nombre 3 ?

c. Quelle est la probabilité d'obtenir un nombre pair ?

7 Mat a écrit les trois lettres de son prénom sur des cartes :

M A T

1. Il les mélange, en tire une au hasard et marque la lettre obtenue sur une feuille.
Il remet la carte dans le paquet, mélange, tire à nouveau une carte au hasard et marque la lettre obtenue à la suite de la première. Il obtient un mot de deux lettres.
Construire l'arbre des possibles de cette expérience aléatoire à deux épreuves.

2. Quelle est la probabilité d'obtenir :

a. un mot de deux consonnes ?

b. un mot composé d'une voyelle et d'une consonne (dans n'importe quel ordre) ?

c. un mot comportant la lettre T ?

d. un mot se terminant par la lettre A ?

3. Refaire l'exercice en considérant cette fois que Mat ne remet pas dans le paquet la carte tirée en premier.

8 Vu au BREVET

À un stand du « Heiva », on fait tourner la roue de loterie ci-dessous :

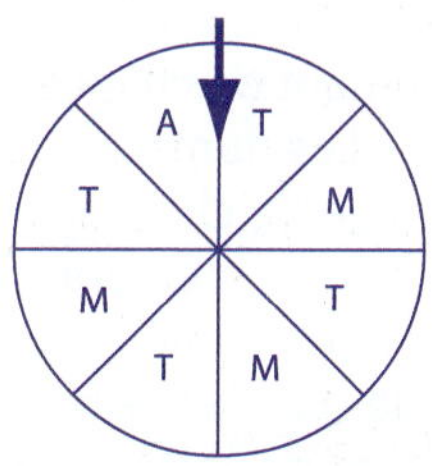

On admet que chaque secteur a autant de chance d'être désigné. On regarde la lettre désignée par la flèche : A, T ou M, et on considère les évènements suivants :
A : « On gagne un autocollant », T : « On gagne un tee-shirt », M : « On gagne un tour de manège ».

1. Quelle est la probabilité de l'évènement A ?

2. Quelle est la probabilité de l'évènement T ?

3. Quelle est la probabilité de l'évènement M ?

Polynésie française, 2009 (Extrait)

Voir aussi les Exercices 23 à 25

Exercices d'entraînement

Expériences aléatoires

POUR COMMENCER

9 On place deux boules rouges et trois boules bleues dans une urne. On tire une boule au hasard et on note sa couleur.
1. Est-ce une expérience aléatoire ? Justifier.
2. Quelles sont les issues possibles de cette expérience ?

10 On prend un dé cubique non truqué, on le lance et on note le numéro de la face supérieure.
1. Est-ce une expérience aléatoire ? Justifier.
2. Quelles sont les issues possibles de cette expérience ?

11 On prend un dé truqué (qui tombe toujours sur le 6), on le lance et on note le numéro de la face supérieure.
1. Est-ce une expérience aléatoire ? Justifier.
2. Quelles sont les issues possibles de cette expérience ?

12 On a lancé quatre fois de suite une pièce de monnaie non truquée et chaque fois le résultat a été FACE. Si on lance la même pièce une fois de plus, laquelle des affirmations suivantes sera correcte ?
- **A :** On a autant de chances d'obtenir PILE que FACE.
- **B :** On a plus de chances d'obtenir PILE.
- **C :** On a plus de chances d'obtenir FACE.
- **D :** On ne peut pas obtenir à nouveau FACE.

13 **VRAI ou FAUX**
Pour une loterie nationale, six boules sont tirées au hasard chaque semaine parmi quarante-neuf boules identiques numérotées de 1 à 49. Les gagnants du gros lot sont les joueurs qui ont choisi les six numéros tirés. Un journal publie les numéros gagnants de la semaine précédente ainsi qu'une liste des numéros qui ne sont plus sortis depuis longtemps.
Répondre par vrai ou faux à chacune des affirmations.
- **Affirmation 1 :** « Les informations publiées par le journal ne sont d'aucune utilité pour prévoir les numéros de la semaine suivante, car toutes les combinaisons de six numéros ont autant de chances de sortir. »
- **Affirmation 2 :** « Les numéros de la semaine précédente ont davantage de chances de sortir parce qu'ils sortent beaucoup en ce moment. »
- **Affirmation 3 :** « Les numéros de la semaine précédente ont moins de chances de sortir parce qu'il est peu probable qu'un numéro sorte deux fois de suite. »
- **Affirmation 4 :** « Les numéros qui ne sont plus sortis depuis longtemps ont davantage de chances de sortir. »

Calcul de probabilités

POUR COMMENCER

14 Une urne contient 30 boules numérotées de 1 à 30. On tire une boule au hasard et on regarde son numéro.
1. Quel est le nombre d'issues possibles ?
2. Quelle est la probabilité de tirer :
a. la boule n° 7 ?
b. une boule avec un numéro pair ?
c. une boule avec un nombre multiple de 5 ?
d. une boule avec un nombre multiple de 7 ?

15 Dans l'armoire d'Hugo, il y a :
4 tee-shirts rouges – 6 tee-shirts blancs – 7 tee-shirts noirs – 3 tee-shirts jaunes.
Hugo prend un tee-shirt au hasard.
1. Quel est le nombre d'issues possibles ?
2. On note A l'évènement « Le tee-shirt est rouge », et B l'évènement « Le tee-shirt est blanc ».
Déterminer les probabilités p(A) et p(B).

16 Le professeur Myriadus donne l'exercice suivant à ses élèves : « Dans un jeu de Lego®, il y a 35 briques jaunes, 25 briques rouges et 15 briques bleues. On prend une brique au hasard. Quelle est la probabilité que cette brique soit bleue ? ».
Voici la réponse donnée par l'un de ses élèves :

Il y a 15 briques bleues.
Il y a 60 briques d'une autre couleur car 35 + 25 = 60.
15/60 = 0,25, donc la probabilité que la brique soit bleue est 0,25.

Cette réponse est-elle correcte ? Si non, trouver la bonne réponse.

17
La mère de Kevin lui permet de prendre un bonbon dans un sachet opaque. Kevin ne voit donc pas les bonbons du sachet mais le nombre de bonbons de chaque couleur contenus dans le sachet est illustré par le graphique suivant :

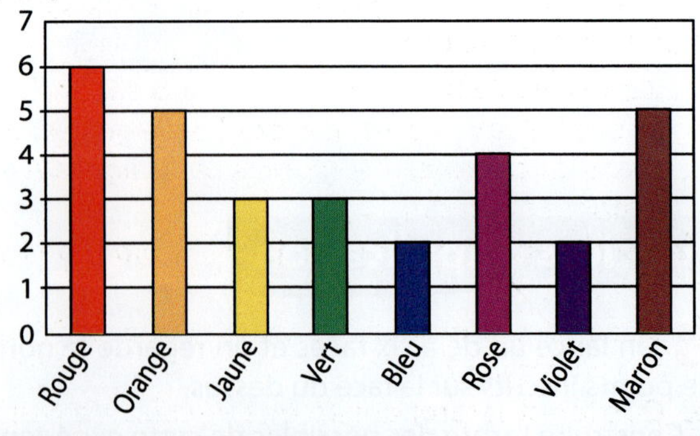

Quelle est la probabilité que Kevin prenne un bonbon rouge ?

D'après test PISA

Probabilité et jeu

18 Pour gagner au jeu de l'exercice, il faut tomber sur la couleur rouge. On a le choix entre une roulette, un dé cubique et une urne contenant dix boules :

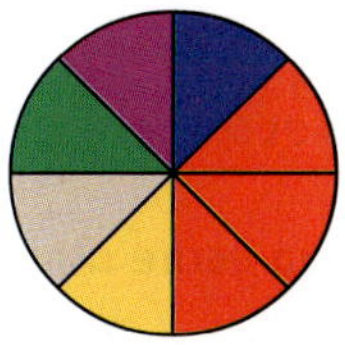

** Patron du dé cubique*

Que faut-il choisir pour avoir le plus de chances de gagner : la roulette, le dé ou l'urne ?

19 Le jeu de la bataille navale se déroule sur une grille de 100 cases où l'on doit placer cinq bateaux (un de cinq cases, deux de trois cases, un de quatre cases et un de deux cases de long) que l'adversaire doit couler.

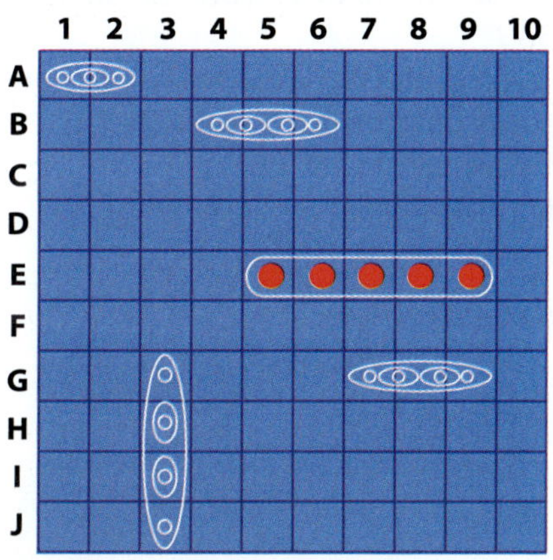

1. Marion place ses bateaux sur une grille. Victor débute la partie en annonçant une case.

a. Quelle est la probabilité que le coup de Victor touche un bateau ?

b. Quelle est la probabilité que le coup de Victor tombe à l'eau ?

c. Quelle est la probabilité que le coup de Victor touche le plus grand bateau ?

2. Victor a également placé ses bateaux sur une grille mais aucun d'eux ne touche le bord de la grille (il n'y a rien dans les colonnes 1 et 10 ni dans les lignes A et J) et l'annonce à Marion.

Marion annonce une case en tenant compte de cette information.

a. Quelle est la probabilité que le coup de Marion touche un bateau ?

b. Quelle est la probabilité que le coup de Marion tombe à l'eau ?

c. Quelle est la probabilité que le coup de Marion touche le plus grand bateau ?

Probabilité et géométrie

20 Une couturière déroule un ruban de trois couleurs :

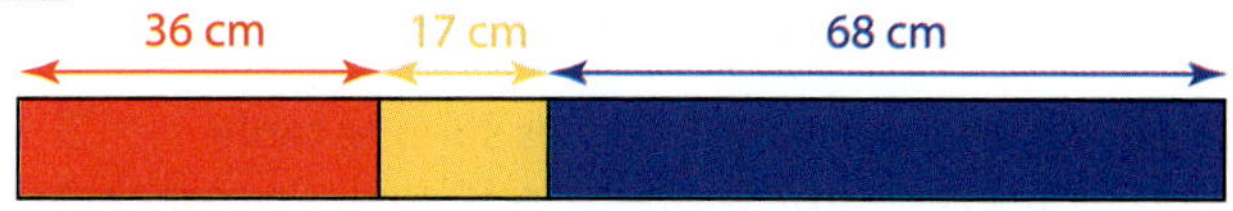

Elle le coupe au hasard avec sa paire de ciseaux.

a. Quelle est la probabilité que la coupe soit sur le rouge ?

b. Quelle est la probabilité que la coupe soit sur le jaune ?

c. Quelle est la probabilité que la coupe soit sur le bleu ?

21 Les forces de l'ONU larguent par avion des vivres et du matériel sur des zones difficiles d'accès par la route. Voici, vu du ciel, une zone de largage rectangulaire composée d'une zone d'herbe (en vert) et d'une zone humide (en bleu) :

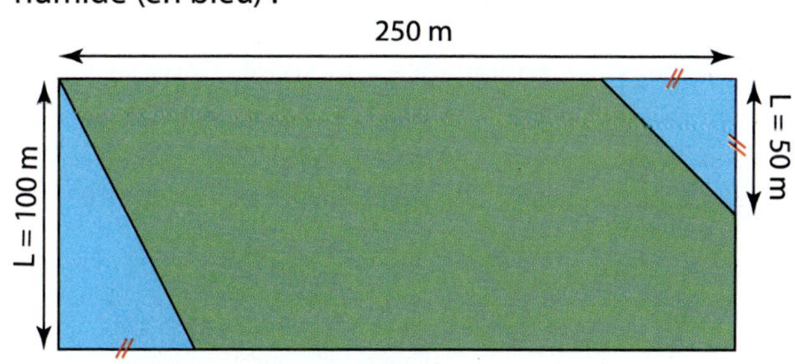

Le largage est effectué au hasard sur la zone. Quelle est la probabilité que le matériel largué tombe sur la zone d'herbe ? sur la zone humide ?

Coup de pouce

Aire d'un triangle = $\dfrac{\textit{Base} \times \textit{Hauteur}}{2}$

22 Un tireur s'entraîne sur deux cibles, l'une carrée, l'autre circulaire. Ce tireur est excellent et ne rate jamais sa cible. La probabilité d'atteindre une région de la cible est proportionnelle à son aire : c'est le rapport de son aire à celle de la cible.

1. La cible carrée

Tous les carrés sont concentriques et leurs côtés ont pour mesures a, $2a$, $3a$ et $4a$ (voir ci-dessous).

Quelles sont les probabilités pour que le tireur marque 10 points ? 5 points ? 2 points ? 1 point ?

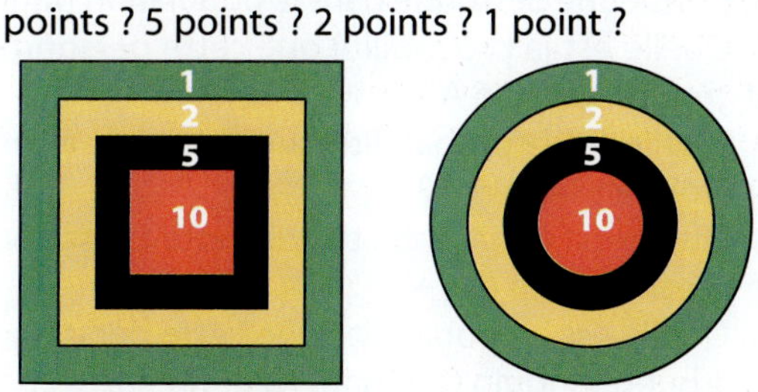

2. La cible circulaire

Tous les cercles sont concentriques et leurs rayons ont pour mesures a, $2a$, $3a$ et $4a$ (voir ci-dessus).

Quelles sont les probabilités pour que le tireur marque 10 points ? 5 points ? 2 points ? 1 point ?

Probabilité dans une expérience aléatoire à deux épreuves

23 On dispose de deux urnes sur une table.
• La première urne contient trois boules rouges et trois boules bleues.
• La deuxième urne contient une boule rouge et cinq boules bleues.

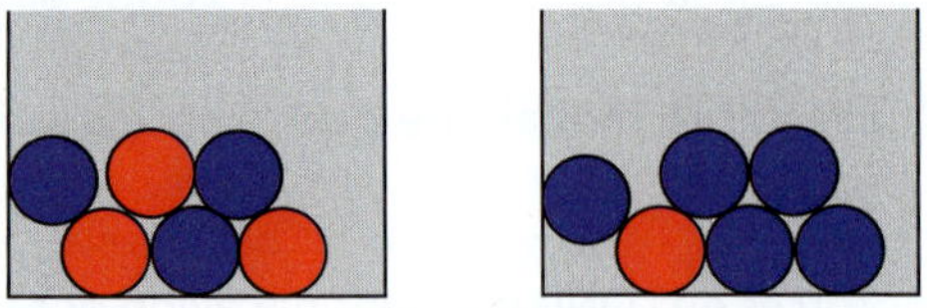

On choisit une urne au hasard, puis on tire une boule au hasard dans l'urne choisie.
Quelle est la probabilité d'obtenir une boule rouge ?

24 Léon part en vacances au soleil. Dans sa valise, il n'emporte que des bermudas et des chemises.
• Il a 10 bermudas : 3 rouges, 2 verts et 5 blancs.
• Il a 8 chemises : 1 rouge, 3 vertes et 4 blanches.

Arrivé sur son lieu de vacances, il ouvre sa valise et choisit au hasard un bermuda et une chemise.
Quelle est la probabilité que Léon s'habille avec une tenue d'une seule couleur ?

25 Trois boules, numérotées 4, 5 et 6, sont placées dans une urne.
À l'aide de ces trois boules, on va écrire un nombre à trois chiffres de la façon suivante :
• on tire au hasard une première boule et on note le chiffre obtenu comme centaine ;
• on tire une seconde boule sans remettre la première et on note le chiffre obtenu comme dizaine ;
• on tire la troisième boule sans remettre les précédentes et on note le chiffre obtenu comme unité.

1. Construire un arbre donnant toutes les issues possibles.

2. Combien de nombres différents peuvent être obtenus ?

3. **a.** Quelle est la probabilité d'obtenir le nombre 456 ?
b. Quelle est la probabilité d'obtenir un nombre pair ?
c. Quelle est la probabilité d'obtenir un nombre divisible par 3 ?
d. Quelle est la probabilité d'obtenir un nombre supérieur à 550 ?
e. Quelle est la probabilité d'obtenir un nombre composé de trois chiffres identiques ?

4. Reprendre toutes les questions en remettant les boules dans l'urne après chaque tirage.

À l'oral

26 Le tableau suivant donne la répartition des groupes sanguins dans la population française :

Rhésus	Groupe sanguin			
	O	A	B	AB
Rh +	37 %	39 %	7 %	2 %
Rh –	6 %	6 %	2 %	1 %

On choisit une personne dans la population française.

1. Quelle est la probabilité que cette personne soit du groupe sanguin A ?

2. Quelle est la probabilité que cette personne soit du groupe sanguin B ?

3. Quelle est la probabilité que cette personne soit de Rhésus positif (Rh +) ?

4. Quelle est la probabilité que cette personne soit du groupe sanguin O négatif (O et Rh –) ?

27 **VRAI ou FAUX**
Je lance un dé à six faces (numérotées de 1 à 6) et je regarde le chiffre de la face supérieure.

1. Cette expérience est une expérience aléatoire.
2. Il y a six issues possibles.
3. J'ai plus de chances de faire un 2 que de faire un 6.
4. La probabilité de faire un 1 est $\frac{1}{6}$.
5. La probabilité de faire un nombre impair est 0,5.
6. La probabilité de faire un 5 est $\frac{1}{5}$.

28 **VRAI ou FAUX**
Je lance deux dés à six faces (numérotées de 1 à 6) et j'ajoute les chiffres des deux faces supérieures.

1. Cette expérience est une expérience aléatoire.
2. Il y a 12 issues possibles.
3. J'ai plus de chances de faire un 8 que de faire un 2.
4. La probabilité de faire un double 6 est plus faible que celle de faire un double 2.
5. La probabilité de faire un 12 est $\frac{1}{6}$.
6. La probabilité de faire un 7 est $\frac{1}{6}$.

29 Un sac contient six boules : quatre blanches et deux noires. Ces boules sont numérotées :
- les boules blanches portent les numéros 1, 1, 2 et 3 ;
- les noires portent les numéros 1 et 2.

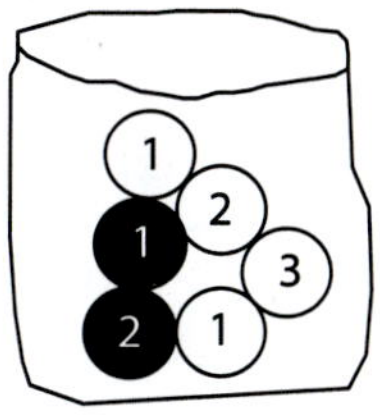

1. Quelle est la probabilité de tirer une boule blanche ?

2. Quelle est la probabilité de tirer une boule portant le numéro 2 ?

3. Quelle est la probabilité de tirer une boule blanche numérotée 1 ?

Pondichéry, 2009 (Extrait)

30 Au stand d'une fête foraine, un jeu consiste à tirer au hasard un billet de loterie dans un sac contenant exactement 180 billets.
- 4 de ces billets permettent de gagner un lecteur MP3.
- 12 permettent de gagner une grosse peluche.
- 36 permettent de gagner une petite peluche.
- 68 permettent de gagner un porte-clés.
- Les autres billets sont des billets perdants.

Quelle est la probabilité pour un participant :

a. de gagner un lecteur MP3 ?

b. de gagner une peluche (grande ou petite) ?

c. de ne rien gagner ?

Antilles-Guyane, 2009

31 Trois personnes, Aline, Bertrand et Claude ont chacune un sac contenant des billes.
Chacune tire au hasard une bille dans son sac.

1. Le contenu des sacs est le suivant :

Sac d'**Aline**	Sac de **Bertrand**	Sac de **Claude**
5 billes rouges	10 billes rouges et 30 billes noires	100 billes rouges et 3 billes noires

Laquelle de ces personnes a la probabilité la plus grande de tirer une bille rouge ?

2. On souhaite qu'Aline ait la même probabilité que Bertrand de tirer une bille rouge.
Avant le tirage, combien de billes noires faut-il pour cela ajouter dans le sac d'Aline ?

France métropolitaine, 2009

32 Pour un tirage au hasard, on a placé dans une urne 25 boules de même taille, les unes blanches, les autres noires. La probabilité de tirer une boule blanche est 0,32. Quelles sont les boules les plus nombreuses dans l'urne : les blanches ou les noires ? Expliquer.

France métropolitaine, septembre 2009

33 Un sac contient 10 boules rouges, 6 boules noires et 4 boules jaunes. Chacune de ces boules a la même probabilité d'être tirée. On tire une boule au hasard.

1. Calculer la probabilité que cette boule soit rouge.

2. Calculer la probabilité que cette boule soit noire ou jaune.

3. On ajoute dans ce sac des boules bleues. Le sac contient alors 10 boules rouges, 6 boules noires, 4 boules jaunes et les boules bleues.
On tire une boule au hasard. Sachant que la probabilité de tirer une boule bleue est égale à $\frac{1}{5}$, calculer le nombre de boules bleues.

Liban, 2010 (Extrait)

34 M. Dubois fait construire une maison et aujourd'hui il visite le chantier. Il observe un électricien.
Il constate que celui-ci a, à côté de lui, deux boîtes.
- Dans la première, il y a 40 vis à bout rond et 60 vis à bout plat.
- Dans la deuxième, il y a 38 vis à bout rond et 12 vis à bout plat.

1. L'électricien prend au hasard une vis dans la première boîte. Quelle est la probabilité que cette vis soit à bout rond ?

2. L'électricien a remis cette vis dans la première boîte. Les deux boîtes sont donc inchangées.
Il prend maintenant, toujours au hasard, une vis dans la première boîte puis une vis dans la deuxième boîte.

a. Quels sont les différents tirages possibles ?

b. Montrer qu'il a plus d'une chance sur deux d'obtenir deux vis différentes.

Amérique du Nord, 2010

35 Un dé cubique a six faces peintes : une en bleu, une en rouge, une en jaune, une en vert et deux en noir.

1. On jette ce dé cent fois et on note à chaque fois la couleur de la face obtenue. Le schéma ci-dessous donne la répartition des couleurs obtenues lors de ces cent lancers :

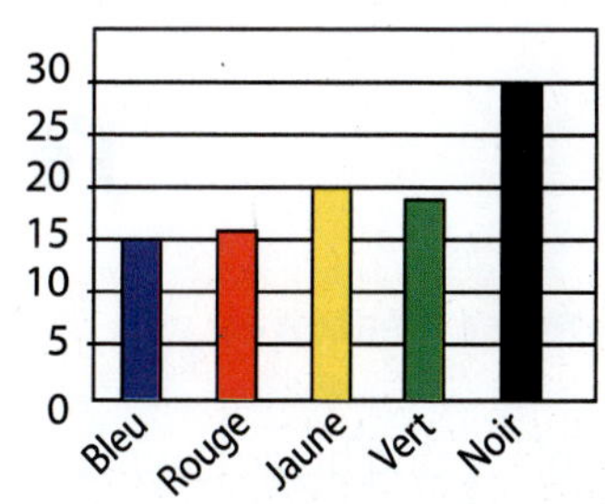

a. Déterminer la fréquence d'apparition de la couleur jaune.

b. Déterminer la fréquence d'apparition de la couleur noire.

2. On suppose que le dé est équilibré.

a. Quelle est la probabilité d'obtenir la couleur jaune ?

b. Quelle est la probabilité d'obtenir la couleur noire ?

3. Expliquer l'écart entre les fréquences obtenues à la question **1.** et les probabilités trouvées à la question **2.**.

France métropolitaine, 2011

Tous les exercices de cette double page sont corrigés p. 315

J'évalue mes connaissances

*Pour les exercices **36** à **42**, trouve la ou les bonnes réponses parmi celles proposées en utilisant les deux schémas ci-dessous :*

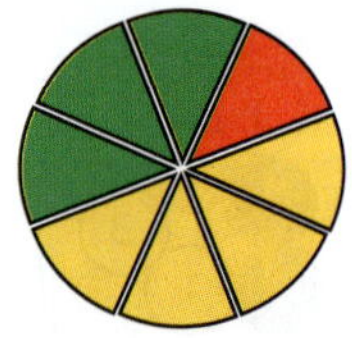

Les boules sont indiscernables au toucher et les secteurs de couleur ont la même mesure d'angle.

	A	B	C
36 On tire au hasard une boule dans l'urne et on regarde la couleur obtenue. Est-ce une expérience aléatoire ?	Oui	Non	On ne peut pas savoir
37 On tire au hasard une boule dans l'urne et on regarde la couleur obtenue. Combien y a-t-il d'issues différentes ?	1	3	8
38 On tire une boule dans l'urne. La probabilité que la boule soit rouge est :	0,2	0,5	5
39 On tire une boule dans l'urne. La probabilité que la boule soit jaune est :	0,2	0,5	2
40 On lance la roue. La probabilité que la couleur obtenue soit rouge est :	$\frac{1}{8}$	$\frac{1}{3}$	1
41 On lance la roue. La probabilité que la couleur obtenue soit jaune est :	$\frac{1}{4}$	$\frac{1}{3}$	$\frac{1}{2}$
42 On tire une boule puis on lance la roue. La probabilité que l'on obtienne deux fois le rouge est :	$\frac{1}{16}$	$\frac{1}{8}$	$\frac{1}{4}$

Tu peux vérifier tes réponses p. 315 et continuer ton entraînement sur le **site compagnon**

J'évalue mes compétences

Expériences aléatoires

43 On place cinq boules jaunes, trois boules blanches et deux boules noires dans une urne. On tire une boule au hasard et on note sa couleur.

1. Est-ce une expérience aléatoire ? Justifier.

2. Quelles sont les issues possibles de cette expérience ?

44 On prend quatre dés cubiques non truqués. On les lance et on ajoute les quatre chiffres obtenus.

1. Est-ce une expérience aléatoire ? Justifier.

2. Combien y a-t-il d'issues possibles ?

45 Lucie dit qu'elle a lancé six fois de suite un dé à six faces non truqué et affirme qu'elle a obtenu à chaque fois le chiffre 6. Pour chacune des affirmations suivantes, dire si elle est correcte ou non :

- **A :** Lucie est une menteuse, ce qu'elle dit est impossible.
- **B :** Si Lucie relance le dé, elle n'a aucune chance de refaire un 6.
- **C :** Si Lucie relance le dé, elle a une chance sur six de faire un nouveau 6.

POUR T'AIDER, voir
■ **Cours 1** ■ **Exercices 9 à 13**

Calcul de probabilités

46 Léa mange au restaurant scolaire. Elle doit composer son menu, une entrée + un plat + un dessert, en tenant compte des choix suivants :

• ***trois entrées au choix*** : rillettes de thon ou tomates vinaigrette ou œuf mayonnaise ;

• ***deux plats au choix*** : saumon avec du riz ou steak haché avec des pommes de terre ;

• ***deux desserts au choix*** : compote de pommes ou yaourt à la vanille.

1. À l'aide d'un arbre des possibles, montrer qu'il existe 12 menus différents.

2. Léa décide de composer son menu de façon aléatoire en choisissant au hasard une entrée, un plat et un dessert.

a. Quelle est la probabilité qu'elle mange de la tomate ?

b. Quelle est la probabilité qu'elle mange des pommes de terre ?

c. Quelle est la probabilité qu'elle mange à la fois du thon en entrée et de la compote en dessert ?

d. Léa dit à ses amies : « J'ai deux chances sur trois de manger du poisson ». A-t-elle raison ? Justifier.

47 Une urne contient 50 boules numérotées de 1 à 50. On tire une boule au hasard et on regarde son numéro.

1. Quel est le nombre d'issues possibles ?

2. Quelle est la probabilité de tirer :

a. la boule n°1 ?

b. une boule avec un numéro pair ?

c. une boule avec un nombre contenant le chiffre 7 ?

d. une boule avec un nombre contenant le chiffre 3 ?

48 Une étude du ministère de l'Enseignement supérieur et de la Recherche établit que les inscriptions universitaires en 2010 se répartissaient conformément au tableau suivant :

Disciplines d'études	Effectifs
Droit	193 487
Économie	186 047
Lettres/Sciences humaines	407 140
Sciences/Staps	280 174
Médecine	170 228
Pharmacie	30 850
IUT	118 139
IUFM	58 518

Si l'on rencontre un étudiant inscrit à l'Université en 2010, quelle est la probabilité qu'il fasse :

a. des études de droit ?

b. des études de médecine ?

49 Mamie Vano a préparé des glaces qu'elle a mis dans des petits pots fermés et opaques.

Le diagramme suivant donne le nombre de glaces de chaque parfum qu'elle a préparées :

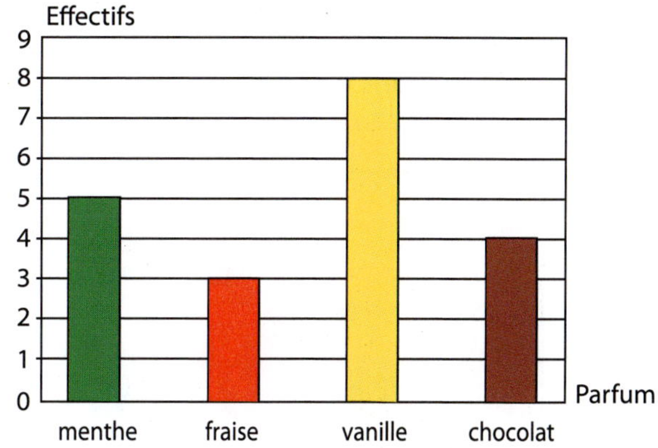

Son petit-fils Martin choisit un pot au hasard.

1. Quelle est la probabilité que la glace de Martin soit à la fraise ?

2. Quelle est la probabilité que la glace de Martin ne soit pas à la vanille ?

50 Cette cible possède trois cercles concentriques de rayons respectifs 5 cm, 10 cm et 15 cm :

On tire une flèche au hasard sur la cible (et on considère que toutes les flèches tirées touchent la cible).

On considère les événements suivants :

B : « La flèche touche le bleu » ; J : « La flèche touche le jaune » et R : « La flèche touche le rouge ».

1. Calculer p(R) et p(B).

2. Calculer la probabilité que l'événement J ne soit pas réalisé.

51 Une urne contient 15 boules blanches et 5 boules noires.

1. Quelle est la probabilité de tirer une boule blanche ?

2. On veut que la probabilité de tirer une boule blanche soit 0,9. Combien faut-il rajouter de boules blanches dans l'urne pour cela ?

POUR T'AIDER, voir

■ **Cours 2** ■ **Savoir faire 1 et 2**

■ **Exercices 14 à 25**

52 Santé

La Fédération française de cardiologie affiche l'information ci-dessous dans une campagne de presse :

1. Parmi les victimes d'infarctus ayant moins de 45 ans, quelle est la proportion de non-fumeurs ?

2. Pourquoi l'information donnée permet-elle de penser que fumer augmente le risque d'infarctus ?

3. On peut estimer qu'en France, parmi les moins de 45 ans, il y a environ 40 % de fumeurs (ou d'anciens fumeurs).

a. On note i le nombre de cas d'infarctus observés chez les moins de 45 ans. Exprimer, en fonction de i, le nombre d'infarctus parmi les fumeurs.

b. On note n le nombre de personnes de moins de 45 ans. Montrer que la proportion q d'infarctus parmi les fumeurs est : $q = \dfrac{0{,}8 \times i}{0{,}4 \times n}$.

4. Donner, de même, l'expression de la proportion q' d'infarctus parmi les non-fumeurs.

5. Montrer que $\dfrac{q}{q'} = 6$.

On peut interpréter ce résultat en disant que pour les moins de 45 ans, un fumeur a 6 fois plus de risques d'avoir un infarctus qu'un non-fumeur.

D'après IREM de Paris

53 Trois ou quatre lancers

1. Trois lancers : on jette une pièce de monnaie trois fois de suite.

a. Quelle est la probabilité d'obtenir au moins une fois PILE ?

b. Quelle est la probabilité d'obtenir au moins deux fois PILE ?

c. Quelle est la probabilité d'obtenir au moins deux fois PILE consécutivement ?

2. Quatre lancers : Reprendre les trois questions précédentes en considérant qu'on a lancé la pièce quatre fois de suite.

54 Jeux de dés

Max et Lili jouent aux dés. Leurs dés cubiques possèdent bien six faces, mais pas six valeurs différentes. Voici les patrons de leurs dés respectifs :

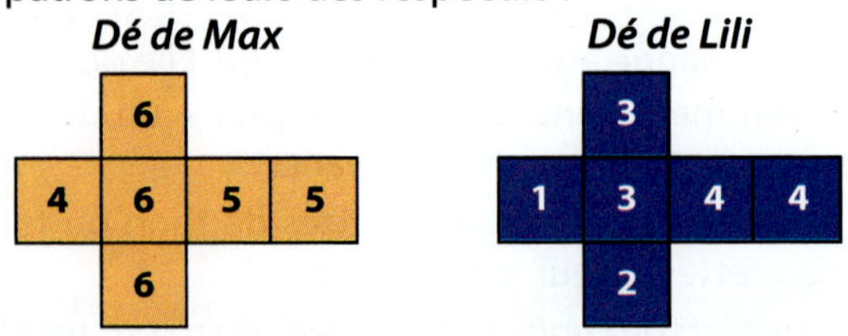

- Max lance une fois son dé et annonce le résultat.
- Lili lance deux fois son dé, ajoute les nombres obtenus et annonce la somme comme résultat.

Le gagnant est celui qui possède le résultat le plus élevé. Quel joueur a le plus de chances de gagner ?

55 Tirer trois cartes

On tire successivement trois cartes (sans remise) dans un jeu de 32.

1. Quelle est la probabilité que la première carte soit un pique ?

2. Quelle est la probabilité d'avoir au moins un pique ?

3. Quelle est la probabilité d'avoir au moins un valet ?

4. Quelle est la probabilité d'avoir le valet de pique ?

56 Euro Millions

Euro Millions est un jeu de loterie proposé dans onze pays. Le jeu consiste à choisir cinq numéros entre 1 et 50, et deux étoiles, numérotées de 1 à 11.

Pour le prochain tirage de l'*Euro Millions*, Lucie a choisi les deux étoiles suivantes : étoile 6 et étoile 9.

1. Quelle est la probabilité que la première étoile tirée au sort le jour du tirage soit l'une des deux choisies par Lucie ?

2. Quelle est la probabilité que les deux étoiles tirées au sort le jour du tirage soient exactement les deux choisies par Lucie ?

Coup de pouce
On pourra utiliser un arbre des possibles.

57 **Le franc carreau**

Le jeu de *Franc carreau* consiste à prendre une pièce, et à la lancer sur un carrelage dont les carreaux sont des carrés. On fait « Franc carreau » quand la pièce tombe sur une seule case, dont elle peut toucher les bords, mais sans empiéter sur une autre case. Dans ce cas, on gagne une pièce ; sinon, on perd une pièce.

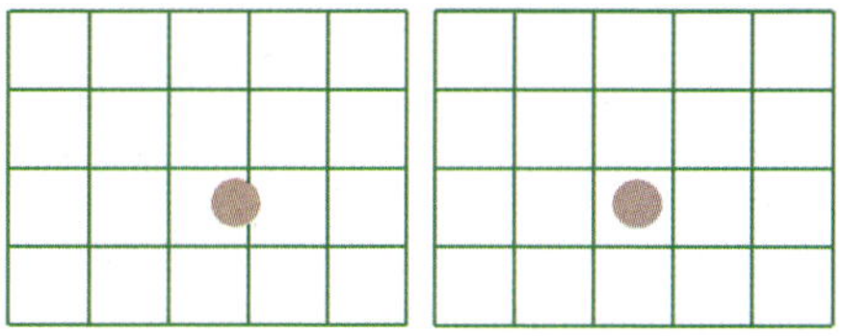

Ici on a « Franc carreau » !

1. On prend une pièce de 1 cm de rayon et on joue sur un carrelage composé de carreaux de 10 cm de côté.
a. Quelle est l'aire d'un carreau de ce carrelage ?
b. Dans quelle partie du carré doit se situer le centre de la pièce pour que le joueur réalise un « Franc carreau » ?
c. Quelle est l'aire de cette partie ?
d. En déduire la probabilité de gagner à ce jeu.
e. Est-ce un jeu « rentable » ?

2. On joue sur le même carrelage de 10 cm de côté, mais avec une pièce de 1,5 cm de rayon.
a. Quelle est la probabilité de gagner à ce jeu ?
b. Est-ce « rentable » de jouer à ce jeu ?

3. On joue sur un carrelage de 8 cm de côté, avec une pièce de 1 cm de rayon.
a. Quelle est la probabilité de gagner à ce jeu ?
b. Est-ce « rentable » de jouer à ce jeu ?

4. Que peut-on conseiller pour gagner à ce jeu : prendre une grosse pièce ou une petite pièce ? un grand carrelage ou un petit carrelage ? Justifier.

58 **Le Scrabble®**

Le Scrabble® est un jeu de lettres traduit dans plusieurs langues. Pour chaque lettre, le jeu tient compte de sa fréquence d'utilisation dans la langue. Ainsi, dans le jeu français, il y a 102 jetons répartis comme suit :

Lettre	A	B	C	D	E	F	G	H	I	J	K	L	M
Nombre de jetons	9	2	2	3	15	2	2	2	8	1	1	5	3

Lettre	N	O	P	Q	R	S	T	U	V	W	X	Y	Z	Joker
Nombre de jetons	6	6	2	1	6	6	6	6	2	1	1	1	1	2

1. Michel tire un jeton au hasard.
a. Quelle est la probabilité que ce jeton soit un E ?
b. Quelle est la probabilité que ce jeton soit une voyelle ?
c. Quelle est la probabilité que ce jeton soit une consonne ?
d. Quelle est la probabilité que ce jeton soit une lettre de son prénom ?

2. **Pour aller plus loin** : chercher sur Internet la composition du jeu de Scrabble® en anglais et reprendre la question **1.** pour cette version du célèbre jeu.

59 **Jeu avec trois dés**

Martin joue avec trois dés cubiques non truqués de couleur : un rouge, un jaune et un blanc.
Il lance les trois dés et note le nombre à trois chiffres obtenu avec le chiffre du dé rouge en centaine, le chiffre du dé jaune en dizaine et le chiffre du dé blanc en unité.
1. Combien y a-t-il d'issues possibles pour cette expérience ?
2. Quelle est la probabilité d'obtenir :
a. un nombre se terminant par 6 ?
b. un nombre commençant par 6 ?
c. un nombre contenant au moins une fois le chiffre 6 ?

60 Marion doit répondre à un QCM de trois questions comportant chacun trois propositions de réponses dont une seule est correcte. Elle décide de répondre de façon aléatoire à ce QCM, c'est-à-dire en choisissant au hasard une réponse pour chaque question.

Q1 : Quel âge avait Victor Hugo à sa mort le 22 mai 1885 ?
a) 25 ans b) 45 ans c) 83 ans
Q2 : A-t-il marché sur la Lune ?
a) Oui b) Non c) On ne peut pas savoir
Q3 : De quelle couleur était son cheval ?
a) Blanc b) Bleu c) Noir

En utilisant, éventuellement, un arbre des possibles, répondre aux questions suivantes.
1. Quelle est la probabilité que Marion réponde correctement à la première question ?
2. Quelle est la probabilité que Marion réponde correctement aux trois questions ?
3. Quelle est la probabilité que Marion réponde correctement à au moins deux des trois questions ?

61 **Tir au pigeon**

À la fête foraine, Lucien tire avec une carabine sur un pigeon en métal.
La probabilité que Lucien touche le pigeon est 0,5.
Combien de fois Lucien doit-il tirer pour être certain à 99 % de toucher le pigeon ?

62 **Wimbledon**

During the famous tennis tournament, Wimbledon, a tennis player did a legal first service, 3 times out of 4.
He did a legal second service, 9 times out of 10.
What is the probability that this player serves a double fault (i.e. he fails to make legal first and second services and he loses the point) ?

63 **Tapas espagnol**

Marcelo trabaja en un restaurante madrileño.
Prepara tapas que tienen cada una uno, dos o tres ingredientes escogidos en la lista siguiente : tomate, queso, jamón, gambas.
1. ¿Cuántas tapas diferentes puede preparar ?
2. Un cliente pide una tapa al azar. ¿Cuál es la probabilidad de que esa tapa lleve tomate ?

Exercices d'approfondissement

Pour chercher

64 QCM

Un stand à la foire du printemps propose un jeu dans lequel il faut d'abord faire tourner une roulette. Ensuite, si la roulette s'arrête sur un nombre pair, le joueur peut tirer une bille dans un sac. La roulette et le sac de billes sont représentés ci-dessous :

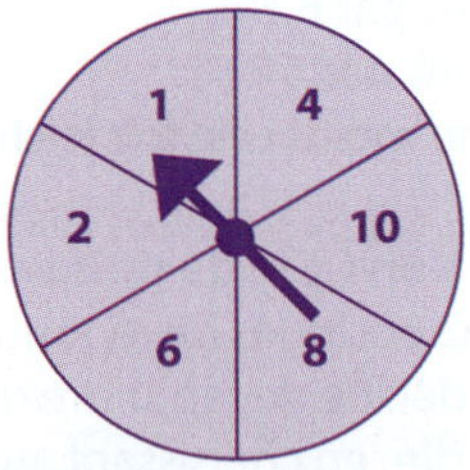

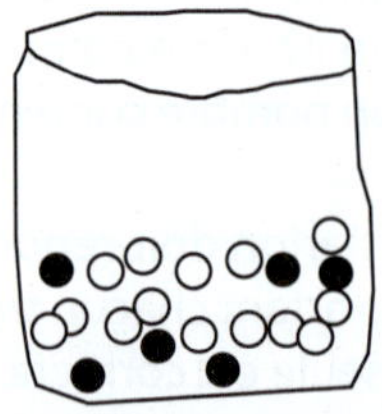

Des prix sont distribués aux joueurs qui tirent une bille noire. Suzy tente sa chance une fois.

Concernant le fait que Suzy gagne un prix, on peut dire que :

ⓐ C'est impossible.
ⓑ C'est peu probable.
ⓒ Il y a environ une chance sur deux.
ⓓ C'est très probable.
ⓔ C'est certain.

D'après Test PISA

65 Géométrie avec trois dés

Martin joue encore avec trois dés : il lance les trois dés et note les chiffres obtenus.

Quelle est la probabilité que ces trois chiffres donnent des longueurs permettant de construire un triangle (chaque chiffre donnant la longueur d'un côté du triangle) ?

66 Le défi

Un nombre entier est dit « carrément carré » s'il est le carré d'un nombre entier et si la somme de ses chiffres est également le carré d'un nombre entier.

Exemple : 81 est « carrément carré » car $81 = 9^2$ et $8 + 1 = 9 = 3^2$.

Quelle est la probabilité, arrondie au millième, qu'un entier naturel inférieur à 2 013 soit « carrément carré » ?

D'après Rallye mathématiques Aquitaine

67 L'énigme

On lance trois dés. On calcule la somme des trois résultats « sortis ». À la cour de Florence, au XVIIe siècle, le prince de Toscane avait remarqué que l'on obtenait plus souvent 10 que 9, et il écrivit à Galilée pour lui poser cette question :

« Comment se fait-il que le total de 10 apparaisse plus souvent que le total de 9, alors qu'il y a exactement le même nombre de façons différentes d'écrire ces deux nombres comme somme de trois termes compris entre 1 et 6 ?»

Le Prince se trompait-il ?

Vers la Seconde

68 Le paradoxe de Bertrand

Joseph-Louis-François Bertrand, mathématicien du XIXe siècle, posa à ses élèves le problème suivant :

> *On considère un triangle équilatéral ABC inscrit dans un cercle de centre O. On choisit au hasard une corde dans ce cercle. Quelle est la probabilité pour que la longueur de cette corde soit supérieure au côté du triangle équilatéral inscrit dans le cercle ?*

Voici des extraits des travaux de deux étudiants :

Lisa

« J'utilise un point libre M sur le cercle.
Je cherche pour quelles positions de M sur le cercle, la longueur de la corde [AM] est supérieure à la longueur du côté [AB]. »

1. Réaliser la figure de Lisa à l'aide d'un logiciel de géométrie dynamique et déterminer les positions du point M pour lesquelles AM > AB.

2. Quelle est la probabilité de choisir M au hasard sur le cercle tel que la longueur de la corde [AM] soit supérieure à la longueur du côté [AB] ?

Tatiana

« Soit A' le symétrique de A par rapport à O, et I un point de [AA']
Soit M et N deux points du cercle symétriques par rapport à I.
Je cherche les positions de I sur [AA'] pour lesquelles MN>AB. »

Figure de Lisa

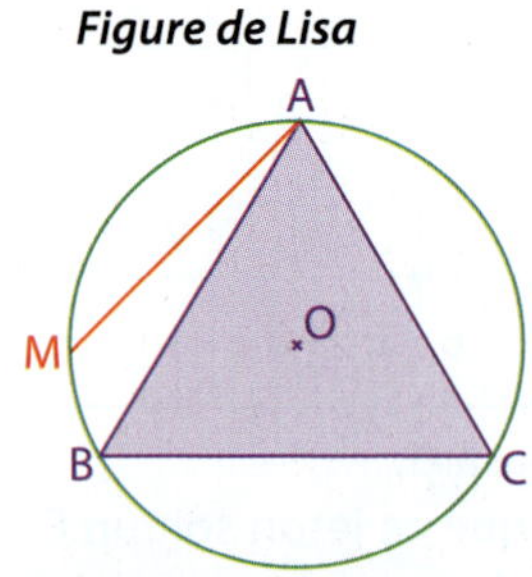

Figure de Tatiana

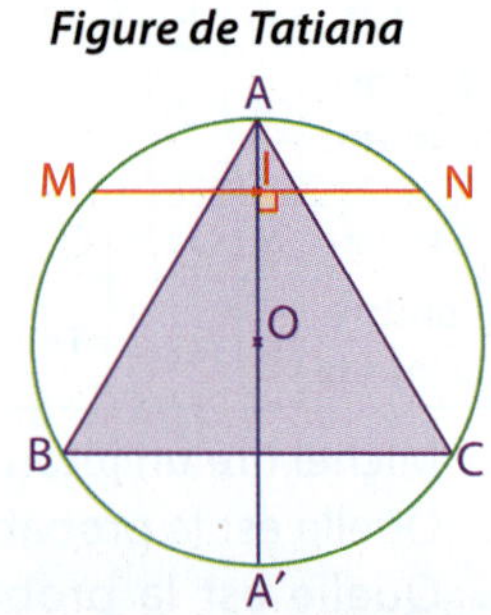

3. Réaliser la figure de Tatiana à l'aide d'un logiciel de géométrie dynamique et déterminer les positions du point I sur le diamètre [AA'] pour lesquelles MN > AB.

4. Quelle est la probabilité de choisir I au hasard sur ce diamètre tel que la longueur de la corde [MN] soit supérieure à la longueur du côté [AB] ?

5. Les deux stratégies donnent-elles les mêmes résultats ?

Devoir à la maison

1 Ascenseur

Chris et Lulu entrent au rez-de-chaussée d'un immeuble de trois étages.
Ils montent dans l'ascenseur et choisissent chacun au hasard le numéro d'un étage (1, 2 ou 3).
Calculer la probabilité des événements suivants :

a. Chris et Lulu descendent au même étage ;
b. Chris descend un étage en dessous de celui de Lulu ;
c. au moins une des deux personnes descend au deuxième étage.

2 Poker*

Le poker se joue avec un jeu de 52 cartes. Chaque joueur reçoit deux cartes.
Pat a reçu un as de cœur et un 7 de pique (*dans cet exercice, on considère que Pat joue seul*).
On retourne successivement trois cartes au milieu de la table.

1. Quelle est la probabilité qu'une des cartes du milieu soit un autre as (Pat aura alors une paire d'as) ?
2. Quelle est la probabilité que deux des autres cartes soient des as (Pat aura alors un brelan d'as) ?
3. Quelle est la probabilité que trois des autres cartes soient des as (Pat aura alors un carré d'as) ?

** Ce devoir est plus difficile que les autres.*

3 MP3

Le lecteur MP3 de Margot possède un mode aléatoire permettant de lire au hasard un des morceaux de musique enregistrés. Les durées des huit titres enregistrés dans son lecteur sont :
4'24" – 5'37" – 3'12" – 5'23" – 2'18" – 2'37" – 3'39" – 4'23".

1. Margot écoute une première chanson.
Quelle est la probabilité que la durée de cette chanson soit supérieure à cinq minutes ?
2. Margot écoute une deuxième chanson.
Quelle est la probabilité que la durée totale des deux chansons soit inférieure à six minutes ?

Le mode aléatoire ne propose pas les deux mêmes chansons à la suite.

Du côté du site compagnon

http://www.bordas-myriade.fr

Le jeu télévisé de Monty Hall

Le problème de Monty Hall est un casse-tête inspiré d'un jeu télévisé américain.
Le candidat est placé devant trois portes fermées. Derrière l'une d'elles se trouve une voiture et derrière chacune des deux autres se trouve un prix sans importance.
Le candidat désigne d'abord une porte. Puis le présentateur ouvre une porte qui n'est ni celle choisie par le candidat ni celle cachant la voiture (le présentateur sait quelle est la bonne porte dès le début). Le candidat a alors le droit d'ouvrir la porte qu'il a choisie initialement, ou d'ouvrir la troisième porte.

Pour savoir ce que doit faire le candidat et quelles sont ses chances de gagner la voiture, rendez-vous sur le site compagnon

★ Niveau de difficulté technique ★ Niveau de difficulté mathématique

Avec un ordinateur

★★★ ★★★

1 JEU DE DÉS 40 min

OBJECTIF : *Réaliser une simulation d'expérience aléatoire sur tableur*

Hugo propose un jeu de dé à sa petite sœur Léa. Il dit :
« Je lance le dé en premier et j'annonce le résultat. Tu lances le dé ensuite, on le compare à mon score et si ton score est supérieur au mien alors tu as gagné, sinon tu as perdu ».
On cherche la probabilité qu'a Léa de gagner contre son frère.

Simulation sur ordinateur

1. a. Dans une feuille de calcul, construire un tableau à six colonnes :

	A	B	C	D	E	F
1	Parties	lancer de Hugo	lancer de Léa	Victoire de Léa ?	Nombre total de victoires de Léa	Fréquence des victoires
2	1					

b. Dans la colonne A, créer une liste de nombres entiers numérotant les parties. → *Tableur 3*

c. Dans les cellules B2 et C2, à l'aide de la fonction « **alea.entre.bornes()** », simuler un lancer de dé pour Hugo et un lancer de dé pour Léa. → *Tableur 6*

2. a. Dans la cellule D2, faire tester la victoire de Léa en marquant 1 en cas de victoire de Léa et 0 en cas de défaite. → *Tableur 6*

b. Recopier les formules dans les colonnes B, C et D pour simuler un grand nombre de jeux (par exemple 2 000). → *Tableur 2*

Coup de pouce
*La fonction « **si** » peut être utile.*

3. a. Faire apparaître, dans la colonne E, le nombre de victoires cumulées de Léa. → *Tableur 6*

b. Faire apparaître, dans la colonne F, la fréquence des victoires de Léa. → *Tableur 6*

c. Comment évoluent les fréquences lorsque l'on simule un grand nombre de parties ?

d. Donner une estimation de la probabilité de gain à ce jeu pour Léa.

Analyse graphique (facultatif)

4. a. En utilisant l'assistant graphique du tableur, construire un nuage de points représentant l'évolution de la fréquence des victoires de Léa. → *Tableur 4*

	A	B	C	D	E	F
1	nombre de jeux	lancer de Hugo	lancer de Léa	Victoire de Léa ?	Nombre total de victoires de Léa	Fréquence des victoires
1000	999	5	6	1	414	0,4144
1001	1000	3	2	0	414	0,4140

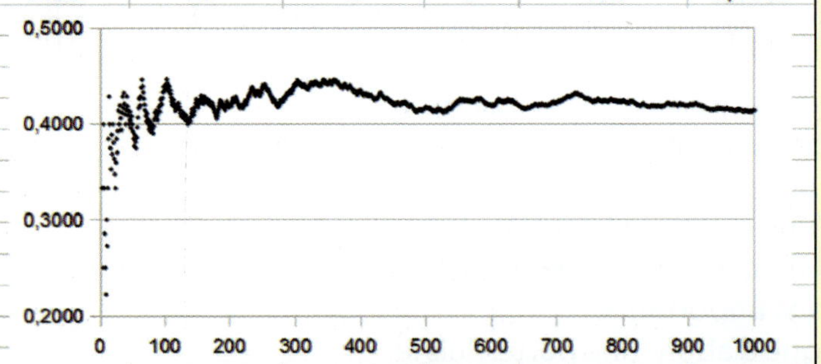

b. La touche F9 (F9 sur Excel ou Ctrl + Maj + F9 sur OpenOffice) du clavier permet d'obtenir de nouveaux lancers : la fonction « **alea.entre.bornes()** » simule alors un autre lancer. Utiliser plusieurs fois la touche F9 et observer l'évolution de la fréquence.

5. Pour aller plus loin : Démonstration mathématique
Essayer de déterminer la probabilité exacte de victoire de Léa.

À la fin du manuel, retrouve tes Fiches méthode TICE : Tableur, Géométrie, Calculatrice

★★☆ ★★★

2 LONGUEUR D'UN SEGMENT

30 min

OBJECTIF : *Réaliser une simulation d'expérience aléatoire sur tableur.*

Sur un segment *s*, on prend au hasard deux points A et B. On considère l'évènement : « La longueur du segment [AB] est strictement supérieure à la moitié de celle du segment *s* ».
L'objectif de cette activité est de chercher la probabilité de réaliser cet évènement.
En prenant la longueur de *s* comme unité, A et B peuvent être déterminés par leurs abscisses qui sont des nombres compris entre 0 et 1 :

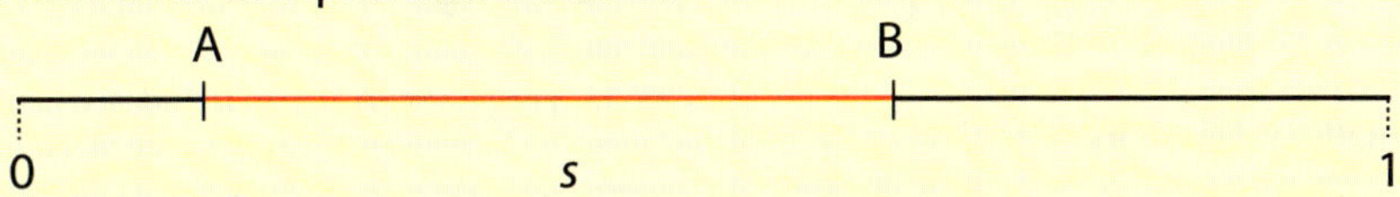

1. Quelle fonction du tableur permet de choisir au hasard un nombre décimal entre 0 et 1 ?

2. a. Dans une feuille de calcul, construire un tableau à quatre colonnes.

b. Dans les colonnes A et B, simuler l'abscisse des points A et B avec la fonction « **alea()** ».

	A	B	C	D
1	abscisse de A	abscisse de B	distance AB	AB > 0,5 ?
2	=alea()	= alea()		
3				

➜ Tableur 6

c. Dans la colonne C, calculer la distance AB qui s'obtient en effectuant la différence entre l'abscisse de A et l'abscisse de B à l'aide des fonctions « **max** » et « **min** ». ➜ Tableur 6

d. Dans la colonne D, attribuer la valeur « 1 » si la distance AB est supérieure à 0,5 et la valeur « 0 » sinon. ➜ Tableur 6

Coup de pouce
*La fonction « **si** » peut être utile.*

e. Recopier la ligne 2 plusieurs fois de façon à réaliser un grand nombre de simulations (entre 500 et 1 000 par exemple). ➜ Tableur 3

3. a. Calculer la fréquence de réalisation de l'évènement : « distance AB > 0,5 ». ➜ Tableur 1

b. La touche F9 (F9 sur Excel ou Ctrl + Maj + F9 sur OpenOffice) du clavier permet d'obtenir de nouveaux lancers : la fonction « **alea** » donne alors un autre nombre entre 0 et 1.
Utiliser plusieurs fois la touche F9 et observer la fréquence calculée en **a**.

4. Quelle semble être la probabilité de réalisation de l'évènement étudié ?

3 LA BOÎTE NOIRE DU CHAPITRE 10

Téléchargement

BOITE NOIRE

Une « boîte noire » dans un tableur est un programme de calcul mystérieux !
Le but de l'activité est de percer ce mystère…
Pour cela, on peut saisir des nombres mais aussi utiliser des formules qui aident dans la recherche.

1. Télécharger sur le site compagnon le fichier « boite_noire_10 » et l'ouvrir.

2. Saisir un nombre dans la cellule verte et observer dans la cellule grise le résultat de la « boîte noire ».

3. Faire plusieurs observations puis chercher le programme de calcul mystérieux de la boîte noire.

4. Pour tester un programme de calcul, saisir dans la cellule jaune la formule qui correspond à ce programme et observer si le résultat obtenu est le même que celui dans la cellule grise.

5. Tester plusieurs exemples pour vérifier que les programmes de la boîte noire et de la boite rouge donnent les mêmes résultats.

6. Écrire sur une feuille le programme de calcul qui semble être celui de la boîte noire.

Activités

1 Revoir le théorème de Thalès

On considère un triangle ABC. Le point D est un point de la demi-droite [AB) n'appartenant pas au segment [AB]. La parallèle à la droite (BC) passant par D coupe la demi-droite [AC) en E.

1. Dans quels triangles peut-on appliquer le théorème de Thalès ?

2. Que peut-on dire des côtés de ces triangles ?

3. Écrire trois rapports de longueurs égaux.

4. On donne : AB = 4 cm, AD = 6 cm et BC = 3 cm. Calculer la longueur DE.

2 Étudier une nouvelle configuration de Thalès

Fiches méthode TICE : Tableur, Géométrie, Calculatrice

1. Avec un logiciel de géométrie dynamique :

a. Construire un triangle ABC quelconque. → *Géométrie 7*

b. Tracer les droites (AB) et (AC). → *Géométrie 5*

c. Placer un point B′ sur la droite (AB) et un point C′ sur la droite (AC) comme sur la figure ci-dessous. → *Géométrie 2*

d. Construire le triangle AB′C′. → *Géométrie 7*

e. Ouvrir la fenêtre du tableur du logiciel et reproduire le tableau suivant. → *Géométrie 25*

Téléchargement

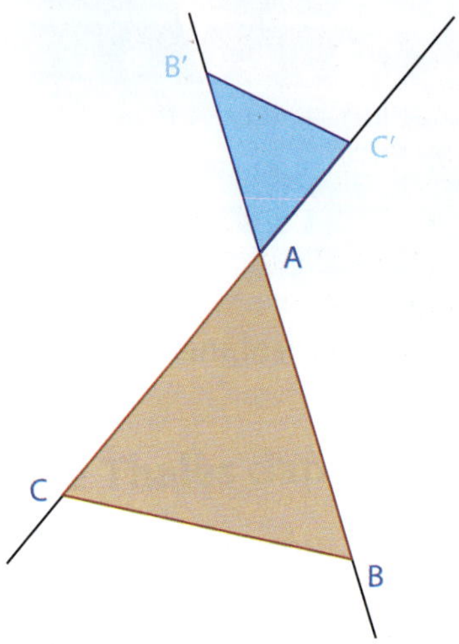

	A	B	C	D	E	F	G
1	**Triangle AB′C′**	**AB′ =**		**AC′ =**		**B′C′ =**	
2	**Triangle ABC**	**AB =**		**AC =**		**BC =**	
3							
4							
5							
6							
7							
8							
9							
10							
11							

f. Dans la cellule C1, saisir une formule permettant d'afficher la longueur AB′. → *Géométrie 25*

g. Compléter de même les cellules C2, E1, E2, G1 et G2.

h. Dans les cellules C3, E3 et G3, saisir des formules permettant de savoir si le tableau ainsi obtenu est un tableau de proportionnalité.

2. Comment semble-t-on devoir placer les points B′ et C′ pour que le tableau soit un tableau de proportionnalité ? On pourra étudier différentes positions des points A, B et C. → *Géométrie 1*

3. a. Construire le symétrique du triangle AB′C′ par rapport à A. → *Géométrie 22*

b. Démontrer la conjecture formulée à la question **2** à l'aide du théorème de Thalès dans le triangle vu en classe de quatrième.

3 Démontrer que deux droites ne sont pas parallèles

On considère la figure suivante représentant une table de camping dont les pieds [DE] et [CF] sont sécants en A.
On donne : AD = 35 cm, AE = 56 cm, AC = 33 cm et AF = 44 cm.
On souhaite étudier si le plateau (EF) de la table est parallèle au sol (DC) qui est horizontal.

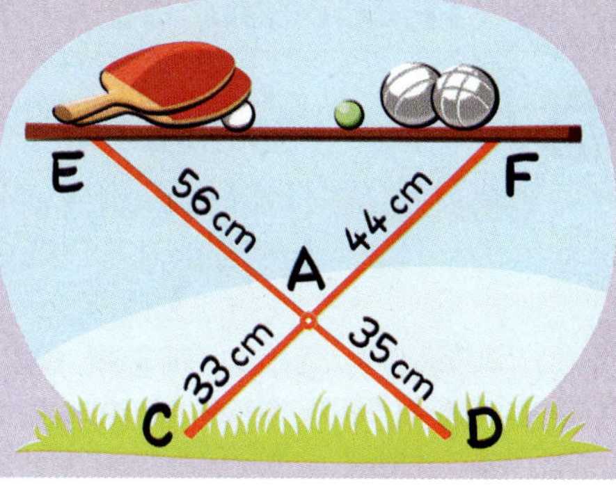

Conjecturer

1. Les quotients $\frac{AD}{AE}$ et $\frac{AC}{AF}$ sont-ils égaux ?

2. Réaliser une figure à l'échelle $\frac{1}{10}$.

3. Les droites (EF) et (DC) semblent-elles parallèles ? Que peut-on en conclure pour le plateau de la table ?

Démontrer

4. Si les droites (EF) et (DC) étaient parallèles, que pourrait-on dire des rapports $\frac{AD}{AE}$ et $\frac{AC}{AF}$? D'après quelle propriété ?

5. Justifier alors la conjecture émise à la question **3**.

4 Démontrer que deux droites sont parallèles (réciproque du théorème de Thalès)

Soit un triangle ABC tel que : AB = 4 cm, AC = 5 cm et BC = 6 cm.
Le point M est un point du segment [AB] tel que AM = 3,2 cm.
Le point N est un point du segment [AC] tel que AN = 4 cm.

1. Réaliser une figure.

2. **a.** Calculer les quotients $\frac{AM}{AB}$ et $\frac{AN}{AC}$. Ces quotients sont-ils égaux ?

b. Les droites (MN) et (BC) semblent-elles parallèles ?

3. **a.** Placer les points K et L, symétriques respectifs de M et N par rapport à A.

b. Que peut-on dire des rapports $\frac{AK}{AB}$ et $\frac{AL}{AC}$?

c. Les droites (KL) et (BC) semblent-elles parallèles ?

4. **a.** Que peut-on dire des rapports $\frac{AM}{AB}$ et $\frac{AL}{AC}$?

b. Les droites (ML) et (BC) semblent-elles parallèles ?

5. À l'aide des trois questions précédentes, que peut-on conjecturer ?

Le cours

1 Théorème de Thalès

a Calculer des longueurs

PROPRIÉTÉ Si deux droites parallèles coupent deux droites sécantes, alors elles déterminent deux triangles dont les côtés correspondants ont des longueurs proportionnelles.

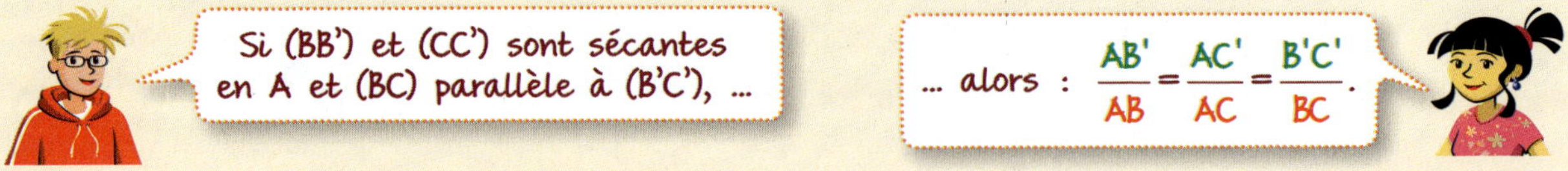

En effet, les triangles AB'C' et ABC ont des côtés respectivement proportionnels donc les rapports (qui expriment les coefficients d'agrandissement ou de réduction) entre ces côtés sont égaux.

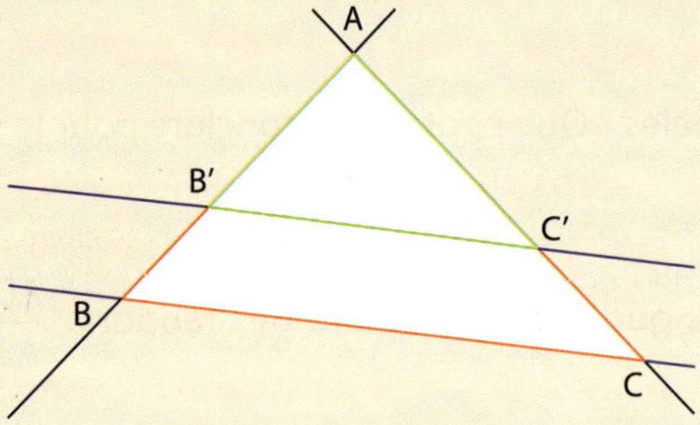

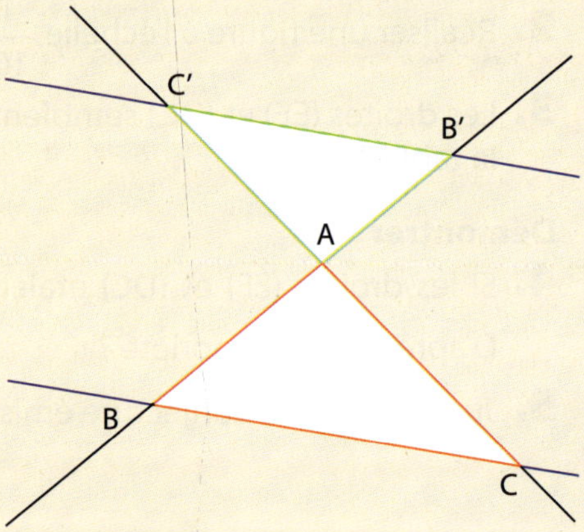

Exemple

Dans la figure ci-contre, les droites (BC) et (AD) sont parallèles.
AD = 3,5 cm, ED = 4 cm et EC = 5 cm.

Calculons la longueur BC.
– Les droites (AB) et (DC) sont sécantes en E.
– Les droites (BC) et (AD) sont parallèles.

D'après le théorème de Thalès, les triangles BCE et ADE ont des côtés de longueurs proportionnelles.

Donc $\frac{EA}{EB} = \frac{ED}{EC} = \frac{AD}{BC}$.

Pour calculer BC, on considère l'égalité : $\frac{4}{5} = \frac{3,5}{BC}$.

En utilisant l'égalité des produits en croix, on obtient :

$BC \times 4 = 5 \times 3,5$,

$BC = \frac{5 \times 3,5}{4}$,

$BC = 4,375$ cm.

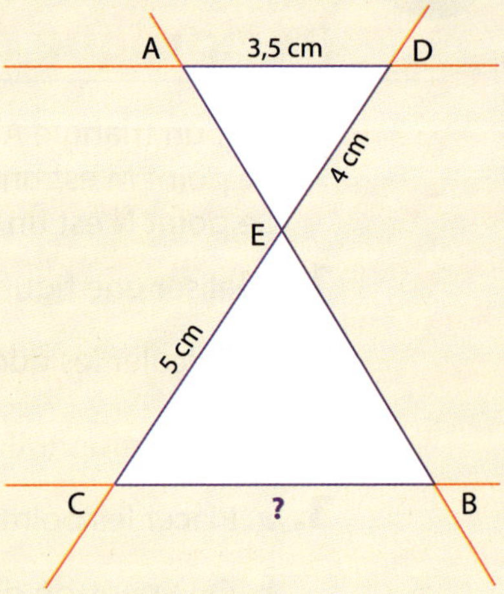

b Conséquence : Prouver que deux droites ne sont pas parallèles

PROPRIÉTÉ Si deux droites (BM) et (CN) sont sécantes en A et, si deux des rapports $\frac{AM}{AB}$, $\frac{AN}{AC}$ et $\frac{MN}{BC}$ ne sont pas égaux, alors les droites (MN) et (BC) ne sont pas parallèles.

■ **Exemple**

On va démontrer que les droites (AC) et (DE) ci-contre ne sont pas parallèles.

$\frac{BA}{BD} = \frac{6}{8} = \frac{3}{4}$ et $\frac{BC}{BE} = \frac{7}{9}$, donc : $\frac{BA}{BD} \neq \frac{BC}{BE}$.

Les droites (EC) et (DA) sont sécantes en B et $\frac{BA}{BD} \neq \frac{BC}{BE}$.

D'après la propriété précédente, les droites (AC) et (DE) ne sont pas parallèles.

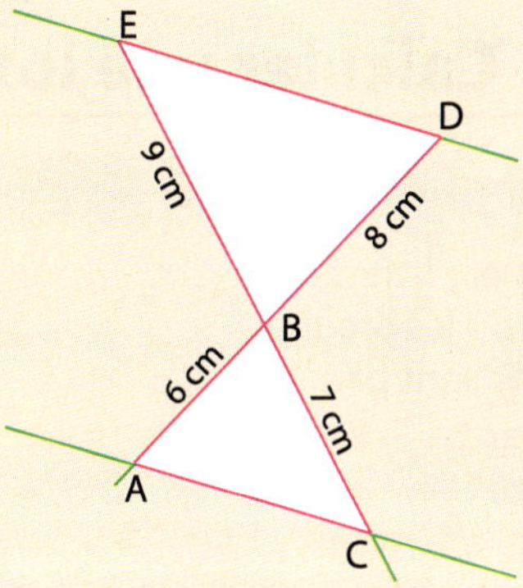

2 Réciproque du théorème de Thalès

PROPRIÉTÉ Si, d'une part, les points A, B et M et, d'autre part, les points A, C et N sont alignés dans le même ordre sur deux droites sécantes en A et si $\frac{AM}{AB} = \frac{AN}{AC}$, alors les droites (MN) et (BC) sont parallèles.

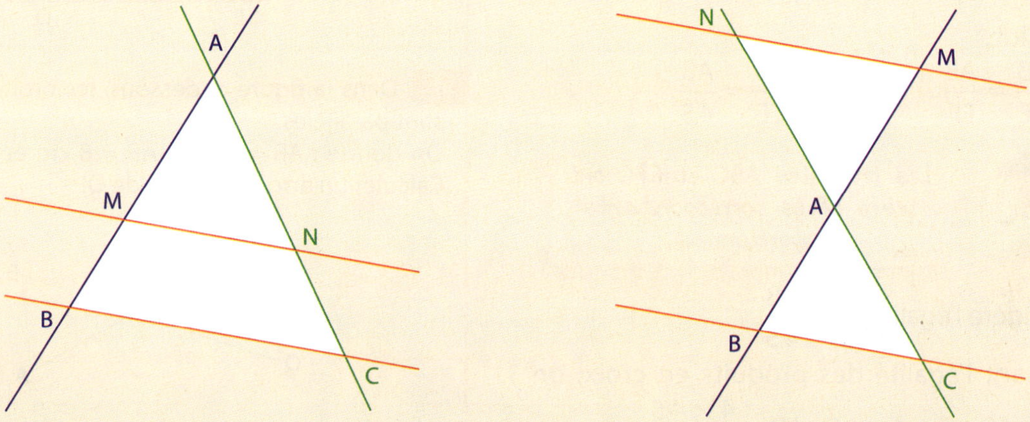

Remarque : La réciproque du théorème de Thalès sert uniquement à prouver que des droites **sont** parallèles.

■ **Exemple**

On va démontrer que, dans la figure ci-contre, les droites (EF) et (BC) sont parallèles.

$\frac{AE}{AC} = \frac{5}{7}$ et $\frac{AF}{AB} = \frac{4}{5,6} = \frac{40}{56} = \frac{5}{7}$,

donc $\frac{AE}{AC} = \frac{AF}{AB}$.

On a, d'une part, les points A, E et C et, d'autre part, les points A, F et B qui sont alignés dans le même ordre sur deux droites sécantes en A et $\frac{AE}{AC} = \frac{AF}{AB}$.

D'après la réciproque du théorème de Thalès, on en déduit que les droites (EF) et (BC) sont parallèles.

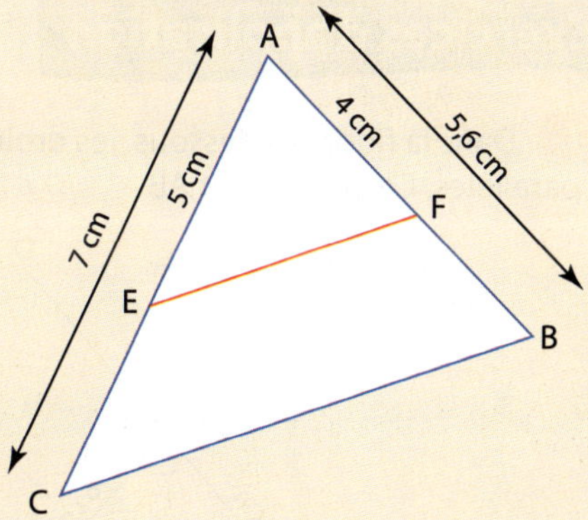

1 Calculer une longueur avec le théorème de Thalès

Animation

Énoncé

On considère la figure ci-contre où les droites (AB) et (EF) sont parallèles.
On donne :
CA = 4 cm,
CF = 5 cm
et EF = 4,5 cm.
Calculer AB.

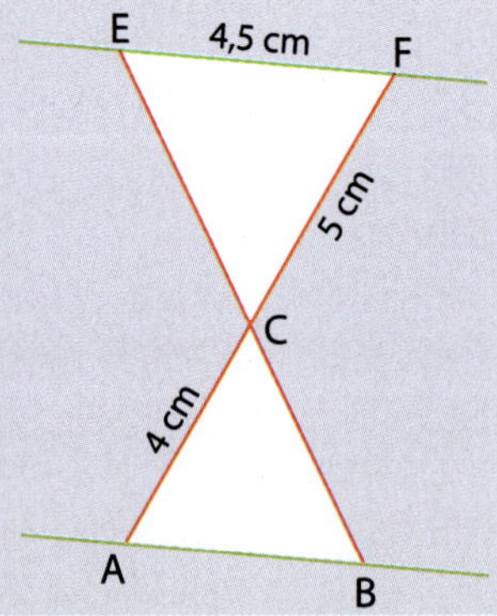

Solution commentée

On sélectionne les données.
– Les droites (EB) et (FA) sont sécantes en C.
– Les droites (AB) et (EF) sont parallèles.

On énonce le théorème de Thalès.
« *Si deux droites parallèles coupent deux droites sécantes, alors elles déterminent deux triangles dont les côtés correspondants sont proportionnels.* »

On conclut.
$\dfrac{CA}{CF} = \dfrac{CB}{CE} = \dfrac{AB}{EF}$. Soit $\dfrac{4}{5} = \dfrac{CB}{CE} = \dfrac{AB}{4{,}5}$.

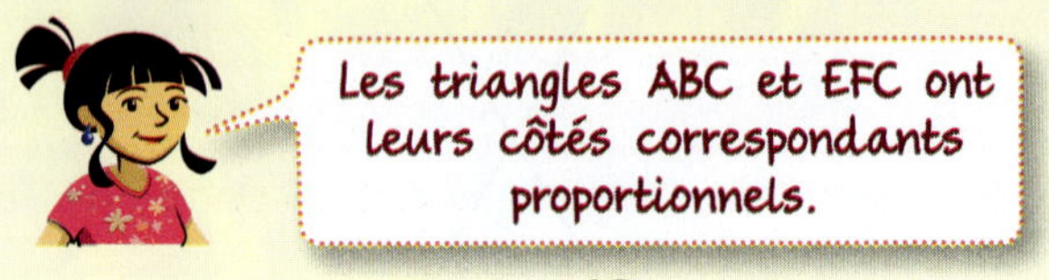

On considère l'égalité $\dfrac{4}{5} = \dfrac{AB}{4{,}5}$.
En utilisant l'égalité des produits en croix, on obtient : $AB \times 5 = 4 \times 4{,}5$, $AB = \dfrac{4 \times 4{,}5}{5}$,
$AB = \dfrac{18}{5} = 3{,}6\text{ cm}$.

Exercices d'application

1 Dans la figure ci-dessous, les droites (AB) et (DE) sont parallèles. Calculer CD et AB.

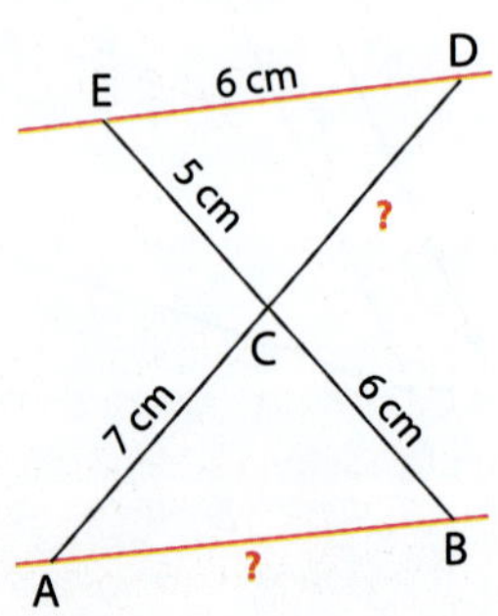

2 Dans la figure ci-dessous, les droites (AB) et (NP) sont parallèles. Calculer MA et MP.

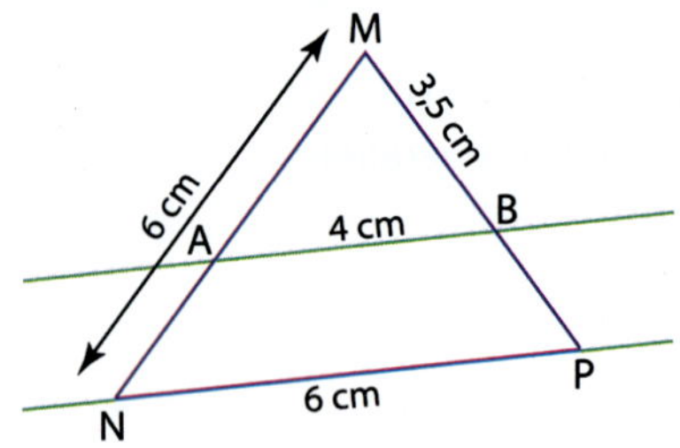

3 Dans la figure ci-dessous, les droites (DE) et (LM) sont parallèles. Calculer EF.

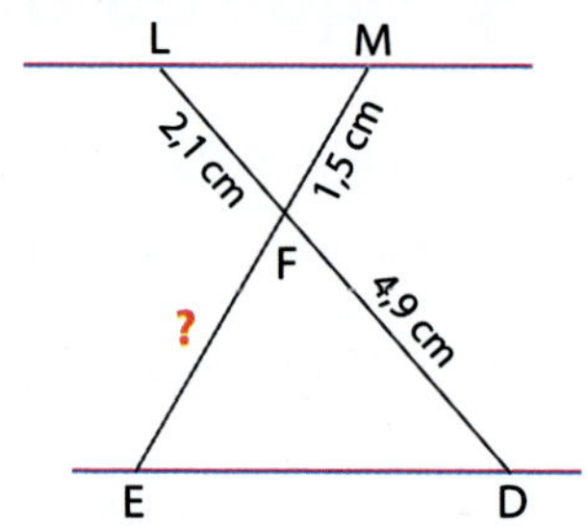

4 Dans la figure ci-dessous, les droites (AB) et (QP) sont parallèles.
On donne : AR = 9 cm ; AB = 8 cm et RP = 13,8 cm.
Calculer un arrondi au mm de QP.

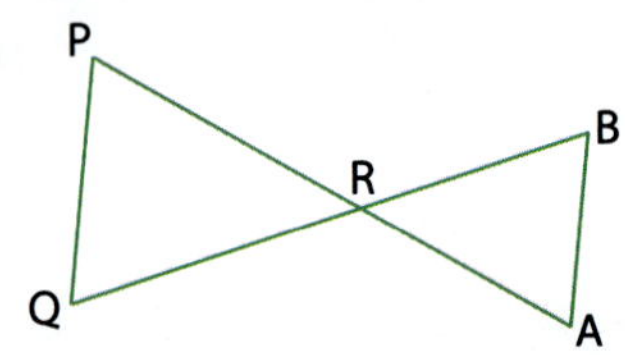

5 Dans le triangle KCR, le point B est un point de la droite (KC) et L est un point de la droite (KR) tels que les droites (BL) et (CR) sont parallèles.
De plus, KB = 2,7 cm ; KC = 8 cm et KL = 2,4 cm.
Calculer la valeur exacte de KR puis un arrondi au dixième de centimètre.

6 **Vu au BREVET**
Les longueurs sont données en centimètres.
On sait que les droites (BD) et (CE) sont parallèles.
On donne : OB = 7,2 ; OC = 10,8 ; OD = 6 et CE = 5,1.
Calculer OE puis BD.

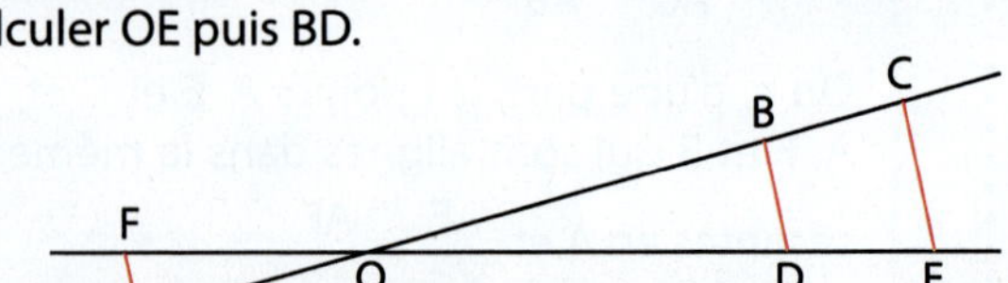

Amérique du Nord, 2009

Voir aussi les Exercices 12 à 32

2 Démontrer que deux droites sont parallèles avec la réciproque du théorème de Thalès

Animation

Énoncé

On considère la figure ci-contre.
On donne : PA = 4,2 cm ;
PM = 2,4 cm ;
PB = 3,5 cm ;
et PN = 2 cm.
Démontrer que les droites (AB) et (MN) sont parallèles.

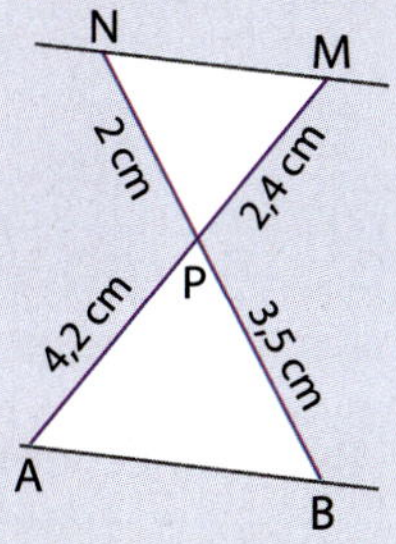

Solution commentée

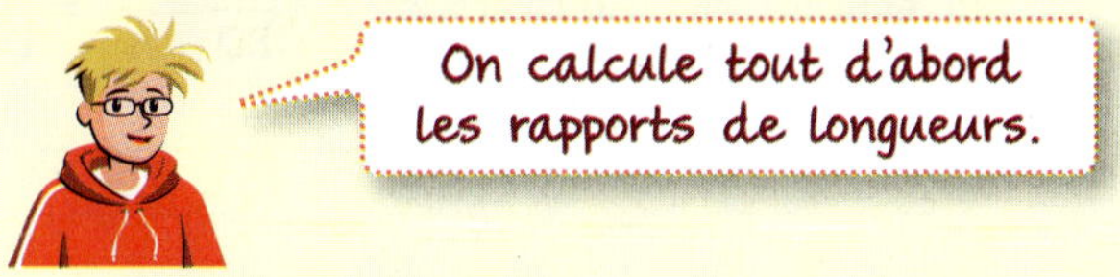

$\frac{PM}{PA} = \frac{2,4}{4,2}$ et $\frac{PN}{PB} = \frac{2}{3,5}$.

On calcule ensuite les produits en croix.

$2,4 \times 3,5 = 8,4$ et $4,2 \times 2 = 8,4$ donc $\frac{PM}{PA} = \frac{PN}{PB}$.

On conclut.

Les points A, P, M, d'une part et, d'autre part, les points B, P et N sont alignés dans le même ordre sur deux droites sécantes en P.

De plus, $\frac{PM}{PA} = \frac{PN}{PB}$.

D'après la réciproque du théorème de Thalès, on en déduit que **les droites (AB) et (MN) sont parallèles**.

Avec les TICE

En saisissant sur la calculatrice $\frac{2,4}{4,2}$ et $\frac{2}{3,5}$, on obtient dans les deux cas la fraction irréductible égale à chacun de ces quotients, ce qui permet de prouver l'égalité des rapports.

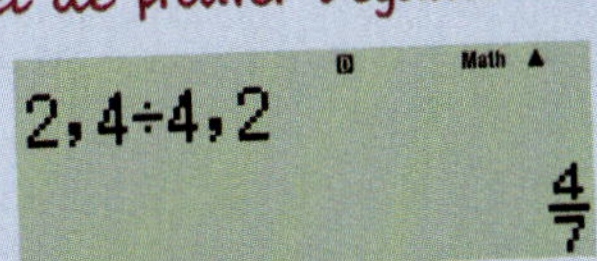

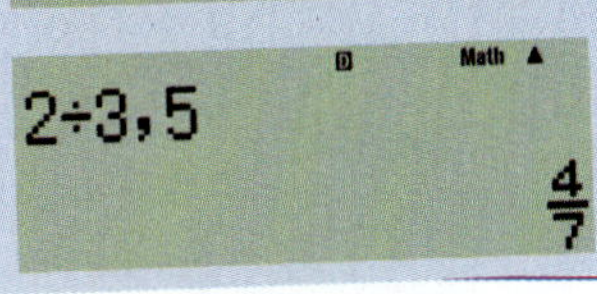

Exercices d'application

7 On considère la figure ci-dessous.
On donne : AF = 6 cm ; AE = 4,2 cm ; AC = 6,3 cm et AD = 9 cm.
Démontrer que les droites (CD) et (EF) sont parallèles.

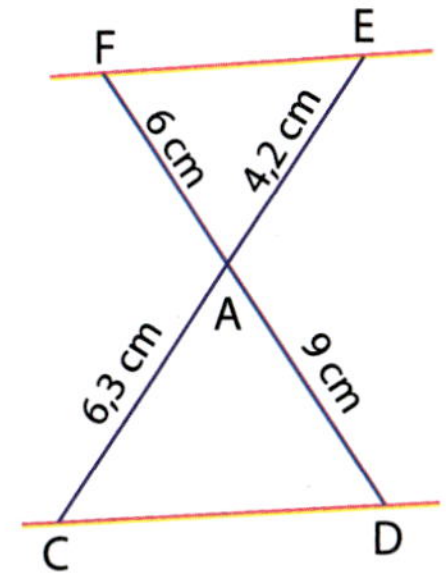

8 On considère la figure ci-dessous où PR = 2,5 cm ; PM = 4 cm, PS = 2 cm et PN = 3,2 cm.
Démontrer que les droites (RS) et (MN) sont parallèles.

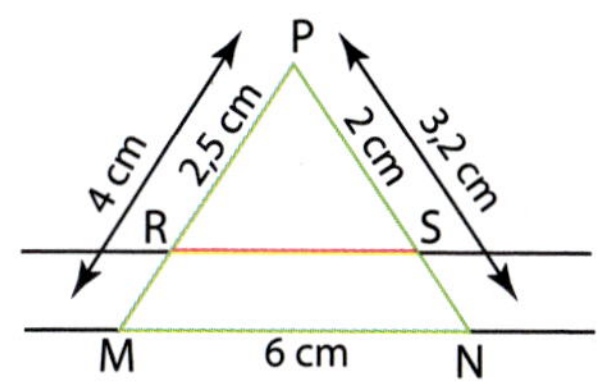

9 **1.** Construire un triangle ABC tel que AB = 7 cm, AC = 6 cm et BC = 5,5 cm.
E est un point du segment [AB] tel que AE = 5,6 cm et F est un point du segment [AC] tel que AF = 4,8 cm.
2. Démontrer que les droites (BC) et (EF) sont parallèles.

10 On considère un quadrilatère MNPQ dont les diagonales se coupent en O. On donne : MO = 4 cm ; NO = 3 cm ; PO = 4,8 cm et QO = 3,6 cm.
Démontrer que les droites (MN) et (QP) sont parallèles.

11 **Vu au BREVET**
Les droites (AD) et (BE) se coupent en C.
Démontrer que les droites (DE) et (AB) sont parallèles.

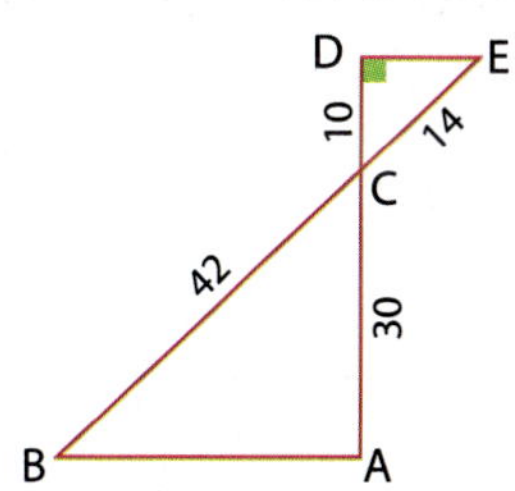

France métropolitaine, 2010

Voir aussi les Exercices 33 à 53

Exercices d'entraînement

Théorème de Thalès

POUR COMMENCER

12 Les droites de la même couleur étant parallèles, on peut appliquer le théorème de Thalès dans les triangles ABC et AB'C'. Recopier et compléter alors le tableau de proportionnalité suivant :

Triangle AB'C'	AB' = **...** cm	AC' = **...** cm	B'C' = **...** cm
Triangle ABC	AB = **...** cm	AC = **...** cm	BC = **...** cm

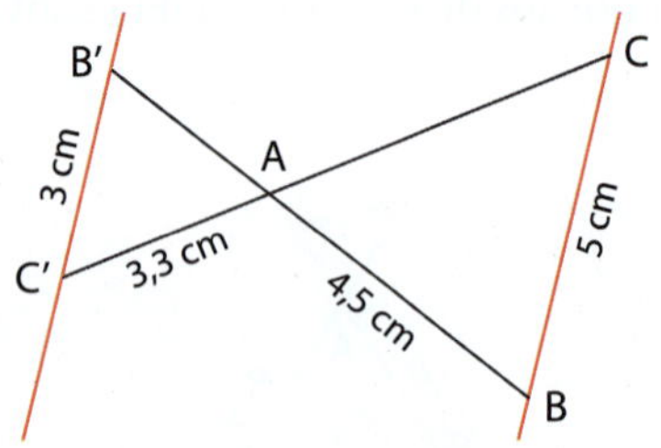

13 Les segments de la même couleur étant parallèles, appliquer le théorème de Thalès pour calculer la longueur manquante :

a.

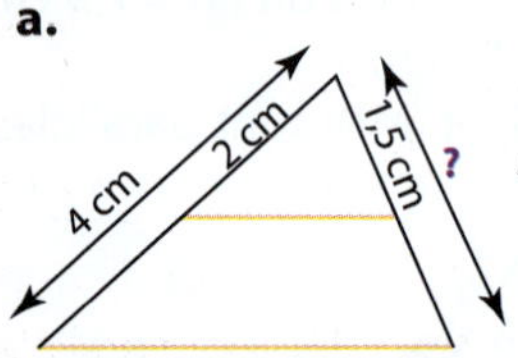

b.

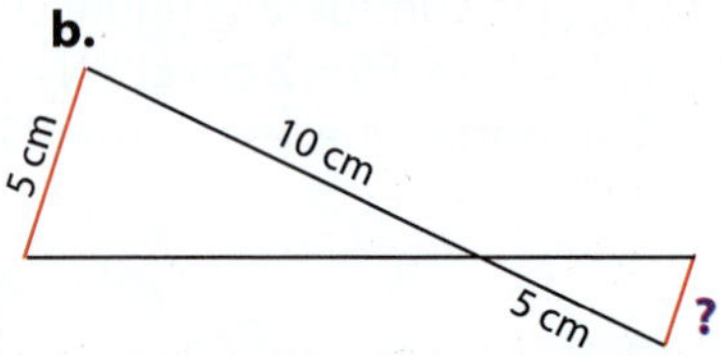

c.

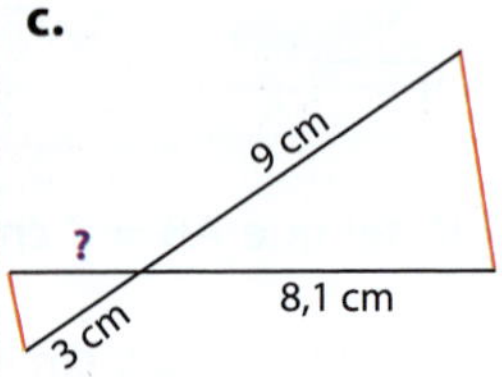

d.

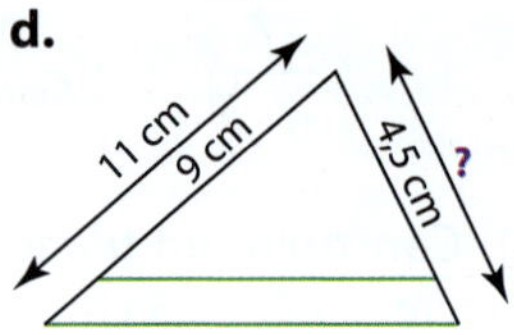

14 Les segments verts étant parallèles, appliquer le théorème de Thalès pour associer à chaque figure les égalités de rapports correspondantes :

Figure 1

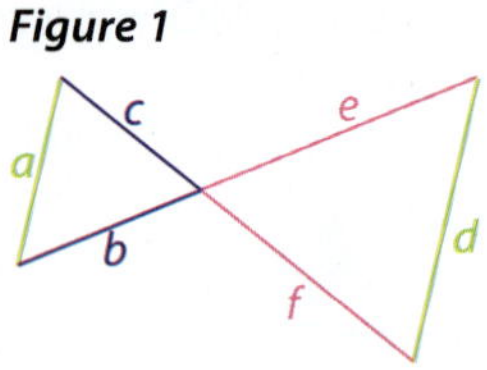

Figure 2

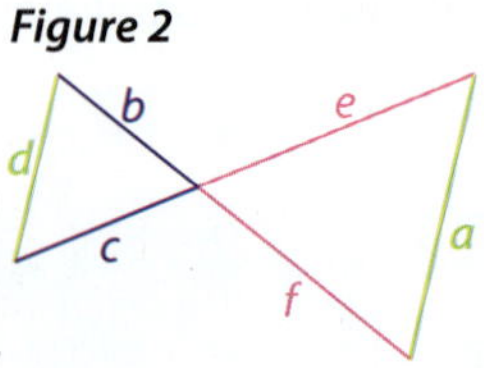

Figure 3

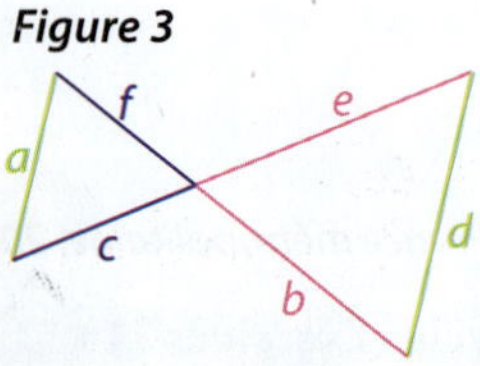

① $\frac{c}{e} = \frac{f}{b} = \frac{a}{d}$

② $\frac{b}{e} = \frac{c}{f} = \frac{a}{d}$

③ $\frac{b}{f} = \frac{c}{e} = \frac{d}{a}$

15 Dans la figure ci-dessous, les droites bleues sont toutes parallèles :

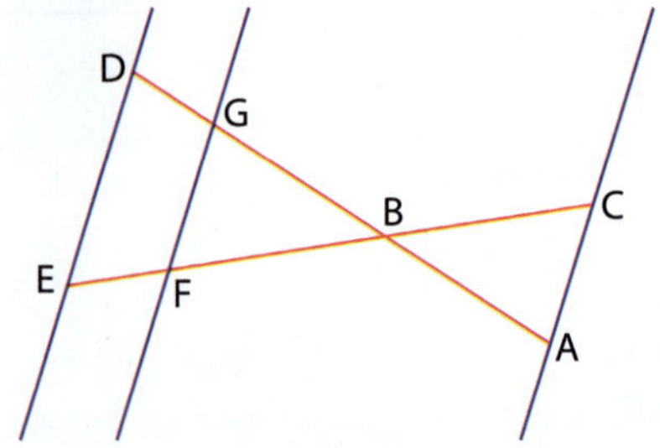

Recopier et compléter le tableau ci-dessous :

Triangles considérés	**Droites parallèles**	**Égalité de rapports**
ABC et BDE	(AC) et **...**	$\frac{BA}{BD} = \frac{BC}{...} = \frac{...}{DE}$
...	(FG) et (DE)	**...**
ABC et **...**	(FG) et **...**	**...**

16 Pour chacune des figures suivantes, appliquer le théorème de Thalès pour écrire des rapports de longueurs égaux :

Figure 1

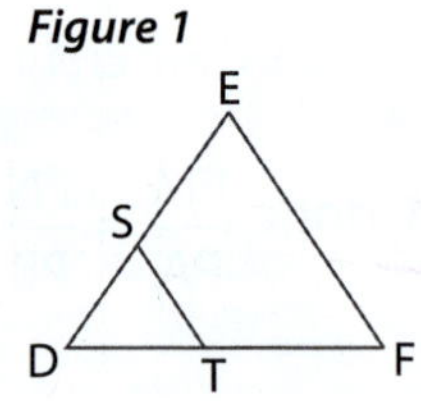

(ST)//(EF)

Figure 2

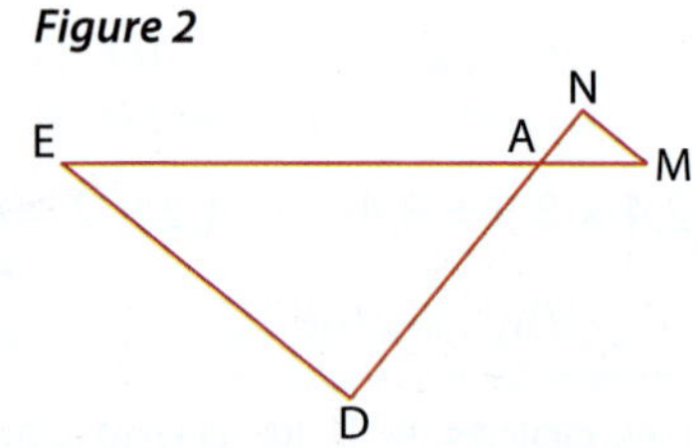

(DE)//(MN)

17 Dans la figure ci-dessous, les droites (BC) et (B'C') sont parallèles. Calculer AB'.

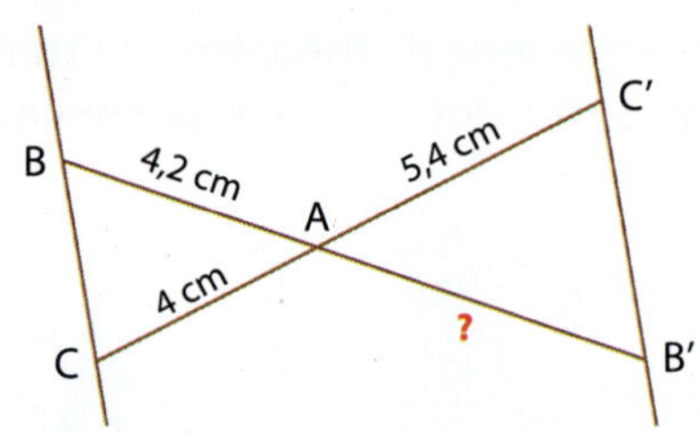

18 Dans la figure ci-dessous, les droites (AB) et (MN) sont parallèles. Calculer MN.

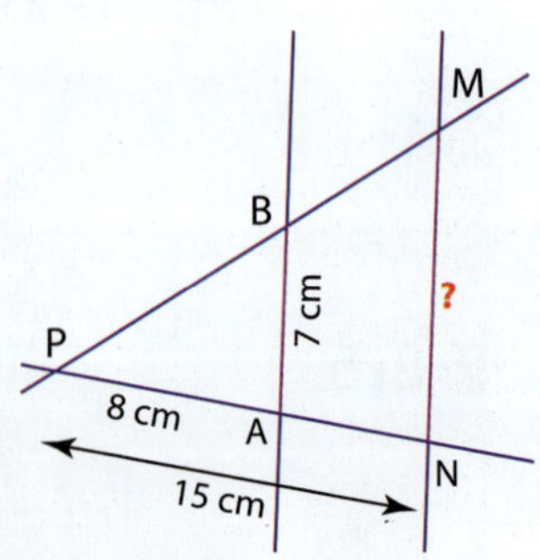

19 Dans la figure ci-dessous, les droites (AB) et (RS) sont parallèles. Calculer PB et RS.
On donnera les valeurs exactes et les valeurs arrondies au dixième de centimètre près.

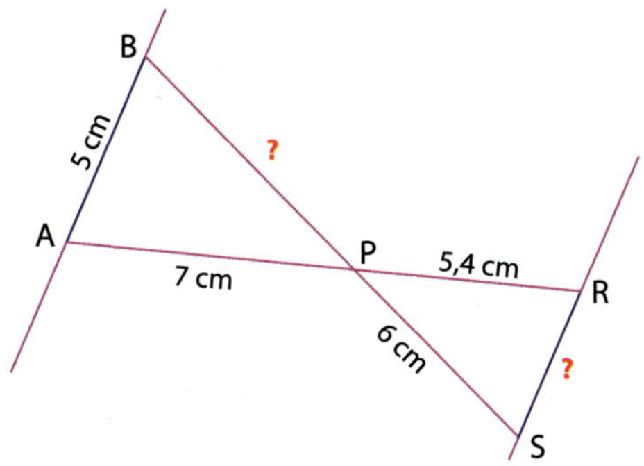

20 Dans la figure ci-dessous, les droites (BC) et (DE) sont parallèles.
On donne : AC = 7 cm ; EC = 2 cm, AB = 7,7 cm et ED = 10,8 cm.
Calculer BC et AD.

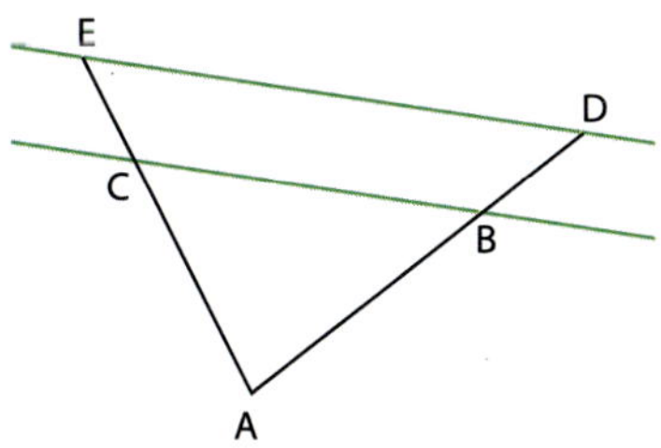

21 Soit un triangle ABC tel que AB = 5 cm, AC = 4,8 cm et BC = 5,6 cm.
D est un point de la demi-droite [BA) tel que BD = 7 cm.
La parallèle à (BC) passant par D coupe la demi-droite [CA) en E.
Calculer DE et AE.

22 Soit un triangle FGH tel que FG = 5 cm, GH = 6,4 cm et FH = 5,6 cm. K est un point de [FG] tel que GK = 2 cm.
La parallèle à (GH) passant par K coupe [FH] en L.
Calculer KL et FL.

23 **Chercher l'erreur**
Mehdi veut utiliser le théorème de Thalès pour calculer la longueur AB.
Que peut-on penser de son raisonnement ?

D'après le théorème de Thalès,

$\frac{AR}{AC} = \frac{AS}{AB} = \frac{RS}{BC}$

soit : $\frac{AR}{AC} = \frac{5,1}{AB} = \frac{5}{9}$

et donc $AB = \frac{5,1 \times 9}{5}$

$= 9,18$ *cm.*

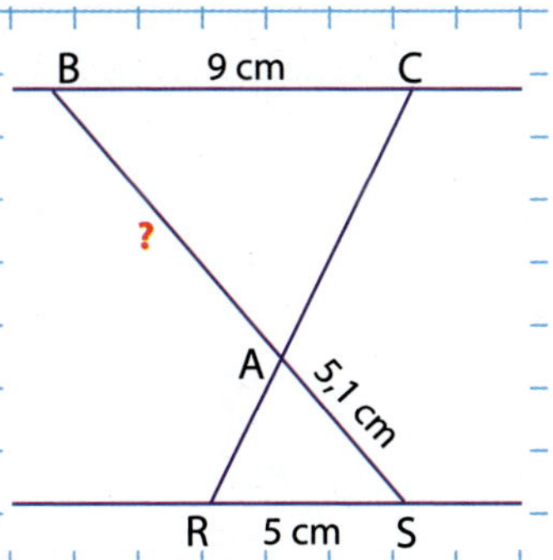

24 **Chercher l'erreur**
Théo veut calculer la longueur AB.
Que peut-on penser de son raisonnement ?

Les droites (MA) et (NB) sont sécantes en C.
Les droites (AB) et (MN) sont parallèles.
D'après le théorème de Thalès,

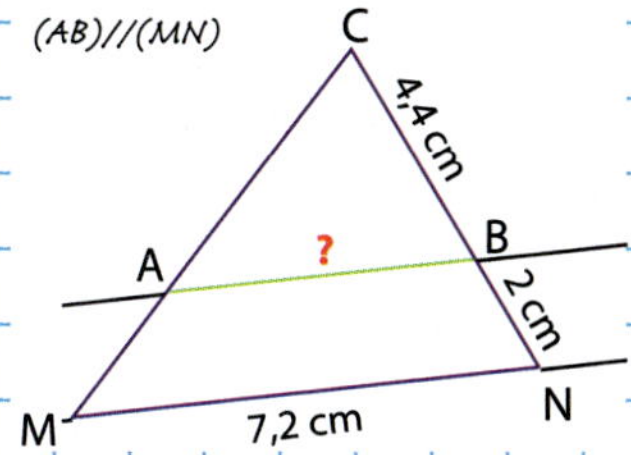

$\frac{AC}{AM} = \frac{BC}{BN} = \frac{AB}{MN}$

soit : $\frac{AC}{AM} = \frac{4,4}{2} = \frac{AB}{7,2}$ *et donc* $AB = \frac{7,2 \times 4,4}{2}$

$= 15,84$ *cm.*

25 On considère la figure ci-dessous :

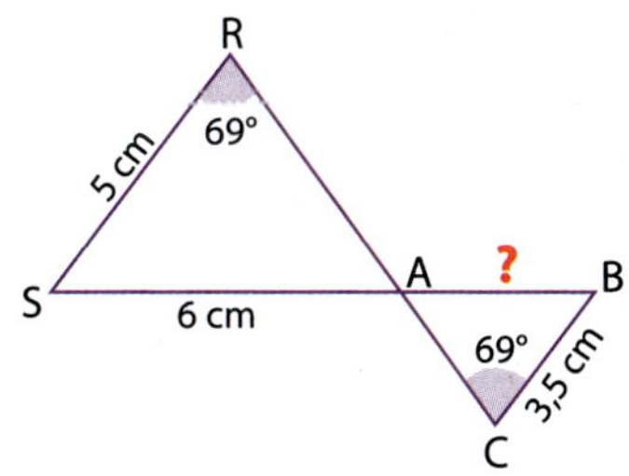

1. Démontrer que les droites (BC) et (RS) sont parallèles.
2. Calculer AB.

26 Dans la figure ci-dessous, calculer DP.

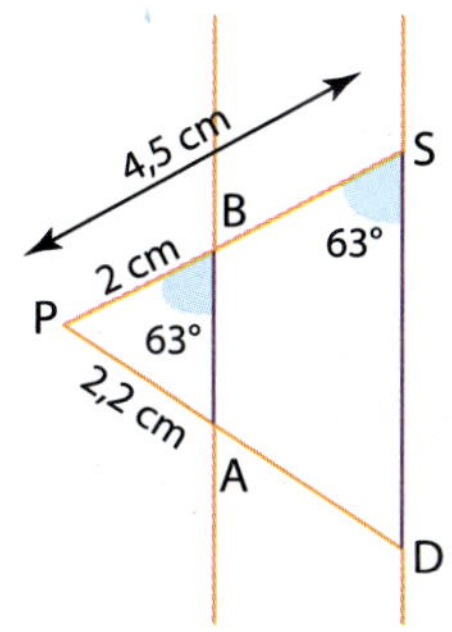

27 On considère la figure ci-dessous :

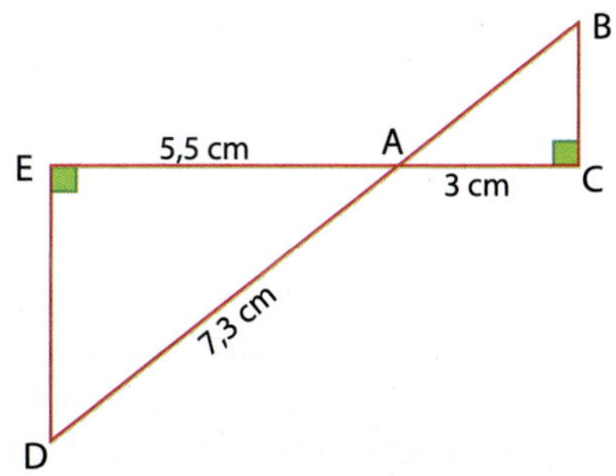

1. Dans le triangle AED, calculer ED.
2. Prouver que les droites (ED) et (BC) sont parallèles.
3. Calculer BC.

Exercices d'entraînement

28 Dans la figure ci-dessous, les droites (AC) et (EF) sont parallèles.

1. Calculer le rapport $\frac{BC}{BE}$.

2. On donne AB = 4,5. Calculer BF.

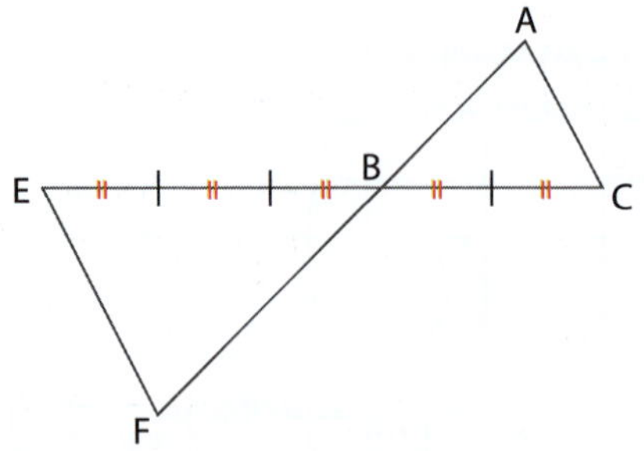

29 Démontrer la propriété suivante (vue en classe de 4e) en appliquant le théorème de Thalès :

« Si, dans un triangle, une droite passe par le milieu d'un côté et est parallèle à un deuxième côté, alors elle coupe le troisième côté en son milieu. »

30 Dans la figure suivante, les droites (BF) et (CE) sont parallèles et les droites (MF) et (NE) sont parallèles.

Écrire tous les rapports de longueurs égaux à $\frac{AM}{AN}$. Justifier.

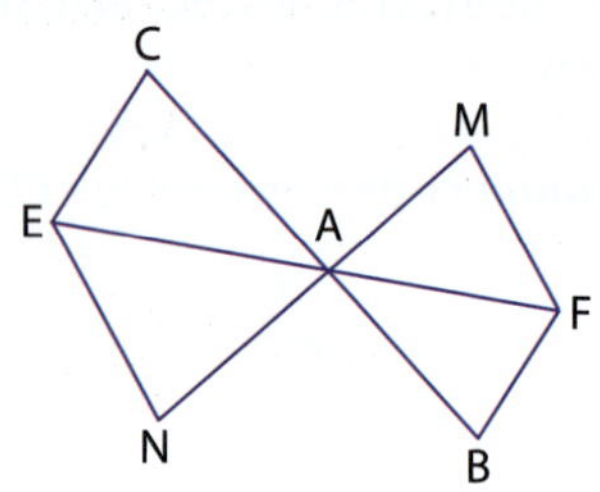

31 Dans la figure suivante, les droites (ED), (GF) et (AC) sont parallèles.

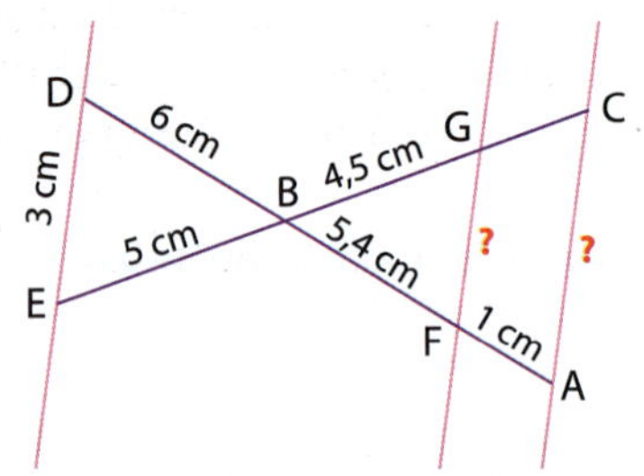

1. Calculer AC.

2. Calculer GF.

32 ABCD est un parallélogramme dont les diagonales se coupent en O tel que AB = 5 cm et AD = 4 cm. Le point I est le milieu du segment [OC]. La droite (DI) coupe le segment [BC] en K.

1. Prouver que $\frac{IC}{IA} = \frac{1}{3}$.

2. Calculer KC.

Droites parallèles ou non

POUR COMMENCER

33 **1.** Les droites (AC) et (ED) sont-elles parallèles ?

2. Les droites (EA) et (DC) sont-elles parallèles ?

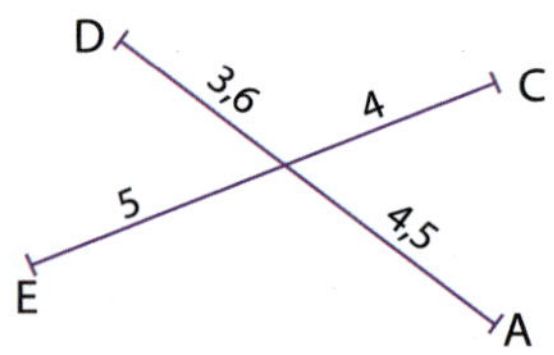

34 Expliquer pourquoi il n'est pas possible d'appliquer ici la réciproque du théorème de Thalès pour prouver que les droites rouges sont parallèles :

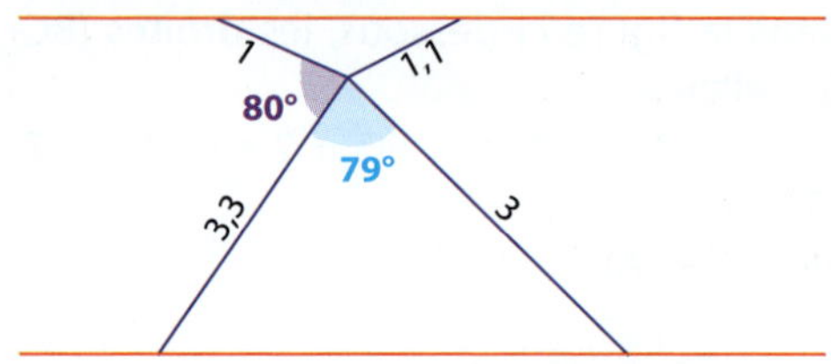

35 Dans quels cas les droites vertes sont-elles parallèles ?

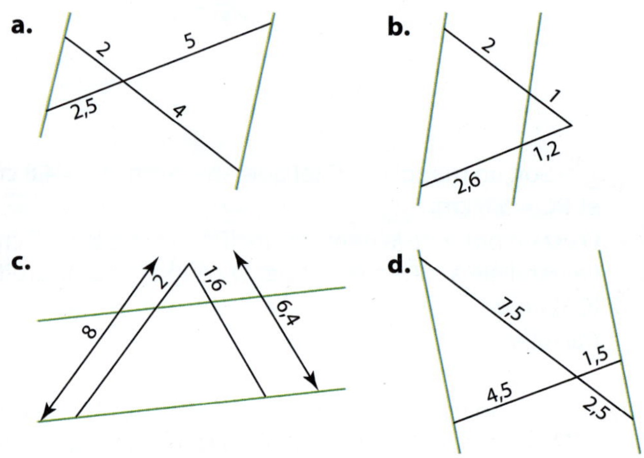

36 On considère la figure ci-dessous :

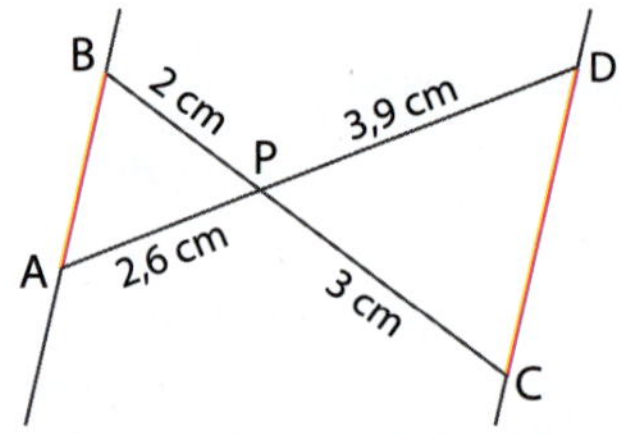

Démontrer que les droites (AB) et (CD) sont parallèles.

37 On considère la figure ci-dessous :

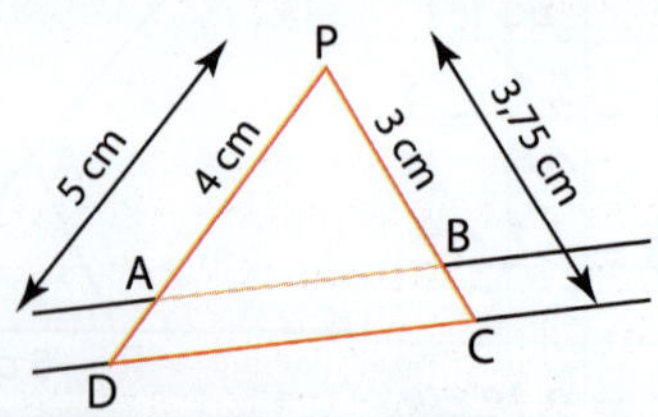

Démontrer que les droites (AB) et (CD) sont parallèles.

38 On considère la figure ci-dessous :

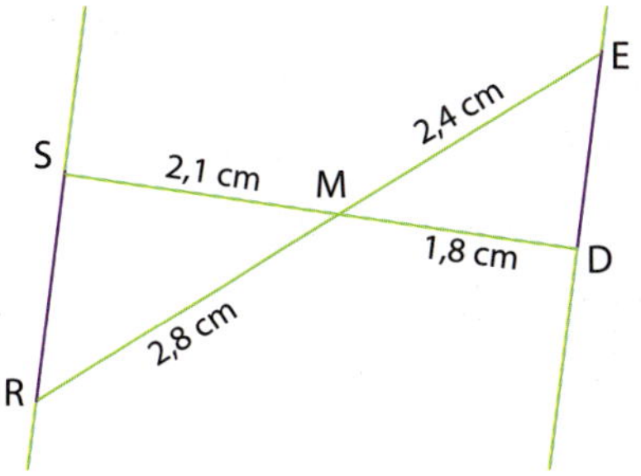

Démontrer que les droites (DE) et (RS) sont parallèles.

39 On considère la figure ci-dessous :

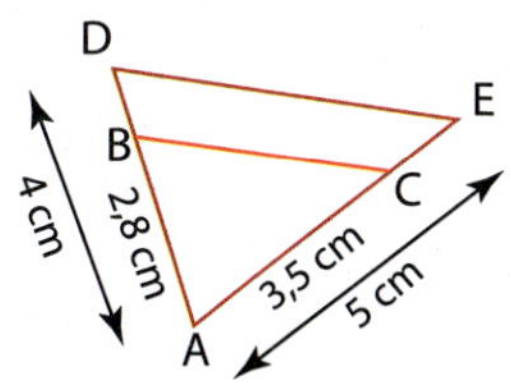

Démontrer que les droites (BC) et (DE) sont parallèles.

40 Les points A, B et C sont alignés dans cet ordre et tels que AB = 2,5 cm et BC = 4,5 cm.
D'autre part, les points D, B et E sont alignés dans cet ordre et tels que DB = 3,5 cm et BE = 6,3 cm.
Démontrer que les droites (AD) et (CE) sont parallèles.

41 On considère la figure ci-dessous :

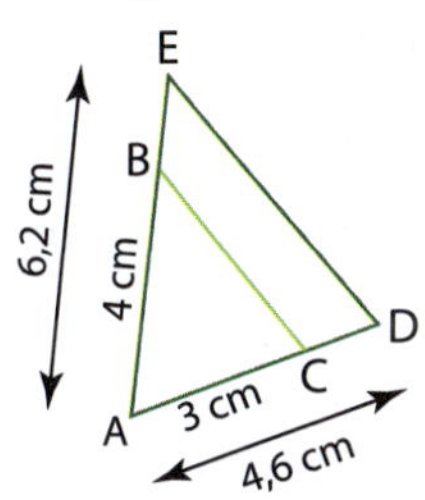

Les droites (BC) et (DE) sont-elles parallèles ?

42 **1.** Construire un triangle DEF tel que DE = 4 cm, DF = 5 cm et EF = 6 cm.
M est un point du segment [DE] tel que DM = 1,2 cm et N est un point du segment [DF] tel que DN = 1,4 cm.
2. Peut-on affirmer que les droites (EF) et (MN) sont parallèles ?

43 **1. a.** Construire un triangle RST tel que RS = 11 cm ; RT = 7,7 cm et ST = 8,1 cm.
b. Placer le point E sur le segment [RS] tel que RE = 6 cm.
c. Placer le point F sur le segment [RT] tel que RF = 4,3 cm.
2. Démontrer que les droites (ST) et (EF) ne sont pas parallèles.

44 On considère un quadrilatère ABCD dont les diagonales se coupent en O tel que : OA = 3 cm ; OB = 3,6 cm ; OC = 4,5 cm et OD = 5,4 cm.
Démontrer que ABCD est un trapèze de bases [AB] et [CD].

45 On considère la figure ci-dessous :

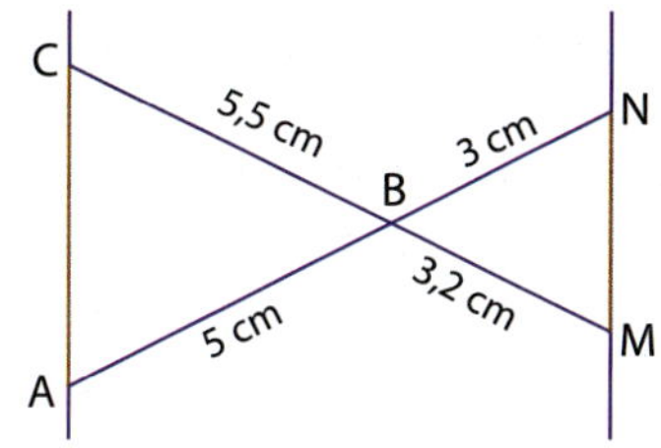

Démontrer que les droites (AC) et (MN) ne sont pas parallèles.

46 On considère la figure ci-dessous, où les longueurs sont données en centimètres :

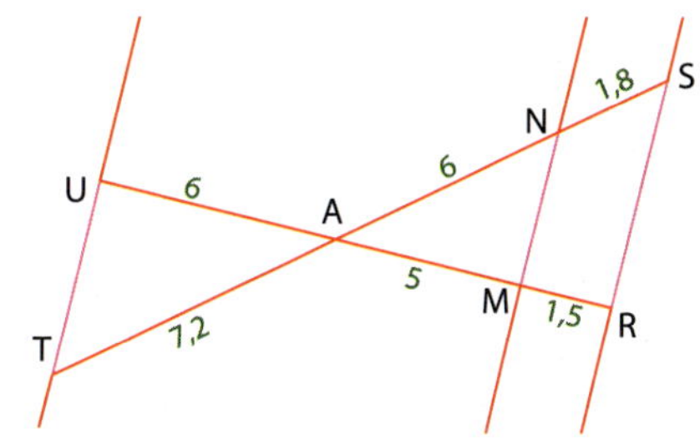

1. Démontrer que les droites (MN) et (UT) sont parallèles.
2. Démontrer que les droites (MN) et (SR) sont parallèles.

47 On considère la figure ci-dessous, où les longueurs sont données en centimètres :

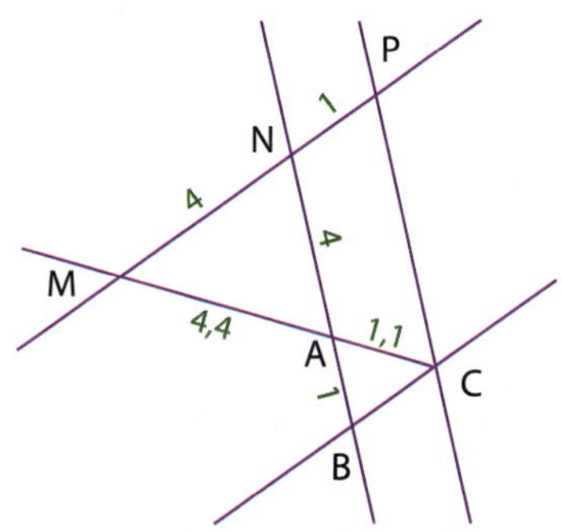

1. En considérant les triangles MNA et MPC, démontrer que les droites (AN) et (PC) sont parallèles.
2. En considérant les triangles MNA et BCA, démontrer que les droites (MN) et (BC) sont parallèles.

48 On considère la figure ci-dessous, où les longueurs sont données en centimètres :

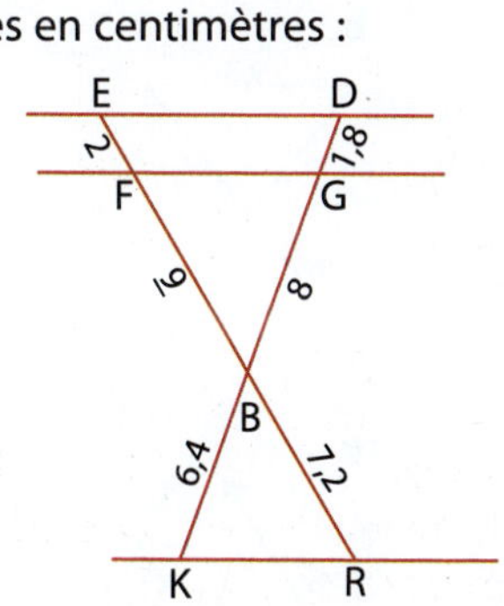

1. Démontrer que les droites (KR) et (FG) sont parallèles.
2. Démontrer que les droites (FG) et (ED) ne sont pas parallèles.

49 Mike trace deux graduations régulières tous les centimètres sur deux demi-droites [AB] et [AC].
Il affirme qu'en reliant deux à deux les points respectifs des deux graduations, il obtient un réseau de droites parallèles.
Expliquer son raisonnement.

50 **Chercher l'erreur**
Léo veut démontrer que les droites (AB) et (MN) ne sont pas parallèles.
Que peut-on penser de son raisonnement ?

D'après la réciproque du théorème de Thalès, on a :
$\frac{PM}{PA} = \frac{PN}{PB}$
Donc : $\frac{5}{6} = \frac{4,5}{5,5}$
Or $5 \times 5,5 \neq 6 \times 4,5$
Donc $\frac{PM}{PA} \neq \frac{PN}{PB}$
On en déduit que les droites (AB) et (MN) ne sont pas parallèles.

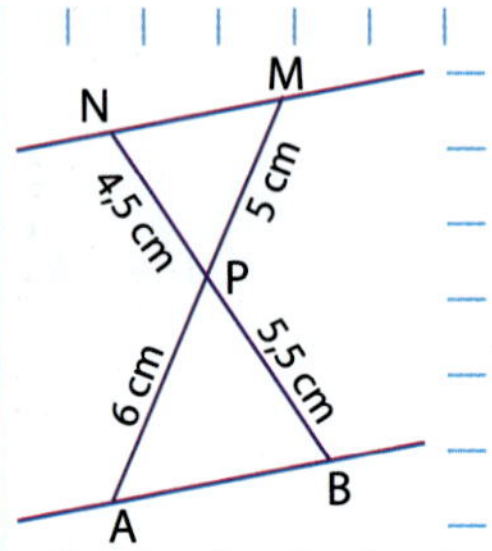

51 On considère la figure ci-dessous :

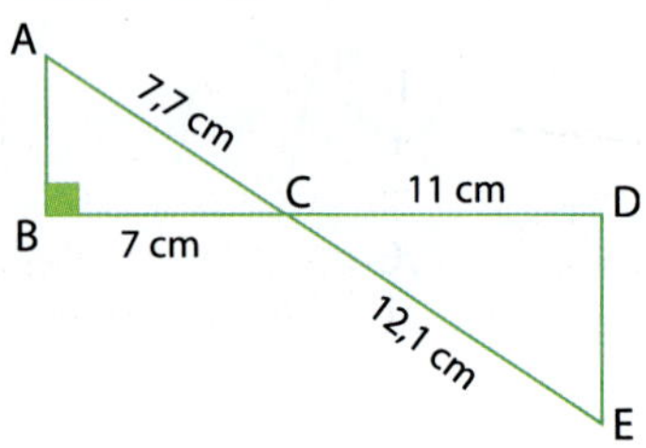

1. Démontrer que les droites (AB) et (DE) sont parallèles.
2. En déduire que le triangle CDE est rectangle en D.
3. Calculer DE et AB.

52 Dans un coin de sa chambre mansardée, Odette installe une étagère représentée sur le schéma ci-dessous.
On suppose que (AB) est perpendiculaire à (BC).
A-t-elle raison de penser que l'étagère représentée par [DE] n'est pas perpendiculaire au mur représenté par [AB] ?

53 Démontrer la propriété suivante (vue en classe de 5e) en appliquant la réciproque du théorème de Thalès :
« Si un quadrilatère a ses diagonales qui se coupent en leur milieu, alors c'est un parallélogramme. »

À l'oral

54 Dans chaque cas, calculer les côtés manquants. Les droites rouges sont parallèles.

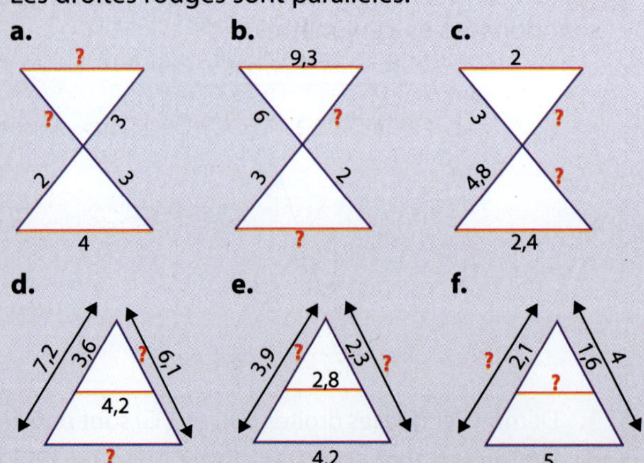

55 Dans chaque cas, vérifier si les droites bleues sont parallèles ou non.

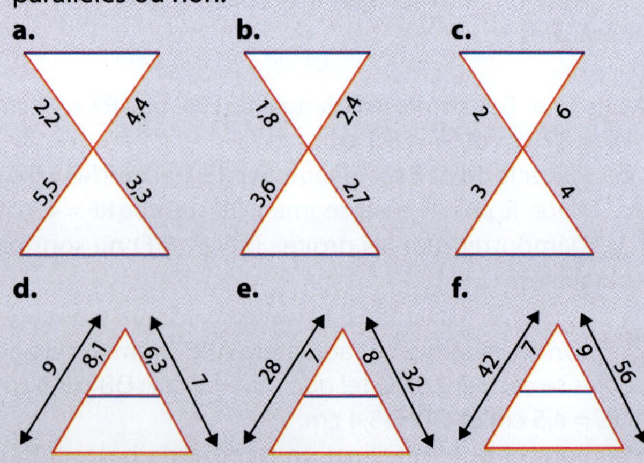

56 EFG est un triangle rectangle en E tel que EF = 5 cm et FG = 13 cm.

La figure donnée n'est pas réalisée à l'échelle.

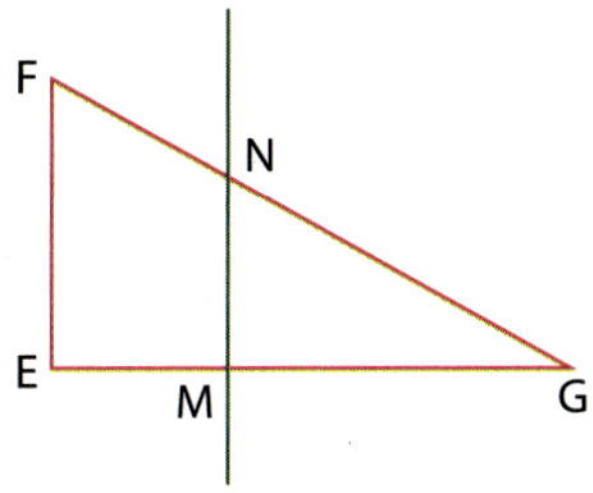

1. Calculer la mesure de l'angle $\widehat{EFG}$. Arrondir au degré près.

2. Montrer que EG = 12 cm.

3. On considère le point M sur [EG] tel que EM = 3 cm. Calculer GM.

4. La perpendiculaire à (EG) passant par M coupe [FG] en N. Les droites (MN) et (EF) sont-elles parallèles ? Justifier.

5. Calculer GN.

Amérique du Sud, 2010

57 On donne la figure ci-dessous, qui n'est pas en vraie grandeur et qui n'est pas à reproduire.

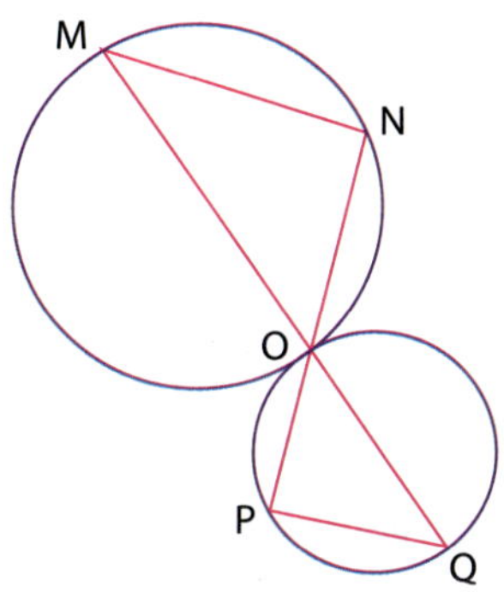

Les points M, O et Q sont alignés ainsi que les points N, O et P.

Les segments [OM] et [OQ] sont des diamètres des deux cercles tracés ; on donne : OM = 7,5 cm et OQ = 4,5 cm.

1. Prouver que le triangle MNO est rectangle en N.

On admet pour la suite que le triangle OPQ est rectangle en P.

2. Justifier que les droites (MN) et (PQ) sont parallèles.

3. Dans le cas où ON = 5 cm, calculer la distance OP. Justifier.

Amérique du Sud, 2009

58 On considère un cercle de centre A et de rayon 5 cm. Soit [EF] un de ses diamètres, M le point du segment [AE] tel que AM = 4 cm et P un point du cercle tel que MP = 3 cm.

La figure n'est pas en vraie grandeur.

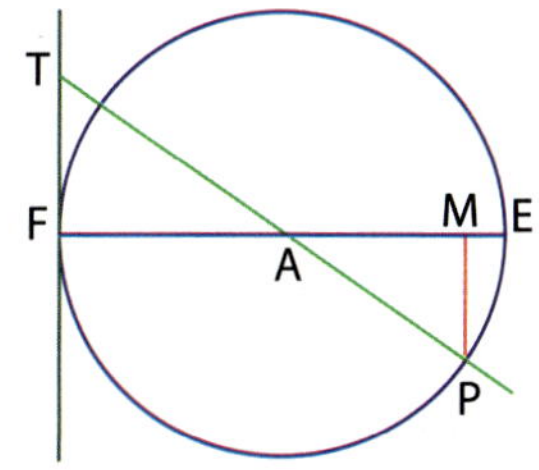

1. Démontrer que le triangle AMP est rectangle en M.

2. On trace la tangente au cercle en F ; cette droite coupe la droite (AP) en T.

a. Démontrer que les droites (FT) et (MP) sont parallèles.

b. Calculer la longueur AT.

France métropolitaine, 2008

59 Sur la figure ci-dessous :

- les points K, A, F et C sont alignés ;
- les points G, A, E et B sont alignés ;
- (EF) et (BC) sont parallèles ;
- AB = 5 et AC = 6,5 ;
- AE = 3 et EF = 4,8 ;
- AK = 2,6 et AG = 2.

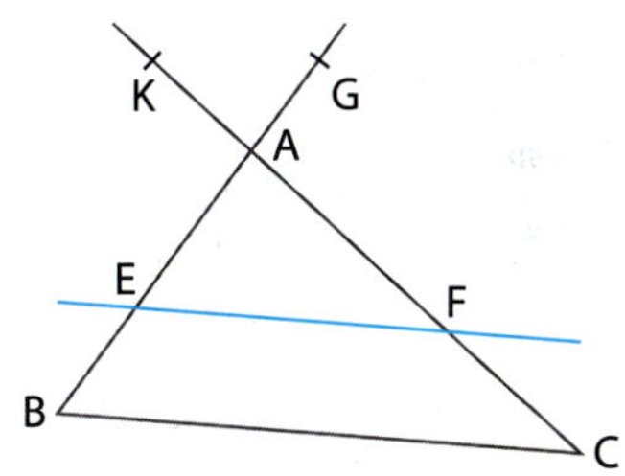

1. Démontrer que BC = 8.

2. Tracer en vraie grandeur la figure complète en prenant comme unité le centimètre.

3. Les droites (KG) et (BC) sont-elles parallèles ? Justifier.

4. Les droites (AC) et (AB) sont-elles perpendiculaires ? Justifier.

France métropolitaine, 2008

60 Pour trouver la hauteur d'une éolienne, on a les renseignements suivants :

- les points O, A et C sont alignés ;
- les points O, B et D sont alignés.

Les angles $\widehat{OAB}$ et $\widehat{ACD}$ sont droits.

OA = 11 m ; AC = 594 m et AB = 1,5 m.

Le segment [CD] représente l'éolienne.

1. Expliquer pourquoi les droites (AB) et (CD) sont parallèles.

2. Calculer la hauteur CD de l'éolienne. Justifier.

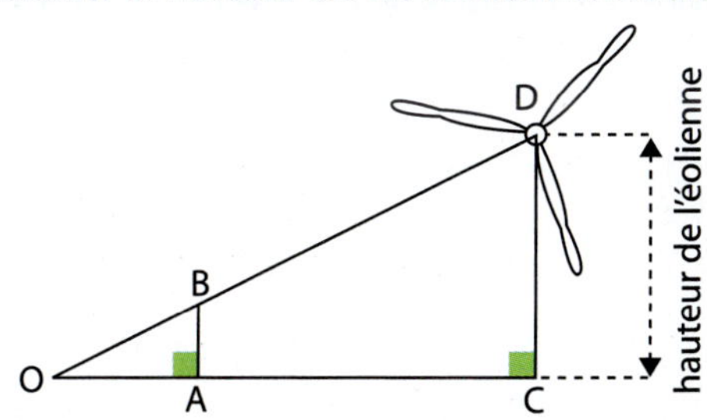

Nouvelle-Calédonie, 2009

Tous les exercices de cette double page sont corrigés p. 315.

J'évalue mes connaissances

Pour chaque exercice 61 à 66, trouve la ou les bonnes réponses.

	A	B	C
61 Dans quel(s) cas semble-t-on pouvoir appliquer le théorème de Thalès ?	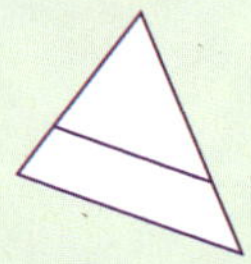	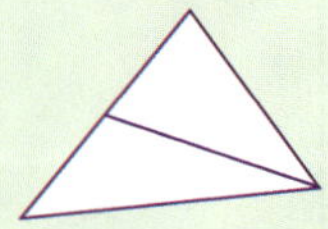	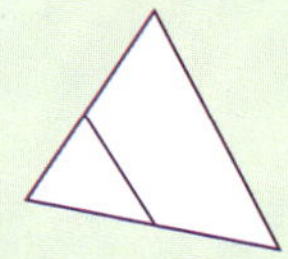
62 Dans quel(s) cas semble-t-on pouvoir appliquer le théorème de Thalès ?	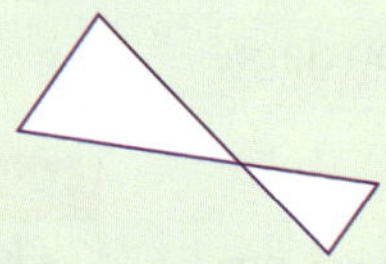	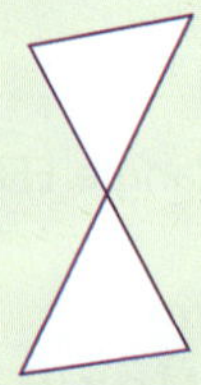	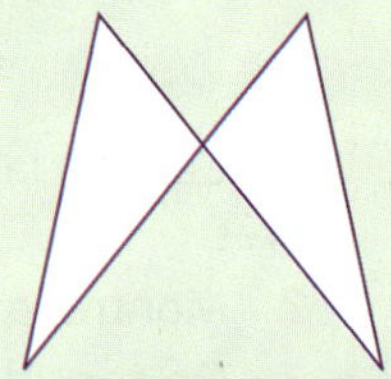
63 Si deux droites parallèles coupent deux droites sécantes, alors elles déterminent deux triangles dont ... :	les côtés sont égaux.	les côtés correspondants sont proportionnels.	les angles correspondants sont égaux.
64 Si deux droites (BB') et (CC') sont sécantes en A et que les droites (B'C') et (BC) sont parallèles, alors ... :	$\frac{AB'}{AB} = \frac{AC'}{AC} = \frac{BC}{B'C'}$	$\frac{AB'}{BB'} = \frac{AC'}{CC'} = \frac{B'C'}{BC}$	$\frac{AB'}{AB} = \frac{AC'}{AC} = \frac{B'C'}{BC}$
65 Si, d'une part, les points A, B et C, et, d'autre part, les points D, B et E sont alignés dans le même ordre sur deux droites sécantes en B, et si $\frac{BA}{BC} = \frac{BD}{BE}$, alors... :	les droites (AD) et (CE) sont parallèles.	les droites (AE) et (CD) sont parallèles.	les droites (AD) et (CE) ne sont pas parallèles.
66 Si (AC) et (DE) sont sécantes en B et $\frac{BA}{BC} \neq \frac{BD}{BE}$, alors... :	les droites (AD) et (CE) sont parallèles.	les droites (AE) et (CD) sont parallèles.	les droites (AD) et (CE) ne sont pas parallèles.

Tu peux vérifier tes réponses p. 315 et continuer ton entraînement sur le site compagnon

J'évalue mes compétences

Théorème de Thalès

67 Dans la figure suivante, les droites (MN) et (AB) sont parallèles et les droites (NP) et (BC) sont parallèles. Écrire tous les rapports de longueurs égaux à $\frac{DN}{DB}$. Justifier.

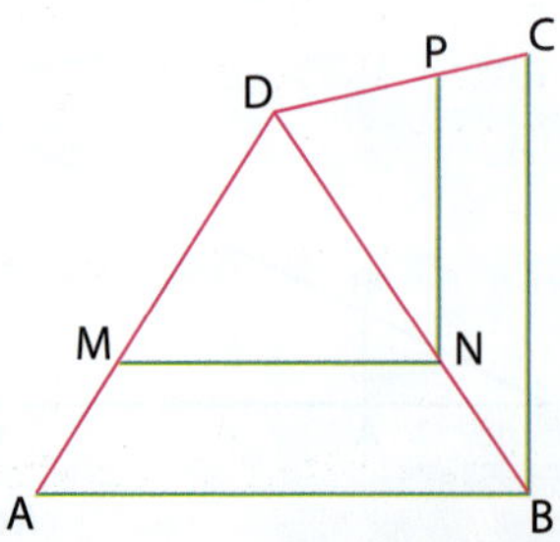

68 Dans la figure ci-dessous, les droites (AD) et (CE) sont parallèles.
Calculer AB et CE.

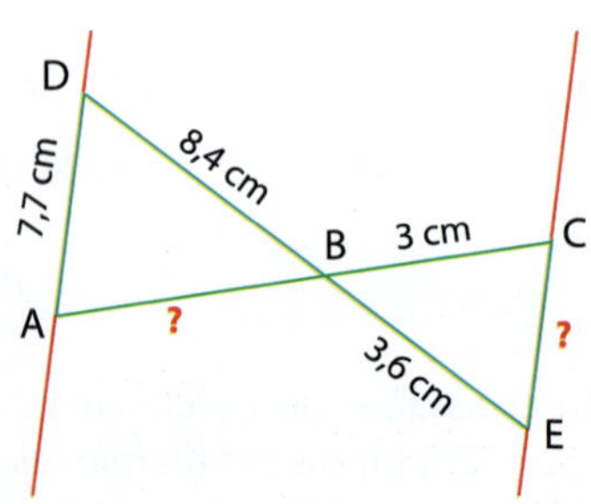

69 Dans la figure ci-dessous, les droites (SR) et (MN) sont parallèles.
On donne : BS = 3 cm ; BN = 7 cm ; SR = 1,5 cm et BM = 4 cm.
Calculer, en cm, les valeurs exactes de BR et MN puis en donner des arrondis au centième.

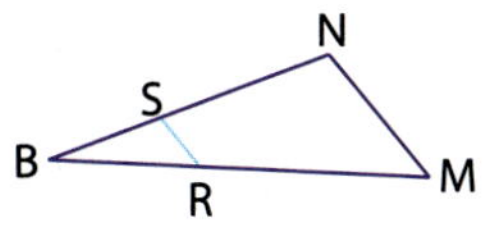

70 Dans la figure ci-dessous, ABCD est un losange et JKLM est un rectangle.
On donne : AC = 6 cm et BD = 4 cm.
Calculer la valeur exacte de JK.

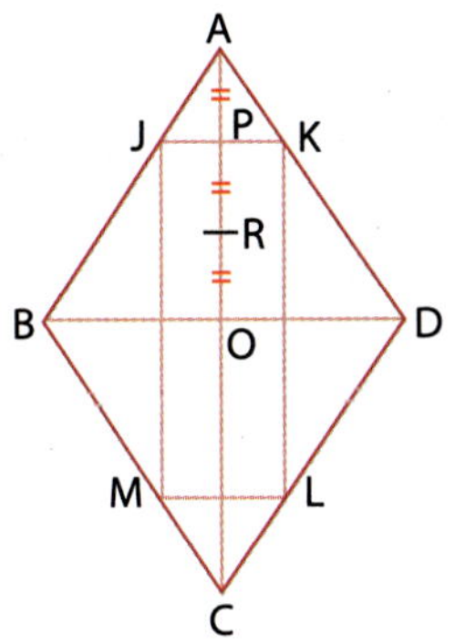

71 On considère la figure suivante :

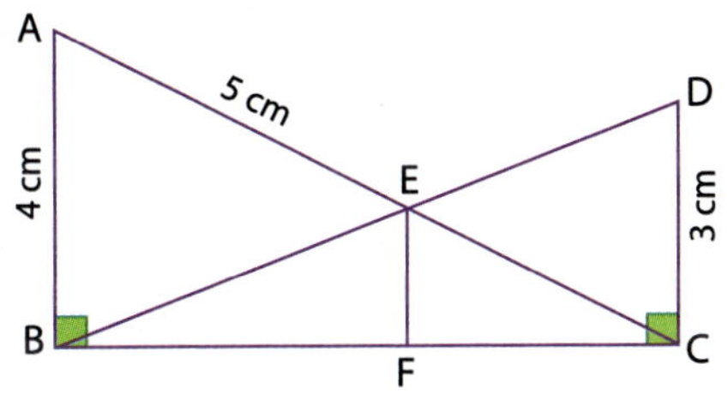

1. Démontrer que les droites (AB) et (CD) sont parallèles.
2. Calculer CE.
3. Calculer EF.

72 On considère le trapèze rectangle ABCD tel que AB = BE = 1 m et CD = 3,2 m

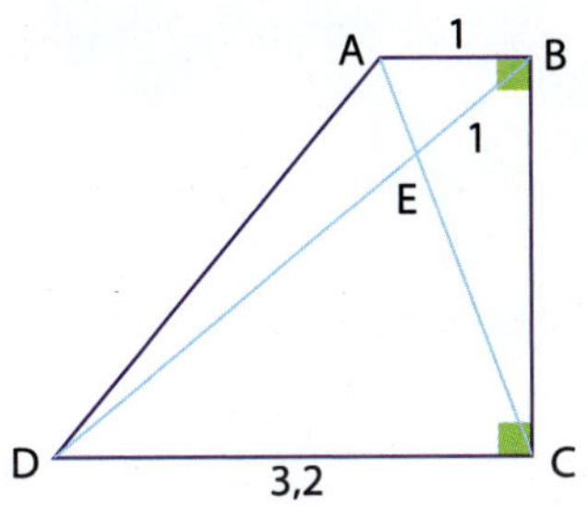

1. Calculer DE.
2. Dans le triangle BCD, calculer BC.
3. Dans le triangle ABC, calculer AC.

POUR T'AIDER, voir
■ Cours 1 ■ Savoir faire 1 ■ Exercices 12 à 32

Droites parallèles ou non

73 On considère la figure ci-dessous :

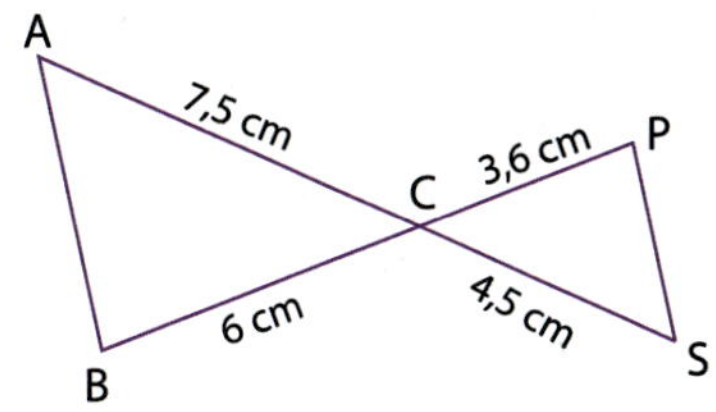

Démontrer que les droites (AB) et (PS) sont parallèles.

74 On considère la figure ci-dessous :

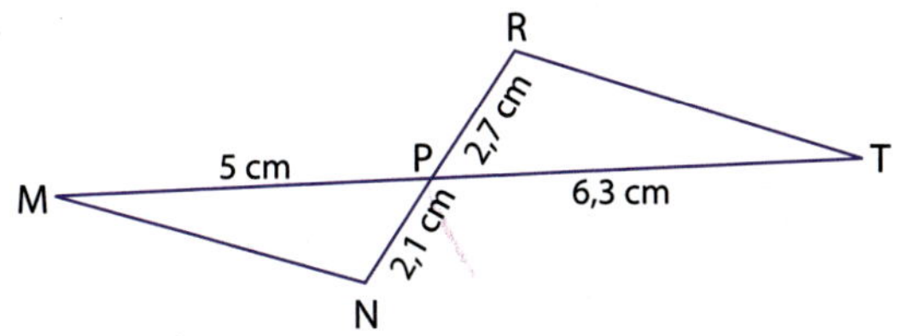

Les droites (MN) et (RT) sont-elles parallèles ?

75 On considère la figure ci-dessous :

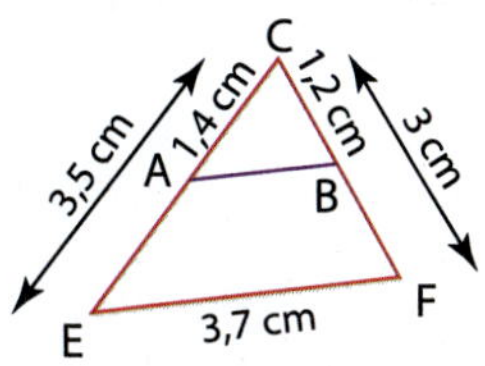

1. Démontrer que les droites (AB) et (EF) sont parallèles.
2. Calculer AB.

76 On considère la figure ci-dessous :

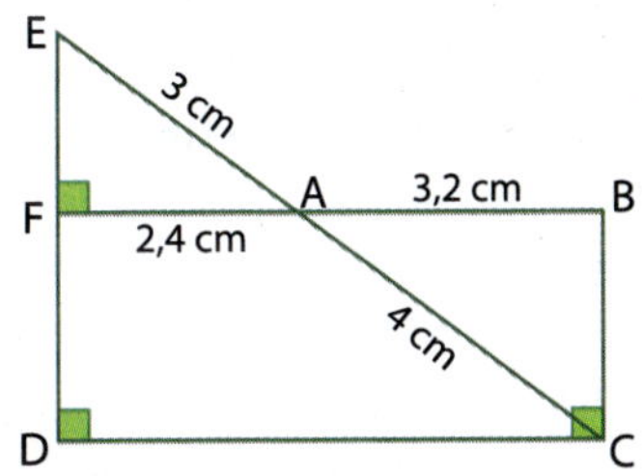

1. Démontrer que les droites (BC) et (EF) sont parallèles.
2. Calculer BC et EF.
3. Calculer DC.

77 On considère la figure ci-contre.
1. Démontrer que les droites (MN) et (RT) sont parallèles.
2. Le quadrilatère ARTM est-il un parallélogramme ?

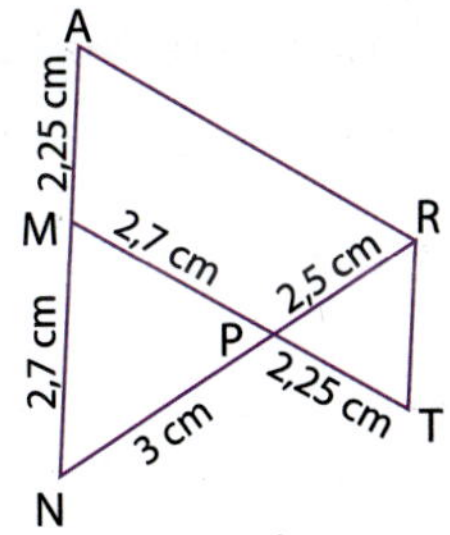

POUR T'AIDER, voir
■ Cours 2 ■ Savoir faire 2 ■ Exercices 33 à 53

Exercices d'approfondissement

78 **Mesure de hauteurs inaccessibles**

TRAVAIL EN GROUPE

- *Travail en groupe à faire en extérieur*
- **Matériel :** *Un décamètre (règle en bois d'un mètre).*
- **Contrainte :** *Du soleil le jour de l'activité !*

L'histoire raconte que, lors de son premier voyage en Égypte, Thalès aurait appliqué son théorème pour mesurer la hauteur de la grande pyramide de Kheops.
Thalès explique que l'ombre d'un individu ou d'un bâtiment est proportionnelle à sa hauteur :
« Le rapport que j'entretiens avec mon ombre est le même que celui que la pyramide entretient avec la sienne. »
L'objectif de l'activité est d'appliquer la méthode de Thalès pour calculer les hauteurs des bâtiments formant le collège.

1. Mesurer la taille et l'ombre d'un élève.

2. Mesurer l'ombre du bâtiment.

3. En déduire la hauteur du bâtiment.

79 **La planche à repasser**

Avec une planche à repasser pliable, il est possible de placer le plateau supérieur à différentes hauteurs. L'extrémité P du pied [PM] peut se fixer en A, B, C ou D en pivotant autour de l'axe S.

1. Frédéric est très petit. Où devra-t-il placer l'extrémité P pour pouvoir repasser dans les meilleures conditions : en A, B, C ou D ?

2. Frédéric voudrait comprendre pourquoi sa planche à repasser reste parallèle au sol quelle que soit sa hauteur. Comment pourrait-on le lui expliquer ?

Téléchargement

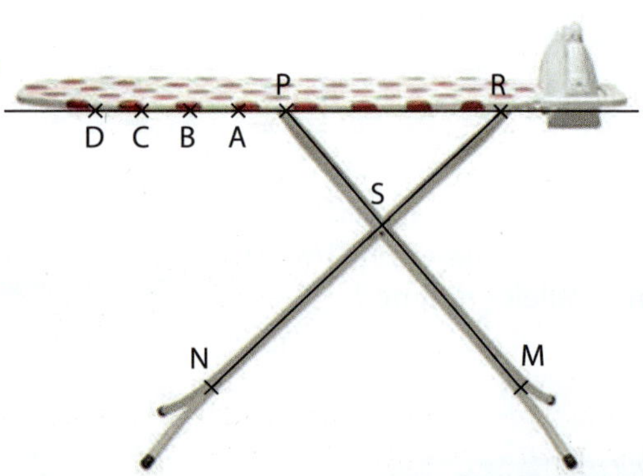

Cet exercice peut aussi se faire en utilisant un logiciel.

80 **Cônes de lumière**

Lorsqu'elle est allumée, une lampe avec abat-jour crée deux cônes de lumière qui se projettent respectivement sur le sol et le plafond en deux disques de diamètres [BE] et [FG] comme schématisé sur le dessin ci-dessous.

L'ampoule A se trouve à 80 cm du sol.

La hauteur de la pièce est de 2,60 m. On donne aussi : BE = 70 cm.

Calculer le diamètre [FG] du disque de lumière projeté au plafond.

81 **Le fond du puits**

Dans l'Antiquité, pour mesurer la profondeur d'un puits, on utilisait la technique suivante :

On aligne l'œil O, le coin du puits C et le fond du puits F comme schématisé ci-dessous.

La taille de l'arpenteur est connue, sa distance ℓ au bord du puits est mesurée et le diamètre d du puits est également mesuré. On peut alors calculer la profondeur du puits en appliquant le théorème de Thalès.

Le puits possède un diamètre *d* égal à 1,40 m. L'œil de l'arpenteur se trouve à 1,70 m du sol.

1. L'arpenteur se place à une distance ℓ du coin du puits égale à 80 cm. Calculer la profondeur du puits.

2. Sachant que le puits est de forme cylindrique, calculer son volume.

82 **Théorème de Thalès et équations**

Sur la figure suivante, les droites (EF) et (TS) sont parallèles. On note $x = \text{SF}$ et $y = \text{AE}$.

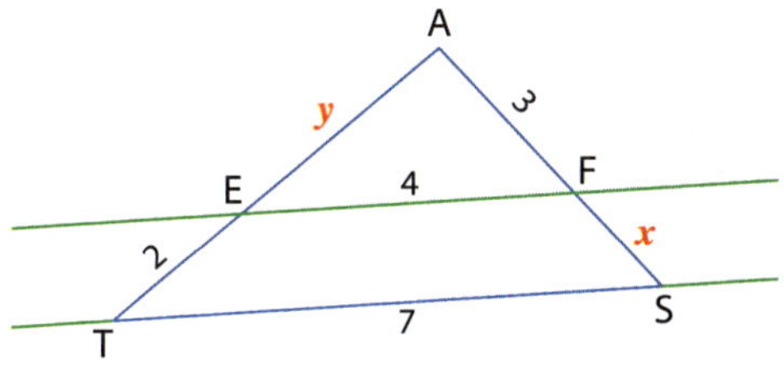

1. **a.** Démontrer que $4(3 + x) = 3 \times 7$.

b. En déduire la longueur du segment [SF].

2. **a.** Démontrer que $7y = 4(y + 2)$

b. En déduire la longueur du segment [AE].

83 **Astronomie**

On a schématisé ci-dessous une éclipse de Soleil. Ce phénomène se produit lorsque la Lune passe entre le Soleil et la Terre.

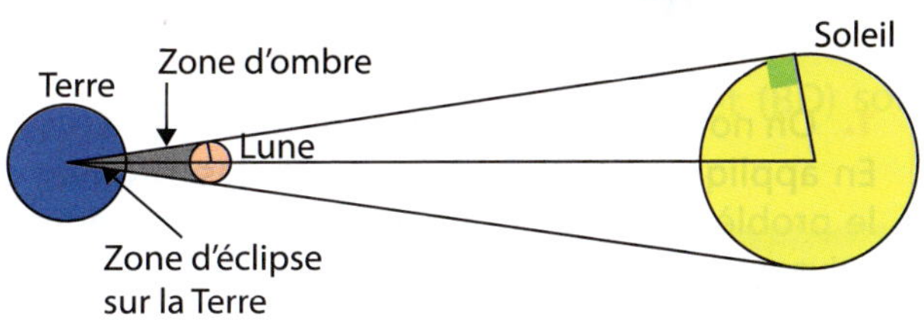

On donne : • distance Terre-Lune = 375 000 km ;
• distance Terre-Soleil = 150 000 000 km ;
• rayon de la Terre = 6 370 km ;
• rayon de la Lune = 1 750 km.

Calculer le rayon du Soleil.

84 **La spirale**

Dans la figure ci-dessous, les droites d'une même couleur sont parallèles. Le point E est le milieu de [OH].
On donne EF = FG = 1 cm et HG = 1,5 cm.

1. Calculer HI, IJ et KJ.

2. En déduire la longueur de la spirale.

3. En poursuivant la construction de la spirale avec des points notés dans l'ordre alphabétique, quelle serait la longueur d'une spirale s'arrêtant en N ?
Quelle serait celle d'une spirale s'arrêtant en Q ?

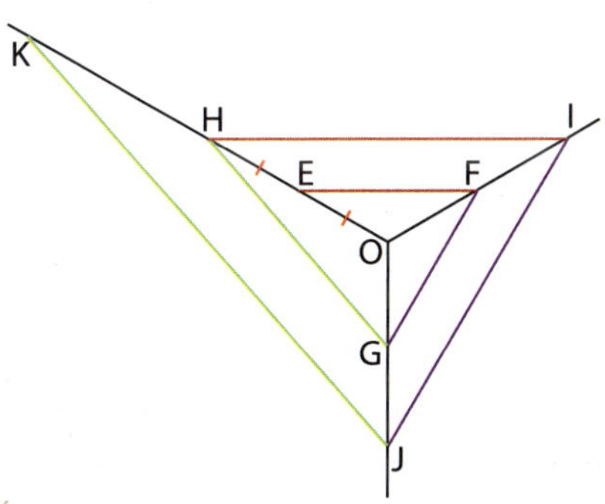

85 **Dans une pyramide**

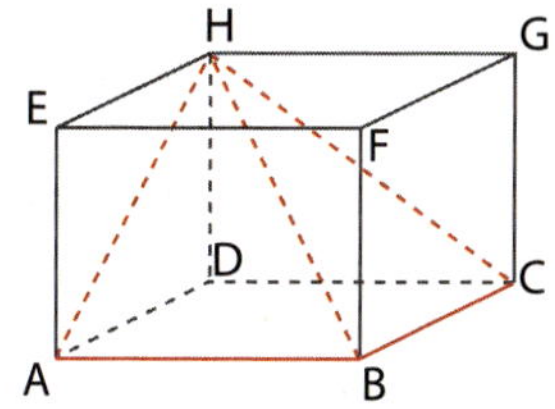

On a tracé la pyramide HABCD dans un parallélépipède. On donne : AB = 5 cm ; AD = 4 cm et AE = 3 cm.

1. Sur le segment [HD], on place un point I tel que HI = 1 cm. Sur le segment [HA], on place un point J tel que HA = 3 × HJ.
Démontrer que les droites (IJ) et (AD) sont parallèles.

2. **a.** Dans le triangle CDH, démontrer que $\text{HC} = \sqrt{34}$.

b. La parallèle à [CD] passant par I coupe le segment [HC] en K. Calculer la valeur exacte de HK.

3. **a.** Dans le triangle BCH rectangle en C, démontrer que $\text{HB} = \sqrt{50}$.

b. La parallèle à [BC] passant par K coupe le segment [HB] en L. Calculer la valeur exacte de HL.

4. Démontrer que les droites (JL) et (AB) sont parallèles.

Téléchargement

86 **Aires égales**

On considère un rectangle ABCD. M est un point quelconque du segment [AB]. La parallèle à [AC] passant par M coupe le segment [BC] en N.

1. Réaliser une figure.

2. Que peut-on conjecturer pour l'aire des triangles BMD et BDC ?

3. **a.** Démontrer que BC × BM = AB × BN.

b. Démontrer la conjecture établie à la question **2**.

87 **The Intercept Theorem and its reverse**

We consider, on the one hand, the ordered points B, A and M on a line, and on the other hand the ordered points C, A and N on another line. Obviously, the two lines intersect each other in A.
We give : AN = 3 cm ; AM = 4,5 cm ; AB = 5,4 cm ; AC = 3,6 cm and MN = 4 cm.

1. Prove that the lines (BC) and (MN) are parallel.

2. Calculate BC.

88 **En una cuadrícula**

1. Copia el segmento AB en una cuadrícula.

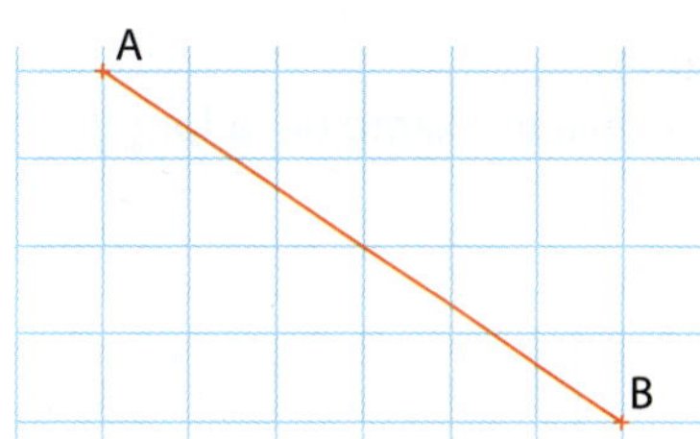

2. Ayudándote de la cuadrícula, coloca los puntos C, D e E en el segmento AB de forma que :

$\dfrac{\text{AC}}{\text{AB}} = \dfrac{1}{6}$; $\dfrac{\text{AD}}{\text{AB}} = \dfrac{3}{4}$; $\dfrac{\text{BE}}{\text{BA}} = \dfrac{2}{3}$.

Activités

1 Découvrir le sinus et la tangente

Conjecture

1. a. Tracer trois triangles ABC de dimensions différentes qui sont rectangles en A et tels que $\widehat{ABC} = 35°$.

b. Que peut-on dire de ces triangles les uns par rapport aux autres ?

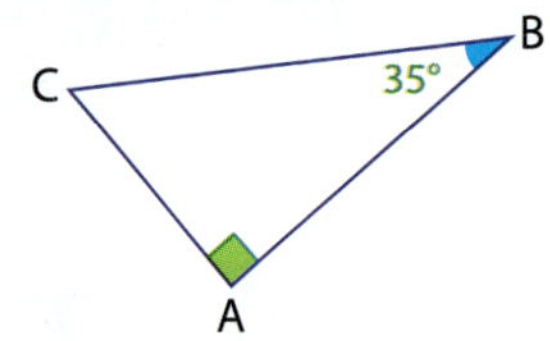

2. Pour chacun de ces triangles :

a. mesurer, à l'aide d'une règle graduée, les longueurs BA, AC et BC ;

b. calculer les rapports $\frac{BA}{BC}$, $\frac{AC}{BC}$ et $\frac{AC}{BA}$.

c. Que remarque-t-on ? Comparer ces résultats avec ceux d'autres camarades et émettre une conjecture.

Démonstration

3. a. En utilisant le théorème de Thalès dans la figure ci-contre, quelle égalité de rapports peut-on écrire ?

b. En déduire que $\frac{BA}{BC} = \frac{BA'}{BC'}$, puis que $\frac{AC}{BC} = \frac{A'C'}{BC'}$ et enfin que $\frac{AC}{BA} = \frac{A'C'}{BA'}$.

c. Cette démonstration peut-elle se faire pour d'autres valeurs de l'angle aigu $\hat{B}$?

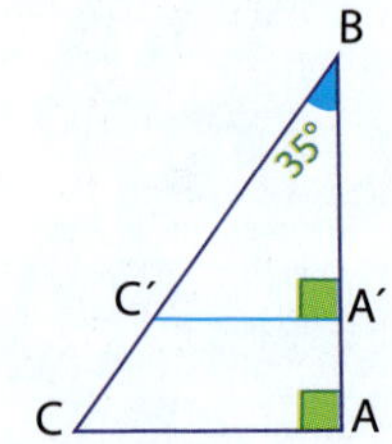

Conclusion

4. Dans le triangle ABC rectangle en A, comment appelle-t-on le rapport $\frac{BA}{BC}$?

5. *On appelle $\frac{AC}{BC}$ le* ***sinus*** *de l'angle $\widehat{ABC}$ et $\frac{AC}{BA}$ la* ***tangente*** *de l'angle $\widehat{ABC}$.*

En utilisant la figure ci-contre, recopier et compléter :

- $\cos\hat{R} = \frac{\text{côté adjacent à } \hat{R}}{\text{hypoténuse}}$
- $\sin\hat{R} = \frac{...}{...}$
- $\tan\hat{R} = \frac{...}{...}$

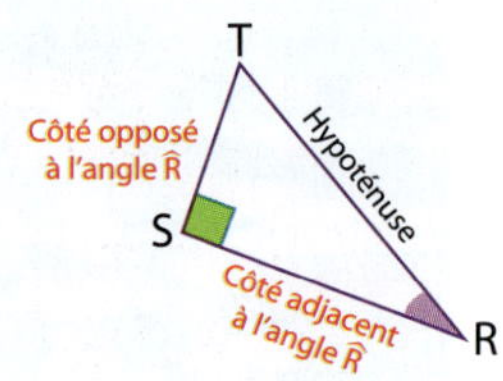

2 Calculer une longueur ou un angle dans un triangle rectangle

Fiches méthode TICE : Tableur, Géométrie, Calculatrice

Le triangle HTK rectangle en H ci-contre est tel que HK = 5 cm et $\widehat{TKH} = 30°$.

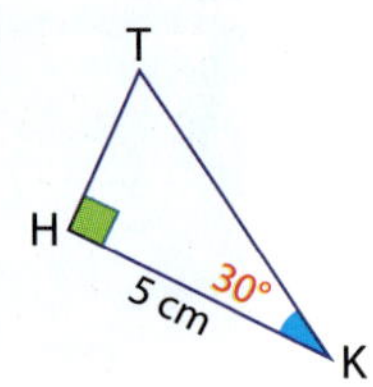

1. Calcul de TK

a. Dans le triangle HTK, quel angle aigu connaît-on ?

b. Dans le triangle THK, on veut calculer la longueur du côté [TK] et on connaît celle du côté [HK]. Que représente le côté [HK] : l'hypoténuse, le côté opposé à $\hat{K}$ ou le côté adjacent à $\hat{K}$? Que représente le côté [TK] ?

c. Pour calculer TK, que faut-il donc utiliser : le cosinus, le sinus ou la tangente ?

d. En déduire, en utilisant la calculatrice, la valeur en cm arrondie au dixième de TK. → Calculatrice 12

2. Calcul de TH

En s'interrogeant sur ce que l'on cherche et ce que l'on connaît comme à la question **1.**, calculer la valeur, en cm, arrondie au dixième de TH. → Calculatrice 12

3. Calcul de $\widehat{PMV}$

Le triangle PMV rectangle en P ci-contre est tel que PV = 3,2 cm et VM = 4,1 cm.

a. Recopier et compléter l'égalité suivante : $\sin\widehat{PMV} = \frac{...}{...}$

b. En déduire, en utilisant la calculatrice, la valeur arrondie au degré près de $\widehat{PMV}$. → Calculatrice 13

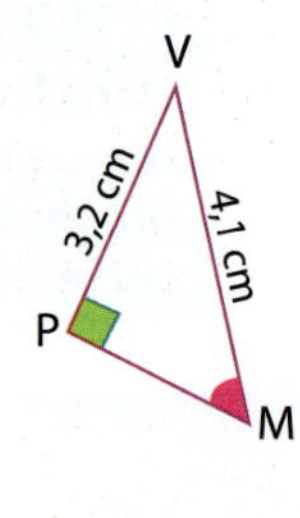

Fiches méthode TICE

Tableur
Géométrie
Calculatrice

3 Définir et utiliser les angles inscrits et au centre dans un cercle

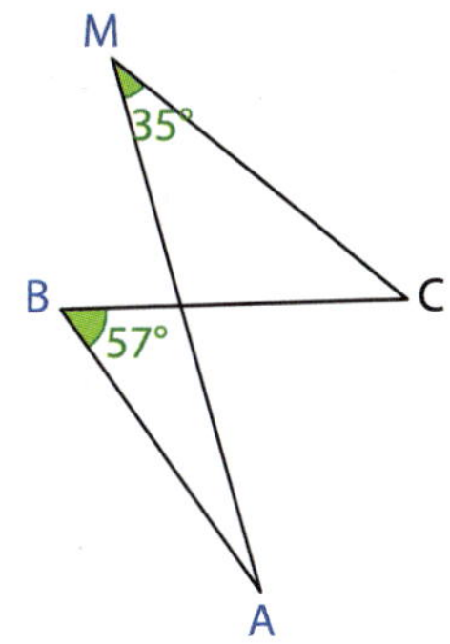

Construction

Avec un logiciel de géométrie dynamique :

1. **a.** Tracer un angle $\widehat{ABC}$ mesurant 57°. → *Géométrie 15*

b. Tracer les segments [BA] et [BC]. → *Géométrie 5*

c. Placer un point M quelconque n'appartenant ni au segment [BA], ni au segment [BC]. → *Géométrie 2*

d. Tracer les segments [MA] et [MC]. → *Géométrie 5*

e. Afficher la mesure de l'angle $\widehat{AMC}$. → *Géométrie 14*

Manipulation et conjecture

Va dans « Options », « Arrondi » et choisis « 0 décimale ».

Angles inscrits

2. **a.** Trouver plusieurs positions du point M telles que les angles $\widehat{ABC}$ et $\widehat{AMC}$ soient égaux. → *Géométrie 1*

b. Activer la trace du point M et déplacer ce point en gardant la mesure de l'angle $\widehat{AMC}$ la plus proche possible de celle de l'angle $\widehat{ABC}$. → *Géométrie 20*

c. Où le point M semble-t-il devoir se trouver pour que les angles $\widehat{ABC}$ et $\widehat{AMC}$ aient la même mesure ? Faire un schéma.

3. Afin de consolider la conjecture précédente,

a. Construire le cercle circonscrit au triangle ABC.

b. Placer un point D sur ce cercle. → *Géométrie 2*

c. Tracer les segments [DA] et [DC]. → *Géométrie 5*

d. Afficher la mesure de l'angle $\widehat{ADC}$. → *Géométrie 14*

e. La conjecture formulée précédemment semble-t-elle se vérifier ?

Angles au centre

4. **a.** Placer le centre O du cercle circonscrit au triangle ABC. → *Géométrie 4*

b. Afficher la mesure de l'angle $\widehat{AOC}$. → *Géométrie 14*

c. Que remarque-t-on ?

4 Construire des polygones réguliers

*Un **polygone régulier** est un polygone dont tous les côtés ont la même longueur et tous les angles ont la même mesure.*

1. **a.** Tracer **un triangle équilatéral** ABC et son cercle circonscrit de centre O.

b. Sur une autre feuille, tracer un segment [OA] et construire les points B et C tels que ABC soit un triangle équilatéral de centre O.

2. Sur une nouvelle feuille, tracer un segment [OA] et construire les points B, C et D tels que ABCD soit un **carré** de centre O.

3. On veut construire un **hexagone régulier** ABCDEF à partir de son centre O et de son sommet A.

a. Sur une feuille blanche, tracer un segment [OA].

b. Tracer le cercle de centre O passant par A et y placer un point B tel que AB = OA.

c. Placer sur le cercle un point C, distinct de A, tel que BC = OA.

d. De même, placer sur le cercle les points D, E et F tels que CD = DE = EF = OA.

e. Expliquer pourquoi le polygone ABCDEF est un hexagone régulier.

4. Sur une nouvelle feuille, tracer un segment [OA] et construire les points B, C, D, E, F, G et H tels que ABCDEFGH soit **un octogone régulier**.

1 Cosinus, sinus, tangente

DÉFINITIONS Dans un triangle rectangle, pour un angle aigu donné, on définit trois rapports de longueurs :

- le **cosinus** de cet angle est égal au quotient : $\dfrac{\text{côté adjacent à cet angle aigu}}{\text{hypoténuse}}$
- le **sinus** de cet angle est égal au quotient : $\dfrac{\text{côté opposé à cet angle aigu}}{\text{hypoténuse}}$
- la **tangente** de cet angle est égale au quotient : $\dfrac{\text{côté opposé à cet angle aigu}}{\text{côté adjacent à cet angle aigu}}$

Exemple

Dans un triangle ABC rectangle en A, on a donc :

$\cos\widehat{ACB} = \dfrac{AC}{BC}$; $\sin\widehat{ACB} = \dfrac{AB}{BC}$; $\tan\widehat{ACB} = \dfrac{AB}{AC}$.

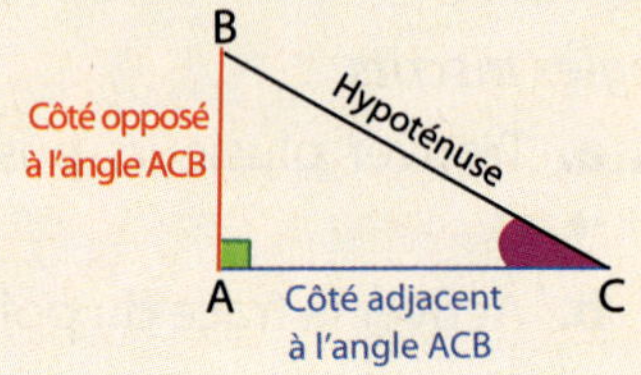

PROPRIÉTÉ Dans un triangle rectangle, pour tout angle aigu de mesure x :

- $(\sin x)^2 + (\cos x)^2 = 1$
- $\tan x = \dfrac{\sin x}{\cos x}$

2 Angles inscrits, angles au centre

DÉFINITION Un **angle inscrit** dans un cercle est un angle dont le sommet est sur le cercle et dont les côtés coupent le cercle en deux autres points.

Exemple

L'angle $\widehat{BAC}$ est inscrit dans le cercle ($\mathscr{C}$).

On dit que l'angle $\widehat{BAC}$ intercepte l'arc de cercle $\overset{\frown}{BC}$.

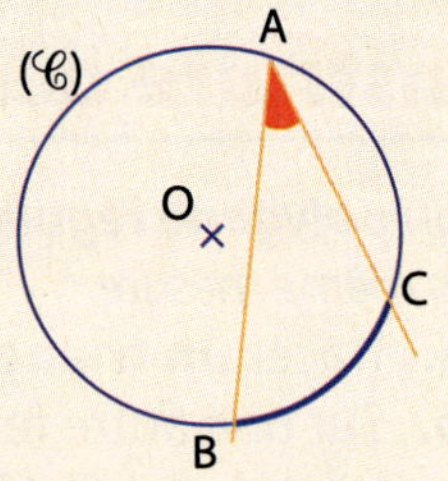

DÉFINITION Un **angle au centre** d'un cercle est un angle dont le sommet est le centre de ce cercle.

Exemple

L'angle $\widehat{BOC}$ est un angle au centre du cercle ($\mathscr{C}$).

On dit que l'angle $\widehat{BOC}$ intercepte l'arc de cercle $\overset{\frown}{BC}$.

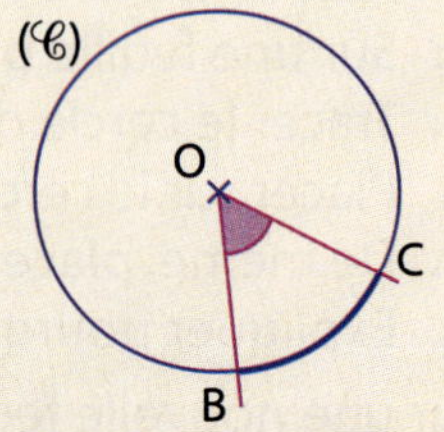

PROPRIÉTÉ Si, dans un cercle, un angle inscrit et un angle au centre interceptent le même arc de cercle, alors l'angle au centre mesure le double de l'angle inscrit.

■ **Exemple**

Dans le cercle (𝒞), l'angle inscrit $\widehat{BAC}$ et l'angle au centre $\widehat{BOC}$ interceptent le même arc de cercle $\overset{\frown}{BC}$.

Donc $\widehat{BOC} = 2 \times \widehat{BAC}$

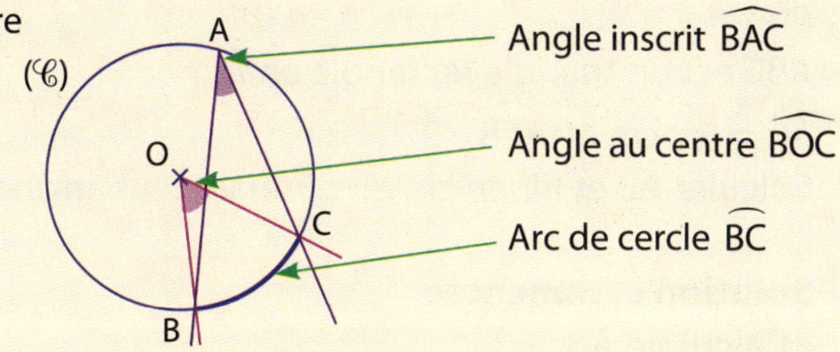

PROPRIÉTÉ Si, dans un cercle, deux angles inscrits interceptent le même arc de cercle, alors ils ont la même mesure.

■ **Exemple**

Les angles $\widehat{BAC}$ et $\widehat{BDC}$ sont inscrits dans le cercle (𝒞) et ils interceptent le même arc de cercle $\overset{\frown}{BC}$.

Donc $\widehat{BAC} = \widehat{BDC}$.

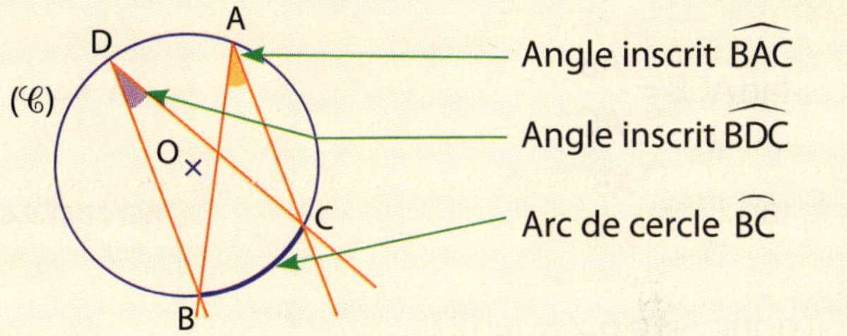

3 Polygones réguliers

DÉFINITION Un **polygone régulier** est un polygone dont tous les côtés ont la même longueur et dont tous les angles ont la même mesure.

■ **Exemples**

- Un carré est un polygone régulier à quatre côtés.
- Un losange n'est pas un polygone régulier car ses angles n'ont pas toujours la même mesure.

PROPRIÉTÉ Si un polygone a tous ses côtés de même longueur et qu'il est inscrit dans un cercle, alors ce polygone est régulier.

■ **Exemples**

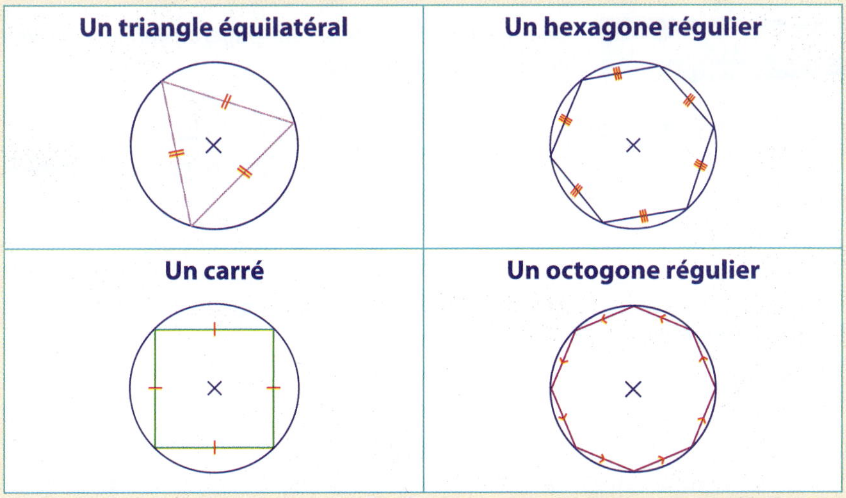

1 Calculer la longueur d'un côté d'un triangle rectangle

Animation

Énoncé

ABC est un triangle rectangle en A.

AC = 6,7 cm et $\widehat{ACB} = 27°$.

Calculer AB et BC en cm en donnant leur arrondi au dixième.

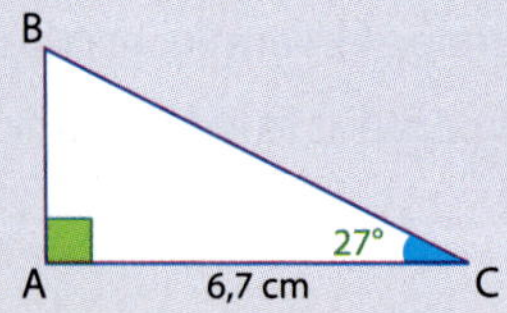

Solution commentée

• **Calcul de AB**

Dans le triangle ABC rectangle en A, on connaît l'angle $\widehat{ACB}$ et la longueur du **côté adjacent** [AC].
On cherche celle du **côté opposé** [AB].
On peut donc utiliser la **tangente**.

$\tan \widehat{ACB} = \dfrac{AB}{AC}$

$\tan 27° = \dfrac{AB}{6,7}$

donc $AB = 6,7 \times \tan 27°$.

En utilisant la calculatrice, on obtient :

6,7×tan(27)
3,413820512

donc **AB ≈ 3,4 cm**.

• **Calcul de BC**

Dans le triangle ABC rectangle en A, on connaît l'angle $\widehat{ACB}$ et la longueur du **côté adjacent** [AC].
On cherche celle de l'**hypoténuse** [BC].
On peut donc utiliser le **cosinus**.

$\cos \widehat{ACB} = \dfrac{AC}{BC}$

$\cos 27° = \dfrac{6,7}{BC}$

donc $BC = \dfrac{6,7}{\cos 27°}$.

En utilisant la calculatrice, on obtient :

6,7÷cos(27)
7,519585792

donc **BC ≈ 7,5 cm**.

On écrit le rapport choisi.

On remplace ce qui est connu.

On isole l'inconnue.

Avec les TICE

• Avant de faire ces calculs, vérifie que ta calculatrice est en « Degrés » ! → Calculatrice 12

• Pour calculer tan 27° sur une calculatrice, il n'est pas obligatoire de fermer la parenthèse ouverte après « tan ».

tan(27
0,5095254495

• En revanche, si tan 27° apparaît dans un calcul, il faut fermer cette parenthèse sinon le calcul effectué ne sera pas le bon !

tan(27×6,7
0,01570925532

tan(27)×6,7
3,413820512

Exercices d'application

Dans tous les exercices de cette page, on donnera une valeur approchée à 0,1 cm près des longueurs cherchées.

1 Le triangle ABC est rectangle en A.

BC = 9 cm et $\widehat{ABC} = 35°$.

1. Calculer AC.

2. Calculer AB.

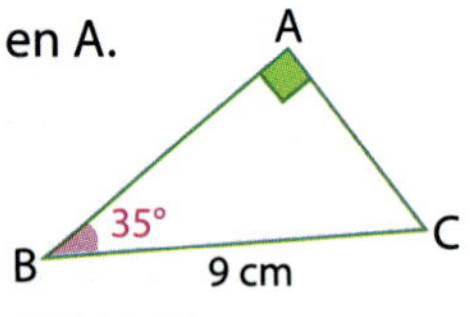

2 Le triangle DEF est rectangle en E.

DE = 7 cm et $\widehat{DFE} = 56°$.

1. Calculer FD.

2. Calculer FE.

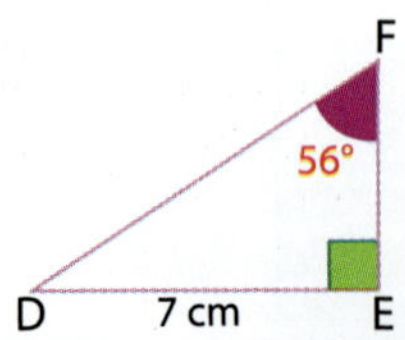

3 Vu au BREVET

1. Construire un triangle ABC tel que BC = 7 cm, $\widehat{BCA} = 37°$ et $\widehat{CBA} = 53°$.

2. Prouver que ce triangle est un triangle rectangle.

3. Calculer la longueur CA puis donner la valeur arrondie au mm.

Groupement Nord, 2005

Voir aussi les Exercices 14 à 34

2 Déterminer la mesure d'un angle d'un triangle rectangle

Animation

Énoncé

ABC est un triangle rectangle en A.
AB = 1,6 cm et BC = 4,2 cm.
Déterminer la mesure de l'angle $\widehat{ACB}$ arrondie au degré près.

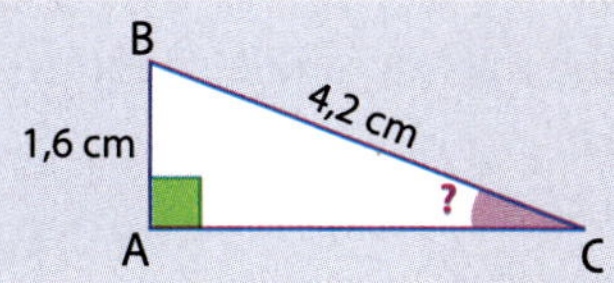

Solution commentée

Dans le triangle ABC rectangle en A, on cherche l'angle $\widehat{ACB}$. On connaît les longueurs du **côté opposé** [AB] et de l'**hypoténuse** [BC]. On peut donc utiliser le **sinus**.

$\sin\widehat{ACB} = \dfrac{AB}{BC}$ — *On écrit le rapport choisi.*

$\sin\widehat{ACB} = \dfrac{1{,}6}{4{,}2}$ — *On remplace ce qui est connu.*

En utilisant la calculatrice, on obtient → Calculatrice 13 :

```
Arcsin(1,6÷4,2)
        22,39268781
```

On cherche avec la calculatrice l'angle correspondant à cette valeur de sinus.

et donc $\widehat{ACB} \approx 22°$.

Avec les TICE

Suivant les calculatrices, on peut obtenir des affichages différents :

Arcsin(ou Asn(ou $\sin^{-1}($

Mais ils indiquent tous le même calcul : celui de la valeur approchée de l'angle dont on connaît le sinus.

Exercices d'application

4 Le triangle ABC est rectangle en A.
AC = 2,7 cm et BC = 4,7 cm.
Déterminer la mesure de l'angle $\widehat{ACB}$ arrondie au degré près.

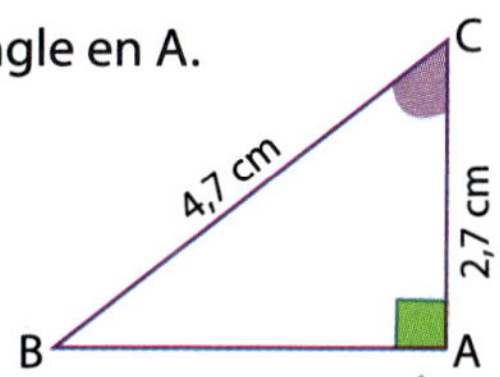

5 Le triangle DEF est rectangle en D.
ED = 4,9 cm et EF = 5,4 cm.
Déterminer la mesure de l'angle $\widehat{EFD}$ arrondie au degré près.

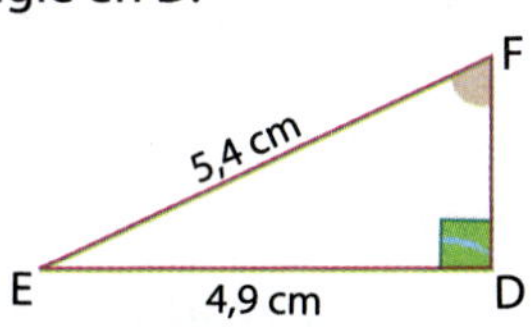

6 Le triangle GHI est rectangle en G.
GI = 2,2 cm et GH = 4,9 cm.
Déterminer la mesure de l'angle $\widehat{HIG}$ arrondie au degré près.

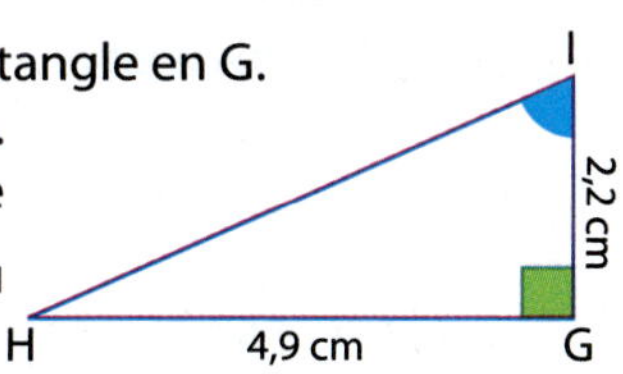

7 Le triangle JKL est rectangle en K.
KL = 3,7 cm et JL = 7,1 cm.
Déterminer la mesure de l'angle $\widehat{KLJ}$ arrondie au degré près.

8 Le triangle MNO est rectangle en O.
MO= 2,9 cm et MN = 8,6 cm.
Déterminer la mesure de l'angle $\widehat{MNO}$ arrondie au degré près.

9 Le triangle PQR est rectangle en P.
QP= 5,3 cm et RP = 7,2 cm.
Déterminer la mesure de l'angle $\widehat{PRQ}$ arrondie au degré près.

10 Le triangle STU est rectangle en T.
TU= 18,7 cm et SU = 33,9 cm.
Déterminer la mesure de l'angle $\widehat{SUT}$ arrondie au degré près.

11 Le triangle VWX est rectangle en V.
VW= 19,7 cm et WX = 23,8 cm.
Déterminer la mesure de l'angle $\widehat{VXW}$ arrondie au degré près.

12 Le triangle YZA est rectangle en Z.
ZY = 52,4 cm et ZA = 41,2 cm.
Déterminer la mesure de l'angle $\widehat{YAZ}$ arrondie au degré près.

13 **Vu au BREVET QCM**

L'arrondi au degré de la mesure de l'angle $\widehat{DNB}$ est :

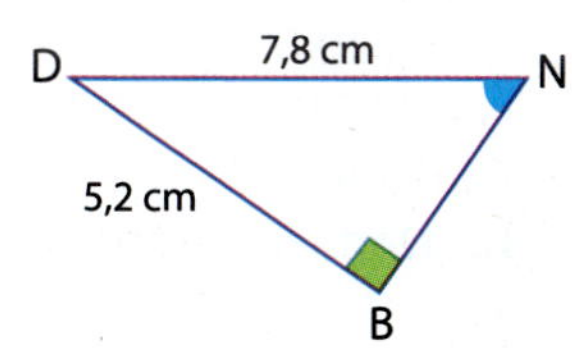

ⓐ 34° ⓑ 41°
ⓒ 42° ⓓ 48°

Antilles-Guyane, 2009 (Extrait)

Voir aussi les Exercices 35 à 46

Exercices d'entraînement

Sinus, cosinus, tangente

POUR COMMENCER

14 **1.** Dans le triangle rectangle ci-contre, préciser :

a. l'hypoténuse ;

b. le côté opposé à $\widehat{B}$;

c. le côté adjacent à $\widehat{B}$.

2. Écrire sin $\widehat{B}$, cos $\widehat{B}$ et tan $\widehat{B}$ en utilisant les longueurs AB, AC et BC.

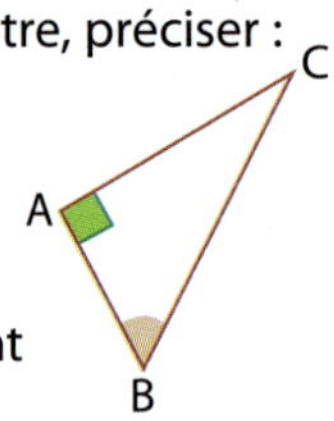

15 Dans le triangle rectangle ci-contre, écrire sin $\widehat{D}$, cos $\widehat{D}$ et tan $\widehat{D}$ en utilisant les longueurs DE, EF et FD.

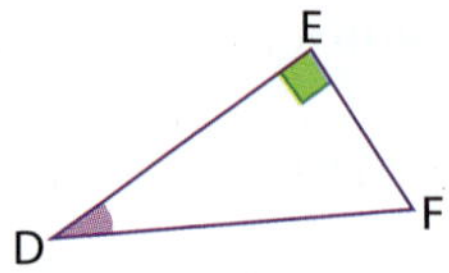

16 Le triangle GHI est rectangle en G.
Écrire sin $\widehat{H}$, cos $\widehat{H}$ et tan $\widehat{H}$ en utilisant les longueurs GH, HI et IG.

17 Le triangle JKL est rectangle en K et tel que JL = 10 cm, KL = 8 cm et JK = 6 cm.
Calculer la valeur de sin $\widehat{J}$, cos $\widehat{J}$ et tan $\widehat{J}$.

18 En utilisant une calculatrice, donner un arrondi au millième de sin 47°, cos 59° et tan 23°. ➜ *Calculatrice 12*

19 Le triangle MNO est rectangle. On sait que sin $\widehat{M} = \frac{NO}{MO}$.
En déduire cos $\widehat{M}$ et tan $\widehat{M}$.

20 Le triangle ABC est rectangle en B. On sait que AC = 4 cm et que $\widehat{A} = 36°$.

1. Dans le triangle ABC, préciser l'hypoténuse, le côté opposé à $\widehat{A}$ et le côté adjacent à $\widehat{A}$.

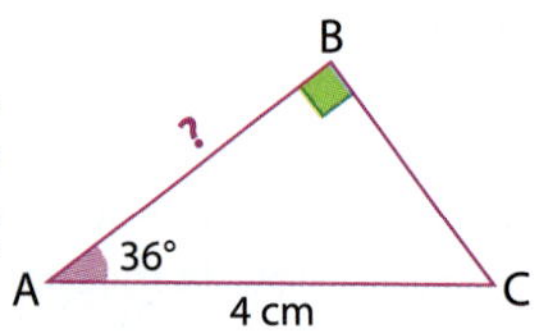

2. a. Pour calculer le côté AB, doit-on utiliser le sinus, le cosinus ou la tangente de l'angle $\widehat{A}$? Expliquer.

b. Donner l'arrondi de AB à 0,1 cm près.

21 Le triangle ABC est rectangle en C. On sait que BC = 3,6 cm et que $\widehat{A} = 66°$.

1. Dans le triangle ABC, préciser l'hypoténuse, le côté opposé à $\widehat{A}$ et le côté adjacent à $\widehat{A}$.

2. a. Pour calculer la longueur du côté [AB], doit-on utiliser le sinus, le cosinus ou la tangente de l'angle $\widehat{A}$? Expliquer.

b. Donner l'arrondi de AB à 0,1 cm près.

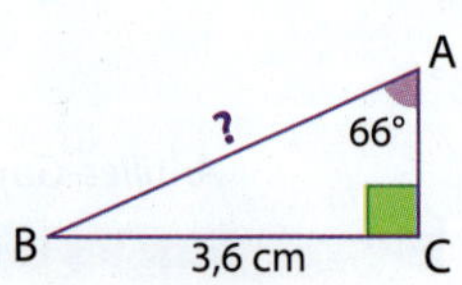

22 Dans chaque cas, calculer l'arrondi de la longueur EF à 0,1 cm près.

a.

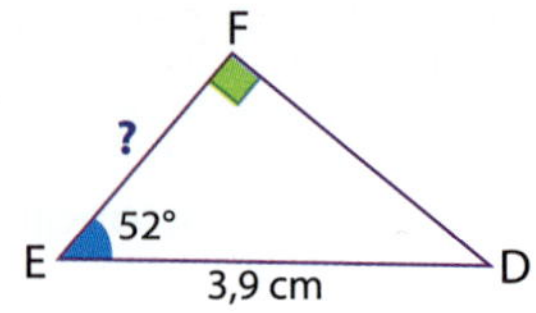

b.

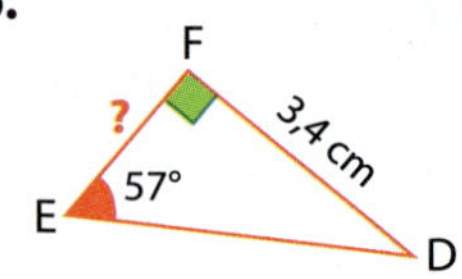

23 **1.** Tracer un triangle GHI rectangle en G tel que $\widehat{GHI} = 35°$ et HI = 7,8 cm.

2. Calculer un arrondi à 0,1 cm près de la longueur GH.

3. Vérifier la cohérence du résultat obtenu en mesurant GH sur le dessin.

24 **1.** Tracer un triangle JKL rectangle en L tel que $\widehat{JKL} = 67°$ et JL = 4,3 cm.

2. Calculer un arrondi à 0,1 cm près de la longueur KL.

3. Vérifier la cohérence du résultat obtenu en mesurant KL sur le dessin.

25 Le triangle MNO est rectangle en M et tel que $\widehat{MON} = 40°$ et ON = 9 cm.
Calculer un arrondi à 0,1 cm près de MO et MN.

26 Le triangle PRS est rectangle en P et tel que $\widehat{PSR} = 27°$ et SP = 6 cm.
Calculer un arrondi à 0,1 cm près de SR et PR.

27 Le triangle TUV est rectangle en U et tel que $\widehat{VTU} = 62°$ et UV = 5 cm.
Calculer un arrondi à 0,1 cm près de VT et TU.

28 **CHERCHER L'ERREUR**

Soit l'exercice suivant : « Le triangle ABC est rectangle en A et tel que $\widehat{B} = 53°$ et AC = 5 cm. Déterminer un arrondi à 0,1 cm près de la longueur de l'hypoténuse de ce triangle. » Voici ce qu'a répondu Léa :

On cherche l'hypoténuse du triangle, c'est la longueur de l'hypoténuse.
On connaît l'angle $\widehat{B}$ et la longueur du côté opposé à cet angle, AC. On va donc utiliser le sinus.
$\sin\widehat{B} = \frac{AC}{BC}$ ce qui donne $\sin 53° = \frac{5}{BC}$ et
donc $BC = 5 \times \sin 53°$. $BC \approx 4$ cm.

Mais l'un de ses camarades lui fait remarquer qu'elle a certainement commis une erreur car l'hypoténuse étant le plus grand côté du triangle, sa longueur ne peut être inférieure à celle du côté [AC] qui vaut ici 5 cm.
Aider Léa à corriger son erreur.

29 Lukas veut déterminer la largeur du fleuve qui coule près de chez lui sans avoir à le traverser. Il a schématisé ci-dessous la situation. En A et B, se trouvent deux arbres qui sont de part et d'autre du fleuve. Lukas s'écarte de 100 mètres du premier arbre pour se placer en C.

Il mesure l'angle $\widehat{ACB}$ et trouve 31°. Calculer, au centimètre près, la largeur AB de la rivière.

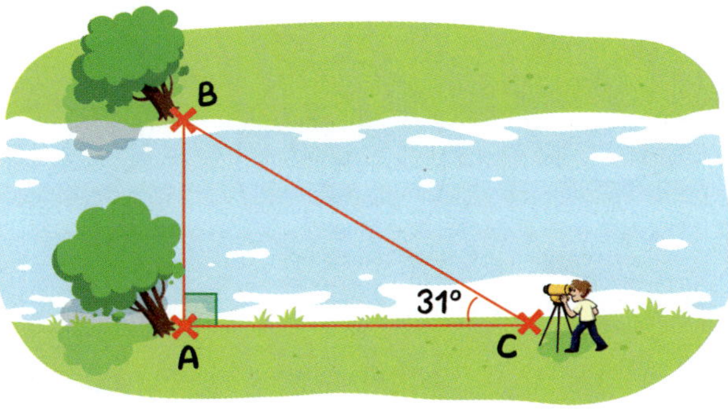

30 Les propriétaires d'un parc Accrobranche veulent installer une grande tyrolienne dont le départ se situerait dans un arbre à 15 mètres du sol. À l'arrivée, le câble tendu de la tyrolienne doit faire un angle de 10° avec le sol. Quelle doit être la longueur du câble ?

31 En utilisant les données codées sur le dessin ci-dessous, calculer l'arrondi à 0,1 cm près de la longueur AC :

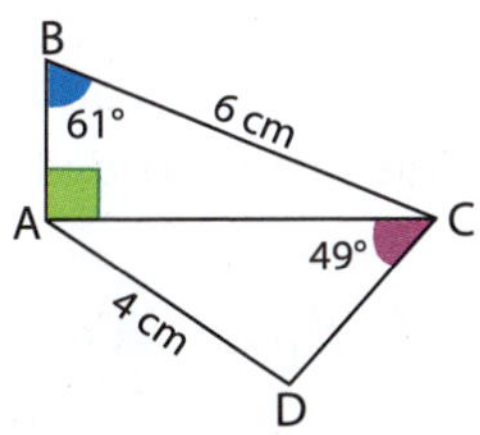

32 En utilisant les données codées sur la figure, calculer l'arrondi à 0,1 cm près de la longueur CD :

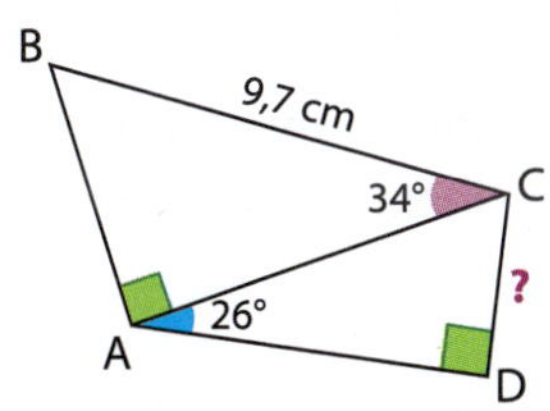

33 ABCD est un parallélogramme tel que (AC) est perpendiculaire à (BC), AB = 9,7 cm et $\widehat{ACD} = 23°$.
Calculer l'arrondi à 0,1 cm près de la longueur AC.

34 **1. a.** Combien y a-t-il de triangles rectangles dans la figure ci-dessous ?

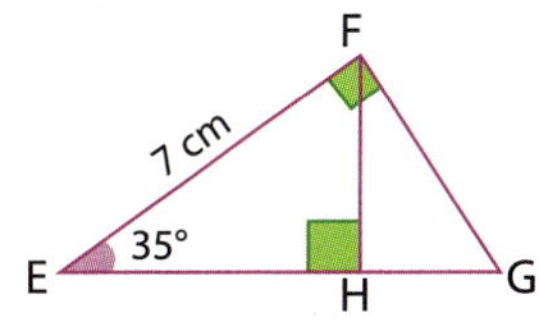

b. Faire un schéma de chacun d'entre eux.

2. a. Déterminer les mesures des angles $\widehat{EFH}$, $\widehat{HFG}$ et $\widehat{HGF}$.

b. Reporter ces mesures dans les triangles rectangles tracés au **1. b.**

3. Déterminer l'arrondi à 0,1 cm près des longueurs FH, EH, FG, HG et EG.

35 Dans chacun des cas suivants, donner l'arrondi au degré près de la mesure de l'angle $\widehat{A}$. → *Calculatrice 13*

a. $\sin \widehat{A} = 0{,}4$ **b.** $\cos \widehat{A} = 0{,}9$ **c.** $\tan \widehat{A} = 2{,}8$

d. $\sin \widehat{A} = \dfrac{2}{3}$ **e.** $\cos \widehat{A} = \dfrac{5}{9}$ **f.** $\tan \widehat{A} = \dfrac{12}{47}$

36 Le triangle ABC est rectangle en C et tel que AC = 2,6 cm et AB = 4,4 cm.

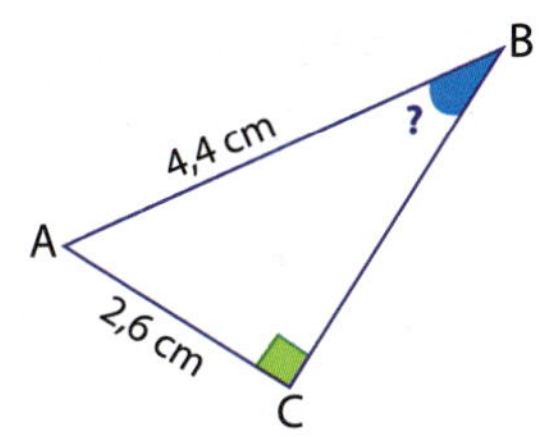

1. Dans le triangle ABC ci-contre, préciser l'hypoténuse, le côté opposé à $\widehat{B}$ et le côté adjacent à $\widehat{B}$.

2. a. Avec les côtés connus du triangle ABC, peut-on calculer $\sin\widehat{B}$, $\cos\widehat{B}$ ou $\tan\widehat{B}$?

b. En déduire, à l'aide d'une calculatrice, l'arrondi au degré près de l'angle $\widehat{B}$.

37 Le triangle ABC est rectangle en A et tel que AB = 4,3 cm et AC = 2,2 cm.
Déterminer l'arrondi au degré près de l'angle $\widehat{C}$.

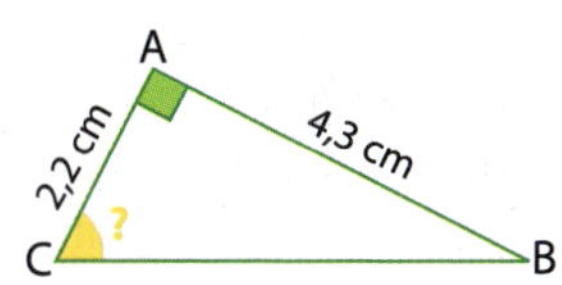

38 En utilisant les informations codées sur le dessin, déterminer l'arrondi au degré près de l'angle $\widehat{E}$.

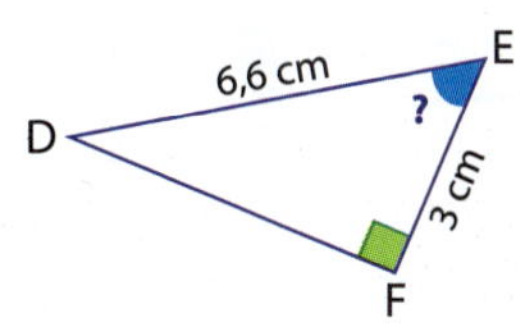

39 Le triangle GHI est rectangle en I, GH = 4,9 cm et HI = 2,7 cm.
Déterminer l'arrondi au degré près de l'angle $\widehat{G}$.

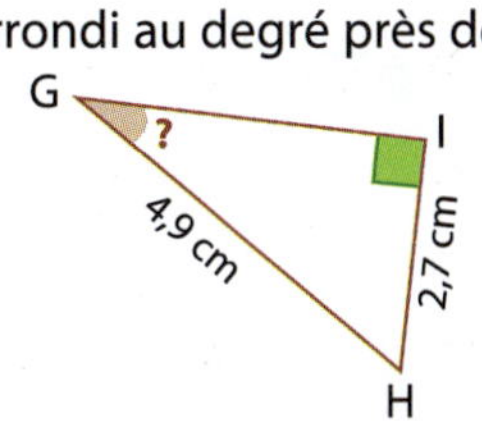

Exercices d'entraînement

40 **1.** Tracer un triangle JKL rectangle en K tel que KJ = 5,8 cm et KL = 7,5 cm.
2. Déterminer un arrondi au degré près de l'angle $\widehat{KLJ}$.

41 **1.** Tracer un triangle MNO rectangle en N tel que MN = 3,2 cm et MO = 5,6 cm.
2. Déterminer un arrondi au degré près de l'angle $\widehat{OMN}$.

42 **1.** Tracer un triangle PRS rectangle en R tel que PR = 2,9 cm et PS = 7,2 cm.
2. Déterminer un arrondi au degré près de l'angle $\widehat{PSR}$.

43 **CHERCHER L'ERREUR**

Tom a résolu l'exercice suivant :
« ABC est un triangle rectangle en A tel que AB = 8 cm et AC = 5 cm. Déterminer un arrondi au degré près de l'angle $\widehat{ACB}$. »

On cherche l'angle $\widehat{ACB}$. On connaît AB le côté opposé à cet angle et AC le côté adjacent à cet angle.
On va donc utiliser la tangente.
$\tan\widehat{ACB} = \frac{AC}{AB}$ ce qui donne $\tan\widehat{ACB} = \frac{5}{8}$.
La calculatrice donne $\widehat{ACB} \approx 32°$.

Le professeur Myriadus lui indique qu'il a commis une erreur. Aider Tom à se corriger.

44 Le triangle ABC est rectangle en A et tel que AB = 6 cm, AC = 2,5 cm et BC = 6,5 cm.
Déterminer un arrondi au degré près de l'angle $\widehat{C}$.

45 En utilisant les renseignements codés sur la figure ci-dessous, déterminer l'arrondi au degré près de l'angle $\widehat{BCD}$:

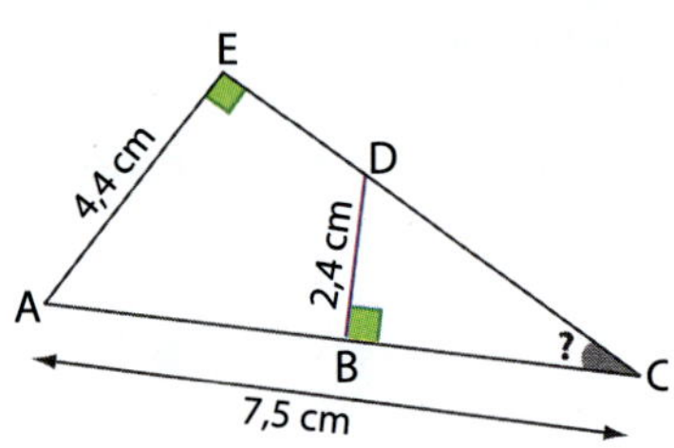

46 En utilisant les renseignements codés sur la figure ci-dessous, déterminer les arrondis au degré près des angles $\widehat{IGF}$ et $\widehat{IGH}$:

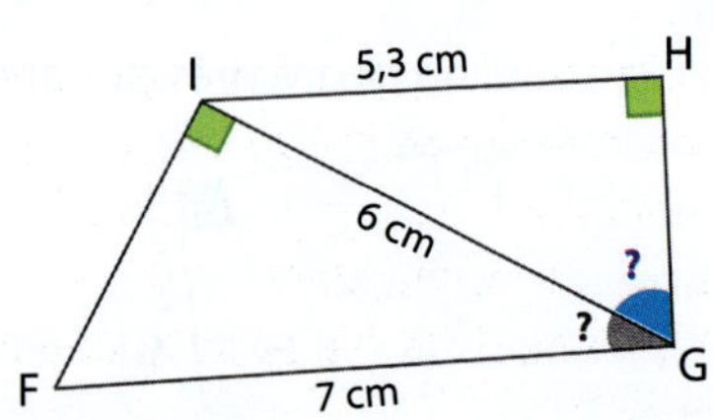

Angle inscrit – Angle au centre

POUR COMMENCER

47 Dans chaque cas, préciser si l'angle tracé est un angle inscrit dans le cercle, un angle au centre de ce cercle ou ni l'un ni l'autre.

a.
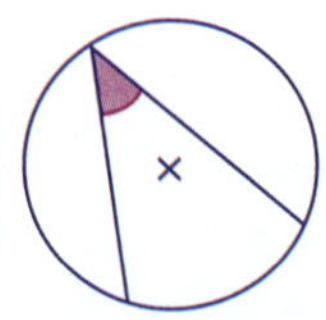

b.
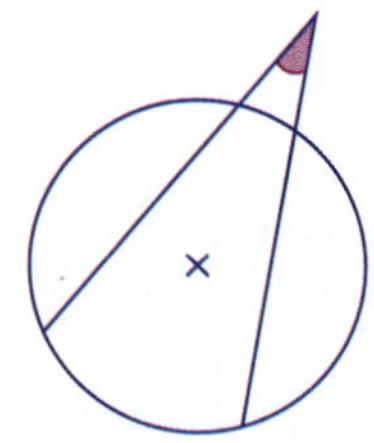

c.
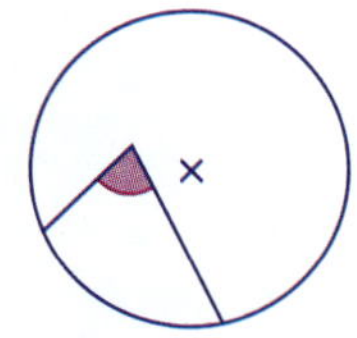

d.
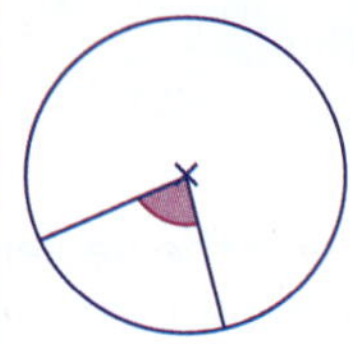

e.
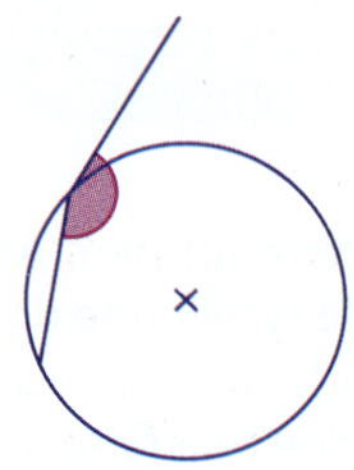

f.
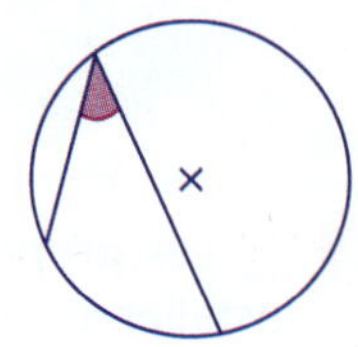

48 **1.** Tracer un cercle de centre O et de rayon 3 cm.
2. Tracer un angle $\widehat{ABC}$ inscrit dans ce cercle.

49 **1.** Tracer un cercle de centre K et de rayon 4 cm.
2. Tracer un angle au centre de ce cercle.

50 **1.** **a.** Tracer un cercle de centre L et de rayon 5 cm.
b. Placer trois points A, B et C sur ce cercle.
2. **a.** Tracer un angle inscrit dans ce cercle qui intercepte l'arc $\overset{\frown}{AB}$.
b. Tracer, dans ce cercle, l'angle au centre qui intercepte l'arc $\overset{\frown}{BC}$.

51 En utilisant les données codées sur la figure ci-dessous, déterminer la mesure de l'angle $\widehat{ACD}$:

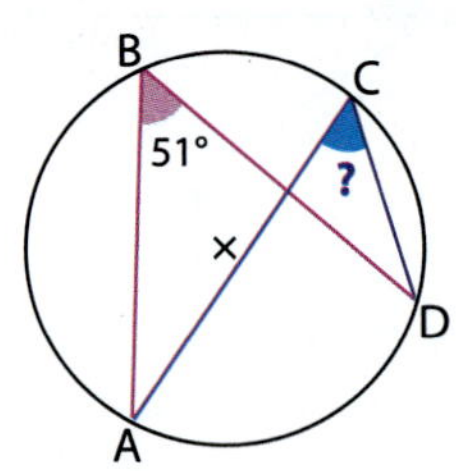

52 En utilisant les données codées sur la figure ci-dessous, déterminer la mesure de l'angle $\widehat{FEG}$:

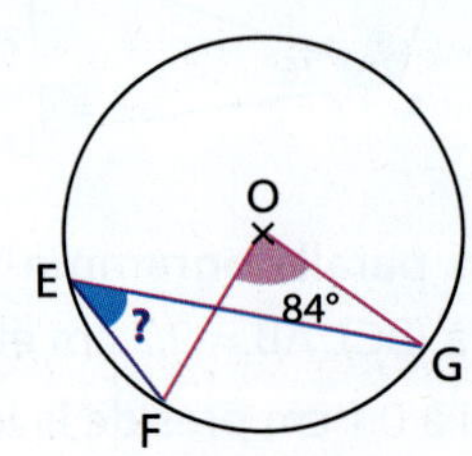

53 En utilisant les données codées sur la figure ci-contre, déterminer la mesure de l'angle $\widehat{IOJ}$.

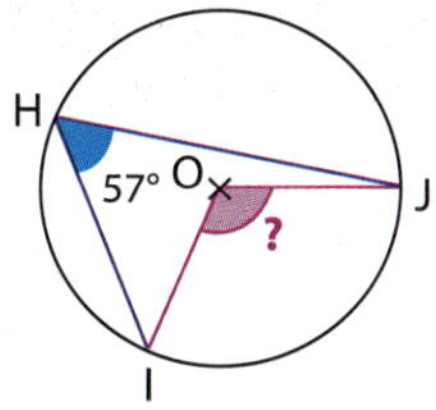

54 En utilisant les données codées sur la figure ci-dessous, déterminer la mesure de l'angle $\widehat{KPM}$:

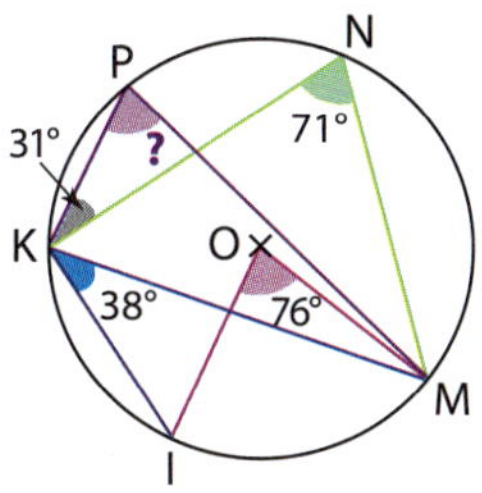

55 **1. a.** Tracer un triangle OCB, isocèle en O, tel que $\widehat{BCO} = 66°$.

b. Tracer le cercle de centre O qui passe par C.

c. Placer un point A sur ce cercle tel que A et O soient du même côté par rapport à la droite (BC).

2. Quelle est la mesure de l'angle $\widehat{BOC}$?

3. Déterminer alors la mesure de l'angle $\widehat{BAC}$.

56 En utilisant les données codées sur la figure ci-dessous, répondre aux questions suivantes :

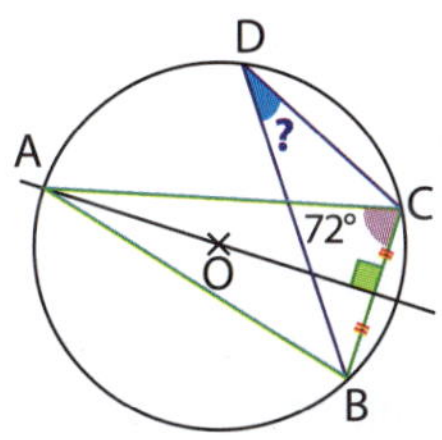

1. a. Quelle est la nature du triangle ABC ? Justifier.

b. En déduire la mesure de l'angle $\widehat{BAC}$.

2. Déterminer alors la mesure de l'angle $\widehat{BDC}$.

57 **Vu au BREVET**

Sur la figure ci-dessous, ABC est un triangle équilatéral :

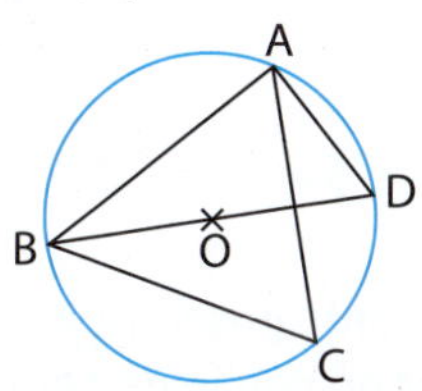

Le point O est le centre du cercle circonscrit au triangle ABC, le point D est le point diamétralement opposé au point B sur ce cercle.

1. Quelle est la nature du triangle ABD ? Justifier.

2. Quelle est la mesure de l'angle $\widehat{ADB}$? Justifier.

France métropolitaine, 2007

58 *On considère la figure ci-dessous qui n'est pas en vraie grandeur. On ne demande pas de refaire la figure.*

ABD est un triangle isocèle en A tel que $\widehat{ABD} = 75°$;
($\mathscr{C}$) est le cercle circonscrit au triangle ABD ;
O est le centre du cercle ($\mathscr{C}$) ; [BM] est un diamètre de ($\mathscr{C}$).

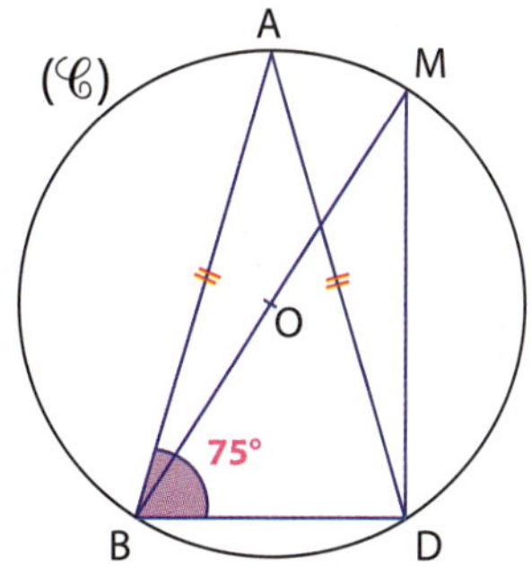

1. Quelle est la nature du triangle BMD ? Justifier la réponse.

2. a. Calculer la mesure de l'angle $\widehat{BAD}$.

b. Citer un angle inscrit qui intercepte le même arc que l'angle $\widehat{BMD}$.

c. Justifier que l'angle $\widehat{BMD}$ mesure 30 degrés.

D'après Pondichéry, 2011

59 **1.** En utilisant les informations fournies par la figure ci-dessous, démontrer que le triangle BDC est rectangle en C.

2. Où se trouve le point O, centre du cercle ? Expliquer.

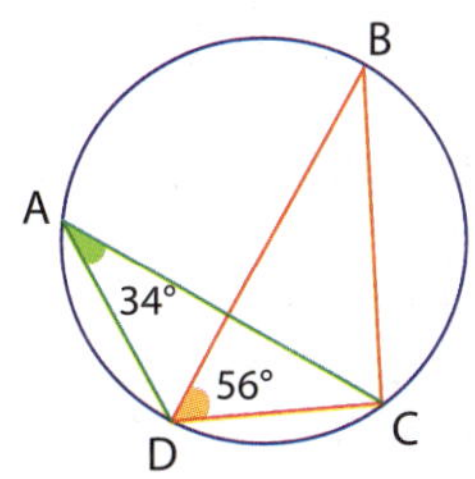

60 En utilisant les informations fournies par la figure ci-dessous, déterminer la mesure de l'angle $\widehat{GFE}$.

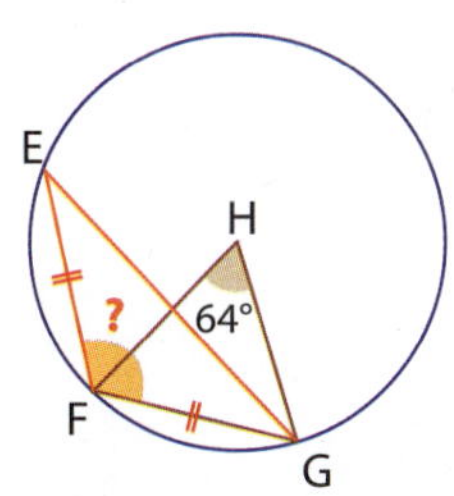

61 **1.** Tracer un segment [AB] et placer le point O en son milieu.

2. Tracer le cercle de centre O passant par A.

3. Donner la mesure de l'angle au centre $\widehat{AOB}$.

4. Placer un point M sur le cercle. Quelle est la mesure de l'angle inscrit $\widehat{AMB}$?

5. Quel théorème de la classe de quatrième vient-on de démontrer ?

Exercices d'entraînement

Polygones réguliers

POUR COMMENCER

62 Parmi les figures suivantes, lesquelles sont des polygones réguliers ? Expliquer.

a. Un triangle isocèle. **b.** Un triangle équilatéral.
c. Un triangle rectangle. **d.** Un parallélogramme.
e. Un rectangle. **f.** Un losange.
g. Un carré.

63 Dans chaque cas, préciser si le polygone est régulier ou non. Si non, dire pourquoi.

a.

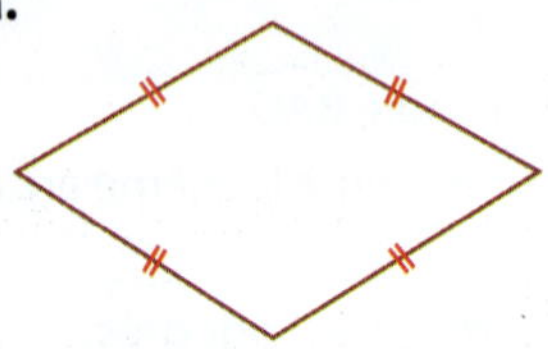

b.

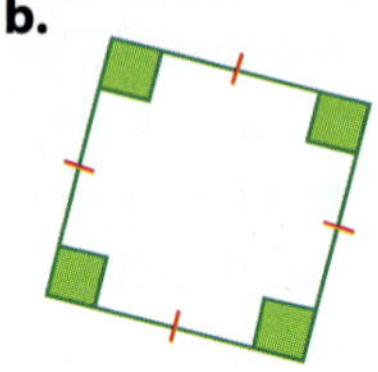

c.

d.

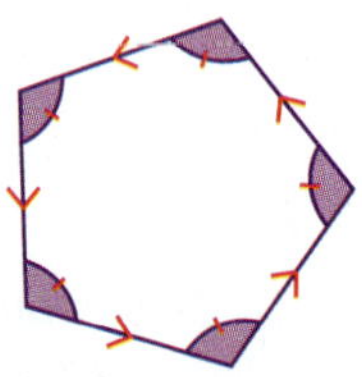

64 Expliquer pourquoi l'hexagone ci-dessous est un hexagone régulier :

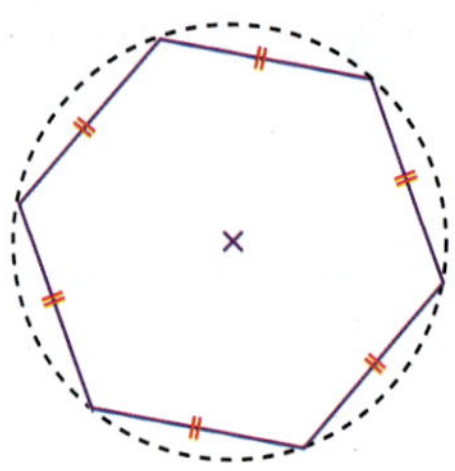

65 **1.** Placer deux points distincts O et A.
2. Pour tracer un polygone régulier à trois côtés de centre O et dont A est un sommet :
a. tracer le cercle de centre O qui passe par A ;
b. à partir du point A, reporter sur le cercle cinq fois la longueur OA afin que le cercle soit partagé en six arcs de cercle de même longueur ;
c. construire alors le polygone régulier à trois sommets souhaité en nommant B et C les deux autres sommets choisis.
3. Comment appelle-t-on ce polygone ?

66 **1.** Placer deux points distincts O et A.
2. Pour tracer un polygone régulier à quatre côtés de centre O et dont A est un sommet :
a. tracer le cercle de centre O qui passe par A ;
b. placer trois autres points B, C et D sur le cercle afin, qu'avec le point A, ils le partagent en quatre arcs de cercle de même longueur ;
c. construire alors le polygone régulier à quatre sommets souhaité.
3. Comment appelle-t-on ce polygone ?

67 **1.** Placer deux points distincts O et A.
2. Construire alors un hexagone régulier de centre O dont A est un sommet.

Coup de pouce
Il faut découper le cercle de centre O passant par A en six arcs de même longueur (voir exercice **65***).*

68 **1.** Placer deux points distincts O et A.
2. Construire alors un octogone régulier de centre O dont A est un sommet.

Coup de pouce
Il faut découper le cercle de centre O passant par A en huit arcs de même longueur (voir exercice **67***).*

À l'oral

69 Le triangle ABC est rectangle en A. On sait que $\sin \widehat{ABC} = 0{,}5$ et que BC = 7 cm.
Déterminer AC.

70 Le triangle ABC est rectangle en A. On sait que $\tan \widehat{ABC} = 0{,}7$ et que AC = 7 cm.
Déterminer AB.

71 A, B, C et D sont quatre points distincts placés dans cet ordre sur un cercle de centre O.
On sait que $\widehat{ABD} = 27°$. Quelle est la mesure de $\widehat{ACD}$?

72 A, B et C sont trois points distincts placés dans cet ordre sur un cercle de centre O.
On sait que $\widehat{BOC} = 48°$. Quelle est la mesure de $\widehat{BAC}$?

73 On considère la figure suivante où les points B, C et D sont alignés. La figure n'est pas à l'échelle.

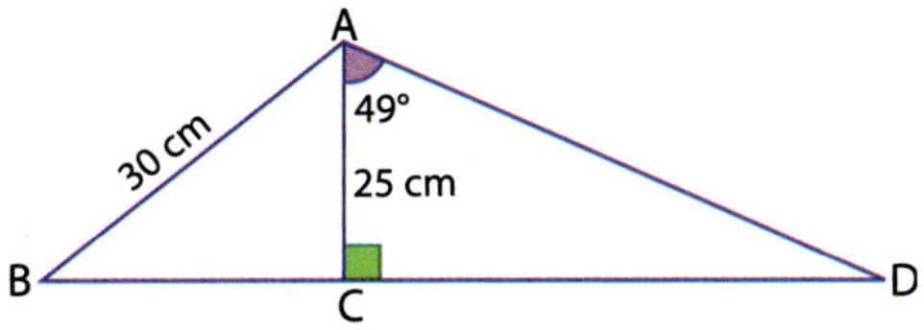

1. Calculer la valeur exacte de la distance BC.

2. Calculer l'arrondi de la distance BD au millimètre près.

Amérique du Nord, 2011

74 À l'intérieur de la maison, un menuisier étudie une plaque de bois dessinée ci-dessous :

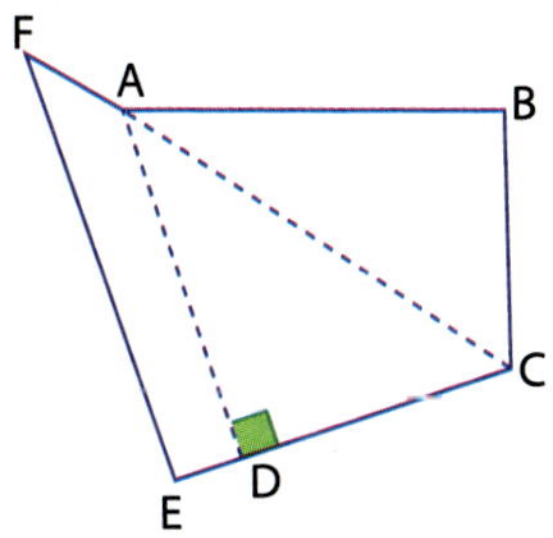

La figure n'est pas aux bonnes dimensions.

Le menuisier a tracé la perpendiculaire à [EC] passant par A, il a nommé D le point d'intersection de cette perpendiculaire avec [EC]. Il a également tracé [AC].

Il a mesuré AB = 115 cm, BC = 80 cm, DC = 100 cm, ED = 20 cm, AC = 140 cm et AF = 28 cm.

1. Le triangle ABC est-il rectangle ? Justifier.

2. Déterminer la mesure de l'angle $\widehat{ACD}$.

Amérique du Nord, 2010 (Extrait)

75 Lors d'une intervention, les pompiers doivent atteindre une fenêtre F située à 18 mètres au-dessus du sol en utilisant leur grande échelle [PF]. Ils doivent prévoir les réglages de l'échelle. Le pied P de l'échelle est situé sur le camion à 1,5 m du sol et à 10 m de l'immeuble.

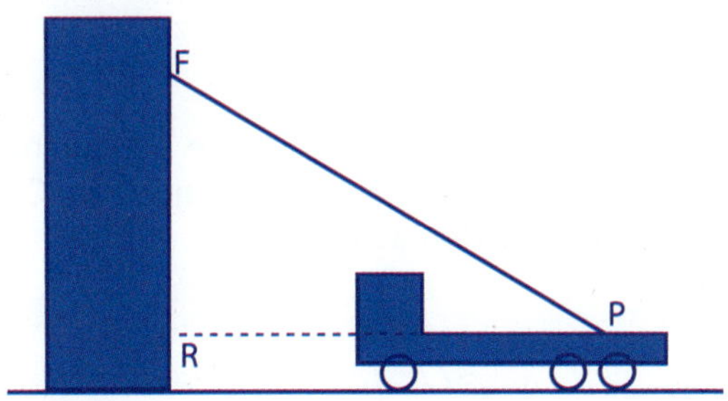

1. D'après les informations ci-dessus, déterminer la longueur RF.

2. Déterminer l'angle que fait l'échelle avec l'horizontale, c'est-à-dire $\widehat{FPR}$, arrondi à l'unité.

3. L'échelle a une longueur maximale de 25 mètres. Sera-t-elle assez longue pour atteindre la fenêtre F ?

Asie, 2010

76 On donne BD = 4 cm ; BA = 6 cm et $\widehat{DBC} = 60°$.

On ne demande pas de faire une figure en vraie grandeur.

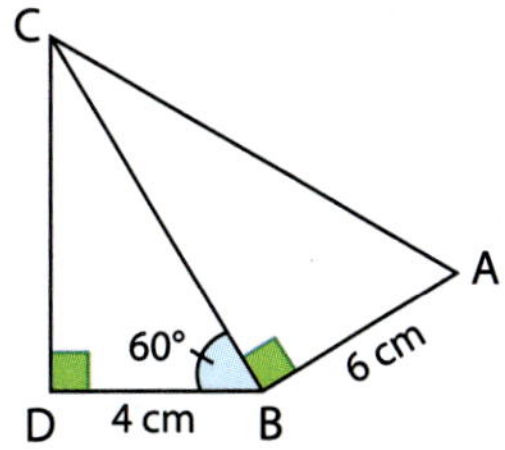

1. Montrer que BC = 8 cm.

2. Calculer CD. Donner la valeur arrondie au dixième.

3. Calculer AC.

4. Quelle est la valeur de tan $\widehat{BAC}$?

5. En déduire la valeur arrondie au dixième de $\widehat{BAC}$.

Amérique du Nord, 2009

77 *L'unité de longueur est le centimètre.*

ABCD est un carré tel que AB = 4.

Le point M est situé dans le carré ABCD et vérifie AM = 2,4 et DM = 3,2.

La droite (AM) coupe la demi-droite [DC) au point I.

1. Faire une figure en vraie grandeur.

2. Montrer que le triangle AMD est rectangle en M.

3. Calculer au degré près la mesure de l'angle $\widehat{DAM}$.

4. Dans le triangle ADI rectangle en D, exprimer tan $\widehat{DAI}$.

En déduire une valeur approchée au mm près de la longueur DI.

Liban, 2009

78 Dans la figure ci-dessous : ABCD est un carré de côté 9 cm ; les segments de même longueur sont codés.

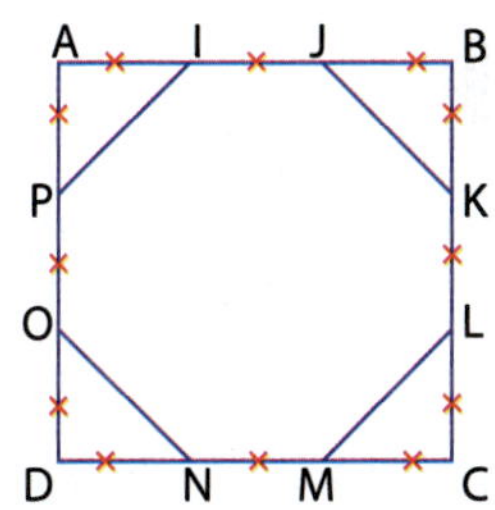

1. Faire une figure en vraie grandeur.

2. **a.** Calculer JK.

b. L'octogone IJKLMNOP est-il un octogone régulier ? Justifier la réponse.

c. Calculer l'aire de l'octogone IJKLMNOP.

3. Les diagonales du carré ABCD se coupent en S.

a. Tracer sur la figure en vraie grandeur le cercle de centre S et de diamètre 9 cm.

b. Le disque de centre S et de diamètre 9 cm a-t-il une aire supérieure à l'aire de l'octogone ?

Justifier la réponse.

France métropolitaine, 2010

Tous les exercices de cette double page sont corrigés p. 315

J'évalue mes connaissances

Pour les exercices 79 à 86,
trouve la ou les bonnes réponses parmi celles proposées.

	A	B	C
79 Dans un triangle ABC rectangle en A, $\sin\widehat{B} = ...$	$\frac{AC}{BC}$	$\frac{AB}{BC}$	$\frac{AC}{AB}$
80 Dans un triangle ABC rectangle en A, $\cos\widehat{B} = ...$	$\frac{AC}{BC}$	$\frac{AB}{BC}$	$\frac{AC}{AB}$
81 Dans un triangle ABC rectangle en A, $\tan\widehat{B} = ...$	$\frac{AC}{BC}$	$\frac{AB}{BC}$	$\frac{AC}{AB}$
82 Dans un triangle rectangle, x étant la mesure d'un angle aigu, $\frac{\sin x}{\cos x} = ...$	1	$\tan x$	x
83 Dans un triangle rectangle, x étant la mesure d'un angle aigu, $(\sin x)^2 + (\cos x)^2 = ...$	1	$(\tan x)^2$	x
84 Si, dans un cercle, deux angles inscrits interceptent le même arc de cercle, alors …	Ils sont complémentaires	Ils ont la même mesure	Ils sont supplémentaires
85 Si, dans un cercle, un angle inscrit et un angle au centre interceptent le même arc de cercle, alors …	L'angle au centre mesure le double de l'angle inscrit	Ils ont la même mesure	L'angle au centre mesure la moitié de l'angle inscrit
86 Pour qu'un polygone soit un polygone régulier, il doit avoir…	Tous ses côtés égaux	Tous ses angles égaux	Tous ses côtés égaux et tous ses angles égaux

Tu peux vérifier tes réponses p. 315 et continuer ton entraînement sur le site compagnon

J'évalue mes compétences

Sinus, cosinus, tangente

87 Le triangle TZW est rectangle en W. Écrire $\sin\widehat{Z}$, $\cos\widehat{Z}$ et $\tan\widehat{Z}$ en fonction de TZ, TW et WZ.

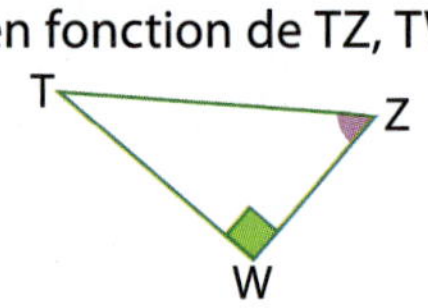

88 Calculer les arrondis à 0,1 cm près de AB et BC.

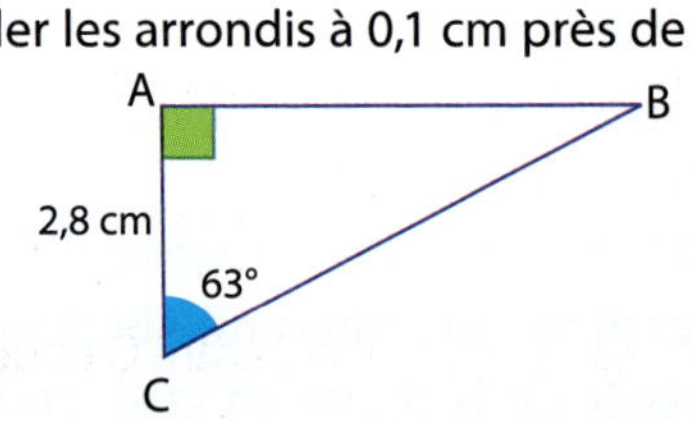

89 Calculer les arrondis à 0,1 cm près de ED et FD.

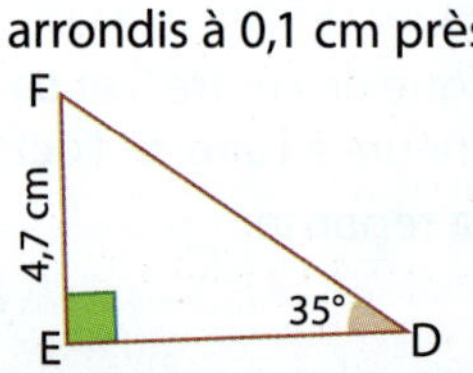

90 Donner l'arrondi au degré près des angles $\widehat{HGI}$ et $\widehat{HIG}$.

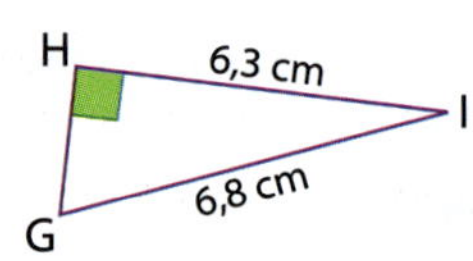

91 M. Moreira veut construire un cabanon dans son jardin. Il voudrait connaître la longueur AC des tasseaux de bois qu'il doit acheter.

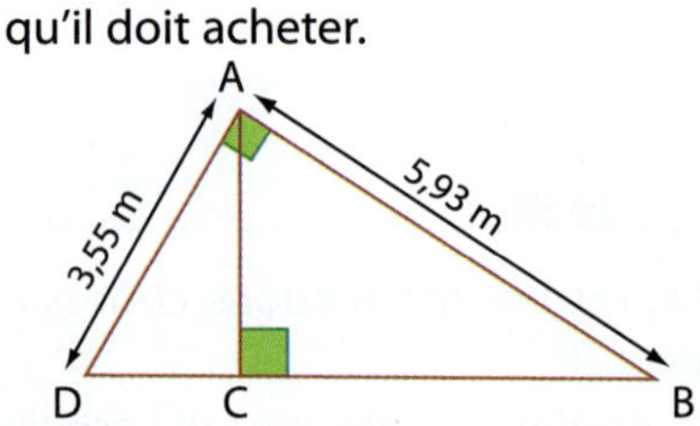

1. Déterminer un arrondi au centième de degré près de l'angle $\widehat{ABC}$.

2. En déduire un arrondi au centimètre près de la longueur AC.

92 Calculer les arrondis à 0,1 cm près de AC, DC et BC et les arrondis au degré près des angles $\widehat{BAC}$, $\widehat{BCA}$ et $\widehat{ACD}$.

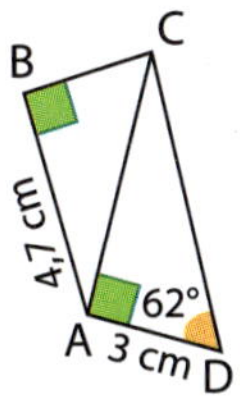

93 Calculer les arrondis au degré près de $\widehat{BAC}$, $\widehat{BCA}$, $\widehat{DAC}$ et $\widehat{ACD}$ et les arrondis à 0,1 cm près de AC, AD, DC.

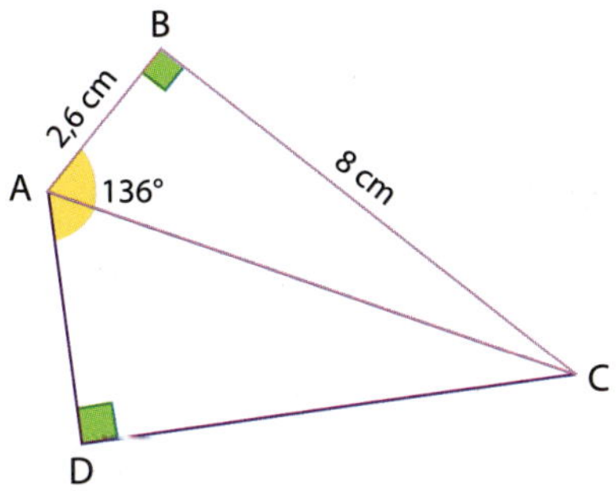

POUR T'AIDER, voir
■ Cours 1 ■ Savoir faire 1 et 2 ■ Exercices 14 à 46

Angle inscrit – Angle au centre

94 **1.** Déterminer la mesure de l'angle $\widehat{ACB}$.
2. En déduire la mesure de l'angle $\widehat{CAB}$.

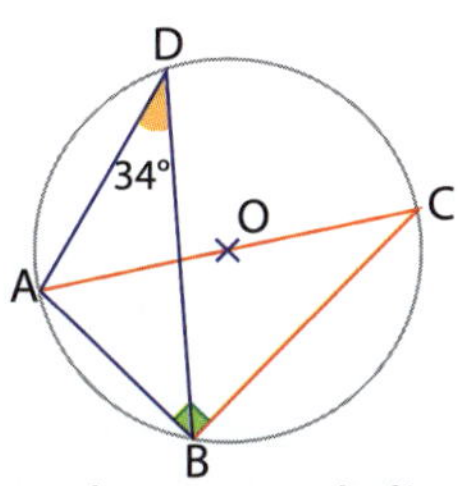

95 **1.** Déterminer la mesure de l'angle $\widehat{CAB}$.
2. En déduire la mesure de l'angle $\widehat{ABC}$.

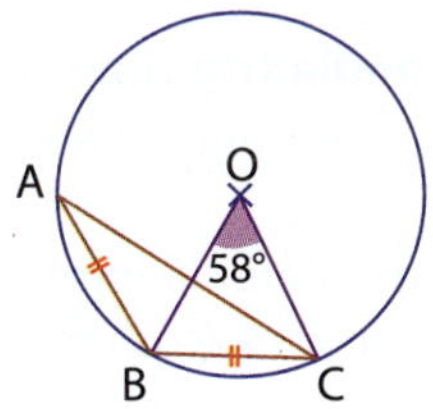

96 Le triangle OEF est équilatéral. Déterminer la mesure de l'angle $\widehat{EDF}$.

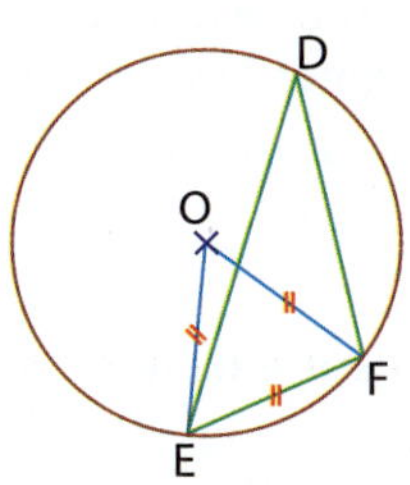

97 **1. a.** Tracer un cercle de centre O et de rayon 4 cm.
b. Tracer deux diamètres perpendiculaires [AB] et [CD] de ce cercle.
c. Placer le point E sur l'arc $\overset{\frown}{AC}$.
2. Déterminer la mesure de l'angle $\widehat{CEB}$.

98 **Vu au BREVET** **QCM**
Sur le cercle de centre O, on donne les points A, B, C et D tels que $\widehat{AOB} = 64°$ et $\widehat{BDC} = 20°$, donc $\widehat{AOC} = \dots$:

ⓐ 84°
ⓑ 104°
ⓒ 74°

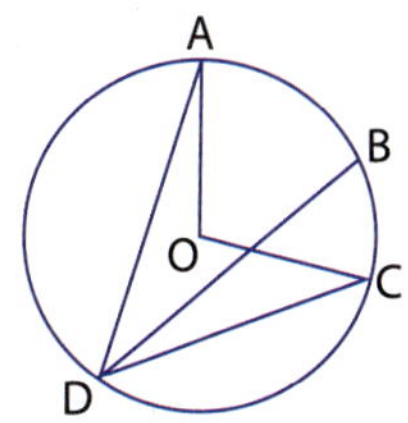

Liban, 2008

99 Le point O est le centre du cercle. [AD] est un diamètre de ce cercle.
1. Déterminer la mesure de l'angle $\widehat{AEB}$.
2. En déduire la mesure de l'angle $\widehat{EAD}$.
3. Conclure en donnant la mesure de l'angle $\widehat{ECD}$.

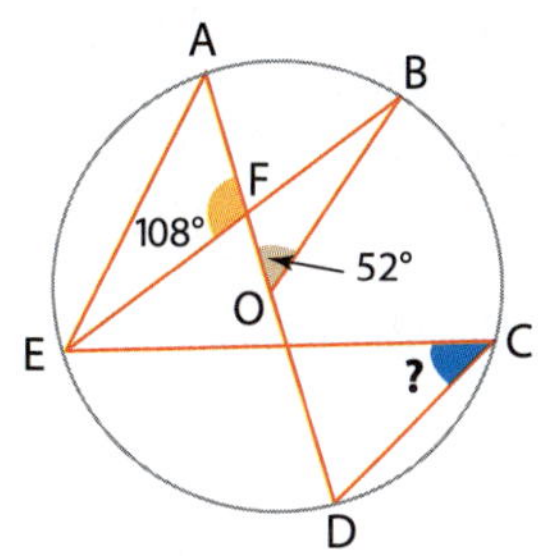

POUR T'AIDER, voir
■ Cours 2 ■ Exercices 47 à 61

Polygones réguliers

100 **1.** Placer deux points distincts O et A tels que OA = 4 cm.
2. Tracer le cercle de centre O qui passe par A.
3. Tracer le triangle équilatéral ABC inscrit dans ce cercle.

101 **1. a.** Tracer un cercle de centre O et de rayon 3 cm.
b. Placer un point A sur ce cercle.
2. Tracer le carré ABCD de centre O.

102 **1. a.** Tracer un cercle de centre O et de rayon 4 cm.
b. Placer un point A sur ce cercle.
2. Tracer l'octogone régulier ABCDEFGH de centre O.

POUR T'AIDER, voir
■ Cours 3 ■ Exercices 62 à 68

103 Renforcer le pylône

Pour consolider un pylône, on l'attache au sol avec des câbles. Le premier câble, représenté ici par [BC], est accroché à 9 mètres du sol et forme un angle de 25° avec celui-ci.

1. Quelle longueur aura le câble [BD] que l'on accrochera 3 mètres plus haut ?

2. Quel angle le câble [BD] formera-t-il avec le sol ?

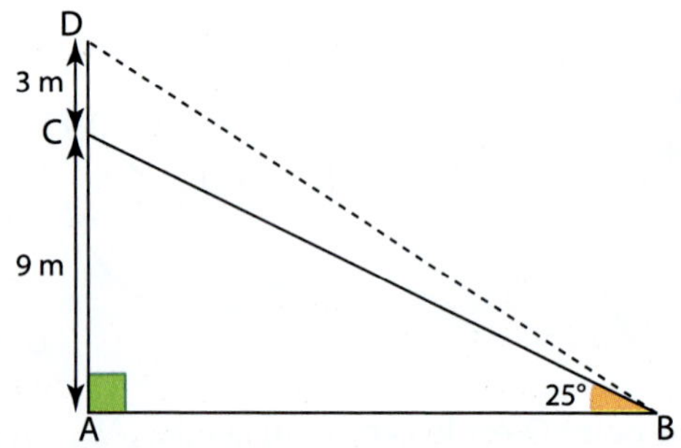

104 Sécurité routière

Pour annoncer une descente dangereuse, on trouve parfois sur la route des panneaux tels que celui-ci :

Une descente de 15 % signifie que, pour un déplacement horizontal de 100 m, on se déplace verticalement de 15 m comme schématisé ci-contre.

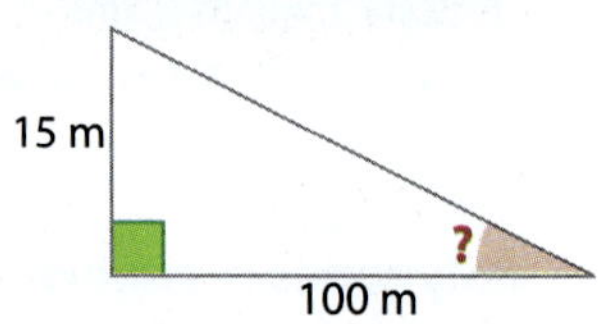

1. Dans le cas d'une pente de 15 %, quel angle fait la route avec l'horizontale ?

2. On considère une descente comme dangereuse dès que la pente est supérieure à 10 % sur route, et supérieure à 4 % sur autoroute. À partir de quel angle entre la chaussée et l'horizontale, considère-t-on qu'une descente est dangereuse sur route ? Sur autoroute ?

3. Est-il plus dangereux de circuler sur une route qui a une pente de 20 % ou de rouler sur une route faisant un angle de 20° avec l'horizontale ?

105 Première formule trigonométrique

Soit x la mesure en degrés d'un angle aigu d'un triangle rectangle.

1. Recopier et compléter la formule suivante : $\frac{\sin x}{\cos x} = \ldots$

2. Si $\sin x \approx 0{,}588$ et $\cos x \approx 0{,}809$, donner un arrondi au millième de $\tan x$.

106 Qu'il est profond ce puits !

Clara vient d'acquérir une maison à la campagne. Dans le jardin se trouve un puits dont elle voudrait connaître la profondeur. Le diamètre de ce puits est de 80 cm.

Si Clara s'écarte de plus de 20 cm du bord du puits, elle n'en voit plus le fond. Clara est très grande, la distance entre le sol et ses yeux est de 182 cm.

En déduire, en mètres, une valeur approchée de la profondeur de ce puits arrondie au centimètre.

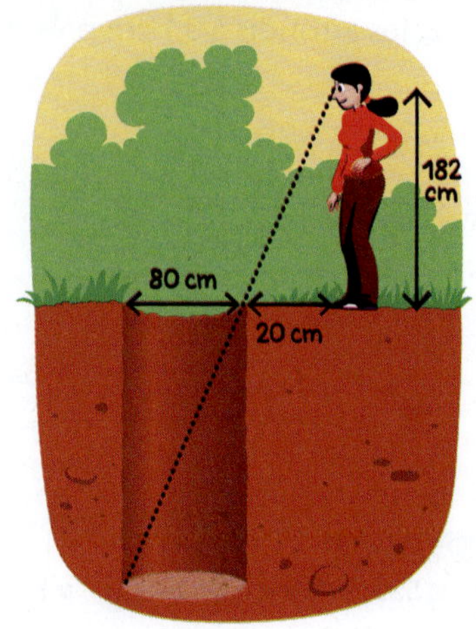

107 Le fleuve Jamésencru

Arthur se trouve sur la rive droite du fleuve Jamésencru. Pour en calculer la largeur, Arthur a pris certaines mesures.

Calculer, en mètres, une valeur approchée de la largeur de ce fleuve arrondie au centimètre.

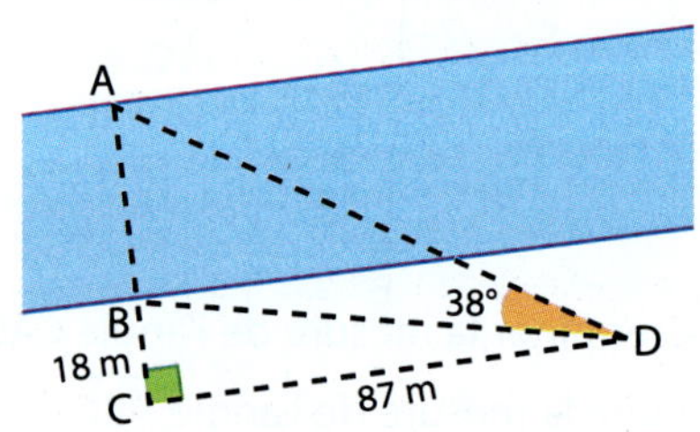

108 Seconde formule trigonométrique

Soit x la mesure en degrés d'un angle aigu d'un triangle rectangle.

1. Recopier et compléter la formule suivante :

$$(\sin x)^2 + (\cos x)^2 = \ldots$$

2. a. Si $\sin x = 0{,}8$, donner la valeur exacte de $(\cos x)^2$.

b. En déduire la valeur exacte de $\cos x$.

3. En utilisant une autre formule du cours, déduire des questions précédentes la valeur exacte de $\tan x$.

4. Calculer la valeur exacte de $\cos x$ et $\tan x$ lorsque $\sin x = \frac{\sqrt{3}}{2}$.

5. Calculer la valeur exacte de $\sin x$ et $\tan x$ lorsque $\cos x = \sqrt{\frac{3}{4}}$.

109 Vu au BREVET

La formule d'Al-Kashi permet de calculer le troisième côté d'un triangle connaissant deux côtés et un angle. Pour un triangle ABC, on a $BC^2 = AB^2 + AC^2 - 2AC \times AB \times \cos\widehat{BAC}$.

On considère pour tout l'exercice que AB = 6 cm, AC = 12 cm et $\widehat{BAC} = 60°$.

1. Construire un triangle ABC vérifiant les conditions précédentes.

2. a. Donner la valeur de $\cos\widehat{BAC}$.

b. En déduire avec la formule d'Al-Kashi que l'on a $BC^2 = AB^2 + AC^2 - AC \times AB$.

c. Montrer que $BC = \sqrt{108}$ cm.

3. En déduire que le triangle ABC est rectangle en B.

Polynésie française, 2010

110 Les cercles liés

On a tracé deux cercles de centres B et C tangents en un point A. Déterminer la mesure de tous les angles du triangle GFC en justifiant les réponses données.

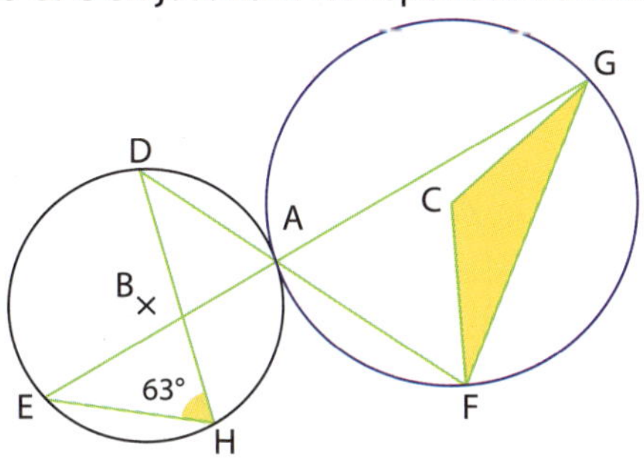

111 La tête dans les étoiles

1. a. Tracer un hexagone régulier.

b. Relier les sommets de cet hexagone de la façon suivante : le premier avec le troisième, le troisième avec le cinquième, etc.

c. Quelle figure obtient-on ?

2. a. Tracer un octogone régulier.

b. Relier les sommets de cet octogone de la façon suivante : le premier avec le quatrième, le quatrième avec le septième, etc.

c. Quelle figure obtient-on ?

3. Colorier les figures obtenues.

112 Un hexagone régulier de périmètre donné

Arthur veut tracer un hexagone régulier de périmètre 18 cm.

1. Quelle est la longueur d'un des côtés de cet hexagone régulier ?

2. a. Tracer un premier côté [AB] de cet hexagone régulier.

b. En déduire une construction de l'hexagone régulier ABCDEF de périmètre 18 cm.

113 Les angles des polygones réguliers

1. Tracer un octogone régulier ABCDEFGH de centre O.

2. Déterminer la mesure de l'angle au centre $\widehat{AOG}$ qui intercepte le grand arc de cercle $\overset{\frown}{AG}$.

Coup de pouce

Attention, $\widehat{AOG}$ est un angle rentrant, c'est-à-dire que sa mesure est comprise entre 180° et 360°.

3. Déduire de la question précédente la mesure de l'angle $\widehat{AHG}$.

4. Quelle est donc la somme des angles d'un octogone régulier ?

5. a. De manière plus générale, montrer que l'angle entre deux côtés d'un polygone régulier à n côtés a pour mesure en degrés : $180 - \frac{360}{n}$.

b. Quel est l'angle entre deux côtés d'un décagone régulier ? Quel est l'angle entre deux côtés d'un dodécagone régulier ?

114 Along the Thames

Andrew is on the banks of the Thames, bottom of Tower Bridge, in London. In walking 100 meters away from that point, at right angles to that one, he sees the width of the river at an angle of 70 degrees.

1. Draw a diagram of this situation.

2. Calculate the width of the river at that place and round the result to nearest meter.

115 La Sagrada Família

La Sagrada Familia es una gran basílica de Barcelona, diseñada por el famoso arquitecto catalán Antoni Gaudí. Juan quiere medir la altura de este edificio. Se coloca a 40 metros de la torre más alta y mide ciertos ángulos. La distancia entre el suelo y los ojos de Juan es de 1,70 metros. Calcula la altura AC, redondeado al metro, de la Sagrada Familia.

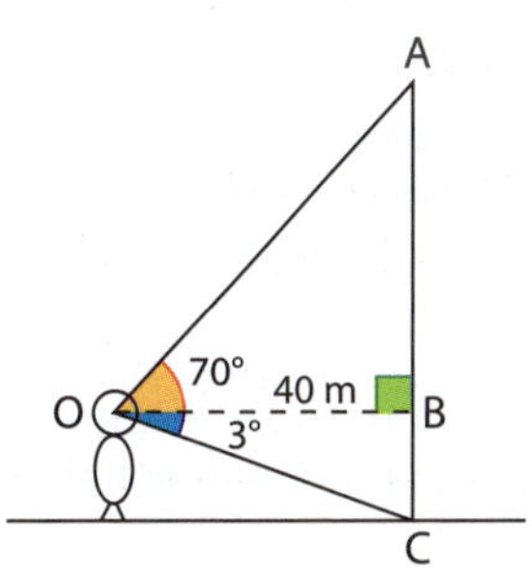

Pour chercher

116 Le Mont-Saint-Michel

Pour savoir à quelle hauteur culmine l'archange Saint Michel situé au sommet de l'abbaye du Mont-Saint-Michel, Lisa utilise un théodolite afin de mesurer des angles à partir de la baie.

Elle effectue une première mesure et observe le sommet de l'abbaye sous un angle de 48°. Puis elle recule de 50 m et effectue une nouvelle mesure. Elle voit alors le sommet de l'abbaye sous un angle de 40°. Son père lui dit qu'elle peut maintenant trouver la hauteur du sommet de l'abbaye. Aider Lisa à faire ce calcul en s'aidant du schéma ci-dessous :

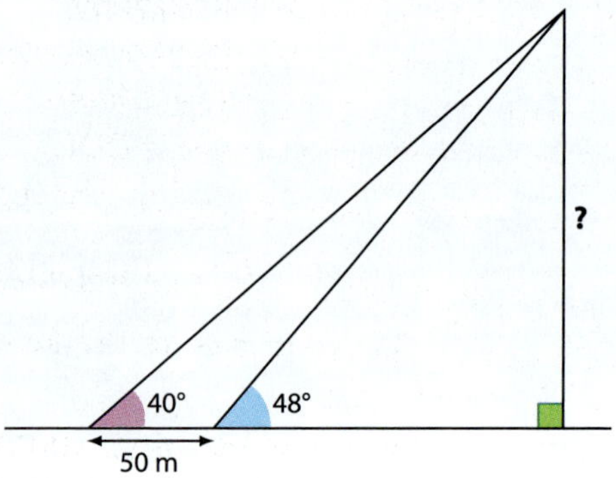

117 Une pyramide

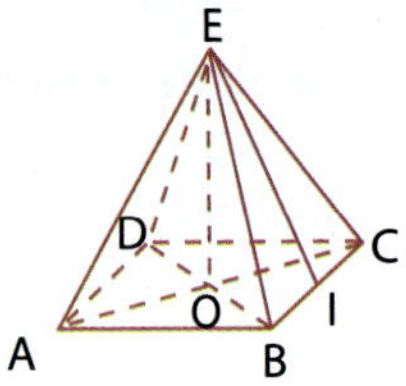

ABCDE est une pyramide en bois à base carrée, AB = 126 cm et OE = 72 cm.

1. Déterminer des valeurs approchées des angles $\widehat{OAE}$ et $\widehat{AEO}$.

2. Le point I est le milieu du segment [BC].

a. Calculer EI.

b. En déduire l'aire du triangle EBC.

118 Le défi

Es-tu capable de tracer un pentagone régulier en utilisant une règle, un compas et un rapporteur ?

119 L'énigme

Louisa affirme qu'en prenant un nombre x entre 0 et 90, $\sin(x)$ et $\cos(90-x)$ donnent le même résultat. Est-ce correct ? Expliquer.

Vers la Seconde

120 En route pour le cercle trigonométrique

Dans un repère d'origine O, on a tracé un cercle de centre O et de rayon 1. On a placé un point M, de coordonnées positives, sur ce cercle. On appelle x la mesure de l'angle $\widehat{AOM}$.

1. a. Combien vaut la longueur OM ? Expliquer.

b. Quelle longueur correspond à l'abscisse du point M ? En déduire l'abscisse du point M en fonction de x.

c. Quelle longueur correspond à l'ordonnée du point M ? En déduire l'ordonnée du point M en fonction de x.

d. Donner, en fonction de x, les coordonnées du point M.

2. Si l'angle $\widehat{AOM}$ mesure 53°, quelles sont approximativement les coordonnées du point M ?

3. Si l'abscisse du point M est égale à l'ordonnée du point M, quelles sont les coordonnées exactes du point M ? Quelle est la valeur de x dans ce cas ?

4. a. Faire un schéma dans le cas où $x = 60°$ et en déduire les coordonnées exactes du point M dans ce cas.

b. Même question lorsque $x = 30°$.

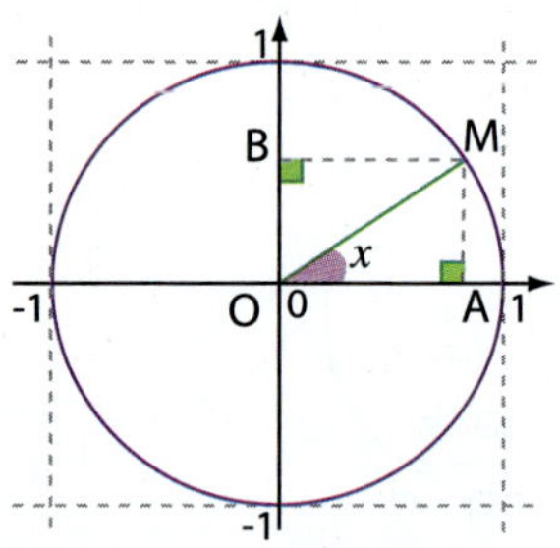

121 Ca tourne !

ABCDEF est un hexagone régulier de centre O.

1. Expliquer pourquoi les angles $\widehat{AOB}$, $\widehat{BOC}$, $\widehat{COD}$, $\widehat{DOE}$, $\widehat{EOF}$ et $\widehat{FOA}$ sont égaux et en donner la mesure.

2. a. Si l'on part du point A et que l'on tourne de 60° autour du point O dans le sens inverse des aiguilles d'une montre, sur quel point arrive-t-on ?

b. Si l'on part du point A et que l'on tourne de 120° autour du point O dans le sens des aiguilles d'une montre, sur quel point arrive-t-on ?

c. Si l'on part du point A et que l'on tourne de 240° autour du point O dans le sens inverse des aiguilles d'une montre, sur quel point arrive-t-on ?

122 Où placer E ?

ABCD est un carré de côté 10 cm.

On place sur la demi-droite [AB) un point E n'appartenant pas au segment [AB]. On note x la longueur BE. Le segment [DE] coupe le segment [BC] en un point F.

1. Exprimer la longueur AE en fonction de x.

2. En considérant l'angle $\widehat{BEF}$ dans différents triangles, montrer que $BF = \dfrac{10x}{10+x}$.

3. En déduire la position du point E pour que BF soit égal à 4 cm.

Devoir à la maison

1 La rosace du temple de Diane

Le temple de Diane se situe à Nîmes. Il abrite une rosace constituée de polygones réguliers imbriqués.

1. En étudiant la photographie ci-contre, préciser les types de polygones réguliers que l'on peut observer dans cette rosace.

2. Nous allons construire cette rosace en partant de son centre.

a. Placer précisément au centre d'une feuille blanche un point O.

b. Placer un point A tel que OA = 2 cm.

c. Construire l'hexagone régulier de centre O et dont A est un des sommets.

d. Construire sur chaque côté de cet hexagone des carrés et relier les sommets de ces carrés.

e. Sur chacun des carrés, construire un hexagone régulier. (Pour cela, commencer par placer les centres de ces hexagones.)

f. Terminer la construction.

3. Quel est le périmètre de cette rosace ?

4. a. Calculer l'aire d'un triangle équilatéral de côté 2 cm.

b. En déduire l'aire d'un hexagone régulier de côté 2 cm.

c. Calculer l'aire d'un carré de côté 2 cm.

d. Calculer alors l'aire totale de la rosace.

5. Colorier la rosace obtenue.

2 Dans les pas d'Archimède !

Pour trouver une valeur approchée du nombre π, le savant grec Archimède de Syracuse a eu l'idée d'encadrer la longueur d'un cercle de rayon une unité par les périmètres de polygones réguliers inscrits et circonscrits à ce cercle comme le montre la figure ci-contre.

Nous allons étudier ici le cas où le cercle est compris entre deux hexagones réguliers.

1. Quelle est la longueur exacte d'un cercle de rayon 1 ?

2. Étude de l'hexagone inscrit

a. Quelle est la mesure de l'angle $\widehat{AOB}$? Expliquer.

b. En déduire la nature du triangle AOB.

c. Combien vaut la longueur AB ? Expliquer.

d. Calculer alors le périmètre de l'hexagone inscrit.

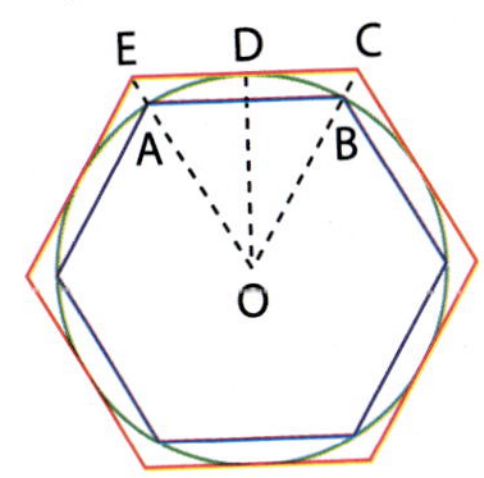

3. Étude de l'hexagone circonscrit

a. Le point D est le milieu du segment [EC]. Combien vaut la longueur OD ? Expliquer.

b. Préciser la nature du triangle ODC.

c. Quelle est la mesure de l'angle $\widehat{DOC}$? Expliquer.

d. Sachant que $\tan 30° = \frac{\sqrt{3}}{3}$, montrer que $EC = \frac{2\sqrt{3}}{3}$.

e. En déduire la valeur exacte du périmètre de l'hexagone circonscrit.

4. Déduire des questions précédentes un encadrement du nombre π. Combien de chiffres du nombre π cet encadrement permet-il de connaître ?

DU CÔTÉ DU SITE COMPAGNON

http://www.bordas-myriade.fr

Un travail bien régulier

Les nids d'abeilles sont composés de plusieurs alvéoles en cire adossées les unes aux autres. Ces alvéoles servent à entreposer la nourriture mais aussi d'abri aux œufs, larves et nymphes d'abeilles. Elles ont la forme d'**hexagones réguliers** ce qui n'a pas manqué de susciter quelques questions chez les scientifiques…

- Pourquoi ne pas utiliser des **triangles**, des **carrés**, des **polygones** quelconques ou encore des **cercles** comme modèles pour ces alvéoles ?
- Le choix des hexagones est-il le fruit du hasard ou y a-t-il une nécessité à cela ?

Pour éclaircir ce mystère, rends-toi sur le site compagnon

★ Niveau de difficulté technique ★ Niveau de difficulté mathématique

Avec un ordinateur

★☆☆ ★★☆

1 LA TRANSFORMATION AU RUGBY 45 min

OBJECTIF : *Modéliser une situation réelle à l'aide d'un logiciel de géométrie dynamique pour résoudre un problème.*

Au rugby, quand une équipe marque un essai, elle ajoute 5 points à son score et gagne le droit de tenter de marquer 2 points supplémentaires en tapant un coup de pied de « transformation » qui consiste à faire passer le ballon entre les poteaux adverses.
Pour cela, le ballon est placé n'importe où sur une ligne imaginaire parallèle à la ligne de touche et passant par l'endroit où le ballon a été aplati lors de l'essai.

1. Le joueur qui tente la transformation a-t-il intérêt à se mettre le plus près possible des poteaux ? Expliquer. Afin de déterminer, suivant les cas, la position qui offre un angle de tir maximal, nous allons modéliser la situation.

2. Un terrain de rugby mesure 70 mètres de large. Les poteaux sont centrés sur la largeur et sont espacés de 5,60 mètres.
a. Expliquer pourquoi les extrémités intérieures des poteaux se situent respectivement à 32,2 m et 37,8 m du bord gauche du terrain.
b. Avec un logiciel de géométrie dynamique, nous allons représenter la situation à l'échelle.
Afficher les axes puis utiliser le zoom pour que les graduations 0 et 100 soient visibles sur l'axe des abscisses puis masquer les axes. → Géométrie 21
c. Tracer un segment [AB] de longueur 70. → Géométrie 6
d. Placer les points C et D représentant les poteaux sur le segment [AB] tels que AC = 32,2 et AD = 37,8. → Géométrie 13
e. Pour indiquer l'endroit où a été marqué l'essai, placer un point E sur le segment [AB]. → Géométrie 2
f. Tracer, en pointillés, la droite perpendiculaire à [AB] passant par E. → Géométrie 8
g. Pour indiquer l'endroit d'où sera tapé la transformation, placer un point T sur cette droite.
h. Tracer les segments [TC] et [TD]. → Géométrie 5
i. Marquer et afficher la mesure de l'angle $\widehat{CTD}$. → Géométrie 14
j. Afficher les longueurs AE et ET. → Géométrie 16

3. a. Si l'essai a été marqué à 10 m du bord du terrain (AE = 10), à quelle distance de la ligne d'en-but doit-on approximativement se placer pour que l'angle sous lequel on voit les poteaux soit maximal ? Donner une valeur approchée de cet angle.
b. Même question si l'essai a été marqué à 5 m du bord du terrain.
c. Même question si l'essai a été marqué au niveau de la ligne de touche (à 0 m du bord).
d. Si le joueur tape la transformation à 20 m de la ligne d'en-but, sous quel angle maximal peut-il voir les poteaux ?
Où l'essai aurait-il du être marqué dans ce cas ?
Pourquoi les joueurs essaient-ils, au maximum, de marquer les essais entre les poteaux lorsque cela est possible ?

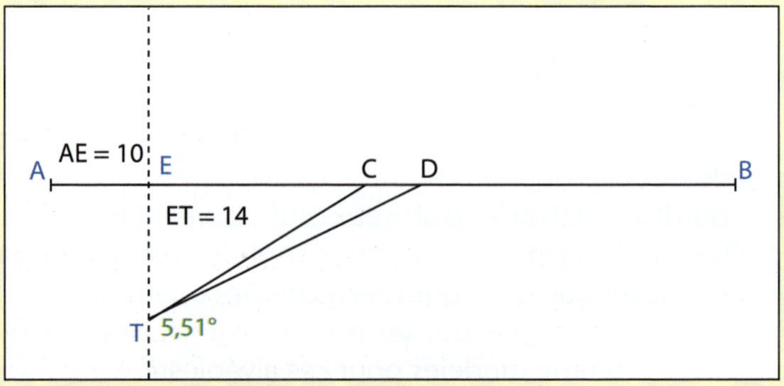

À la fin du manuel, retrouve tes Fiches méthode TICE : Tableur, Géométrie, Calculatrice

★★☆ ★☆☆

2 UNE FORMULE TRIGONOMÉTRIQUE

30 min

OBJECTIF : *Conjecturer à l'aide d'un tableur une formule trigonométrique puis la démontrer.*

Coup de pouce

*Un tableur sait calculer le sinus, le cosinus ou encore la tangente d'un angle, à condition qu'on lui donne cet angle dans une unité bien particulière, le radian. Il existe une fonction permettant de convertir en radians un angle exprimé en degrés, c'est la fonction « **RADIANS()** ».*
Ainsi, si l'on veut calculer le cosinus d'un angle dont la mesure en degrés est dans la cellule D8, on tape la formule « = COS(RADIANS(D8)) ».

1. a. Dans une feuille de calcul d'un tableur, recopier la première ligne du tableau ci-contre et créer dans la colonne A une liste de nombres entiers allant de 0 à 90.
→ Tableur 3

	A	B	C
1	Angle	1/cos²	1+tan²
2	0		
3	1		
4	2		
5	3		
6	4		

b. Dans la cellule B2, entrer une formule permettant de calculer l'inverse du carré du cosinus de l'angle (exprimé en degrés) contenu dans la cellule A2.
Recopier cette formule sur toute la colonne B.
Vérifier que, pour un angle de 45°, on obtient bien 2 sinon chercher l'erreur commise. → Tableur 6

c. Dans la cellule C2, entrer une formule permettant de calculer la somme de 1 et du carré de la tangente de l'angle (exprimé en degrés) contenu dans la cellule A2.
Recopier cette formule sur toute la colonne C.
Vérifier que, pour un angle de 60°, on obtient bien 4 sinon chercher l'erreur commise. → Tableur 6

d. Quelle conjecture peut-on faire ?

2. Prouver cette conjecture en utilisant les deux formules suivantes :

Pour toute mesure d'angle aigu x : • $(\sin x)^2 + (\cos x)^2 = 1$ • $\tan x = \dfrac{\sin x}{\cos x}$

3 LA BOÎTE NOIRE DU CHAPITRE 12

Téléchargement

BOITE NOIRE

Une « boîte noire » est un nouvel outil du logiciel permettant de construire une figure selon un mystérieux programme ! Le but de l'activité est de percer ce mystère…
Pour cela, on peut déplacer les objets mais aussi faire toute nouvelle construction et afficher des longueurs qui aident dans la recherche.

1. Télécharger sur le site compagnon le fichier « boite_noire_12 » et l'ouvrir.
2. Placer deux points A et B et appliquer l'outil nommé « boite_noire_12 » à ces deux points.
3. Écrire sur le cahier le programme de construction permettant d'obtenir le segment apparu.
4. Tester ce programme de construction sur les points A et B et vérifier que l'on retrouve le même segment qu'en utilisant la boîte noire.
5. Est-ce vrai quelles que soient les positions des points A et B ?

Avant de commencer le Chapitre 13

Pour revoir les acquis

Solides de l'espace

1 Associer chaque solide à son nom :

Solide 1	Solide 2	Solide 3	Solide 4	Solide 5	Solide 6
	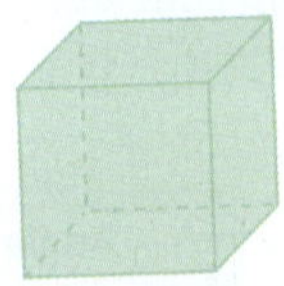	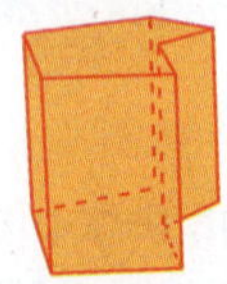	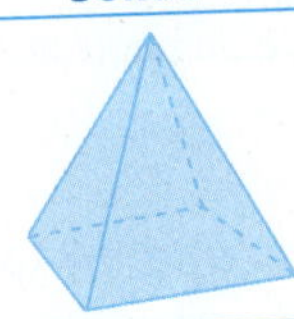	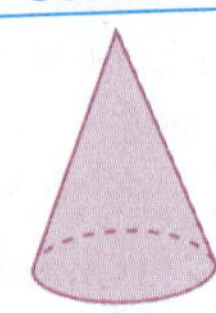	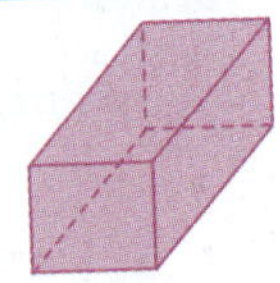

Réponse A	Réponse B	Réponse C	Réponse D	Réponse E	Réponse F
Cube	Parallélépipède rectangle	Prisme droit	Cylindre	Cône	Pyramide

Patrons de solides

2 Laquelle de ces figures est un patron d'un parallélépipède rectangle ?

a.

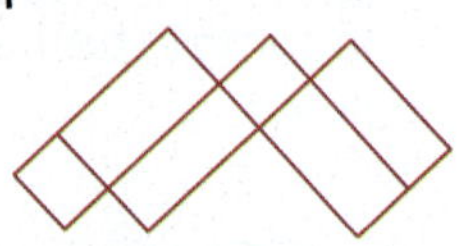

b.

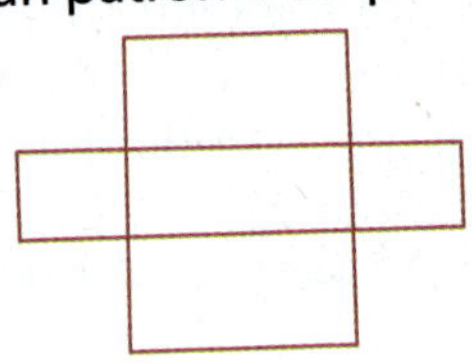

c.

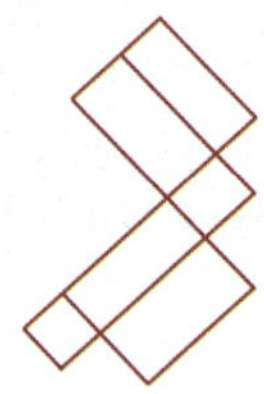

Calcul d'aires

3 L'aire d'un rectangle de largeur 15 cm et de longueur 23 cm est égale à :
a. 76 cm^2 **b.** 172,5 cm^2 **c.** 345 cm^2

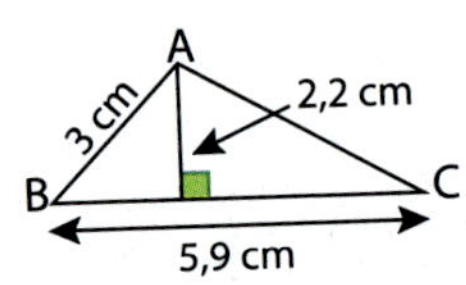

4 L'aire du triangle ABC est égale à :
a. 38,94 cm^2 **b.** 12,98 cm^2 **c.** 6,49 cm^2

5 L'aire d'un disque de rayon 1,2 m est égale à environ :
a. 4,5 m^2 **b.** 7,5 m^2 **c.** 9 m^2

Calcul de volumes

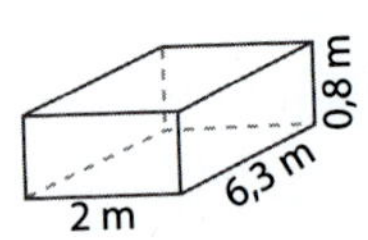

6 Le volume du parallélépipède rectangle ci-contre est égal à :
a. 9,1 m^3 **b.** 10,08 m^3 **c.** 38,48 m^3

7 Le volume d'un cylindre de révolution de hauteur 7 cm et dont le disque de base a pour rayon 3 cm est égal à environ :
a. 198 cm^3 **b.** 132 cm^3 **c.** 66 cm^3

8 Le volume d'un cône de révolution de hauteur 4 m et dont le disque de base a pour rayon 1,8 m est égal à environ :
a. 41 m^3 **b.** 23 m^3 **c.** 14 m^3

9 Le volume d'une pyramide de hauteur 7 cm et de base un carré de côté 2,7 cm est égal à :
a. 25,2 cm^3 **b.** 17,01 cm^3 **c.** 51,03 cm^3

Chapitre 13

Géométrie dans l'espace

Notre planète, la Terre, peut être assimilée à une boule d'aire 510 067 420 km². Elle est surnommée « la planète bleue » car environ 70,8 % de sa surface est recouverte d'eau.

Quelle est, en km², l'aire de la surface occupée par l'eau sur la Terre ?

Je vais apprendre à...

- Étudier la sphère : ► *Exercices 10 à 29*
  - – calculer l'aire d'une sphère
  - – calculer le volume d'une boule SOCLE 3e
- Étudier les sections planes : ► *Exercices 30 à 42*
  - – du cube, du parallélépipède rectangle et du cylindre de révolution SOCLE 3e
  - – du cône de révolution et d'une pyramide
- Connaître l'effet d'une réduction ou d'un agrandissement sur les aires et les volumes SOCLE 3e ► *Exercices 43 à 61*

Activités

1 Sphère et boule

1. Si l'on place un point I sur une feuille de papier, comment appelle-t-on l'ensemble des points de cette feuille qui se trouvent à une distance du point I :

a. égale à 5 cm ? **b.** inférieure ou égale à 5 cm ?

2. Dans l'espace, on distingue deux objets : la **sphère** et la **boule**. Quelles définitions peut-on proposer pour chacun de ces objets ?

2 Aire d'une sphère et volume d'une boule

Téléchargement

Si vous ne disposez pas du logiciel Cabri 3D, vous pouvez télécharger sur le site compagnon les figures dynamiques manipulables utilisées dans cette activité.

Aire d'une sphère

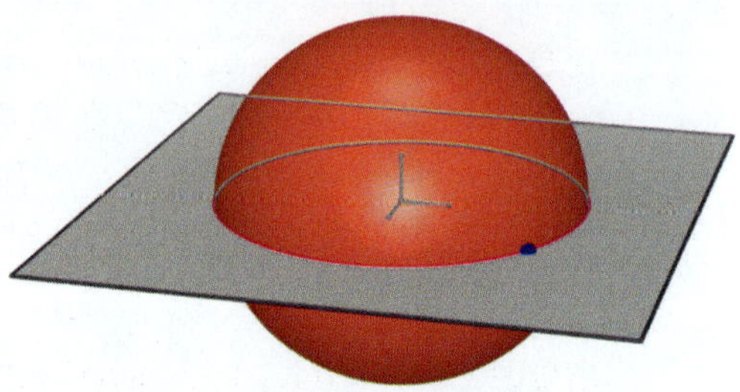

1. Avec le logiciel Cabri 3D :

a. Construire une *sphère* de centre l'origine du repère et passant par un point quelconque du plan affiché. Colorer ce point en bleu.

b. Construire la *courbe d'intersection* entre cette sphère et le plan affiché. Donner et justifier la nature de cette intersection.

c. Afficher l'aire de la sphère et l'aire du disque délimitée par le cercle obtenu à la question **b**.

d. Déplacer le point bleu et essayer d'établir un lien entre ces deux aires.

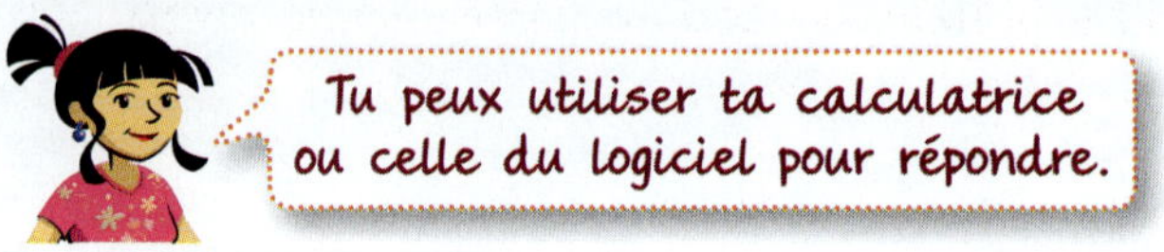

2. À l'aide de la question précédente, conjecturer une formule permettant de calculer l'aire d'une sphère de rayon R.

Volume d'une boule

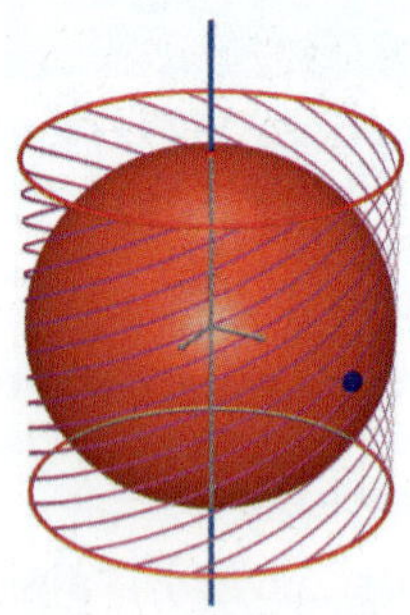

3. Avec le logiciel Cabri 3D :

a. Construire la droite *perpendiculaire* au plan affiché et passant par l'origine du repère.

b. Construire une *sphère* de centre l'origine du repère et passant par un point quelconque du plan affiché. Colorer ce point en bleu.

c. Construire le *segment* ayant pour extrémités les points d'intersection de la sphère et de la droite tracée à la question **a.**

d. Construire le *cylindre autour de ce segment* et passant par le point bleu.

e. Afficher le volume du cylindre et le volume de la boule.

f. Déplacer le point bleu et essayer d'établir un lien entre ces deux volumes.

4. a. Exprimer la hauteur H du cylindre en fonction du rayon R de la boule.

b. À l'aide des questions précédentes, conjecturer une formule permettant de calculer le volume d'une boule de rayon R.

3 Sections d'un parallélépipède rectangle et d'un cylindre

Téléchargement

Pour faciliter le travail dans cette activité, il est possible de télécharger quatre figures dynamiques sur le site compagnon.

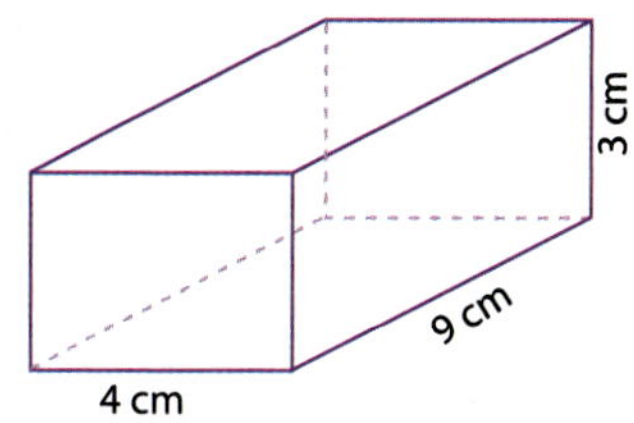

1. Soit le parallélépipède rectangle représenté ci-contre en perspective.
a. Dessiner en vraie grandeur le polygone résultant de la section de ce parallélépipède par un plan parallèle à la face du bas.
b. Dessiner en vraie grandeur le polygone résultant de la section de ce parallélépipède par un plan parallèle à la face avant.

2. Soit un cylindre de hauteur 7 cm et dont le disque de base a pour rayon 3 cm.
a. Dessiner en vraie grandeur la section de ce cylindre par un plan parallèle à sa base.
b. Dessiner en vraie grandeur la section de ce cylindre par un plan perpendiculaire à sa base et qui passe par le centre du disque de base.

4 Sections d'une pyramide et d'un cône

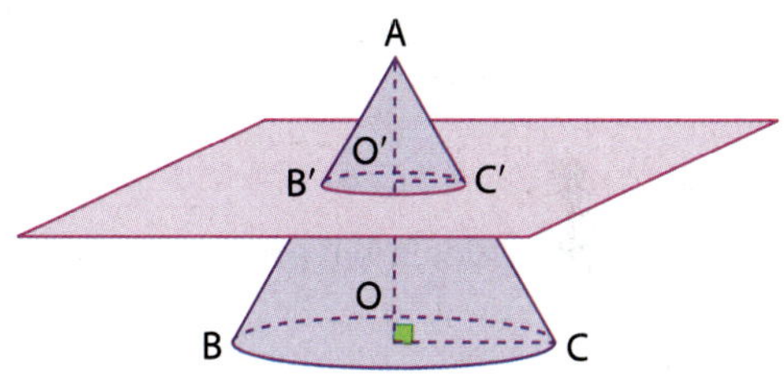

On a représenté ci-contre un cône de révolution. Sa hauteur AO est égale à 10 cm et le rayon de son disque de base est égal à 4 cm.
On coupe ce cône par un plan parallèle à sa base et qui passe par un point O' du segment [AO] tel que AO' = 3 cm.

1. Quelle est la nature de la section du cône par ce plan ?
2. Représenter en vraie grandeur le triangle AOC et placer les points O' et C'.
3. Calculer la longueur O'C'.
4. En déduire le volume du cône de hauteur AO' et dont la base a pour rayon O'C'.

5 Réduction d'un solide

Le barman du *Milkbar* vend des cocktails de fruits servis dans des verres remplis à ras bord ou à mi-hauteur (pour ceux qui ne veulent que goûter). Devant son bar, on peut voir cette affiche.

1. Que peut-on penser de cette offre ?
2. **a.** Le récipient de ce verre a une forme conique. On appelle H la hauteur du cône et R le rayon de son disque de base. Exprimer, en fonction de R et de H :
• le volume V_1 de jus de fruit contenu dans le verre rempli à ras bord ;
• le volume V_2 de jus de fruit contenu dans le verre rempli à mi-hauteur.
b. En déduire la valeur du rapport $\frac{V_2}{V_1}$. Que peut-on en conclure ?
3. Plus généralement, quand on multiplie les dimensions d'un solide par un nombre k, par quel nombre multiplie-t-on son aire et par quel nombre multiplie-t-on son volume ?

Le cours

1 Sphère et boule

DÉFINITIONS
- Une **sphère** de centre O et de rayon R est l'ensemble des points M de l'espace tels que $OM = R$.
- Une **boule** de centre O et de rayon R est l'ensemble des points M de l'espace tels que $OM \leqslant R$.

On peut représenter une sphère en perspective.
Pour représenter un point qui appartient à la sphère, comme le point D, par exemple, on le place sur un cercle de centre O et de même rayon que la sphère. On appelle les cercles de centre O des **grands cercles de la sphère**.
Ici : $OA = OB = OC = OD$.

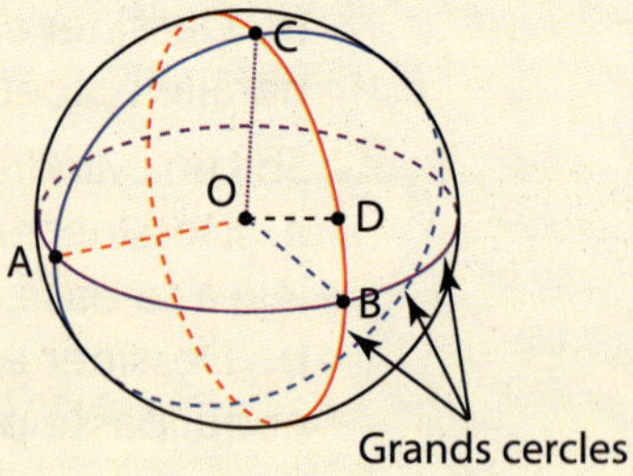

PROPRIÉTÉS
- Une sphère de rayon R a pour aire : $4\pi R^2$
- Une boule de rayon R a pour volume : $\frac{4}{3}\pi R^3$

Exemples

1 L'aire d'une sphère de rayon 5,3 cm est égale à : $4 \times \pi \times 5{,}3^2 \approx 353$ cm².

2 Le volume d'une boule de rayon 2,7 m est égal à : $\frac{4}{3} \times \pi \times 2{,}7^3 \approx 82$ m³.

2 Sections planes de solides

DÉFINITION On appelle **section** d'un solide par un plan l'intersection de ce solide avec ce plan.

a Cube et parallélépipède rectangle

PROPRIÉTÉ La section d'un parallélépipède rectangle (respectivement d'un cube) par un plan parallèle à l'une de ses faces est un rectangle (respectivement un carré) de mêmes dimensions que cette face.

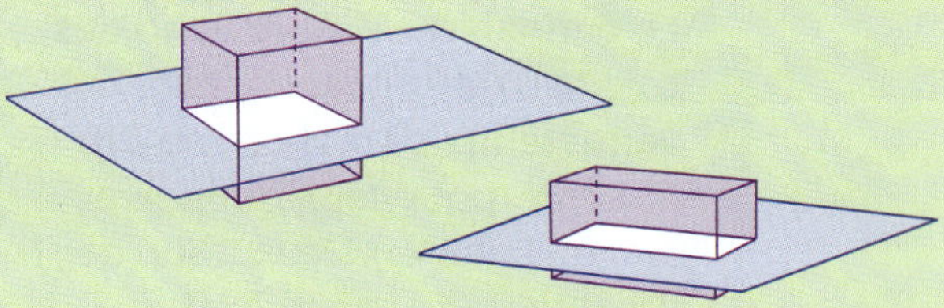

b Cylindre

PROPRIÉTÉ La section d'un cylindre de révolution par un plan parallèle à sa base est un disque de même rayon que le disque de base.

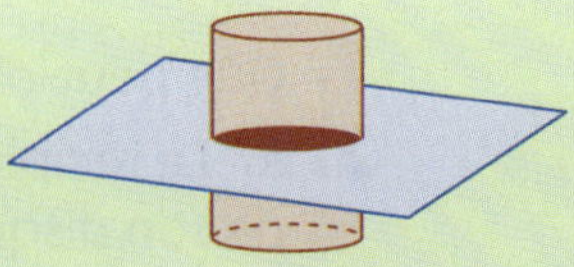

PROPRIÉTÉ La section d'un cylindre de révolution par un plan perpendiculaire à sa base est un rectangle.

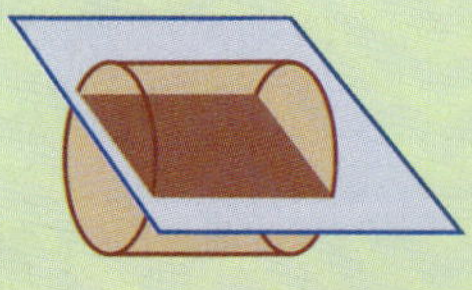

c Cône et pyramide

PROPRIÉTÉ La section d'un cône de révolution par un plan parallèle à sa base est un disque qui est une réduction du disque de base.

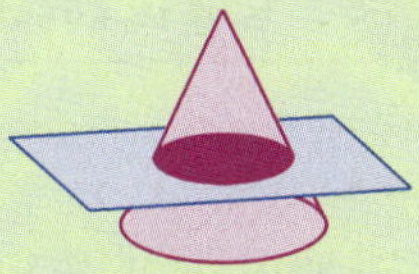

PROPRIÉTÉ La section d'une pyramide par un plan parallèle à sa base est un polygone qui est une réduction du polygone de base.

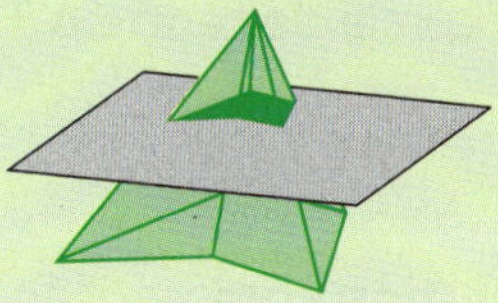

d Sphère

PROPRIÉTÉ La section d'une sphère (respectivement d'une boule) par un plan est un cercle (respectivement un disque).

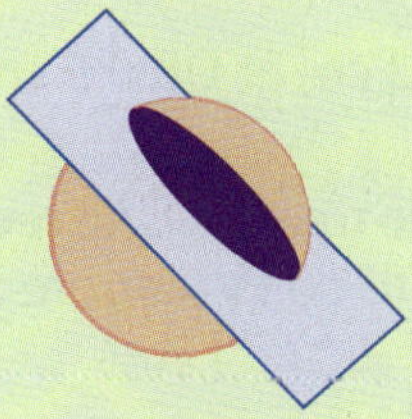

3 Agrandissement et réduction

DÉFINITIONS
- **Réduire** les dimensions d'une figure ou d'un solide, c'est multiplier ses dimensions par un nombre compris entre 0 et 1.
- **Agrandir** les dimensions d'une figure ou d'un solide, c'est multiplier ses dimensions par un nombre supérieur à 1.

PROPRIÉTÉ Quand on multiplie les dimensions d'une figure ou d'un solide par un nombre k, son aire est multipliée par k^2.

Exemple

On réduit cette figure en multipliant ses dimensions par 0,4.

L'aire de ce polygone est 7 cm². → L'aire est également réduite. Elle est multipliée par $0{,}4^2$. → L'aire de ce polygone est 1,12 cm² ($7 \times 0{,}4^2 = 1{,}12$).

PROPRIÉTÉ Quand on multiplie les dimensions d'un solide par un nombre k, son volume est multiplié par k^3.

Exemple

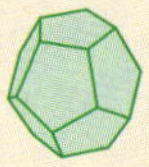

On agrandit ce solide en multipliant ses dimensions par 1,5.

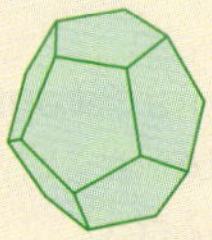

Le volume de ce solide est 4 cm³. → Le volume est également augmenté. Il est multiplié par $1{,}5^3$. → Le volume de ce solide est 13,5 cm³ ($4 \times 1{,}5^3 = 13{,}5$).

1 Calculer une longueur dans un solide

Animation

Énoncé

(S) est une sphère, de centre O et de rayon 5 cm, coupée par un plan (P). On obtient ainsi un cercle de centre A. On sait que OA = 3 cm. Quel est le rayon du cercle de centre A ?

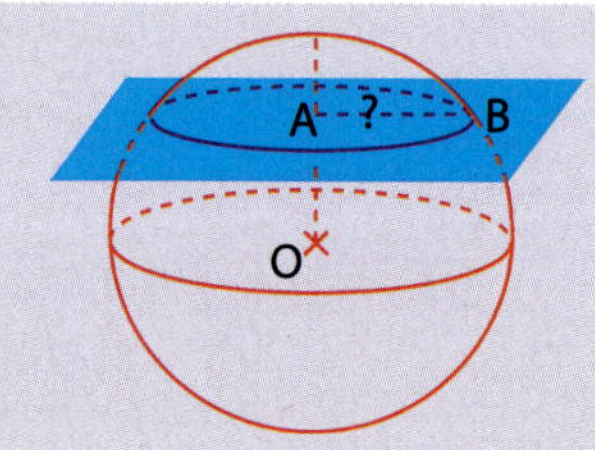

Solution commentée

On se place dans un plan qui contient la longueur cherchée et qui va permettre de la déterminer. Ici, on va se placer dans le plan qui contient les points O, A et B.

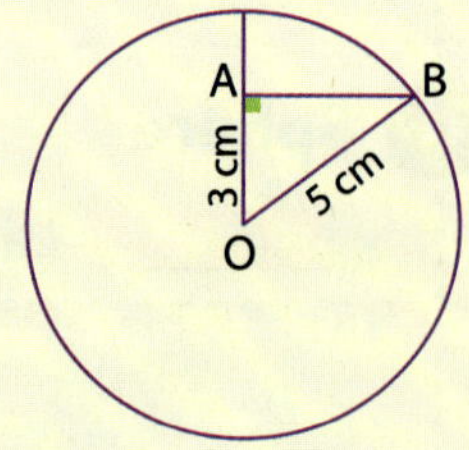

OA = 3 cm et OB = 5 cm car B est un point de la sphère.

Dans le triangle OAB rectangle en A, on écrit l'égalité de Pythagore :

$OB^2 = OA^2 + AB^2$

$5^2 = 3^2 + AB^2$

$25 = 9 + AB^2$

$25 - 9 = AB^2$

$AB^2 = 16$,

donc AB = 4 cm.

Le rayon du cercle d'intersection de la sphère (S) avec le plan (P) est donc égal à 4 cm.

Avec les TICE

Les logiciels de géométrie dynamique 3D (comme Cabri 3D par exemple) permettent d'obtenir directement un plan de coupe dans lequel il est intéressant de se placer pour calculer des longueurs.

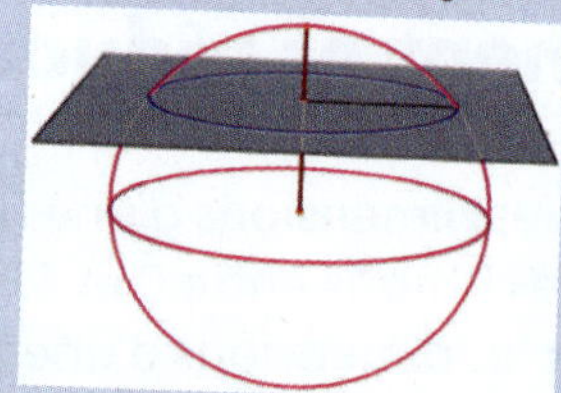

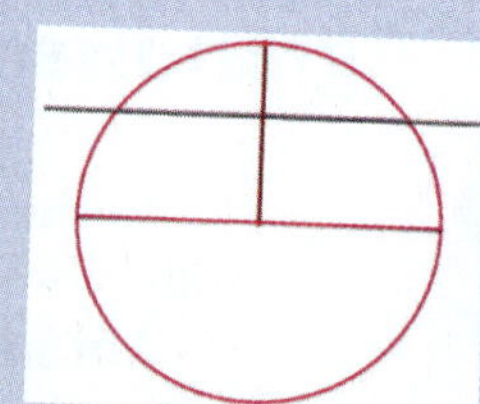

Exercices d'application

1 ABCDEFGH est un parallélépipède rectangle :

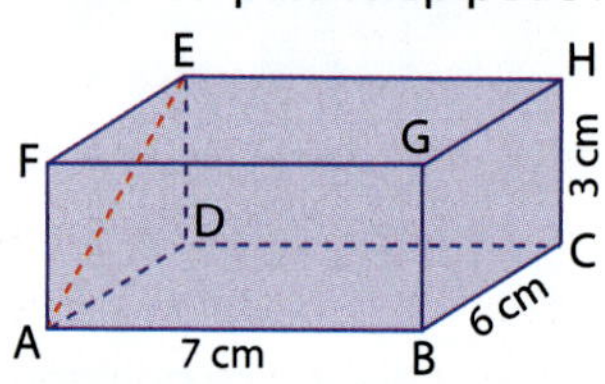

1. Quelle est la nature du quadrilatère ADEF ?
2. Dessiner ADEF en vraie grandeur.
3. Quelle est la nature du triangle ADE ? Expliquer.
4. **a.** En déduire la valeur exacte de AE.
   b. Donner l'arrondi au millimètre de AE.

2 On a représenté ci-contre un cône de révolution de hauteur 7 cm et de base le disque de rayon 2 cm.

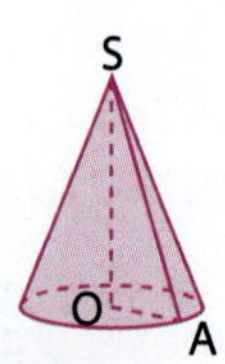

1. Quelle est la nature du triangle SOA ? Expliquer.
2. Représenter en vraie grandeur le triangle SOA.
3. En déduire l'arrondi au millimètre de la longueur SA.

3 ABCDEFGH est un cube de côté 3 cm.

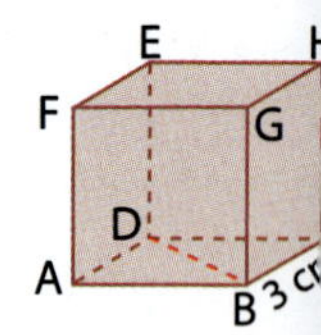

1. **a.** Quelle est la nature du triangle ABD ? Expliquer.
   b. Dessiner la face ABCD en vraie grandeur.
2. **a.** En déduire la valeur exacte de DB.
   b. Donner l'arrondi au millimètre de DB.
3. **a.** Quelle est la nature du quadrilatère EDBG ?
   b. Dessiner EDBG en vraie grandeur.
4. **a.** Quelle est la nature du triangle DBG ?
   b. En déduire l'arrondi au millimètre de DG.

4 **Vu au BREVET**

ABCDEFGH est un parallélépipède rectangle. On donne AE = 3 m ; AD = 4 m ; AB = 6 m.

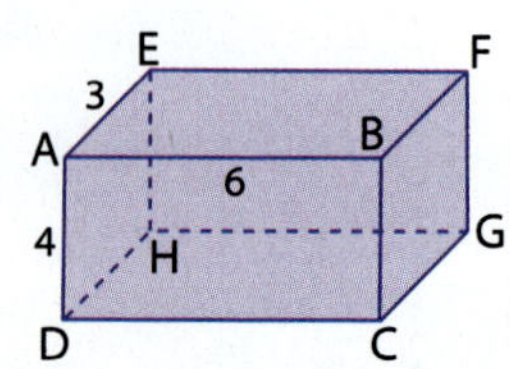

1. Calculer EG.
2. En considérant le triangle EGC rectangle en G, calculer [EC].

D'après Aix-Marseille, Corse, Montpellier, Nice, Toulouse, 2005

Voir aussi les Exercices 30 à 61

2 Représenter en vraie grandeur une section de solide

Animation

Énoncé : Soit un cône de révolution, de hauteur 8 cm et de base un disque de rayon 3,2 cm. On coupe ce cône par un plan parallèle à sa base à 3 cm de son sommet.
Dessiner en vraie grandeur la section du cône par ce plan.

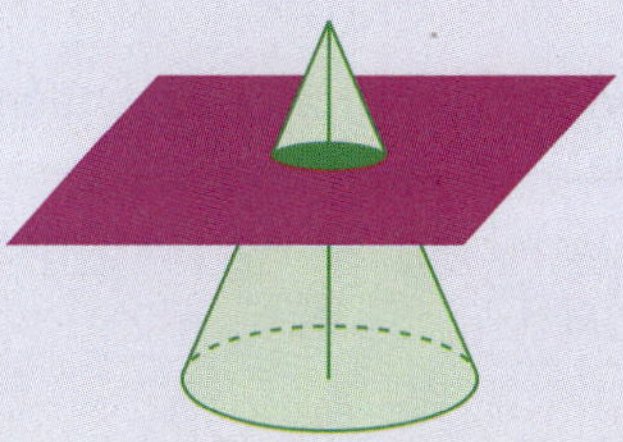

Solution commentée

On travaille dans le plan perpendiculaire au disque de base et contenant l'axe du cône.
On a ainsi la figure suivante :

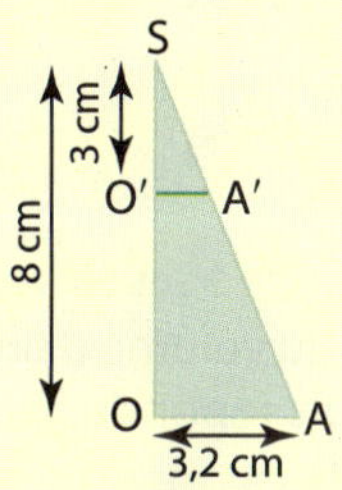

Dans le triangle SOA,
- O' ∈ [SO],
- A' ∈ [SA],
- (O'A') // (OA).

D'après le théorème de Thalès : $\frac{SO'}{SO}=\frac{SA'}{SA}=\frac{O'A'}{OA}$.

On en déduit donc que : $\frac{3}{8}=\frac{SA'}{SA}=\frac{O'A'}{3,2}$

et $O'A'=\frac{3,2\times 3}{8}=1,2$.

Le rayon du disque d'intersection est 1,2 cm. On peut alors tracer ci-contre la section demandée.

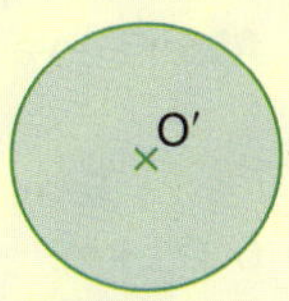

Avec les TICE

Les logiciels de géométrie dynamique 3D permettent d'obtenir différentes vues des solides et de leurs sections.

Vue de haut

Vue de face

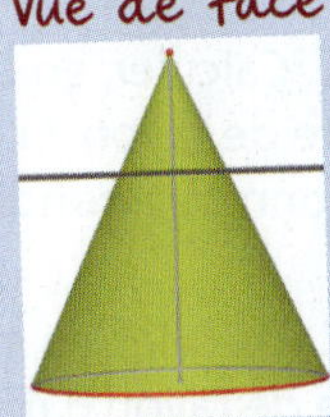

Exercices d'application

5 ABCDEFGH est un parallélépipède rectangle de hauteur 7 cm et dont la base a pour dimensions 4 cm et 6 cm.

1. Représenter en vraie grandeur la section de ce solide par un plan parallèle à sa base.

2. Représenter en vraie grandeur la section de ce solide par un plan perpendiculaire à sa base.

6 Soit un cylindre de révolution de hauteur 8 cm et dont le disque de base a pour rayon 3 cm.
Représenter en vraie grandeur la section de ce cylindre par un plan perpendiculaire à sa base et qui passe par le centre du disque de base.

7 Soit une pyramide de hauteur 8 cm et dont la base est un carré de côté 5 cm.
Représenter en vraie grandeur la section de ce solide par un plan parallèle à sa base et coupant la hauteur de la pyramide à 5 cm du sommet.

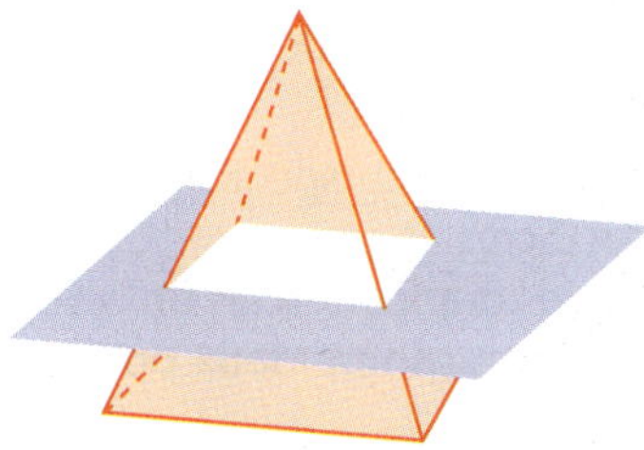

8 Soit un cône de révolution de hauteur 10 cm et dont le disque de base a pour rayon 4 cm.
Représenter en vraie grandeur la section de ce solide par un plan parallèle à sa base et coupant la hauteur de ce cône à 8 cm du sommet.

9 **Vu au BREVET**

On a empilé et collé six cubes de 4 cm d'arête et un prisme droit de façon à obtenir le solide représenté ci-dessous. La hauteur du prisme est égale à la moitié de l'arête des cubes.

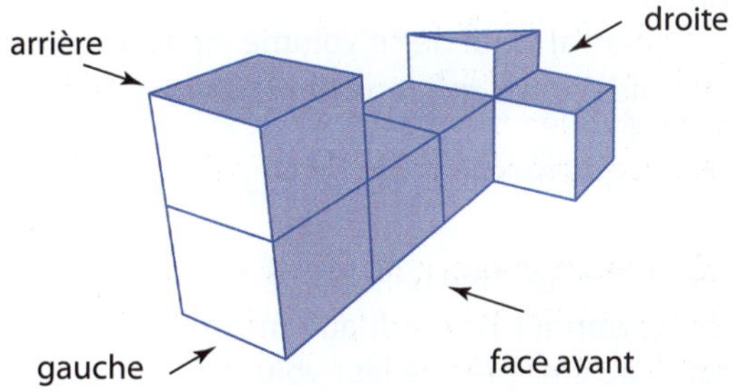

Dessiner en vraie grandeur une vue de l'arrière du solide.

D'après Amérique du Nord, 2011

Voir aussi les Exercices 30 à 42

Exercices d'entraînement

Étude de la sphère :
– calcul de l'aire d'une sphère ;
– calcul du volume d'une boule. SOCLE 3e

POUR COMMENCER

10 On a représenté ci-dessous une sphère de centre O et de rayon 4 cm. Donner, lorsque cela est possible, les longueurs suivantes :

a. OA **b.** OB
c. OK **d.** OC
e. AI **f.** AK
g. KI **h.** JK
i. OJ **j.** BK

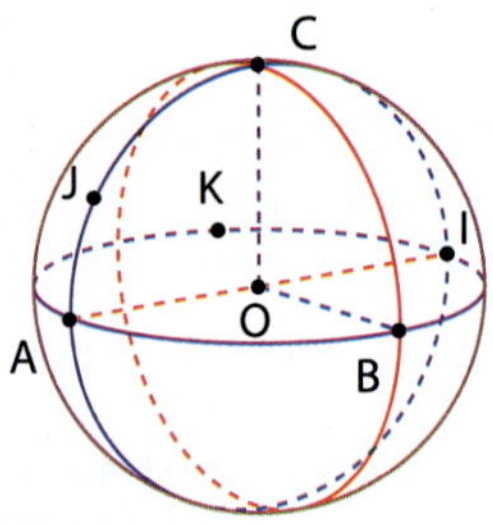

11 VRAI ou FAUX
Les points O, A, B et C sont quatre points de l'espace tels que : OA = 5 cm ; OB = 3,4 cm ; OC = 7 cm.
a. A appartient à la sphère de centre O et de rayon 5 cm.
b. B appartient à la sphère de centre O et de rayon 5 cm.
c. C appartient à la sphère de centre O et de rayon 5 cm.
d. A appartient à la boule de centre O et de rayon 5 cm.
e. B appartient à la boule de centre O et de rayon 5 cm.
f. C appartient à la boule de centre O et de rayon 5 cm.

12 **1.** Représenter en perspective une sphère de centre O et de rayon 3 cm.
2. Tracer un des grands cercles de cette sphère.
3. Placer sur cette sphère deux points A et B diamétralement opposés.

13 Un cylindre de révolution a pour base un disque de rayon 5 cm et a pour hauteur 21 cm.
Combien de boules de 4,5 cm de rayon peut-on faire entrer entièrement dans ce cylindre ?

14 **1. a.** Calculer, en cm², l'aire d'une sphère de rayon 3 cm.
b. Donner l'arrondi de cette aire au dixième de cm².
2. a. Calculer, en m², l'aire d'une sphère de diamètre 8,6 m.
b. Donner l'arrondi de cette aire au dixième de m².

15 **1. a.** Calculer, en cm³, le volume d'une boule de rayon 5 cm.
b. Donner l'arrondi de ce volume au dixième de cm³.
2. a. Calculer, en m³, le volume d'une boule de diamètre 3,4 m.
b. Donner l'arrondi de ce volume au dixième de m³.

16 Pour chacun des ballons de forme sphérique ci-dessous, donner l'arrondi au cm² près de leur aire et l'arrondi au cm³ près de leur volume :
a. un ballon de football de diamètre 22 cm ;
b. un ballon de volley-ball de rayon 10,5 cm ;
c. un ballon de handball de diamètre 19 cm ;
d. un ballon de basket-ball de rayon 12 cm.

17 **1.** À la pétanque, le cochonnet a la forme d'une boule de 27 mm de diamètre.
a. Donner, en cm², un arrondi au dixième de l'aire de ce cochonnet.
b. Donner, en cm³, un arrondi à l'unité du volume de ce cochonnet.
2. Une boule de pétanque a un rayon de 37 mm.
a. Donner, en cm², un arrondi au dixième de l'aire de cette boule.
b. Donner, en cm³, un arrondi au centième du volume de cette boule.

18 Un ballon de water-polo a une circonférence comprise entre 68 cm et 71 cm.
1. En déduire une valeur possible de son rayon.
2. Calculer alors l'arrondi au cm² de son aire et l'arrondi au cm³ de son volume.

19 Chercher l'erreur
Le professeur Myriadus a donné cet exercice à ses élèves : « Calculer, en m³, l'arrondi au millième du volume d'une boule de diamètre 13 dm ». Voici ce qu'a répondu Léo :

13 dm = 1,3 m
Je calcule $V = \frac{4}{3} \times \pi \times 1{,}3^3 \approx 9\ m^3$.

Le professeur lui conseille de reprendre ses calculs car le résultat qu'il a obtenu est faux.
Aider Léo à se corriger.

20 La Terre peut être assimilée à une boule de rayon 6 371 km.
1. a. Calculer l'arrondi au km² de l'aire de la Terre.
b. Sachant qu'environ 71 % de la surface de la Terre est recouverte d'eau, quelle est l'aire totale des différents continents sur Terre ?
2. Calculer en km³ le volume approximatif de la Terre.

21 **1.** Calculer, en cm², la valeur exacte de l'aire d'une sphère de rayon 7 cm.
2. Donner l'arrondi au centième de cette aire.

22 **1.** Calculer, en m³, la valeur exacte du volume d'une boule de rayon 6 m.
2. Donner l'arrondi au millième de ce volume.

23 On considère deux solides :
- ***solide A*** : un cylindre de révolution de hauteur 8 cm et dont le disque de base a pour rayon 3 cm ;
- ***solide B*** : une boule de rayon 3,8 cm.

Quel est le solide le plus volumineux ?

24 On considère deux solides :
- ***solide A*** : un cône de révolution de hauteur 15 m et dont le disque de base a pour rayon 7,5 m ;
- ***solide B*** : une boule de rayon 6 m.

Quel est le solide le plus volumineux ?

25 Classer ces trois solides du plus volumineux au moins volumineux :
- ***solide A*** : une pyramide régulière à base carrée de côté 5 cm et de hauteur 7 cm ;
- ***solide B*** : une boule de diamètre 4,8 cm ;
- ***solide C*** : un pavé droit de dimensions 2,3 cm ; 6,1 cm et 4,2 cm.

26 **QCM**

Qu'est-ce qui est le plus volumineux ?

ⓐ 2 boules de rayon 4 cm.

ⓑ 3 boules de rayon 3 cm.

ⓒ 4 boules de rayon 2 cm.

ⓓ 5 boules de rayon 1 cm.

27 On a représenté ci-contre un mini-cornet de glace composé d'un cône et d'une demi-boule.

Calculer le volume total de ce cornet.

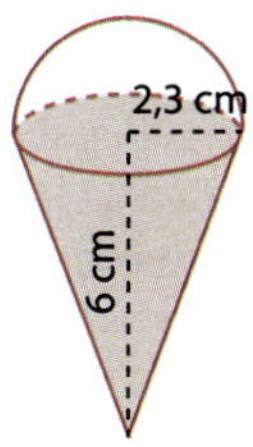

28 Une boule a une aire égale à $92{,}16\pi$ dm^2.

1. Calculer la valeur exacte de son volume.

2. Donner l'arrondi au dm^3 de cette valeur.

29 On dispose :
- d'un verre de forme cylindrique de hauteur 8 cm et dont le disque de base a pour rayon 4 cm ;
- d'un verre de forme conique de hauteur 8 cm et dont le disque de base a pour rayon 4 cm ;
- et d'une boule de rayon 4 cm.

1. Calculer le volume exact de chacun de ces solides.

2. On met la boule dans le verre cylindrique, puis on remplit d'eau le verre conique à ras-bord et on verse cette eau dans le verre cylindrique.
Quelle est alors la hauteur d'eau dans le verre cylindrique ?

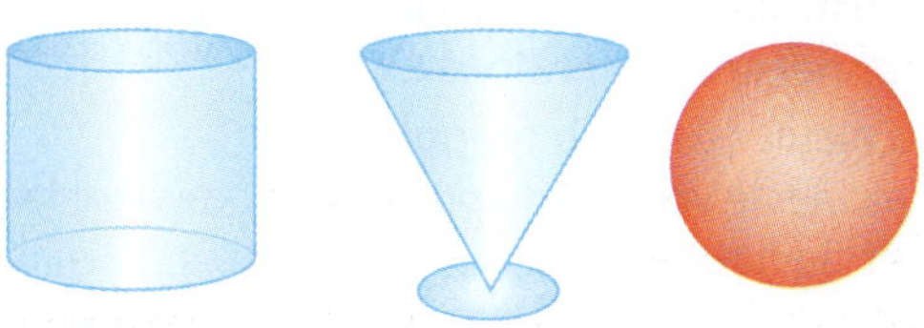

Sections de solides :
– du cube, du parallélépipède rectangle et du cylindre de révolution ; SOCLE 3e
– du cône de révolution et d'une pyramide.

POUR COMMENCER

30 Déterminer, dans chaque cas, la nature de la section du solide donné par le plan représenté :

a. *Cube* 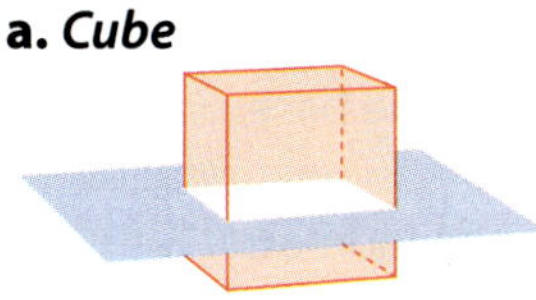	**b.** *Pavé droit* 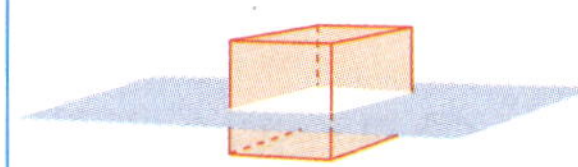
c. *Pyramide à base carrée* 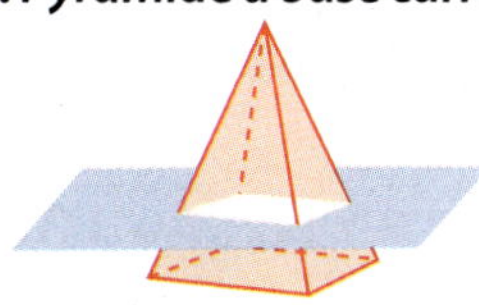	**d.** *Pavé droit* 

31 Déterminer, dans chaque cas, la nature de la section du solide donné par le plan représenté :

a. *Cylindre de révolution* 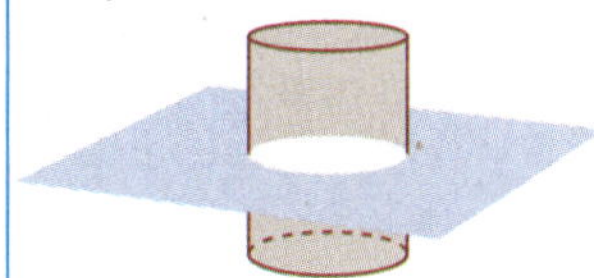	**b.** *Cylindre de révolution* 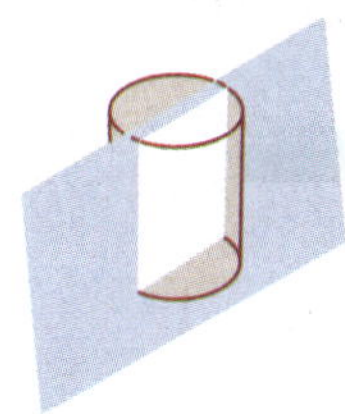
c. *Cône de révolution* 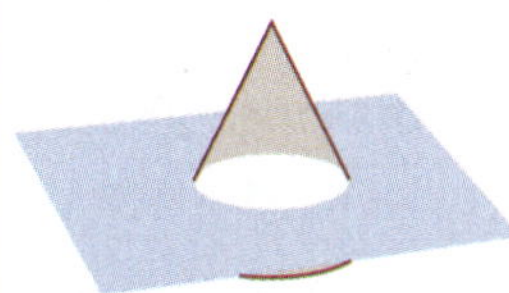	**d.** *Sphère* 

32 Un pavé droit a une base de dimensions 7 cm et 11 cm et une hauteur de 3 cm.

1. Préciser la nature et les dimensions de la section de ce solide par un plan parallèle à sa base.

2. Préciser la nature et les dimensions de la section de ce solide par un plan perpendiculaire à sa base.

33 Représenter en vraie grandeur la section d'un cube d'arête 4 cm par un plan parallèle à l'une de ses faces.

34 Un parallélépipède rectangle a une base de dimensions 4,8 cm et 6,9 cm et une hauteur de 5,3 cm.

1. Représenter en vraie grandeur la section de ce solide par un plan parallèle à sa base.

2. Préciser la nature et les dimensions de la section de ce solide par un plan perpendiculaire à sa base.

35 Représenter en vraie grandeur la section d'un cylindre de révolution de hauteur 5 cm et dont le disque de base a un rayon de 3,7 cm par un plan parallèle à sa base.

36 On considère un cylindre de révolution de hauteur 7 cm et dont le disque de base a un rayon de 4 cm. On coupe ce cylindre par un plan qui coupe perpendiculairement un rayon du disque de base à 2 cm du centre du disque.

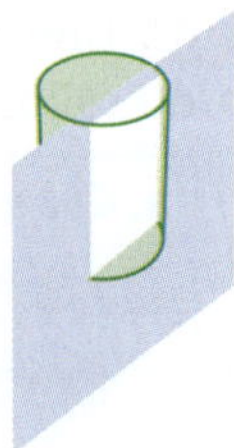

1. Quelle est la nature de la section du cylindre par ce plan ?

2. Pour trouver les dimensions de cette section, on travaille dans le disque de base dans lequel on veut calculer la longueur AC.

a. Déterminer OC et OB.

b. En déduire BC.

c. Déterminer AC.

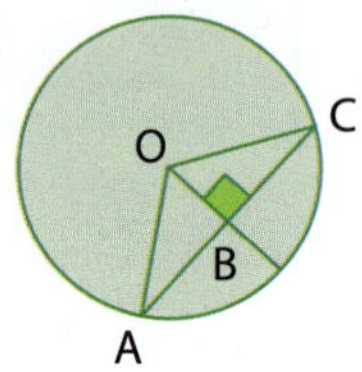

3. Représenter en vraie grandeur la section du cylindre par ce plan.

37 On considère la pyramide régulière à base carrée SABCD de hauteur 8 cm et telle que la diagonale du carré ABCD mesure 5 cm. Le point O est le centre du carré ABCD. On coupe cette pyramide par un plan parallèle à sa base et qui coupe [SO] en P, tel que SP = 6 cm. On appelle A′ le point d'intersection du plan avec l'arête [SA].

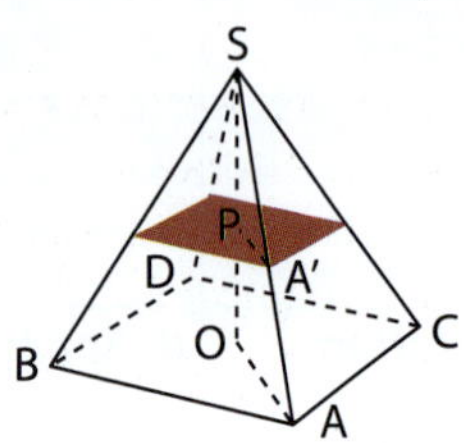

1. Représenter en vraie grandeur le triangle SOA et y placer les points P et A′.

2. Calculer PA′.

3. En déduire le tracé en vraie grandeur de la section du plan avec la pyramide SABCD.

38 On considère un cône de révolution de sommet S. On appelle O le centre de son disque de base et A un des points de ce disque. On donne OA = 4,8 cm et OS = 8,4 cm.

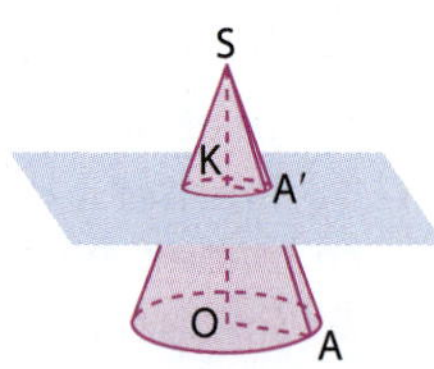

On coupe ce cône par un plan parallèle à sa base. Ce plan coupe la hauteur [SO] en un point K tel que SK = 3,5 cm. On appelle A′ le point d'intersection du plan et de l'arête [SA].

1. Quelle est la nature de cette section ?

2. Représenter en vraie grandeur le triangle SOA et placer les points K et A′ dans ce triangle.

3. Calculer KA′.

4. Représenter en vraie grandeur la section du plan avec le cône.

39 On coupe une sphère de centre O et de rayon 5 cm par un plan. On appelle O′ le centre du cercle de section et A un point de ce cercle. On a OO′ = 3 cm.

1. Représenter la sphère en perspective.

2. Représenter en vraie grandeur le triangle OO′A.

3. En déduire la longueur O′A.

40 Vu au **BREVET**

On a SB = 5 cm ; AC = 6 cm.
Dessiner en vraie grandeur le carré ABCD, ainsi que les triangles SOB et SBC.

Nantes, 1996

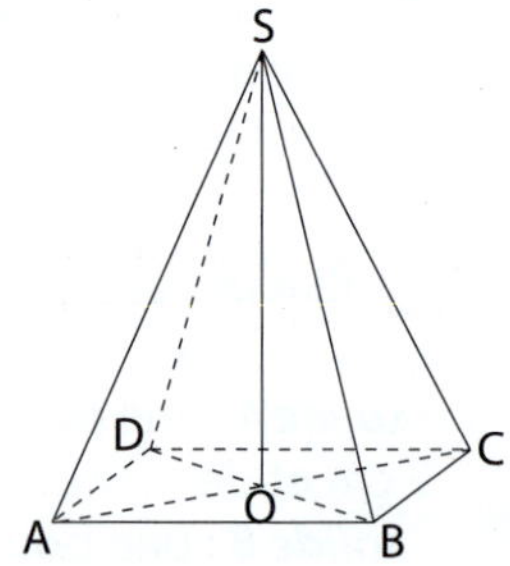

41 On considère une pyramide de hauteur SB = 7 cm dont la base est un triangle ABC rectangle en A tel que AB = 3 cm et AC = 4 cm.

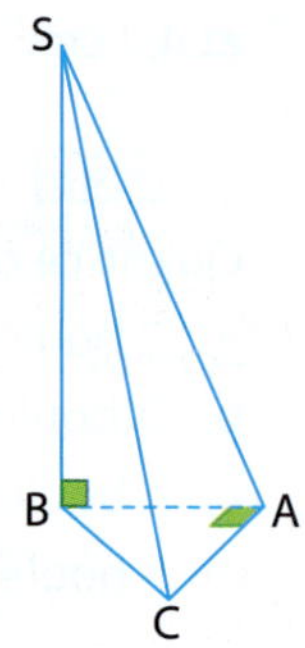

1. Construire un patron de cette pyramide.

2. Calculer le volume de cette pyramide.

3. On coupe la pyramide par un plan parallèle à la base ; on obtient les points B′ sur [SB], A′ sur [SA] et C′ sur [SC] tels que $\frac{SB'}{SB} = \frac{3}{7}$.

a. Quelle est la nature du triangle A′B′C′ ?

b. Calculer le volume de la pyramide SA′B′C′.

On donnera la valeur exacte, puis la valeur arrondie au mm^3.

42 Vu au **BREVET**

Le cube représenté ci-contre est un cube d'arête 6 cm (*la figure n'est pas aux dimensions réelles*).

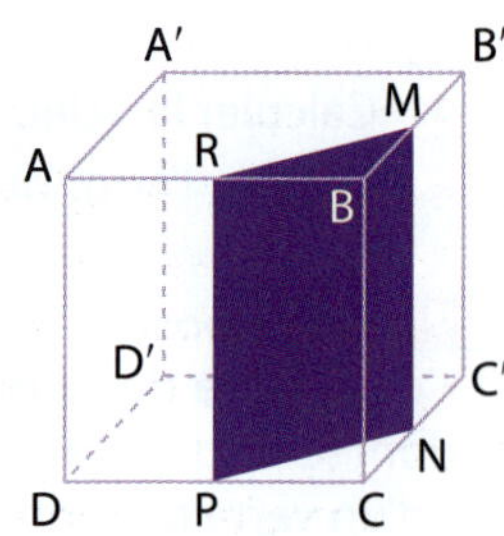

On considère :

- le point M milieu de l'arête [BB′],
- le point N milieu de l'arête [CC′],
- le point P milieu de l'arête [DC],
- le point R milieu de l'arête [AB].

1. a. Quelle est la nature du triangle BRM ?

b. Construire ce triangle en vraie grandeur.

c. Calculer la valeur exacte de RM.

2. On coupe le cube par le plan passant par R et parallèle à l'arête [BC]. La section est le quadrilatère RMNP.

a. Quelle est la nature de la section RMNP ?

b. Construire RMNP en vraie grandeur.

c. Donner ses dimensions exactes.

3. a. Calculer l'aire du triangle RBM.

b. Calculer le volume du prisme droit de base le triangle RBM et de hauteur [BC].

Amérique du Sud, 2009

Agrandissements et réductions — SOCLE 3e

POUR COMMENCER

43 Quand on multiplie les dimensions d'un rectangle par 0,5, par combien multiplie-t-on son aire ?

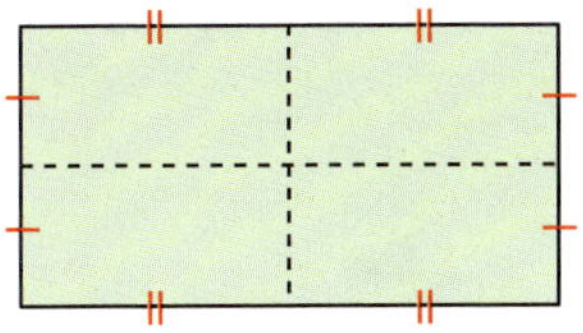

44 Quand on multiplie les dimensions d'un pavé droit par 0,5, par combien multiplie-t-on son volume ?

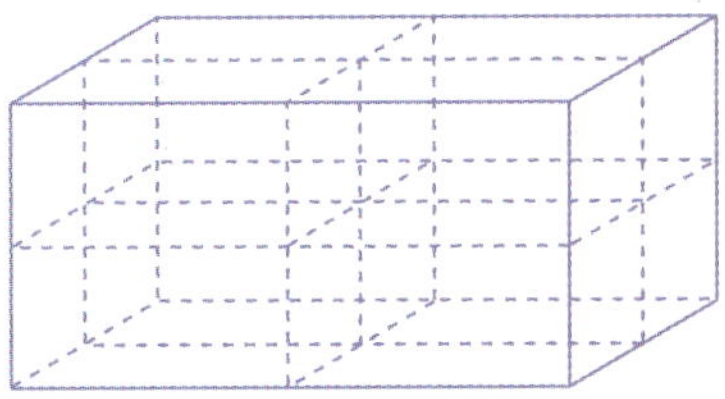

45 On a multiplié les dimensions d'un solide par différents nombres. Préciser dans chaque cas s'il s'agit d'un agrandissement ou d'une réduction :
a. 2,5 **b.** 0,3 **c.** 1,2 **d.** 0,95

46 On agrandit un solide en multipliant ses dimensions par 3.
1. Par quel nombre est multiplié son aire ?
2. Par quel nombre est multiplié son volume ?

47 On réduit un solide en multipliant ses dimensions par 0,8.
1. Par quel nombre est multiplié son aire ?
2. Par quel nombre est multiplié son volume ?

48 Un rectangle a pour dimensions 56 cm et 24 cm.
1. Calculer le périmètre et l'aire de ce rectangle.
2. On réalise une réduction de ce rectangle en multipliant ses dimensions par 0,4.
a. Calculer le périmètre et l'aire de ce nouveau rectangle.
b. Calculer les dimensions de ce nouveau rectangle et vérifier ainsi les résultats donnés au **a.**

49 On a agrandi un disque de rayon 5 cm. Son aire a été multipliée par 9. Quel est le rayon du nouveau disque ?

50 On a réduit un polygone de périmètre 16 m. Son aire a été multipliée par 0,64. Quel est le périmètre du nouveau polygone ?

51 Un rectangle ABCD a pour dimensions 17 m et 5 m. On réalise une réduction à l'échelle de ce rectangle. On obtient ainsi un nouveau rectangle EFGH dont l'aire est égale à 3,4 m^2. Quelles sont les dimensions du rectangle EFGH ?

52 Un cylindre a un disque de base de rayon 5 cm et pour hauteur 8 cm.
1. Calculer, en cm^3, la valeur exacte du volume de ce cylindre. En donner une valeur approchée au dixième.
2. On réalise un agrandissement de ce cylindre en multipliant ses dimensions par 3.
a. Quel est le volume de cet agrandissement ?
b. Calculer les dimensions de cet agrandissement et vérifier ainsi les résultats obtenus au **a.**

53 On a réduit un cône en multipliant ses dimensions par 0,4.
1. Par combien a-t-on multiplié son volume ?

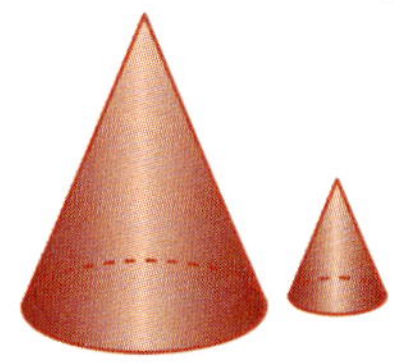

2. Le volume du petit cône est de 16 cm^3.
Quel est le volume du grand cône ?
3. Par quel nombre faut-il multiplier l'aire du petit cône pour obtenir celle du grand cône ?

54 Un pavé droit a pour dimensions 7 cm, 14 cm et 9 cm. On réalise une réduction de ce pavé droit. On obtient ainsi un nouveau pavé dont le volume est égal à 110,25 cm^3. Quelles sont les dimensions du nouveau pavé droit ?

55 **VRAI ou FAUX**
- Si l'on multiplie les dimensions d'une sphère par 2, alors on multiplie son aire par 4.
- Si l'on multiplie les dimensions d'une boule par 2, alors on multiplie son volume par 6.
- Si l'on divise l'aire d'une sphère par 4, alors on divise ses dimensions par 16.

56 Une sphère S_1 a pour rayon 3 cm. Une sphère S_2 a pour aire $92{,}16\pi$ cm^2.
1. Calculer l'aire de S_1.
2. Quel est le coefficient d'agrandissement qui permet de passer de la petite sphère à la grande ?
3. Quel est le coefficient de réduction qui permet de passer de la grande sphère à la petite ?
4. Quel est le rayon de S_2 ?
5. Donner les valeurs exactes des volumes des sphères S_1 et S_2.

57 **Chercher l'erreur**
Cléophée a rédigé la solution de l'exercice suivant :
« Le volume d'une boule est d'environ 2 m^3. Quel est le volume d'une boule dont le rayon serait quatre fois plus petit ? ». Cette solution est-elle juste ? Sinon, la corriger.

2 : 4 = 0,5
Le volume de cette boule serait de 0,5 m^3, c'est-à-dire 500 dm^3.

58 SABCD est une pyramide régulière à base carrée telle que AB = 3 cm et SO = 5 cm.

1. Calculer le volume de cette pyramide SABCD.

2. On sectionne cette pyramide par un plan parallèle à sa base. Ce plan coupe [SO] en O′ et les arêtes de la pyramide en E, F, G et H. On a SO′ = 2 cm.

a. Quelle est la nature du solide SEFGH ?

b. Calculer le volume de ce solide.

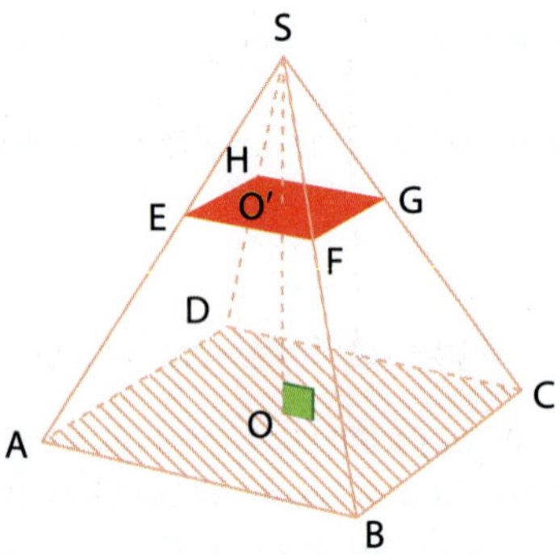

59 On considère un cône de révolution de hauteur SO = 12 cm et dont le disque de base a pour rayon 5 cm.

1. Calculer le volume de ce cône.

2. On sectionne ce cône par un plan parallèle à sa base qui coupe [SO] en O′ de telle sorte que SO′ = 4 cm. Calculer le volume du cône de hauteur SO′ ainsi défini.

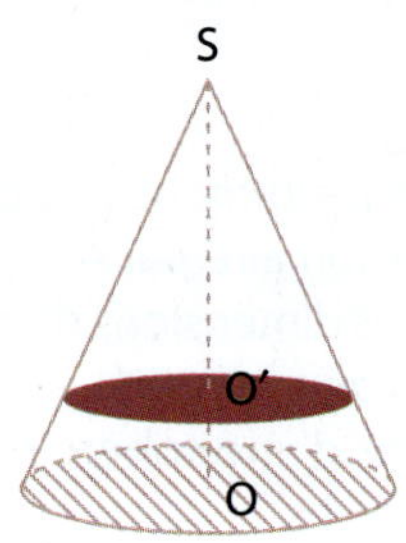

60 On a sectionné une pyramide par un plan parallèle à sa base qui coupe chacune des arêtes partant du sommet à son tiers. Le volume de la grande pyramide est de 96,12 m^3. Quel est le volume de la petite pyramide ?

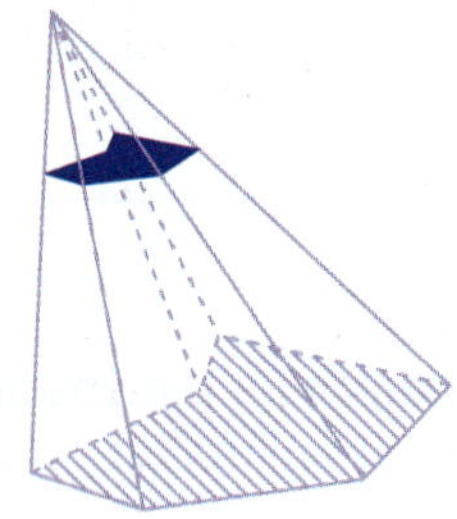

61 **Vu au BREVET**

Un tajine est un plat composé d'une assiette circulaire et d'un couvercle en forme de cône qui s'emboîte parfaitement dans l'assiette.
L'assiette de ce tajine a un rayon [OA] qui mesure 15 cm et la génératrice du cône [SA] mesure 25 cm.

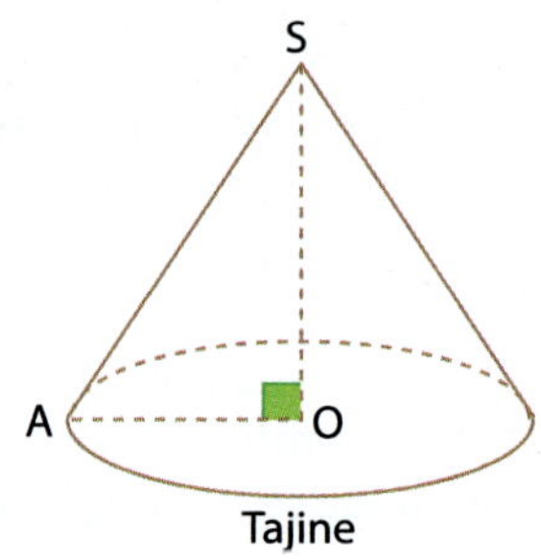

1. Calculer la hauteur OS du cône.

2. Montrer que la valeur exacte du volume V du cône est égal à 1 500π cm^3.

3. Un modèle réduit de ce tajine a une assiette de rayon 6 cm.

a. Déterminer le coefficient de réduction qui transforme le grand tajine en modèle réduit.

b. En déduire la valeur arrondie au cm^3 près du volume V' du tajine en modèle réduit.

Amiens, Créteil, Lille, Paris, Rouen, Versailles, 2003

À l'oral

62 Quel est le volume d'un pavé droit de dimensions 4 cm, 5 cm et 6 cm ?

63 Quelle est l'aire d'un pavé droit de dimensions 4 cm, 5 cm et 6 cm ?

64 Quel est le volume d'un cylindre de hauteur 9 m et dont le disque de base a une aire de 17 m^2 ?

65 Quel est le volume d'un cône de hauteur 9 m et dont le disque de base a une aire de 17 m^2 ?

66 Quelle est la hauteur d'un cylindre de volume 96 m^3 et dont le disque de base a une aire de 8 m^2 ?

67 Quelle est la hauteur d'un cône de volume 30 m^3 et dont le disque de base a une aire de 18 m^2 ?

68 Quelle est la valeur exacte de l'aire d'une sphère de rayon 5 cm ?

69 Quelle est la valeur exacte du volume d'une boule de rayon 3 cm ?

70 Une sphère a une aire égale à 7 m^2. Quelle est l'aire d'une sphère qui a un rayon deux fois plus grand ?

71 Une boule a un volume égal à 54 m^3. Quel est le volume d'une boule qui a un rayon trois fois plus petit ?

72 Sur le chantier de sa future maison, M. Dubois croise un maçon qui semble avoir des difficultés à porter une tige d'acier pleine, de forme cylindrique.

Cette tige mesure 1,5 m de long et a un rayon de base de 4 cm.

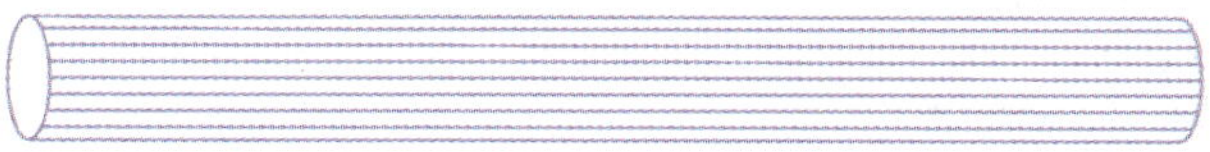

1. Calculer le volume de cette tige arrondi au cm^3 près.

2. L'acier a une masse volumique de 7,85 g/cm^3. Calculer la masse de cette tige arrondie au kg.

Amérique du Nord, 2010

73 En Travaux Pratiques de chimie, les élèves utilisent des récipients, appelés « erlenmeyers », comme celui schématisé ci-dessous :

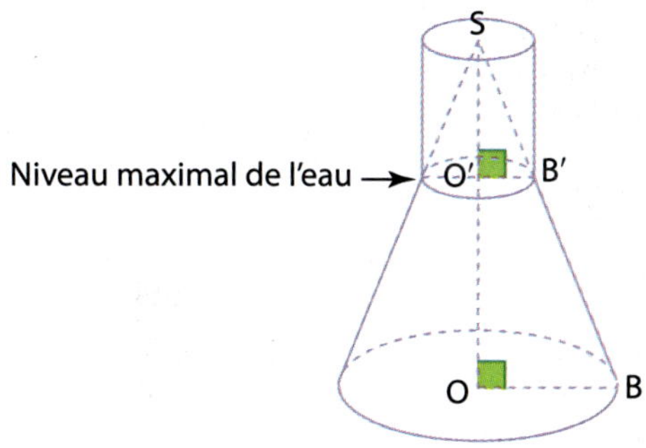

Le récipient est rempli d'eau jusqu'au niveau maximal indiqué sur le schéma par une flèche.

On note :

- C_1 le grand cône de sommet S et de base le disque de centre O et de rayon OB,
- C_2 le petit cône de sommet S et de base le disque de centre O' et de rayon O'B'.

On donne : SO = 12 cm et OB = 4 cm.

1. Le volume V d'un cône de révolution de rayon R et de hauteur h est donné par la formule :

$$V=\frac{1}{3}\times\pi\times R^2\times h$$

Calculer la valeur exacte du volume du cône C_1.

2. Le cône C_2 est une réduction du cône C_1. On donne SO' = 3 cm.

a. Quel est le coefficient de cette réduction ?

b. Prouver que la valeur exacte du volume du cône C_2 est égale à π cm^3.

3. a. En déduire que la valeur exacte du volume d'eau contenu dans le récipient, en cm^3, est 63π.

b. Donner la valeur approchée de ce volume d'eau arrondie au cm^3 près.

4. Ce volume d'eau est-il supérieur à 0,2 litre ? Expliquer pourquoi.

Pondichéry, 2010

74 *La figure ci-contre n'est pas en vraie grandeur. On ne demande pas de la reproduire.*

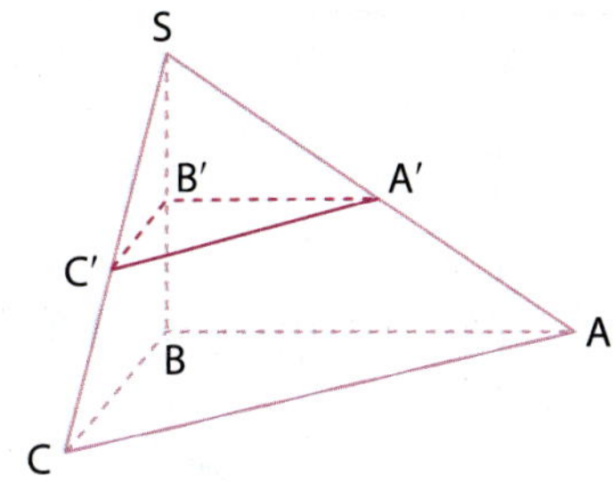

SABC est une pyramide telle que :

- la base ABC est un triangle rectangle en B,
- AC = 5,2 cm et BC = 2 cm,
- la hauteur [SB] de la pyramide mesure 3 cm.

On rappelle que la formule de calcul du volume d'une pyramide est : $V=\frac{1}{3}B\times h$, où B est l'aire d'une base et h la hauteur associée.

1. Construire un patron en vraie grandeur de la pyramide SABC.

2. Montrer que AB = 4,8 cm.

3. Calculer le volume de la pyramide SABC en cm^3.

4. On coupe la pyramide SABC par un plan parallèle à sa base pour obtenir une pyramide SA'B'C' telle que SB' = 1,5 cm.

Calculer le volume de la pyramide SA'B'C' en cm^3.

Asie, 2009

75 *Dans cet exercice, toutes les dimensions sont données en cm.*

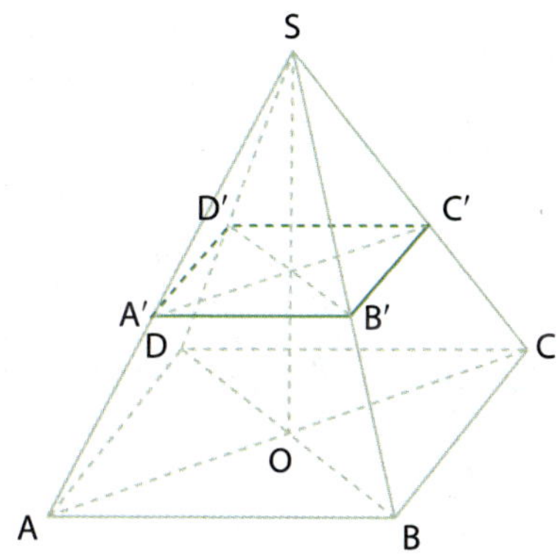

La pyramide SABCD ci-dessus est telle que :

- la base ABCD est un carré de centre O tel que AC = 12 ;
- les faces latérales sont des triangles isocèles en S ;
- la hauteur [SO] mesure 8.

La figure n'est pas aux dimensions réelles.

1. Dans le triangle SOA rectangle en O, montrer que SA = 10.

2. Sachant que $AB=6\sqrt{2}$, montrer que l'aire du carré ABCD est 72 cm^2.

3. Montrer que le volume de la pyramide SABCD est égal à 192 cm^3.

4. Soit A' un point de [SA] et B' un point de [SB] tels que SA' = SB' = 3. Montrer que (AB) et (A'B') sont parallèles.

5. La pyramide SA'B'C'D' est une réduction de la pyramide SABCD, calculer le coefficient de réduction.

6. Calculer le volume de la pyramide SA'B'C'D'.

Centres étrangers, 2009

Tous les exercices de cette double page sont corrigés p. 315

J'évalue mes connaissances

Pour les exercices 76 à 85, trouve la ou les bonnes réponses parmi celles proposées.

	A	B	C
76 L'aire d'une sphère de rayon 7 cm est égale à :	14π cm^2	49π cm^2	196π cm^2
77 SOCLE 3e Le volume d'une boule de rayon 6 cm est égal à :	216π cm^3	144π cm^3	288π cm^3
78 SOCLE 3e La section d'un pavé droit avec un plan parallèle à l'une de ses faces est :	un rectangle	un parallélogramme	un triangle
79 SOCLE 3e La section d'un cylindre avec un plan perpendiculaire à sa base est :	un parallélogramme	un rectangle	un disque
80 SOCLE 3e La section d'un cylindre par un plan parallèle à sa base est :	un parallélogramme	un rectangle	un disque
81 La section d'un cône par un plan parallèle à sa base est :	un rectangle	un triangle	un disque
82 La section d'une pyramide à base rectangulaire par un plan parallèle à sa base est :	un rectangle	un parallélogramme	un disque
83 SOCLE 3e On a multiplié les dimensions d'un solide par 0,8.	Le solide a été agrandi	Le solide a été réduit	On ne peut pas savoir
84 SOCLE 3e Si l'on multiplie les dimensions d'un solide par 5, alors on multiplie son aire par :	5	25	125
85 SOCLE 3e Si l'on multiplie les dimensions d'un solide par 4, alors on multiplie son volume par :	4	16	64

Tu peux vérifier tes réponses p. 315 et continuer ton entraînement sur le site compagnon

J'évalue mes compétences

Étude de la sphère :
– calcul de l'aire d'une sphère ;
– calcul du volume d'une boule. SOCLE 3e

86 **1.** Calculer la valeur exacte de l'aire d'une sphère de rayon 12 m.
2. Donner l'arrondi de cette aire au m^2 près.

87 **1.** Calculer la valeur exacte de l'aire d'une sphère de diamètre 5 dm.
2. Donner l'arrondi de cette aire au dm^2 près.

88 **1.** Calculer la valeur exacte du volume d'une boule de rayon 15 cm.
2. Donner l'arrondi de ce volume au dm^3 près.

89 **1.** Calculer la valeur exacte du volume d'une boule de diamètre 7,2 dm.
2. Donner l'arrondi de ce volume au dm^3 près.

90 Un verre a la forme d'un cône de révolution de hauteur 12 cm dont le rayon du disque de base est égal à 5 cm. Dans ce verre, on place trois glaçons de forme cubique d'arête 3 cm. Peut-on verser 20 cL de soda dans ce verre sans qu'il ne déborde ?

91 Dans un cylindre de hauteur 12 cm et dont le disque de base a pour rayon 3 cm, on a placé deux boules de rayon 3 cm. Calculer le volume restant dans ce cylindre.

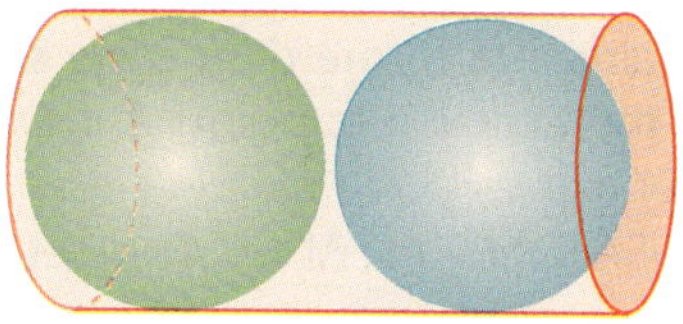

92 On coupe une boule de centre O et de rayon 7 cm par un plan. On note O′ le centre du disque de section. On sait que OO′ = 3 cm.

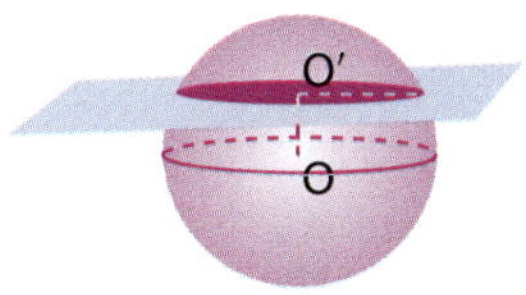

1. Déterminer la valeur exacte du rayon du disque de section.
2. Donner une valeur approchée de ce rayon.

POUR T'AIDER, voir
■ Cours 1 ■ Exercices 10 à 29

Sections de solides : SOCLE 3e
– du cube, du parallélépipède rectangle et du cylindre de révolution ;
– du cône de révolution et d'une pyramide.

93 ABCDEFGH est un parallélépipède rectangle.

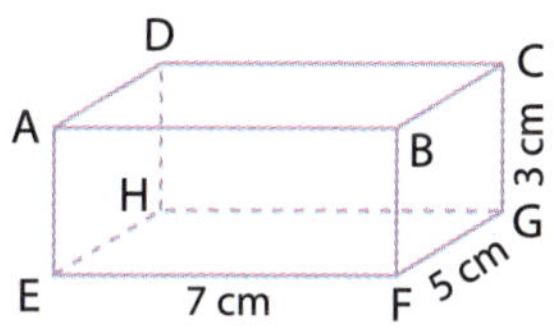

On coupe ce parallélépipède par un plan parallèle à la face ADHE. Représenter en vraie grandeur cette section.

94 On a coupé un cube de côté 5 cm par un plan qui passe par les milieux de quatre arêtes.

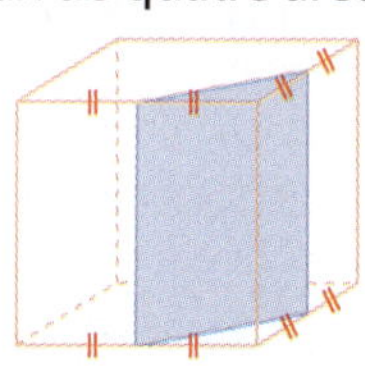

1. Quelle est la nature de la section ainsi obtenue ?
2. Représenter cette section en vraie grandeur.

95 On considère un cylindre de révolution dont le disque de base a pour rayon 3 cm et pour hauteur 8 cm.
1. Représenter en vraie grandeur la section de ce cylindre par un plan parallèle à sa base.
2. Représenter en vraie grandeur la section de ce cylindre par un plan perpendiculaire à sa base et passant par le centre du disque de base.

96 On considère un cône de révolution dont le disque de base a pour rayon 5 cm et pour hauteur 12 cm.
1. Représenter en vraie grandeur la section de ce cône par un plan parallèle à sa base qui couperait la hauteur du cône à sa moitié.
2. Représenter en vraie grandeur la section de ce cône par un plan parallèle à sa base qui couperait la hauteur du cône à son tiers en partant du sommet.

97 On considère une pyramide régulière à base carrée de côté 4 cm et de hauteur 9 cm.
1. Représenter en vraie grandeur la section de cette pyramide par un plan parallèle à sa base qui couperait la hauteur de la pyramide à sa moitié.
2. Représenter en vraie grandeur la section de cette pyramide par un plan parallèle à sa base qui couperait la hauteur de la pyramide à ses deux cinquièmes en partant du sommet.

POUR T'AIDER, voir
■ Cours 2 ■ Savoir faire 1 et 2 ■ Exercices 30 à 42

Agrandissements et réductions SOCLE 3e

98 QCM
On considère deux sphères de rayon r et R telles que $R = 3r$.
On appelle v le volume de la petite sphère et V le volume de la grande sphère.
Quelle égalité est vraie ?

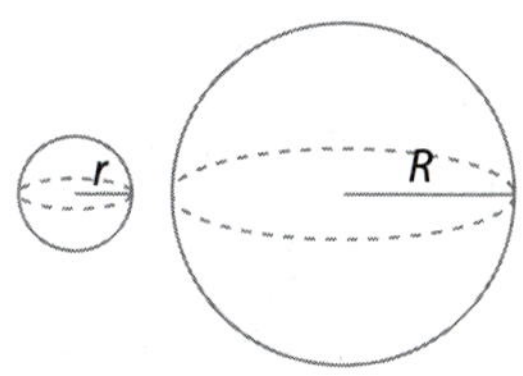

ⓐ $V = 3v$ ⓑ $V = 9v$ ⓒ $V = 27v$

99 Vu au BREVET
On considère la pyramide SABCD ci-dessous.
• La base est le rectangle ABCD de centre O ;
• AB = 40 cm et BD = 50 cm.
La hauteur [SO] mesure 81 cm.

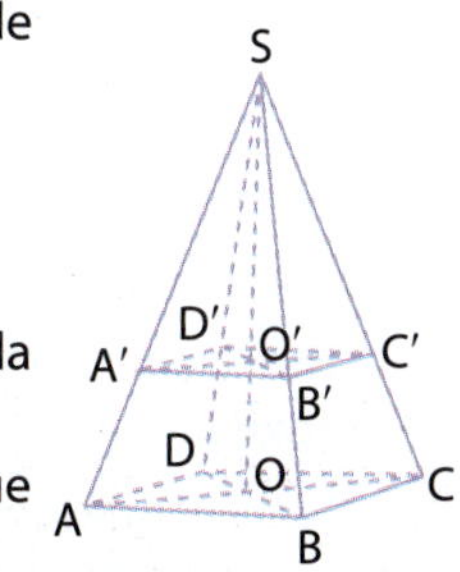

1. Montrer que AD = 30 cm.
2. Calculer, en cm^3, le volume de la pyramide SABCD.
3. Soit O′ le point de [SO] tel que SO′ = 54 cm.
On coupe la pyramide par un plan passant par O′ et parallèle à sa base.
a. Quelle est la nature de la section A′B′C′D′ obtenue ?
b. La pyramide SA′B′C′D′ est une réduction de la pyramide SABCD. Donner le coefficient de réduction.
c. Quel est le volume de SA′B′C′D′ ?

Antilles-Guyane, 2008

POUR T'AIDER, voir
■ Cours 3 ■ Savoir faire 1 et 2 ■ Exercices 43 à 61

100 **L'étui de boules de pétanque**

Michel veut fabriquer un étui en cuir véritable pour ses trois boules de pétanque qui ont chacune un diamètre de 7,4 cm. Il hésite entre deux formes.

1. Si l'étui à la forme d'un parallélépipède rectangle :

a. Quelles seront, au minimum, les dimensions de cet étui ?

b. Dans ce cas, calculer le volume et l'aire de cet étui.

2. Si l'étui à la forme d'un cylindre :

a. Quelles seront, au minimum, les dimensions de cet étui ?

b. Dans ce cas, calculer le volume et l'aire de cet étui.

3. Afin que le coût de fabrication soit minimal, quelle forme d'étui Michel a-t-il intérêt à réaliser ?

101 **Ça déborde !**

Un vase a une forme cylindrique. Sa base est un disque de 20 cm de diamètre. Il a une hauteur égale à 30 cm. On y a versé le contenu de cinq bouteilles de 1,5 L.

Pour jouer, Arthur et Basile mettent dans ce vase des billes sphériques de 4 cm de diamètre. Arthur commence à mettre une bille, puis Basile en met une autre, puis Arthur une autre, puis Basile une autre, et ainsi de suite jusqu'à ce que le vase déborde.

Qui va faire déborder le vase ?

102 **Sciences physiques**

Le plomb a une masse volumique de 11,35 g/cm^3.

1. Une boule en plomb pèse environ 2 kg. Quel est approximativement le rayon de cette boule ?

2. Sachant que la masse volumique de l'or est 19,3 g/cm^3, quel serait le poids d'une boule en or de même rayon ?

103 **Une maquette**

Une boule a pour volume 972π m^3. On réalise une maquette de cette boule et on en obtient une autre qui a pour aire $0{,}81\pi$ m^2.

1. Déterminer le coefficient de la réduction réalisée ainsi que les rayons de la boule et de sa maquette.

2. Calculer l'aire de la grande boule.

3. Calculer le volume de la maquette.

104 **Vu au BREVET**

Dans cet exercice, les parties 1 et 2 sont indépendantes.

Un silo à grains a la forme d'un cône surmonté d'un cylindre de même axe. Les points A, I, O et S sont des points de cet axe.

On donne : SA = 1,60 m ; AI = 2,40 m et AB = 1,20 m.

Partie 1 On considère la figure 1 ci-dessous :

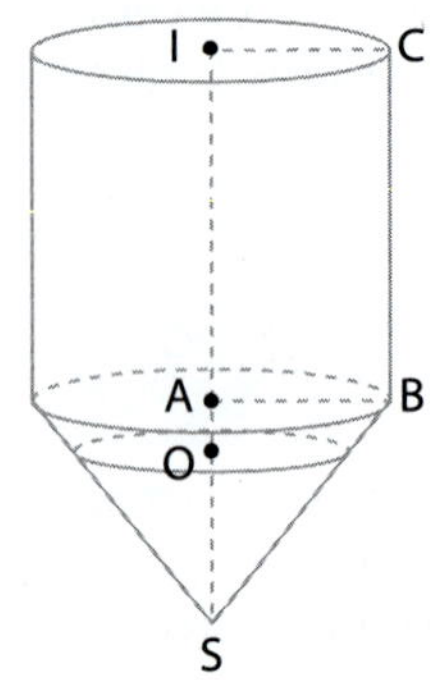

1. a. Montrer que le volume du cône, arrondi au millième près, est 2,413 m^3.

b. Sachant que le volume du cylindre, arrondi au millième près, est 10,857 m^3, donner la contenance totale du silo en litres.

2. Actuellement, le silo à grains est rempli jusqu'à une hauteur SO = 1,20 m.

Le volume de grains prend ainsi la forme d'un petit cône de sommet S et de hauteur [SO].

On admet que ce petit cône est une réduction du grand cône de sommet S et de hauteur [SA].

a. Calculer le coefficient de réduction.

b. En déduire le volume de grains contenu dans le silo.

On exprimera le résultat en m^3 et on en donnera la valeur arrondie au millième près.

Partie 2 On considère la figure 2 ci-dessous :

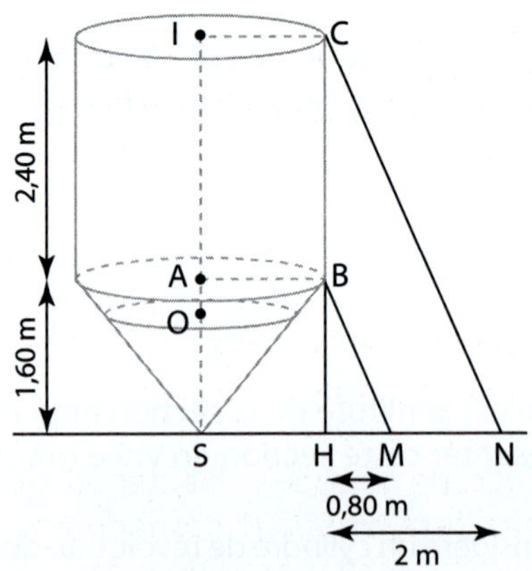

Pour réaliser des travaux, deux échelles représentées par les segments [BM] et [CN] ont été posées contre le silo. On donne HM = 0,80 m et HN = 2 m.

Les deux échelles sont-elles parallèles ? Justifier la réponse.

Pondichéry, 2011

105 Trois solides liés !

On considère trois solides de même hauteur.

- une boule de rayon R ;
- un cylindre dont le disque de base a pour rayon R ;
- un cône dont le disque de base a pour rayon R.

1. Sachant que ces trois solides ont la même hauteur, exprimer, en fonction de R, la hauteur du cylindre et du cône.

2. Exprimer en fonction de R :
a. le volume de la boule ;
b. le volume du cylindre ;
c. le volume du cône.

3. Quelle relation existe-t-il entre :
a. le volume de la boule et le volume du cône ?
b. le volume du cône et le volume du cylindre ?
c. le volume de la boule et le volume du cylindre ?

4. Additionner le volume de la sphère et le volume du cône. Que remarque-t-on ?

5. Si l'on verse de l'eau dans le cône pour le remplir entièrement, puis que l'on verse cette eau dans le cylindre et qu'enfin on place la boule dans le cylindre, que va-t-on constater ?

106 Vu au BREVET

Lors d'une fête, une personne sert un cocktail dans des verres qui ont la forme d'un cône de révolution.
Le bord du verre est un cercle de rayon OC = 5,9 cm.
Ce cercle est situé dans un plan horizontal. La droite (OS), axe du cône, est verticale et OS = 6,8 cm.

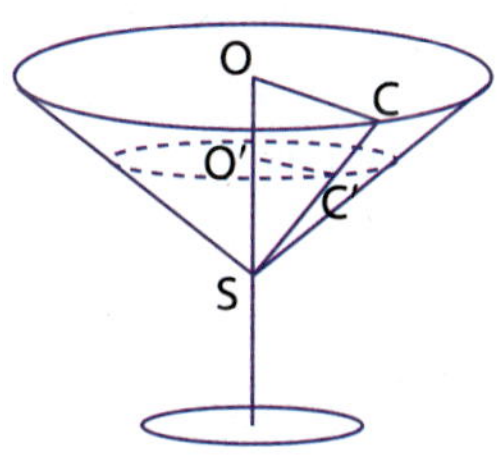

La figure donnée n'est pas réalisée à l'échelle.

1. a. Calculer, en cm^3, le volume de ce verre, arrondi à l'unité.

b. En déduire que la contenance de ce verre est d'environ 25 cL.
On utilisera cette valeur dans la suite du problème.

2. a. Dans cette question, le serveur remplit les verres aux quatre cinquièmes de leur hauteur. On admet que le liquide occupe un cône de hauteur SO' dont la base est le disque de rayon O'C'. On considère que ce disque est horizontal comme le bord du verre.
Calculer le volume de cocktail contenu dans chaque verre. On donnera le résultat au centilitre près.

b. 43 personnes sont attendues à cette fête.
Sachant qu'en moyenne, chacune d'elles consommera 3 verres, 20 litres de cocktail suffiront-ils ?

Asie, 2010 (Extrait)

107 Météorologie

On assimile la planète Terre à une boule de rayon 6 371 km. L'atmosphère terrestre est composée de plusieurs couches décrites ci-dessous :

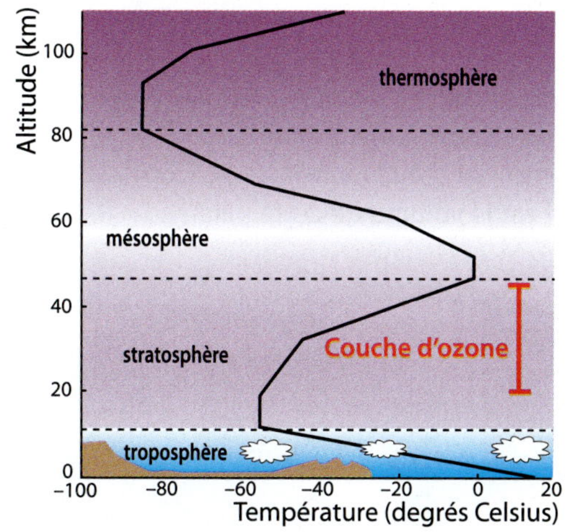

1. Si l'on considère que la troposphère varie entre 0 et 10 km d'altitude, expliquer pourquoi on peut estimer que son volume est d'approximativement 5 108 654 943 km^3.

2. En observant le schéma ci-dessus, donner une valeur approximative du volume de la stratosphère, de la mésosphère et de la thermosphère.

3. Donner une valeur approximative du volume de la couche d'ozone.

108 Snooker !

Snooker is a very popular cue sport in the anglosphere. It is played on a large green baize-covered table with 22 snooker balls (15 red, 1 yellow, 1 green, 1 brown, 1 blue, 1 pink, 1 black and 1 white). Each snooker ball can be considered as a ball measuring about 52,5 mm in diameter.

1. a. Calculate and round at the nearest cm^3 the volume of a snooker ball.

b. What is the total volume of the 22 snooker balls, expressed in litre ?

2. In the american billard, we play with 16 balls measuring about 57,2 mm in diameter. Is the total volume of these 16 balls superior or inferior to the total volume of those 22 balls ?

109 La Pala Ancha

La Pala Ancha es la especialidad más popular de pelota vasca. Se practica con una pelota esférica cuyo diámetro mide 45 milímetros.

1. Calcula el volumen de dicha pelota redondeado al centímetro cúbico más cercano.

2. Convierte este volumen en centilitros.

3. ¿ Cuántas pelotas hay que colocar en un cubo para que ocupen un volumen por lo menos igual a un litro ?

Pour chercher

110 Ça coule !

On verse de l'eau dans un cylindre dont le disque de base a pour rayon 8 cm.

On place dans ce cylindre une bille en plomb qui s'immerge complètement dans l'eau.

Le niveau de l'eau monte alors de 1,2 cm dans le cylindre.

Quel est le volume de cette bille ?

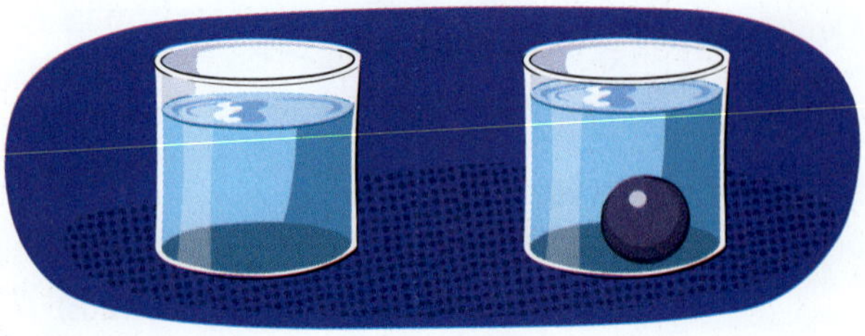

111 Cylindre creusé

Cybelle veut creuser dans un cylindre deux cônes basés sur le haut et le bas du cylindre comme montré sur les figures ci-dessous :

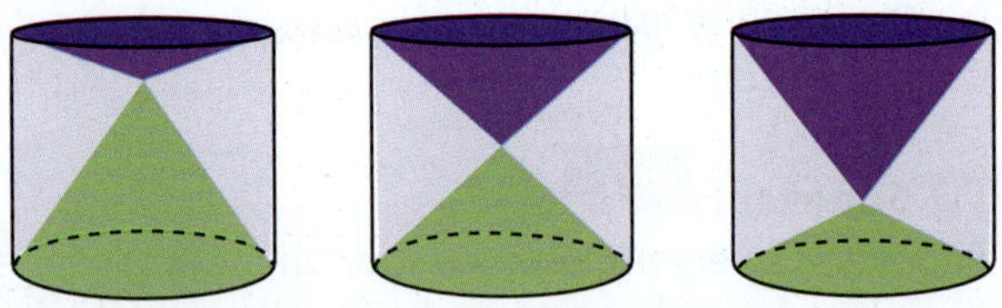

Elle se demande où placer le sommet des deux cônes pour que le volume restant dans le cylindre soit maximal. Saïd lui répond qu'elle peut le placer où elle veut car ce volume sera toujours le même. A-t-il raison ? Expliquer.

112 Le défi

Saurais-tu retrouver une valeur approchée au mm près du rayon d'une boule de volume 147 m³ ?

113 L'énigme

Calculer le volume du plus grand cube que l'on puisse placer dans une sphère de rayon 5 cm.

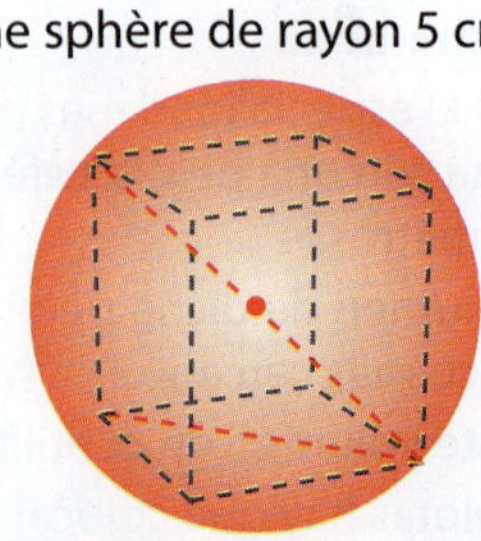

Vers la Seconde

114 Calotte sphérique

Si l'on sectionne une sphère par un plan qui coupe un rayon [OA] en un point B tel que AB = h, alors le volume de la calotte sphérique ainsi obtenue est donné par la formule suivante :

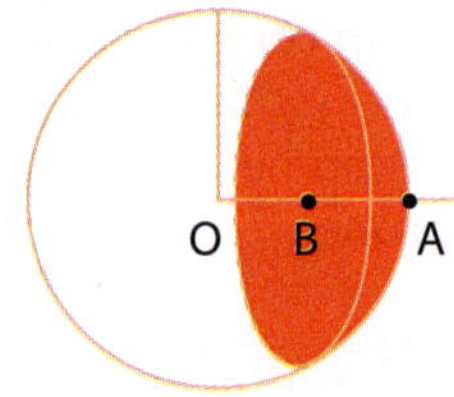

$$V = \pi h^2\left(R - \frac{h}{3}\right).$$

On considère une sphère de rayon 6 cm.

1. a. Donner le volume de la calotte sphérique obtenue si l'on sectionne la sphère perpendiculairement à l'un de ses rayons en son milieu.

b. Le volume de cette calotte est-il égal au quart du volume de la sphère ?

c. Quelle proportion du volume de sphère le volume de la calotte représente-t-il ?

2. Cette sphère est sectionnée par un plan perpendiculaire à l'un de ses rayons [OA] qu'il coupe en un point B. Déterminer en utilisant la calculatrice, au millimètre près, la distance AB nécessaire pour que le volume de la calotte soit égal au quart du volume de la sphère.

115 Sections du cube

On découpe un cube ABCDEFGH d'arête 5 cm par le plan passant par les points EGB.

1. a. Quelle est la nature du solide EGBF ainsi obtenu ?

b. Combien de sommets a ce solide ?

c. Combien de faces a ce solide ?

2. a. Combien de faces a le solide composé de l'autre morceau du cube ?

b. Combien de sommets a-t-il ?

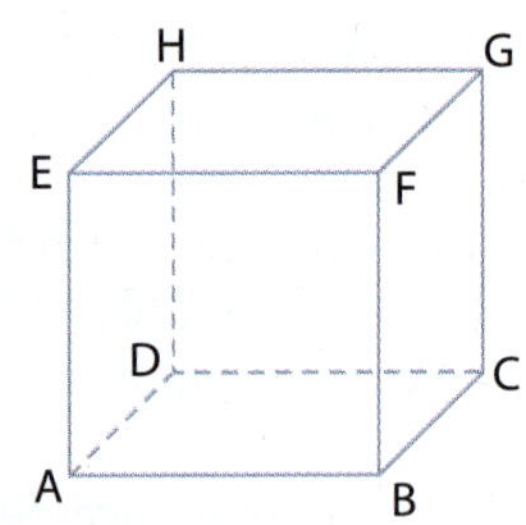

3. a. Représenter en vraie grandeur le triangle BEG.

b. Quelle est la nature de ce triangle ?

c. Démontrer que la hauteur relative à l'un des côtés de ce triangle mesure $5\frac{\sqrt{6}}{2}$ cm.

d. En déduire que l'aire du triangle BEG est égale à $25\frac{\sqrt{3}}{2}$ cm².

4. a. Calculer l'aire du solide EGBF.

b. Calculer l'aire du solide composé de l'autre morceau du cube.

Devoir à la maison

1 Volume d'un tronc de cône

En sectionnant un cône par un plan parallèle à sa base, on obtient ce que l'on appelle un « tronc de cône » en partie inférieure (la partie supérieure de la section étant un cône, lui-même une réduction du cône de départ).

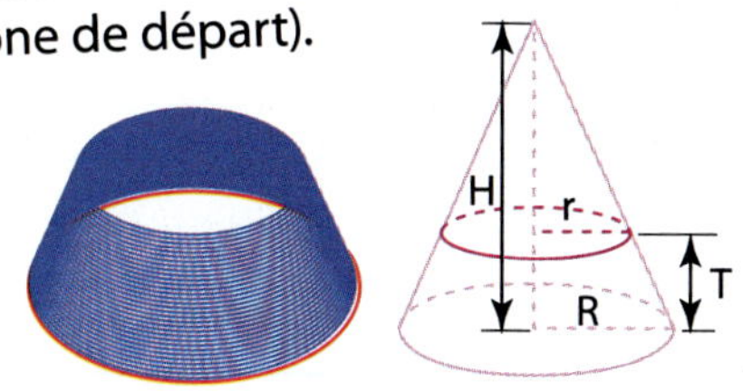

1. On note R le rayon du disque de base et H la hauteur du grand cône. Exprimer, en fonction de R et H, le volume du grand cône.

2. On note T la hauteur du tronc de cône.

a. Exprimer, en fonction de H et T, la hauteur du petit cône.

b. Montrer que $\frac{r}{R}=\frac{H-T}{H}$.

c. En déduire que le rayon r du disque de base du petit cône s'exprime en fonction de H, T et R par la formule : $r=R\times\left(1-\frac{T}{H}\right)$.

3. En déduire le volume d'un tronc de cône de hauteur 5 cm découpé dans un cône de hauteur 12 cm dont le disque de base a pour rayon 4 cm.

2 Ils ne manquent pas d'aire !

Il a fallu exactement un pot de peinture « Blandine » pour peindre entièrement une boule en bois de rayon 60 cm.

L'objectif de ce problème est de savoir combien de pots seront nécessaires pour peindre :

- un cylindre de hauteur 1,8 m et dont le disque de base a pour rayon 1,3 m ;
- une pyramide de hauteur 2,4 m et de base un carré de côté 1,8 m.

Calcul de l'aire du cylindre

1. Dessiner à main levée un patron de cylindre de révolution.

2. Quelle est la nature de la figure qui représente la surface latérale du cylindre dans ce patron ?

3. Déterminer les dimensions de cette figure (on pensera à utiliser le lien avec le disque de base du cylindre).

4. En déduire l'aire de cette figure, puis l'aire totale du cylindre.

Calcul de l'aire de la pyramide

5. Calculer la hauteur (relative au sommet de la pyramide) d'une des faces triangulaires.

6. En déduire l'aire d'une face triangulaire.

7. En déduire l'aire totale de la pyramide.

Calcul du nombre de pots nécessaires

8. En utilisant les résultats des questions précédentes, déterminer le nombre de pots de peinture à acheter pour peindre entièrement le cylindre et la pyramide.

DU CÔTÉ DU SITE COMPAGNON

http://www.bordas-myriade.fr

La ligne de flottaison

Lorsque l'on jette un morceau de métal dans l'eau, il coule.
Mais les gros bateaux sont composés de métal et pèsent très lourd, pourtant ils flottent ! Comment cela est-il possible ? Est-ce dû à la poussée d'Archimède ?

De plus, si l'on réalise une maquette de ces bateaux à l'échelle, en utilisant les mêmes matériaux, ces maquettes ne flottent pas. Pourquoi ? La **réduction** de cet objet change-t-il le fait qu'il flotte ou non ?

Pour le savoir, rends-toi sur le site compagnon

★ Niveau de difficulté technique ★ Niveau de difficulté mathématique

Avec un ordinateur

★☆☆ ★★☆

1 LA MACHINE À VOLUMES

30 min

OBJECTIF : Utiliser le tableur pour comparer rapidement les volumes de différents solides.

1. Dans une feuille de calcul d'un tableur, reproduire les colonnes A et B de la feuille de calcul ci-contre. Reproduire également la première ligne de cette feuille.

		Volume
Cylindre		706,8583471
Rayon de la base	5	
Hauteur	9	
Cône		183,2595715
Rayon de la base	5	
Hauteur	7	
Boule		523,5987756
Rayon	5	

2. a. Dans la cellule C2, saisir une formule permettant de calculer le volume d'un cylindre de révolution dont les dimensions sont données dans les cellules B3 et B4. ➜ *Tableur 1*

b. Dans les cellules C6 et C10, saisir des formules permettant de calculer le volume des deux autres solides.

3. a. En utilisant cette feuille de calcul, donner une valeur approchée du volume d'une boule de rayon 4 m.

b. On considère un cylindre dont le disque de base a le même rayon que celui de la boule. Sachant que le volume de ce cylindre doit être égal à celui de la boule, donner une valeur approchée au millimètre près de la hauteur de ce cylindre.

c. On considère un cône dont le disque de base a le même rayon que celui de la boule. Sachant que le volume de ce cône doit être égal à celui de la boule, donner la hauteur de ce cône.

4. a. Donner une valeur approchée au millimètre près du rayon d'une boule dont le volume serait proche d'un litre.

b. Soit un cylindre et un cône dont la hauteur est égale au diamètre de la boule et dont le disque de base a le même rayon que celui de la boule. Calculer le volume de ce cylindre et celui de ce cône.

c. Que remarque-t-on pour ces trois volumes ? Énoncer une conjecture.

d. Tester cette conjecture avec d'autres rayons de la boule.

e. Démontrer cette conjecture.

★☆☆ ★☆☆

2 LA BOÎTE DE CONSERVE

40 min

OBJECTIF : Optimiser les dimensions d'un cylindre pour qu'il soit le moins onéreux possible à fabriquer.

Nous utilisons tous les jours des boîtes de conserve qui contiennent des aliments. Elles sont souvent de forme cylindrique. Mais pour une boîte de conserve dont la contenance est 1 L, il existe plusieurs formes de cylindre possibles (aplatis, allongés, etc.). Le problème du coût de revient d'une boîte de conserve s'est alors posé aux industriels. Nous allons tenter de le résoudre…

1. Quelle grandeur va permettre de calculer le coût de revient d'une boîte de conserve : son volume ou son aire ? Expliquer.

2. On note R le rayon, en cm, du disque de base de cette boîte de conserve et H sa hauteur en cm. Sachant que cette boîte de conserve doit avoir un volume de 1 L, démontrer que l'on peut exprimer H en fonction de R par l'égalité suivante : $H = \dfrac{1\,000}{\pi \times R^2}$.

À la fin du manuel, retrouve tes Fiches méthode TICE : Tableur, Géométrie, Calculatrice

3. a. Dans une feuille de calcul d'un tableur, reproduire la première ligne comme ci-dessous :

	A	B	C	D	E
1	Rayon	Hauteur	Aire d'un disque	Aire latérale	Aire cylindre
2	1				
3	2				
4	3				

b. Dans la colonne A, créer une liste de nombres entiers compris entre 1 et 20. → *Tableur 3*

c. Saisir en B2 une formule permettant de calculer la hauteur de la boîte de conserve à partir du rayon de son disque de base (voir question **2.**). → *Tableur 1*

d. Saisir en C2 une formule permettant de calculer l'aire de base de la boîte de conserve.

e. Saisir en D2 une formule permettant de calculer l'aire de la surface latérale de la boîte de conserve.

f. Saisir en E2 une formule permettant de calculer l'aire totale du cylindre.

g. Recopier les cellules B2, C2, D2 et E2 sur les lignes 3 à 21. → *Tableur 2*

4. En déduire des valeurs approchées des dimensions de la boîte de conserve dont le prix de revient serait le plus faible.

Coup de pouce

Tu peux changer si besoin la liste de nombres de la colonne A pour affiner le pas en allant de 0,1 en 0,1 par exemple.

3 LA BOÎTE NOIRE DU CHAPITRE 13

Téléchargement

BOITE NOIRE

Une « boîte noire » dans un tableur est un programme de calcul mystérieux !
Le but de l'activité est de percer ce mystère…
Pour cela, on peut saisir des nombres mais aussi utiliser des formules qui aident dans la recherche.

1. Télécharger sur le site compagnon le fichier « boite_noire_13 » et l'ouvrir.

2. Saisir un nombre dans la cellule verte et observer dans la cellule grise le résultat de la « boîte noire ».

3. Faire plusieurs observations puis chercher le programme de calcul mystérieux de la boîte noire.

4. Pour tester un programme de calcul, saisir dans la cellule jaune la formule qui correspond à ce programme et observer si le résultat obtenu est le même que celui dans la cellule grise.

5. Tester plusieurs exemples pour vérifier que les programmes de la boîte noire et de la boîte rouge donnent les mêmes résultats.

6. Écrire sur une feuille le programme de calcul qui semble être celui de la boîte noire.

L'épreuve de Mathématiques

- L'épreuve dure 2 heures, elle est notée sur 40 points. Le sujet est constitué de plusieurs exercices indépendants qui peuvent être traités dans n'importe quel ordre. L'usage de la calculatrice est autorisé.
- Au total, les exercices sont notés sur 36 points, les 4 points restants étant attribués à la maîtrise de la langue (orthographe, rédaction, etc.).
- Un des exercices peut être un QCM (Questionnaire à Choix Multiples).

Quelques conseils

- Souvent un des exercices proposés à l'épreuve est peu guidé, tu devras y faire preuve d'initiative. Toutes tes recherches, même non abouties, peuvent être écrites sur la copie et seront évaluées. Des exercices de ce type sont présents p. 306 et dans la partie « **Évaluer le socle commun** », dans la rubrique « *Tâches complexes* » (p. 17).
- Chaque question rapporte des points. Tu devras donc bien planifier ton temps et prévoir de passer au moins 10 à 15 minutes sur chaque exercice, afin de ne pas laisser de côté des questions que tu aurais su faire… si tu en avais eu le temps !
  Tu devras aussi vérifier tes résultats et relire ton travail pour éviter de perdre des points par étourderie !

Pour finir, le jour de l'épreuve, pense à bien être à l'heure (un élève en retard ne pourra pas passer l'épreuve), à avoir une montre pour pouvoir gérer le temps (téléphones portables et Smartphones interdits) et à prendre de quoi boire et grignoter (c'est important pour faire marcher tes neurones).
Pour t'aider à réviser, je t'ai préparé un parcours qui te permettra de revoir l'essentiel pour le brevet, à travers des exercices basiques, des exercices-types et d'anciens sujets.

Bon travail !

Le sommaire du parcours de révision

1 Fractions

Addition – Soustraction

Calculer et donner le résultat sous la forme d'une fraction irréductible :

a. $\frac{2}{15}+\frac{7}{5}$ **b.** $\frac{5}{7}-\frac{31}{21}$ **c.** $\frac{3}{7}+\frac{2}{5}$ **d.** $\frac{7}{18}-\frac{1}{12}$

Pour additionner ou soustraire deux fractions, il faut d'abord les écrire avec le **même dénominateur**.

Multiplication

Calculer et donner le résultat sous la forme d'une fraction irréductible :

a. $\frac{7}{3}\times\frac{2}{9}$ **b.** $\frac{3}{7}\times\frac{5}{11}$ **c.** $\frac{15}{8}\times\frac{6}{25}$ **d.** $\frac{21}{20}\times\frac{15}{14}$

Division

Calculer et donner le résultat sous la forme d'une fraction irréductible :

a. $\frac{3}{4}:\frac{5}{7}$ **b.** $\frac{9}{5}:\frac{6}{11}$ **c.** $\frac{15}{8}:6$ **d.** $\frac{8}{\frac{7}{12}}$

Diviser par un nombre, c'est multiplier par son inverse.

Calcul contenant des fractions

Calculer et donner le résultat sous la forme d'une fraction irréductible :

a. $\frac{3}{7}+\frac{15}{7}\times\frac{3}{2}$ **b.** $\frac{9}{5}\times\left(\frac{1}{4}-\frac{5}{12}\right)$ **c.** $\left(\frac{3}{8}+\frac{7}{5}\right):\left(\frac{9}{4}-\frac{5}{3}\right)$

Il faut respecter les priorités opératoires.

Exercice-type *(Corrigés p. 322)*

On donne $A=5\times\frac{3}{4}-\frac{2}{7}:\frac{4}{3}$.

Écrire A sous la forme d'une fraction irréductible.

Fractions

Tu peux utiliser ta calculatrice pour vérifier tes calculs. Mais attention ! Ne mettre « que » le résultat sur la copie ne rapporte que très peu de points (voire pas du tout). Il faut détailler tes calculs !

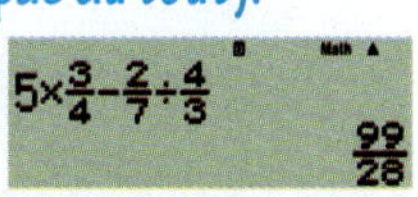

Si tu veux encore t'entraîner, tu peux faire les sujets de BREVET de la page 29.

2 Puissances

Puissances d'un nombre

Calculer :

a. 2^4 **b.** 5^3 **c.** 3^{-2} **d.** 7^0

e. 14^1 **f.** 3^4 **g.** 2^{-3} **h.** 4^3

$$a^n=\underbrace{a\times a\times a\times \dots\dots\times a}_{n \text{ facteurs}} \quad \text{et} \quad a^{-n}=\frac{1}{a^n}$$

Puissances de 10

Recopier et compléter :

a. $10^3\times10^5=10^{\cdots}$ **b.** $10^{-7}\times10^9=10^{\cdots}$ **c.** $\frac{10^7}{10^4}=10^{\cdots}$

d. $\frac{10^{-3}}{10^9}=10^{\cdots}$ **e.** $\left(10^3\right)^2=10^{\cdots}$ **f.** $\left(10^{-4}\right)^5=10^{\cdots}$

• $10^m\times10^n=10^{m+n}$ • $\frac{10^m}{10^n}=10^{m-n}$ • $\left(10^m\right)^n=10^{m\times n}$

Écriture scientifique

Donner l'écriture scientifique des nombres suivants :

a. 0,000153 **b.** 568 795

c. 987,145 **d.** 0,0000038

e. $57{,}87\times10^7$ **f.** $156{,}3\times10^{-9}$

g. $0{,}000057\times10^{15}$ **h.** $125\,487\times10^{-9}$

L'écriture scientifique d'un nombre positif est de la forme $a\times10^n$, où $1\leqslant a<10$ et n est un entier relatif.

Exercice-type *(Corrigés p. 322)*

On donne $B=\frac{2{,}5\times10^{-3}\times9\times10^5}{15\times10^4}$.

1. Calculer B. Le résultat sera donné sous forme décimale.

2. Écrire B en écriture scientifique.

Puissances

Pour ce type d'exercice, il peut être utile d'écrire le calcul ainsi :

$$B=\frac{2{,}5\times9}{15}\times\frac{10^{-3}\times10^5}{10^4}.$$

Utilise ta calculatrice ! Elle te permet de vérifier tes calculs et peut te donner l'écriture scientifique d'un nombre. → Calculatrice 3

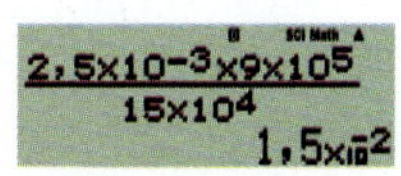

Si tu veux encore t'entraîner, tu peux faire les sujets de BREVET de la page 29.

3 Racines carrées

Définition

Calculer :

a. $\sqrt{16} = ...$ b. $\left(\sqrt{243}\right)^2 = ...$ c. $\sqrt{81} = ...$

d. $\sqrt{47^2} = ...$ e. $\sqrt{225} = ...$ f. $\sqrt{...} = 11$

g. $\sqrt{...} = 14$ h. $\sqrt{1{,}69} = ...$ i. $\sqrt{...} = 30$

Avec a un nombre positif, $\sqrt{a}$ est le nombre positif dont le carré vaut a, donc $\left(\sqrt{a}\right)^2 = a$ et $\sqrt{a^2} = a$.

Calculs et simplifications

Calculer :

a. $\sqrt{7} \times \sqrt{3}$ b. $\dfrac{\sqrt{42}}{\sqrt{14}}$ c. $\sqrt{2}\left(5 - 3\sqrt{2}\right)$

d. $\left(\sqrt{7} - 3\sqrt{5}\right)^2$ e. $\left(3 - 2\sqrt{5}\right)\left(\sqrt{5} - 4\right)$ f. $\sqrt{48} + \sqrt{147}$

$\sqrt{a} \times \sqrt{b} = \sqrt{a \times b}$ et $\dfrac{\sqrt{a}}{\sqrt{b}} = \sqrt{\dfrac{a}{b}}$

Équations $x^2 = a$

Résoudre les équations suivantes :

a. $x^2 = 9$ b. $x^2 = -7$ c. $x^2 = 0$

d. $x^2 = 3$ e. $5x^2 = 8$ f. $3x^2 - 4 = 0$

Exercice-type *(Corrigés p. 322)*

On donne $C = 3\sqrt{7} - 8\sqrt{28} + \sqrt{700}$ et $D = \left(2\sqrt{5} + 4\right)^2$.

1. Écrire C sous la forme $a\sqrt{7}$, où a est un entier relatif.
2. Développer et simplifier D.

Racines carrées

La plupart des calculatrices savent effectuer les calculs avec des racines carrées. Mais le jour de l'épreuve, il te faudra détailler les étapes de résolution, comme pour tout calcul numérique, et ne pas te contenter d'écrire le résultat.
Ta calculatrice te servira à vérifier tes calculs.

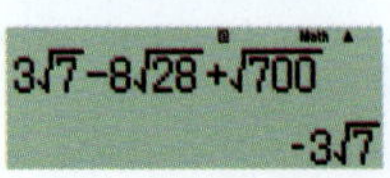

Si tu veux encore t'entraîner, tu peux faire les sujets de BREVET de la page 69.

4 PGCD de deux entiers

Diviseurs

Donner tous les diviseurs communs de :

a. 24 et 32 b. 45 et 75 c. 20 ; 32 et 48

Algorithmes de calcul du PGCD

Calculer le PGCD des deux nombres et en déduire si ces nombres sont premiers entre eux :

a. 1 617 et 1 029 b. 1 505 et 1 961

c. 4 571 et 4 893 d. 9 851 et 589

- Dire que des nombres sont premiers entre eux signifie que leur PGCD est égal à 1.
- N'oublie pas que l'algorithme d'Euclide (divisions successives) est, en général, plus rapide que celui des soustractions successives !

Fractions irréductibles

Rendre les fractions suivantes irréductibles :

a. $\dfrac{984}{658}$ b. $\dfrac{978}{2\,564}$

c. $\dfrac{6\,587}{5\,894}$ d. $\dfrac{5\,967}{8\,073}$

Exercice-type *(Corrigés p. 322)*

1. Calculer le PGCD de 124 641 et 64 209.
2. Expliquer comment rendre irréductible la fraction $\dfrac{64\,209}{124\,641}$.
3. Donner la fraction irréductible égale à $\dfrac{64\,209}{124\,641}$.

PGCD de deux entiers

Ta calculatrice sait effectuer une division euclidienne → Calculatrice 15.
Elle sait aussi simplifier les fractions, ce qui peut te permettre de retrouver le PGCD de deux nombres pour vérifier ta propre recherche.
Ici, par exemple, il suffit de chercher par quel nombre il faut diviser 64 209 pour trouver 17 !

Si tu veux encore t'entraîner, tu peux faire les sujets de BREVET de la page 49.

5 Équations du premier degré • Équations-produit • Inéquations

Équations

Résoudre les équations suivantes :

a. $5x-7=2x+8$ **b.** $2(3x-4)=-7x+9$

Équations-produits

Résoudre les équations suivantes :

a. $(2x-12)(3x+15)=0$ **b.** $(5x+7)(3x-2)=0$

Un produit est nul quand l'un de ses facteurs est nul.

Inéquations

Résoudre les inéquations suivantes et représenter graphiquement leurs solutions :

a. $5x+9<-3x-7$ **b.** $-5x+8\geqslant 11$

Exercice-type *(Corrigés p. 322)*

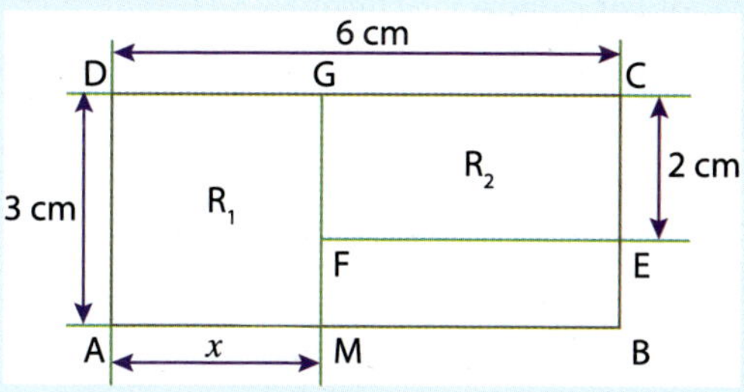

- ABCD est un rectangle tel que AB = DC = 6 cm et AD = BC = 3 cm ;
- M est un point du segment [AB] tel que AM = x, avec $0<x<6$ et x exprimé en cm ;
- E est le point du segment [CB] tel que CE = 2 cm.

On note R_1 le rectangle AMGD et R_2 le rectangle FECG.

1. P_1 et P_2 sont les périmètres des rectangles R_1 et R_2, exprimés en cm.

a. Calculer P_1 et P_2 en fonction de x.

b. Pour quelle valeur de x les périmètres P_1 et P_2 sont-ils égaux ?

2. S_1 et S_2 sont les aires des rectangles R_1 et R_2 exprimés en cm^2.

a. Calculer S_1 et S_2 en fonction de x.

b. Pour quelle valeur de x a-t-on $S_2<S_1$?

Équations et inéquations

En remplaçant dans l'équation l'inconnue par les solutions trouvées, tu pourras vérifier si ta résolution est correcte ou non.

Si tu veux encore t'entraîner, tu peux faire les sujets de BREVET de la page 113.

6 Système de deux équations du premier degré à deux inconnues

Résolution de systèmes

1 Résoudre par **substitution** les systèmes d'équations suivants :

a. $\begin{cases} x+3y=11 \\ 5x+2y=29 \end{cases}$ **b.** $\begin{cases} 2x-6y=-36 \\ -4x+y=-7 \end{cases}$

2 Résoudre par **addition** ou **soustraction** les systèmes d'équations suivants :

a. $\begin{cases} 6x+2y=2 \\ 2x+5y=31 \end{cases}$ **b.** $\begin{cases} 5x-3y=38 \\ -7x+11y=-77 \end{cases}$

3 Résoudre par une méthode au choix les systèmes d'équations suivants :

a. $\begin{cases} 6x-5y=-31 \\ -5x+7y=34{,}9 \end{cases}$ **b.** $\begin{cases} 6x-5y=50 \\ -9x+2y=-31 \end{cases}$

Résolution de problèmes

Un cirque a fait une représentation devant 674 personnes. Un billet enfant coûte 7 € et un billet adulte coûte 13 €. La recette de ce spectacle a été de 6 236 €.

1. Mettre ce problème en équations à l'aide d'un système.

2. En déduire le nombre d'enfants et le nombre d'adultes qui ont assisté à ce spectacle.

Exercice-type *(Corrigés p. 322)*

Pour les fêtes de fin d'année, un chocolatier prépare deux types de sachets de chocolats.
Pour calculer le prix des sachets, il se base sur les prix à l'unité d'un chocolat noir et d'un chocolat blanc.

- Le premier sachet contient 8 chocolats noirs et 11 chocolats blancs, il est vendu 6,35 €.
- Le second sachet contient 13 chocolats noirs et 6 chocolats blancs, il est vendu 5,45 €.

Combien devra-t-il vendre un troisième type de sachet contenant 15 chocolats noirs et 15 chocolats blancs ?

Système de deux équations

En début de résolution d'un problème à l'aide d'un système, il faut bien écrire à quoi correspond chacune des inconnues afin de ne pas se tromper dans l'écriture des équations.
Tu pourras ensuite vérifier la résolution du système grâce à la calculatrice

→ Calculatrice 17

Si tu veux encore t'entraîner, tu peux faire les sujets de BREVET de la page 133.

7 Calcul littéral

Développement – Factorisation

1 Développer et réduire les expressions suivantes :

a. $5x(3-6x)-4x$ **b.** $(3x-2)(5-4x)-3(7x-2)$

c. $5x^2-4(3-7x)$ **d.** $5(4x-1)-(2x+3)(-5x-7)$

2 Factoriser les expressions suivantes :

a. $(2x+3)(5x-1)-(2x+3)(4x-7)$

b. $(3x-5)^2-3(2x+7)(3x-5)$

c. $(2x-4)(-3x+7)-5(2x-4)+(2x-4)(4x+3)$

Identités remarquables

- $(a+b)^2=a^2+2ab+b^2$
- $(a-b)^2=a^2-2ab+b^2$
- $(a+b)(a-b)=a^2-b^2$

1 Développer et réduire les expressions suivantes :

a. $(2x+7)^2$ **b.** $(3x-5)^2$ **c.** $(4x-6)(4x+6)$

2 Factoriser les expressions suivantes :

a. $16x^2+24x+9$ **b.** $49x^2-70x+25$

c. $(5x-3)^2-81x^2$

Exercice-type *(Corrigés p. 322)*

Voici un programme de calcul :

- Choisir un nombre
- Soustraire 4
- Multiplier cette différence par le nombre de départ
- Ajouter 4 au résultat

1. Tester ce programme de calcul avec les nombres 3 ; 4 ; 5 et 6.

2. Quelle conjecture peut-on faire ?

3. En appelant x le nombre choisi au départ, prouver cette conjecture.

Calcul littéral

Tu peux facilement vérifier les développements et les factorisations en remplaçant les lettres par des nombres.
Si cela ne donne pas le même résultat, c'est que tu t'es trompé(e). Il faut alors chercher ton erreur.

Si tu veux encore t'entraîner, tu peux faire les sujets de BREVET de la page 91.

8 Fonctions

Image – Antécédent

Soit la fonction f définie par $f(x)=4x-9$.

a. Quelle est l'image de 5 par f ?

b. Quel est l'antécédent de 5 par f ?

c. Quel nombre a pour image 27 par f ?

d. Quel nombre admet 1 comme antécédent par f ?

Fonction linéaire – Fonction affine

On considère quatre fonctions :

- $f(x)=-2x$ • $g(x)=3x-5$ • $h(x)=0{,}5x$ • $k(x)=-3x+4$

1. Préciser quelles sont les fonctions linéaires et quelles sont les fonctions affines.

2. a. Dans un même repère, représenter graphiquement ces quatre fonctions.

b. Lire graphiquement la solution de l'équation $f(x)=g(x)$.

c. Lire graphiquement les coordonnées du point d'intersection des droites représentant les fonctions h et k.

Exercice-type *(Corrigés p. 322)*

Pour aller à la piscine municipale, Arthur a le choix entre deux formules :

- formule A : payer 5 € l'entrée ;
- formule B : payer 25 € une carte annuelle et ensuite ne payer l'entrée que 3,50 €.

1. On appelle x le nombre de fois où Arthur va aller à la piscine sur une année. Exprimer, en fonction de x, le prix qu'il va payer avec la formule A et le prix qu'il va payer avec la formule B.

2. Représenter dans un même repère les fonctions f et g définies par $f(x)=5x$ et $g(x)=3{,}5x+25$.

3. En déduire à partir de combien de séances de piscines par an il est intéressant d'acheter la carte de la formule B, puis vérifier ce résultat par le calcul.

Fonctions

Pour représenter graphiquement une fonction, tu peux rapidement créer un tableau de valeurs en utilisant la calculatrice. → *Calculatrice 14*

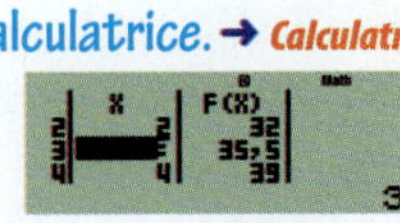

Si tu veux encore t'entraîner, tu peux faire les sujets de BREVET de la page 181.

9 Statistiques

Moyenne – Médiane – Quartiles – Étendue

Voici une série de nombres classés par ordre croissant :

10	13	13	18	21	23	28	35	39	40
44	47	53	57	57	60	68	69	72	73

Pour cette série de données :

a. calculer la moyenne ;

b. déterminer la médiane ;

c. calculer l'étendue ;

d. calculer les premier et troisième quartiles.

Exercice-type *(Corrigés p. 322)*

Voici les notes obtenues par la classe de 3°B lors de la dernière évaluation de mathématiques.

17	17	9	1	19	7	15	9	20	5	11	14	17
16	19	2	9	8	14	5	16	11	16	1	15	

1. Calculer la moyenne des notes de cette classe.

2. Calculer la médiane des notes de cette classe.

3. Calculer l'étendue des notes de cette classe.

4. Calculer les premier et troisième quartiles de cette série de notes.

5. Interpréter ces résultats.

Statistiques

Pense à écrire les calculs que tu effectues, plus particulièrement celui de la moyenne, et n'oublie pas de bien saisir à la calculatrice la somme des valeurs entre parenthèses avant de diviser.

Si tu veux encore t'entraîner, tu peux faire les sujets de BREVET de la page 201.

10 Probabilités

Calculs de probabilités

1 On lance un dé à six faces numérotées de 1 à 6. Quelle est la probabilité d'obtenir un nombre supérieur ou égal à 5 ?

2 On lance deux fois de suite une pièce de monnaie parfaitement équilibrée. Quelle est la probabilité d'obtenir :

a. deux fois PILE ?

b. deux fois PILE ou deux fois FACE ?

Exercice-type *(Corrigés p. 322)*

Dans une urne, il y a cinq boules rouges numérotés de 1 à 5 et trois boules noires numérotées de 1 à 3. On tire au hasard une boule dans cette urne.
Quelle sont les probabilités des évènements A, B, C et D suivants ?

- **A** : « Obtenir une boule rouge »
- **B** : « Obtenir une boule numérotée 3 »
- **C** : « Obtenir une boule avec un nombre impair »
- **D** : « Obtenir une boule noire avec un nombre impair »

Probabilités

Pour calculer des probabilités, il est souvent utile de faire au préalable un arbre pour schématiser la situation.

Si tu veux encore t'entraîner, tu peux faire les sujets de BREVET de la page 221.

11 Triangle rectangle

Égalité de Pythagore

1 ABC est un triangle rectangle en C tel que AC = 5 cm et BC = 7 cm. Calculer, en cm, la valeur exacte de AB et en donner une valeur approchée au dixième.

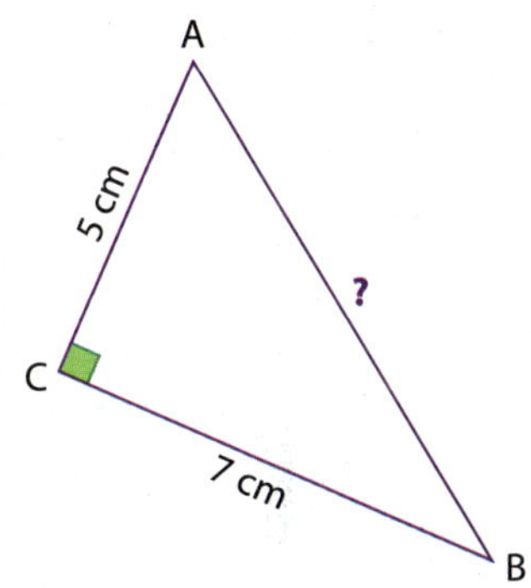

2 DEF est un triangle rectangle en E tel que DF = 13 cm et DE = 8 cm. Calculer, en cm, la valeur exacte de EF et en donner une valeur approchée au dixième.

3 GHI est un triangle tel que GH = 5,1 cm, GI = 6,8 cm et HI = 8,5 cm. Démontrer que le triangle GHI est rectangle et préciser en quel point.

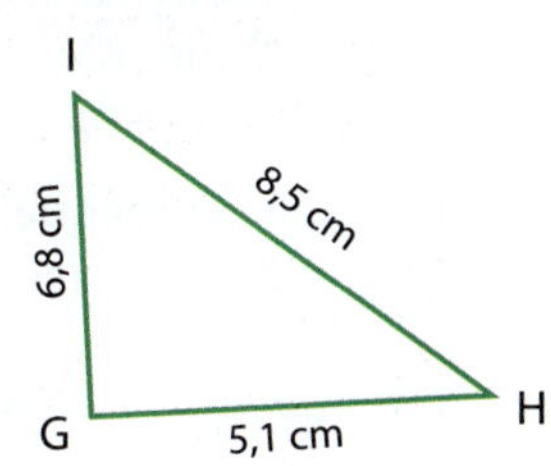

Triangle rectangle et cercle

1 ABC est un triangle rectangle en B.
Où se situe le centre de son cercle circonscrit ?

2 Soit un cercle ($\mathscr{C}$) de centre O et de rayon 4 cm. [KH] est un diamètre de ce cercle et P est un autre point de ce cercle tel que KP = 5 cm.
Calculer la valeur exacte de HP.

Exercice-type *(Corrigés p. 322)*

ABC est un triangle rectangle en A tel que BC = 8,9 cm et AB = 3,9 cm.

1. Calculer AC.

2. On place un point D tel que AD = 4,8 cm et CD = 6,4 cm. Démontrer que le triangle ACD est rectangle et préciser en quel point.

Triangle rectangle

Quand tu écris l'égalité de Pythagore, identifie bien l'hypoténuse (le plus grand côté du triangle).
Pour savoir si un triangle est rectangle, il faut calculer séparément chacun des membres de l'égalité.

12 Théorème de Thalès et/ou sa réciproque

Calculs de longueurs

Dans la figure ci-contre, AB = 8 cm, BC = 5 cm, AE = 5,7 cm et AD = 6 cm. Les droites (ED) et (CB) sont parallèles. Calculer AC et ED.

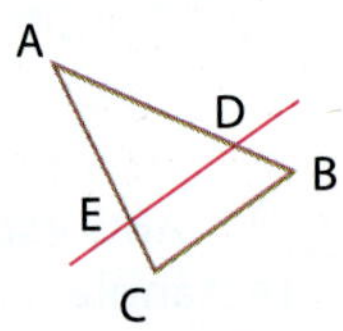

Droites parallèles

Dans la figure ci-contre, GH = 9,6 cm, JH = 7,2, FJ = 1,9 cm et JI = 5,7 cm. Démontrer que les droites (GF) et (IH) sont parallèles.

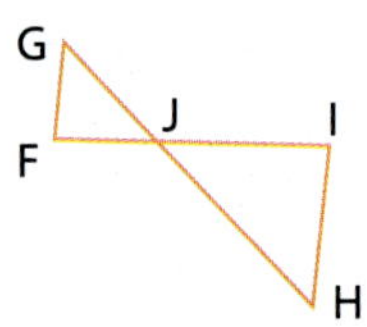

Exercice-type *(Corrigés p. 322)*

Dans la figure ci-contre :
KN = 6,5 m ; NL = 2,6 m ;
KO = 8,5 m ; KM = 11,9 m
et LM = 10,5 m.

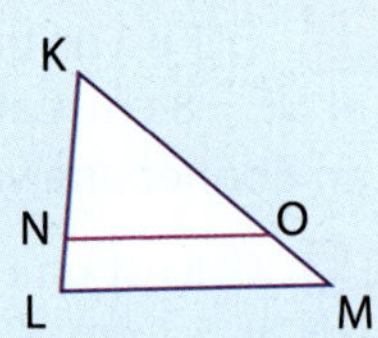

- Démontrer que les droites (NO) et (LM) sont parallèles et calculer NO.

Théorème de Thalès

Repère bien les deux triangles qui ont leurs côtés proportionnels. Tu peux même les colorier de deux couleurs différentes, tu éviteras ainsi certaines des erreurs les plus courantes.

Si tu veux encore t'entraîner, tu peux faire les sujets de BREVET de la page 243.

13 Angles • Sinus • Cosinus • Tangente

Angles inscrits – Angles au centre

Dans la figure ci-contre, déterminer les mesures des angles $\widehat{CBD}$ et $\widehat{CAD}$ en justifiant les réponses données.

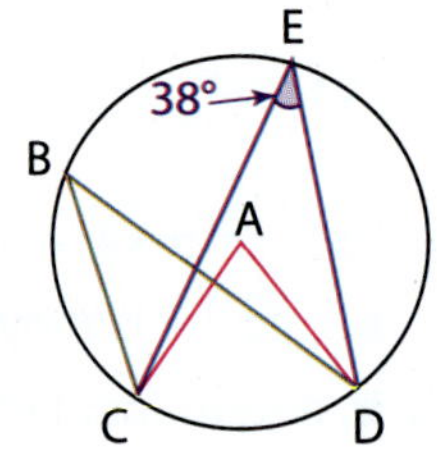

Calculs de longueurs

Déterminer, en cm, les arrondis au dixième près des longueurs HF et HG dans le triangle HFG ci-dessous :

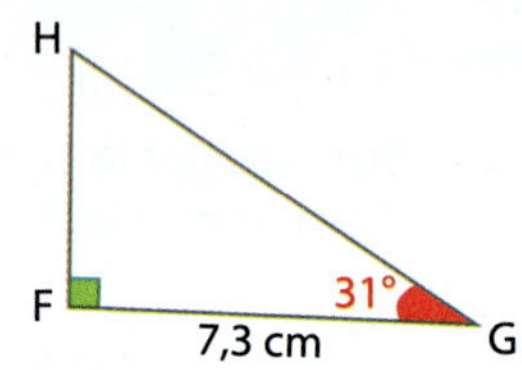

Calculs d'angles

Déterminer au degré près les mesures des angles $\widehat{JKI}$ et $\widehat{JIK}$ ci-dessous :

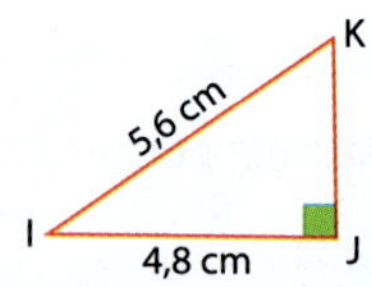

Exercice-type *(Corrigés p. 322)*

Dans la figure ci-dessous, le cercle de centre O a pour rayon 4 cm.
[ML] est un diamètre de ce cercle et $\widehat{NPL} = 29°$.

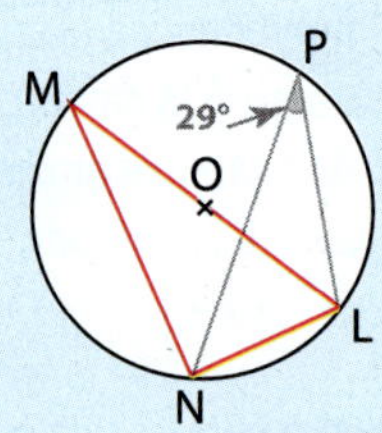

1. Déterminer la mesure de l'angle $\widehat{NML}$.

2. Démontrer que le triangle MLN est rectangle.

3. Calculer MN et NL.

Angles • Sinus • Cosinus • Tangente

En fonction de l'angle que l'on considère, le côté opposé ou le côté adjacent est (sont) différent(s). Il faut donc se poser la question à chaque calcul.
Évidemment, tu dois connaître les formules de calcul de sinus, cosinus et tangente par cœur.

Si tu veux encore t'entraîner, tu peux faire les sujets de BREVET de la page 265.

14 Aires et volumes

Calculs d'aires

1. Calculer l'aire d'un rectangle de dimensions 4,5 cm et 8 cm.

2. Calculer l'aire d'un triangle dont un côté mesure 10 cm et dont la hauteur relative à ce côté mesure 7 cm.

3. Calculer l'aire d'un disque de rayon 7 cm.

4. Calculer l'aire d'une sphère de rayon 5 cm.

Calculs de volumes

1. Calculer le volume d'un pavé droit de dimensions 7 cm, 9 cm et 11 cm.

2. Calculer le volume d'un cylindre de hauteur 8 cm et dont le disque de base a un rayon de 5 cm.

3. Calculer le volume d'une pyramide à base carrée de côté 7 cm et de hauteur 12 cm.

4. Calculer le volume d'un cône de hauteur 9 cm et dont le disque de base a un rayon de 4 cm.

5. Calculer le volume d'une boule de rayon 3 cm.

Exercice-type *(Corrigés p. 322)*

Un solide est composé :
- d'un cylindre de hauteur 1 dm et dont le disque de base a pour diamètre 7 cm ;
- et d'un cône dont le disque de base a les mêmes dimensions que celui du cylindre et pour hauteur 6 cm.

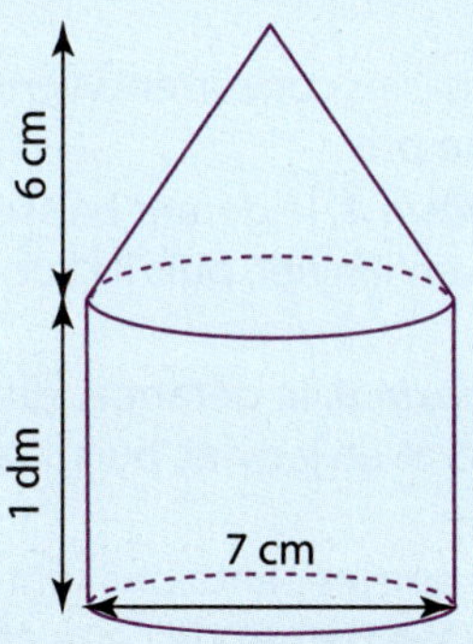

1. Calculer, en cm^3, le volume exact de ce solide.

2. Donner une valeur approchée au millième près de ce volume.

Aires et volumes

Avant d'effectuer un calcul d'aire ou de volume, il faut vérifier que toutes les longueurs sont exprimées dans la même unité !

Si tu veux encore t'entraîner, tu peux faire les sujets de BREVET de la page 287.

15 Vitesses • Distances • Durées

Vitesses

1. Une voiture a parcouru 600 km en 6 h 15 min. Quelle a été, en km/h, sa vitesse moyenne sur ce parcours ?

2. Un cycliste a parcouru 210 km en 4 h 40 min. Quelle a été, en km/h, sa vitesse moyenne sur ce parcours ?

3. Exprimer en m/s les deux vitesses trouvées au **1.** et **2.**.

4. Un véhicule rouge a une vitesse de 30 m/s. Un véhicule noir a une vitesse de 100 km/h. Quel est le véhicule le plus rapide ?

Distances

1. Un piéton a marché à la vitesse moyenne de 5,8 km/h durant 4 heures et demie. Quelle distance a-t-il parcourue ?

2. Un train avance à la vitesse moyenne de 230 km/h durant 3 h 45 min. Quelle distance a-t-il parcourue ?

3. La vitesse moyenne d'un cycliste en côte est de 20 km/h. Sa vitesse moyenne en descente est de 50 km/h. Il met 1 h 15 min pour grimper un col et 36 minutes pour descendre l'autre versant du col. Combien de kilomètres a-t-il parcouru ?

Durées

1. Combien de temps faut-il à un TGV roulant à la vitesse moyenne de 300 km/h pour relier deux villes distantes de 745 km ?

2. Pour aller de Montpellier à Bordeaux, il y a 484 km à parcourir. En roulant à la vitesse moyenne de 120 km/h, combien de temps mettra Bernard pour rallier Bordeaux de Montpellier ?

3. Alexis part à 08 h 15 de son domicile. Il roule à la vitesse moyenne de 60 km/h et passe chercher Alexandre qui habite à 20 km de chez lui. Ensuite ils prennent l'autoroute et roulent à la vitesse moyenne de 120 km/h durant 300 km pour aller chez Vincent.
À quelle heure vont-ils arriver chez Vincent ?

Exercice-type *(Corrigés p. 322)*

1. Sam a parcouru 387 km, au volant de sa voiture, en 3 h 45 min. Quelle a été sa vitesse moyenne sur ce trajet ?

2. S'il continue à rouler à la même allure, combien de temps mettra-t-il approximativement pour parcourir les 230 km qui lui restent à couvrir ?

Vitesses • Distances • Durées

Il faut bien vérifier la cohérence des unités employées avant de se lancer dans un calcul. Tu peux aussi vérifier, à l'aide d'ordres de grandeur, la vraisemblance des résultats que tu obtiens.

16 Exercices « Prise d'initiative »

Voici les consignes générales des exercices « peu guidés » que l'on peut trouver dans certains sujets d'examen.

Dans ce type d'exercices, toute trace de recherche, même incomplète, sera prise en compte dans l'évaluation.

Il est donc nécessaire et important de laisser des traces des pistes explorées sur la copie, même si l'on ne parvient pas à résoudre l'exercice.

Ces consignes s'appliquent à tous les exercices de cette page.

1 Vu au BREVET

La ville A compte 60 000 voitures et la ville B compte 18 000 voitures. Les diagrammes circulaires ci-dessous représentent la répartition des voitures selon leurs couleurs, dans les villes A et B.

On demande à un élève ce qu'il constate. Voici ce qu'il a répondu :

« On peut dire qu'il y a plus de voitures blanches dans la ville B que dans la ville A ».

A t-il raison ?

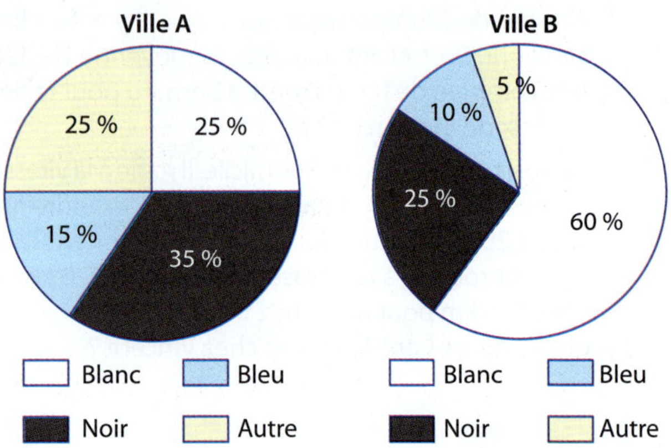

Polynésie française, 2009

2 Vu au BREVET

Anatole affirme : « Pour tout nombre entier naturel n, l'expression $n^2 - 24n + 144$ est toujours différente de zéro ».

A-t-il raison ?

Centres Étrangers II, 2009

3 Vu au BREVET

Soustraire 3 à un nombre ou le diviser par 3 donne le même résultat. Quel est ce nombre ? Justifier la réponse.

Antilles-Guyane, 2009

4 « – Je suis un nombre entier compris entre 200 et 500.

– Je suis impair.

– Je suis divisible par 13.

– J'ai aussi 9 comme diviseur.

Qui suis-je ? »

Expliquer une démarche permettant de trouver le nombre caché, et donner sa valeur.

5 Lors d'une croisière en voilier, Julien doit parcourir 84,5 milles marins. Le voilier prend la mer à 10 h 47 et navigue à la vitesse moyenne de 15 nœuds (*1 nœud correspond à 1 mille marin par heure*).

À quelle heure Julien arrivera-t-il à destination ?

6 Résoudre l'équation $(2x-3)(7x-2)=6$.

7 Sofiane affirme : « Le carré d'un nombre impair est toujours un nombre impair ». Sofiane a-t-il raison ?

8 Aujourd'hui, nous sommes jeudi. Quel jour serons-nous dans 187 jours ?

9 Un cycliste s'entraîne progressivement. Il fait une petite sortie le lundi, puis, du mardi au vendredi, il double chaque jour la distance parcourue la veille. Le samedi, il réduit de moitié la distance parcourue le vendredi et se repose le dimanche.

En une semaine, le cycliste fait au total 195 km. Quelle distance a-t-il parcourue mercredi ?

10 Deux magasins concurrents vendent le même pantalon au même prix.

- Dans le ***magasin A***, le gérant baisse le prix de ce pantalon de 10 % en janvier, puis il l'augmente de 25 % en février.
- Dans le ***magasin B***, le gérant augmente le prix de ce pantalon de 35 % en janvier, puis il l'augmente de 20 % en février.

Gaëlle affirme que les pantalons sont toujours au même prix en mars. Que penser de cette affirmation ?

11 On dispose de deux urnes dans lesquelles il y a des boules rouges et des boules blanches.

- Il y a deux fois plus de boules dans la deuxième urne que dans la première.
- Si l'on choisit sans regarder une boule dans la première urne, la probabilité de tirer une boule rouge est égale à 0,8.
- Si l'on choisit sans regarder une boule dans la deuxième urne, la probabilité de tirer une boule rouge est égale à 0,3.

On mélange les boules contenues dans les deux urnes dans une troisième urne. Quelle est la probabilité de tirer une boule rouge dans cette urne ?

19 TP pour faire des mathématiques avec un tableur

Chacun de ces 19 travaux pratiques comporte un problème mathématique à résoudre à l'aide d'un tableur… Chacun de ces TP est en lien avec un ou deux des chapitres du manuel mais peut être traité sans maîtrise des notions étudiées dans ces chapitres.

Si tu as un problème technique avec le tableur, n'oublie pas d'utiliser les Fiches méthode TICE à la fin du manuel.

TP 1 La chute des corps

→ *Ce TP est lié au **chapitre 7** – Notion de fonction.*

Galilée (1564-1642) a réalisé une célèbre expérience depuis la tour de Pise. Lâchant du haut de la tour plusieurs objets de masses différentes, il a montré que le temps de chute de ces objets était toujours le même. Autrement dit, la chute d'un corps ne dépend pas de sa masse : une balle de tennis tombe à la même vitesse qu'une boule de pétanque. Plus tard, les scientifiques ont établi une formule qui donne la distance d parcourue en chute libre en fonction du temps de chute t :

$d = \dfrac{9{,}81 \times t^2}{2}$, avec d la distance en mètres et t la durée en secondes.

Nous allons étudier si la distance parcourue et le temps de chute sont proportionnels.

1. Dans une feuille de calcul, construire un tableau donnant la distance parcourue par une pierre en chute libre pour différents temps de chute (de 1 à 60 secondes).

2. À l'aide des données de ce tableau, construire une représentation graphique de la distance parcourue par la pierre en fonction de son temps de chute.

3. La distance est-elle proportionnelle au temps ? Justifier la réponse.

TP 2 Une somme de trois entiers

→ *Ce TP est lié au **chapitre 2** – Arithmétique et au **chapitre 5** – Équations et inéquations.*

La somme de trois nombres entiers naturels, impairs et consécutifs, est égale à 795.
Quels sont ces trois nombres ?

TP 3 Une différence de carrés

→ *Ce TP est lié au **chapitre 4** – Calcul littéral et au **chapitre 5** – Équations et inéquations.*

En soustrayant les carrés de deux nombres, j'obtiens 28 135.
Quels sont ces deux nombres sachant que leur différence vaut 85 ?

TP 4 Le salaire de Lisa

→ *Ce TP est lié au **chapitre 8** – Fonctions linéaires et affines.*

Lisa vient d'être embauchée dans un centre commercial.

Le directeur lui propose de choisir entre deux formules de rémunération :
- première formule : un salaire fixe de 1 200 € mensuel ;
- deuxième formule : un salaire variable de 1 000 € pour le premier mois, mais qui augmente de 2 % chaque mois.

Quel salaire peut-on conseiller à Lisa de choisir ?

TP 10 Un programme de calcul

→ *Ce TP est lié au **chapitre 8** – Fonctions linéaires et affines et au **chapitre 5** – Équations et inéquations.*

Simon propose le programme de calcul suivant :

« Pense à un nombre – Ajoute 30 – Multiplie le résultat par 2 – Soustrais 16 et annonce le résultat ».

1. Léonie a pensé au nombre 12. Quel résultat a-t-elle trouvé ?

2. Isham a trouvé 17 178. Quel était son nombre de départ ?

TP 11 Faites sauter la banque !

→ *Ce TP est lié au **chapitre 8** – Fonctions linéaires et affines.*

Marc place toutes ses économies à la banque sur un livret A qui rapporte 2,25 % d'intérêt par an.

1. Au bout de combien de temps aura-t-il doublé ses économies ?

2. Si le ministère de l'Économie décidait de baisser le taux d'intérêt du livret A à 1,50 %, combien de temps lui faudrait-il pour doubler sa fortune ?

3. Si le ministère de l'Économie décidait de monter le taux d'intérêt du livret A à 3,25 %, combien de temps faudrait-il à Marc pour doubler sa fortune ?

TP 12 Les cars de supporters

→ *Ce TP est lié au **chapitre 8** – Fonctions linéaires et affines.*

Une entreprise de transport possède quatre cars de 52 places chacun et se propose d'assurer le transport des supporters d'une équipe de rugby. Chaque car se loue 700 €.

Combien l'organisateur peut-il accepter de supporters, s'il s'est engagé à ce que le prix d'une place dans le car ne dépasse pas 16 € ? Trouver toutes les possibilités.

TP 13 L'abonnement téléphonique

→ *Ce TP est lié au **chapitre 8** – Fonctions linéaires et affines.*

Amélie veut prendre un nouveau forfait « box + Internet + TV + mobile téléphonique ». Pour cela, elle étudie les offres de quatre opérateurs :

- ***Jaune télécom*** : 49,90 € pour un forfait mobile de 2 h avec 0,50 € par minute de dépassement de ce forfait ;
- ***Bougie télécom*** : 36,90 € pour un forfait mobile de 1 h avec 0,40 € par minute de dépassement de ce forfait ;
- ***Freeze télécom*** : 59,90 € pour un forfait mobile de 2 h avec 0,30 € par minute de dépassement de ce forfait ;
- ***Laissez-faire télécom*** : 29,90 € pour un mobile sans forfait à 0,60 € par minute d'appel sur le mobile.

Quel est le forfait le plus avantageux ?

TP 14 Un empilement de cubes

→ *Ce TP est lié au **chapitre 5** – Équations et inéquations.*

Voici un empilement de cubes à 5 étages.

Quel est le plus grand empilement de ce type que l'on peut réaliser si l'on dispose de 10 000 cubes ?

TP 15 DES POULES ET DES LAPINS

→ *Ce TP est lié au **chapitre 6** – Systèmes d'équations.*

1. Pif élève des lapins et des poules qui sont tous mélangés dans la cour de sa ferme.
Cela lui pose problème lorsqu'il souhaite les compter car ses animaux refusent de se ranger par famille…
Mais Pif est le plus malin : en regardant attentivement sa basse-cour, il compte 90 têtes et 298 pattes.
Combien Pif possède-t-il de poules ? Combien Pif possède-t-il de lapins ?

2. Paf élève lui aussi des lapins et des poules. Il possède plus d'animaux que Pif et ne parvient pas à compter toutes les têtes… Mais il est certain d'avoir 460 pattes et il sait aussi que le nombre de lapins est le double de celui des poules.
Combien Paf possède-t-il de poules ? Combien possède-t-il de lapins ?

TP 16 À BICYCLETTE

→ *Ce TP est lié au **chapitre 6** – Systèmes d'équations.*

L'entreprise de Louis fabrique deux sortes de vélos. Le premier modèle est un vélo pour la ville, vendu 125 € et le second est un VTT vendu 200 €. La capacité maximale de production de son usine est de 150 vélos par mois.

1. En janvier, Louis a vendu 130 bicyclettes pour une recette de 19 100 €. Combien a-t-il vendu de VTT en janvier ?

2. En févrler, Louis ne se souvient pas exactement du nombre de vélos vendus, mais il se rappelle que son chiffre d'affaire était de 28 100 € et que sa capacité de production mensuelle n'avait pas été dépassée. Combien a-t-il vendu de vélos de chaque modèle en février ?

TP 17 ON EMBAUCHE !

→ *Ce TP est lié au **chapitre 6** – Systèmes d'équations.*

• En 2012, l'entreprise *Jaune Télécom* employait 165 informaticiens et 310 techniciens.
Le salaire mensuel d'un informaticien est de 2 500 euros, et celui d'un technicien 1 800 euros.

• En 2013, *Jaune Télécom* souhaite embaucher de nouveaux informaticiens et de nouveaux techniciens de sorte que le total des salaires versés chaque mois soit exactement de 1 000 000 €.

Combien l'entreprise va-t-elle embaucher de personnes ?

TP 18 LES BONBONS

→ *Ce TP est lié au **chapitre 6** – Systèmes d'équations.*

Hugo achète des bonbons. Il choisit des *Maxi-caramels* à 1,20 € pièce et des *Méga-chocobecs* à 1,50 € pièce.
Il paye 24,00 €. Combien a-t-il acheté de *Maxi-caramels* et de *Méga-chocobecs* ?
Essayer de trouver toutes les possibilités.

TP 19 LE LIÈVRE ET LA TORTUE

→ *Ce TP est lié au **chapitre 10** – Probabilités.*

Un lièvre et une tortue font une course. Pour savoir qui avance, on lance un dé.

• Si le résultat est différent de 6, la tortue avance d'une case.

• Si le résultat est égal à 6, le lièvre avance de six cases et a gagné.

Qui a le plus de chances de gagner la course ?

5 TP pour faire des mathématiques avec un logiciel de géométrie dynamique

★ Niveau de difficulté technique
★ Niveau de difficulté mathématique

Ces 5 travaux pratiques ne présentent aucune difficulté technique notoire. Ils permettront de réinvestir certaines compétences des classes antérieures.

TP 1 Un problème de milieux ★☆☆ ★☆☆

Construction

1. Construire une droite (AB) et placer un point M en dehors de la droite (AB). → Géométrie 5 et 2

2. Construire le milieu I de [MA], le milieu J de [MB] et le milieu K de [AB]. → Géométrie 4

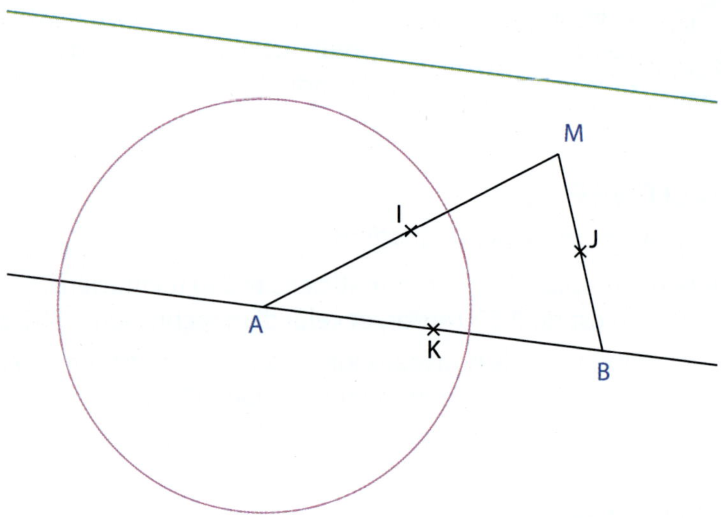

Conjecture

3. a. Construire le cercle ($\mathscr{C}$) de centre A et de rayon 5. → Géométrie 13

b. Lorsque le point M parcourt le cercle ($\mathscr{C}$), quelles figures géométriques décrivent les points I et J ? → Géométrie 1

Pour conjecturer les résultats, on pourra activer la trace des points I et J. → Géométrie 20

4. a. Construire une droite (d) quelconque parallèle à la droite (AB). → Géométrie 2 et 9

b. Lorsque le point M parcourt la droite (d), quelle figure géométrique décrivent les points I et J ? → Géométrie 1

Démonstration

5. On suppose que le point M appartient au cercle ($\mathscr{C}$).

a. Calculer AI.

b. Calculer KJ.

c. En déduire les résultats conjecturés à la question **3. b.**

6. a. On considère un point M′ de la droite (d) et le point I′, milieu du segment [AM′].

b. Démontrer que les droites (II′) et (MM′) sont parallèles.

c. En déduire les résultats conjecturés à la question **4. b.**

TP2 LE COMPAS ★☆☆ ★☆☆

L'objectif de ce TP est de déterminer l'écartement des deux branches d'un compas de longueur 8 cm pour que l'aire du triangle formé par ces branches soit maximale.

Construction

1. Construire un cercle de centre A et de rayon 8. ➜ *Géométrie 13*

2. Placer deux points B et C sur ce cercle. ➜ *Géométrie 2*

3. Tracer les segments [AB] et [AC] qui sont assimilés aux branches du compas. ➜ *Géométrie 5*

4. Cacher le cercle. ➜ *Géométrie 21*

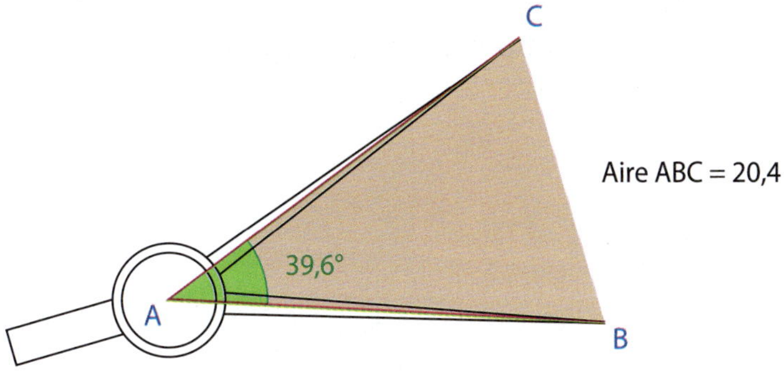

Conjecture

5. Déplacer les points B et C pour conjecturer la mesure de l'angle $\widehat{BAC}$ telle que l'aire du triangle ABC soit maximale. ➜ *Géométrie 1*

Démonstration

6. Soit h la hauteur du triangle ABC issue de C. Exprimer l'aire du triangle en fonction de h.

7. Pour quelle valeur de h l'aire du triangle ABC est-elle maximale ?
En déduire le résultat de la conjecture énoncée plus haut.

8. Calculer dans ce cas l'aire du triangle formé par les branches du compas.

TP3 UNE FORMULE LIANT PÉRIMÈTRE ET AIRE DANS UN TRIANGLE QUELCONQUE ★★☆ ★★☆

Construction

1. Construire un triangle ABC. ➜ *Géométrie 7*

2. Construire le cercle inscrit dans le triangle ABC. On appelle O le centre de ce cercle. ➜ *Géométrie 11, 3 et 8*

3. Afficher :
- le périmètre p du triangle ABC ; ➜ *Géométrie 16*
- l'aire S du triangle ABC ; ➜ *Géométrie 17*
- le rayon r du cercle inscrit dans le triangle ABC ; ➜ *Géométrie 16*

4. Afficher le produit du périmètre p par le rayon r. ➜ *Géométrie 25*

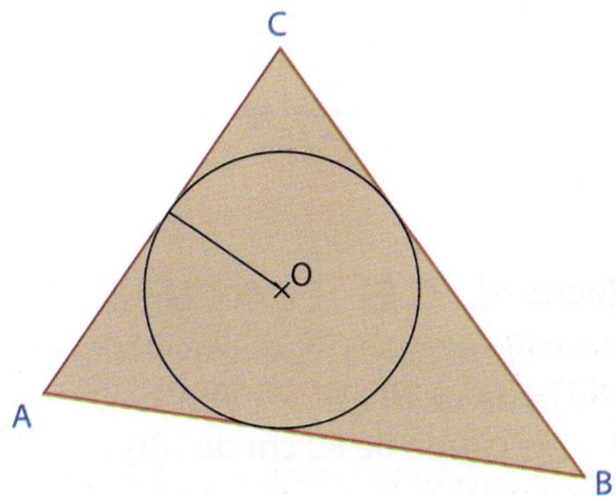

Conjecture

5. Déplacer les sommets du triangle ABC pour conjecturer une formule exprimant l'aire du triangle en fonction de p et de r. ➜ *Géométrie 1*

Démonstration

6. Exprimer l'aire du triangle OAC en fonction de AC et de r.

7. Faire de même avec les triangles OAB et OBC.

8. Démontrer la formule conjecturée plus haut.

TP4 L'HÉRITAGE ★☆☆ ★★☆

Le royaume de Myriadésie est en deuil car son roi Bordasius Ier vient de disparaître. Ses deux fils héritiers, Marcus et Didus, devront se partager le royaume afin d'obtenir deux empires séparés de même aire exactement. Le trapèze rectangle ABCD, dans le schéma ci-dessous, représente le royaume à la mort du roi Bordasius Ier :

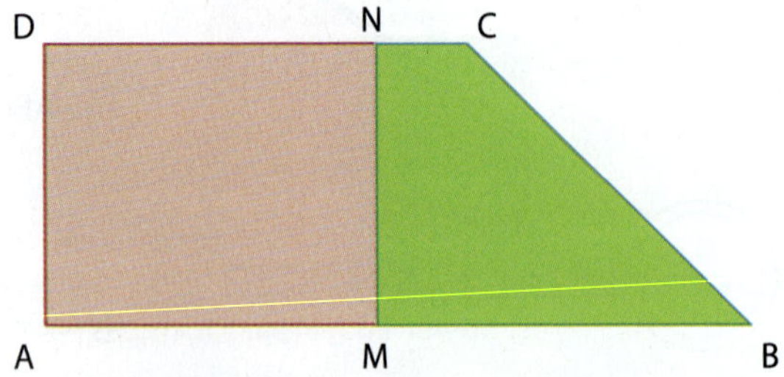

Le segment [MN] représente la frontière entre les deux nouveaux empires, il est perpendiculaire aux deux bases du trapèze. On donne : AB = 100 km, AD = 40 km et CD = 60 km.

Construction

1. Construire à l'échelle un trapèze ABCD représentant un plan de la Myriadésie.

2. Placer un point M sur le segment [AB]. → *Géométrie 2*

3. Construire une droite perpendiculaire au segment [AB] passant par M. → *Géométrie 8*
Elle recoupe le trapèze en un point N. → *Géométrie 3*

4. Tracer le segment [MN]. → *Géométrie 5*

5. Afficher les aires des deux nouveaux empires. → *Géométrie 17*

Conjecture

6. Conjecturer pour quelle valeur de AM les aires des deux empires sont égales. → *Géométrie 1*

Démonstration

7. On pose $x = \text{AM}$. Exprimer, en fonction de x, l'aire des deux empires.

8. Démontrer le résultat conjecturé plus haut.

TP5 LES NAPPES ★☆☆ ★★★

Inspiré d'un exercice de l'épreuve de Maths sans frontières – Décembre 2010

L'objectif de ce TP est de déterminer si deux nappes circulaires de 90 cm de diamètre peuvent recouvrir une table carrée de 80 cm de côté.

Construction

1. Construire un carré de côté 8 représentant la table.

2. Construire deux cercles de diamètre 9 représentant les deux nappes. → *Géométrie 13*

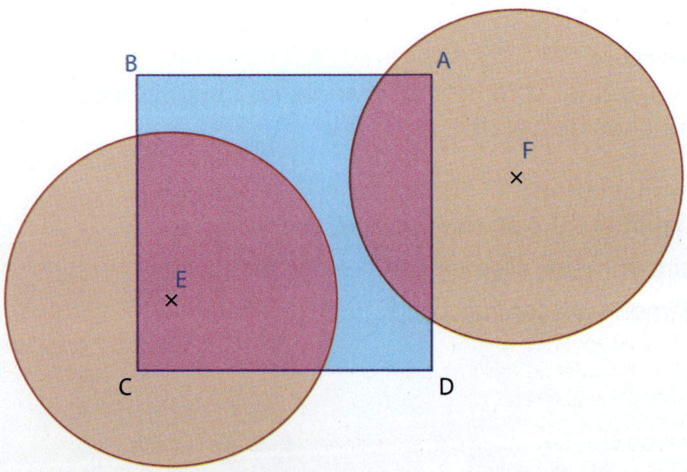

Conjecture

3. Déplacer les cercles pour émettre une conjecture sur la solution au problème posé. → *Géométrie 1*

Démonstration

4. Démontrer la conjecture et conclure.

Corrigés d'exercices

CHAPITRE 1

24 a. 2 b. 60 c. 8 d. 120

26 a. $\frac{17}{8}$ b. $\frac{11}{8}$ c. $\frac{21}{32}$ d. $\frac{14}{3}$

29 a. $\frac{8}{3}$ b. $-\frac{1}{10}$ c. $\frac{7}{40}$

40 a. $A = 30$ b. $B = 107{,}01$ c. $C = -68$

49 a. 5^9 b. 8^2 c. 6^6 d. 10^7 e. 5^6 f. 7^{25}

54 a. $1{,}7 \times 10^5$ b. $3{,}45 \times 10^8$ c. 5×10^{-3} d. $1{,}8 \times 10^{-5}$

84 A **85** C **86** C **87** B **88** C **89** B **89** A
91 C **92** C **93** B

94 a. -41 b. -114 c. $+107$ d. -20 e. $+72$ f. $-4{,}5$

95 a. 18 b. 106 c. -21 d. $-19{,}5$

96 a. 8 b. 14 c. -6 d. 54

97 a. $-261{,}3$ b. $321{,}975$

98 a. $24{,}44$ b. $-13{,}87$

99 a. $\frac{21}{10}$ b. $\frac{22}{48}$ c. $\frac{8}{15}$ d. $\frac{48}{15}$

100 a. $\frac{2}{5}$ b. $\frac{7}{8}$ c. $\frac{3}{14}$ d. $\frac{3}{14}$

101 $A = 61$; $C = 1{,}125$ et $D = 4\,800$.

102 a. $\frac{23}{3}$ b. $\frac{-39}{4}$ c. $\frac{36}{3} = 12$ d. $\frac{-25}{7}$ e. $\frac{-1}{15}$ f. $\frac{-35}{11}$

103 a. $\frac{47}{12}$ b. $\frac{20}{33}$ c. $\frac{-2}{7}$ d. $\frac{8}{9}$

104 a. $\frac{-19}{15}$ b. $\frac{-19}{6}$ c. $\frac{26}{75}$ d. $\frac{-7}{4}$

105 a. 32 b. 0,25 c. 125 d. 81 e. 1 000 000
f. 1 000 000 000 g. 0,001 h. 0,000 01

106 a. $A = -19$ b. $B = -6{,}99999$ c. $C = 800\,000$ d. $D = 0$

107 a. $E = 2\,290{,}60$ b. $F = 614{,}06$ c. $G = 14{,}14$ d. $H = 38{,}68$

108 a. 11^{14} b. 10^{-5} c. 7^{10} d. 9^{21} e. 24^5 f. $10{,}5^6$ g. 9^4 h. 10^{-9} i. 5^{-3}

109 a. 7^{19} b. $11{,}3^{-5}$ c. 8^6

110 a. Fausse b. Fausse c. Vraie d. Vraie

111 a. $5{,}8 \times 10^5$ b. $1{,}1 \times 10^4$ c. $7{,}8 \times 10^{-4}$
d. $3{,}05 \times 10^6$ e. $4{,}2 \times 10^{-4}$ f. $8{,}3 \times 10^5$

112 a. $7{,}65 \times 10^6$ b. 9×10^{-6} c. $5{,}4 \times 10^{12}$
d. $6{,}72 \times 10^{-3}$ e. $-7{,}25 \times 10^4$ f. $8{,}5 \times 10^{12}$

113 a. $G = 3{,}5 \times 10^{-3}$ b. $H = -1{,}2 \times 10^6$

114 **Vénus** : $105 \times 10^6 = 1{,}05 \times 10^8$ km ;
Mars : $2\,250 \times 10^5 = 2{,}25 \times 10^8$ km ;
Terre : $1{,}5 \times 10^8 = 1{,}5 \times 10^8$ km.
Donc parmi ces trois planètes, Mars est celle qui est la plus éloignée du Soleil.

CHAPITRE 2

26 $178 = \mathbf{14} \times 12 + 10$.

33 a. Les diviseurs de 10 sont : 1, 2, 5 et 10.
b. Les diviseurs de 12 sont : 1, 2, 3, 4, 6 et 12.
c. Les diviseurs de 16 sont : 1, 2, 4, 8 et 16.
d. Les diviseurs de 25 sont : 1, 5 et 25.

46 a. 1 250 et 3 780 ne sont pas premiers entre eux car ils sont tous les deux divisibles par 10.
b. 744 et 568 ne sont pas premiers entre eux car ils sont tous les deux divisibles par 2.
c. 126 et 345 ne sont pas premiers entre eux car ils sont tous les deux divisibles par 3.

48 a. PGCD (285 ; 152) = 19. b. PGCD (1 107 ; 861) = 123.

51 a. PGCD (49 ; 27) = 1 donc 49 et 27 sont premiers entre eux.
b. PGCD (39 ; 65) = 13 donc 39 et 65 ne sont pas premiers entre eux.
c. PGCD (27 ; 34) = 1 donc 27 et 34 sont premiers entre eux.

61 a. PGCD (3 828 ; 3 300) = 132.
b. La forme irréductible de la fraction $\frac{3\,828}{3\,300}$ est $\frac{5}{13}$.

92 B et C **93** C **94** B **95** B **96** B **97** C
98 B et C **99** C **100** A et C **101** C

102 • 15 est divisible par 3, par 5 mais pas par 2, ni par 4, ni par 9, ni par 10.
• 34 est divisible par 2 mais pas par 3, ni par 4, ni par 5, ni par 9, ni par 10.
• 42 est divisible par 2, par 3 mais pas par 4, ni par 5, ni par 9, ni par 10.
• 120 est divisible par 2, par 3, par 4, par 5, par 10 mais pas par 9.
• 541 n'est divisible ni par 2, ni par 3, ni par 4, ni par 5, ni par 9, ni par 10.
• 11 541 est divisible par 3 mais pas par 2, ni par 4, ni par 5, ni par 9, ni par 10.
• 5 400 est divisible à la fois par 2, par 3, par 4, par 5, par 9 et par 10.

103 30 est un nombre divisible par 2, par 3 et par 5 mais pas par 4, ni par 9.

104 $312 = 18 \times 17 + 6$.

105 $3\,456 = 11 \times 312 + 24$, c'est la division euclidienne de 3 456 par 312.

106 a. 42 a pour diviseurs 1, 2, 3, 6, 7, 14, 21 et 42.
b. 49 a pour diviseurs 1, 7 et 49.
c. 56 a pour diviseurs 1, 2, 4, 7, 8, 14, 28 et 56.
d. 64 a pour diviseurs 1, 2, 4, 8, 16 et 32.

107 Les diviseurs communs à 66 et 44 sont 1, 2, 11 et 22.

108 Les diviseurs communs à 52 et 78 sont 1, 2, 13 et 26.

109 a. $53 = 8 \times 6 + 5$, donc il faut 7 étagères pour exposer toute l'œuvre de Victor Hugo.
b. L'étagère incomplète contiendra 5 volumes.

110 a. VRAI (1, 2, 3, 4, 6 et 12). b. VRAI (4 diviseurs).
c. FAUX (c'est 28).

111 a. Les diviseurs de 48 sont : 1, 2, 3, 4, 6, 8, 12, 24 et 48.
b. Les diviseurs de 72 sont : 1, 2, 3, 4, 6, 8, 9, 12, 18, 24, 36 et 72.
c. Leurs diviseurs communs sont : 1, 2, 3, 4, 6, 8, 12 et 24.
d. Le plus grand d'entre eux est 24.

112 a. PGCD (336 ; 140) = 28. b. PGCD (4 641 ; 3 549) = 273.

113 a. PGCD (244 ; 87) = 1 donc ils sont premiers entre eux.
b. PGCD (493 ; 377) = 29 donc ils ne sont pas premiers entre eux.

114 a. 3 588 et 4 584 ne sont pas premiers entre eux car divisibles par 2.
b. 750 et 435 ne sont pas premiers entre eux car divisibles par 5.
c. 10 206 et 30 405 ne sont pas premiers entre eux car divisibles par 3.

115 1 540 et 693 sont divisibles par 7 donc ils ne sont pas premiers entre eux.

116 **a.** PGCD (210 ; 135) = 15 donc la longueur d'un côté de carreau est de 15 cm.
b. 210 : 15 = 14 et 135 : 15 = 9 donc il faudra 126 carreaux (14 × 9 = 126).

117 **1.** PGCD (144 ; 252) = 36.
2. a. Le nombre maximal d'équipes que cette association peut former est de 36.
b. 144 : 36 = 4 et 252 : 36 = 7, donc chaque équipe comprend 4 filles et 7 garçons.

118 **a.** PGCD (301 ; 172) = 43 donc le nombre maximal de sachets réalisables est de 43.
b. 301 : 43 = 7 et 172 : 43 = 4 donc il y aura 7 caramels et 4 chocolats dans un sachet.

119 **a.** $\frac{17}{8}$ est irréductible ; **b.** $\frac{18}{16}=\frac{9}{8}$;
c. $\frac{43}{33}$ est irréductible ; **d.** $\frac{540}{360}=\frac{54}{36}=\frac{6}{4}=\frac{3}{2}$.

120 **a.** PGCD (128 ; 224) = 32 ; **b.** $\frac{128}{224}=\frac{128:32}{224:32}=\frac{4}{7}$.

121 **a.** $\frac{845}{1\,235}=\frac{845:65}{1\,235:65}=\frac{13}{19}$; **b.** $\frac{12\,350}{8\,450}=\frac{1\,235:65}{845:65}=\frac{19}{13}$.

122 **1.** PGCD (6 209 ; 4 435) = 887.
2. $\frac{4435}{6209}$ n'est pas irréductible car 4 435 et 6 209 ne sont pas premiers entre eux.
3. $\frac{4\,435}{6\,209}=\frac{4\,435:887}{6\,209:887}=\frac{5}{7}$.

123 **1.** PGCD (2 108 ; 1 488) = 124.
2. $\frac{2\,108}{1\,488}=\frac{2\,108:124}{1\,488:124}=\frac{17}{12}$.

124 **1.** 1 215 et 1 035 ne sont pas premiers entre eux car divisibles par 5.
2. PGCD (1 215 ; 1 035) = 45.
3. $\frac{1\,035}{1\,215}=\frac{1\,035:45}{1\,215:45}=\frac{23}{27}$.

125 **1.** PGCD (854 ; 1 610) = 14. **2.** $\frac{854}{1\,610}=\frac{854:14}{1\,610:14}=\frac{61}{115}$.

126 **1.** PGCD (408 ; 578) = 34. **2.** $\frac{408}{578}=\frac{408:34}{578:34}=\frac{12}{17}$.

CHAPITRE 3

36 On doit multiplier par $\sqrt{3}$. En effet : $\frac{2}{\sqrt{3}}=\frac{2\times\sqrt{3}}{\sqrt{3}\times\sqrt{3}}=\frac{2\sqrt{3}}{3}$.

42 **a.** $\sqrt{8}=\sqrt{4\times2}=\sqrt{4}\times\sqrt{2}=2\sqrt{2}$.
b. $\sqrt{50}=\sqrt{25\times2}=\sqrt{25}\times\sqrt{2}=5\sqrt{2}$.
c. $\sqrt{72}=\sqrt{36\times2}=\sqrt{36}\times\sqrt{2}=6\sqrt{2}$.
d. $\sqrt{200}=\sqrt{100\times2}=\sqrt{100}\times\sqrt{2}=10\sqrt{2}$.

44 **a.** $\sqrt{27}=\sqrt{9\times3}=\sqrt{9}\times\sqrt{3}=3\sqrt{3}$.
b. $\sqrt{28}=\sqrt{4\times7}=\sqrt{4}\times\sqrt{7}=2\sqrt{7}$.
c. $\sqrt{40}=\sqrt{4\times10}=\sqrt{4}\times\sqrt{10}=2\sqrt{10}$.
d. $\sqrt{700}=\sqrt{100\times7}=\sqrt{100}\times\sqrt{7}=10\sqrt{7}$.

56 **a.** Deux solutions : $\sqrt{25}=5$ et $-\sqrt{25}=-5$.
b. Pas de solution.
c. Deux solutions : $\sqrt{4\,900}=70$ et $-\sqrt{4\,900}=-70$.
d. Une solution : 0.

90 B **91** A **92** A **93** C **94** A **95** B **96** C
97 B **98** C **99** B

100 **a.** 8 **b.** 0 **c.** 6 **d.** 1 **e.** 20 **f.** 7

101 **a.** $\frac{2}{5}$ **b.** $\frac{1}{10}$ **c.** $\frac{6}{4}=\frac{3}{2}$ **d.** $\frac{16}{0,1}=160$ **e.** 0 **f.** $\frac{0,02}{0,7}=\frac{1}{35}$

102 **a.** 5 **b.** 49 **c.** 7 **d.** 0,04 **e.** 7 **f.** 4

103 $-\sqrt{(-3)^2}=-3$; $-\sqrt{3^2}=-3$; $\left(-\sqrt{3}\right)^2=3$; $\sqrt{(-3)^2}=3$; $\sqrt{3^2}=3$; $-\sqrt{9}=-3$.

104 $\left(\sqrt{5}+3\right)\times4-12=4\sqrt{5}$.

105 **Périmètre** $=2\times\left[\left(2+\sqrt{3}\right)+\left(8-\sqrt{3}\right)\right]=20$;
aire $=\left(2+\sqrt{3}\right)\times\left(8-\sqrt{3}\right)=13+6\sqrt{3}$.

106 $MR^2=10$; $ME^2+RE^2=5+5=10$. Donc $MR^2=ME^2+RE^2$.
L'égalité de Pythagore est vérifiée donc le triangle est rectangle. De plus : ME = RE. En conclusion, MER est un triangle rectangle isocèle.

107 **a.** $\sqrt{56}$; **b.** $\sqrt{20}$; **c.** $\sqrt{5}$; **d.** $\sqrt{6}$; **e.** $\sqrt{4}=2$; **f.** $\sqrt{4}=2$

108 **a.** $\sqrt{6}$; **b.** $\sqrt{36}=6$; **c.** $\sqrt{100}=10$;
d. $\sqrt{49}=7$; **e.** $\sqrt{9}=3$; **f.** $\sqrt{\frac{2}{8}}=\sqrt{\frac{1}{4}}=\frac{1}{2}$

109 **a.** $\sqrt{5}\times\sqrt{2}=\sqrt{5\times2}=\sqrt{10}$. **b.** $\sqrt{6}\times\sqrt{24}=\sqrt{6\times24}=\sqrt{144}=12$.
c. $\frac{\sqrt{24}}{\sqrt{6}}=\sqrt{\frac{24}{6}}=\sqrt{4}=2$. **d.** $\frac{\sqrt{72}}{\sqrt{2}}=\sqrt{\frac{72}{2}}=\sqrt{36}=6$.
e. $\frac{\sqrt{6}\times\sqrt{12}}{\sqrt{8}}=\frac{\sqrt{6\times12}}{\sqrt{8}}=\sqrt{\frac{72}{8}}=\sqrt{9}=3$.
f. $\frac{\sqrt{30}}{\sqrt{2}\times\sqrt{5}}=\frac{\sqrt{30}}{\sqrt{2\times5}}=\sqrt{\frac{30}{10}}=\sqrt{3}$.

110 **a.** $\sqrt{18}=\sqrt{9\times2}=\sqrt{9}\times\sqrt{2}=3\sqrt{2}$.
b. $\sqrt{75}=\sqrt{25\times3}=\sqrt{25}\times\sqrt{3}=5\sqrt{3}$.
c. $\sqrt{54}=\sqrt{9\times6}=\sqrt{9}\times\sqrt{6}=3\sqrt{6}$.
d. $\sqrt{96}=\sqrt{16\times6}=\sqrt{16}\times\sqrt{6}=4\sqrt{6}$.

111 $4\sqrt{3}+2\sqrt{27}-\sqrt{48}=4\sqrt{3}+2\times\sqrt{9\times3}-\sqrt{16\times3}$
$=4\sqrt{3}+2\times\sqrt{9}\times\sqrt{3}-\sqrt{16}\times\sqrt{3}=4\sqrt{3}+6\sqrt{3}-4\sqrt{3}=6\sqrt{3}$.

112 **a.** $A=2\sqrt{18}+\sqrt{32}-\sqrt{50}=2\sqrt{9\times2}+\sqrt{16\times2}-\sqrt{25\times2}$
$=6\sqrt{2}+4\sqrt{2}-5\sqrt{2}=5\sqrt{2}$.
b. $B=3\sqrt{5}-2\sqrt{20}+3\sqrt{80}=3\sqrt{5}-2\sqrt{4\times5}+3\sqrt{16\times5}$
$=3\sqrt{5}-4\sqrt{5}+12\sqrt{5}=11\sqrt{5}$.

113 **Périmètre** $=\sqrt{200}+3\sqrt{32}+4\sqrt{8}$
$=\sqrt{100\times2}+3\sqrt{16\times2}+4\sqrt{4\times2}=10\sqrt{2}+12\sqrt{2}+8\sqrt{2}=30\sqrt{2}$ cm.
Périmètre ≈ 42,4 cm.

114 B et C sont justes ; D est faux.
$B=\sqrt{50}+3\sqrt{2}=\sqrt{25\times2}+3\sqrt{2}=5\sqrt{2}+3\sqrt{2}=8\sqrt{2}$.
$C=\left(1+2\sqrt{3}\right)^2=1+2\sqrt{3}+2\sqrt{3}+2\sqrt{3}\times2\sqrt{3}=13+4\sqrt{3}$.
$D=\sqrt{1\,681}-\sqrt{81}=41-9=32\neq40$.

115 **1.** $C=2\sqrt{24}+\sqrt{96}-\sqrt{600}=2\sqrt{4\times6}+\sqrt{16\times6}-\sqrt{100\times6}$
$=4\sqrt{6}+4\sqrt{6}-10\sqrt{6}=-2\sqrt{6}$.
2. $D=\left(\sqrt{3}-\sqrt{2}\right)\left(\sqrt{3}+5\sqrt{2}\right)$
$=\sqrt{3}\times\sqrt{3}+\sqrt{3}\times5\sqrt{2}-\sqrt{2}\times\sqrt{3}-\sqrt{2}\times5\sqrt{2}$
$=3+5\sqrt{6}-\sqrt{6}-5\times2=-7+4\sqrt{6}$.

116 **a.** Deux solutions : 6 et −6. **b.** Pas de solution ;
c. Une solution : 0 ; **d.** Deux solutions : 40 et −40.

117 **a.** Deux solutions : $2\sqrt{2}$ et $-2\sqrt{2}$;
b. Deux solutions : $3\sqrt{3}$ et $-3\sqrt{3}$;
c. Deux solutions : $5\sqrt{6}$ et $-5\sqrt{6}$;
d. Deux solutions : $2\sqrt{7}$ et $-2\sqrt{7}$.

118 **a.** $x^2=-25$; pas de solution.
b. $x^2=16$; deux solutions : 4 et – 4.
c. $x^2=75$; deux solutions : $\sqrt{75}$ et $-\sqrt{75}$.
d. $x^2=121$; deux solutions : 11 et – 11.

119 **a.** $z^2=-400$; pas de solution ;
b. $t^2=36$; deux solutions : 6 et – 6 ;
c. $s^2=0{,}02$; deux solutions : $\sqrt{0{,}02}$ et $-\sqrt{0{,}02}$;
d. $d^2=21$; deux solutions : $\sqrt{21}$ et $-\sqrt{21}$.

120 Le triangle est rectangle en A donc l'égalité de Pythagore est : $BC^2=AB^2+AC^2$ donc $BC^2=\left(\sqrt{2}\right)^2+\left(\sqrt{3}\right)^2=2+3=5$, d'où : $BC^2=5$, alors $BC=\sqrt{5}$ (l'autre valeur, $-\sqrt{5}$, est rejetée parce qu'elle est négative).
Périmètre $= AB+AC+BC=\sqrt{2}+\sqrt{3}+\sqrt{5}$ cm.

121 Le triangle est rectangle en S donc l'égalité de Pythagore est : $RT^2=TS^2+RS^2$ donc $RT^2=\left(3\sqrt{7}\right)^2+\left(5\sqrt{2}\right)^2=63+50=113$, d'où : $RT^2=113$, alors $RT=\sqrt{113}$ (l'autre valeur, $-\sqrt{113}$, est rejetée parce qu'elle est négative).
Périmètre $= RS+TS+RT=2\sqrt{5}+3\sqrt{7}+\sqrt{113}$ cm.

122 Le triangle est rectangle en P donc l'égalité de Pythagore est : $ZA^2 = ZP^2 + PA^2$ donc
$PA^2 = ZA^2 - ZP^2 = \left(5\sqrt{8}\right)^2 - \left(2\sqrt{5}\right)^2 = 200 - 20 = 180$,
d'où : $PA^2 = 180$, alors $PA = \sqrt{180} = 6\sqrt{5}$ (l'autre valeur $-\sqrt{180}$ est rejetée parce qu'elle est négative).
• Périmètre $= PA + ZP + ZA = 6\sqrt{5}+2\sqrt{5}+3\sqrt{7} = 8\sqrt{5}+3\sqrt{7}$ cm.
• Aire $= \dfrac{PA\times ZP}{2} = \dfrac{6\sqrt{5}\times 2\sqrt{5}}{2} = 30$ cm².

CHAPITRE 4

34 **a.** $64a^2+48a+9=(8a+3)^2$ **b.** $(3+5a)^2=9+30a+25a^2$
c. $(2x+4)^2=4x^2+16x+16$ **d.** $36y^2+108y+81=(6y+9)^2$

53 **a.** $y^2+8y+16$ **b.** $4x^2+32x+64$
c. Ce n'est pas un produit **d.** $25+10a+a^2$
e. Ce n'est pas une somme entre parenthèses.
f. $4+12b+9b^2$

57 **a.** x^2-4x+4 **b.** $4y^2-24y+9$
c. Ce n'est pas une différence entre parenthèses
d. $9a^2-42a+49$ **e.** y^2-2y+1 **f.** $1-2b+b^2$

62 **a.** y^2-4 **b.** Ce n'est pas un produit **c.** $121-y^2$
d. $16a^2-25$ **e.** $4x^2-1$ **f.** $1-9b^2$

77 Utilisation de la propriété de la distributivité
a. $(x+6)(5x+1)$ **b.** $(y+5)(y+6)$ **c.** $(a-2)(-b-12)$
d. $(4b+1)(b-16)$ **e.** $(x+3)(-x^2+x+2)$ **f.** $(7-a)(5a+5)$

79 Utilisation de la propriété de la distributivité
a. $(x+5)(5x+6)$ **b.** $10(4x-3)$ **c.** $(7x+9)(8x+17)$
d. $(2x-9)(-3x-7)$ **e.** $(6y-10)(2y-15)$ **f.** $(3b+2)(-8b-1)$

83 On utilise la première identité remarquable
a. $(x+3)^2$ **b.** On ne peut pas utiliser cette propriété.
c. $(a-6)^2$ **d.** $(4y+12)^2$ **e.** $(a-4)^2$ **f.** $(3-6b)^2$

86 On utilise la deuxième identité remarquable.
a. $(2x-5)^2$ **b.** $(5x-8)^2$ **c.** $(a-6)^2$
d. $(11y-3)^2$ **e.** $(8x-11)^2$ **f.** $(9-4x)^2$

89 On utilise la troisième identité remarquable.
a. $(10+t)(10-t)$ **b.** $(x+6)(x-6)$ **c.** $(y+10)(y-10)$
d. $(4+a)(4-a)$ **e.** $(3-2b)(3+2b)$ **f.** $(4y+9)(4y-8)$

113 B **114** A **115** C **116** B **117** A **118** C **119** C
120 C **121** B **122** A **123** B

124 **a.** $(x+5)^2=x^2+10x+25$ **b.** $(y-2)^2=y^2-8y+4$
c. $(t+7)(t-7)=t^2-49$ **d.** $(1-10x)(1+10x)=1-100x^2$

125 **a.** $(t-3)^2=t^2-12t+9$ **b.** $(a+8)^2=a^2+16a+64$
c. $(5-9y)(5+9y)=25-81y^2$ **d.** $(x+3)(x-3)=x^2-9$

126 $(3y+5)^2=9y^2+30y+25$. Julie et Noé ont raison.

127 **a.** $999^2=(1\,000-1)^2=1\,000^2-2\,000+1=998\,001$
b. $202^2=(200+2)^2=200^2+800+4=40\,804$
c. $43\times37=(40+3)(40-3)=40^2-3^2=1\,591$

128 **a.** $100^2-1^2=9\,999$ **b.** $(60+6)(60-4)=60^2-4^2=1\,440$
c. $(10+0{,}1)(10-0{,}1)=10^2-0{,}1^2=99{,}99$

129 **a.** $15x^2+40x$ **b.** $-4y^2-12y$ **c.** $6t^2+14t$

130 **a.** x^2+5x+4 **b.** y^2+2y-3 **c.** $-21t^2+4t+32$

131 **a.** $x^2+18x+81$ **b.** $4y^2+24y+36$
c. $9a^2+18a+9$ **d.** $49x^2+112xy+64y^2$

132 **a.** y^2-6y+9 **b.** $9x^2-60x+100$
c. $4a^2-8ab+4b^2$ **d.** $1-8x+16x^2$

133 **a.** $25x^2-1$ **b.** $16y^2-9$ **c.** a^2-4y^2 **d.** $4-49t^2$

134 **1.** $(4x-8)^2$ **2.** $(4x-8)^2=16x^2-64x+64$.

135 **a.** $4x^2+42x+58$ **b.** $22a^2-107a+100$
c. $-12y+68$ **d.** $-24x^2-5$

136 Si $a=1$, $(2a+3)^2=25$ et $4a^2+9=13$ donc l'affirmation est fausse.

137 **1.** $(x-1)^2=x^2-2x+1$; $99^2=(100-1)^2=9\,801$.
2. $(x+1)(x-1)=x^2-1$; $99\times101=9999$.

138 **a.** $x^2(4x+10)$ **b.** $(y+2)(7y+2)$

139 **a.** $(y+8)(2y+2)$ **b.** $(2a-6)(-3a-1)$

140 **a.** $(a+9)(6a-1)$ **b.** $(a+9)(-18a-13)$

141 **a.** $(2-3t)^2$ **b.** $(2x+7)^2$ **c.** $(10a+3)^2$ **d.** $(6+5y)^2$

142 **a.** $(3-2y)^2$ **b.** $(5a-1)^2$ **c.** $(9x-3)^2$ **d.** $(x+0{,}5)^2$

143 **a.** $(x-8)(x+8)$ **b.** $(9+a)(9-a)$
c. $(2y+10)(2y-10)$ **d.** $(5t-8)(5t+8)$

144 **a.** $(x+5)(x-1)$ **b.** $(2y+12)(-2y-4)$
c. $(7x+14)(-7x-4)$ **d.** $a(a+2)$

145 **a.** $(x+2)(11x+8)$ **b.** $(2y+4)(y+3)$
c. $6(4x-1)$ **d.** $(x+2)(4x-1)$

146 **a.** $(x-8)(-2x+16)$ **b.** $(9-a)(-2a+10)$
c. $(2y+9)(3y+7)$ **d.** $-7(4t+9)$

147 $(2x+9)(2x-7)$

CHAPITRE 5

32 **a.** $x=2$ **b.** $y=-2$ **c.** $x=\dfrac{-5}{3}$
d. $a=\dfrac{-2}{3}$ **e.** $t=\dfrac{75}{11}$ **f.** $b=-\dfrac{33}{7}$

36 **a.** $x=0$ **b.** $x=-4$ **c.** $x=\dfrac{-14}{3}$
d. $x=-8$ **e.** $x=-\dfrac{50}{9}$ **f.** $x=11{,}2$

Corrigés d'exercices

53 **a.** $x=\frac{-1}{2}$ ou $x=\frac{-2}{5}$ **b.** $y=-3$ ou $y=-9$ **c.** $x=1$ ou $x=0{,}5$ **d.** $a=0{,}5$ ou $a=\frac{7}{5}$ **e.** $b=1$ **f.** $y=\frac{-2}{3}$ ou $y=\frac{1}{4}$

55 **a.** $x=-0{,}53$ **b.** $y=9$ **c.** $x=3$ **d.** $a=1$ **e.** $b=-1{,}5$ **f.** $y=-2$

59 **a.** $x=\frac{-2}{5}$ **b.** $y=3$ **c.** $x=0{,}4$ ou $x=-0{,}4$ **d.** $x=-0{,}25$ **e.** $a=3$ **f.** $y=1$ ou $y=-1$

76 **a.** $x>-0{,}5$ **b.** $y\leqslant 1$ **c.** $x>\frac{5}{6}$ **d.** $y\leqslant\frac{-11}{4}$ **e.** $y>-\frac{1}{3}$ **f.** $y\geqslant\frac{-11}{4}$

79 **a.** $x>0{,}5$ **b.** $y>\frac{29}{4}$ **c.** $x>\frac{31}{6}$ **d.** $y\geqslant 7$ **e.** $y>\frac{39}{9}$ **f.** $y\geqslant\frac{-13}{7}$

107 C **108** A **109** C **110** A **111** B

112 C **113** C **114** A **115** B **116** B

117 Caroline a choisi 1.

118 Marc a eu 15.

119 $x=4$

120 **1. a.** $3n+5=20$ **b.** $(x+1)^2=0$ **c.** $-2y+4=8$
2. $n=3$; $x=-1$ et $y=-2$.

121 **a.** $a=41$ **b.** $a>41$ **c.** $a<41$

122 **1.** $-2{,}5$.
2. Pour les nombres inférieurs à $-2{,}5$.
3. Pour les nombres supérieurs à $-2{,}5$.

123 $3x+12=57$; $x=15$.
Jordan a 15 ans, Léa a 20 ans et Imane a 22 ans.

124 **a.** $x=0$ ou $x=-11$ **b.** $y=0$ ou $y=2$ **c.** $a=0$ ou $a=7$ **d.** $x=0$ ou $x=\frac{-2}{3}$ **e.** $y=0$ ou $y=0{,}75$ **f.** $a=0$ ou $a=\frac{1}{7}$

125 **a.** $x=-6$ ou $x=-7$ **b.** $y=7$ ou $y=-2$ **c.** $a=1$ ou $a=6$ **d.** $x=\frac{-3}{8}$ ou $x=\frac{-1}{3}$ **e.** $y=4{,}5$ ou $y=-0{,}75$ **f.** $a=\frac{5}{3}$ ou $a=\frac{1}{7}$

126 **a.** $x=0$ ou $x=17$ **b.** $y=-8$ **c.** $a=3$ ou $a=8$ **d.** $x=6{,}5$ **e.** $y=4{,}5$ ou $y=-0{,}75$ **f.** $a=3{,}5$ ou $a=-0{,}25$

127 **a.** $x=0$ ou $x=-8$ **b.** $y=0$ ou $y=8$ **c.** $a=0$ ou $a=\frac{9}{5}$ **d.** $x=-5$ **e.** $a=3$ **f.** $y=4$ ou $y=-4$

128 **a.** $x=-2$ **b.** $y=-\frac{3}{5}$ **c.** $a=\frac{2}{3}$ ou $a=\frac{-2}{3}$ **d.** $a=-0{,}25$ **e.** $a=2$ ou $a=0$ **f.** $y=-1$

129 **a.** $x=-10$ **b.** $y=\frac{-1}{6}$ **c.** $a=\frac{4}{5}$ ou $a=\frac{-4}{5}$ **d.** $x=\frac{-2}{7}$ **e.** $q=0$ ou $q=-\frac{2}{3}$ **f.** $y=-3$ ou $y=-9$

130 $x=2$

131 **a.** $x<5$ **b.** $y>\frac{2}{3}$ **c.** $x\leqslant 9$ **d.** $a\geqslant -1$ **e.** $x\leqslant -5$ **f.** $x>0{,}4$

132 **a.** $x<\frac{5}{3}$ **b.** $y>\frac{-1}{3}$ **c.** $x\leqslant\frac{3}{5}$ **d.** $x\geqslant\frac{-15}{7}$ **e.** $x\leqslant -0{,}5$ **f.** $x<\frac{-3}{8}$

133 **a.** $x>\frac{5}{9}$ **b.** $y>1$ **c.** $x\leqslant\frac{8}{3}$ **d.** $a\geqslant -0{,}75$ **e.** $x\leqslant -0{,}75$ **f.** $x>\frac{8}{11}$

134 **a.** $x>-2{,}5$ **b.** $y>7$ **c.** $x\geqslant -1$ **d.** $a\leqslant 4$ **e.** $x\leqslant 0$ **f.** $x<-8$

135 **1. a.** $x\geqslant -4$ **b.** $x<2$
3. $-4\leqslant x<2$

CHAPITRE 6

25 **a.** (0 ; 1,5) **b.** (1 ; 0,5) **c.** (– 1,5 ; 0)

27 **a.** (1 ; – 1) **b.** (– 1 ; 0) **c.** $(0\,;\,-\frac{1}{3})$ **d.** $(0\,;\,-\frac{1}{3})$

37 **a.** (1 ; 4) **b.** (2 ; 1) **c.** (– 1 ; 2) **d.** (1,6 ; –1,3)

45 **a.** (1 ; 2) **b.** (1 ; 8) **c.** (– 1 ; 4) **d.** (1 ; 6)

61 A **62** A et C **63** B **64** C **65** B **66** C **67** A

68 Non, 3 – 1 = 2 et non 1.

69 Oui, 6 + 16 = 22 et –12 + 8 = – 4.

70 **a.** (– 2 ; 0) **b.** (– 2 ; 1)

71 **a.** (1 ; – 2) **b.** (– 1 ; 0)

72 **a.** (0 ; 1) **b.** (– 1 ; – 1)

73 **a.** (1 ; 2) **b.** (– 3 ; – 2)

74 **a.** $(\frac{-6}{5}\,;\,\frac{3}{5})$ **b.** $(\frac{-2}{5}\,;\,\frac{-22}{5})$

75 **a.** (– 3 ; 2) **b.** (– 2 ; 3)

76 **1.** (92 ; 80) **2.** Brigitte a 92 fèves et Bernard 80.

77 Le système **a.** correspond à ① ; le système **b.** correspond à ③ ; le système **c.** correspond à ②.

78 **1.** (– 2 ; 3) **2.** La première équation correspond à la droite noire et la deuxième à la droite verte.
3. (– 2 ; 3)

79 **a.** (3 ; 0) **b.** (– 2 ; 3)

80 **1.** $4x+4y=10$ et $4x+2y=8$.
2. $4x+4y=10$ a les mêmes solutions que $y=-x+2{,}5$ et $4x+2y=8$ a les mêmes solutions que $y=-2x+4$.
3. Les droites se coupent au point de coordonnées (1,5 ; 1).
4. Le couple-solution du système est (1,5 ; 1).

CHAPITRE 7

17 $N=2x+5$

21 x^2

34 **1.** – 100 **2.** – 8, – 2 et 6
3. Oui, on peut les lire en traçant la droite parallèle à l'axe des abscisses et d'ordonnée à l'origine – 50.
4. 100

36 Image de 1 : $\frac{4}{5}$, image de 2 : 1, image de 3 : $\frac{6}{5}$ et image de 4 : $\frac{7}{5}$.

48 **a.** 4 **b.** 2 **c.** – 2,7, – 0,5 et 3,6

55 **a.** Faux **b.** Vrai **c.** Faux **d.** Vrai **e.** Vrai

64 C **65** B **66** A **67** B **68** B **69** B et C

70 $5+\frac{x}{3}$ **71** $\frac{1}{x+1}$

72 **1.** $2x^2$ **2.** $f(6) = 72$

73 **1. a.** $f(2) = -1$ **b.** $f : 6 \mapsto 16$
c. $f(-2) = 5$ **d.** $f : 5 \mapsto 0$
2. 1 et 5 ont pour image 0 ; 3 et 4 ont pour image – 5.

74 **1.** Image de – 1 : 0, image de 0 : 20 et image de 2 : 18.
2. – 1, 4 et 5. **3.** Environ 7 **4.** 4,5

75 $g(-2) = 14$; $g(0) = 0$; $g\left(\frac{1}{2}\right) = -1$; $g(10^3) = 1\,997\,000$.

76 **a.** $f(5) = \frac{1}{23}$ **b.** $f(2) = \frac{1}{2}$
c. $f : 10 \mapsto \frac{1}{98}$ **d.** $f : 1 \mapsto -1$ ou $f : -1 \mapsto -1$

77 **1.** 10^{10} **2.** 10^{-8} **3.** 10^{10}

78 **1.** 0 **2.** 10 **3.** – 1 **4.** – 1,9 **5.** – 6

79 **a.** – 1 **b.** 0 **c.** 2 **d.** 1,1

80 **a.** – 2 **b.** – 1, 3,8 et 5 **c.** – 0,5, 1,6 et 6,2 **d.** 4,5

81 **1.** a et c **2.** – 2 car $2 \times (-2)^2 + 2 = -10$

CHAPITRE 8

46 **a.** 20 **b.** 28 **c.** – 16 **d.** 0 **e.** 3

49 **a.** 5 **b.** – 1 **c.** 0 **d.** – 2 **e.** 12,5

52 $g(x) = -\frac{2}{3}x$

76 **a.** – 17 **b.** – 12 **c.** 13 **d.** 3 **e.** 1

78 **a.** 2 **b.** 4 **c.** 0 **d.** 7 **e.** – 3

80 **1. a.** $a = 2$ **b.** $b = 5$
2. $g(x) = 2x + 5$

103 **a.** Augmentation de 40 % **b.** Diminution de 20 %
c. Augmentation de 10 % **d.** Augmentation de 90 %

109 1,1 × 1,1 = 1,21.

126 B **127** C **128** B **129** A **130** C **131** B **132** A
133 A **134** C **135** C **136** B et C

137 **a.** – 54 **b.** 9 **c.** 0 **d.** – 12

138 **a.** 10 **b.** $-\frac{1}{2}$ **e.** 0,2 **d.** $\frac{1}{15}$

139 $f(x) = -2,25x$

140

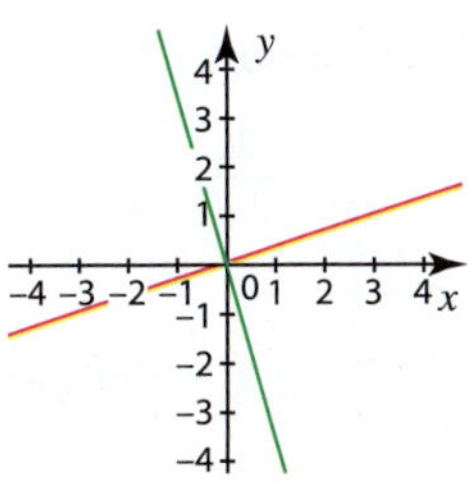

141 **1.** Le point M semble appartenir à la droite.
2. Le coefficient directeur est $-\frac{1}{5} = -0,2$.
3. $f(x) = -0,2x$.

142 **a.** 2 **b.** 10 **c.** $\frac{34}{5}$ **d.** $-\frac{2}{5}$

143 **a.** 1 **b.** – 2 **c.** 3 **d.** $-\frac{17}{7}$ car $-7 \times \left(-\frac{17}{7}\right) + 3 = 20$.

144 $f(x) = -3x + 5$ (voir SF1 page 171).

145 **1. a.** $g(4) = -1$; **b.** un antécédent de 2 est – 2 ;
c. l'ordonnée à l'origine est 1 ;
d. le coefficient directeur est $-\frac{1}{2}$.
2. $g(x) = -\frac{1}{2}x + 1$.
3. $g(13) = -5,5$.

146 Prix du survêtement : 59 × 0,7 = 41,30 € ; prix d'un tee-shirt : 18 × 0,7 = 12,60 €.

147 9,8 : 28 × 100 = 35 %.

148 663 : 1,02 = 650 élèves.

149 **1.** 35 × 60 : 22 ≈ 96 s. **2.** 60 × 35 : 65 ≈ 32 ppm.

150 6 500 : 0,6 ≈ 10 833 s ≈ 3 h. Une journée suffirait.

151 50 000 000 : 12 000 ≈ 4 167 min ≈ 69 h 27 min.

152 **1.** V ≈ 1,88 m^3
2. $\frac{4}{5} \times 1,88 \times 3600 : 0,4 \approx 13\,536$ s ≈ 3h 45min 36 s.

CHAPITRE 9

15 **1.** Chacune des deux séries a une moyenne égale à 13.
2. La médiane de la première est 15. La médiane de la seconde est 12.

31 **1.** (1 + 3 + 7 + 12 + 17) : 5 = (6 + 7 + 7 + 9 + 11) : 5 = 8 donc les deux séries ont eu une moyenne de 8 et une médiane de 7.
2. 17 – 1 = 16 donc l'étendue de la série A est 16. 11 – 6 = 5 donc l'étendue de la série B est 5.

56 C **57** C **58** B **59** B **60** B **61** C **62** B
63 C **64** B **65** C **66** A **67** B

68 • **Série 1 :** 1 – 2 – 5 – 6 – 6. La moyenne est 4 et la médiane est 5.
• **Série 2 :** 12 – 16 – 18 – 18. La moyenne est 16 et la médiane est 17.
• **Série 3 :** 2,4 – 4,3 – 6,1 – 6,5 – 7,7. La moyenne est 5,4 et la médiane est 6,1.

69 Par exemple : 90 – 120 – 130 – 130 – 130.

70 **1.** 55 min 23 s + 57 min 42 s + 49 min 57 s + 58 min 27 s + 55 min 29 s + 52 min 31 s + 55 min 59 s = 385 min 28 s.
2. (385 min 28 s)7 = 55 min 04 s donc le temps moyen mis pour faire un tour du lac est de 55 min 28 s.
3. La médiane de cette série de temps est 55 min 29 s.

71 **1.** L'effectif total de ce groupe est de 79.
2. $\frac{12 \times 22 + 13 \times 16 + 14 \times 18 + 15 \times 11 + 16 \times 12}{79} \approx 13,68$
donc l'âge moyen d'un participant est d'environ 13 ans et 8 mois.
3. La médiane des âges est la 40e valeur soit 14 ans.

72 **1.** 17 – 7 = 10 donc l'étendue des notes est de 10.

2.

Notes	7	8	9	10	11	12	13	14	15	16	17
Effectifs	2	4	1	3	5	4	0	1	3	1	1

3.

$$\frac{7\times2+8\times4+9\times1+10\times5+12\times4+14\times1+15\times3+16\times1+17\times1}{25}\approx 11{,}2$$

Donc la moyenne des notes est de 11,2/20.

4. La médiane est la 13e note : 11/20.

5. 20/25 = 0,8 donc 80 % des élèves ont eu une note inférieure ou égale à 14.

73 **a. Série 1** : 21 – 6 = 15 donc l'étendue est 15.
b. Série 2 : 80 – 18 = 62 donc l'étendue est 62.
c. Série 3 : 8,4 – 4,1 = 4,3 donc l'étendue est 4,3.

74 **a. Série 1** : le quartile 1 est 14 et le quartile 3 est 20.
b. Série 2 : le quartile 2 est 28 et le quartile 3 est 80.
c. Série 3 : le quartile 3 est 1,1 et le quartile 3 est 8,7.

75 Par exemple : 19 – 20 – 21 – 22 – 23 – 72 – 73 – 74.

76 **1. a.** C'est la formule « =somme(B6:H6) ».
b. Ce nombre est 130.
c. La formule « =somme(B6:H6)7 ». Ce nombre est 18,57.
2. a. C'est la formule « =somme(B5:H9) ». Ce nombre est 578.
b. La formule « max(B5:H9)-min(B5:H9) ». Ce nombre est 64.
c. La formule « =somme(B5:H9)30 ». Ce nombre est 19,27.
d. La médiane de cette série est 16.
e. 25 % de 30 = 7,5 donc le quartile 1 est la 8e valeur : 8.
75 % de 30 = 22,5 donc le quartile 3 est la 23e valeur : 26.

77 **1.** 10 – 1 = 9 donc l'étendue de cette série est 9.
2. La médiane de cette série est la moyenne entre la 24e et la 25e valeur, c'est donc 6.
3. 25 % de 48 est 12 donc le premier quartile est la 12e valeur : 5.
75 % de 48 est 36 donc le troisième quartile est la 36e valeur : 8.
4. 39 élèves sur 48 viennent en cours avec un cartable qui pèse 5 kg ou plus. $\frac{39}{48}$ = 0,8125 soit 81,25 % donc elle a raison.

CHAPITRE 10

12 **A :** On a autant de chances d'obtenir PILE que FACE.

18 • Avec la roulette, on a 3 chances sur 8 de gagner : P = 0,375.
• Avec le dé cubique, on a 2 chances sur 6 de gagner : P ≈ 0,333.
• Avec le sac, on a 4 chances sur 10 de gagner : P = 0,4.
Il faut choisir le sac pour avoir le plus de chances de gagner.

36 A **37** B **38** B **39** A **40** A **41** C **42** A

43 **1.** Oui car on connaît les issues possibles ; le résultat n'est pas prévisible ; l'expérience est reproductible dans les mêmes conditions.
2. Les issues possibles de cette expérience sont : jaune, blanche et noire.

44 **1.** Oui car on connaît les issues possibles ; le résultat n'est pas prévisible ; l'expérience est reproductible dans les mêmes conditions.
2. Il y a 21 issues possibles (tous les nombres entiers de 4 à 24).

45 A : FAUX ; B : FAUX ; C : VRAI.

46 **1.** Arbre des possibles

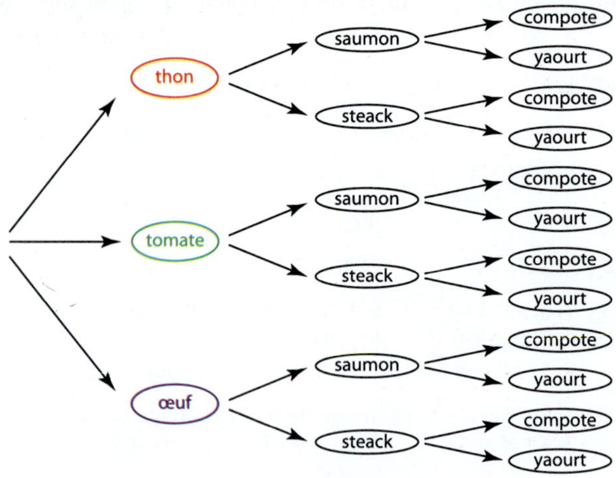

Il y a 12 menus possibles.
2. a. 4 des 12 menus contiennent de la tomate. $\frac{4}{12}=\frac{1}{3}$, donc la probabilité qu'elle mange de la tomate est de $\frac{1}{3}$.
b. 6 des 12 menus contiennent des pommes de terre. $\frac{6}{12}=\frac{1}{2}$, donc la probabilité qu'elle mange des pommes de terre est de $\frac{1}{2}$.
c. La probabilité qu'elle mange à la fois du thon en entrée et de la compote en dessert est de $\frac{2}{12}$, soit $\frac{1}{6}$.
d. La probabilité que Léa mange du thon ou du saumon ou les deux à la fois est de $\frac{8}{12}$, soit $\frac{2}{3}$, donc Léa a raison.

47 **1.** Il y a 50 issues possibles.
2. a. Il y a une seule boule n° 1 sur les 50 donc la probabilité de tirer la boule n° 1 est de $\frac{1}{50}$.
b. Il y a 25 boules avec un numéro pair donc la probabilité de tirer une boule avec un numéro pair est de $\frac{25}{50}$ soit $\frac{1}{2}$.
c. Cinq boules ont un nombre contenant le chiffre 7 : la 7, la 17, la 27, la 37 et la 47. Donc la probabilité de tirer une boule avec un nombre contenant le chiffre 7 est de $\frac{5}{50}$ soit $\frac{1}{10}$.
d. Quatorze boules ont un nombre contenant le chiffre 3 : la 3, la 13, la 23, la 30, la 31, la 32, la 33, la 34, la 35, la 36, la 37, la 38, la 39 et la 43. Donc la probabilité de tirer une boule avec un nombre contenant le chiffre 3 est de $\frac{14}{50}$, soit, $\frac{7}{20}$.

48 L'effectif total est de 1 444 583.
a. La probabilité qu'un étudiant étudie le droit est de $\frac{193\,483}{1\,444\,583}$, soit environ 0,134.
b. La probabilité qu'un étudiant étudie la médecine est de $\frac{170\,228}{1\,444\,583}$, soit environ 0,118.

49 **1.** $\frac{3}{20}$ = 0,15 donc cette probabilité est 0,15.
2. $\frac{12}{20}$ = 0,6 donc cette probabilité est 0,6.

50 **1.** $p(R)=\frac{\text{Aire rouge}}{\text{Aire totale}}=\frac{(\pi 5^2)}{(\pi 15^2)}=\frac{5^2}{15^2}=\frac{25}{225}=\frac{1}{9}$;
$p(B)=\frac{\text{Aire bleue}}{\text{Aire totale}}=\frac{(\pi 15^2-\pi 10^2)}{(\pi 15^2)}=\frac{125}{225}=\frac{5}{9}$.
2. Cette probabilité est égale à 1 – p(J) = p(R) + p(B), c'est-à-dire $\frac{6}{9}$ soit $\frac{2}{3}$.

51 **1.** $\frac{15}{20}=\frac{3}{4}=0{,}75$ donc la probabilité de tirer une boule blanche est de 0,75.
2. Si l'on rajoute 30 boules blanches alors l'urne contient 50 boules dont 45 blanches. Dans ce cas, la probabilité de tirer une boule blanche est bien 0,9 car $\frac{45}{50}=0{,}9$.

CHAPITRE 11

16 Figure 1 : $\frac{DS}{DE}=\frac{DT}{DF}=\frac{ST}{EF}$; figure 2 : $\frac{AN}{AD}=\frac{AM}{AE}=\frac{MN}{DE}$.

20 BC = 10,8 × 7 : 9 = 8,4 cm ; AD = 7,7 × 9 : 7 = 9,9 cm.

26 Les angles $\widehat{ABP}$ et $\widehat{DSB}$ sont des angles correspondants égaux donc les droites (AB) et (DS) sont parallèles. DP = 2,2 × 4,5 : 2 = 4,95 cm.

36 $\frac{PB}{PC}=\frac{2}{3}$ et $\frac{PA}{PD}=\frac{2{,}6}{3{,}9}=\frac{2}{3}$.

41 $\frac{AB}{AE}=\frac{4}{6{,}2}=\frac{20}{31}$ et $\frac{AC}{AD}=\frac{3}{4{,}6}=\frac{15}{23}$.

45 $\frac{BN}{BA}=\frac{3}{5}$ et $\frac{BM}{BC}=\frac{3{,}2}{5{,}5}=\frac{32}{55}$.

61 A et C **62** A et B **63** B et C **64** C **65** A **66** C

67 $\frac{DN}{DB}=\frac{DM}{DA}=\frac{MN}{AB}=\frac{DP}{DC}=\frac{NP}{BC}$

68 AB = 3 × 8,4 : 3,6 = 7 cm ; CE = 3,6 × 7,7 : 8,4 = 3,3 cm.

69 BR = 4 × 3 : 7 = $\frac{12}{7}$ ≈ 1,71 cm ; MN = 1,5 × 7 : 3 = 3,5 cm.

70 JK = 4 × 1 : 3 = $\frac{4}{3}$ cm.

71 **1.** (AB) et (CD) sont perpendiculaires à une même troisième droite (BC), donc elles sont parallèles entre elles.
2. CE = 3 × 5 : 4 = 3,75 cm. **3.** EF = 4 × 3,75 : 8,75 ≈ 1,7 cm.

72 **1.** On applique le théorème de Thalès : DE = 3,2 m
2. On applique le théorème de Pythagore dans le triangle BCD : BC ≈ 2,7 m
3. On applique le théorème de Pythagore dans le triangle ABC : AC ≈ 2,9 m

73 $\frac{CS}{CA}=\frac{4{,}5}{7{,}5}=\frac{3}{5}$ et $\frac{CP}{CB}=\frac{3{,}6}{6}=\frac{3}{5}$.

74 $\frac{PN}{PR}=\frac{2{,}1}{2{,}7}=\frac{7}{9}$ et $\frac{PM}{PT}=\frac{5}{6{,}3}=\frac{50}{63}$.
Les droites (MN) et (RT) ne sont pas parallèles.

75 **1.** $\frac{CA}{CE}=\frac{1{,}4}{3{,}5}=\frac{2}{5}$ et $\frac{CB}{CF}=\frac{1{,}2}{3}=\frac{2}{5}$
2. AB = 3,7 × 1,4 : 3,5 = 1,48 cm.

76 **1.** (BC) et (EF) sont perpendiculaires à une même troisième droite (DC), donc elles sont parallèles entre elles.
2. On applique le théorème de Pythagore dans le triangle ABC : BC = 2, 4 cm, EF = 3 × 2,4 : 4 = 1,8 cm.
3. DC = 2,4 × 7 : 3 = 5,6 cm.

77 **1.** $\frac{PT}{PM}=\frac{2{,}25}{2{,}7}=\frac{5}{6}$ et $\frac{PR}{PN}=\frac{2{,}5}{3}=\frac{5}{6}$.
2. RT = 2,7 × 2,25 : 2,7 = 2,25 cm. ARTM possède deux côtés opposés parallèles et de même longueur. C'est donc un parallélogramme.

CHAPITRE 12

25 MO = 9 × cos(40°) ≈6,9 cm et MN = 9 × sin(40°) ≈ 5,8 cm.

37 $\tan\hat{C}=\frac{4{,}3}{2{,}2}$ donc $\hat{C}\approx 63°$.

51 $\widehat{ACD}=51°$ car $\widehat{ACD}$ et $\widehat{ABD}$ sont deux angles inscrits qui interceptent le même arc de cercle $\overset{\frown}{AD}$.

52 $\widehat{FEG}=42°$ car $\widehat{FEG}$ est un angle inscrit dans le cercle et $\widehat{FOG}$ est un angle au centre dans le même cercle. Donc $\widehat{FEG}=\frac{\widehat{FOG}}{2}=\frac{84}{2}=42°$.

79 A **80** B **81** C **82** B **83** A **84** B **85** A **86** C

87 $\sin\hat{Z}=\frac{WT}{TZ}$; $\cos\hat{Z}=\frac{WZ}{TZ}$; $\tan\hat{Z}=\frac{WT}{WZ}$.

88 AB = 2,8 × tan(63°) ≈ 5,5 cm et BC = $\frac{2{,}8}{\cos(63°)}$ ≈ 6,2 cm.

89 ED = $\frac{4{,}7}{\tan(35°)}$ ≈ 6,7 cm et FD = $\frac{4{,}7}{\sin(35)}$ ≈ 8,2 cm.

90 $\sin\widehat{HGI}=\frac{6{,}3}{6{,}8}$ donc $\widehat{HGI}\approx 68°$ et $\cos\widehat{HIG}=\frac{6{,}3}{6{,}8}$ donc $\widehat{HIG}\approx 22°$.

91 **1.** $\tan\widehat{ABC}=\frac{3{,}55}{5{,}93}$ donc $\widehat{ABC}\approx 31°$.
2. AC = 5,93 × sin(31°) ≈ 3,05 m.

92 AC ≈ 5,6 cm ; DC ≈ 6,4 cm ; BC ≈ 3 cm ;
$\widehat{BAC}\approx 33°$; $\widehat{BCA}\approx 57°$; $\widehat{ACD}=28°$.

93 $\widehat{BAC}\approx 72°$; $\widehat{BCA}\approx 18°$; $\widehat{DAC}\approx 64°$; $\widehat{ACD}\approx 28°$;
AC ≈ 8,4 cm ; AD ≈ 3,7 cm ; DC ≈ 7,6 cm.

94 **1.** $\widehat{ACB}=34°$ **2.** $\widehat{CAB}=56°$

95 **1.** $\widehat{CAB}=29°$ **2.** $\widehat{ABC}=122°$

96 $\widehat{EDF}=30°$ **97** **2.** $\widehat{CEB}=45°$ **98** ⓑ 104°

99 **1.** $\widehat{AEB}$ et $\widehat{AOB}$ interceptent le même arc $\overset{\frown}{AB}$ donc $\widehat{AEB}=\frac{\widehat{AOB}}{2}=\frac{52}{2}=26°$.
2. $\widehat{EAD}=180-(108+26)=46°$.
3. $\widehat{ECD}$ et $\widehat{EAD}$ sont deux angles inscrits qui interceptent le même arc $\overset{\frown}{ED}$ donc $\widehat{ECD}=\widehat{EAD}=46°$.

100

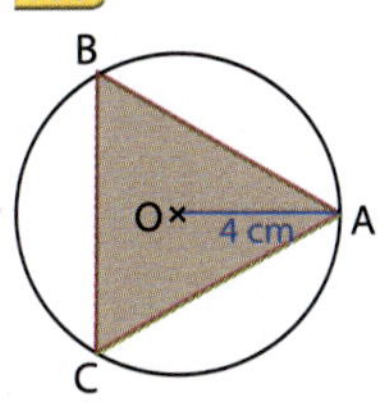

101

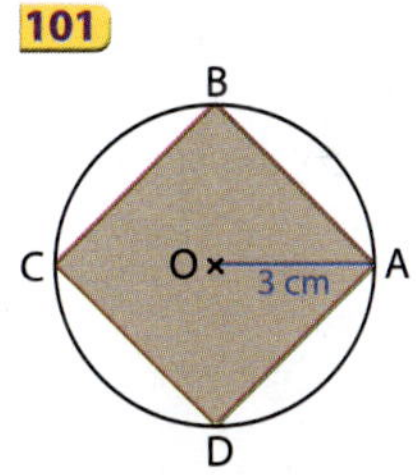

102

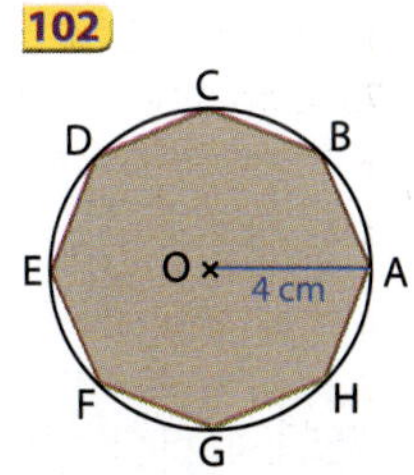

CHAPITRE 13

14 **1. a.** 36π cm² **b.** 113,1 cm²
2. a. 295,84π m² **b.** 929,4 m²

21 **1.** 196π cm² **2.** 615,75 cm²

49 L'aire du disque a été multipliée par 9 donc les dimensions du disque ont été multipliées par 3.
5 × 3 = 15 cm. Le rayon du nouveau disque est donc de 15 cm.

76 C **77** C **78** A **79** B **80** C

81 C **82** A **83** B **84** B **85** C

86 **1.** $4\times\pi\times 12^2=576\pi$ m². **2.** 1 810 m².

87 **1.** 25π dm². **2.** 79 dm².

88 **1.** $\frac{4}{3}\times\pi\times 15^3=4\,500\pi$ cm³. **2.** 14 dm³.

89 **1.** $62{,}208\pi$ dm³. **2.** 195 dm³.

90 • Volume du cône : $\frac{12\times\pi\times5^2}{3}=100\pi$ cm³.

• Volume occupé par les trois glaçons : $3\times3^3=81$ cm³.

Il reste donc : $100\pi - 81 \approx 233$ cm³, soit 0,233 dm³ ou encore 0,233 L donc il reste la place pour 23 cL environ.

91 Il reste $12\times\pi\times3^2-2\times\left(\frac{4}{3}\times\pi\times3^3\right)=36\pi$ cm³.

92 **1.** D'après le théorème de Pythagore, le rayon du disque de section est égal à $\sqrt{7^2-3^2}=\sqrt{40}=2\sqrt{10}$ cm.
2. Environ 6,3 cm.

93 On obtient un rectangle de dimensions 5 cm sur 3 cm.

94 **1.** Un rectangle **2.** Rectangle de 5 cm sur $2{,}5\sqrt{2}\approx3{,}5$ cm.

95 **1.** Un disque de rayon 3 cm.
2. Un rectangle de 8 cm sur 6 cm.

96 **1.** Un disque de rayon 2,5 cm.
2. Un disque de rayon environ 1,7 cm.

97 **1.** Un carré de côté 2 cm. **2.** Un carré de côté 1,6 cm.

98 ©

99 **1.** D'après le théorème de Pythagore, $AD=\sqrt{50^2-40^2}=30$ cm.
2. $\frac{(40\times30)\times81}{3}=32\,400$ cm³.
3. **a.** Un rectangle **b.** $\frac{2}{3}$ **c.** $32\,400\times\left(\frac{2}{3}\right)^3=9\,600$ cm³.

PARCOURS RÉVISION BREVET

1 Fractions
$A=\frac{99}{28}$

2 Puissances
1. $B = 0{,}015$ **2.** $B = 1{,}5 \times 10^{-2}$

3 Racines carrées
1. $C=-3\sqrt{7}$ **2.** $D=36+16\sqrt{5}$

4 PGCD de deux entiers
1. PGCD (124 641 ; 64 209) = 3 777.
2. On simplifie par 3 777.
3. $\frac{17}{33}$

5 Équations du premier degré – Équations-produit – Inéquations
1. **a.** $P_1 = 2x+12$; $P_2 = -2x+16$. **b.** $P_1 = P_2$ pour $x = 1$.
2. **a.** $S_1 = 6x$; $S_2 = -2x+12$. **b.** $S_2 < S_1$ pour $x > 1{,}5$.

6 Systèmes de deux équations du premier degré à deux inconnues
Un chocolat noir coûte 0,23 € et un chocolat blanc coûte 0,41 €. Un sachet « mix » de 15 chocolats noirs et 15 chocolats blancs coûte donc 9,60 €.

7 Calcul littéral
1. Avec 3, on obtient 1. Avec 4, on obtient 4. Avec 5, on obtient 9. Avec 6, on obtient 16.
2. On peut conjecturer que l'on obtient le carré d'un nombre.
3. Avec x, on obtient $(x-4)\times x+4=x^2-4x+4=(x-2)^2$

8 Fonctions
1. Avec la formule A : $5x$; avec la formule B : $3{,}5x + 25$.
2.

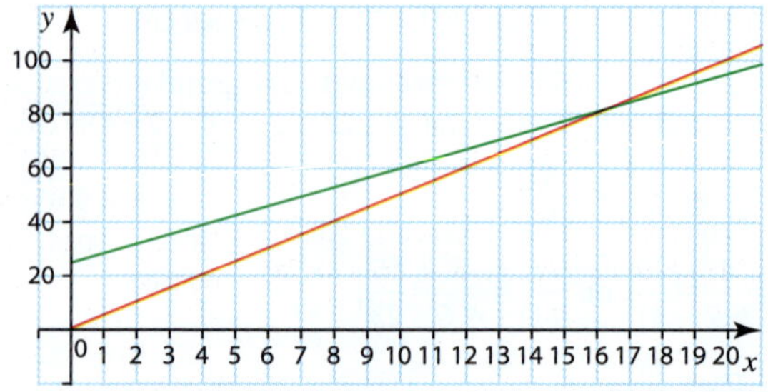

3. **a.** Il semble plus intéressant d'acheter la carte de la formule B à partir de 17 séances.
b. En résolvant $3{,}5x+25<5x$, on obtient $x>\frac{25}{1{,}5}$, donc c'est bien à partir de la 17ᵉ séance que le tarif B est plus avantageux.

9 Statistiques
1. Moyenne : 11,72 **2.** Médiane : 14 **3.** Étendue : 19
4. Premier quartile : 8, second quartile : 16.
5. Différentes interprétations possibles.

10 Probabilités
$p(A)=\frac{5}{8}$; $p(B)=\frac{2}{8}=\frac{1}{4}$; $p(C)=\frac{5}{8}$ et $p(D)=\frac{2}{8}=\frac{1}{4}$.

11 Triangle rectangle
1. AC = 8 cm.
2. $AC^2 = 64$ et $AD^2 + CD^2 = 64$ donc $AC^2 = AD^2 + CD^2$ et le triangle ACD est rectangle en D.

12 Théorème de Thalès et/ou sa réciproque
1. $\frac{KN}{KL}=\frac{6{,}5}{9{,}1}=\frac{5}{7}$ et $\frac{KO}{KM}=\frac{8{,}5}{11{,}9}=\frac{5}{7}$, donc $\frac{KN}{KL}=\frac{KO}{KM}$ et les droites (NO) et (LM) sont parallèles.
2. NO = 7,5 cm.

13 Angles – Sinus – Cosinus – Tangente
1. $\frac{17}{8}$
2. MLN est rectangle en N car [ML] est un diamètre du cercle.
3. $NL = 8 \times \sin(29°) \approx 3{,}9$ cm ; $MN = 8 \times \cos(29°) \approx 7$ cm.

14 Aires et volumes
1. Volume : 147π cm³ **2.** Environ 461,814 cm³

15 Vitesses – Durées – Distance
1. 103,2 km/h **2.** 2 h 13 min 43 s environ

Lexique

A

Angle au centre d'un cercle, p. 258 : Angle dont le sommet est le centre de ce cercle.

Angle inscrit dans un cercle, p. 258 : Angle dont le sommet est sur ce cercle et dont les côtés coupent ce cercle.

Antécédent d'un nombre, p. 147 : Nombre auquel on applique une fonction pour en trouver un autre (son image).

B

Boule, p. 280 : Ensemble de points de l'espace dont la distance à un point, le centre de la boule, est inférieure ou égale à un nombre donné, le rayon de la boule.

C

Caractère, p. 194 : Critère que l'on étudie dans une population.

Carré parfait, p. 62 : Nombre dont la racine carrée est un nombre entier.

Coefficient directeur, p. 169 : Coefficient a de la droite représentative de la fonction affine $f(x) = ax + b$.

Cosinus d'un angle aigu d'un triangle rectangle, p. 258 : Quotient du côté adjacent à l'angle par l'hypoténuse.

E

Effectif d'une valeur, p. 194 : Nombre d'éléments d'une série de données correspondant à une certaine valeur.

Effectif total, p. 194 : Nombre total d'éléments d'une série de données.

Étendue, p. 195 : Différence entre les valeurs extrêmes d'une série.

Équiprobabilité, p. 217 : Situation dans laquelle chaque évènement élémentaire a la même chance de se réaliser.

Évènement, p. 216 : Ensemble de résultats que l'on peut obtenir lors d'une expérience aléatoire.

Évènement certain, p. 217 : Évènement dont la probabilité est égale à 1.

Évènement élémentaire, p. 216 : Évènement constitué d'une seule issue d'une expérience aléatoire.

Évènement impossible, p. 217 : Évènement dont la probabilité est nulle.

Exposant, p. 23 : Nombre de facteurs égaux dans un calcul de puissances.

Expérience aléatoire, p. 216 : Expérience dont le résultat n'est pas prévisible.

F

Fonction, p. 146 : Processus qui, à un nombre, fait correspondre un autre nombre, unique.

Fonction affine, p. 169 : Fonction de la forme $f(x) = ax + b$, où a et b sont des nombres donnés.

Fonction linéaire, p. 168 : Fonction de la forme $f(x) = ax$, où a est un nombre donné.

Fréquence d'une valeur, p. 194 : Quotient de l'effectif d'une valeur par l'effectif total d'une série de données.

H

Hexagone, p. 257 : Polygone à six côtés.

I

Identité remarquable, p. 82 : Égalité permettant de développer ou de factoriser une expression littérale.

Image d'un nombre, p. 147 : Nombre unique obtenu par une fonction appliquée à un nombre.

Individu, p. 194 : Élément d'une population étudiée.

Inéquation, p. 105 : Inégalité comportant une ou plusieurs inconnues.

Issue, p. 216 : Résultat possible d'une expérience aléatoire.

M

Médiane d'une série de valeurs, p. 194 : Valeur qui partage une série ordonnée en deux séries de même effectif.

Moyenne d'une série de valeurs, p. 194 : Somme des valeurs divisée par le nombre de valeurs de la série.

Moyenne pondérée d'une série de valeurs, p. 197 : Somme des produits des valeurs par leur effectif divisée par l'effectif total de la série.

N

Notation scientifique d'un nombre, p. 23 : Écriture d'un nombre comme produit d'un nombre décimal à un seul chiffre non nul avant la virgule et d'une puissance de 10.

Nombre premier, p. 42 : Entier naturel qui admet exactement deux diviseurs distincts, 1 et lui-même.

Nombres premiers entre eux, p. 43 : Entiers naturels non nuls dont le PGCD est égal à 1.

O

Octogone, p. 259 : Polygone à huit côtés.

Ordonnée à l'origine, p. 169 : Coefficient b de la droite représentative de la fonction affine $f(x) = ax + b$.

P

Puissance d'un nombre, p. 23 : Produit de plusieurs facteurs tous égaux à ce nombre.

PGCD de deux entiers, p. 43 : Plus grand diviseur commun à deux entiers naturels non nuls.

Population, p. 194 : Ensemble sur lequel porte une étude statistique.

Polygone régulier, p. 259 : Polygone dont tous les côtés sont de même longueur et dont tous les angles sont de même mesure.

Probabilité, p. 216 : Nombre compris entre 0 et 1 qui exprime la « chance » qu'a un évènement de se produire.

Q

Quartile 1, p. 195 : Plus petite valeur d'une série pour laquelle au moins un quart des données lui sont inférieures ou égales.

Quartile 3, p. 195 : Plus petite valeur de la série pour laquelle au moins trois quarts des données lui sont inférieures ou égales.

R

Racine carrée d'un nombre positif *a*, p. 62 : Nombre positif dont le carré vaut a.

Radical, p. 62 : Symbole $\sqrt{\ }$, utilisé pour désigner la racine carrée d'un nombre positif.

S

Section, p. 280 : Résultat de la coupe d'un solide par un plan.

Sinus d'un angle aigu d'un triangle rectangle, p. 258 : Quotient du côté opposé à l'angle par l'hypoténuse.

Sphère, p. 280 : Ensemble de points de l'espace équidistants d'un point, le centre de la sphère.

Système d'équations, p. 126 : Ensemble d'équations dont on cherche les solutions communes.

T

Tangente d'un angle aigu d'un triangle rectangle, p. 258 : Quotient du côté opposé à l'angle par le côté adjacent à l'angle.

Crédits photographiques

17 Marc Boullis ; **19** Phanie / SPL / Pasieka ; **26** REA / Hamilton / T ; **32 g** Novapix / Tom Davis ; **32 d** Y. Shiral / Rice University ; **33** REA / Zenit-Laif / Paul Langrock ; **34** Saturne, Jupiter et Vénus BIS / NASA / Archives Larbor ; **34** Mercure NASA / John Hopkins University / Applied Physics Laboratory / Carnegie Institution of Washington ; **39** REA / Jean-Claude Moschetti ; **46** Bridgeman-Giraudon / Peter Newark Historical Pictures ; **53** RMN-GP (Château de Versailles) / Michel Urtado ; **55** Getty Images / SSPL ; **59** New Haven, Yale Babylonian Collection ; **68** Fotolia / Rafa Irusta ; **75** hemis.fr / Tuul ; **79** NASA / Johnson Space Center ; **94 g** Fotolia / Freddy Smeets / T ; **94 d** Andia.fr / Aldo Liverani / T ; **95 h** Sipa Press - DPPI / Millereau ; **95 b** Banque centrale européenne ; **97** Sipa Press / Alexis Réau ; **101** Getty Images / AFP / Richard Heathcote ; **103** Fotolia / David Hughes ; **111** Picturetank / Patricia Lecomte ; **112** AGE Fotostock / Ben Welsh ; **119** AFP / Jiji Press / Sadatsugu Tomizawa ; **123** hemis.fr / Bertrand Gardel ; **130** Getty Images / AWL Images / Jon Arnold ; **136** Getty Images / Robert Harding World Imagery / Ellen Rooney ; **137 h** AGE Fotostock / Xavier Florensa ; **137 b** AFP / Adrian Dennis ; **139** BSIP / SPL ; **143** Corbis / Ralph A. Clevenger ; **145 h** Sunset / Lorne droits réservés / T ; **145 b** Sunset / Lorne droits réservés / T ; **158** Photononstop / Tips / Chad Ehlers ; **161** Europa Park ; **165** Photononstop / Picture Press / Kniel Synnatzschke ; **174** Andia.fr / Druais ; **179** Phanie / Voisin ; **186** Sunset droits réservés / T ; **187** Getty Images / Tom Walker ; **198** Thriller, réal. John Landis, 1983. Prod DB © Optimum Production / droits réservés ; **206 g** REA / The New York Times / Redux / Sandy Huffaker ; **206** d Photononstop / Sime / Riccardo Spila ; **213** Sipa Press / Isopix / Vanzeveren ; **226 g** Avec l'aimable autorisation de la Fédération française de cardiologie ; **226** d AFP / Kenzo Tribouillard ; **233** Fotolia / Lacroix ; **248** Fotolia / by studio / T ; **249** BIS / Collection Archive Larbor ; **251** Getty Images / Imagewerks ; **255** hemis.fr / Alaska Stock ; **270** Fotolia / Halcoti ; **271 h** Corbis / John Wolfe-Barry ; **271 b** Photononstop / Lonely Planet Images / Jean-Pierre Lescourret ; **272** Fotolia / Marina Ignatova ; **273 h** Georges Mathon / nemausensis.com ; **273 b** Fotolia / Claude Calcagno ; **274** Maxppp Teamshot / IP3 Press / Philippe Lecoeur ; **277** NASA / NOAA / GSFC / Suomi NPP Blue Marble ; **278** Fotolia / Mamarazzi ; **284** Fotolia / Mamarazzi ; **293** Supreme / Riley ; **295** Photononstop / Sime / Günter Gräfenhain.

Édition : Béatrice Jovial-Vernet

Couverture : Fred Jély et Jean-Gabriel Jauze

Conception graphique : Fiat Lux

Illustrations : Jean-Gabriel Jauze

Recherche iconographique : Anne Mensior

Fabrication : Jean-Philippe Dore

Coordination artistique : Pierre Taillemite

Réalisation et schémas : Nord Compo

Imprimé en Italie par «La Tipografica Varese S.p.A.» Varese
N° de projet : 10206946 Dépôt légal : Juillet 2014

52 FICHES MÉTHODE

TICE

Ce livret illustre les **compétences techniques** utilisées dans les pages du manuel pour le tableur **Calc** de la suite **OpenOffice**, le logiciel de géométrie dynamique **GeoGebra** et les calculatrices **Casio FX-92** et **Ti-Collège Plus**.

Les deux logiciels sont libres et gratuitement téléchargeables ici :

OpenOffice :

http://fr.openoffice.org/

GeoGebra :

http://www.geogebra.org/

Toutes les **compétences techniques** du livret sont illustrées par des vidéos disponibles sur le **site compagnon** et le **manuel numérique enrichi**.

Des **Fiches méthode écrites pour d'autres logiciels** sont également disponibles sur le **site compagnon** et le **manuel numérique enrichi**.

Tableur

Géométrie

Calculatrice

Tableur

1 Saisir une formule dans une cellule

On cherche à calculer dans la cellule D3 la somme des deux nombres contenus dans les cellules B3 et C3.

1 Écrire un nombre en B3, un autre en C3.

Ici, on écrit 15 en B3 et 12 en C3.

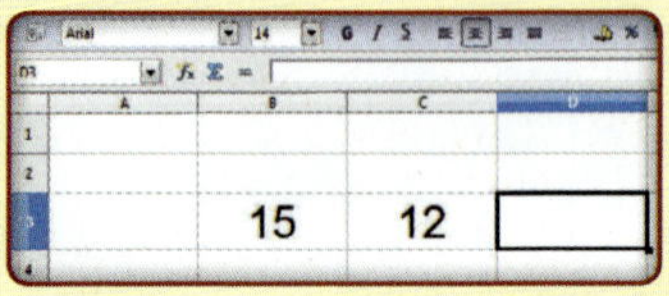

2 Cliquer en D3 et écrire « = B3 + C3 ».

Le signe = est utilisé pour indiquer au tableur que l'on va saisir une formule.

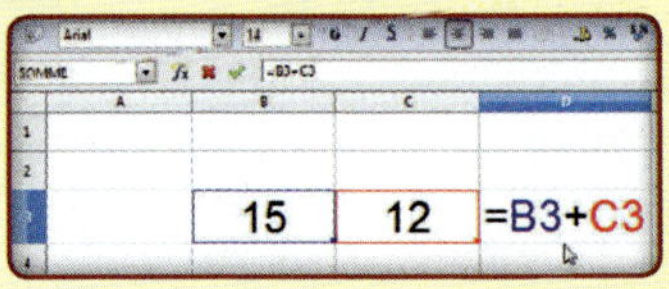

3 Valider la formule en appuyant sur la touche « entrée ».

Le tableur calcule la somme et affiche « 27 ».

Remarque : si l'on change une valeur dans une des deux cellules B3 ou C3, le tableur recalcule automatiquement la somme en D3.

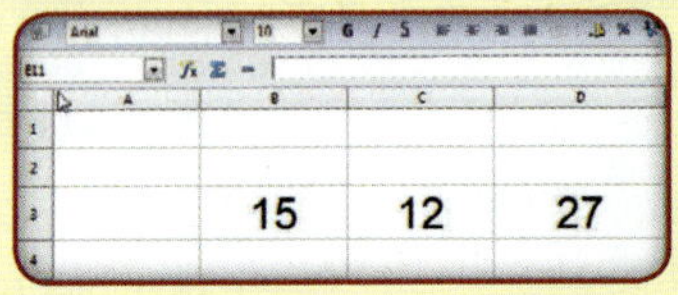

On a entré ici « 33 » en B3 et le tableur calcule automatiquement la somme « 33 + 12 = 45 ».

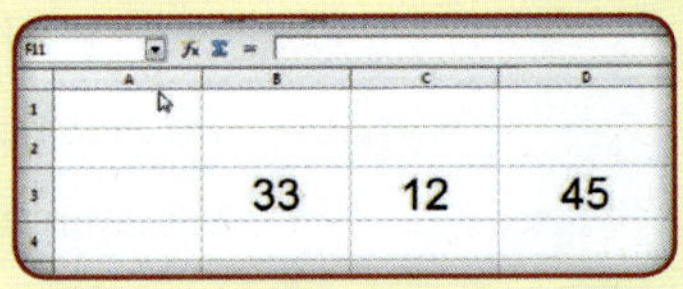

2 Recopier une formule sur plusieurs cellules

Dans chaque cellule de la colonne C, on veut calculer le produit du contenu des cellules des colonnes A et B se trouvant sur la même ligne.

1 En C1, écrire la première formule « = A1 * B1 ».

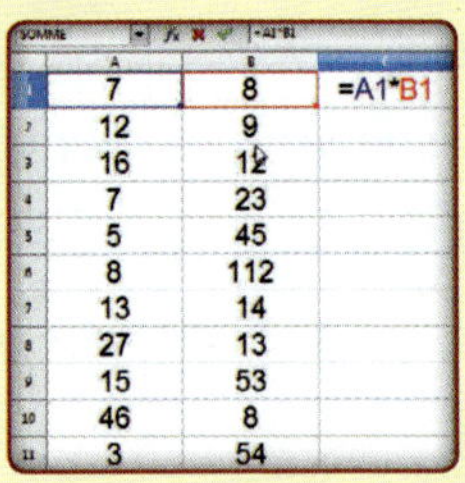

2 Faire un clic-droit sur C1 et choisir « Copier ».

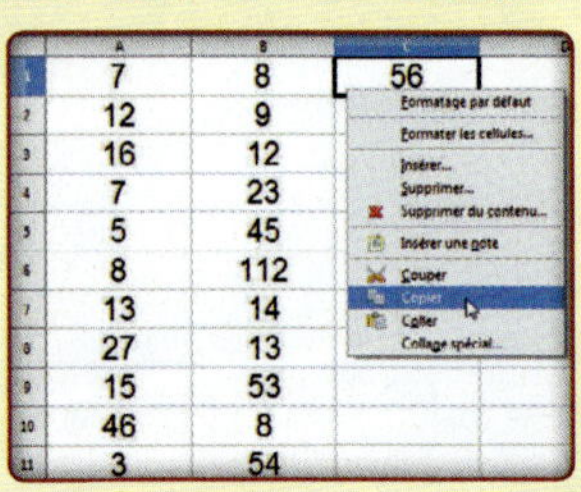

3 Sélectionner les cellules de la colonne C dans lesquelles on veut copier la formule.

4 Faire un clic-droit sur cette sélection et choisir « Coller ».

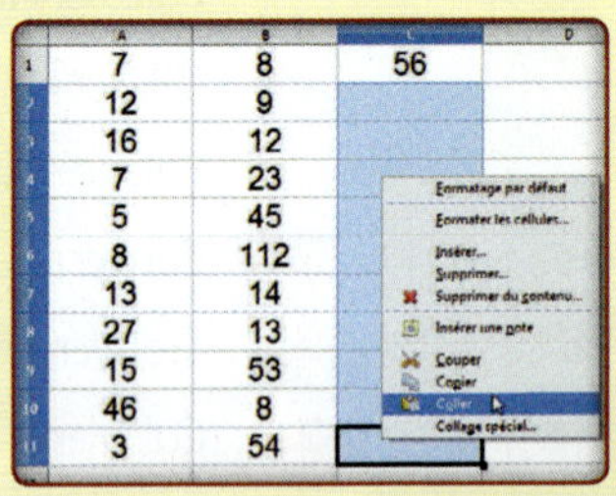

On obtient dans la colonne C le produit des cellules des colonnes A et B se trouvant sur la même ligne.

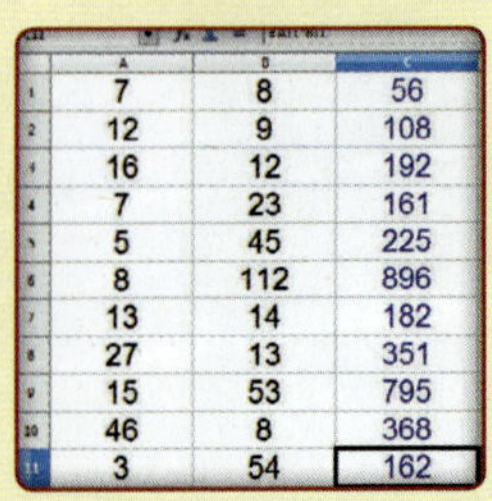

Autre méthode : on peut aussi copier une cellule sur d'autres qui sont sur la même ligne ou dans la même colonne en utilisant la poignée de recopie qui se trouve en bas à droite de chaque cellule ou sélection.

Il suffit alors de cliquer sur cette poignée et de la faire glisser pour sélectionner les cellules où l'on veut recopier la formule et de la lâcher lorsque la sélection est faite.

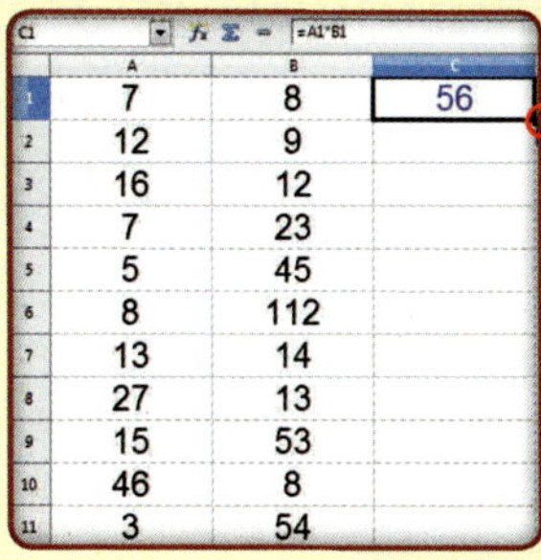

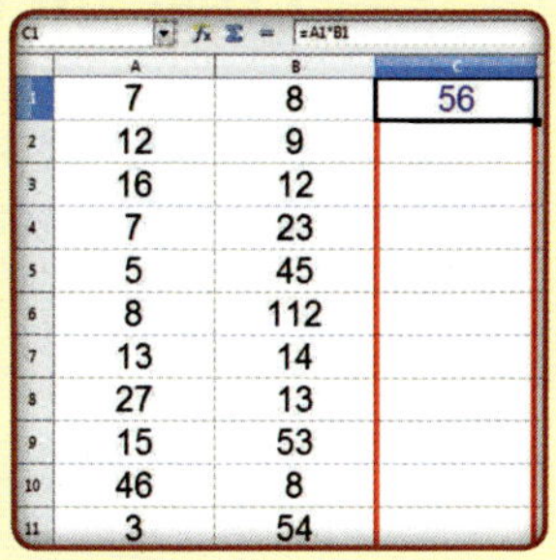

3 Créer une liste de nombres

Dans la colonne A, on cherche à créer une liste de nombres commençant par 10 et à intervalles réguliers, de 2 en 2 par exemple : 10, 12, 14, 16, 18, etc. sans avoir à les écrire tous.

1 Dans les deux premières cellules de la colonne A, saisir les deux premiers nombres de la liste désirée.

Ici, le premier (10), pour donner le point de départ et le second (12) pour donner l'écart entre les nombres de la liste (10 + 2 = 12).

2 Sélectionner les deux premières cellules de la colonne A.

3 Cliquer sur la poignée de recopie de cette sélection et faire glisser sur les cellules qui se trouvent en-dessous.

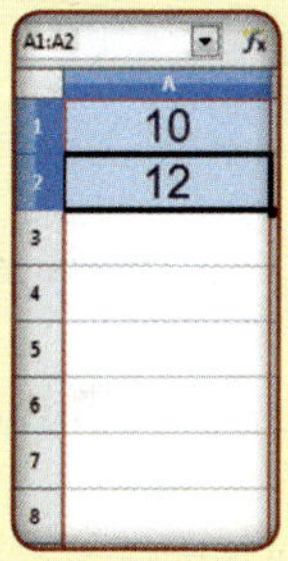

4 Lâcher le bouton de la souris.

La liste de nombres désirée est alors créée.

On obtient une série de nombres, de 2 en 2, commençant par 10 et finissant par 28.

4 Créer un diagramme en bâtons, circulaire ou cartésien

On veut présenter des données sous forme de diagramme.

1 Sélectionner l'ensemble des données avec la souris.

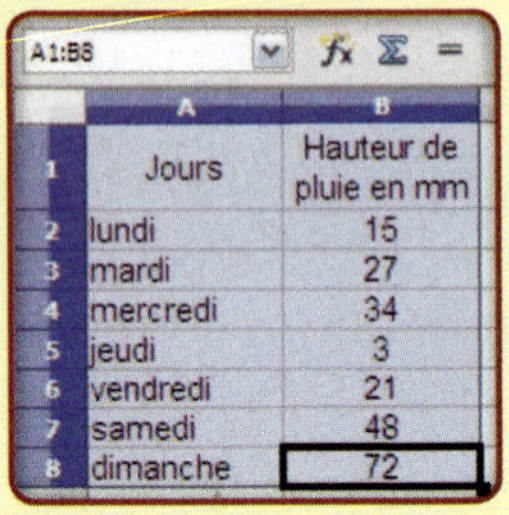

	A	B
1	Jours	Hauteur de pluie en mm
2	lundi	15
3	mardi	27
4	mercredi	34
5	jeudi	3
6	vendredi	21
7	samedi	48
8	dimanche	72

2 Dans le menu « Insertion », cliquer sur « Diagramme ».

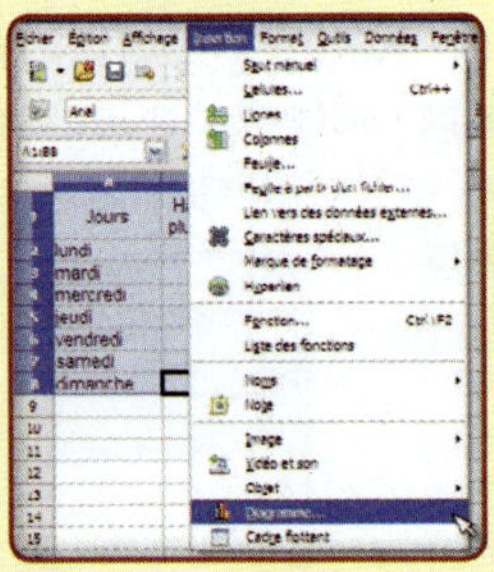

3 L'assistant de diagramme s'ouvre, il comporte quatre étapes.

ÉTAPE 1 : **Choisir le type de diagramme souhaité parmi les trois proposés :**

diagramme en bâtons

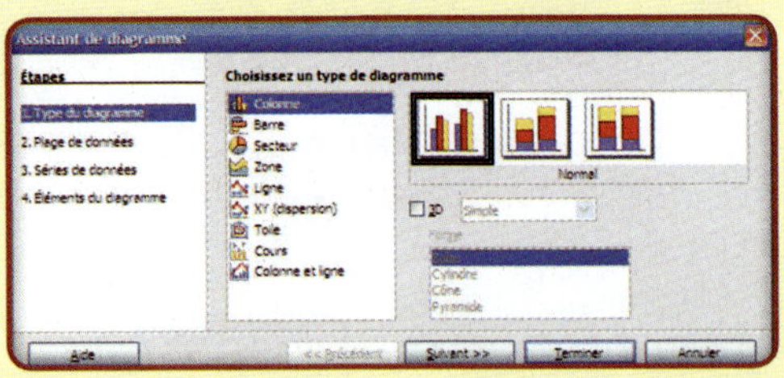

diagramme circulaire

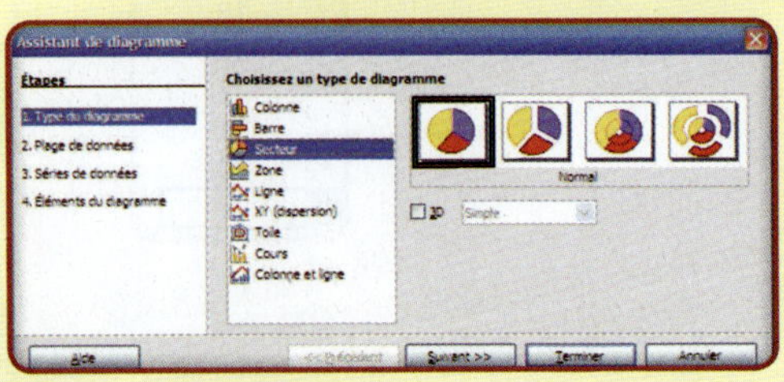

diagramme cartésien

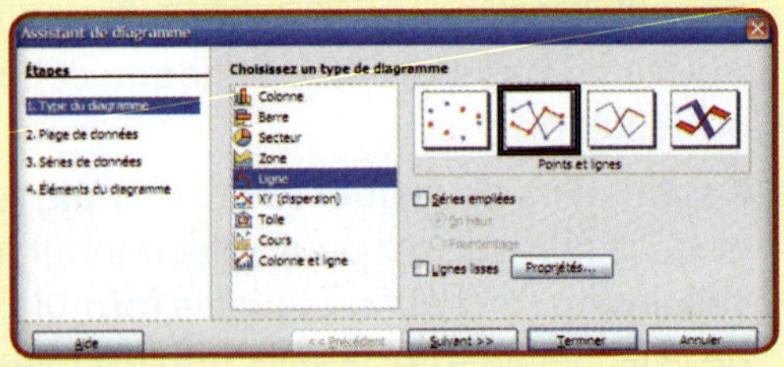

ÉTAPE 2 : **Préciser trois éléments sur les données.**

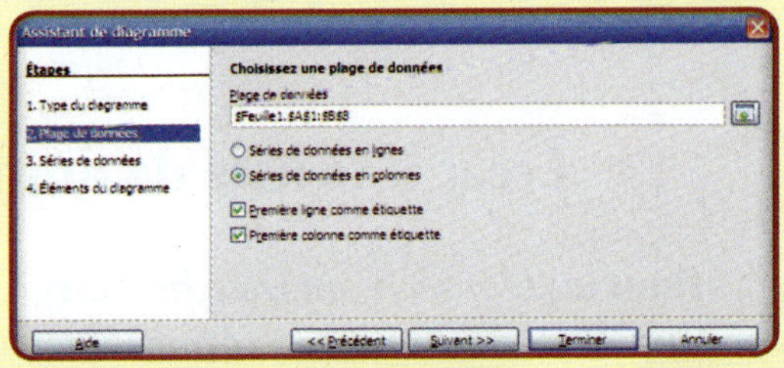

- **Où se trouve la plage de données ?** C'est là où se trouvent les données dans la feuille.

Ici, elles étaient sélectionnées avant de lancer l'assistant, cette ligne est déjà remplie.

- **Comment sont organisées les séries de données ?** Il faut dire si les séries de données sont en ligne ou en colonnes.

Ici, la seule série de données est en colonne.

- **Où se situent les étiquettes de données ?** Les étiquettes de données peuvent se trouver dans la première ligne, la première colonne ou encore dans les deux.

Dans l'exemple, les étiquettes de données se trouvent dans la première ligne (Jours, Hauteur de pluie en mm) et aussi dans la première colonne (lundi, mardi, etc.)

ÉTAPE 3 : **Indiquer les séries de données à représenter.**

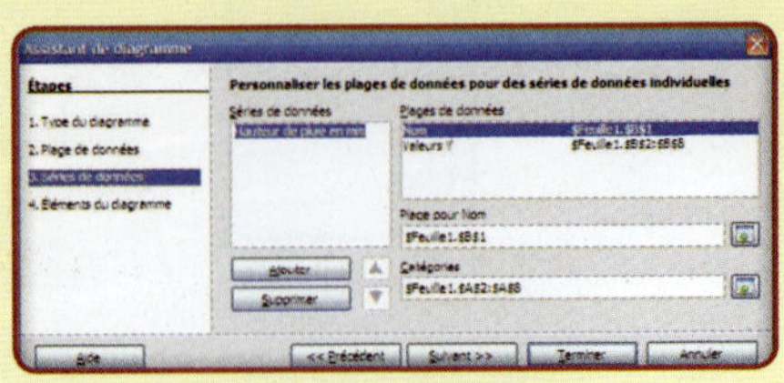

Ici, comme on a déjà sélectionné la plage de données au départ, le logiciel tente de déterminer les séries qu'il doit représenter. Si cela convient, on ne touche à rien dans cette étape et on passe à la suivante.

ÉTAPE 4 : Attribuer titres et légendes.

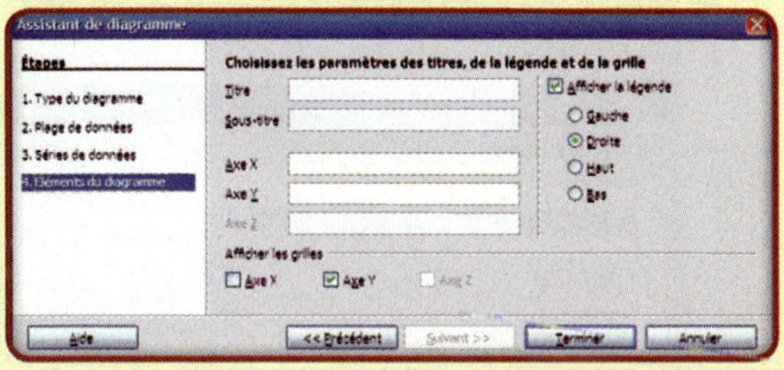

On peut donner un titre au diagramme ainsi qu'aux différents axes. On peut aussi afficher ou non une grille derrière le diagramme pour en faciliter la lecture.
Enfin, on peut choisir d'afficher ou non la légende.

On obtient alors le diagramme demandé.

En bâtons

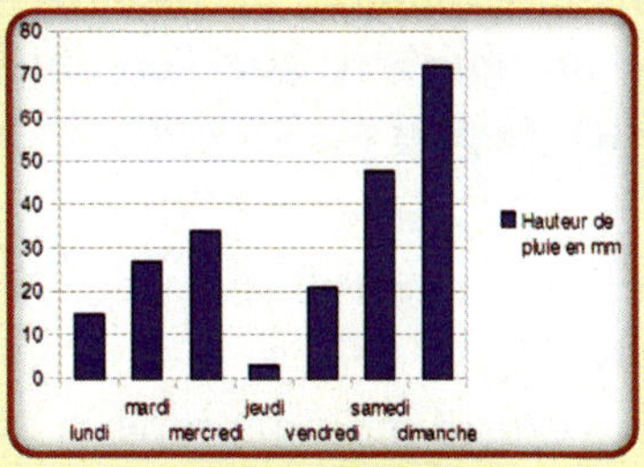

Circulaire

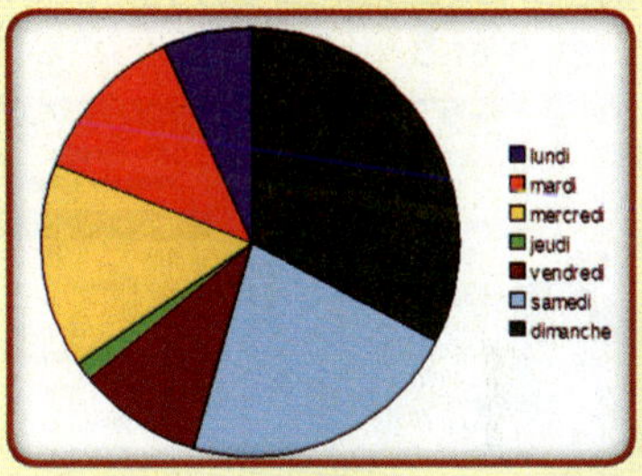

Cartésien

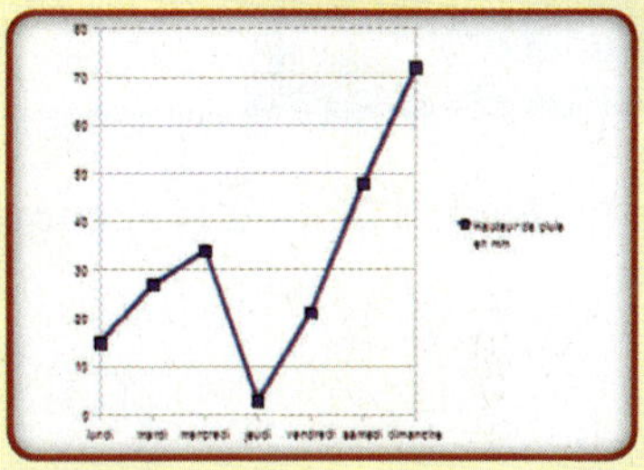

5 Trier une liste de nombres

Dans une colonne, on dispose d'une liste de nombres que l'on souhaite classer du plus petit au plus grand.

① Sélectionner l'ensemble des données à trier.

Ici, on a dressé mois par mois la liste des salaires gagnés pendant un an. Dans la colonne A, on a rentré les mois ; dans la colonne B, les salaires. On sélectionne les colonnes A et B.

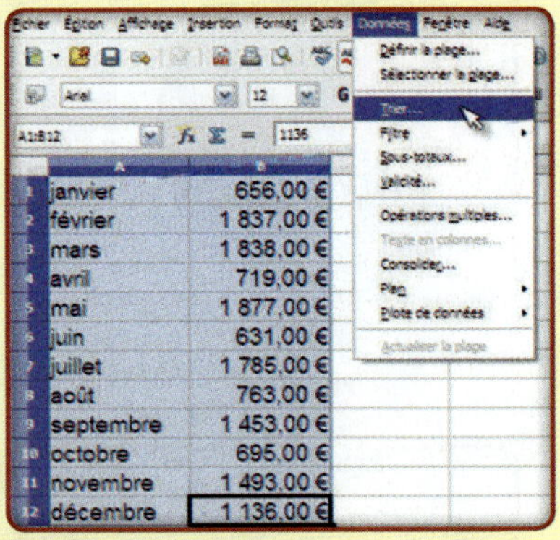

② Dans le menu « Données », cliquer sur « Trier ».

③ Dans les « Critères de tri », choisir « Colonne B » et « Croissant ».

On va trier les mois par rapport à la somme gagnée dans chacun d'eux et dans l'ordre croissant (du plus petit au plus grand).

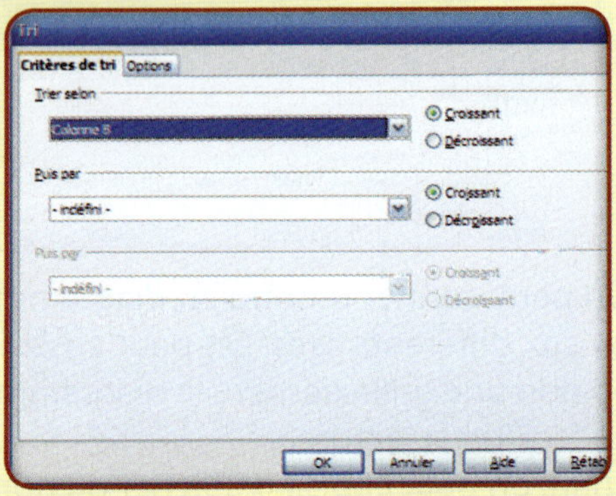

Valider en cliquant sur « OK ».

Grâce au tri, on peut facilement lire que c'est au mois de juin que l'on a gagné le moins d'argent (631 €) et que c'est au mois de mai que l'on en a gagné le plus (1 877 €).

	A	B
1	juin	631,00 €
2	janvier	656,00 €
3	octobre	695,00 €
4	avril	719,00 €
5	août	763,00 €
6	décembre	1 136,00 €
7	septembre	1 453,00 €
8	novembre	1 493,00 €
9	juillet	1 785,00 €
10	février	1 837,00 €
11	mars	1 838,00 €
12	mai	1 877,00 €

6 Utiliser une fonction

On veut calculer dans la cellule D3 la somme des dix nombres contenus dans les cellules A1 à B5.

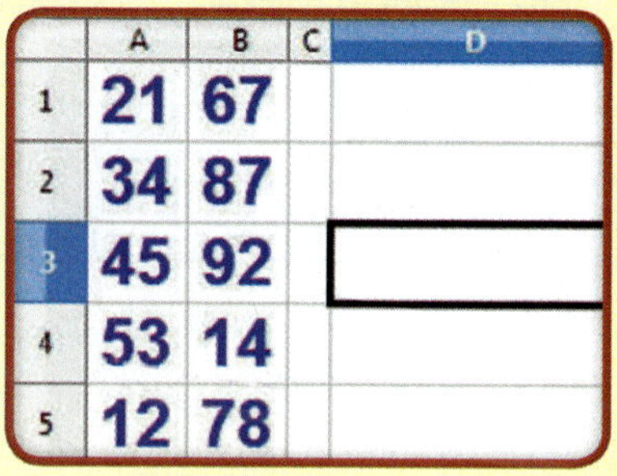

1 Cliquer en D3 puis utiliser le menu « Insertion – Fonction ».

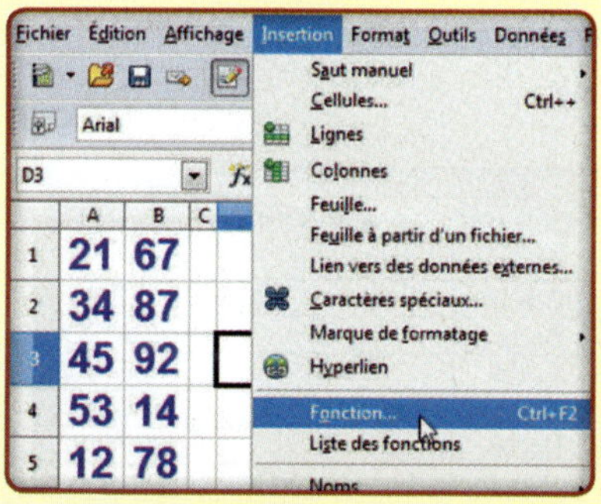

2 Choisir une fonction dans l'« Assistant Fonction » (ici la fonction somme) et cliquer sur « Suivant ».

De nombreuses autres fonctions sont disponibles.

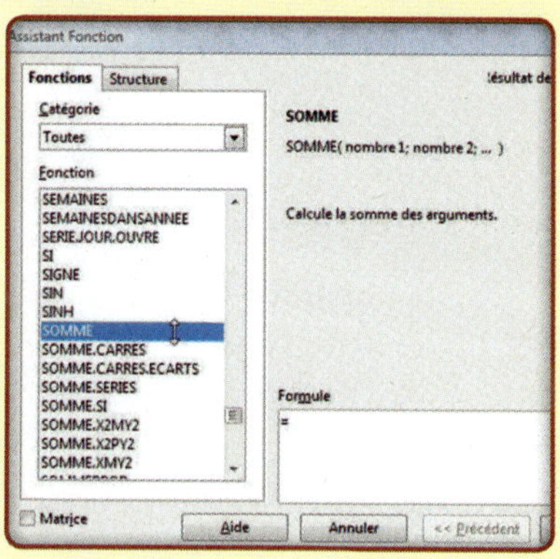

3 Cliquer sur l'option de sélection (à droite) pour sélectionner les nombres dans la feuille de calcul.

Autre méthode : on peut aussi suivre les conseils de l'assistant en rentrant les nombres un à un.

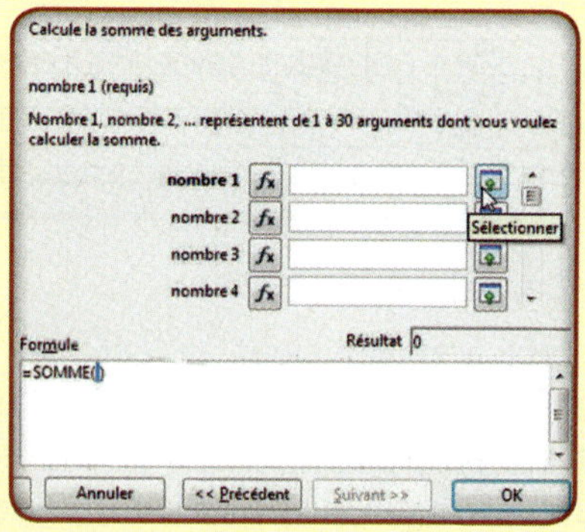

4 Sélectionner tous les nombres avec la souris, appuyer sur « Entrée », puis cliquer sur « OK » dans l'assistant de fonction.

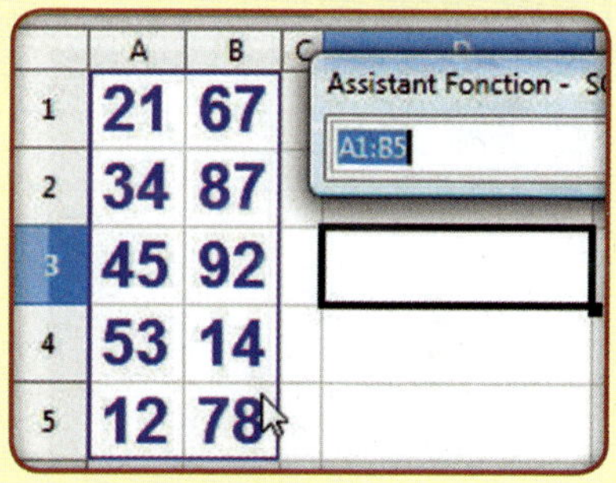

On obtient la somme recherchée.

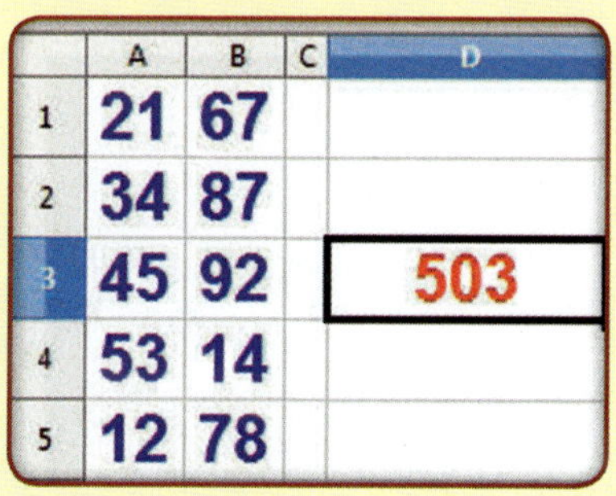

7 Utiliser une référence absolue

On veut calculer le prix à payer pour plusieurs exemplaires d'un article dont le prix unitaire est dans la cellule C1.

	A	B	C
1	prix unitaire d'un ticket		12,00 €
2			
3	Client	Nombre de tickets	Prix à payer
4	Sarah	6	
5	Ludo	4	
6	Enzo	8	
7	Lucie	13	

1 En C4, saisir « B4*C1 ».

Le prix à payer peut se calculer aussi avec la formule « =B4*C1 », mais l'utilisation du symbole $ donne une référence absolue, c'est-à-dire que la référence à la cellule C1 ne changera pas si l'on recopie la formule.

	A	B	C
1	prix unitaire d'un ticket		12,00 €
2			
3	Client	Nombre de tickets	Prix à payer
4	Sarah	6	=B4*C1
5	Ludo	4	
6	Enzo	8	
7	Lucie	13	

2 Recopier la formule en C4 sur les cellules C5, C6 et C7.

	A	B	C
1	prix unitaire d'un ticket		12,00 €
2			
3	Client	Nombre de tickets	Prix à payer
4	Sarah	6	72,00 €
5	Ludo	4	48,00 €
6	Enzo	8	96,00 €
7	Lucie	13	156,00 €

On obtient le prix à payer pour différentes quantités de tickets.

En cliquant dans les cellules de la colonne C, on remarque que la référence à la cellule C1 est présente dans chaque formule.

	A	B	C
1	prix unitaire d'un ticket		12,00 €
2			
3	Client	Nombre de tickets	Prix à payer
4	Sarah	6	=B4*C1
5	Ludo	4	=B5*C1
6	Enzo	8	=B6*C1
7	Lucie	13	=B7*C1

Tableur

8 Changer le format d'affichage d'un nombre

On veut afficher le nombre 312 000 000 en notation scientifique.

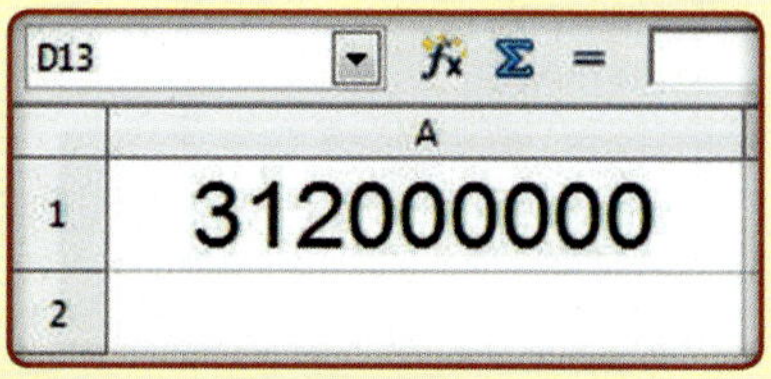

1 Cliquer dans la cellule A1 puis utiliser le menu « Format – Cellules ».

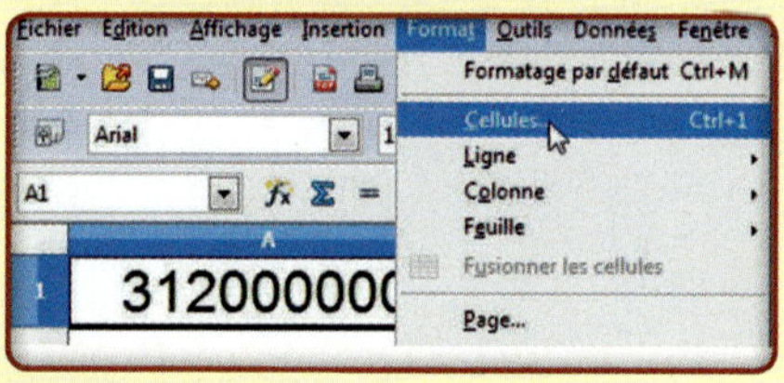

2 Dans l'onglet « Nombres », choisir le format souhaité : Scientifique.

De nombreux autres formats sont disponibles.

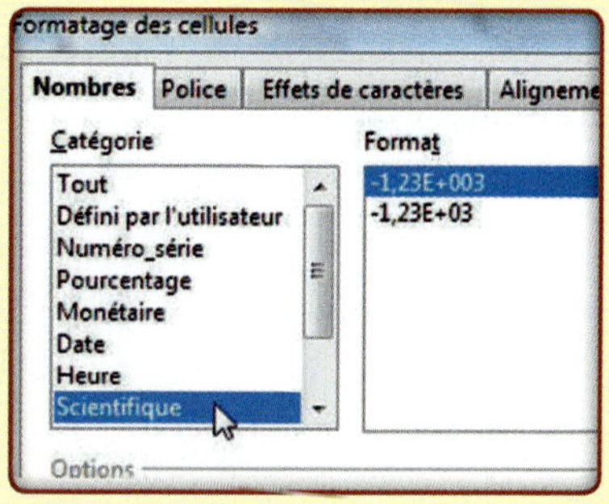

3 Appuyer sur OK.

On obtient une écriture scientifique du nombre 312 000 000.

Le nombre après le E est l'exposant de la puissance de 10).

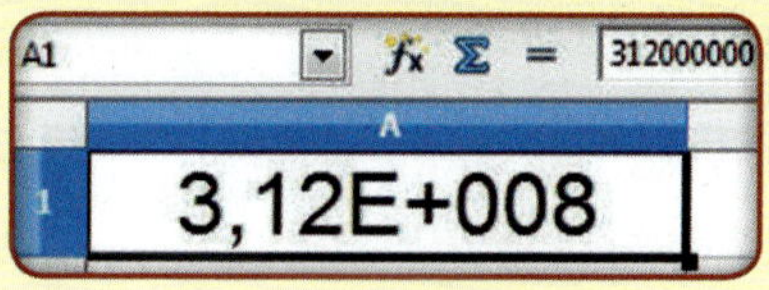

Géométrie

1 Déplacer un objet

1 Cliquer sur le bouton « Déplacer ».

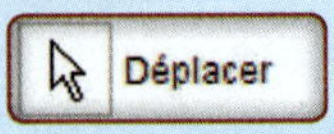

2 Attraper l'objet à déplacer avec la souris.

Ici, on veut déplacer le point A du triangle ABC.

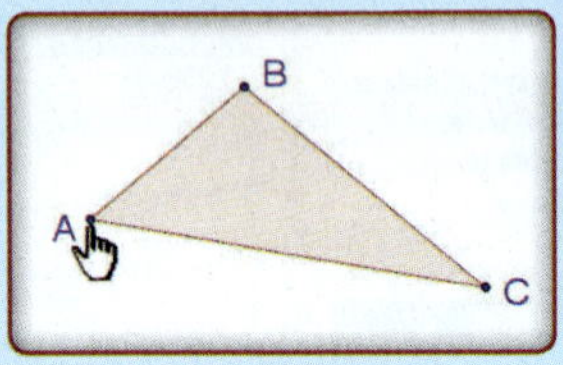

On peut ainsi rendre la figure dynamique.

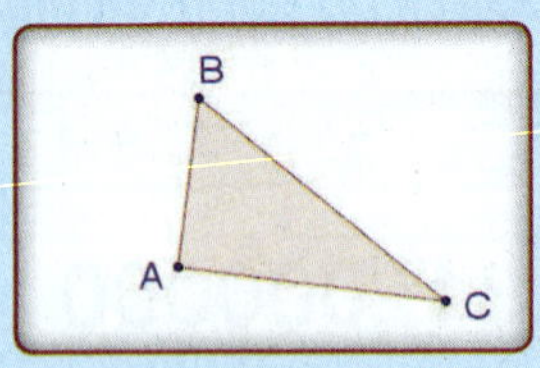

2 Placer un nouveau point

1 Cliquer sur le bouton « Nouveau point ».

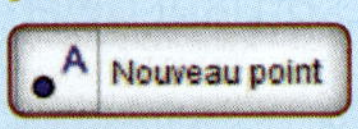

2 Cliquer sur la feuille ou sur un objet déjà créé pour y placer ce nouveau point.

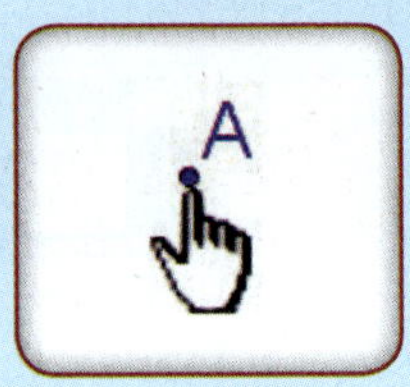

On obtient ainsi un nouveau point.

On a placé ici un point A.

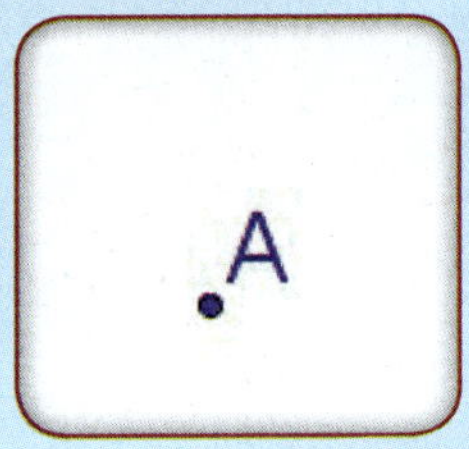

3 Placer des points à l'intersection de deux objets

1 Cliquer sur le bouton « Intersection entre deux objets ».

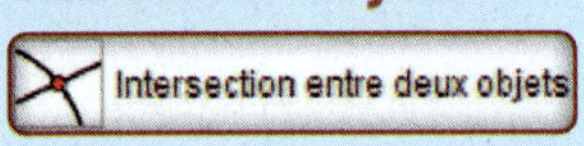

2 Sélectionner les deux objets en cliquant sur chacun d'eux ou cliquer sur leurs intersections (c'est possible quand elles sont bien visibles).

Ici, on veut placer des points à l'intersection d'un cercle et d'une droite.
On clique sur le cercle puis sur la droite.

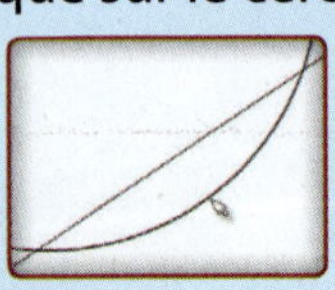

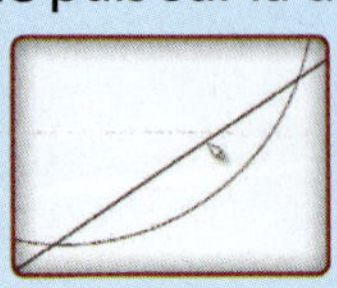

On obtient ainsi le ou les points d'intersection entre les deux objets sélectionnés.

On a construit ici les points d'intersection G et H d'un cercle et d'une droite.

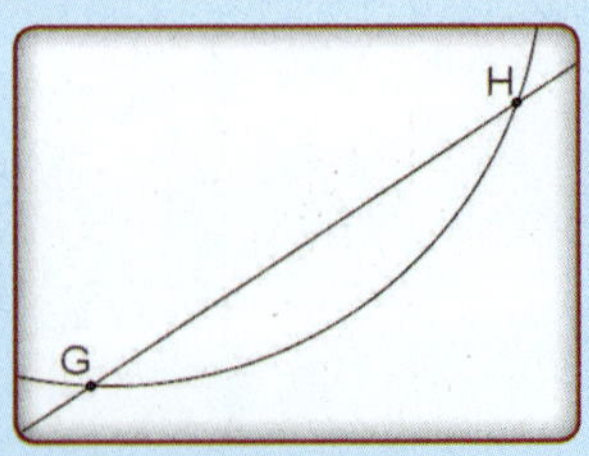

4 Placer le milieu ou le centre d'un objet

1. **Cliquer sur le bouton « Milieu ou centre ».**

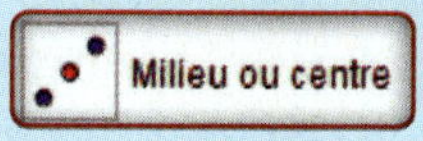

2. **Cliquer sur l'objet dont on veut placer le milieu ou le centre.**

On veut placer le milieu du segment [AB], on clique sur le segment [AB].

On obtient ainsi le milieu ou le centre désiré.

On a construit ici le milieu C du segment [AB].

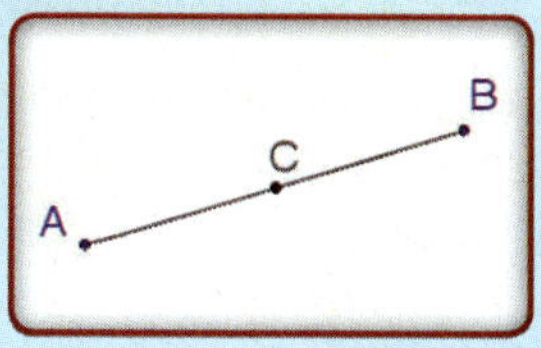

5 Tracer une droite, un segment ou une demi-droite passant par deux points

1. **Cliquer suivant le besoin sur le bouton « Droite passant par deux points », « Segment entre deux points » ou « Demi-droite passant par deux points ».**

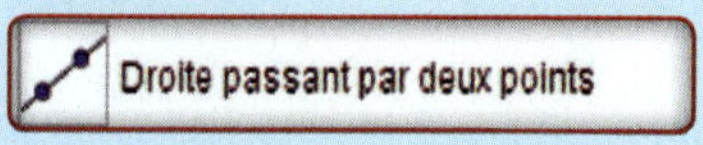

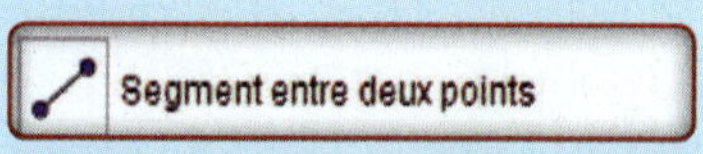

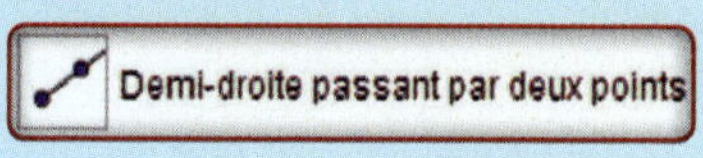

2. **Cliquer sur les points (déjà tracés ou non) par lesquels l'objet (droite, segment ou demi-droite) doit passer.**

On cherche à tracer un objet passant par A et B.

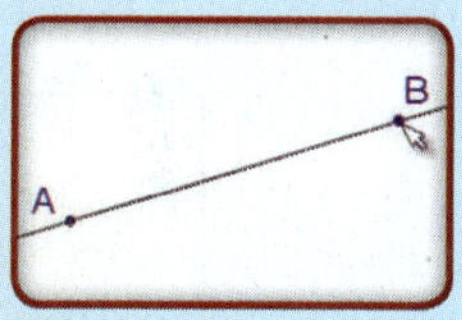

On obtient ainsi l'objet désiré (droite, segment ou demi-droite).

On a construit ici la droite passant par A et B.

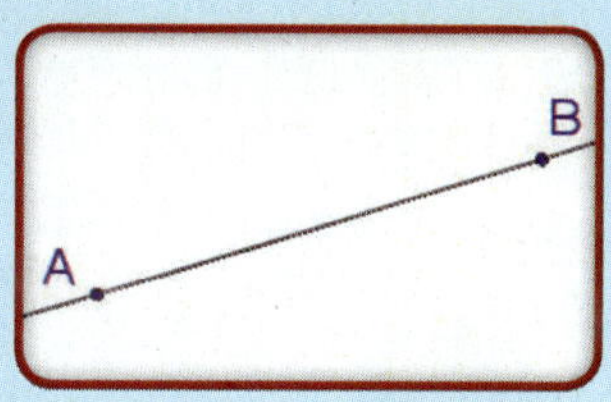

6 Tracer un segment de longueur donnée

1 Cliquer sur le bouton « Segment créé par un point et une longueur ».

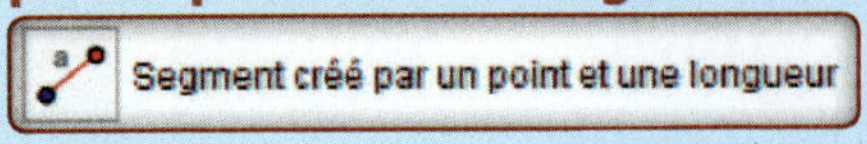

2 Cliquer sur un point (déjà tracé ou non) qui est la première extrémité du segment.

3 Saisir la longueur du segment dans la fenêtre qui s'ouvre.
Valider en cliquant sur « Appliquer ».

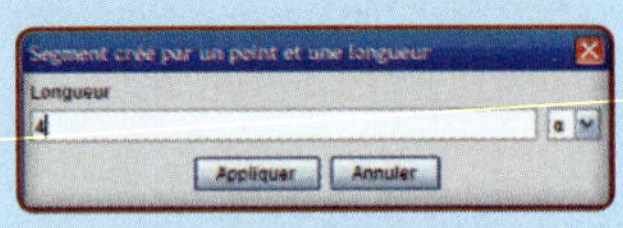

On obtient ainsi le segment désiré.
On a construit ici un segment [AB] de longueur 4 unités.

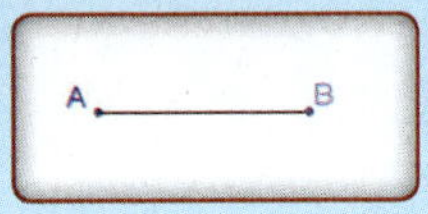

7 Tracer un polygone

1 Cliquer sur le bouton « Polygone ».

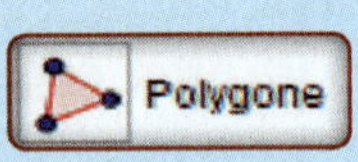

2 Cliquer sur les sommets du polygone (points déjà tracés ou non).

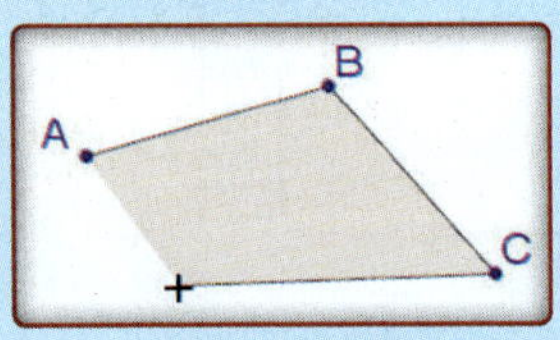

3 Lorsque tous les sommets sont tracés, cliquer sur le premier sommet pour fermer le polygone.

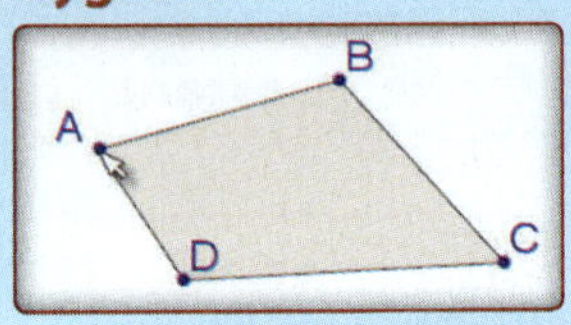

On obtient ainsi le polygone désiré.
On a tracé ici un polygone (quadrilatère) ABCD.

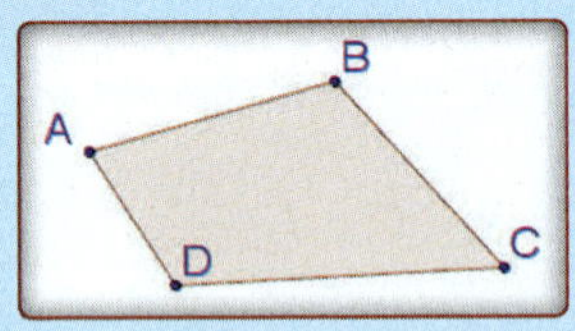

Géométrie

8 Tracer la droite perpendiculaire à une autre droite passant par un point donné

1 **Cliquer sur le bouton « Droite perpendiculaire ».**

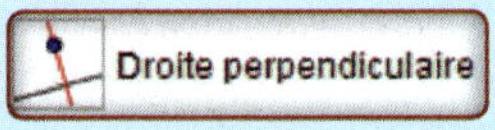

2 **Cliquer sur un point (déjà tracé ou non) par lequel la droite à créer doit passer.**

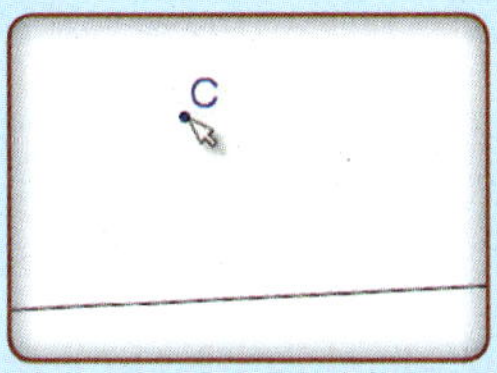

3 **Cliquer sur la droite perpendiculaire à la droite à tracer.**

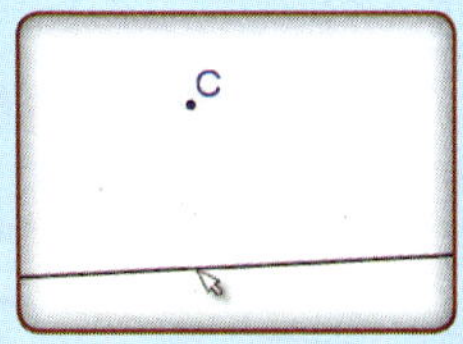

On obtient ainsi la droite perpendiculaire désirée.
On a construit ici la droite perpendiculaire à la droite donnée et passant par le point C.

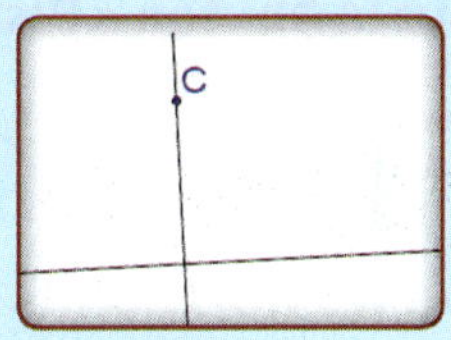

9 Tracer la droite parallèle à une autre droite passant par un point donné

1 **Cliquer sur le bouton « Droite parallèle ».**

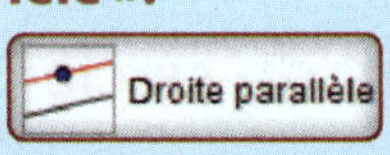

2 **Cliquer sur un point (déjà tracé ou non) par lequel la droite à tracer doit passer.**

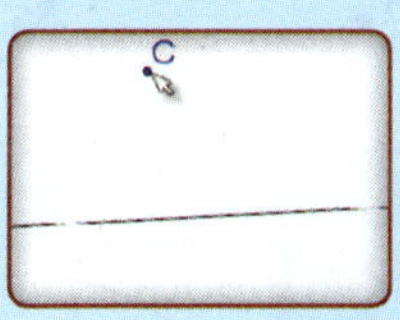

3 **Cliquer sur la droite parallèle à la droite à tracer.**

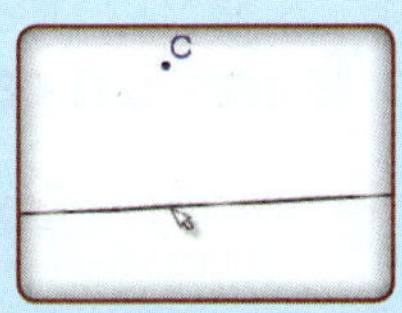

On obtient ainsi la droite parallèle désirée.
On a tracé ici la droite parallèle à la droite donnée et passant par le point C.

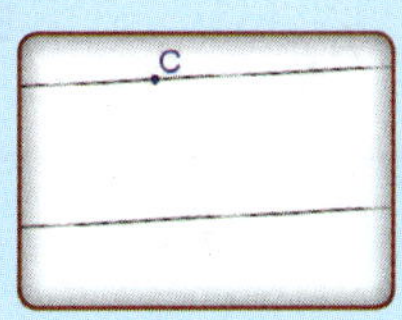

15 Tracer un angle de mesure donnée

1 Cliquer sur le bouton « Angle de mesure donnée ».

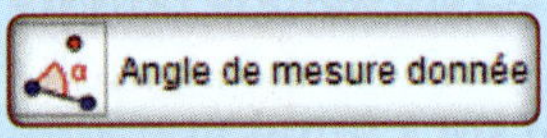

2 Cliquer sur un point d'un des côtés de l'angle, un point autre que le sommet.

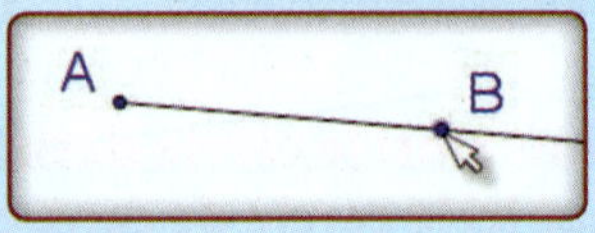

3 Cliquer sur le sommet de l'angle.

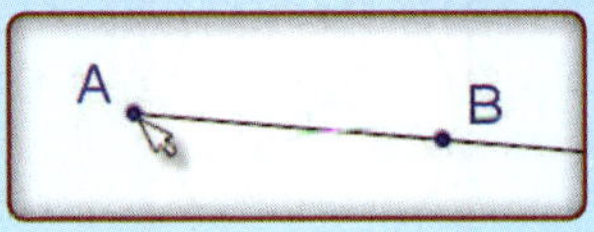

4 Saisir la mesure de l'angle dans la fenêtre qui s'ouvre.

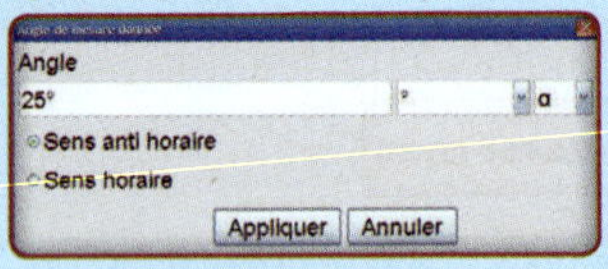

Important : laisser l'unité degré « ° » derrière la mesure.

Valider en cliquant sur « Appliquer ».

Après avoir construit la demi-droite [AB'), on obtient l'angle désiré.

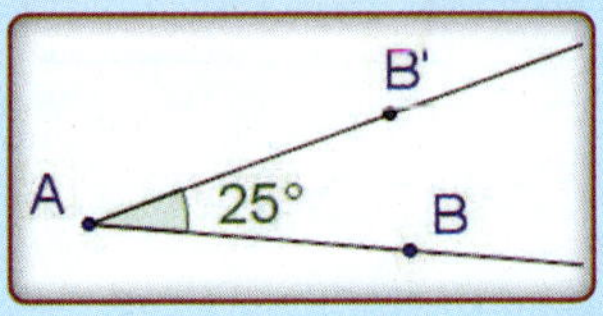

On a construit ici l'angle $\widehat{BAB'}$ de mesure 25°.

16 Afficher une longueur

1 Cliquer sur le bouton « Distance ou Longueur ».

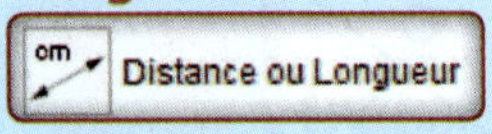

2 Cliquer sur l'objet dont on veut avoir la longueur.

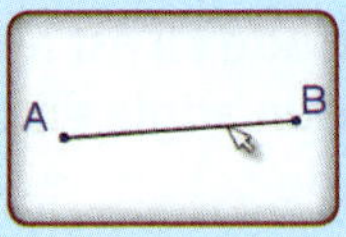

La mesure de l'objet s'affiche.
On a affiché ici la longueur du segment [AB].
Elle est égale à 2,49 unités.

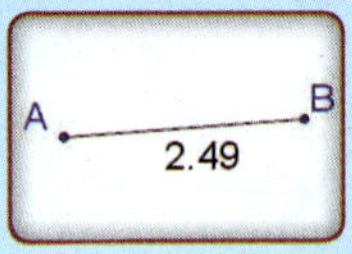

Géométrie

17 Afficher une aire

① **Cliquer sur le bouton « Aire ».**

② **Cliquer sur le polygone dont on veut connaître l'aire.**

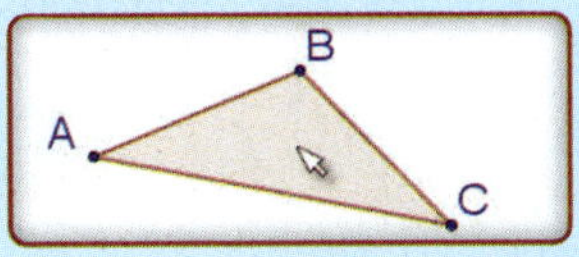

● **L'aire du polygone s'affiche.**
On a affiché ici l'aire du triangle ABC.
Son aire est égale à 1,84 unités.

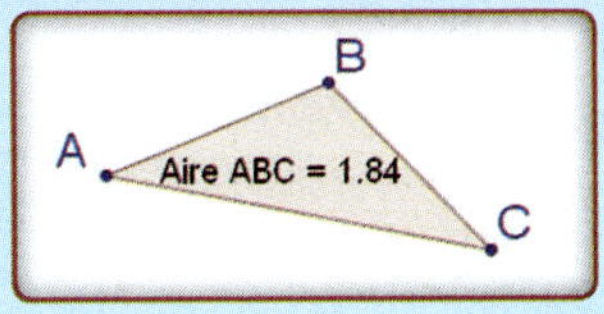

18 Construire le symétrique d'un objet par symétrie axiale

① **Cliquer sur le bouton « Symétrie axiale ».**

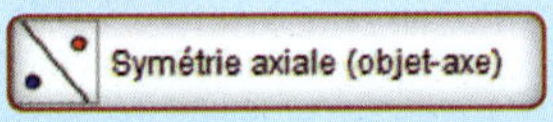

② **Cliquer sur l'objet dont on veut afficher le symétrique.**

On cherche ici à afficher le symétrique du triangle ABC par rapport à la droite (DE).

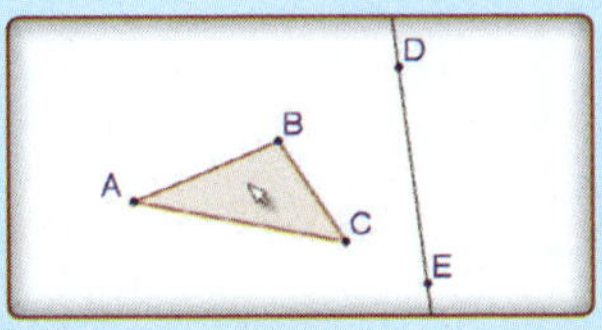

③ **Cliquer sur l'axe de symétrie.**

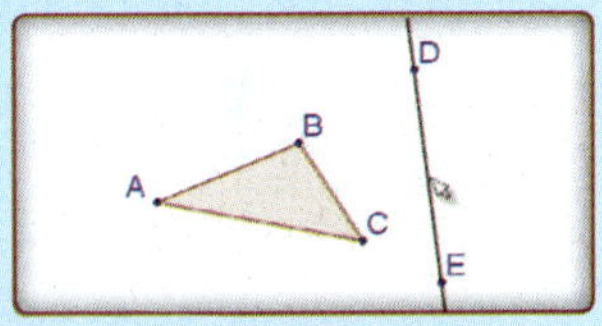

● **On obtient ainsi le symétrique de l'objet.**

On a construit ici le symétrique A'B'C' du triangle ABC par rapport à la droite (DE).

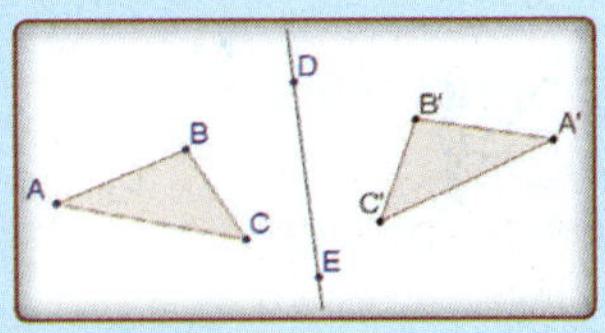

19 Renommer un objet

① **Faire un clic droit sur l'objet que l'on veut renommer.**

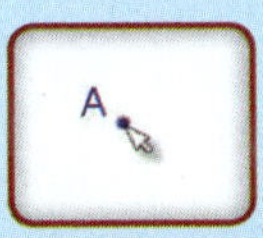

② **Cliquer sur « Renommer » dans le menu qui s'ouvre.**

③ **Saisir le nouveau nom dans la fenêtre qui s'ouvre.**

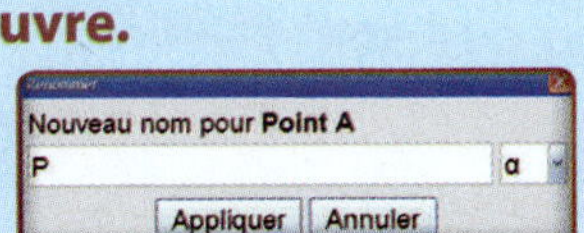

Valider en cliquant sur « Appliquer ».

● **On a ainsi renommé l'objet.**
On a renommé ici le point A.
Son nouveau nom est P.

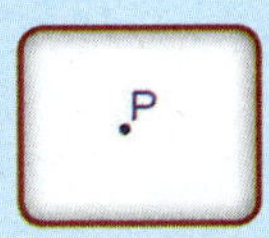

20 Activer la trace d'un objet

1 Faire un clic droit sur l'objet dont on veut activer la trace.

Ici, on clique sur le point F', symétrique du point F par rapport à la droite tracée.

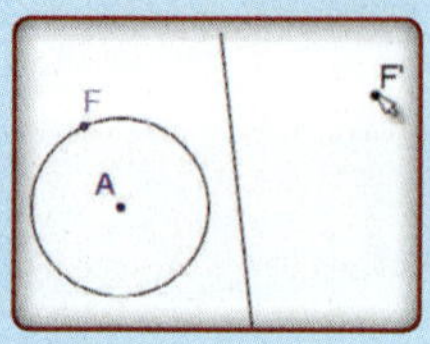

2 Cliquer sur « Trace activée » dans le menu qui s'ouvre.

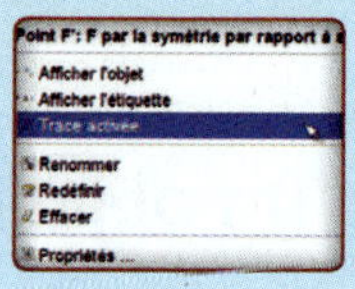

L'objet laisse une trace lorsque l'on déplace d'autres éléments de la figure. En déplaçant le point F, le point F' bouge et laisse ainsi une trace qui semble représenter un cercle.

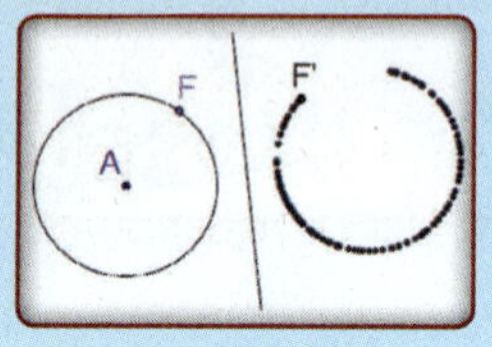

21 Afficher/cacher un objet

1 Cliquer sur le bouton « Afficher/cacher l'objet ».

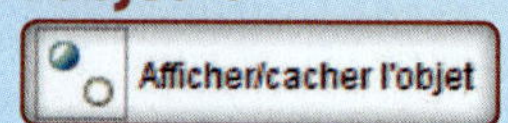

Tous les objets cachés sont surlignés.
Les objets visibles ne le sont pas.

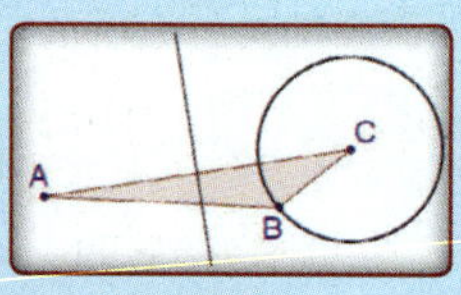

Pour rendre un objet visible, il suffit de cliquer dessus afin qu'il ne soit plus surligné.

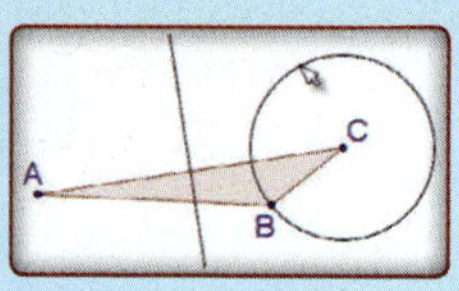

Pour cacher un objet, il suffit de cliquer dessus afin qu'il soit surligné.

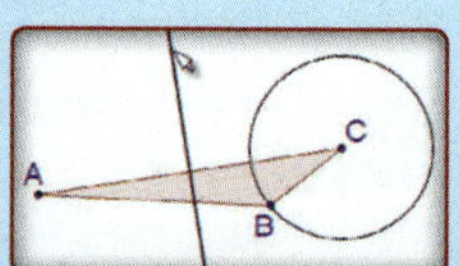

2 Quitter le mode « Afficher/cacher l'objet » en appuyant sur la touche « Echap » (ou « Esc ») du clavier.

ou

On a ainsi modifié l'affichage des objets.
On a ici affiché le cercle et caché la droite.

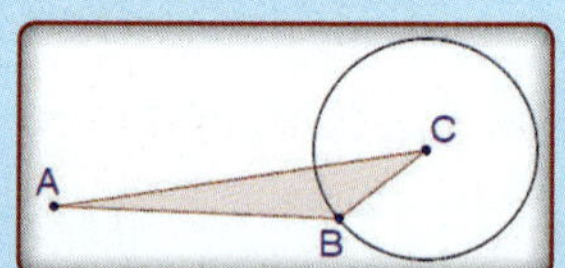

Autre méthode : Il est possible de modifier l'affichage d'un objet en effectuant un clic droit sur l'objet et en cochant/décochant « Afficher l'objet ».

22 Construire le symétrique d'un objet par symétrie centrale

1 Cliquer sur le bouton « Symétrie centrale ».

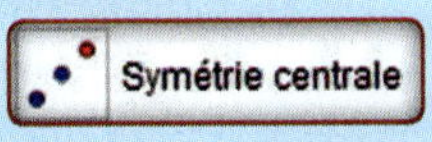

2 Cliquer sur l'objet dont on veut afficher le symétrique.

Ici, on veut afficher le symétrique du triangle ABC par rapport au point D.

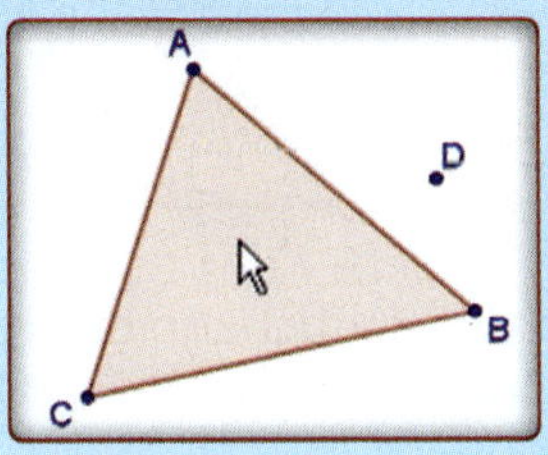

3 Cliquer sur le centre de symétrie.

On obtient ainsi le symétrique de l'objet.

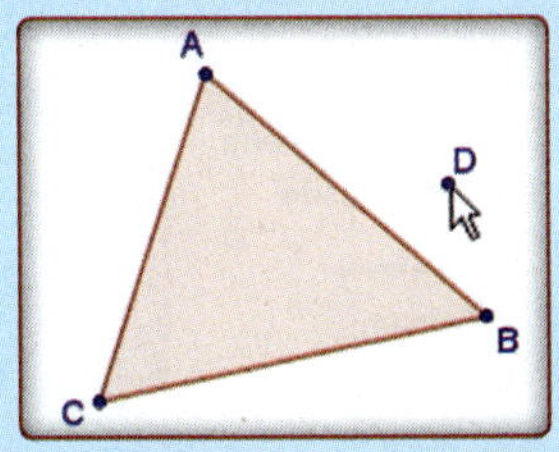

On a construit ici le symétrique A'B'C' du triangle ABC par rapport au point D.

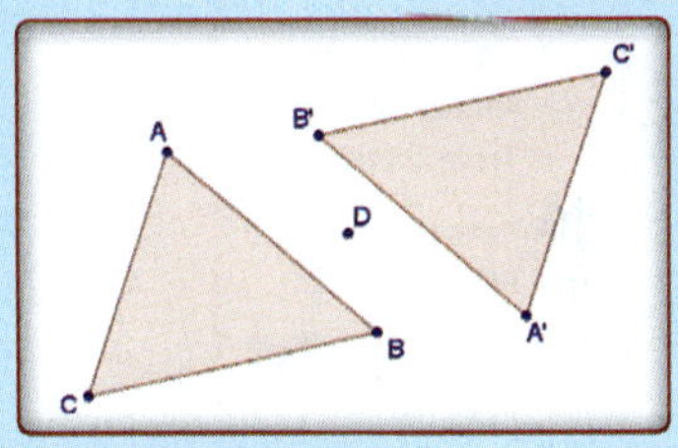

23 Afficher la grille et les axes

1 Pour afficher les axes, cliquer sur le menu « Affichage » puis « Axes ».

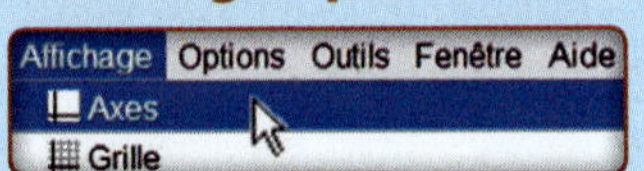

On obtient ainsi un repère.

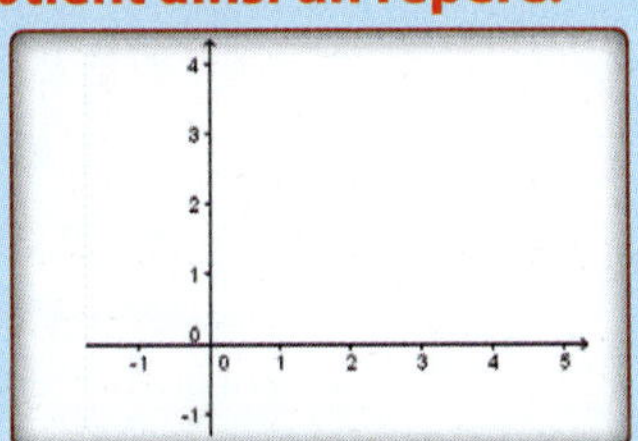

2 Pour supprimer les axes, il suffit de cliquer à nouveau sur le menu « Affichage » puis « Axes ».

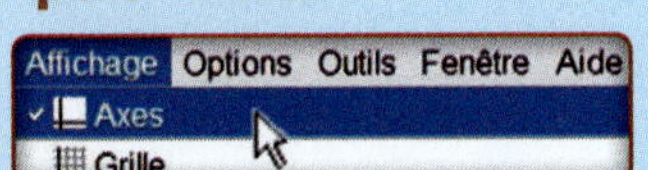

Remarque : Il est possible de modifier l'échelle des unités des axes.

Pour cela, on « attrape » et on « tire » une graduation d'un des axes pour la faire varier.

3 Pour afficher la grille, cliquer sur le menu « Affichage » puis « Grille ».

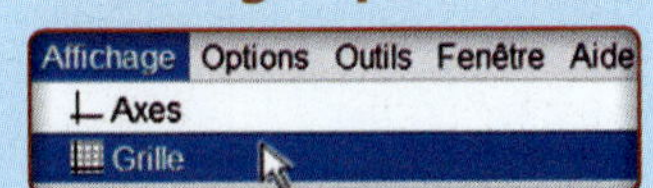

On obtient ainsi une feuille quadrillée.

4 Pour supprimer la grille, il suffit de cliquer à nouveau sur le menu « Affichage » puis « Grille ».

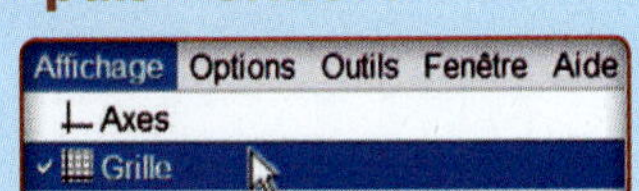

24 Afficher les coordonnées d'un point

1 Faire un clic droit sur le point.

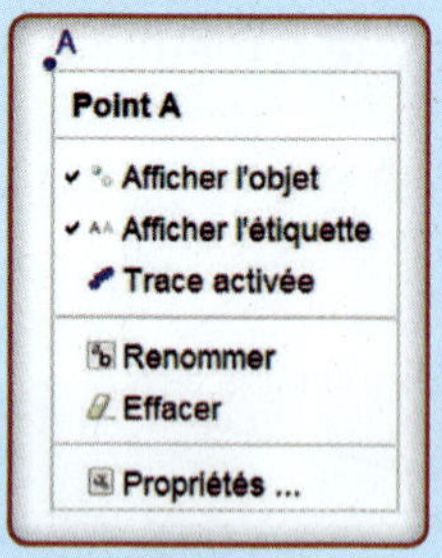

2 Cliquer sur « Propriétés… »

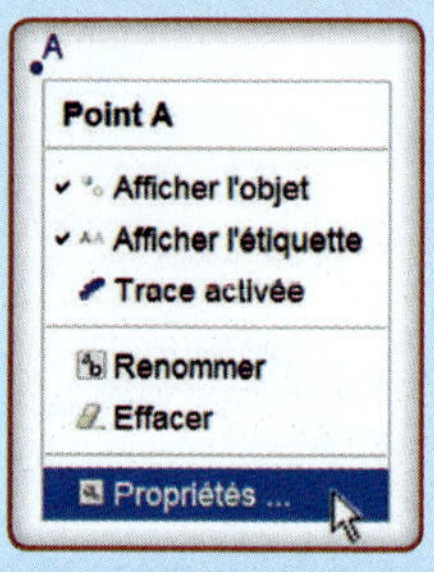

3 Dans la fenêtre qui s'ouvre, cocher « Afficher l'étiquette » et dans le menu déroulant, choisir « Nom & Valeur ».

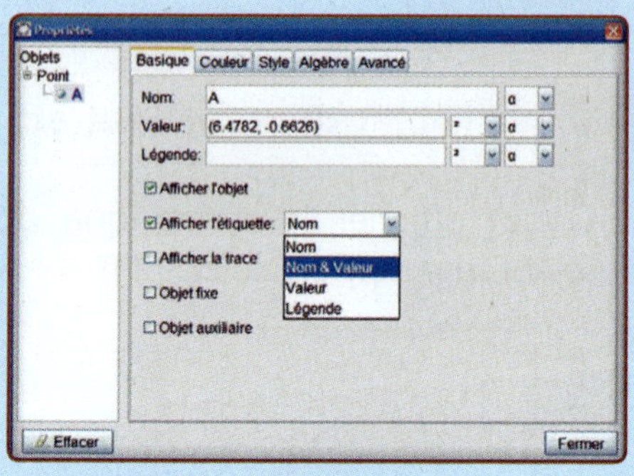

On obtient ainsi l'affichage des coordonnées du point.

Les coordonnées de A sont ici (6,48 ; – 0,66).

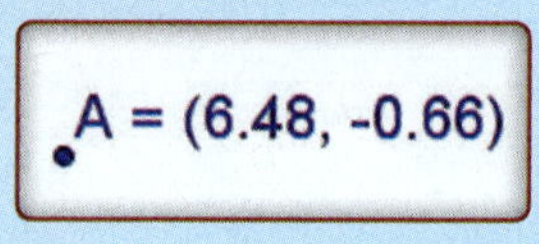

Remarque : Il est également possible d'afficher la liste des coordonnées de tous les points de la figure, en cliquant sur « Affichage » puis sur « Fenêtre Algèbre ».

25 Utiliser le tableur de GeoGebra

1 **Cliquer sur le menu « Affichage » puis « Tableur » pour afficher le tableur.**

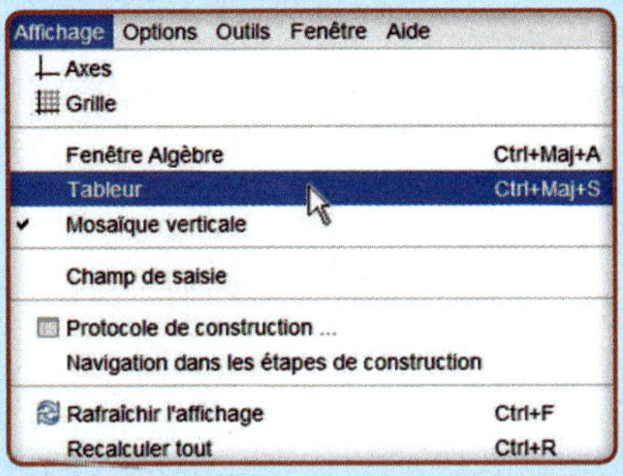

On obtient ainsi une feuille de calcul.

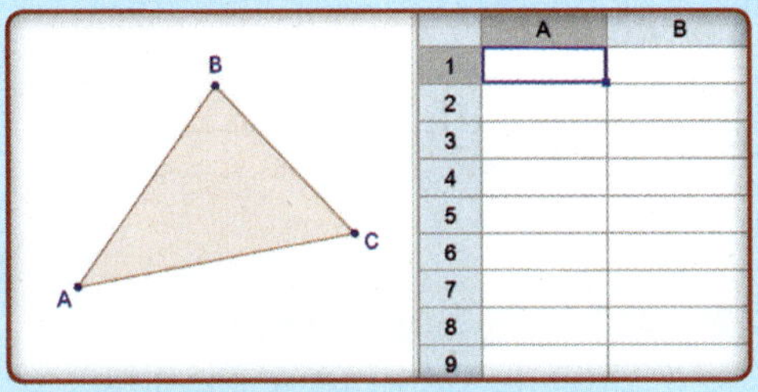

2 **Saisir une formule pour afficher, par exemple, une longueur d'une figure dans le tableur.**

On veut ici afficher la longueur du segment [AB]. On saisit dans la cellule B1 : distance[A,B].

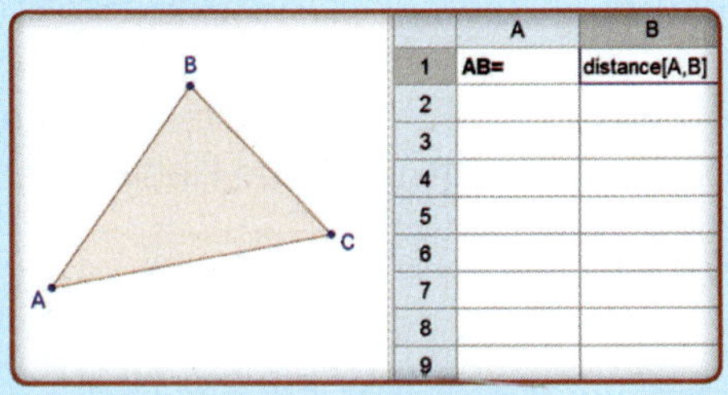

On obtient ainsi la longueur demandée.

La longueur AB affichée dans le tableur varie avec la longueur du segment [AB] de la feuille de géométrie.

	A	B
1	AB=	4.57

26 Tracer la représentation graphique d'une fonction

1 **Pour afficher les axes ou la grille, cliquer sur le menu « Affichage » puis « Axes » ou « Grille ».**

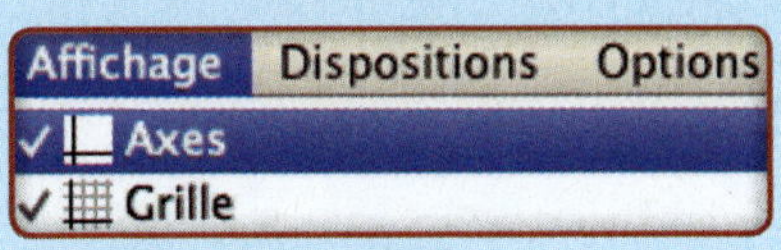

On obtient ainsi un repère et un quadrillage.

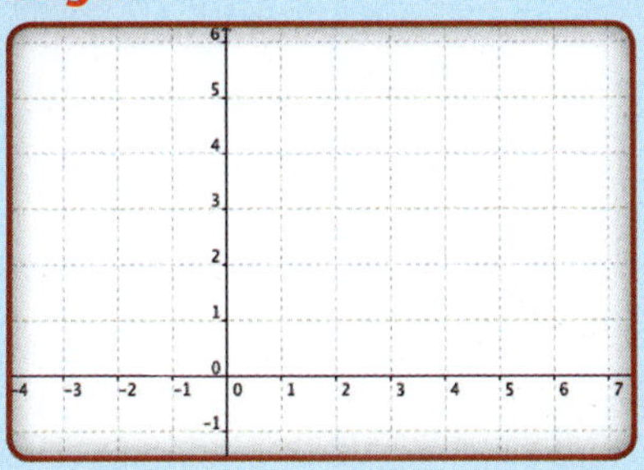

2 **Pour afficher la représentation graphique d'une fonction, saisir son expression dans le champ de saisie.**

On veut afficher ici la représentation graphique de la fonction $f(x) = x^2$.

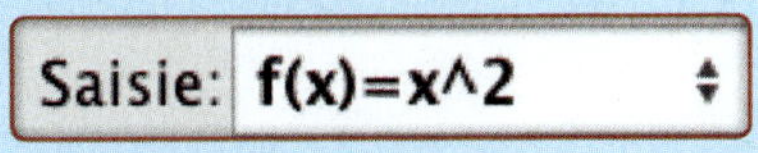

On obtient ainsi la représentation graphique demandée.

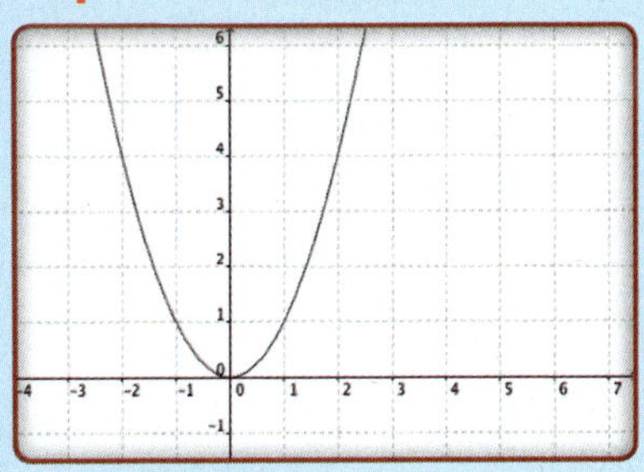

27 Utiliser un curseur

1 Cliquer sur le bouton « Curseur », puis cliquer à l'endroit où l'on veut le placer.

2 Saisir le nom du curseur dans la boîte de dialogue qui s'ouvre.
Il est possible de choisir ses valeurs minimale et maximale ainsi que l'incrément.

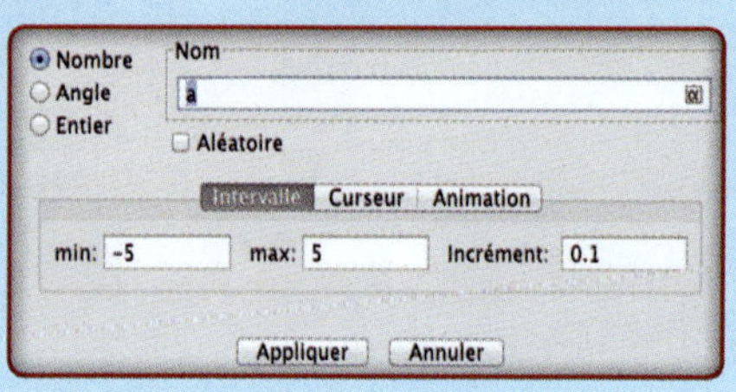

On obtient ainsi un nombre *a* qui varie entre -5 et 5 avec un pas de 0,1.

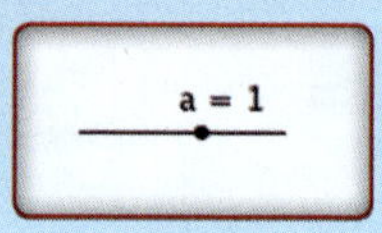

3 On peut ensuite utiliser ce nombre dans n'importe quelle expression.

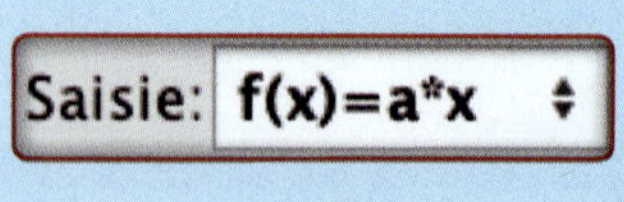

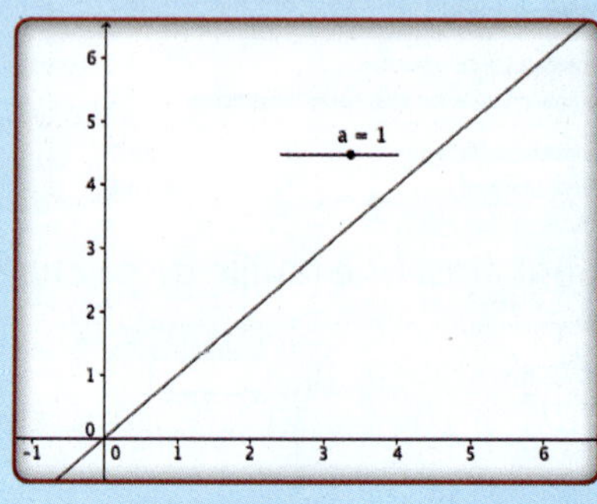

En faisant varier la position du curseur, on fait varier le nombre *a* et donc les objets qui en dépendent.

Calculatrice

1 Utiliser les différents modes d'affichages

On veut afficher le résultat du quotient de 9 par 7 sous différentes formes.

CASIO FX-92

Affichage en ligne

1 Choisir le mode d'affichage.

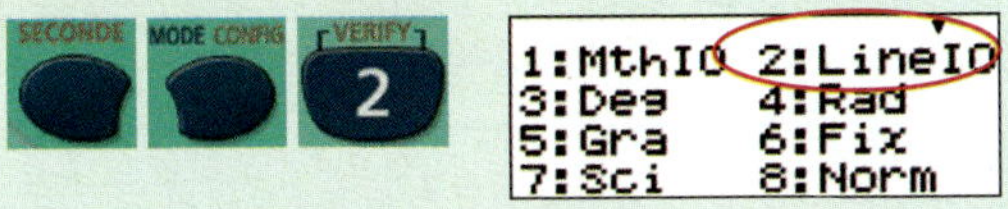

2 Entrer le calcul.

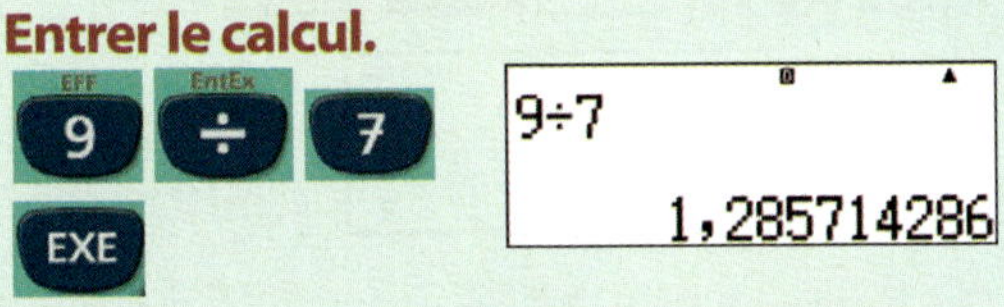

En appuyant sur S⇔D, on obtient :

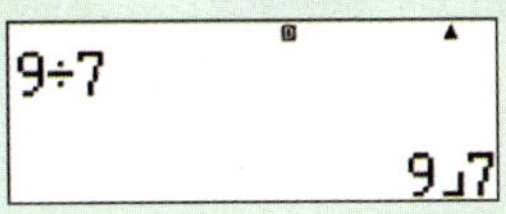

Affichage math

1 Choisir le mode d'affichage.

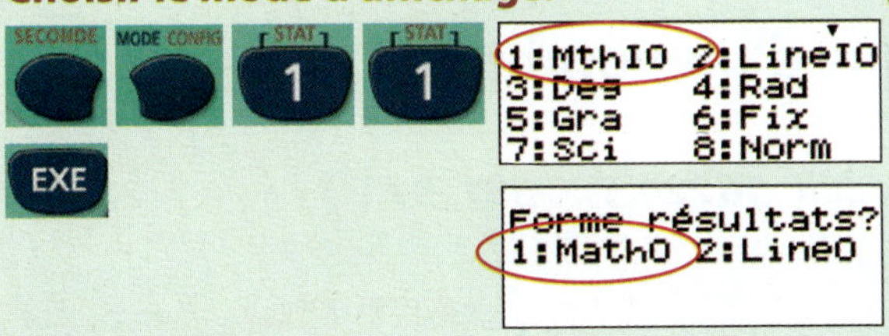

2 Entrer le calcul.

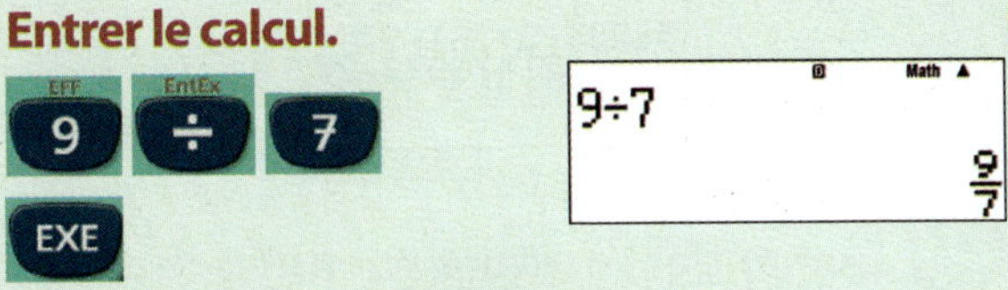

En appuyant sur S⇔D, on obtient :

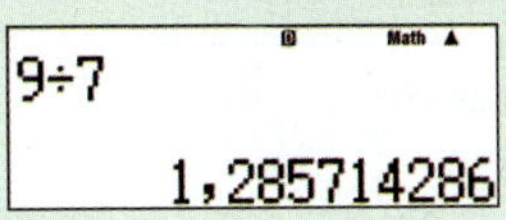

TI-COLLÈGE Plus

Affichage en ligne

1 Choisir le mode d'affichage.

2 Entrer le calcul.

En appuyant sur aff, on obtient :

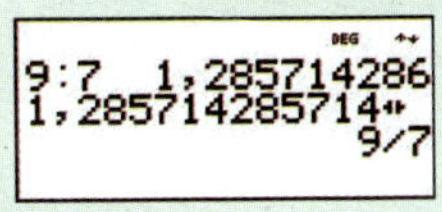

Affichage math

1 Choisir le mode d'affichage.

2 Entrer le calcul.

En appuyant sur aff, on obtient :

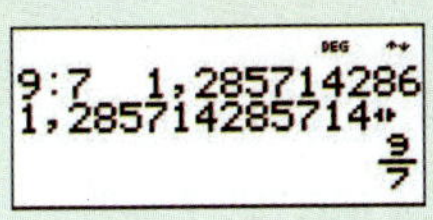

Calculatrice

2 Calculer des puissances d'un nombre

On veut calculer 7^5, 5^2 et 8^3.

CASIO FX-92

- Appuyer sur 7 $x^{\blacksquare}$ 5 EXE

```
7⁵
          16807
```

- On obtient $7^5 = 16\,807$.

- Appuyer sur 5 x^2 EXE

```
5²
             25
```

- On obtient $5^2 = 25$.

- Appuyer sur 8 x^3 EXE

```
8³
            512
```

- On obtient $8^3 = 512$.

TI-COLLÈGE Plus

- Appuyer sur 7 x^n 5 entrer

```
7⁵        16807
```

- On obtient $7^5 = 16\,807$.

- Appuyer sur 5 x^2 entrer

```
5²           25
```

- On obtient $5^2 = 25$.

- Appuyer sur 8 x^n 3 entrer

```
8³          512
```

- On obtient $8^3 = 512$.

3 Trouver l'écriture scientifique d'un nombre

On veut afficher l'écriture scientifique du produit $56\,224{,}5 \times 381{,}97$.

CASIO FX-92

```
56224,5×381,97
     21476072,27
```

- Demander l'écriture scientifique du résultat.

a×10^n [x]

SECONDE ; ax10ⁿ X

```
56224,5×381,97
   2,147607227×10⁷
```

- On obtient comme résultat $2{,}147607227 \times 10^7$.

TI-COLLÈGE Plus

```
56224,5×381,97
     21476072,27
```

- Demander l'écriture scientifique du résultat.

2nde ; ((▸a·10ⁿ) ; entrer

```
56224,5×381,97
     21476072,27
21476072,265▸a·▸
2,147607227×10^7
```

- On obtient comme résultat $2{,}147607227 \times 10^7$.

Calculatrice

4 Calculer avec des fractions

On veut calculer $\dfrac{5}{3}\times\dfrac{4}{7}-\dfrac{2}{5}$.

CASIO FX-92

1 Mettre la calculatrice en « *Affichage Math* » (➔ *Calculatrice 1*).

2 Choisir l'écriture « *classique* » des fractions.

3 Écrire des fractions à l'aide de la touche

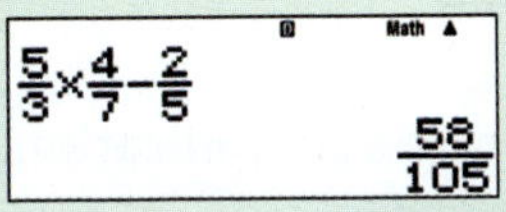

On obtient comme résultat $\dfrac{58}{105}$.

TI-COLLÈGE Plus

1 Mettre la calculatrice en « *Affichage Math* » (➔ *Calculatrice 1*).

2 Écrire des fractions à l'aide de la touche

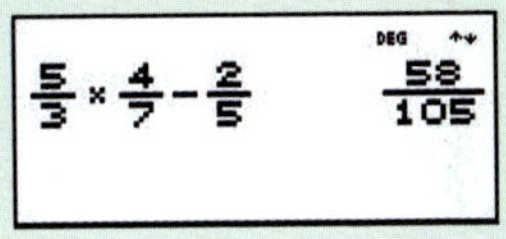

On obtient comme résultat $\dfrac{58}{105}$.

Calculatrice

5 Simplifier une fraction

On veut simplifier le résultat de $\frac{8}{6}+\frac{2}{12}$.

CASIO FX-92

Simplification automatique (résultat simplifié au maximum)

1 Choisir le mode de simplification.

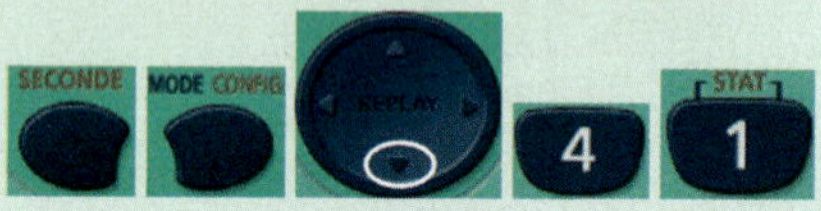

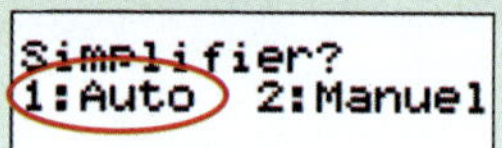

2 Entrer le calcul (➔ *Calculatrice 4*).

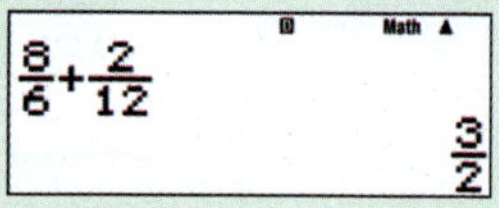

On obtient $\frac{3}{2}$ comme résultat.

Simplification manuelle (résultat simplifié à la demande)

1 Choisir le mode de simplification.

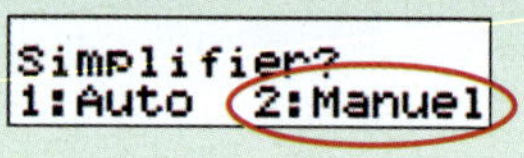

2 Entrer le calcul (➔ *Calculatrice 4*).

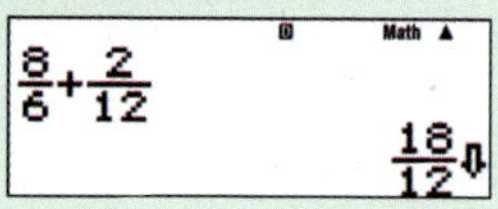

3 Simplifier pas à pas la fraction obtenue.

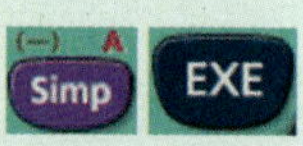

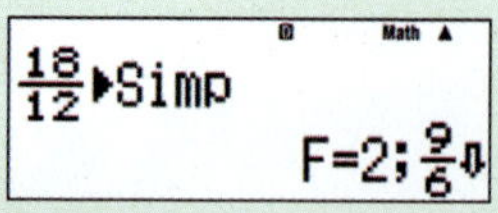

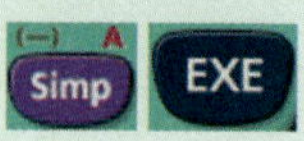

On obtient $\frac{8}{6}+\frac{2}{12}=\frac{18}{12}=\frac{9}{6}=\frac{3}{2}$.

TI-COLLÈGE Plus

Simplification automatique (résultat simplifié au maximum)

1 Choisir le mode de simplification.

2 Entrer le calcul (➔ *Calculatrice 4*).

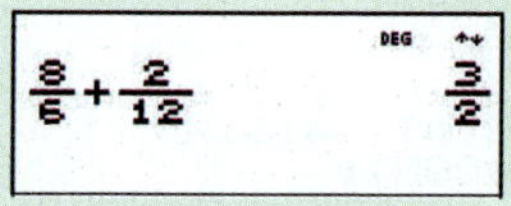

On obtient $\frac{3}{2}$ comme résultat.

Simplification manuelle (résultat simplifié à la demande)

1 Choisir le mode de simplification.

2 Entrer le calcul (➔ *Calculatrice 4*).

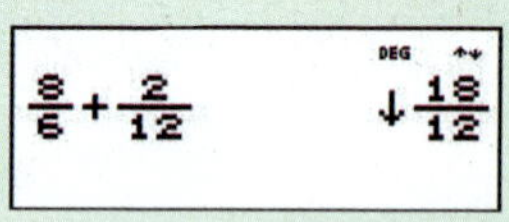

3 Simplifier pas à pas la fraction obtenue.

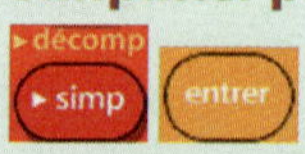

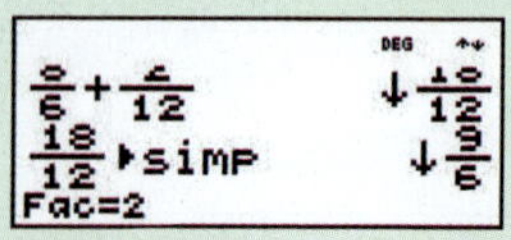

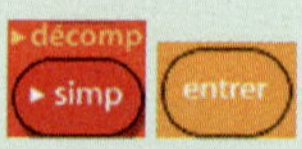

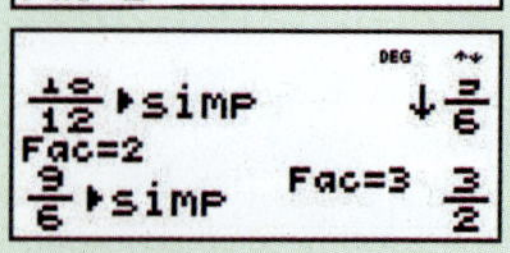

On obtient $\frac{8}{6}+\frac{2}{12}=\frac{18}{12}=\frac{9}{6}=\frac{3}{2}$.

Calculatrice

6 Décomposer un nombre en produit de facteurs

On veut décomposer 504 en un produit de facteurs.

CASIO FX-92

1 Saisir le nombre à décomposer.

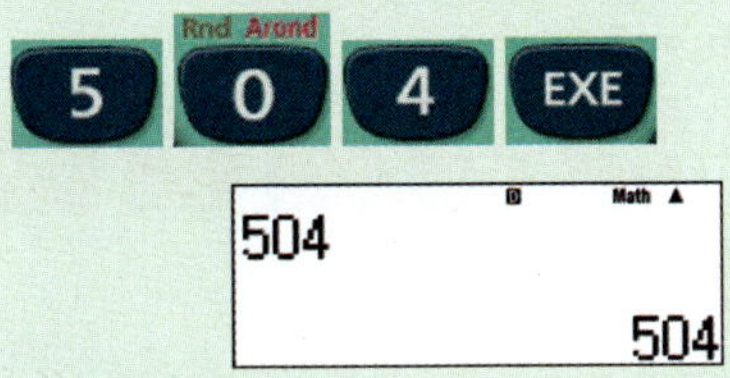

2 Demander la décomposition en facteurs.

On obtient $504 = 2^3 \times 3^2 \times 7$.

TI-COLLÈGE Plus

Saisir le nombre et demander sa décomposition en facteurs.

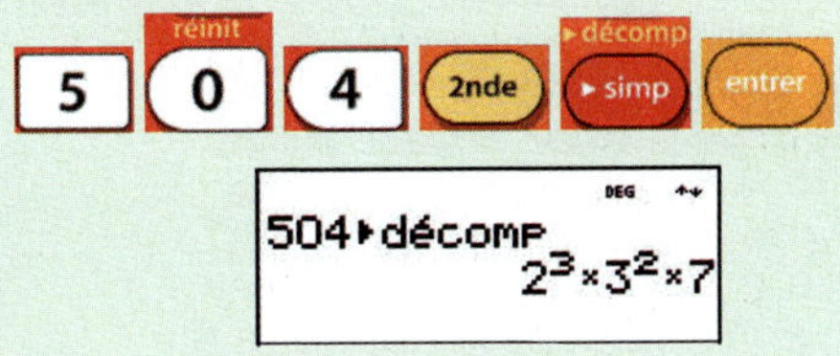

On obtient $504 = 2^3 \times 3^2 \times 7$.

7 Calculer l'inverse d'un nombre

On veut calculer l'inverse de 2,4.

CASIO FX-92

Entrer le nombre et demander son inverse.

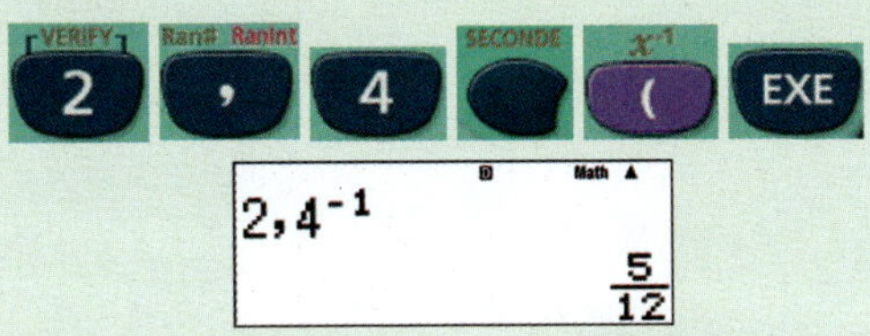

On obtient $\frac{5}{12}$ comme résultat.

TI-COLLÈGE Plus

Entrer le nombre et demander son inverse.

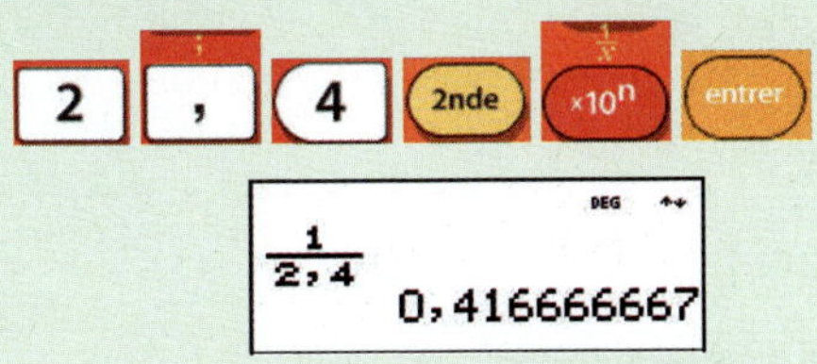

On obtient 0,416666667 comme résultat.

8 Utiliser les mémoires de la calculatrice

CASIO FX-92

Les mémoires utilisables sont désignées par des lettres : X, Y, A, B, C, D, E, F ou M

1 Pour affecter un nombre à une mémoire, saisir le nombre puis le ranger dans la mémoire.

Ici, on entre 12 dans la mémoire A.

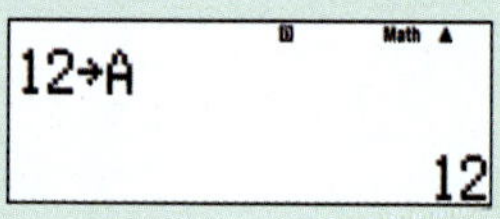

2 Pour utiliser un nombre enregistré dans une mémoire, écrire le calcul en utilisant le nom de la mémoire comme variable.

Ici, on a calculé le produit de 5 par le contenu de la mémoire A, c'est-à-dire 12.

TI-COLLÈGE Plus

Les mémoires utilisables sont désignées par des lettres : x, y, z, t, a, b, c

1 Pour affecter un nombre à une mémoire, saisir le nombre puis le ranger dans la mémoire.

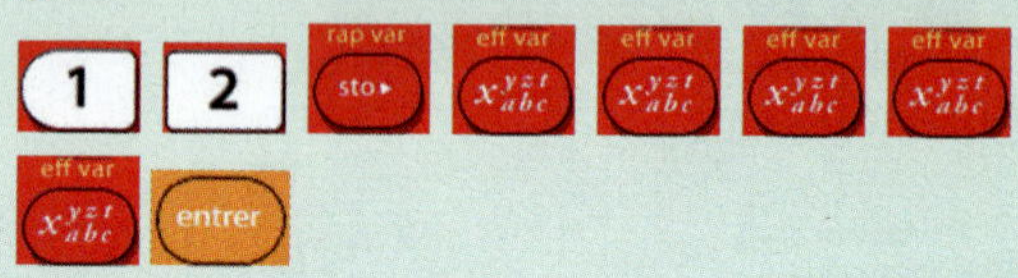

Ici, on entre 12 dans la mémoire *a*.

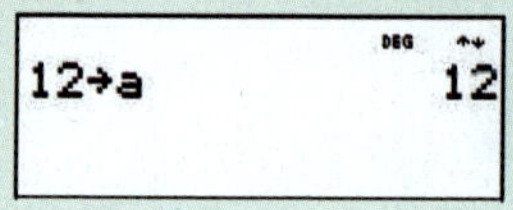

2 Pour utiliser un nombre enregistré dans une mémoire, crire le calcul en utilisant le nom de la mémoire comme variable.

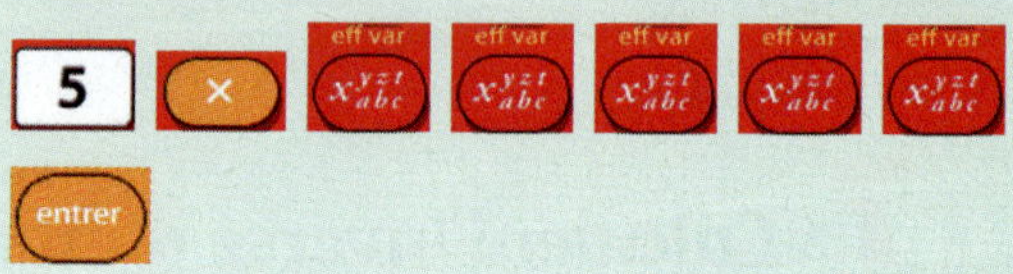

Ici, on a calculé le produit de 5 par le contenu de la mémoire *a*, c'est-à-dire 12.

Calculatrice

9 Calculer plusieurs valeurs d'une expression littérale

On veut calculer la valeur de l'expression $(5x - 3)(2x + 7)$ pour différentes valeurs de x.

CASIO FX-92

1 Saisir l'expression.

```
(5X-3)(2X+7)
```

2 Demander de calculer cette expression pour $x = 3$.

CALC 3 EXE

```
(5X-3)(2X+7)
                156
```

On obtient 156 pour $x = 3$.

Et ainsi de suite pour toutes les valeurs souhaitées sans changer l'expression de départ.

TI-COLLÈGE Plus

1 Préciser que l'on va saisir une expression.

2nde expr

```
Expr=
```

2 Saisir l'expression.

```
Expr=-3)(2x+7)
```

3 Demander de calculer cette expression pour $x = 3$.

3 entrer

```
(5x-3)(2x+7)
            156
```

On obtient 156 pour $x = 3$.

Et on recommence ainsi de suite pour toutes les valeurs souhaitées sans changer l'expression de départ.

Calculatrice

10 Convertir une durée en heures, minutes, secondes ou en heures décimales

On veut convertir 2,3 h en heures, minutes, secondes et 4 h 28 min 12 s en heures.

CASIO FX-92

Saisir la durée à convertir.

2 , 3 °’’’ EXE

2,3°
2°18’0”

Donc 2,3 h est égal à 2 h 18 min 0 s.

Saisir la durée à convertir.

4 °’’’ 2 8 °’’’ 1 2 °’’’ EXE SECONDE °’’’

4°28°12°
4,47

Donc 4 h 28 min 12 s est égal à 4,47 h.

TI-COLLÈGE Plus

Saisir la durée à convertir.

2 , 3 2nde π (angle) 4 entrer

2,3▸DMS 2°18'0"

Donc 2,3 h est égal à 2 h 18 min 0 s.

Saisir la durée à convertir.

4 2nde π (angle) 1 2 8 2nde π (angle) 2 1 2 2nde π (angle) 3 entrer

4°28'12" 4,47

Donc 4 h 28 min 12 s est égal à 4,47 h.

11 Trouver un nombre positif dont on connait le carré

On cherche la valeur approchée du nombre positif dont le carré est égal à 69.

CASIO FX-92

Demander la valeur approchée du nombre dont on connaît le carré.

SECONDE x^2 ($\sqrt{\ }$) 6 9 EXE

$\sqrt{69}$
8,306623863

On obtient 8,3 comme résultat.

Il faut, suivant le mode, appuyer sur S⇔D pour avoir une valeur approchée du résultat.

TI-COLLÈGE Plus

Demander la valeur approchée du nombre dont on connaît le carré.

2nde x^2 ($\sqrt{\ }$) 6 9) entrer

√(69) 8,306623863

On obtient 8,3 comme résultat.

Il faut, suivant le mode, appuyer sur aff pour avoir une valeur approchée du résultat.

Calculatrice

12 Calculer le cosinus, le sinus ou la tangente d'un angle

On veut calculer le cosinus d'un angle de 71°.

CASIO FX-92

1 Vérifier que la calculatrice est bien en « Degrés ».

Un petit D doit être affiché en haut de l'écran.

2 Mettre la calculatrice en « Degrés » si elle ne l'est pas déja.

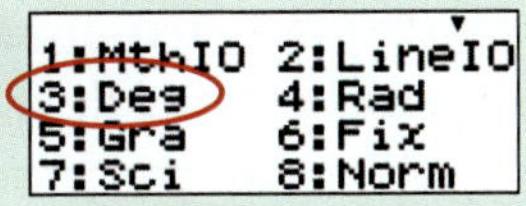

3 Entrer le calcul demandé.

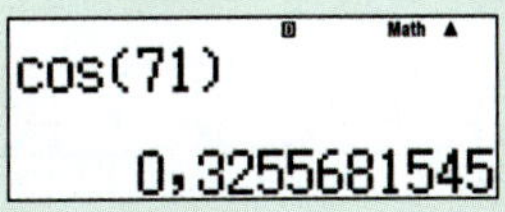

On obtient cos 71° ≈ 0,3255681545.

TI-COLLÈGE Plus

1 Vérifier que la calculatrice est bien en « Degrés ».

Un petit DEG doit être affiché en haut de l'écran.

2 Mettre la calculatrice en « Degrés » si elle ne l'est pas déjà.

3 Entrer le calcul demandé.

On obtient cos 71° ≈ 0,325568154.

Calculatrice

13 Trouver un angle dont on connait le cosinus, le sinus ou la tangente

On veut trouver la mesure de l'angle dont le cosinus est égal à $\frac{5}{7}$.

CASIO FX-92

1 Vérifier que la calculatrice est bien en « Degrés ».

Un petit D doit être affiché en haut de l'écran.

2 Mettre la calculatrice en « Degrés » si elle ne l'est pas déja.

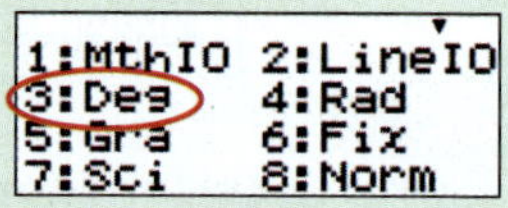

3 Demander la mesure de l'angle dont on connait le cosinus.

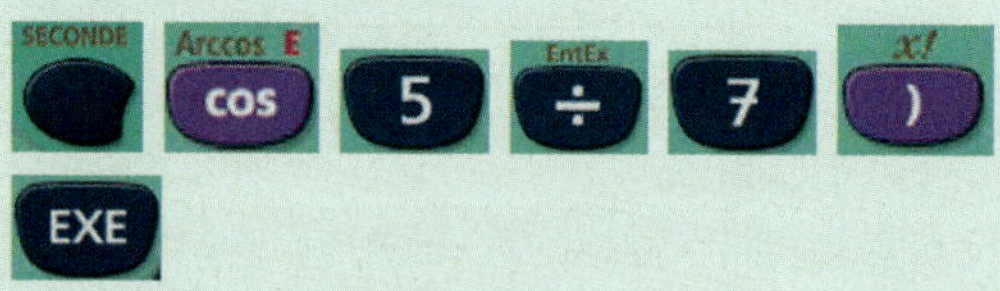

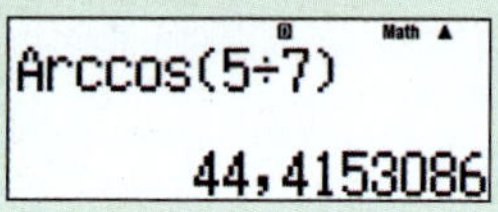

L'angle dont le cosinus vaut $\frac{5}{7}$ mesure environ 44°.

TI-COLLÈGE Plus

1 Vérifier que la calculatrice est bien en « Degrés ».

Un petit DEG doit être affiché en haut de l'écran.

2 Mettre la calculatrice en « Degrés » si elle ne l'est pas déjà.

3 Demander la mesure de l'angle dont on connait le cosinus.

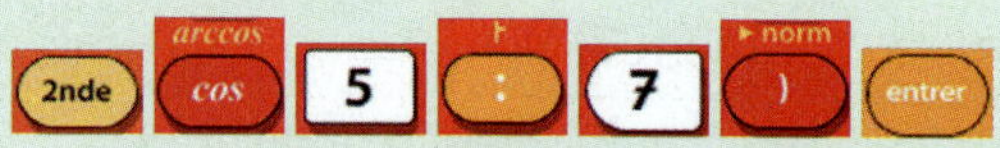

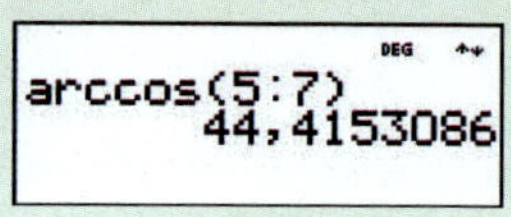

L'angle dont le cosinus vaut $\frac{5}{7}$ mesure environ 44°.

14 Établir un tableau de valeurs d'une fonction

On veut établir un tableau de valeurs de la fonction $f : x \mapsto 2x - 5$ pour les nombres, allant de 1 en 1, de 1 à 5.

CASIO FX-92

1 Choisir le mode « TABLE ».

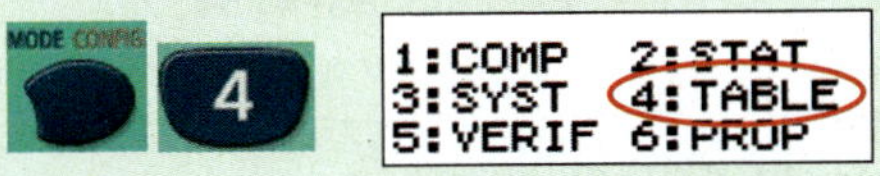

2 Entrer la fonction, les bornes et le pas.

On obtient le tableau de valeurs demandé

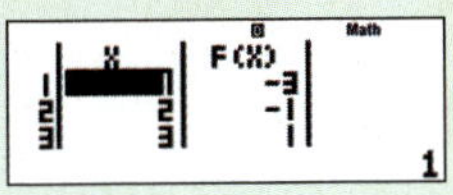

TI-COLLÈGE Plus

1 Choisir le mode « Fonction ».

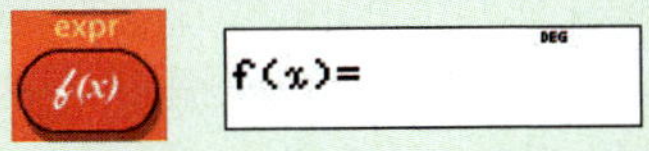

2 Entrer la fonction, le début et le pas.

On obtient le tableau de valeurs demandé.

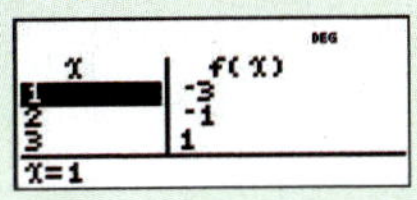

15 Effectuer une division avec reste

On veut calculer le quotient et le reste de la division de 13 548 par 927.

CASIO FX-92

Saisir le calcul.

Pour la division, on utilise les touches :

On obtient le quotient de cette division, 14, et le reste 570.

TI-COLLÈGE Plus

Saisir le calcul.

Pour la division, on utilise les touches :

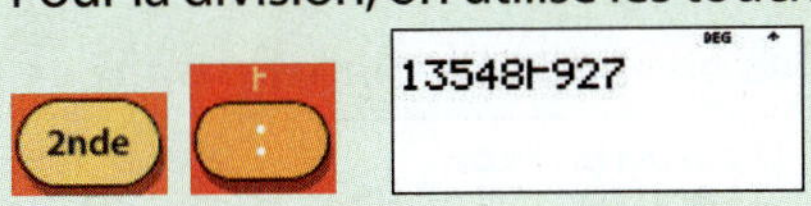

On obtient le quotient de cette division, 14, et le reste 570.

Calculatrice

16 Calculer avec des racines carrées

On veut calculer et simplifier $5\sqrt{63} - 4\sqrt{343}$.

CASIO FX-92

1 Saisir le calcul.

On utilise les touches

pour écrire le radical.

Il faut penser à se déplacer vers la droite pour sortir du radical.

On obtient le résultat simplifié.

TI-COLLÈGE Plus

1 Saisir le calcul.

On utilise les touches

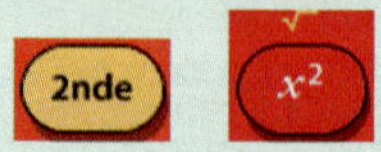

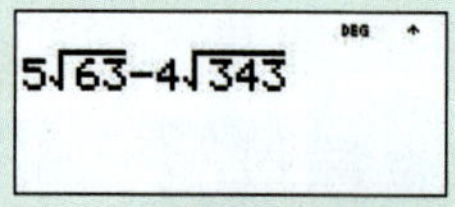

pour écrire le radical.

Il faut penser à se déplacer vers la droite pour sortir du radical.

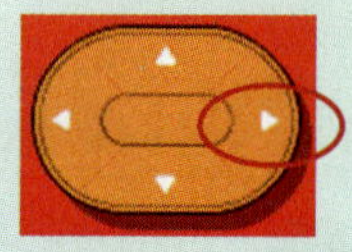

On obtient le résultat simplifié.

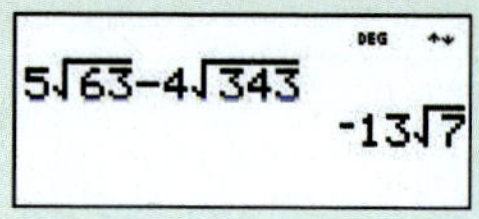

17 Résoudre un système d'équations

On veut résoudre le système suivant : $\begin{cases} 4x - 7y = -93 \\ -2x + 13y = 113 \end{cases}$

CASIO FX-92

1 Choisir le mode « SYST » ou « EQN ».

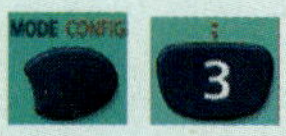

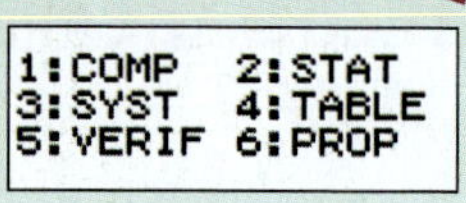

2 Choisir les équations à deux inconnues.

3 Saisir les coefficients du système.

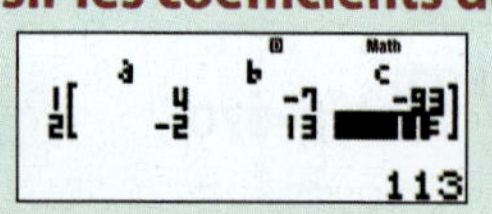

On obtient les solutions du système.

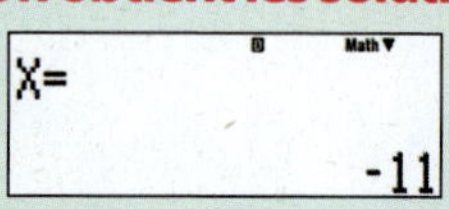

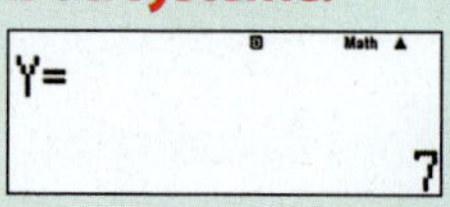

TI-COLLÈGE Plus

1 Choisir le mode « système ».

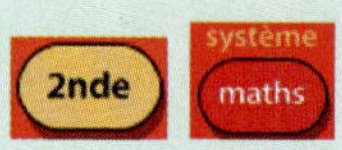

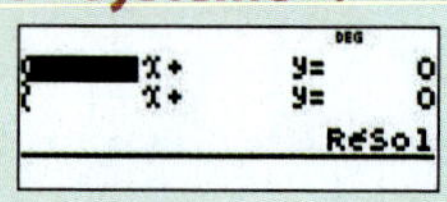

2 Saisir les coefficients du système.

Attention à bien différencier le signe moins de la soustraction  du signe moins d'un nombre 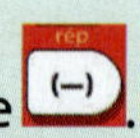.

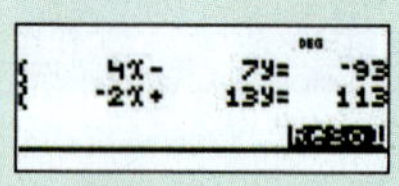

On obtient les solutions du système.

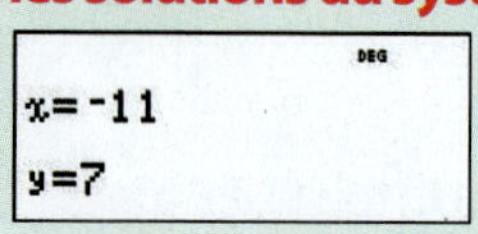

GÉOMÉTRIE

1. Triangles

PROPRIÉTÉ La somme des mesures des angles d'un triangle est égale à 180°.

Triangles particuliers

DÉFINITION Un **triangle isocèle** est un triangle qui a deux côtés de même longueur.	DÉFINITION Un **triangle équilatéral** est un triangle qui a trois côtés de même longueur.	DÉFINITION Un **triangle rectangle** est un triangle qui a deux côtés perpendiculaires.

Droites remarquables dans le triangle

DÉFINITION La **médiatrice d'un côté d'un triangle** est la droite perpendiculaire à ce côté et passant par son milieu.	DÉFINITION Une **médiane d'un triangle** est une droite qui passe par un sommet de ce triangle et par le milieu du côté opposé à ce sommet.	DÉFINITION Une **hauteur d'un triangle** est une droite qui passe par un sommet de ce triangle et qui est perpendiculaire au côté opposé à ce sommet.	DÉFINITION La **bissectrice d'un angle d'un triangle** est la demi-droite qui partage cet angle en deux angles de même mesure.

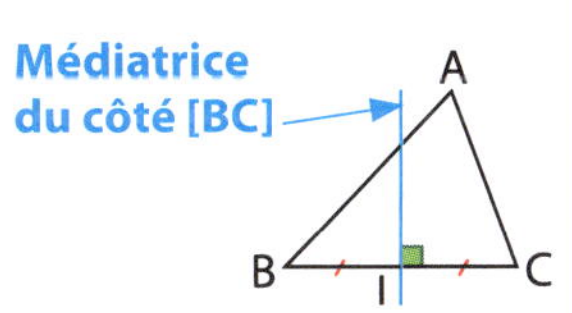

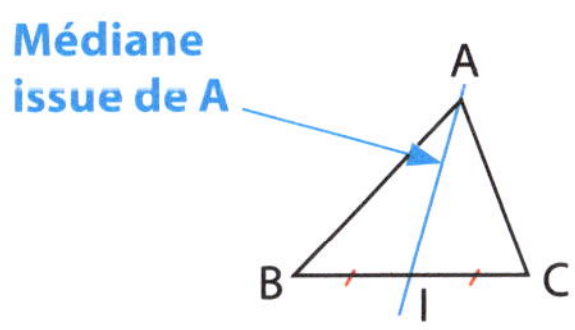

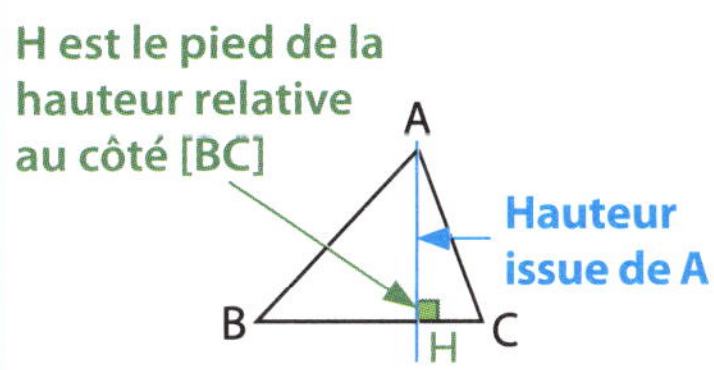

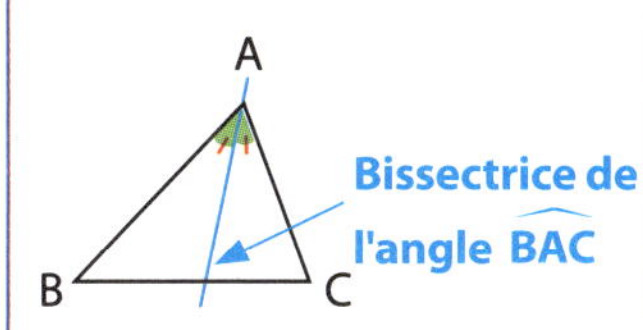

PROPRIÉTÉ Les médiatrices des côtés d'un triangle se coupent en un même point, c'est le centre du cercle circonscrit à ce triangle.

PROPRIÉTÉ Les bissectrices des angles d'un triangle se coupent en un même point, c'est le centre du cercle inscrit dans ce triangle.

Triangle rectangle

Triangle rectangle et cercle

PROPRIÉTÉ Le triangle rectangle est inscrit dans le cercle de diamètre son hypoténuse.

[BC] est l'hypothénuse du triangle ABC

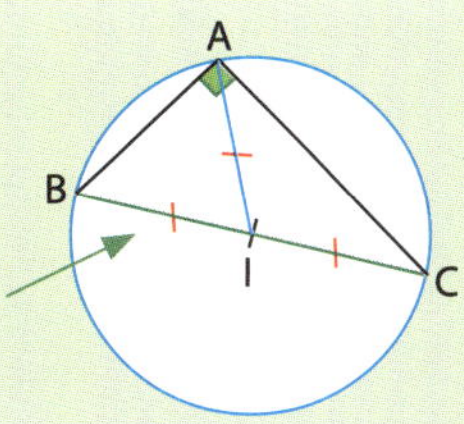

Égalité de Pythagore

PROPRIÉTÉ $BC^2 = AB^2 + AC^2$

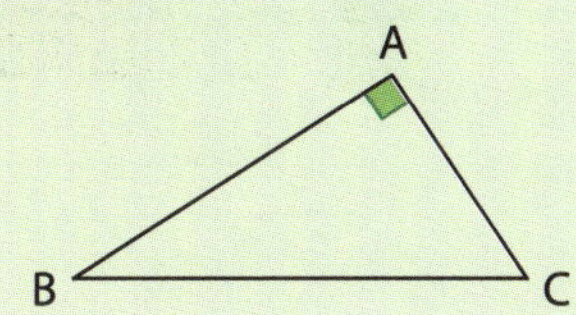

2. Quadrilatères

Parallélogramme	Rectangle	Losange	Carré
DÉFINITION Un **parallélogramme** est un quadrilatère dont les côtés opposés sont parallèles.	DÉFINITION Un **rectangle** est un quadrilatère qui a quatre angles droits.	DÉFINITION Un **losange** est un quadrilatère qui a quatre côtés de la même longueur.	DÉFINITION Un **carré** est un quadrilatère qui a quatre angles droits et quatre côtés de la même longueur.
PROPRIÉTÉ Les diagonales se coupent en leur milieu.	PROPRIÉTÉ Les diagonales se coupent en leur milieu et ont la même longueur.	PROPRIÉTÉ Les diagonales se coupent en leur milieu et sont perpendiculaires.	PROPRIÉTÉ Les diagonales se coupent en leur milieu, ont la même longueur et sont perpendiculaires.

PROPRIÉTÉ Les côtés opposés d'un parallélogramme sont parallèles et de même longueur.

Les rectangles, losanges et carrés sont des parallélogrammes particuliers.